中 国 国 家 标 准 汇 编

525

GB 28162～28173

（2011 年制定）

中国标准出版社　编

中国标准出版社

北　京

图书在版编目(CIP)数据

中国国家标准汇编:2011年制定.525:
GB 28162～28173/中国标准出版社编.—北京:中国
标准出版社,2012
ISBN 978-7-5066-6976-4

Ⅰ.①中… Ⅱ.①中… Ⅲ.①国家标准-汇编-中国
-2011 Ⅳ.①T-652.1

中国版本图书馆CIP数据核字(2012)第197841号

中国标准出版社出版发行
北京市朝阳区和平里西街甲2号(100013)
北京市西城区三里河北街16号(100045)

网址 www.spc.net.cn
总编室:(010)64275323 发行中心:(010)51780235
读者服务部:(010)68523946
中国标准出版社秦皇岛印刷厂印刷
各地新华书店经销

*

开本 880×1230 1/16 印张 36.75 字数 1 097 千字
2012年10月第一版 2012年10月第一次印刷

*

定价 220.00 元

出 版 说 明

1.《中国国家标准汇编》是一部大型综合性国家标准全集。自1983年起，按国家标准顺序号以精装本、平装本两种装帧形式陆续分册汇编出版。它在一定程度上反映了我国建国以来标准化事业发展的基本情况和主要成就，是各级标准化管理机构，工矿企事业单位，农林牧副渔系统，科研、设计、教学等部门必不可少的工具书。

2.《中国国家标准汇编》收入我国每年正式发布的全部国家标准，分为"制定"卷和"修订"卷两种编辑版本。

"制定"卷收入上一年度我国发布的、新制定的国家标准，顺延前年度标准编号分成若干分册，封面和书脊上注明"20××年制定"字样及分册号，分册号一直连续。各分册中的标准是按照标准编号顺序连续排列的，如有标准顺序号缺号的，除特殊情况注明外，暂为空号。

"修订"卷收入上一年度我国发布的、被修订的国家标准，视篇幅分设若干分册，但与"制定"卷分册号无关联，仅在封面和书脊上注明"20××年修订-1,-2,-3,……"字样。"修订"卷各分册中的标准，仍按标准编号顺序排列(但不连续)；如有遗漏的，均在当年最后一分册中补齐。需提请读者注意的是，个别非顺延前年度标准编号的新制定的国家标准没有收入在"制定"卷中，而是收入在"修订"卷中。

读者配套购买《中国国家标准汇编》"制定"卷和"修订"卷则可收齐由我社出版的上一年度我国制定和修订的全部国家标准。

3. 由于读者需求的变化，自1996年起，《中国国家标准汇编》仅出版精装本。

4. 2011年我国制修订国家标准共1 989项。本分册为"2011年制定"卷第525分册，收入国家标准GB 28162～28173的最新版本。

中国标准出版社

2012年8月

目　　录

ICS 31.020
L 08

中华人民共和国国家标准

GB/T 28162.3—2011/IEC 60286-3:2007

自动操作用元器件的包装 第3部分:表面安装元器件在连续带上的包装

Packaging of components for automatic handing—Part 3: Packaging of surface mount components on continuous tapes

(IEC 60286-3:2007,IDT)

2011-12-30 发布　　2012-07-01 实施

中华人民共和国国家质量监督检验检疫总局
中国国家标准化管理委员会　发布

前　言

自动操作用元器件系列包装标准由以下几个部分组成：

——第1部分：具有轴向引线的元件在连续带上的包装(IEC 60286-1:1997)；

——第2部分：具有单向引线元件在连续带上的包装(IEC 60286-2:1997)；

——第3部分：表面安装元器件在连续带上的包装(IEC 60286-3:2007)；

——第4部分：封装在E和G型包装件中的电子元器件用粘着料斗(IEC 60286-4:1997)；

——第5部分：矩阵式料盘(IEC 60286-5:2003)；

——第6部分：表面安装元器件的散装盒包装(IEC 60286-6:2004)。

本部分是自动操作用元器件系列包装标准的第3部分。

本部分按GB/T 1.1—2009给出的规则起草。

本部分使用翻译法等同采用IEC 60286-3:2007《自动操作用元器件的包装　第3部分：表面安装元器件在连续带上的包装》(英文版)。

为了便于使用，本部分对IEC 60286-3:2007进行了下列编辑性修改：

——删除IEC前言；

——增加表2中注的编号；

——数字中“,”改为“.”。

本部分由中华人民共和国工业和信息化部提出。

本部分由全国电子设备用阻容元件标准化技术委员会(SAC/TC 165)归口。

本部分起草单位：中国电子技术标准化研究所(CESI)。

本部分主要起草人：彭伟、张秋。

自动操作用元器件的包装 第3部分:表面安装元器件 在连续带上的包装

1 总则

1.1 范围

GB/T 28162 的本部分适用于与电路连接的无引线或有引线柱的电子元器件的带式包装。本部分仅包括对元器件带式包装至关重要的带尺寸。

本部分还包括对单芯片产品(包括裸芯片和带凸点芯片(倒装芯片))包装的相关要求。

1.2 规范性引用文件

下列文件对于本文件的应用是必不可少的。凡是注日期的引用文件,仅注日期的版本适用于本文件。凡是不注日期的引用文件,其最新版本(包括所有的修改)适用于本文件。

IEC 60191-2:1966　半导体器件的机械标准　第2部分:尺寸(Mechanical standardization of semiconductor devices—Part 2:Dimensions)

IEC 61340-5-1:1998　静电学　第5-1部分:电子元器件的防静电　一般要求(Electrostatics—Part 5-1:Protection of electronic devices from electrostatic phenomena—General requirements)

IEC 61340-5-2:1999　静电学　第5-2部分:电子元器件的防静电　使用导则(Electrostatics—Part 5-2:Protection of electronic devices from electrostatic phenomena—User guide)

IEC 62258-3:2005　半导体芯片产品　第3部分:对自动操作、包装和贮存的推荐方法(Semiconductor die products—Part 3:Recommendations for good practice in handing,packing and storage)

ISO/IEC 16388:1999　信息技术　自动识别和数据采集技术　条形码符号规范　代码39(Information technology—Automatic identification and data capture techniques—Bar code symbology specifications—Code 39)

ISO 11469:2000　塑料　塑料制品的标识和标志(Plastics—Generic identification and marking of plastics products)

2 术语和定义

采用下列术语和定义。

2.1

包装　packaging

在自动装配、操作和传输过程中用于填充、保护产品排列结构的包装材料应为任意的天然材料。

3 标准结构

各种包装带类型分类如下:

类型Ⅰ——有上、下盖带(8 mm 和 12 mm)的冲孔式载料带;

类型Ⅱ——有单边定位孔(8 mm、12 mm、16 mm 和 24 mm)的泡式载料带；

类型Ⅲ——有双边定位孔(32 mm～200 mm)的泡式载料带；

类型Ⅳ——适用于单裸芯片和其他表面安装元器件的背部粘接的冲孔式塑料载料带；

类型Ⅴ——连续按压式载料带(在发展中)；

类型Ⅵ——4 mm 宽泡式载料带(在发展中)。

3.1 类型Ⅰ——有上、下盖带(8 mm 和 12 mm)的冲孔式载料带

见图 1～图 3，表 1 和表 2。

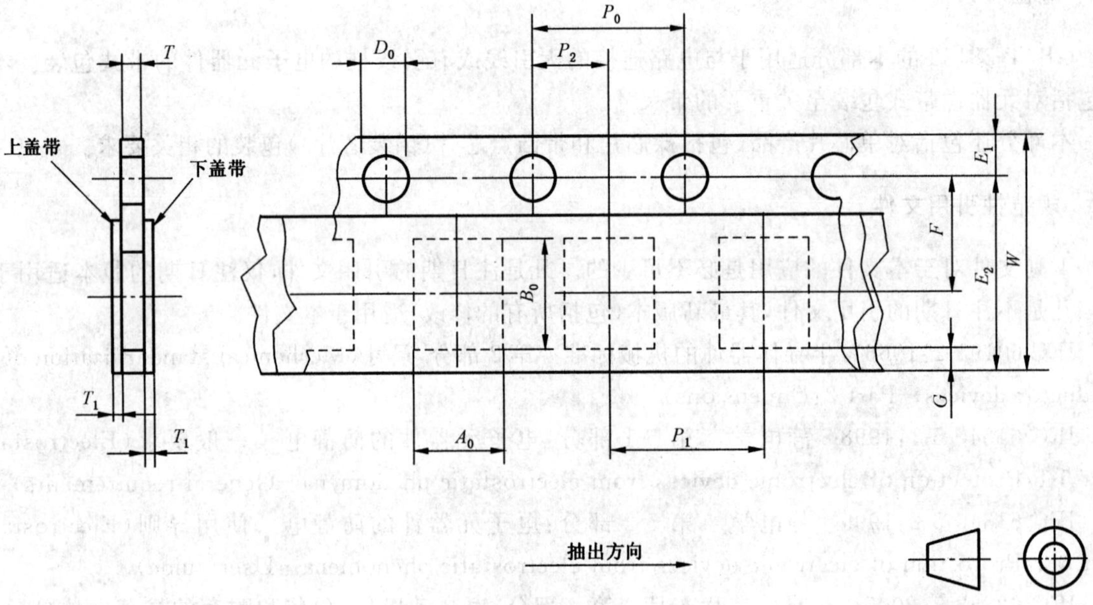

图 1 8 mm 和 12 mm 冲孔式载料带的尺寸

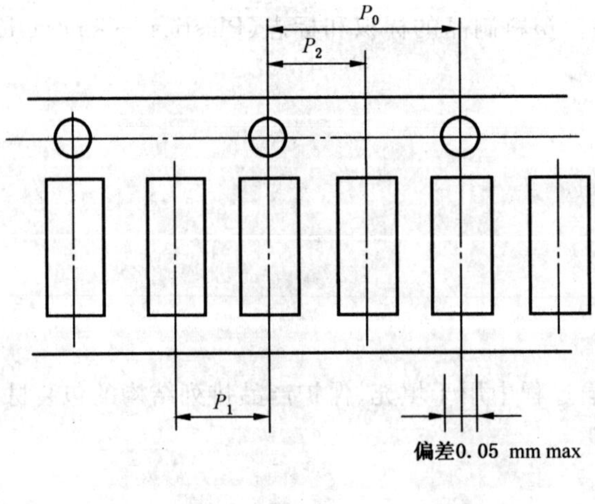

图 2 载料仓间距为 2 mm 的图解

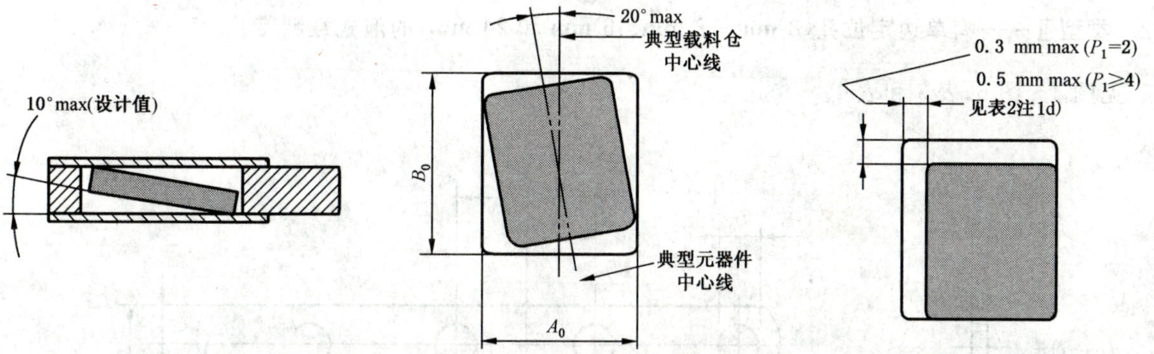

a) 元器件倾斜侧面或前面组合视图　　b) 元器件平面旋转俯视图　　c) 元器件横向移动俯视图

图 3 旋转和横向移动时元器件的最大倾斜

表 1 8 mm 和 12 mm 冲孔式载料带的固定尺寸

单位为毫米

载料带尺寸	D_0	E_1	P_0	P_2	G_{min}	T_{max}	T_{1max}	累积偏差（10 个载料仓）
8 和 12	$1.5^{+0.1}_{0}$	1.75±0.10	4.0±0.1 (P_1≥4) 4.00±0.05 (P_1=2)	2.00±0.05	0.75	1.1 纸 1.6 非纸	0.1	±0.2

表 2 8 mm 和 12 mm 冲孔式载料带的可变尺寸

单位为毫米

载料带尺寸	E_{2min}	F	P_1	W	A_0,B_0,T
8	6.25	3.50±0.05	4.0±0.1(P_1≥4) 2.00±0.05 (P_1=2)	$8.0^{+0.3}_{-0.1}$	见注 5
12	10.25	5.50±0.05	4.0±0.1(P_1≥4) 2.00±0.05 (P_1=2)	$12.0^{+0.3}_{-0.1}$	

注 1：应规定元器件载料仓的标准尺寸。载料仓标称尺寸公差的选取应使得元器件在载料仓内不能改变方向，并能容易地从载料带中取出，且满足下列特性：

元器件周围的空隙应使得：

a) 元器件不超出载料带的任何一面；

b) 在盖带被除去后，能够从垂直方向取出元器件，且不受任何机械限制；

c) 元器件的倾斜不应超过 10°(见图 3a))，侧向旋转不应超过 20°(见图 3b))；

d) 元器件的横向移动不应超过 0.5 mm(P_1≥4)或 0.3 mm(P_1=2)(见图 3c))。

注 2：对于长或宽有一项小于 1.2 mm 的元器件，市场趋势是元器件在载料仓内移动的角度不超过 10°，横向移动的距离不超过 0.2 mm。元器件旋转应依据供货和使用者双方的协议。见第 6 章对芯片产品的规定。

注 3：对于已明确定位的元器件，宜用一个原点定义载料仓的位置。在本部分中，该原点就是定位孔，宜按照定位孔定义载料仓的位置。

注 4：元器件的优选尺寸应从相关标准中选取。

注 5：A_0≤B_0。

3.2 类型Ⅱ——有单边定位孔(8 mm、12 mm、16 mm 和 24 mm)的泡式载料带

见图 4～图 6,表 3 和表 4。

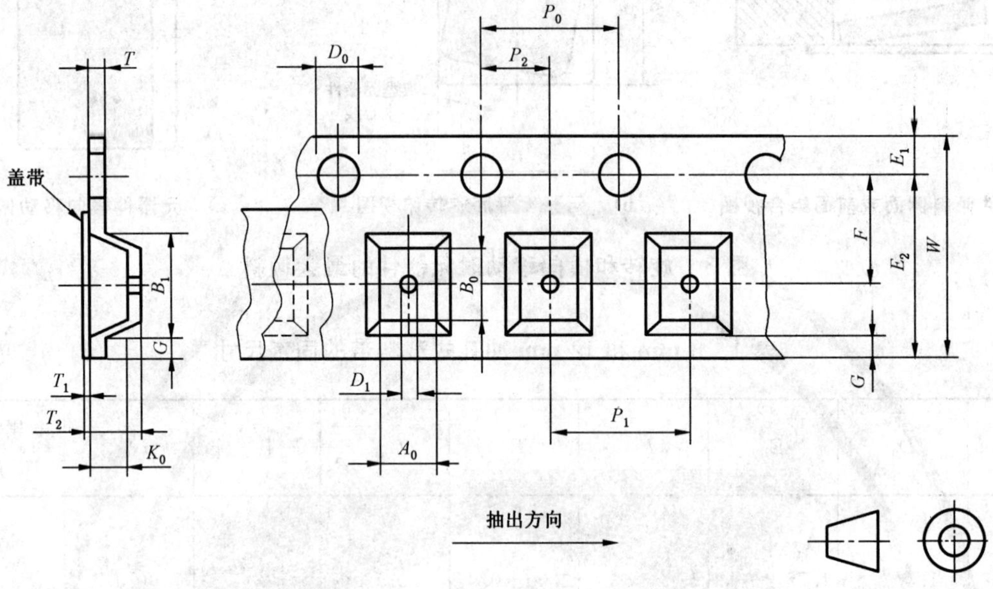

图 4　泡式载料带尺寸(8 mm、12 mm、16 mm 和 24 mm)

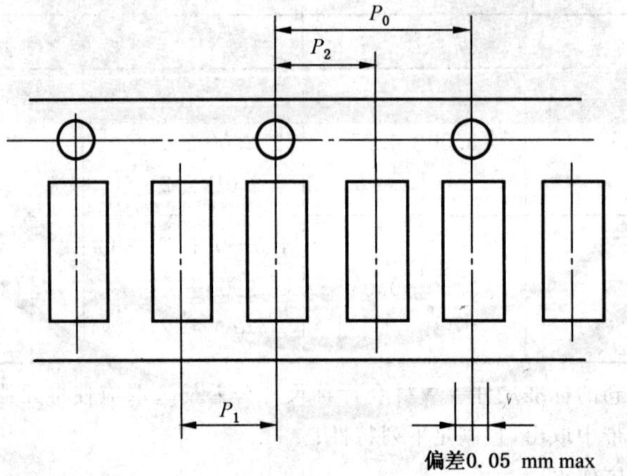

图 5　载料仓间距为 2 mm 的图解

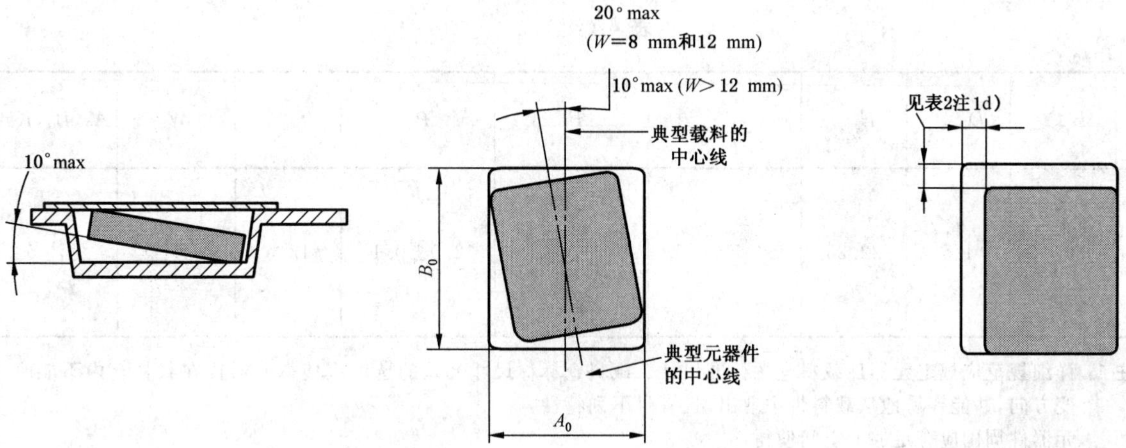

a） 元器件倾斜侧面或前面组合视图　　b） 元器件平面旋转俯视　　c） 元器件横向移动俯视

图6　旋转和横向移动时元器件的最大倾斜

表3　8 mm～24 mm 泡式载料带的固定尺寸

单位为毫米

载料带尺寸	D_0	E_1	G_{min}	P_0	T_{max}	T_{1max}	累积偏差（10个载料仓）
8～24	$1.5^{+0.1}_{0}$	1.75±0.10	0.75	4.0±0.1 (P_1≥4) 4.00±0.05 (P_1=2)	0.6	0.1	±0.2

表4　8 mm～24 mm 冲孔式载料带的可变尺寸

单位为毫米

载料带尺寸	B_{1max}	D_{1min}[a]	E_{2min}	F	P_1	P_2	T_{2max}	W	A_0,B_0,K_0
8	4.35	0.3	6.25	3.50±0.05	2.00±0.05 4.0±0.1	2.00±0.05	3.5	$8.0^{+0.3}_{-0.1}$	见注5
12	8.2	1.5	10.25	5.50±0.05	2.00±0.05 4.0±0.1或 12.0±0.1 以4 mm 递增	2.00±0.05	6.5	$12.0^{+0.3}_{-0.1}$	
16	12.1	1.5	14.25	7.5±0.1	4.0±0.1～ 16.0±0.1, 以4 mm 递增	2.0±0.1	9.5	$16.0^{+0.3}_{-0.1}$	

表 4（续）

载料带尺寸	B_{1max}	D_{1min} [a]	E_{2min}	F	P_1	P_2	T_{2max}	W	A_0, B_0, K_0
24	20.1	1.5	22.25	11.5±0.1	4.0±0.1～24.0±0.1，以 4 mm 递增	2.0±0.1	12.5	$24.0^{+0.3}_{-0.1}$	见注 5

注 1：详细规范应规定元器件载料仓的标准尺寸。载料仓标称尺寸公差的选取应使得元器件在载料仓内不能改变方向，并能容易地从载料带中取出，且满足下列特性：

元器件周围应有足够的空间使得：

a) 元器件不超出载料带的任何一面；

b) 在盖带被除去后，能够从垂直方向取出元器件，且不受任何机械限制；

c) 元器件的倾斜不应超过 10°(见图 6a))，当 W=8 mm 和 W=12 mm 时，侧向旋转不应超过 20°；当 W=16 mm 和 W=24 mm 时，侧向旋转不应超过 10°(见图 6b))；

d) 元器件的横向移动不应超过 0.5 mm(见图 6c))。

注 2：对于长或宽有一项小于 1.2 mm 的元器件，市场趋势是元器件在载料仓内移动的角度不超过 10°，横向移动的距离不超过 0.2 mm。见第 6 章对芯片产品的规定。

注 3：元器件载料仓的中心线是由与定位孔相关的 P_2 和 F 确定的，见图 4 及表中规定的偏差。附加孔的中心线是由与定位孔相关的 P_2 和 F 确定的，见图 6 及表中规定的偏差。

注 4：元器件的优选尺寸应从相关标准中选取。

注 5：尺寸 $A_0 \leqslant B_0$。

注 6：K_0 应与图 6a)的元器件倾斜尺寸相一致。

注 7：当 P_1=2 mm 时，载料仓的中心线与定位孔的中心线的间距不应大于 0.05 mm(见图 5)。

[a] 可选项：为了使自动拾取设备能够容易、可靠地将元器件从载料仓中取出，或其他目的，可以在仓的底部中心开一个孔。

3.3 类型Ⅲ——有双边定位孔的泡式载料带(带宽为 32 mm～200 mm)

见图 7、图 8、表 5 和表 6。

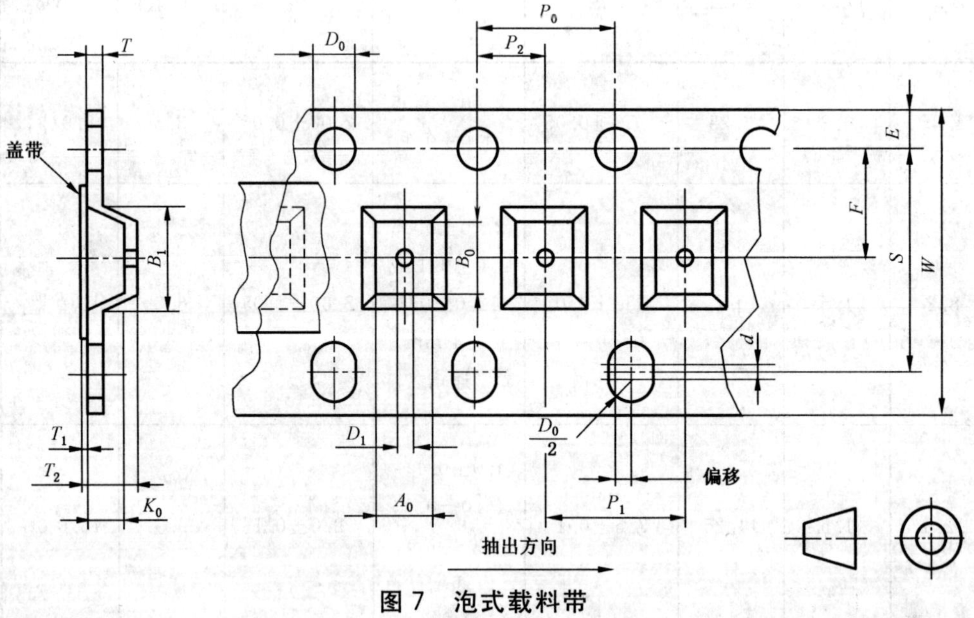

图 7　泡式载料带

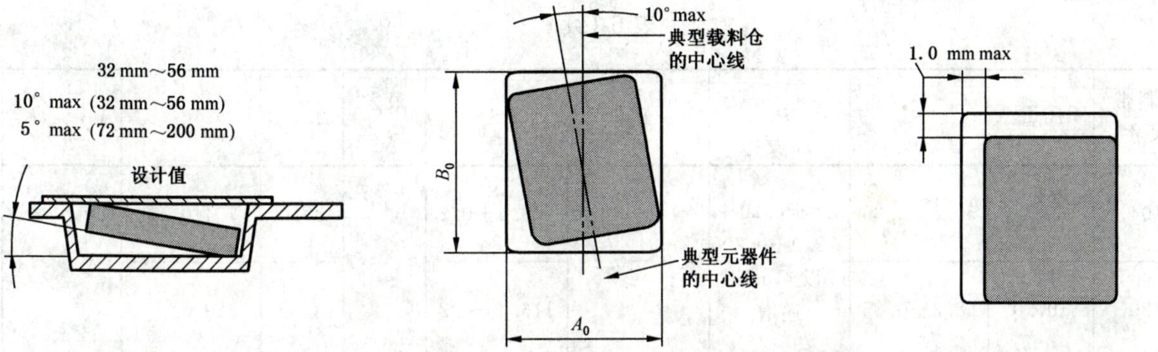

a） 元器件的倾斜组合视图　　b） 元器件平面旋转俯视图　　c） 元器件横向移动俯视图

图 8　旋转和横向移动时元器件的最大倾斜

表 5　32 mm～200 mm 泡式载料带的固定尺寸

单位为毫米

载料带尺寸	D_0	D_{1min} [a]	d	E	P_0	T_{max}	T_{1max}	累积偏差（10 个载料仓）
32～200	$1.5^{+0.1}_{0}$	2.0	0.20±0.05	1.75±0.10	4.0±0.1	1.0	0.1	±0.2

[a] 可选项：为了使自动拾取设备能够容易、可靠地将元器件从载料仓中取出，可以在仓的底部中心开一个孔。

表 6　32 mm～200 mm 泡式载料带的可变尺寸

单位为毫米

载料带尺寸	B_{1max}	F	P_1	P_2	S	最大偏差	T_{2max}	W	A_0，B_0，K_0
32	23.0	14.2±0.1	4.0±0.1～32.0±0.1 以 4 mm 递增	2.0±0.1	28.4±0.1		12.5	32.0±0.3	
44	35.0	20.2±0.1	4.0±0.1～44.0±0.1 以 4 mm 递增	2.00±0.15	40.4±0.1	0.05	16.0	44.0±0.3	
56	46.0	26.2±0.1	4.0±0.1～56.0±0.1 以 4 mm 递增	2.00±0.15	52.4±0.1		20.0	56.0±0.3	见注
72	60.0	34.2±0.30	4.0±0.15～72.0±0.15 以 4 mm 递增	2.0±0.2	68.4±0.1	0.1	30.0	$72.0^{+0.4}_{-0.3}$	
88	76.0	42.2±0.30			84.4±0.1			$88.0^{+0.4}_{-0.3}$	

表 6（续）

载料带尺寸	B_{1max}	F	P_1	P_2	S	最大偏差	T_{2max}	W	A_0,B_0,K_0
104	91.0	50.2±0.35	4.0±0.20～72.0±0.20 以 4 mm 递增	2.00±0.25	100.4±0.2	0.15	35.0	$104.0^{+0.5}_{-0.3}$	见注
120	107.0	58.2±0.35			116.4±0.2		40.0	$120.0^{+0.5}_{-0.3}$	
136	123.0	66.2±0.40	4.0±0.25～72.0±0.25 以 4 mm 递增	2.0±0.3	132.4±0.2			$136.0^{+0.5}_{-0.3}$	
152	139.0	74.2±0.40			148.4±0.3			$152.0^{+0.6}_{-0.3}$	
168	153.0	82.2±0.45	4.0±0.30～72.0±0.30 以 4 mm 递增	2.00±0.35	164.4±0.3	0.2		$168.0^{+0.6}_{-0.3}$	
184	169.0	90.2±0.45			180.4±0.3			$184.0^{+0.6}_{-0.3}$	
200	185.0	98.2±0.50	4.0±0.35～72.0±0.35 以 4 mm 递增	2.0±0.4	196.4±0.3			$200.0^{+0.6}_{-0.3}$	

注 1：详细规范应规定元器件载料仓的标准尺寸。载料仓标称尺寸公差的选取应使得元器件在载料仓内不能改变方向，并能容易地从载料带中取出，且满足下列特性：

元器件周围的空隙应使得：

a) 元器件不超出载料带的任何一面；

b) 在盖带被除去后，能够从垂直方向取出元器件，且不受任何机械限制；

c) 元器件的倾斜不应超过 10°(见图 8 中的 a)和 b))；

d) 元器件的横向移动不应超过 1.0 mm(见图 8c))。

注 2：元器件的优选尺寸应从相关标准中选取。

注 3：$A_0 \leqslant B_0$。

注 4：K_0 应与图 8a)的元器件倾斜尺寸相一致。

注 5：载料带宽度为 72 mm～200 mm 时，R_{min} 为 75 mm。

注 6：元器件载料仓的中心线是由与定位孔相关的 P_2 和 F 确定的，见图 6 及表中规定的偏差。附加孔的中心线是由与定位孔相关的 P_2 和 F 确定的，见图 6 及表中规定的偏差。

3.4 类型Ⅳ——适用于单裸芯片和其他表面安装元器件的背部粘接的冲孔式塑料载料带(8 mm、12 mm、16 mm 和 24 mm)

见图 9，图 10，表 7 和表 8。

需对类型Ⅳ的坐标系和载料带参数进行解释。Ⅳ型载料带与Ⅰ型载料带相似，但是Ⅰ型载料带是根据所装元器件确定空腔的尺寸，而Ⅳ型载料带的载料仓尺寸比所装元器件要大的多，Ⅳ型载料带依靠一层有黏性的薄膜固定所装元器件的方向和位置。

当元器件进入载料带时，元器件位置的精确性已确定。当元器件相对于带驱动孔的位置已确定时，

参数 P_{2A} 和 F_A 是绝对值(见 3.4.1 和表 9)。

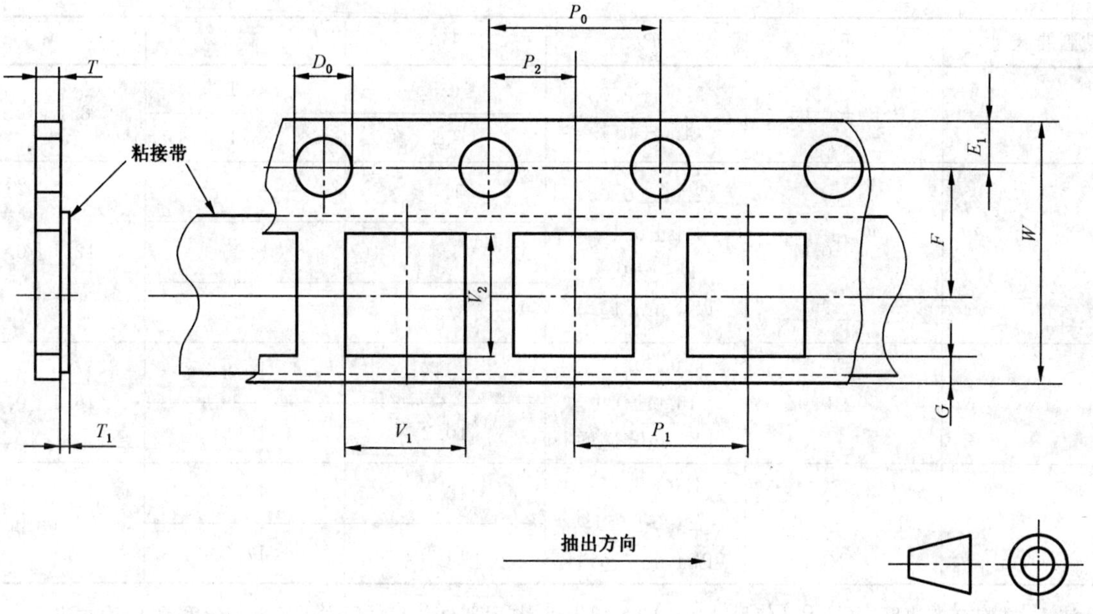

图 9　背部粘接的冲孔式载料带(载料仓中心间距为 4 mm)

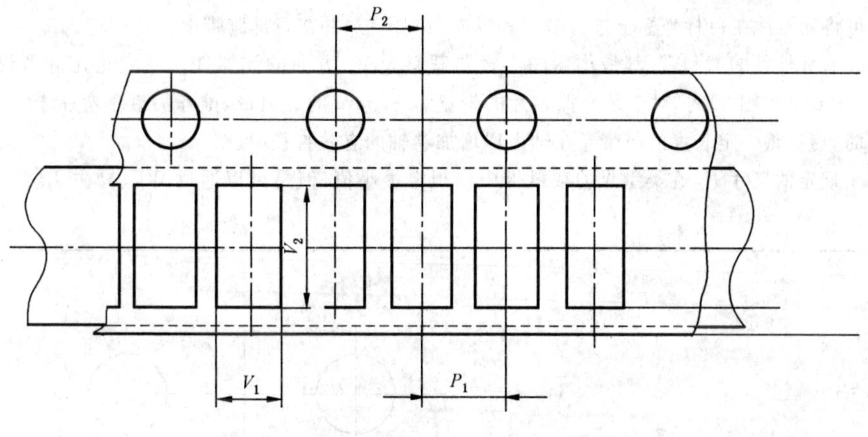

图 10　载料仓中心间距为 2 mm 的结构示意图

表 7　背部粘接的冲孔式载料带的固定尺寸

单位为毫米

载料带尺寸	D_0	E_1	P_0	P_2	T_{1max}	G_{min}	T_{max}
8～24	$1.5^{+0.05}_{0}$	1.75±0.05	4.000±0.025	2.00±0.05 (W=8 或 12) 2.0±0.1 (W=16 或 24)	0.1	0.75	1.1

表 8　背部粘接冲孔式载料带的可变尺寸

单位为毫米

载料带尺寸	F	P_1	V_1	V_2	W
8	3.50±0.05	2.00±0.05	1.5	3.1	8.1±0.1
		4.0±0.1	3.1	3.1	
12	5.50±0.05	2.00±0.05	1.5	6.35	12.1±0.1
		4.0±0.1～12.0±0.1 以 4 mm 递增	3.1	6.35	
			6.35	6.35	
16	7.50±0.05	4.0±0.1～16.0±0.1 以 4 mm 递增	6.35	10.2	16.1±0.1
			10.2	10.2	
24	11.50±0.05	4.0±0.1～24.0±0.1 以 4 mm 递增	10.2	17.3	24.1±0.1
			14.0	17.3	

注 1：载料仓的边界(由最大几何尺寸构成的区域组成，与元器件的尺寸无关)由 V_1，V_2 和 T 的尺寸决定。选择这些尺寸时，应为元器件提供足够的空隙使得：

a) 元器件不超出载料带的任何一面；

b) 能够在垂直方向上通过真空吸取或非表面接触方式将元器件从载料仓取出；

c) 可将元器件在目标坐标上进行横向和纵向精确定位，并在背部胶带上保持固定。

注 2：对于装有元器件的载料带，其最小弯曲半径与载料仓 V_1 方向的元器件尺寸成正比。当载料仓中心间距 P_1＝16 mm(见图 9)时，对于装有裸芯片的带宽为 24 mm 的载料带，推荐的最小弯曲半径为 100 mm。当要求时，可以将一定长度的尾带卷在轴上以增加卷轴的有效直径(见图 18)。

注 3：按 3.1 规定的尺寸 E_2 在类型Ⅳ的载料带中仅规定最小值，但是可以通过 W_{max} 减去 E_1 得到，作为一个参考值。

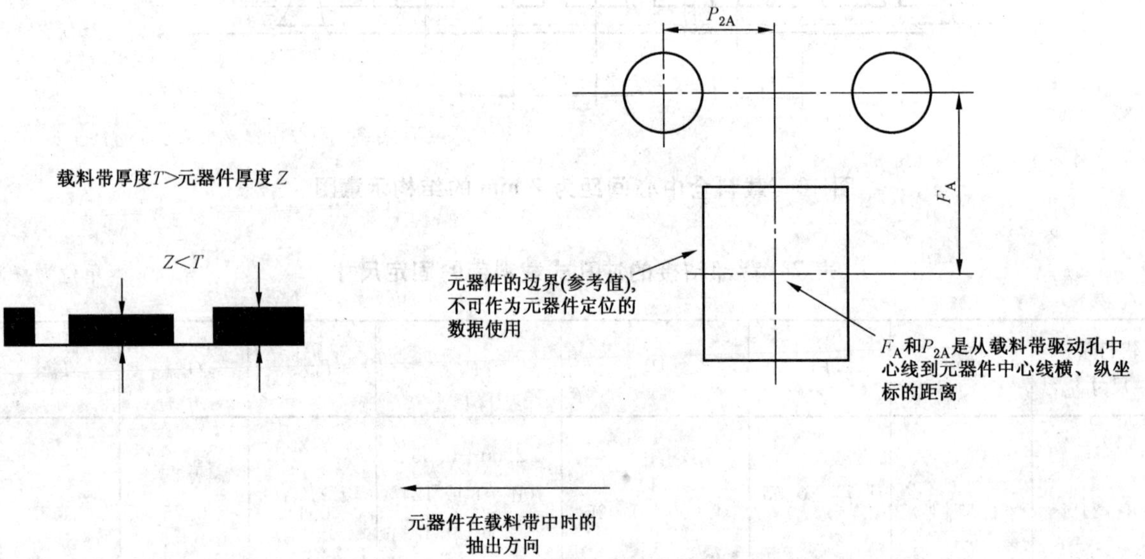

a）　侧面或前面组合视图　　　　b）　元器件的位置

图 11　元器件的间隙及定位方法

3.4.1 元器件的定位和横向移动(见图 11 和图 12)

Ⅰ型、Ⅱ型、Ⅲ型载料带是相对载料仓测量元器件的位置的，Ⅳ型载料带与它们不同，它是根据一个虚拟的目标点测量元器件的位置的，这个点的绝对位置由 P_{2A} 和 F_A 确定。表 9 为不同尺寸的载料带给出了这个虚拟的目标点相对驱动孔中心的绝对位置。

允许元器件的实际位置相对于这个点的最大偏移见图 12b)，偏移的值可以是正值也可以是负值。这个偏移与装料系统的精度有关，与载料带无关。

如果对元器件在拾取位置重复性有要求，在采用带结构为类型Ⅳ交货时，使用者的制图通常规定元器件最大的旋转角度及最大横移量，此制图中规定的公差可能严于图 12a)和 b)所示。

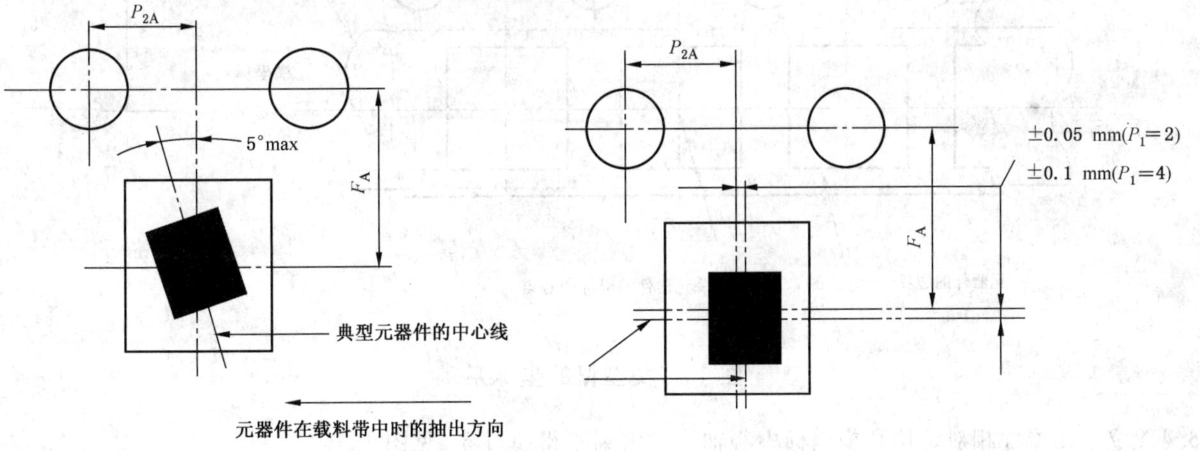

a） 元器件平面旋转(俯视图)　　　　b） 元器件横向移动(俯视图)

图 12 旋转和横向移动时元器件的最大倾斜

表 9 参考元器件目标位置数据的绝对值

单位为毫米

载料带尺寸	F_A	P_{2A}
8	3.5	2.0
12	5.5	2.0
16	7.5	2.0
24	11.5	2.0

3.4.2 坐标系

3.4.2.1 建立图 13 所示的坐标系是为了定义载料带的尺寸以及元器件在载料带上的位置。

3.4.2.2 横坐标是一条无限长的直线，用它校正整条载料带上定位孔中心的位置。

3.4.2.3 纵坐标是一条条垂直于横坐标的直线，它们在横坐标上均匀排列，用来确定每个定位孔的中心位置。

3.4.2.4 冲孔型塑料载料带上的载料仓，是由用于放置元器件的有效边界按预先规定的间距在整条载料带排列而成的。

3.4.2.5 横坐标和纵坐标得到的水平和垂直坐标为将元器件准确地放置在有效边界水平中心点建立了一个目标位置中心点。见3.4.2.6和3.4.2.7。

3.4.2.6 元器件的中心应在边界内以目标中心点为圆心直径0.2 mm的圆内，见图11和图13。

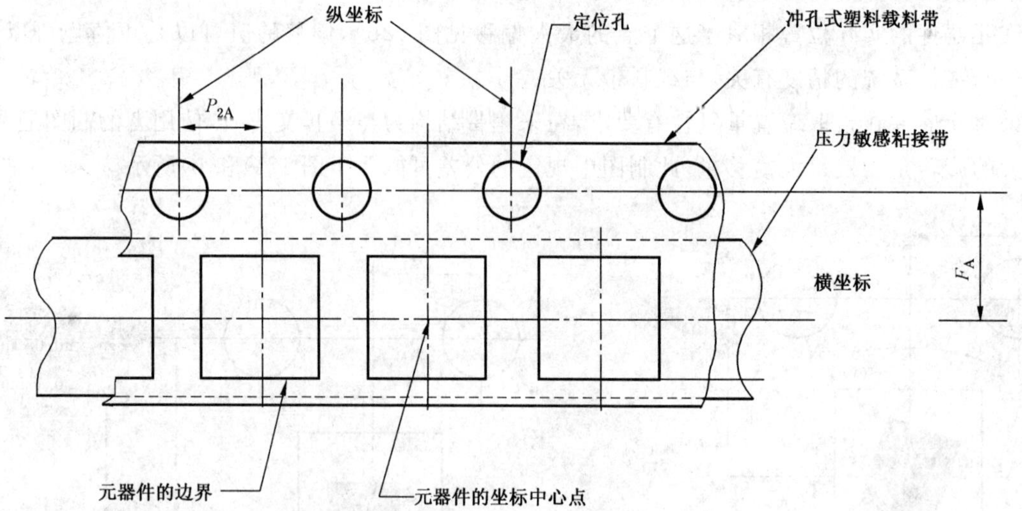

图13 类型Ⅳ的坐标系

3.4.2.7 元器件相对定位孔横坐标中心轴线的偏离不得超过5°(见图12)。

3.4.2.8 遵守图9和表8规定的公差可以保证：

a) 所有定位孔沿横坐标精确排列；

b) 整条载料带上的定位孔之间的间距保持一致；

c) 所有驱动孔的直径统一；

d) 载料带中元器件的极性和方向。

4 元器件在载料带内的极性和方位

4.1 所有类型

所有有极性的元器件，相同极性朝向应一致。对于有两个引出端的元器件，除详细规范另有规定，元器件的阴极要朝向定位孔，或阴极最后离开包装。

对于有两个以上引出端的扁平封装的元器件(例如片式载体和SO封装)，除非详细规范另有规定，1号引出端要朝向定位孔。

对于带有两个以上焊盘或引出端的芯片产品(裸芯片或倒装芯片)，除非详细规范另有规定，应将1号焊盘放在紧挨圆形定位孔的那边。

对于引脚排列符合IEC 60191-2规定的元器件，则出现一个单独的引出端的那一边应该朝向定位孔，且安装面要朝向载料仓的底部。

对于两个引出端都在一个面的石英晶体元件，引出端所在面要朝向定位孔。

对于其他形状或引出端排列的的元器件，其极性或方位应当由详细规范规定。

4.2 带轴

4.2.1 所有类型

应当按下列的方式将载有元器件的载料带卷在卷盘上:当载料带进入进料口时,在进料口到装配机的方向上观察,驱动孔应该在带的左边。

4.2.2 类型Ⅰ

实际上Ⅰ型载料带上下两个面都有盖带,因此,元器件的安装面既可以朝向载料带的底部也可以朝向顶部。如果需要反转元器件的安装面(有些表面安装元器件有时需要这样做),那么只需将载料带重新卷一下,并且将另一面的盖带去掉就可以了。

4.2.3 仅适用于类型Ⅰ、类型Ⅱ和类型Ⅲ

元器件的安装面应朝向载料带的底部。载料带的底部即为当载料带被卷起后,不能被看到的那一面(见图 14)。

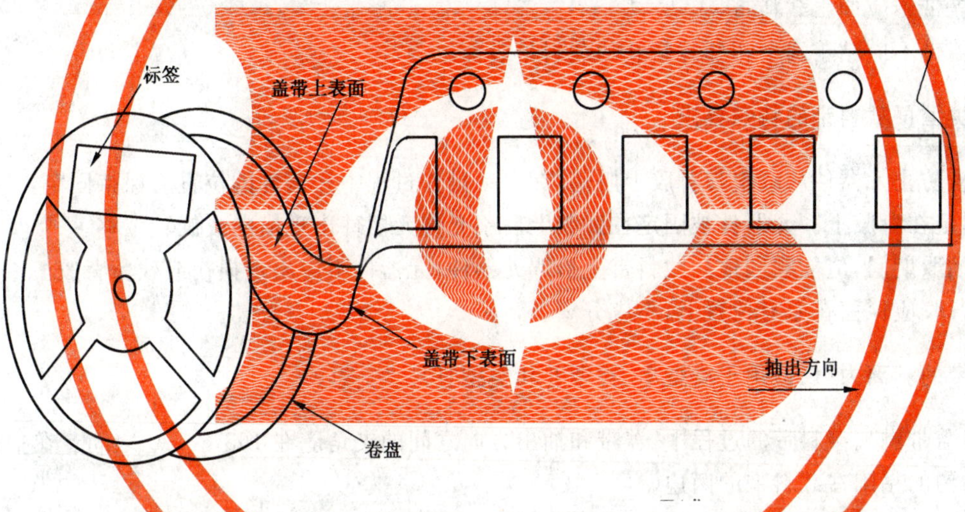

图 14 带轴和卷盘上的标志区域

4.2.4 仅适用于类型Ⅳ

元器件的非功能面总是朝向带的底面,即粘在黏性层上。对于倒装芯片,放在载料带上时,器件的焊球凸点是向上的。重新卷过后,将载料带底面朝下放入装配机的进料口,这样器件就倒过来了。

5 元器件的固定和对载料带的附加要求

5.1 所有类型

5.1.1 为防止元器件从载料仓中掉出,通常在载料带的一面(泡式)或两面(冲孔式)加上盖带。对类型Ⅰ、类型Ⅱ和类型Ⅲ盖带的进行见 5.2。因为类型Ⅳ载料带中的元器件被子粘十载料带上,位置已固定,因此不要求有盖带。

5.1.2 卷起后,相邻载料带不应粘在一起。

5.1.3　载料带应当适于存储带内的元器件，不会引起引出端变形，或释放出通过化学反应使焊接变困难或降低元器件的性能或损害元器件引脚的气体。

5.1.4　用于制造载料带的材料应有足够的强度，不应老化。在手动将载料带内的元器件送入装备设备时，载料带不应断裂。载料带不应出现在组装过程中会妨碍正常传送元器件的分层。

5.1.5　载料带在抽出方向上的拉断力不应小于 10 N。拼接带应能和载料带及盖带表面连为一体，且不妨碍载料带和盖带的传输。拼接后，在每边任一方向上定位孔的偏差均不应大于±0.15 mm。

5.1.6　为减少静电对元器件的作用，建议对包装材料、元器件的拾取装填设备及受控的环境条件进行优化，以有效地消除积累的电荷。这种电荷通常被称为磨擦静电，应按照 IEC 61340-5-1:1998（或 IEC 61340-5-2:1999）的导则进行控制。

5.2　对类型Ⅰ、类型Ⅱ和类型Ⅲ盖带的要求

5.2.1　盖带不应覆盖定位孔。

5.2.2　盖带粘接不应影响元器件的机械、电气性能及标志。

5.2.3　元器件不应粘在载料带或盖带上。

5.2.4　盖带不应分离。

5.2.5　盖带不应伸出载料带。

5.2.6　盖带不应粘于两个相邻载料仓的载料带表面。

5.3　对类型Ⅳ载料带的特殊要求

5.3.1　应防止元器件从载料带背胶上脱落，在自动操作过程中元器件的位置应保持固定。应将元器件牢固的固定在背胶上。元器件被固定在背胶上后不允许元器件出现横向或旋转位移。

5.3.2　抽取期间，应能顺利地从载料带上拾取元器件，元器件不应出现损伤或残留背胶。

5.3.3　背胶应保留在原有位置上，不应分离。

5.4　盖带的剥离力（仅适用于类型Ⅰ、类型Ⅱ和类型Ⅲ）

在将盖带剥离载料带的过程中，盖带和抽出方向之间的夹角应在 165°～180°之间。在抽出方向上，盖带应均匀的粘附在载料带的两边。

当剥离速率为 300 mm/min±10 mm/min 时，剥离力应满足表 10 的规定。

表 10　剥离力

载料带带宽（W） mm	剥离力 N
8	0.1～1.0
12～56	0.1～1.3
72～200	0.1～1.5

5.5　最小弯曲半径（对所有类型的载料带）

当载料带按表 11 规定的最小弯曲半径（测量到载料带的底面）弯曲时，载料带不应出现损坏，而且载料带内的元器件应保持其原来的位置及方向。

注：载料带材料应具有下面特性：在没有任何辅助的情况下，载料带能够很轻松的按照表 11 规定的半径进行弯曲。

表 11 最小弯曲半径

W mm	P_1	R_{min}（适用于类型Ⅰ、类型Ⅱ和类型Ⅲ） mm	R_{min}（仅适用于类型Ⅳ） mm
8	2/4	25	25
12	2/4/8	30[a]	50
16	4/8/12/16	30	50
24	4/8/12	30	50
24	16/24	30	89
32	4～32	40	—
44	4～44	40	—
56	4～56	50	—
72～200	4～72[b]	75	—

[a] 对于冲孔式带，其最小弯曲半径应为 25 mm。

[b] 见表 6。

装有元器件的载料带应能通过最小弯曲半径试验，且没有损坏（见图 15）。

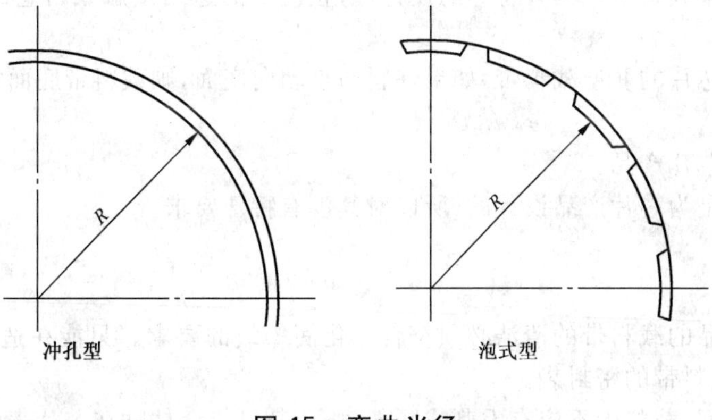

图 15 弯曲半径

5.6 盖带的拉断力（仅适用于类型Ⅰ、类型Ⅱ和类型Ⅲ）

盖带的拉断力不应小于 10 N。

5.7 载料带的材料

为了避免对静电敏感的元器件造成损伤，应选择带的制造材料和工艺。

5.8 曲率

应按照图 16 所示测量载料带的曲率，测量时载料带不应受到张力的作用。

在上、下两个方向，跨度为 250 mm 的直线距离上，带的横向曲率不应超过 1 mm。

注：仅适用于行星形卷轴。

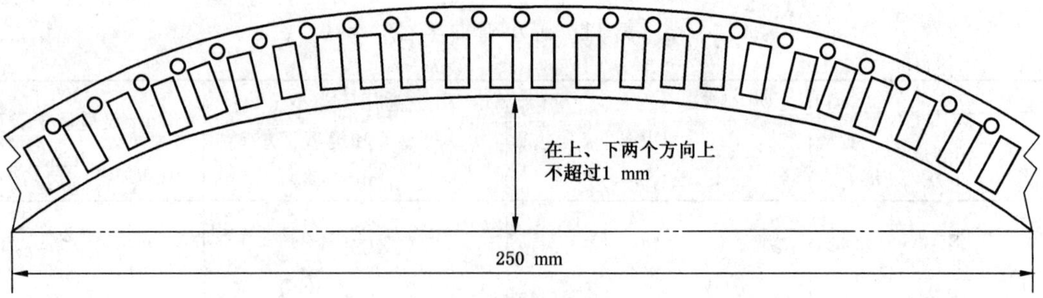

图16 曲率(俯视)

6 对载有芯片产品的载料带的特殊要求

芯片产品(如裸芯片和倒装芯片)要求特殊的操作以保证在载料带装载芯片、运输、储存和卸载芯片的过程中芯片不受损伤。对于倒装芯片,要保护焊球凸点不受损伤;对于非常薄的芯片,宜仔细处理,防止芯片滑到相邻的载料仓内。

推荐的自动装配芯片产品导则参考 IEC/TR 62258-3。

当载料带用于装载芯片产品时,宜考虑下列要求。

6.1 装有芯片产品的载料带的设计

Ⅰ型载料带和Ⅱ型载料带宜具有特殊的设计,防止芯片的边角接触载料仓的边角。可使用方形或圆形的缓冲物。

对于要装载倒装芯片的Ⅱ型载料带,如果焊料凸点朝向底面,则载料带底面宜具有特殊的设计以保护芯片。

类型Ⅲ不适用于芯片产品。

由于Ⅳ型载料带是为芯片产品设计的,所以对其没有特殊要求。

6.2 清洁

将要装载芯片产品的载料带的清洁必须符合净化间等级的要求。只能在适当的环境条件下(如净化间)才能打开装有载料带的密封袋。

在操作或存贮期间,载料带不应有毛刺或颗粒,避免其可能会粘贴在芯片表面,造成对芯片的损伤。

在移去盖带时,宜采取措施,保证没有可能粘附到芯片上或损伤芯片的纤维或残余物。

6.3 元器件的横移(类型Ⅰ和类型Ⅱ)

芯片产品的边缘容易破碎,因此,设计载料仓时,应使装载、卸载和运输过程中,芯片在仓内的位移降至最小。可能要求特殊的冲孔或形状来取得所需的容差将芯片产品的移动降至最小。

芯片产品通常要求严格的载料带公差以减少产品在仓内的移动。

带宽为 8 mm 的载料带允许横向移动的最大值为 0.1 mm。带宽大于 8 mm 的载料带允许横向移动的最大值为 0.15 mm(参考见图 3 和图 6)。

7 包装

装有元器件的载料带即可以卷在卷盘上,也可以适于载入自动安装机的形式放置。

7.1 引导带和尾带

引导带和尾带见图 17。

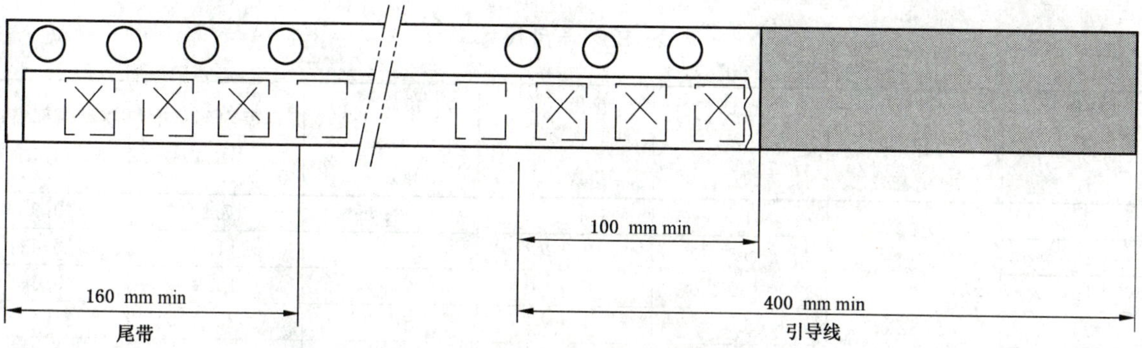

图 17 引导带和尾带

7.1.1 引导带

对于Ⅰ型、Ⅱ型、Ⅲ型载料带，其引导带最小长度为 400 mm，其中包括至少 100 mm 长的空载料带。引导带也可以全部由有盖带的空载料带构成。

对于Ⅳ型载料带，引导带的最小长度为 100 mm。为保护所有元器件，应将防静电外套包在卷盘上(见 IEC 61340-5-1 和 IEC 61340-5-2)。

7.1.2 尾带

尾带的最小长度为 160 mm，由有盖带的空载料带构成。当载料带的最后一部分从卷盘上抽出时，载料带的最后部分应当能够从卷盘上释放出来。

7.2 卷盘

卷盘的重要尺寸如下。卷盘上元器件的总数量应使得元器件和最后的盖带不超出盘边最小尺寸(在直径方向)。

7.2.1 卷盘尺寸

卷盘尺寸见图 18 和表 12。

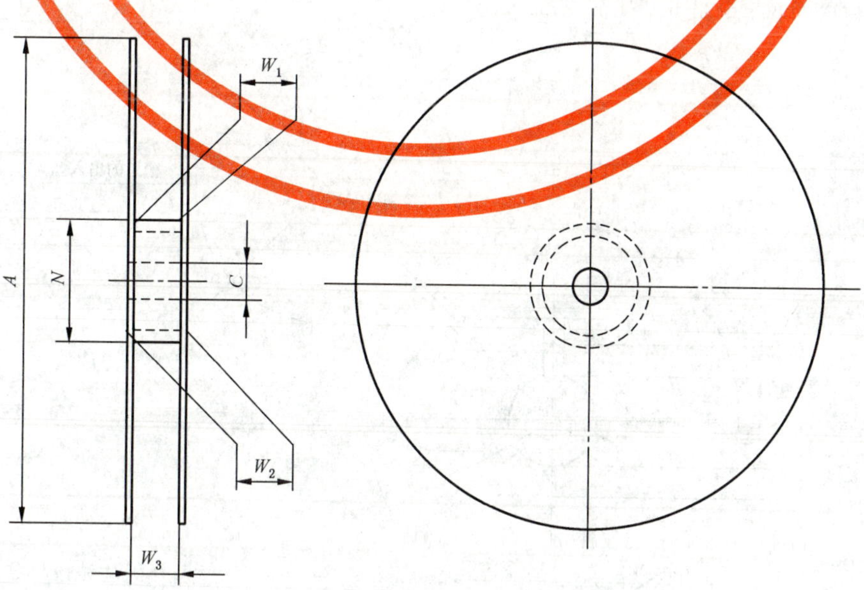

图 18 卷盘尺寸

表 12　卷盘尺寸

单位为毫米

带宽 W	卷盘直径[a] A_{max}	卷轴直径[d] N_{min}	卷盘内部宽度 W_1[c]	卷盘全宽度 $W_{2\ max}$	卷盘内部宽度 $W_{3\ min}$	卷盘内部宽度 $W_{3\ max}$
8		50	8.4+1.5	14.4	7.9	10.9
12		60[f]	12.4+2	18.4	11.9	15.4
16		60	16.4+2	22.4	15.9	19.4
24	382	60[e]	24.4+2	30.4	23.9	27.4
32		80	32.4+2	38.4	31.9	35.4
44		80	44.4+2	50.4	43.9	47.4
56		100	56.4+2	62.4	55.9	59.4
72			72.4 min	89.0		
88			88.4 min	105.0		
104			104.4 min	121.0		
120			120.4 min	137.0		
136	609[b]	150	136.4 min	153.0	应容纳载料带，并与其无冲突	
152			152.4 min	169.0		
168			168.4 min	185.0		
184			184.4 min	201.0		
200			200.4 min	217.0		

[a] 优选标称卷盘直径，尺寸为 180、254、284、330、360、382 和 560 毫米。市场趋向于大尺寸。

[b] 对于偏平尺寸，应优选 560 mm。

[c] 在卷轴处测量。

[d] 装有元器件的载料带必须能够卷在轴上且不受损伤。

[e] 仅适用于类型Ⅳ，最小 100 mm。

[f] 对冲孔式载料带，最小直径为 25 mm。

7.2.2　卷盘孔的尺寸

卷盘孔的尺寸见图 19 和表 13。

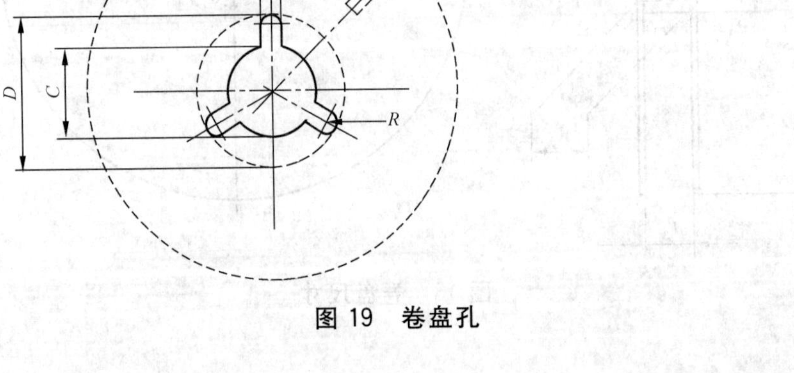

图 19　卷盘孔

表 13 卷盘孔的尺寸

单位为毫米

尺寸	
B_{min}	1.5
D_{min}	20.2
C_{min}	12.8
R	0.5B

可以在卷盘的轴上为尾带提供一个足够宽的带槽，如果这样，则也应提供一个对应的足够宽的出入孔。

7.2.3 回收

应优选可回收材料制造载料带和卷盘。如果使用可回收材料，则应标上可回收标记。

优先使用符合 ISO 11469 的材料。

7.3 遗漏的元器件

不允许相邻载料仓遗漏元器件。

每个卷盘中不允许有两个或两个以上连续的元器件遗漏。对于类型 I 的载料带(冲孔式的)，每个卷盘中最多允许遗漏一个元器件或 0.1%，取较大者。

对于其他类型的载料带，每个卷盘中最多允许遗漏一个元器件或 0.025%，取较大者。

8 标志

卷盘上应有空间用于标志。应将标志放在卷盘远离定位孔的外盘上(见图 14)。

卷盘上的标志应符合元器件详细规范的要求。

可以通过能被自动读取的语言描述或代码描述(如 OCR、条形码、磁条)等方式提供更详细的信息。如果采用条形码，建议使用 ISO/IEC 16388 规定的条形码 39；如果使用 OCR，建议使用 OCR B。

ICS 29.220.01
K 82

中华人民共和国国家标准

GB/T 28163—2011/IEC 61959:2004

含碱性或其他非酸性电解质的蓄电池及蓄电池组 便携式密封蓄电池和蓄电池组的机械试验

Secondary cells and batteries containing alkaline or other non-acid electrolytes—Mechanical tests for sealed portable secondary cells and batteries

(IEC 61959:2004,IDT)

2011-12-30 发布 2012-07-01 实施

中华人民共和国国家质量监督检验检疫总局
中国国家标准化管理委员会 发布

前　言

本标准按照 GB/T 1.1—2009 给出的规则编写。

本标准等同采用 IEC 61959:2004《含碱性或其他非酸性电解质的蓄电池及蓄电池组　便携式密封蓄电池和蓄电池组的机械试验》。

本标准做了下列编辑性修改：

a）“本国际标准”一词改为“本标准”；

b）用小数点“.”代替作为小数点的逗号“,”；

c）删除国际标准的前言。

本标准由中华人民共和国工业和信息化部提出。

本标准由全国碱性蓄电池标准化技术委员会(SAC/TC 77)归口。

本标准起草单位：中国电子科技集团公司第十八研究所、中国电子技术标准化研究所。

本标准主要起草人：王爱玲、刘浩杰、汪艳、孙传灏。

含碱性或其他非酸性电解质的蓄电池及蓄电池组 便携式密封蓄电池和蓄电池组的机械试验

1 范围

本标准规定了检验便携式密封蓄电池和蓄电池组在搬运和正常使用中的机械性能的试验和要求。本标准的制定考虑了相关的国家标准和国际标准。

本标准适用于有关的不同电化学体系(Ni-Cd、Ni-MH 和 Li)、尺寸和形状(圆柱形、方形和扣式)的便携式密封蓄电池和蓄电池组的试验目的、试验方法和接收标准。

2 规范性引用文件

下列文件对于本文件的应用是必不可少的。凡是注日期的引用文件,仅注日期的版本适用于本文件。凡是不注日期的引用文件,其最新版本(包括所有的修改单)适用于本文件。

GB/T 2423.8 电工电子产品环境试验 第2部分:试验方法 试验Ed:自由跌落(IEC 60068-2-32,IDT)

GB/T 2423.10 电工电子产品环境试验 第2部分:试验方法 试验Fc和导则:振动(正弦)(IEC 60068-2-6:1995,IDT)

GB/T 2900.41-2008 电工术语 原电池和蓄电池(IEC 60050-482:2003,IDT)

IEC 60068-2-47 环境试验 第2-47部分:试验方法 元件、设备和其他产品在振动、冲击及类似的动力学试验中的安装(Environmental testing—Part 2-47:Test methods—Mounting of components, equipment and other articles for vibration, impact and similar dynamic tests)

3 术语和定义

GB/T 2900.41—2008、GB/T 2423.8 和 GB/T 2423.10 界定的以及下列术语和定义适用于本文件。

3.1

硬包装电池组 hard pack battery

装配在带极端的刚性外壳中的电池组。

4 机械试验要求

电池或电池组承受机械应力的能力应按照 GB/T 2423.8 和 GB/T 2423.10 中给出的振动试验和自由跌落试验来检验。本标准中涉及的充放电方法参照了在参考文献中列出的相关标准。

4.1 振动试验

每只电池或电池组应按照相关标准中电气试验规定的充电方法进行充电。对于电池组,其终止电压应为相关标准中规定的终止电压乘以串联电池数。

充电完成后，应按照 GB/T 2423.10 中一般要求的试验方法进行下述振动试验。试验中电池或电池组应参照 IEC 60068-2-47 中的有关条款被牢固地固定。

振动试验应按表 1 给出的条件在 20 ℃±5 ℃的环境温度下进行。

表 1　振动条件

振动参数	参数值
频率	10 Hz～500 Hz
振幅	峰值 0.35 mm 或最大值 50 m/s²
振动轴向	相互垂直的三个轴(适用于所有类型的电池或电池组)
扫描循环	五个循环
扫描速度	1 oct/min
注：本试验每个轴向大约需要 55 min。	

试验结束后，电池或电池组应在相同的环境温度下，以 $0.2I_t$ A 恒流放电至适用标准规定的终止电压。

然后，电池或电池组应在 20 ℃±5 ℃的环境温度下搁置 4 d～6 d。

再进行如下检验：

开路电压应不低于表 2 给出的数值。

表 2　开路电压

电池或电池组	电池	电池组[a]
Ni-Cd(镉镍)	1.0 V	n×1.0 V
Ni-MH(金属氢化物镍)	1.0 V	n×1.0 V
Li(锂)	3.0 V	n×3.0 V
[a] n 为串联电池数。		

然后，电池或电池组应在 20 ℃±5 ℃环境温度下充电：

- 对于镍体系，以 $0.1I_t$ A 恒流充电 16 h，并按照适用标准中有关电气试验规定的方法，在相同的环境温度下，以 $0.2I_t$ A 恒流放电。
- 对于锂体系，按照制造商标明的方法充电，并按照适用标准中有关电气试验规定的方法，在相同的环境温度下，以 $0.2I_t$ A 恒流放电。

接收标准：

- 以 $0.2I_t$ A 恒流放电时间应不低于 5 h。
- 目测检查：无可见的液体泄漏、不泄气。

4.2　自由跌落试验(仅适用于电池和硬包装电池组)

每只电池或电池组应按照相关标准中电气试验规定的充电方法进行充电。对于电池组，其终止电压应为相关标准中规定的终止电压乘以串联电池数。

充电完成后，应按照 GB/T 2423.8 中一般要求的试验方法进行下述自由跌落试验。

自由跌落试验应按表 3 给出的条件在 20 ℃±5 ℃的环境温度下进行。

表 3 自由跌落条件

自由跌落参数	参数值
试验表面	硬木
跌落高度	见表 4
跌落次数	相互垂直的三个轴，每个轴向一次(适用于所有类型的电池或电池组)

表 4 跌落高度与重量的关系

重量	重量≤100 g	100 g<重量≤250 g	250 g<重量≤500 g
电池(所有类型)	1.00 m	1.00 m	1.00 m
电池组(硬包装)	1.00 m	0.75 m	0.50 m

试验结束后，电池或电池组应在相同的环境温度下，以 $0.2I_t$A 恒流放电至适用标准规定的终止电压。

然后，电池或电池组应在 20 ℃±5 ℃的环境温度下搁置 4 d～6 d。

再进行如下检验：

——开路电压应不低于表 2 给出的数值。

——然后，电池或电池组应在 20 ℃±5 ℃环境温度下充电：

- 对于镍体系，以 $0.1I_t$A 恒流充电 16 h，并按照适用标准中有关电气试验规定的方法，在相同的环境温度下，以 $0.2I_t$A 恒流放电。
- 对于锂体系，按照制造商标明的方法充电，并按照适用标准中有关电气试验规定的方法，在相同的环境温度下，以 $0.2I_t$A 恒流放电。

接收标准：

——以 $0.2I_t$A 恒流放电时间应不低于 5 h。

——目测检查：无可见的液体泄漏、不泄气。

注：本标准未规定重量大于 500 g 的电池组跌落高度，其高度应由用户和制造商商定。

5 型式批准

应采用表 5 给出的型式批准的试验顺序和样本大小。

表 5 型式试验样本大小

试验	电池	电池组	可接受缺陷数
4.1	5	5	0
4.2	5	5	0

6 批接收

如果需要，批接收试验应由供货方和采购方商定。

参 考 文 献

[1] GB/T 22084.1—2008 含碱性或其他非酸性电解质的蓄电池和蓄电池组 便携式密封单体蓄电池 第1部分:镉镍电池(IEC 61951-1:2003,IDT)

[2] GB/T 22084.2—2008 含碱性或其他非酸性电解质的蓄电池和蓄电池组 便携式密封单体蓄电池 第2部分:金属氢化物镍电池(IEC 61951-2:2003,IDT)

[3] IEC 61960:2003 含碱性或其他非酸性电解液质的蓄电池和蓄电池组 便携式锂蓄电池和蓄电池组

ICS 29.220.01
K 82

中华人民共和国国家标准

GB/T 28164—2011/IEC 62133:2002

含碱性或其他非酸性电解质的蓄电池和蓄电池组　便携式密封蓄电池和蓄电池组的安全性要求

Secondary cells and batteries containing alkaline or other non-acid electrolytes—Safety requirements for portable sealed secondary cells, and for batteries made from them, for use in portable application

(IEC 62133:2002,IDT)

2011-12-30 发布　　2012-07-01 实施

中华人民共和国国家质量监督检验检疫总局
中国国家标准化管理委员会　发布

前　言

本标准按照 GB/T 1.1—2009 给出的规则编写。

本标准等同采用 IEC 62133:2002《含碱性或其他非酸性电解质的蓄电池和蓄电池组　便携式密封蓄电池和蓄电池组的安全性要求》。

本标准做了下列编辑性修改：

a）“本国际标准”一词改为“本标准”；

b）用小数点“.”代替作为小数点的逗号“,”；

c）删除国际标准的前言。

本标准中规范性引用的国际文件有一致性对应关系的我国文件如下：

——GB/T 7676(所有部分)直接作用模拟指示电测量仪表及其附件[IEC 60051(所有部分)]。

本标准由中华人民共和国工业和信息化部提出。

本标准由全国碱性蓄电池标准化技术委员会(SAC TC 77)归口。

本标准起草单位:中国电子科技集团公司第十八研究所、中国电子技术标准化研究所。

本标准主要起草人:刘浩杰、王爱玲、汪艳、孙传灏。

含碱性或其他非酸性电解质的蓄电池和蓄电池组　便携式密封蓄电池和蓄电池组的安全性要求

1　总则

1.1　范围

本标准规定了在预期的使用和可合理预见的误使用条件下，含碱性或其他非酸性电解质的便携式密封蓄电池和蓄电池组(不含扣式电池)的安全操作的要求和试验。

1.2　规范性引用文件

下列文件对于本文件的应用是必不可少的。凡是注日期的引用文件，仅注日期的版本适用于本文件。凡是不注日期的引用文件，其最新版本(包括所有的修改单)适用于本文件。

GB/T 2900.41—2008　电工术语　原电池和蓄电池(IEC 60050-482:2003,IDT)

GB/T 22084.1—2008　含碱性或其他非酸性电解质的蓄电池和蓄电池组　便携式密封单体蓄电池　第1部分:镉镍电池(IEC 61951-1:2003,IDT)

GB/T 22084.2—2008　含碱性或其他非酸性电解质的蓄电池和蓄电池组　便携式密封单体蓄电池　第2部分:金属氢化物镍电池(IEC 61951-2:2003,IDT)

IEC 60051(所有部分)　直接作用模拟指示电测量仪表及其附件(Direct acting indicating analogue electrical measuring instruments and their accessories)

IEC 60485　电子式直流数字电压表和电子式直流模数转换器(Digital electronic d.c. voltmeters and d.c. electronic analogue-to-digital converters)

IEC 61438　碱性蓄电池和蓄电池组使用中可能存在的危险及对健康的危害　设备生产商及用户指南(Possible safety and health hazards in the use of alkaline secondary cells and batteries—Guide to equipment manufacturers and users)

IEC 61960:2003　含碱性或其他非酸性电解液质的蓄电池和蓄电池组　便携式锂蓄电池和蓄电池组

ISO/IEC 指南 51　安全性方面　标准中包含的方针(Safety aspects—Guidelines for their inclusion in standards)

1.3　术语和定义

GB/T 2900.41—2008 和 ISO/IEC 指南 51 界定的以及下列术语和定义适用于本文件。

1.3.1

安全　safety

免除了不可接受的风险的状态。

1.3.2

风险　risk

对伤害的一种综合衡量，包括伤害发生的概率和伤害的严重程度。

1.3.3

伤害　harm

对物质的损伤，或对人体健康、财产或环境的损伤。

1.3.4

危险(源)　hazard

可能导致伤害的潜在根源。

1.3.5

预期的使用　intended use

按供方提供的信息对产品、过程或服务的使用。

1.3.6

可合理预见的误使用　reasonable foreseeable misuse

未按供方的规定对产品、过程或服务的使用,但这种结果是由很容易预见的人为活动所引起的。

1.3.7

蓄电池　secondary cell

直接将化学能转化为电能的基本单元装置,包括电极、隔膜、电解质、外壳和极端,并被设计成可充电。

1.3.8

蓄电池组　secondary battery

将一个或多个蓄电池按照电压、尺寸、极端排列、容量和倍率特性连接作为电源使用的组合体。

1.3.9

泄漏　leakage

可见的液体电解质的漏出。

1.3.10

泄气　venting

电池或电池组中内部压力增加时,气体通过预先设计好的方式释放出来,以防止破裂或爆炸。

1.3.11

破裂　rupture

由于内部或外部因素引起电池壳体或电池组外壳的机械损伤,导致物质暴露或溢出,但没有喷出。

1.3.12

爆炸　explosion

电池或电池组的外壳猛烈破裂并且主要成分抛射出来。

1.3.13

起火　fire

从电池或电池组发出火焰。

1.3.14

便携式电池组　portable battery

用于方便手持的装置或设备中的电池组。

1.3.15

便携式电池　portable cell

用于组合便携式电池组的电池。

1.3.16

额定容量　rated capacity

制造商标明的电量值 C_5 Ah(安时),即单体电池在规定的条件下经充电、搁置,以 $0.2I_t$A 的参考试验电流放电至规定的终止电压时所放出的电量值。

1.4　参数测量公差

相对于规定值或实际值,所有控制值或测量值的准确度应在下述公差范围内:

a) 电压：±1%；

b) 电流：±1%；

c) 温度：±2 ℃；

d) 时间：±0.1%；

e) 尺寸：±1%；

f) 容量：±1%。

上述公差包含了所用测量仪器的准确度、所采用的测试方法以及测试过程中引入的所有其他误差。

选择模拟仪器可参见 IEC 60051(所有部分)，选择数字仪器可参见 IEC 60485。在任何一份记录结果的报告中都应提供所使用的测试设备的详细资料。

2 安全性通用要求

蓄电池和蓄电池组的安全性从两种应用条件加以考虑：

a) 预期的使用；

b) 可合理预见的误使用。

电池和电池组的设计和结构应在预期的使用和可合理预见的误使用条件下满足安全性要求。电池或电池组可以承受使其失效的误用，同时不应产生明显的危害。电池和电池组应在经受预期的使用时既保证安全性，又在各方面性能上保持持续有效。

本标准中涉及潜在的危险是指：

a) 起火；

b) 爆裂/爆炸；

c) 电池电解液泄漏；

d) 泄气；

e) 外部温度过高而燃烧；

f) 电池组外壳破裂露出内部组成。

通过第 4 章中的试验检查与 2.1～2.6 的一致性，并且符合所引用的标准(见 1.2)。

2.1 绝缘和配线

正极端与电池组非电接触的外部暴露金属表面间的绝缘电阻在直流 500 V 下应不小于 5 MΩ。

内部配线及其绝缘特性应足以承受最高的预期电流、电压和温度。内部配线的位置应有足够的空间，电流通路应保持在两极之间。内部连接的机械完整性应足以适应可合理预见的误使用条件。

2.2 泄气

电池组外壳和单体电池中应加入一个减压装置或具有将过高的内部压力减小至某一值或某个等级的结构，以防止破裂、爆炸和自燃。如果电池的包装将电池包覆在其中，那么这种包装和包装方式既不引起电池组正常工作时过热，也不影响压力释放。

2.3 温度/电流管理

电池组的设计应可以防止非正常的温升状态。

注：必要时采取措施在充放电过程中限制电流至安全水平。

2.4 极端触点

在电池组外壳上的极端应有清晰的极性标记。极端触点的尺寸和形状应保证它们可以承受最大的预期电流。极端外露触点表面应由高机械强度和耐腐的导电材料制成。极端触点的分布应尽量减小短路的危险性。

2.5 电池组的组装

用于组装电池组的单体电池应具有相匹配的容量,相同的设计、相同的化学体系,并来自同一个制造商。对于串联单体电池可进行多路输出放电的电池组应组成各自单独的电路以防由非均匀放电引起的单体电池反极。

2.6 质量计划

制造商应制定一份质量计划,规定原材料、零部件、单体电池和电池组的检验程序,并涵盖每种型号的电池和电池组的生产全过程。

3 型式试验条件

试验所需单体电池和电池组的数量见表1,试验使用的单体电池和电池组的制造期限不应超过3个月。除非有特殊规定,试验应在20 ℃±5 ℃的环境温度下进行。

注:试验条件仅适用于型式试验,并不表示预期的使用要在这样的条件下进行。同样,3个月的限制是出于连贯性的考虑引入的,并不表示电池组的安全性会在3个月后有所下降。

表1 型式试验的样本大小

试验	单体电池	电池组
4.2.1	5	—
4.2.2	5	5
4.2.3	—	3
4.2.4	5	5
4.3.1	5组,每组4只	—
4.3.2	5只/温度	5组/温度
4.3.3	3	3
4.3.4	5	5
4.3.5	5	—
4.3.6	5	—
4.3.7	3	—
4.3.8	5	5
4.3.9	5	—
4.3.10	5	—
4.3.11	5	—

4 具体要求与试验

4.1 充电方法

除非本标准另有说明，充电应在 20 ℃±5 ℃的环境温度下，采用制造商规定的方法进行。

充电前电池组应在 20 ℃±5 ℃条件下以 0.2I_tA 恒流放电至规定的终止电压。

警告：如果不采取足够的预防措施这些试验方法可能会导致伤害。这些试验必须由有资格和经验的技术人员在足够的保护措施下进行。

4.2 预期的使用

4.2.1 连续低倍率充电

a) 要求

充电不应引起起火和爆炸。

b) 试验

充满电的单体电池以制造商规定的电流连续充电 28 d。

c) 接收标准

- 镍系列电池：不起火，不爆炸。
- 锂系列电池：不起火，不爆炸，不泄漏。

4.2.2 振动

a) 要求

运输中承受振动不应发生泄漏、起火和爆炸。

b) 试验

充满电的电池和电池组按表 2 的条件和顺序进行振动试验。对蓄电池或蓄电池组施以振幅为 0.76 mm（双振幅为 1.52 mm）的正弦振动。振动频率范围 10 Hz～55 Hz，频率变化速率 1 Hz/min。从 10 Hz～55 Hz 再返回 10 Hz，每一个安装位置（振动方向）上的振动时间为 90 min±5 min。振动试验按下述顺序在 3 个相互垂直的方向上进行。

步骤 1——测量电压确定被测样品处于荷电态。

步骤 2～步骤 4——按照表 2 的规定进行振动试验。

步骤 5——搁置 1 h，然后进行目视检测。

c) 接收标准：不起火、不爆炸、不泄漏。

表 2 振动试验条件

步骤	搁置时间 h	振动时间 min	目视检测
1	—	—	试验前检测
2	—	90±5	—
3	—	90±5	—
4	—	90±5	—
5	01	—	试验后检测

4.2.3 模制壳体承受高温的能力

a） 要求

电池组在高温下使用时内部组成不应暴露。

b） 试验

充满电的电池组放置在适当的高温环境中以评价电池组外壳保持完整的能力。将电池组放在70 ℃±2 ℃ 的鼓风恒温箱中搁置 7 h，然后取出电池组并恢复至室温。

c） 接收标准

电池组外壳不应发生导致内部组成暴露的物理形变。

4.2.4 温度循环

a） 要求

将电池或电池组反复暴露在低温和高温环境下，不应引起起火和爆炸。

b） 根据下述步骤和图 1 中的曲线进行试验。

充满电的电池或电池组根据下述步骤在强制通风室中承受温度循环（－20 ℃，＋75 ℃）。

步骤 1：电池或电池组在 75 ℃±2 ℃的环境温度下搁置 4 h；

步骤 2：在 30 min 内改变环境温度至 20 ℃±2 ℃并至少保持 2 h；

步骤 3：在 30 min 内改变环境温度至－20 ℃±2 ℃并保持 4 h；

步骤 4：在 30 min 内改变环境温度至 20 ℃±2 ℃并至少保持 2 h；

步骤 5：连续 4 次重复步骤 1～4；

步骤 6：在第 5 个循环后，将电池或电池组搁置 7 d 进行检测。

注：本试验可以在一个可调温的恒温箱或 3 个具有不同测试温度的恒温箱中进行。

c） 接收标准

不起火、不爆炸、不泄漏。

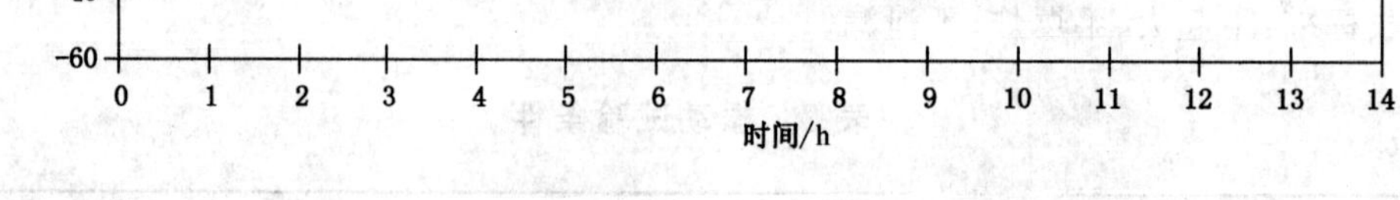

图 1 温度循环试验（一个循环）的温度曲线

4.3 可合理预见的误使用试验

4.3.1 一个单体电池的错误安装（只适用于镍系列电池）

a） 要求

在电池组合使用时，一只单体电池的错误安装不应引起起火或爆炸。

b） 试验

本试验评价充满电的单体电池中一只错误安装时的安全性。四只充满电的相同品牌、型号、尺寸和使用时间的单体电池串联，其中一只电池反极安装。将上述组合外接一只 1 Ω 的电阻直到泄气阀打开或反接的电池温度恢复至环境温度。另外，也可用稳压电源模拟对反接电池强制放电的情况。

c） 接收标准

不起火，不爆炸。

4.3.2 外部短路

a） 要求

正负极端短路不应引起起火或爆炸。

b） 试验

两组充满电的电池或电池组分别搁置在 20 ℃±5 ℃和 55 ℃±5 ℃的环境温度中。用外部总阻值不高于 100 mΩ 的电阻将每只电池或电池组短路。满足下列任意条件时即可停止试验：电池或电池组短路持续 24 h；外壳的温度下降了最高温升的 20%（该条件更快捷）。

c） 接收标准

不起火，不爆炸。

4.3.3 自由跌落

a） 要求

电池或电池组跌落（例如，从长椅上落下）不应引起起火或爆炸。

b） 试验

将充满电的电池或电池组三次从 1.0 m 高度的位置自由跌落到混凝土地面上，以此获得随机方向的冲击。

c） 接收标准

不起火，不爆炸。

4.3.4 机械冲击（碰撞危害）

a） 要求

携带或运输过程中遇到的冲击不应引起起火、爆炸或泄漏。

b） 试验

充满电的电池或电池组采用刚性固定的方法（该方法能支撑电池或电池组所有的固定表面）固定在试验设备上。在 3 个相互垂直的方向上各承受一次等值的冲击。至少一个方向垂直于蓄电池或蓄电池组的宽面。

每次冲击按下述方法进行：在最初的 3 ms 内，最小平均加速度为 75 g_n，峰值加速度应在 125 g_n 和 175 g_n 之间，试验环境温度为 20 ℃±5 ℃。

c） 接收标准

不起火、不爆炸、不泄漏。

4.3.5 热滥用

a） 要求

极高温度下不应引起起火或爆炸。

b） 试验

将充满电的电池在室温下稳定后放入一个自然或循环空气对流的恒温箱中。恒温箱以

5 ℃/min±2 ℃/min 的速率升温至 130 ℃±2 ℃。保持此温度,10 min 后停止试验。

c) 接收标准

不起火、不爆炸。

4.3.6 电池挤压

a) 要求

单体电池经受剧烈挤压(例如,在废弃物挤压器中进行处理)不应引起起火或爆炸。

b) 试验

充满电的电池在两个平面间经受挤压。由液压油缸施加一个 13 kN±1 kN 的挤压力。挤压以导致破坏性后果的方式进行。一旦挤压力达到最大或电池电压锐降了初始电压的三分之一,停止挤压。

圆柱型和方形电池在进行挤压试验时,应使其长轴方向与挤压平面平行。为使方形电池宽窄两个面均经受挤压,应使用两组电池。第二组电池应绕上述试验中的长轴旋转 90°进行挤压试验。

c) 接收标准

不起火、不爆炸。

4.3.7 低气压

a) 要求

低气压(例如,在空运过程中)不应引起起火或爆炸。

b) 试验

在 20 ℃±5 ℃的环境温度下,充满电的电池搁置在真空箱中。真空箱密闭后,逐渐减小其内部压力至不高于 11.6 kPa(模拟海拔 15 240 m)并保持 6 h。

c) 接收标准

不起火,不爆炸,不泄漏。

4.3.8 镍系列蓄电池过充电

a) 要求

以大于制造商规定的电流和时间充电不应引起起火或爆炸。

b) 试验

对放电态的蓄电池或蓄电池组以 2.5 倍的推荐充电电流进行充电,充入相当于额定容量 250%的电量。

c) 接收标准

不起火、不爆炸。

4.3.9 锂系列蓄电池过充电

a) 要求

以长于制造商规定的充电时间充电不应引起起火或爆炸。

b) 试验

蓄电池按 IEC 61960:2003 放电,然后用不小于 10 V 的电源以制造商推荐的充电电流 I_{rec} 充电 $2.5C_5/I_{rec}$ h。

c) 接收标准

不起火、不爆炸。

4.3.10 强制放电

a） 要求

组合中的电池经受反极时不应引起起火或爆炸。

b） 试验

放电态的蓄电池以 $1I_t$A 反向充电 90 min。

c） 接收标准

不起火、不爆炸。

4.3.11 蓄电池防高充电率充电保护(锂系列电池适用)

a） 要求

当充电器故障或并联电池组中电流分配不均时，电池不应引起起火或爆炸。

b） 试验

电池按 IEC 61960:2003 放电，然后以 3 倍于制造商推荐的充电电流充电，直至电池充满或电池内部安全装置在蓄电池充满电前切断充电电流。

c） 接收标准

不起火、不爆炸。

5 安全信息

含碱性或其他非酸性电解质的便携式密封蓄电池和蓄电池组的使用和滥用可能导致危险产生或引起伤害。蓄电池和蓄电池组的制造商应确保向设备制造商和最终用户(对经销商而言)提供相关信息以将上述危险减轻或降至最低。设备制造商有责任通知最终用户使用含有蓄电池或蓄电池组的设备可能引发危险。

关于潜在危险的指南见 IEC 61438，关于安全使用的建议(不完全)见附录 A 和附录 B。

与上述要求的符合性按制造商文件中的规定进行检查。

6 标志

6.1 单体电池标志

应按照下列适用标准中的规定对单体电池进行标识：GB/T 22084.1—2008、GB/T 22084.2—2008 或 IEC 61960:2003。

注：若制造商和用户达成协议，用于组合电池组的单体电池可以不进行标识。

检验与上述要求的符合性。

6.2 电池组标志

应按照 6.1 中的规定标识出组成电池组的单体电池。电池组应另有适当的警告性声明。

检验与上述要求的符合性。

6.3 其他信息

电池组应标识或提供下列信息：

- 处理说明；
- 推荐充电说明。

与上述要求的符合性按标志和制造商文件中的规定进行检查。

7 包装

包装应能够避免运输、携带和堆放过程中的机械损坏。包装材料和设计应能避免意外的导电的产生，极端的腐蚀和潮气的进入。

附 录 A
(资料性附录)
对设备制造商和电池组制造商的建议

下面是蓄电池和蓄电池组制造商为设备和电池组制造商提供的典型的但不完全的使用建议。

a) 禁止拆卸、打开或切碎电池。电池组只能由专业人员拆卸。由多只电池组成的电池组,其外壳应设计成为需借助工具才可打开。

b) 禁止将电池或电池组短路。不要将多只电池或电池组随意搁置在盒子或抽屉中以避免它们间相互短路或被其他导电材料短路。

c) 使用前不要将电池或电池组从它们最初的包装中取出。

d) 禁止将电池或电池组暴露在热源或火焰下。避免在阳光直射下储存。

e) 禁止使电池或电池组经受机械冲击。

f) 一旦电池泄漏,勿将泄漏出的液体直接接触皮肤或眼睛。如果发生接触,应用大量净水冲洗接触部位并及时就医。

g) 用电设备应设计成能避免电池或电池组的错误安装,并有明显极性标记。应经常注意电池、电池组和设备上的极性标志,确保正确使用。

h) 勿将不同制造商、容量、尺寸或型号的电池混合组成电池组。

i) 一旦将电池或电池组吞咽应立即就医。

j) 关于电池组中单体电池的最大数量和安全的连接方式应与电池/电池组的制造商协商。

k) 每台设备应配有专用的充电器。所有的电池和电池组销售时应配套有完整的充电说明。

l) 保持电池和电池组的清洁和干燥。

m) 如果电池或电池组的极端变脏应使用清洁干燥的布擦拭。

n) 蓄电池和蓄电池组在使用前应进行充电。充电时应参照电池或电池组的制造商提供的说明并使用正确的充电方法。

o) 不使用时不要将蓄电池或蓄电池组长期充电。

p) 经长期储存后,需将电池或电池组进行多次充放电循环以获得最佳的性能。

q) 在常温下使用蓄电池和蓄电池组的性能最佳。

r) 保存好电池和电池组的原始说明书以备日后参考。

s) 处理蓄电池或蓄电池组时,保持不同电化学体系的电池或电池组相互隔离。

附 录 B
（资料性附录）
对最终用户的建议

下面是设备制造商为最终用户提供的典型的但不完全的使用建议。

a） 禁止拆卸、打开或切碎蓄电池或蓄电池组。

b） 禁止将电池或电池组暴露在热源或火焰下。避免在阳光直射下储存。

c） 禁止将电池或电池组短路。不要将多只电池或电池组随意搁置在盒子或抽屉中以避免它们间相互短路或被其他金属物体短路。

d） 使用前不要将电池或电池组从它们最初的包装中取出。

e） 禁止使电池或电池组经受机械冲击。

f） 一旦电池泄漏，勿将泄漏出的液体直接接触皮肤或眼睛。如果发生接触，应用大量水冲洗接触部位并及时就医。

g） 不要使用非设备专用的充电器。

h） 注意电池、电池组和设备上的（＋）和（－）标志，确保正确使用。

i） 不要使用非设备专用电池或电池组。

j） 不要将不同制造商、容量、尺寸或型号的电池在装置中混用。

k） 将电池和电池组远离儿童。

l） 一旦将电池或电池组吞咽应立即就医。

m）为设备购买合适的电池或电池组。

n） 保持电池和电池组清洁和干燥。

o） 如果电池或电池组的极端变脏应使用清洁干燥的布擦拭。

p） 蓄电池和蓄电池组在使用前应进行充电。充电时应使用正确的充电器并参照制造商的说明或设备使用手册中正确的说明充电。

q） 不使用时不要将电池组长期充电。

r） 经长期储存后，需将电池或电池组进行数次充放电循环以获得最佳的性能。

s） 在常温（20 ℃±5 ℃）下使用蓄电池和蓄电池组的性能最佳。

t） 保存好产品的原始说明书以备日后参考。

u） 电池或电池组仅用于预期的用途。

v） 不使用时尽可能将蓄电池组取出。

w） 正确地处理电池或电池组。

参 考 文 献

[1] IEC 60664(所有部分) 低压系统的绝缘分类

[2] IEC 61434 含碱性或非酸性电解液的蓄电池和蓄电池组 碱性蓄电池和蓄电池组的电流设计指南

ICS 35.180
L 63

中华人民共和国国家标准

GB/T 28165—2011

热打印机通用规范

General specification for thermal printer

2011-12-30 发布 2012-06-01 实施

中华人民共和国国家质量监督检验检疫总局
中国国家标准化管理委员会 发布

前　言

本标准按照 GB/T 1.1—2009 给出的规则起草。

请注意本文件的某些内容可能涉及专利。本文件的发布机构不承担识别这些专利的责任。

本标准由全国信息技术标准化技术委员会(SAC/TC 28)提出并归口。

本标准起草单位:山东新北洋信息技术股份有限公司。

本标准主要起草人:丛强滋、董述恂、王春涛、马春光、姜天信、王永华、徐志刚、韩智华、王玉国、丛新元、武忻、高明、区敏刚、车磊、朱先刚。

热打印机通用规范

1 范围

本标准规定了热打印机的要求、试验方法、质量评定程序及标志、包装、运输、贮存等。

本标准适用于热打印机的设计和制造。本标准是制定产品标准的依据。

2 规范性引用文件

下列文件对于本文件的应用是必不可少的。凡是注日期的引用文件,仅注日期的版本适用于本文件。凡是不注日期的引用文件,其最新版本(包括所有的修改单)适用于本文件。

GB/T 191 包装储运图示标志

GB/T 2421.1 电工电子产品环境试验 概述和指南

GB/T 2422 电工电子产品环境试验 术语

GB/T 2423.1 电工电子产品环境试验 第2部分:试验方法 试验A:低温

GB/T 2423.2 电工电子产品环境试验 第2部分:试验方法 试验B:高温

GB/T 2423.3 电工电子产品环境试验 第2部分:试验方法 试验Cab:恒定湿热试验

GB/T 2423.5 电工电子产品环境试验 第2部分:试验方法 试验Ea和导则:冲击

GB/T 2423.6 电工电子产品环境试验 第2部分:试验方法 试验Eb和导则:碰撞

GB/T 2423.10 电工电子产品环境试验 第2部分:试验方法 试验Fc:振动(正弦)

GB/T 2828.1 计数抽样检验程序 第1部分:按接收质量限(AQL)检索的逐批检验抽样计划

GB/T 4857.2—2005 包装 运输包装件基本试验 第2部分:温湿度调节处理

GB/T 4857.5 包装 运输包装件 跌落试验方法

GB 4943.1 信息技术设备 安全 第1部分:通用要求

GB/T 5080.7 设备可靠性试验 恒定失效率假设下的失效率与平均无故障时间的验证试验方案

GB/T 5271.14 信息技术 词汇 第14部分:可靠性、可维护性与可用性

GB/T 6107 使用串行二进制数据交换的数据终端设备和数据电路终接设备之间的接口

GB 9254 信息技术设备的无线电骚扰限值和测量方法

GB/T 11460 信息技术 汉字字型要求和检测方法

GB 15934 电器附件 电线组件和互连电线组件

GB/T 17618 信息技术设备抗扰度限值和测量方法

GB 17625.1 电磁兼容 限值 谐波电流发射限值(设备每相输入电流≤16 A)

GB 18030 信息技术 中文编码字符集

GB/T 18313 声学 信息技术设备和通信设备空气噪声的测量

GB 18455 包装回收标志

SJ/T 11363 电子信息产品中有毒有害物质的限量要求

SJ/T 11364 电子信息产品污染控制标识要求

SJ/T 11365 电子信息产品中有毒有害物质的检测方法

《软件产品管理办法》 中华人民共和国工业和信息化部2009年3月1日第9号令

3 术语和定义

下列术语和定义适用于本文件。

3.1

热打印机 thermal printer

利用加热热敏纸使其受热变色或加热热转印色带使热转印色带上的成像物质转印到非热敏纸上形成图像的打印机。

注：包括热敏打印机(见3.6)和热转印打印机(见3.7)。

3.2

打印媒体 print medium

热打印机工作中承载打印内容的载体。

注：打印媒体包括热敏纸和非热敏纸。

3.3

热敏纸 thermal paper

表面有热敏层、受热后颜色能发生改变的纸媒体。

3.4

热转印色带 thermal transfer ribbon

在热转印打印机工作中，为非热敏纸提供成像物质使其着色的带状物。由带基(如PET膜)和其表面上的成像物质涂层组成。

3.5

热打印头 thermal print head

热打印机上用于加热热敏纸或热转印色带的部件。

3.6

热敏打印机 direct thermal printer

通过热打印头直接加热热敏纸，使热敏纸变色形成图像的打印机。

3.7

热转印打印机 thermal transfer printer

通过热打印头加热热转印色带，使热转印成像物质转印到非热敏纸上形成图像的打印机。

3.8

打印分辨率 print resolution

单位长度上能够打印的最多点数。

注：单位为点每毫米(dot/mm)或者点每英寸(dpi)。

3.9

打印速度 print speed

单位时间内打印的打印媒体长度或单位时间内打印规定规格的打印媒体的页数。

注：单位为毫米每秒(mm/s)或页每分。

3.10

走纸积累误差 paper advance accumulated error

热打印机以预先设定的长度打印，实际打印输出的打印媒体长度与预设长度之差占预设长度的百分比。

3.11

最大打印宽度 max print width

热打印机在垂直于打印媒体运动的方向上能打印的最大图像宽度。

注：单位为毫米(mm)。

3.12

印字率　print duty

打印区域中发色的面积占整个打印区域面积的百分比。

3.13

图像光密度　image optical density

打印的图像吸收光线的特性量度，用反射率倒数的十进制对数表示。

3.14

图像光密度不均匀性　nonuniformity of image optical density

预设具有相同图像光密度的图像，经打印后所产生的图像光密度不均匀程度。

3.15

关闭状态　off mode

产品连接到电网电源上，且产品的电源开关为“断”的状态。

3.16

睡眠状态　sleep mode

产品停止运行一段时间后，在不关闭的状态下自动进入的能耗较低的状态。

注：当产品睡眠状态具有多种功率水平时，则由生产者指定一种功率水平作为产品的睡眠状态功率。

3.17

进入睡眠状态的预设时间　default time to sleep mode

由厂家预设的产品完成基本功能后进入睡眠状态的时间。

4　要求

4.1　主要设计要求

4.1.1　硬件

设计产品时，应进行可靠性、维修性、易用性、环境保护性、安全性和电磁兼容性设计。硬件应遵循系列化、标准化、模块化和向上兼容的原则，并应符合有关国家标准。硬件系统和单元设计应具有一定的可扩展性，硬件系统应具有一定的自检功能。

4.1.2　软件

配置的软件应与系统的硬件资源相适应，包括热打印机系统软件、驱动软件或应用软件。软件应遵循系列化、标准化、模块化、中文化和向上兼容的原则。软件应符中华人民共和国工业和信息化部第9号令《软件产品管理办法》的规定。

4.2　外观和结构

产品表面不应有明显的凹痕、划伤、裂缝和变形等。表面涂覆层应均匀，不应有明显起泡、龟裂、脱落、磨损和其他机械损伤。金属部件不应有锈蚀及其他机械损伤。

各操作开关、按键应灵活、可靠、方便。供用户使用的选择开关应便于识别和操作。装卸打印媒体和热转印色带应简单、方便。告警和出错指示应置于明显位置。

说明功能的文字、符号和标识应准确、清晰、端正。

4.3　主要技术性能

4.3.1　清晰度

打印的图像信息内容应完整、清晰可辨。

4.3.2 打印分辨率

产品的打印分辨率由产品标准规定，误差应在±2%的范围内。

4.3.3 打印速度

产品的打印速度由产品标准规定，误差应在±5%的范围内。

4.3.4 走纸积累误差

应不大于1.5%。

4.3.5 最大打印宽度

产品的最大打印宽度由产品标准规定，误差应在±2%的范围内。

4.3.6 图像光密度

应不小于1.0。

4.3.7 图像光密度不均匀性

应不大于20%。

4.3.8 打印媒体和热转印色带

产品适用的打印媒体和热转印色带应符合相关标准的规定。
产品适用的打印媒体和热转印色带的类型、尺寸和厚度等由产品标准规定。

4.3.9 字型和字符集

如安装中文字库，应至少支持GB 18030的强制部分，汉字点阵字型应符合国家标准与行业标准的规定。

4.3.10 接口

产品应具有串行接口、并行接口、通用串行总线接口、以太网接口等一种或一种以上的接口。产品具有的串行接口应符合GB/T 6107的规定，其他接口应符合相应标准的规定。

4.3.11 告警

在下列情况下应告警：
a) 打印媒体或热转印色带错误；
b) 热打印头工作温度超界。

4.3.12 自检

应能检测产品是否正常工作，并且能打印自检页。

4.4 电源适应性

4.4.1 采用交流供电的产品，应能在220 V±22 V、50 Hz±1 Hz的条件下正常工作。
4.4.2 采用直流供电的产品，应能在额定电压值的(100±5)%的条件下正常工作。
4.4.3 电线组件应符合GB 15934的规定。

4.5 安全

应符合 GB 4943.1 的规定。

4.6 电磁兼容

4.6.1 无线电骚扰限值

应符合 GB 9254 的规定。由产品标准规定符合 A 级或 B 级无线电骚扰限值。

4.6.2 抗扰度

应符合 GB/T 17618 的规定。

4.6.3 谐波电流

应符合 GB 17625.1 中对 A 类设备的限值规定。

4.7 噪声

产品在工作时，噪声的声功率级应不高于 65 dB(A)。

4.8 环境适应性

4.8.1 气候环境适应性

应符合表 1 的规定。由产品标准规定符合的具体限值。

表 1 气候环境适应性

气候条件		级别		
		1	2	3
温度/℃	工作	10～35	0～40	−10～55
	贮存运输	−20～55		−40～60
相对湿度	工作	30%～90%		20%～93%(40 ℃)
	贮存运输	20%～93%(40 ℃)		
大气压 kPa		86～106		

4.8.2 机械环境适应性

应符合表 2、表 3、表 4 的规定。

表 2 振动适应性

项目		参数
初始和最后振动响应检查	频率范围/Hz	5～35
	扫频速率/(oct/min)	≤1
	位移幅值/mm	0.15

表 2（续）

项目		参数
定频耐久试验	位移幅值/mm	0.15
	持续时间/min	10
扫频耐久试验	频率范围/Hz	5～35～5
	位移幅值/mm	0.15
	扫频速率/(oct/min)	≤1
	循环次数	2
注：表中位移幅值为峰值。		

表 3　碰撞适应性

峰值加速度/(m/s^2)	波形持续时间/ms	碰撞次数	碰撞波形
100	16	1 000	半正弦波

表 4　冲击适应性

峰值加速度/(m/s^2)	波形持续时间/ms	冲击波形
150	11	半正弦波

4.8.3　运输包装件跌落适应性

应符合表 5 的规定。

表 5　运输包装件跌落适应性

包装件质量 m/kg	跌落高度/mm
$m \leqslant 10$	800
$10 < m \leqslant 20$	600
$20 < m \leqslant 30$	500
$30 < m \leqslant 40$	400
$40 < m \leqslant 50$	300
$m > 50$	200

4.9　可靠性和关键部件寿命

4.9.1　可靠性

产品的平均故障间隔时间(MTBF)的 m_1 值(MTBF 的不可接受值)应不低于 5 000 h。

4.9.2　关键部件寿命

热打印头的寿命由产品标准规定。其他关键部件的寿命宜在产品标准规定。

4.10 有毒有害物质的限量

应符合 SJ/T 11363 的要求。

4.11 能耗

4.11.1 关闭状态的功率限值

应不大于 1 W。

4.11.2 进入睡眠状态的预设时间限值及睡眠状态下功率限值

应符合表 6 的规定。

表 6 进入睡眠状态的预设时间限值及睡眠状态下功率限值

幅面	进入睡眠状态的预设时间/min	睡眠状态下功率/W
大幅面(尺寸规格为 A2(含 A2)以上,包括宽度大于 406 mm的连续媒体)	≤30	≤14
标准幅面(尺寸规格为 A3、A4、B4 和信纸等,包括宽度介于 210 mm 与 406 mm 之间的连续媒体)	≤20	≤11.5
小幅面(尺寸规格小于标准幅面,包括宽度小于 210 mm 的连续媒体)	≤5	≤9

5 试验方法

5.1 试验条件

5.1.1 大气条件

除另作规定外,试验在下述试验用标准大气条件下进行。
温度:15 ℃～35 ℃;
相对湿度:25%～75%;
大气压:86 kPa～106 kPa。

5.1.2 工作条件

除另作规定的试验外,受试样品应设置在出厂设定状态。
应在预热结束受试样品进入稳定工作状态 5 min 后进行试验。

5.2 外观和结构

采用目测法进行检查。

5.3 主要技术性能

5.3.1 清晰度

采用满足产品标准规定的打印媒体和热转印色带进行打印,打印样张中应包含字符、图形等,且印字率不低于12.5%，对打印的字符、图形等通过目测法检查。

5.3.2 打印分辨率

5.3.2.1 测量工具精度

长度测量工具精度应不低于0.05 mm。

5.3.2.2 试验样张

按图1所示设计试验样张。样张图形由10行竖线组成，每行竖线中的相邻竖线横向中心间距是10个像素点，每条竖线的粗细是一个像素点，第一行竖线由长、短两种竖线组成，相邻长竖线的中心间距是100个像素点，其他行都由短竖线组成。相邻的两行竖线横向错位一个像素点。整个样张图形的宽度为最大打印宽度。

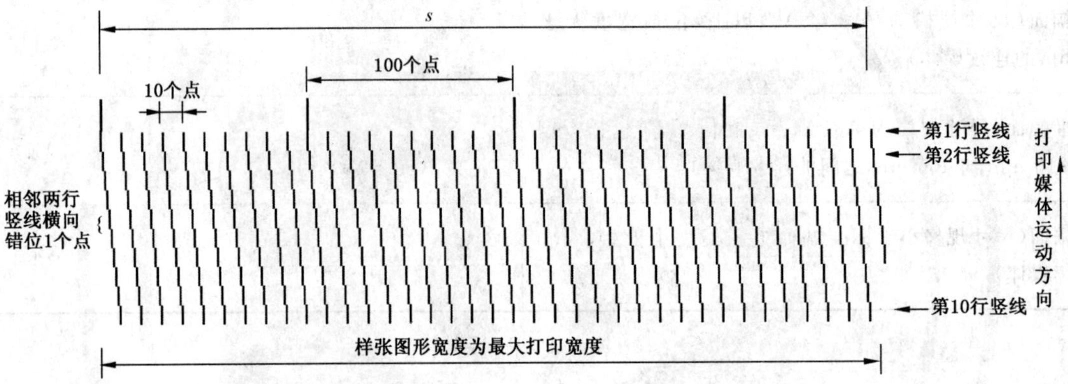

图1 分辨率试验样张示意图

5.3.2.3 试验步骤

5.3.2.3.1 采用产品标准规定的打印媒体和热转印色带。

5.3.2.3.2 打印满足5.3.2.2要求的试验样张。

5.3.2.3.3 目测打印结果，打印的图形应清晰完整。

5.3.2.3.4 用长度测量工具测量打印的样张中第一行竖线中边界竖线的中心距离 s，结果精确到0.05 mm。

5.3.2.3.5 数出第一行竖线的数目 n。

5.3.2.3.6 计算打印分辨率，结果保留3位有效数字，计算公式为：

$$R=\frac{10(n-1)}{s} \qquad (1)$$

式中：

R ——打印分辨率，单位为点每毫米(dot/mm)；

n ——第一行竖线的数目；

s ——第一行竖线中边界竖线的中心距离，单位为毫米(mm)。

5.3.3 打印速度

5.3.3.1 测量工具精度

5.3.3.1.1 长度测量工具精度应不低于 1 mm。

5.3.3.1.2 时间测量工具精度应不低于 0.01 s。

5.3.3.2 试验样张

样张的印字率为 10%～15%。如果产品标准中规定的打印速度以毫米每秒为单位，样张长度为 100 mm；如果产品标准中规定的打印速度以页每分钟为单位，样张长度为产品标准中规定的页长度。

5.3.3.3 试验步骤

5.3.3.3.1 采用产品标准中规定的打印媒体和热转印色带。

5.3.3.3.2 如果产品标准中规定的打印速度以毫米每秒为单位，则按 5.3.3.3.3～5.3.3.3.6 步骤进行；如果产品标准中规定的打印速度以页每分为单位，则按 5.3.3.3.7～5.3.3.3.8 步骤进行。

5.3.3.3.3 打印满足 5.3.3.2 要求的试验样张。在连续的打印媒体上连续打印 20 张，中间不停顿。20 张样张连在一起，不进行分切。

5.3.3.3.4 从受试样品响应打印任务开始计时，直到完成打印任务计时结束。记录打印 20 张样张所用时间 t，精确到 0.01 s。

5.3.3.3.5 测量打印的 20 张样张的总长度 S，精确到 1 mm。

5.3.3.3.6 计算打印速度，结果取整数，计算公式为：

$$v=\frac{S}{t} \qquad \cdots\cdots\cdots\cdots (2)$$

式中：

v ——打印速度，单位为毫米每秒(mm/s)；

S ——打印的 20 张样张的总长度，单位为毫米(mm)；

t ——打印 20 张样张所用的时间，单位为秒(s)。

5.3.3.3.7 连续打印满足 5.3.3.2 要求的试验样张。

5.3.3.3.8 从受试样品响应打印任务开始计时，记录 1 min 内打印的张数(不包含在 1 min 时未打印完成的样张)，即为以页每分为单位的打印速度。

5.3.4 走纸积累误差

5.3.4.1 测量工具精度

长度测量工具精度应不低于 0.05 mm。

5.3.4.2 试验样张

按图 2 所示设计试验样张。样张图形是由两条横线和一条竖线组成的“工”字形图形，竖线位于两条横线的中间位置，竖线与打印时打印媒体运动方向平行，三条直线的粗细均为一个像素点，两条横线的长度相同且不小于 8 mm，竖线的长度即两条横线的间距 S 为 200 mm，若热打印机支持的最大打印长度小于 200 mm，则两条横线的间距 S 为最大打印长度。

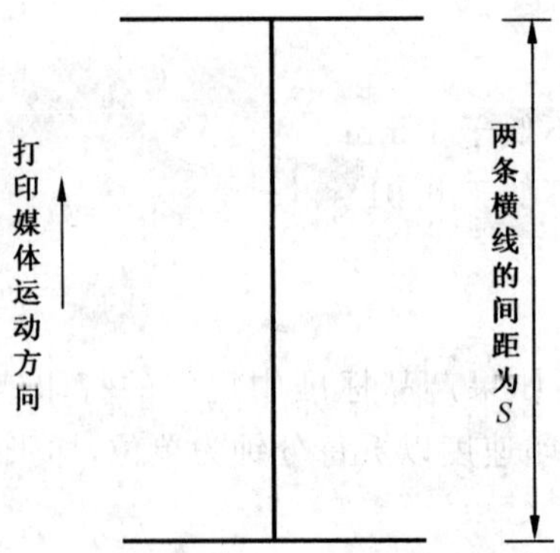

图 2 走纸积累误差试验样张示意图

5.3.4.3 试验步骤

5.3.4.3.1 采用产品标准规定的打印媒体和热转印色带。
5.3.4.3.2 打印满足 5.3.4.2 要求的试验样张，共连续打印 5 张。
5.3.4.3.3 目测打印结果，样张图形应清晰、完整。
5.3.4.3.4 测量打印的每张样张中两条横线的间距 S'，精确到 0.05 mm。
5.3.4.3.5 分别计算每张样张中的走纸积累误差，结果精确到 0.1%，其中的最大值为受试样品的走纸积累误差。计算公式为：

$$m=\frac{|S-S'|}{S}\times 100\% \qquad \cdots\cdots(3)$$

式中：

m ——走纸积累误差；

S ——样张中两条横线的设计间距，单位为毫米(mm)；

S'——打印的样张中两条横向线的实际测量间距，单位为毫米(mm)。

5.3.5 最大打印宽度

5.3.5.1 测量工具精度

长度测量工具精度应不低于 0.05 mm。

5.3.5.2 试验样张

按图 3 所示设计试验样张。样张图形是由一条横线和两条竖线组成的“H”字形图形，横线位于两条竖线的中间位置，竖线与打印时打印媒体运动方向平行，三条直线的粗细均为一个像素点，两条竖线的长度相同且不小于 8 mm，横线的长度即两条竖线的间距设计为最大打印宽度。

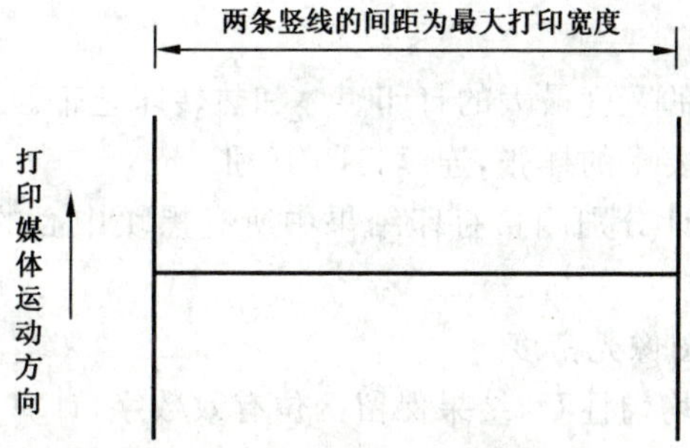

图 3　最大打印宽度试验样张示意图

5.3.5.3　**试验步骤**

5.3.5.3.1　采用产品标准规定的宽度最大的打印媒体和热转印色带。

5.3.5.3.2　打印满足 5.3.5.2 要求的试验样张。

5.3.5.3.3　目测打印结果，样张图形应清晰、完整。

5.3.5.3.4　测量打印的样张中两条竖线外边沿的距离，即为最大打印宽度，结果精确到 0.1 mm。

5.3.6　**图像光密度和图像光密度不均匀性**

5.3.6.1　**测量工具精度**

反射式光学密度计精度不低于 0.02*D*。

5.3.6.2　**试验样张**

按图 4 所示设计试验样张。图中的黑块是边长为 25.4 mm 的正方形，3 个黑块横向依次位于样张的左边界、中间、右边界，纵向相邻黑块的中心间距是 50.8 mm，样张的宽度为热打印机的最大打印宽度。样张的长度为 152.4 mm，如果热打印机支持的最大打印长度小于 152.4 mm，则样张的长度为最大打印长度，同时黑块纵向间距按比例缩小。

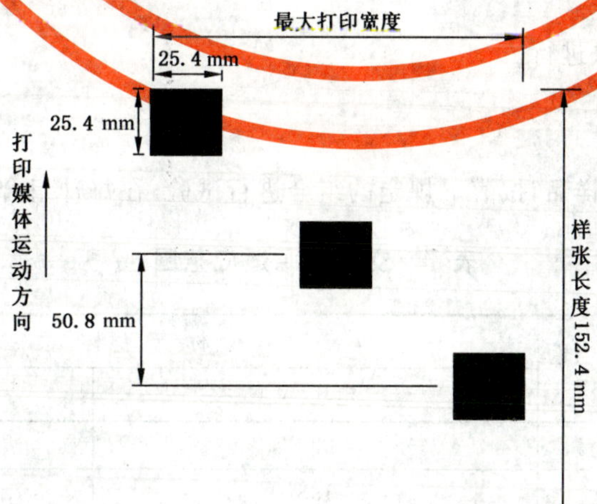

图 4　图像光密度及图像光密度均匀性试验样张示意图

5.3.6.3 试验步骤

5.3.6.3.1 采用产品标准规定的宽度最大的打印媒体和热转印色带。

5.3.6.3.2 打印满足5.3.6.2要求的样张，连续打印10张。

5.3.6.3.3 用反射式光学密度计分别测量打印结果中所有黑块中心的图像光密度，记录最大值 D_{max} 和最小值 D_{min}。

5.3.6.3.4 D_{min} 为受试样品的图像光密度。

5.3.6.3.5 计算图像光密度不均匀性 U，结果保留两位有效数字，计算公式为：

$$U=\frac{D_{max}-D_{min}}{D_{max}}\times 100\% \qquad \cdots\cdots(4)$$

式中：

U ——图像光密度不均匀性；

D_{max}——最大图像光密度；

D_{min}——最小图像光密度。

5.3.7 打印媒体和热转印色带

采用符合4.3.8规定的打印媒体和热转印色带进行打印，判断受试样品是否工作正常。

5.3.8 字型和字符集

按GB/T 11460规定的方法检查受试样品中汉字字型与相应标准字型的符合程度，检查字型应同时检查字符集。

5.3.9 接口

将受试样品与具有相应接口的主机相连，由主机通过接口向受试样品发送操作指令，判断受试样品是否工作正常。

5.3.10 告警

按产品标准中规定的方法进行。

5.3.11 自检

按产品标准中规定的方法进行。

5.4 电源适应性

5.4.1 采用交流供电的受试样品，按表7规定的组合进行试验，在每种组合下连续打印1 min。

表7 交流电源适应范围

组合	标称值	
	电压/V	频率/Hz
1	220	50
2	198	49
3	198	51
4	242	49
5	242	51

5.4.2 采用直流方式供电的受试样品，按表8规定的次序进行试验，在每种条件下连续打印1 min。

表8 直流电源适应范围

次 序	电压标称值/V
1	额定电压
2	额定电压×95%
3	额定电压×105%

5.4.3 电线组件按GB 15934的规定进行试验。

5.5 安全

按GB 4943.1的规定进行。

5.6 电磁兼容

5.6.1 无线电骚扰限值

按GB 9254的规定进行。

5.6.2 抗扰度

按GB/T 17618的规定进行。

5.6.3 谐波电流

按GB 17625.1的规定进行。

5.7 噪声

按GB/T 18313的规定进行。

5.8 环境适应性

5.8.1 一般要求

环境试验方法的总则和名词术语应符合GB/T 2421.1、GB/T 2422的有关规定。

以下各项试验中规定的初始检测和最后检测，统一按5.2进行外观和结构检查，并运行自检程序一遍，检查受试样品状态。

5.8.2 温度下限

5.8.2.1 工作温度下限

按GB/T 2423.1"试验Ad"的规定进行。受试样品须进行初始检测。严酷程度取表1规定的受试样品的工作温度下限值，加电运行试验持续2 h，加电试验的开始、中间和最后各进行间歇打印1 min（打印和间歇时间比例为1∶1），检查受试样品的状态。恢复时间为2 h，至凝露消失，进行最后检测。

5.8.2.2 贮存运输温度下限

按GB/T 2423.1"试验Ab"的规定进行。受试样品须进行初始检测。严酷程度取表1规定的受试样品的贮存运输温度下限值，受试样品在不工作条件下存放16 h。恢复时间为2 h，至凝露消失，进行最后检测。

为防止试验中受试样品结霜和凝露，允许将受试样品用聚乙烯薄膜密封后进行试验，必要时还可以在密封套内装吸潮剂。

5.8.3 温度上限

5.8.3.1 工作温度上限

按 GB/T 2423.2“试验 Bd”的规定进行。受试样品须进行初始检测。严酷程度取表 1 中规定的受试样品的工作温度上限值，加电运行试验持续 2 h，加电试验的开始、中间和最后各进行间歇打印 1 min（打印和间歇时间比例为 1∶1），检查受试样品的状态。恢复时间为 2 h，进行最后检测。

5.8.3.2 贮存运输温度上限

按 GB/T 2423.2“试验 Bb”的规定进行。受试样品须进行初始检测。严酷程度取表 1 中规定的受试样品的贮存运输温度上限值。受试样品在不工作条件下存放 16 h，恢复时间为 2 h，进行最后检测。

5.8.4 恒定湿热

5.8.4.1 工作条件下恒定湿热

按 GB/T 2423.3“试验 Cab”的规定进行。受试样品须进行初始检测。严酷程度取表 1 中规定的受试样品的工作湿热上限值，加电运行试验持续 2 h，加电试验的开始、中间和最后各进行间歇打印 1 min（打印和间歇时间比例为 1∶1），检查样受试品的状态。恢复时间为 2 h，至凝露消失，进行最后检测。

5.8.4.2 贮存运输条件下恒定湿热

按 GB/T 2423.3“试验 Cab”的规定进行。受试样品须进行初始检测。严酷程度取表 1 中规定的贮存运输湿热上限值，受试样品在不工作条件下存放 48 h，恢复时间为 2 h，至凝露消失，进行最后检测。

5.8.5 振动

5.8.5.1 一般要求

按 GB/T 2423.10“试验 Fc”的规定进行。受试样品按工作位置固定在振动台上，进行初始检测，受试样品在不工作状态下，按表 2 规定值，分别对 3 个互相垂直轴线方向进行振动。

5.8.5.2 初始振动响应检查

试验在给定频率范围内，在一个扫频循环上完成。试验过程中记录危险频率，一个试验方向上最多不超过 4 个危险频率。

5.8.5.3 定频耐久试验

用初始振动响应检查中记录的危险频率进行定频试验，如果两种危险频率同时存在，则不得只选其中一种。若在试验规定频率范围内无明显共振频率或无影响性能的频率，或危险频率超过 4 个则不做定频耐久试验，仅做扫频耐久试验。

5.8.5.4 扫频耐久试验

按表 2 规定频率范围由低到高，再由高到低，作为一次循环，按表 2 规定的循环次数进行。已做过定频耐久试验的受试样品不再做扫频耐久试验。

5.8.5.5 最后振动响应检查

已做过定频耐久试验的受试样品应做此项试验。做过扫频耐久试验的受试样品，可将最后一次扫频试验作为最后振动响应检查。本试验后须将记录的共振频率与初始振动响应检查记录的共振频率相比较，若有明显变化，应对受试样品进行修整，重新进行该项试验。而这种修整必须在该批所有产品上进行。

试验结束后，进行最后检测。

5.8.6 碰撞

按 GB/T 2423.6 的规定进行。受试样品须进行初始检测，安装时要注意重力影响，按表 3 规定值，在不工作状态下，分别对 3 个互相垂直轴线方向各进行一次试验。试验后进行最后检测。

5.8.7 冲击

按 GB/T 2423.5“试验 Ea”的规定进行。受试样品须进行初始检测，安装时要注意重力影响，按表 4 规定值，在不工作状态下，分别对 3 个互相垂直轴线方向进行冲击，每个方向冲击 3 次，试验后进行最后检测。

5.8.8 运输包装件跌落

对受试样品进行初始检测，将运输包装件处于准备运输状态，按 GB/T 4857.2—2005 表 1 中条件 5 规定进行预处理 4 h。按 GB/T 4857.5 的规定和表 5 的规定值进行跌落，跌落要求为六面三棱一角各跌落一次。试验后检查包装件的损坏情况，进行最后检测。

5.9 可靠性和关键部件寿命

5.9.1 可靠性

5.9.1.1 试验条件

本标准规定可靠性试验目的是确定产品在正常使用条件下的可靠性水平，试验周期内综合应力规定如下：

电应力：受试样品在输入电压标称值 220 V±22 V 变化范围内工作（直流供电的受试样品电压变化为±5%）。一个周期内各种条件工作时间的分配为：电压上限 25%，电压标称值 50%，电压下限 25%。

温度应力：受试样品在一个周期内由正常温度（具体值由产品标准规定）升至表 1 中对应产品标准中规定的气候环境适应性级别的工作温度上限值再回到正常温度。温度变化率的平均值为 0.7 ℃/min～1 ℃/min 或根据受试样品的特殊要求选用其他值。在一个周期内保持在上限和正常温度的持续时间之比应为 1∶1 左右。

一个周期称为一次循环，在总试验期间内循环次数不应小于 3 次。每个周期的持续时间应不大于 $0.2m_0$，电应力和温度应力应同时施加。

5.9.1.2 试验方案

按 GB/T 5080.7 的规定进行，可靠性鉴定试验和可靠性验收试验的方案由产品标准规定。在整个试验过程中，受试样品处于加电状态，每小时连续打印 6 min，印字率为 12.5%，故障的判据和计入方法按附录 A 的规定，只统计关联故障数。

5.9.1.3 试验时间

试验时间应持续到总试验时间及总故障数均能按选定的试验方案作出接收或拒收判决时截止。多台受试样品试验时，每台受试样品的试验时间不得少于所有受试样品的平均试验时间的一半。

5.9.2 关键部件寿命

热打印头寿命试验采用满足产品标准规定的打印媒体和热转印色带，打印印字率为12.5%的样张，每连续打印1 min，停5 min，在达到产品标准中规定的热打印头寿命前，热打印头应能正常工作。

其他关键部件的寿命试验由产品标准规定。

5.10 有毒有害物质

按SJ/T 11365的规定进行。

5.11 能耗

按附录B的规定进行。

6 质量评定程序

6.1 一般规定

产品在定型时（设计定型、生产定型）和生产过程中应按本标准和产品标准中的补充规定进行检验，并应符合这些规定的要求。

6.2 检验分类

本标准规定的检验分为：

a） 定型检验；

b） 质量一致性检验。

各类检验项目和顺序分别按表9的规定。若产品标准中有补充的试验项目时，则应将其插入至表9的相应位置。

表9 检验项目

检验项目	要求	试验方法	定型检验	质量一致性检验	
				逐批检验	周期检验
外观和结构	4.2	5.2	○	○	○
主要技术性能	4.3	5.3	○	○	○
电源适应性	4.4	5.4	○	—	○
安全	4.5	5.5	○	○[a]	○[a]
电磁兼容	4.6	5.6	○	—	—
噪声	4.7	5.7	○	—	○
气候环境适应性	4.8.1	5.8	○	—	○
机械环境适应性	4.8.2	5.8	○	—	○

表 9（续）

检验项目	要求	试验方法	定型检验	质量一致性检验	
				逐批检验	周期检验
运输包装件跌落适应性	4.8.3	5.8	○	—	○
可靠性和关键部件寿命	4.9	5.9	○	—	＃
有毒有害物质的限量	4.10	5.10	○	—	＃
能耗	4.11	5.11	○	—	○
注："○"表示应进行的检验项目，"—"表示不进行检验的项目，"＃"表示可选检验的项目。					
[a] 在逐批检验和周期检验中，安全试验仅作抗电强度、接地连续性和接触电流三项试验。					

6.3 定型检验

6.3.1 产品在设计定型和生产定型时均应进行定型检验。

6.3.2 定型检验由产品制造单位质量检验部门或由产品制造单位委托中国国家认证认可管理委员会认可的检测机构负责进行。

6.3.3 定型检验中的可靠性鉴定试验的样品数可根据产品批量、试验时间和成本确定，其余检验项目的样品数量为 2 台。

6.3.4 定型检验中可靠性试验的故障判据和计入方法见附录 A。

除可靠性鉴定一项外，其他项目均按以下规定进行。

检验中出现故障或某项通不过时，应停止试验，查明故障原因，提出故障分析报告，排除故障，重新进行该项试验。若在以后的试验中再出现故障或某项通不过时，在查明故障原因，提出故障分析报告，排除故障后，应重新进行定型检验。

6.3.5 检验后应提交定型检验报告。

6.4 逐批检验

6.4.1 批量生产或连续生产的产品，进行逐批全数交收检验。检验中，出现任一项不合格时，返修后重新进行检验。若再次出现任一项不合格时，该产品判为不合格品。

6.4.2 逐批检验由产品制造单位质量检验部门负责进行。

6.5 周期检验

6.5.1 连续生产的产品，每年至少进行一次周期检验。

6.5.2 周期检验由产品制造单位质量检验部门或产品制造单位委托中国国家认证认可管理委员会认可的检测机构负责进行。根据订货方的要求，制造单位应提供该产品近期的周期检验报告。

6.5.3 周期检验样品应在逐批检验合格产品中随机抽取，其中的可靠性验收试验项目的样品数可根据产品批量、试验时间和成本确定，其余检验项目的试验样品数为 2 台。

6.5.4 周期检验中可靠性试验的故障判据和计入方法见附录 A。

除可靠性验收试验外，其余项目的故障处理按以下规定进行。

检验中出现故障或任一项通不过时应查明故障原因，提出故障分析报告，经修复后重新进行该项检验。之后，再顺序做以下各项试验，如再次出现故障或某项通不过，在查明故障原因，提出故障分析报告，再经修复后，则应重新进行各项周期检验。在重新进行检验中又出现某一项通不过的情况时，则判该产品通不过周期检验。

经周期检验中的环境试验的样品，应印有标记，一般不应作为正品出厂。

6.5.5 检验后要提交周期检验报告。

7 标志、包装、运输和贮存

7.1 产品的标志应符合有关法律法规和标准的要求。

产品的标志应包括：产品名称、产品型号、产品技术规格说明、产品使用说明书、制造商信息或销售商信息(针对进口产品)、生产厂信息或产地信息(针对进口产品)、产品标准编号、产品认证标志、安全警示标志或中文警示说明、生产日期、产品质量检验合格证明、包装储运标识、商品修理更换退货责任说明等内容。

包装箱外应标有制造厂名称，产品型号，并喷刷或贴有“易碎物品”、“怕雨”等运输标志，运输标志应符合 GB/T 191 的规定。

产品包装的回收标志应符合 GB 18455 的要求。

产品中有毒有害物质的含量的标识应符合 SJ/T 11364 的规定。

7.2 包装箱应符合防潮、防尘、防振的要求，包装箱内应有装箱明细表、检验合格证，备附件及有关的随机文件。

7.3 包装后的产品在长途运输时不得装在敞开的船舱和车厢中，中途转运时不得存放在露天仓库中，在运输过程中不允许和易燃、易爆、易腐蚀的物品同车(或其他运输工具)装运，并且产品不允许受雨、雪或液体物质的淋袭与机械损伤。

产品贮存时应存放在原包装盒(箱)内，仓库内不允许有各种有害气体、易燃、易爆的产品及有腐蚀性的化学物品，并且应无强烈的机械振动、冲击和磁场作用。包装箱应垫离地面至少 10 cm，距墙壁、热源、冷源、窗口或空气入口至少 50 cm。

若无其他规定时，贮存期应为 6 个月，若存放超过 6 个月，则应重新进行逐批检验。

附 录 A
（规范性附录）
故障分类及判据

A.1 故障定义和解释

按 GB 5271.14 规定的故障定义，出现以下情况之一均视为故障：

a) 受试样品在规定的条件下，出现一个或几个性能参数超过规定要求；

b) 受试样品在规定的应力范围内工作，由于机械零件、结构件的损坏或失灵，或出现了元器件的失效，而使受试样品不能完成其规定的功能。

A.2 故障分类

A.2.1 关联性故障

关联性故障是受试样品预期会出现的故障，通常都是由受试样品本身条件引起的。它是在解释试验结果和计算可靠性特征值时应计入的故障。

A.2.2 非关联性故障

非关联性故障是受试样品出现非预期的故障，这类故障不是由受试样品本身条件引起的。非关联性故障在解释试验结果和计算可靠性特征值时不计入，但应在试验中做记录，以便于分析时参考。

A.3 关联性故障判据

A.3.1 关联故障的判据原则

凡因受试样品本身的原因引起出错，以致于可能导致联机设备发生故障，或者受试样品本身的控制功能和打印功能部分或全部失去，均判为关联故障。

A.3.2 关联故障判据

下列故障为关联故障：

a) 按键或拨动开关一次产生两次以上的作用效果或无效果；

b) 凡需停机修理(包括焊接、调整等)才能恢复受试样品功能的故障；

c) 告警失灵，状态失控；

d) 多次重复性故障，发现后立即修复的，只算作一次关联故障，不修或不能修复的，发现即算一次关联故障；

e) 操作员无法排除的卡纸故障。

A.4 非关联性故障判据

A.4.1 非关联故障的判据原则

非受试样品本身的原因引起的故障，或不影响打印功能的故障，判为非关联故障。

A.4.2　非关联故障判据

下列故障为非关联故障：

a)　凡不需要任何人工干预而能排除的故障，如采取了自动纠错措施；

b)　非连续或非周期性的偶然故障自动恢复，不足3次的偶然故障；

c)　指示灯不亮；

d)　由于供电电源超过标准而引起的熔断丝断、电源过压或欠压保护；

e)　联机时，由联机反映到受试样品中来的故障；

f)　诱发故障和误用故障。

附　录　B
（规范性附录）
能耗的测量方法

B.1　测量仪器精度

测试电源满足交流电压 220 V±5 V，测试频率为 50 Hz±0.5 Hz，总谐波失真不大于 3%。

电能表能够在最小 20 mW 功率的水平上测量能耗，单位为瓦·小时（W·h）。

功率计在 1 W 的有用功功率读数时的分辨力为 0.1 W，且在电流不大于 2 A 时的峰值因子不小于 5。

时间测量精确到 2 s。

B.2　试验步骤

B.2.1　试验前准备

如果受试样品的运行方式可以按顺序自动改变，在测试前需要进行多次试验性操作以确认完全理解和记录了该样品的自动改变顺序。

B.2.2　关闭状态下的能耗及测量的持续时间

试验步骤如下：

a）接通所有测试设备的电源并正确调整工作量程；

b）确认在测试期间电源输出符合要求，或调节交流稳压电源的输出使其满足要求；

c）将受试样品连接到测试设备上；如果受试样品出厂时具备接口，则至少连接一个接口，并且受试样品不得通过接口取得电能；

d）检查受试样品是否正常工作；

e）将受试样品的电源开关设为“通”，5 min 后将开关设为“断”；

f）测量受试样品的能耗及对应能耗测量的持续时间，能耗测量的持续时间应不小于 10 min。

B.2.3　睡眠状态下的能耗及测量的持续时间

试验步骤如下：

a）接通所有测试设备的电源并正确调整工作量程；

b）确认在测试期间电源输出符合要求、受试样品的运行状态正确；

c）将受试样品连接到测试设备上；如果受试样品出厂时具备接口，则至少连接一个接口，并且受试样品不得通过接口取得电能；

d）检查受试样品是否正常工作，并将所有用户调节参数设置在工厂缺省设置状态；

e）将受试样品的电源开关设为“通”，受试样品须预热 5 min 以上，执行打印任务，从打印完成后开始计时，至产品标准中规定的进入睡眠状态的预设时间结束，然后测量受试样品的能耗及对应能耗测量的持续时间，能耗测量的持续时间应不小于 10 min。

B.3　功率计算方法

计算公式为：

$$P = 3\,600 \times \frac{W}{t} \qquad \cdots\cdots (B.1)$$

式中：

P——功率值，单位为瓦(W)，精确到 0.1 W；

W——测量的能耗，单位为瓦时(W·h)；

t——测量的持续时间，单位为秒(s)，精确到 2 s。

ICS 35.180
L 63

中华人民共和国国家标准

GB/T 28166—2011

馈纸式扫描仪通用规范

General specification for sheetfed scanner

2011-12-30 发布　　2012-06-01 实施

中华人民共和国国家质量监督检验检疫总局
中国国家标准化管理委员会　发布

前言

本标准按照 GB/T 1.1—2009 给出的规则起草。

请注意本文件的某些内容可能涉及专利。本文件的发布机构不承担识别这些专利的责任。

本标准由全国信息技术标准化技术委员会(SAC/TC 28)提出并归口。

本标准起草单位:山东新北洋信息技术股份有限公司。

本标准主要起草人:丛强滋、董述恂、王春涛、马春光、姜天信、王永华、王国强、韩智华、王玉国、朱振宇、丛新元、郭庆雪、高明、区敏刚、车磊、朱先刚。

馈纸式扫描仪通用规范

1 范围

本标准规定了馈纸式扫描仪的要求、试验方法、质量评定程序及标志、包装、运输、贮存等。

本标准适用于馈纸式扫描仪的设计和制造。本标准是制定产品标准的依据。

2 规范性引用文件

下列文件对于本文件的应用是必不可少的。凡是注日期的引用文件，仅注日期的版本适用于本文件。凡是不注日期的引用文件，其最新版本(包括所有的修改单)适用于本文件。

GB/T 191 包装储运图示标志

GB/T 2421.1 电工电子产品环境试验 概述和指南

GB/T 2422 电工电子产品环境试验 术语

GB/T 2423.1 电工电子产品环境试验 第2部分:试验方法 试验A:低温

GB/T 2423.2 电工电子产品环境试验 第2部分:试验方法 试验B:高温

GB/T 2423.3 电工电子产品环境试验 第2部分:试验方法 试验Cab:恒定湿热试验

GB/T 2423.5 电工电子产品环境试验 第2部分:试验方法 试验Ea和导则:冲击

GB/T 2423.6 电工电子产品环境试验 第2部分:试验方法 试验Eb和导则:碰撞

GB/T 2423.10 电工电子产品环境试验 第2部分:试验方法 试验Fc:振动(正弦)

GB/T 2828.1 计数抽样检验程序 第1部分：按接收质量限(AQL)检索的逐批检验抽样计划

GB/T 4857.2—2005 包装 运输包装件基本试验 第2部分:温湿度调节处理

GB/T 4857.5 包装 运输包装件 跌落试验方法

GB 4943.1 信息技术设备 安全 第1部分:通用要求

GB/T 5080.7 设备可靠性试验 恒定失效率假设下的失效率与平均无故障时间的验证试验方案

GB/T 5271.14 信息技术 词汇 第14部分:可靠性、可维护性与可用性

GB 9254 信息技术设备的无线电骚扰限值和测量方法

GB/T 15533 信息处理系统 小型计算机系统接口

GB 15934 电器附件 电线组件和互连电线组件

GB/T 17618 信息技术设备抗扰度限值和测量方法

GB 17625.1 电磁兼容 限值 谐波电流发射限值(设备每相输入电流≤16 A)

GB/T 17961 印刷体汉字识别系统要求与测试方法

GB 18030 信息技术 中文编码字符集

GB/T 18313—2001 声学 信息技术设备和通信设备空气噪声的测量

GB 18455 包装回收标志

GB/T 18788—2008 平板式扫描仪通用规范

SJ/T 11363 电子信息产品中有毒有害物质的限量要求

SJ/T 11364 电了信息产品污染控制标识要求

SJ/T 11365 电子信息产品中有毒有害物质的检测方法

《软件产品管理办法》 中华人民共和国工业和信息化部2009年3月1日第9号令

3 术语和定义

GB/T 18788—2008 界定的以及下列术语和定义适用于本文件。

3.1

馈纸式扫描仪　sheetfed scanner

以半自动或自动馈纸方式供纸，通过传送机构带动原稿与位置固定的图像传感器形成相对运动来获取图像的扫描仪。

3.2

原稿　original

记录待扫描图像的载体。

3.3

扫描速度　scan speed

单位时间内扫描的原稿数，或单位时间内扫描采集的图像数，或单页原稿的扫描时间。

注1：单位分别为页每分(PPM)、图像数每分(ipm)、秒每页(s/P)。

注2：改写 GB/T 18788—2008，定义 3.9。

3.4

自动馈纸器　auto document feeder

ADF

馈纸式扫描仪上可批量输送原稿并具有分纸功能的自动送纸装置。

3.5

最大容纸量　max feeder capacity

自动馈纸器一次可以装载且扫描仪能正常工作的原稿最多张数。

3.6

分纸率　rate of separate sheet

带自动馈纸器的馈纸式扫描仪在连续扫描过程中正常分纸张数与扫描的原稿总张数的比值。

3.7

卡纸率　rate of sheet jammed

扫描过程中原稿在走纸通道内堵塞、缠绕等异常张数与扫描的原稿总张数的比值。

3.8

馈纸偏斜角　sheet feed deflection angle

扫描图像相对于原稿馈纸方向偏斜的角度。

3.9

色彩模式　color mode

扫描仪色彩输出的模式。通常有单色、灰度和彩色等模式。

3.10

关闭状态　off mode

产品连接到电网电源上，且产品的电源开关为“断”的状态。

3.11

睡眠状态　sleep mode

产品停止运行一段时间后，在不关闭的状态下自动进入的能耗较低的状态。

注：当产品睡眠状态具有多种功率水平时，则由生产者指定一种功率水平作为产品的睡眠状态功率。

3.12

进入睡眠状态的预设时间　default time to sleep mode

由厂家预设的产品完成基本功能后进入睡眠状态的时间。

4 要求

4.1 主要设计要求

4.1.1 硬件

设计产品时，应进行可靠性、可维护性、易用性、环境保护性、安全性和电磁兼容性设计。如果设计系列化产品，应遵循标准化、模块化和向上兼容的原则，并应符合有关国家标准。硬件系统和单元设计应具有一定的可扩展性，硬件系统应具有一定的自检功能。

4.1.2 软件

配置的软件应与系统的硬件资源相适应，除扫描仪系统软件、驱动软件或增配的应用软件外，还应配有相应的检查程序。同一系列产品的软件应遵循标准化、模块化、中文化和向上兼容的原则。软件应符合中华人民共和国工业和信息化部第9号令《软件产品管理办法》的规定。

产品如果支持中文字符处理，至少应符合GB 18030的强制部分。如果支持印刷体汉字识别，应符合GB/T 17961的规定。

4.2 外观和结构

产品表面不应有明显的凹痕、划伤、裂缝和变形等。表面涂覆层应均匀，不应有明显起泡、龟裂、脱落、磨损和其他机械损伤。金属部件不应有锈蚀及其他机械损伤。

各操作开关、按键应灵活、可靠、方便。供用户使用的选择开关应便于识别和操作。装卸原稿应简单、方便。告警和出错指示应置于明显位置。

说明功能的文字、符号和标识应准确、清晰、端正。

4.3 主要技术性能

4.3.1 光学分辨率

光学分辨率应在产品标准中规定，应不低于50 dpi。

4.3.2 扫描速度

在规定分辨率、色彩模式及原稿等条件下的扫描速度由产品标准规定。

4.3.3 原稿

产品适用的原稿类型及技术要求由产品标准规定。至少应包括原稿材质、原稿尺寸和原稿厚度等内容。

4.3.4 最大扫描区域

最大扫描区域由产品标准规定。

4.3.5 最大容纸量

带自动馈纸器的产品，最大容纸量由产品标准规定。

4.3.6 分纸率

应不低于98%。

4.3.7 卡纸率

应不高于2%。

4.3.8 色彩深度

色彩深度由产品标准规定。

4.3.9 馈纸偏斜角

当扫描速度不大于20页/min时，应不大于2°；当扫描速度大于20页/min时，应不大于5°。

4.3.10 接口

产品应具有小型计算机系统接口、并行接口、通用串行总线接口、以太网接口、高性能串行总线接口等一种或一种以上接口。产品具有的小型计算机系统接口应符合GB/T 15533的规定，其他接口应符合相应标准的规定。

4.4 电源适应性

4.4.1 采用交流供电的产品，应能在220 V±22 V、50 Hz±1 Hz的条件下正常工作。

4.4.2 采用直流供电的产品，应能在额定电压值的(100±5)%的条件下正常工作。

4.4.3 电线组件应符合GB 15934的规定。

4.5 安全

应符合GB 4943.1的规定。

4.6 电磁兼容

4.6.1 无线电骚扰限值

应符合GB 9254的规定。由产品标准规定符合A级或B级无线电骚扰限值。

4.6.2 抗扰度

应符合GB/T 17618的规定。

4.6.3 谐波电流

应符合GB 17625.1中对A类设备的限值规定。

4.7 噪声

产品扫描时，噪声的声功率级应符合表1的规定。

表 1 噪声值

扫描速度 V/(页/min)	声功率级 L/dB(A)
$V \leqslant 20$	$L \leqslant 60$
$20 < V \leqslant 40$	$L \leqslant 65$
$V > 40$	$L \leqslant 70$

4.8 环境适应性

4.8.1 气候环境适应性

应符合表 2 的规定。由产品标准规定符合的具体限值。

表 2 气候环境适应性

气候条件		级别 1	级别 2	级别 3
温度 ℃	工作	10～35	0～40	−10～55
	贮存运输	−20～55		−40～60
相对湿度	工作	30%～90%		20%～93%(40 ℃)
	贮存运输	20%～93%(40 ℃)		
大气压/kPa		86～106		

4.8.2 机械环境适应性

应符合表 3、表 4、表 5、表 6 的规定。

表 3 振动适应性

项目		参数
初始和最后振动响应检查	频率范围/Hz	5～35
	扫频速率/(oct/min)	≤1
	位移幅值/mm	0.15
定频耐久试验	位移幅值/mm	0.15
	持续时间/min	10
扫频耐久试验	频率范围/Hz	5～35～5
	位移幅值/mm	0.15
	扫频速率/(oct/min)	≤1
	循环次数	2
注：表中位移幅值为峰值。		

表 4 碰撞适应性

峰值加速度/(m/s^2)	波形持续时间/ms	碰撞次数	碰撞波形
100	16	1 000	半正弦波

表 5 冲击适应性

峰值加速度/(m/s^2)	波形持续时间/ms	冲击波形
150	11	半正弦波

表 6 运输包装件跌落适应性

包装件质量 m/kg	跌落高度/mm
$m \leqslant 10$	800
$10 < m \leqslant 20$	600
$20 < m \leqslant 30$	500
$30 < m \leqslant 40$	400
$40 < m \leqslant 50$	300
$m > 50$	200

4.9 可靠性

产品的平均故障间隔时间(MTBF)的 m_1 值(MTBF 的不可接受值)应不低于 2 000 h。

4.10 有毒有害物质的限量

适用时,应符合 SJ/T 11363 的规定。

4.11 能耗

4.11.1 关闭状态的功率限值

应不大于 1 W。

4.11.2 进入睡眠状态的预设时间限值及睡眠状态下功率限值

应符合表 7 的规定。

表 7 进入睡眠状态的预设时间限值及睡眠状态下功率限值

进入睡眠状态的预设时间/min	睡眠状态下功率/W
≤15	≤(4.3+附加功能容许值[a])

[a] 产品具有扫描基本功能以外的附加功能时,产品在睡眠状态下功率限值可根据表 8 进行添加。

表 8　产品附加功能功耗因子表

类别	描　述	附加功能容许值/W
接口	a)　有线，传输速率小于 500 MHz	0.2
	b)　有线，传输速率大于或等于 500 MHz	0.5
	c)　无线	0.7
	d)　有线卡/相机/存储	0.1
	e)　红外线	0.2
其他	a)　存储 产品内部的存储设备。仅包括内部的独立存储驱动器(例如：硬盘、数字多功能光盘(DVD)驱动器)，不包括通往外部驱动器或内存的接口	0.2
	b)　采用冷阴极荧光灯管（CCFL 灯管）或非 CCFL 灯管的扫描仪 包括 CCFL 灯管和非 CCFL 灯管，不管灯管的功率和数量如何，此项增加量只限使用一次	0.5
	c)　基于计算机的系统(脱离计算机资源不能完成扫描动作) 此项增加量仅适用于需要依靠外部计算机资源(例如内存或数据处理)来完成基本功能的扫描产品。而在独立的扫描产品中，这些功能由扫描产品独立完成	−0.5
	d)　内存 产品内置用来储存数据的半导体存储器。依据内存容量来增添允许用电	1.0/GB

5　试验方法

5.1　试验条件

5.1.1　环境条件

除另有规定外，试验在下述试验用标准大气条件下进行。

温度：15 ℃～35 ℃；

相对湿度：25%～75%；

大气压：86 kPa～106 kPa。

5.1.2　工作条件

应在预热结束样品进入稳定工作状态 5 min 后进行试验。

采用产品标准中规定的原稿。

测试程序可由生产者提供。试验所需的系统环境(包括上位机工作主频、内存容量等)、通信接口类型等按产品标准中的规定执行。

5.2 外观和结构

采用目测法进行检查。

5.3 主要技术性能

5.3.1 光学分辨率

5.3.1.1 采用自定义的包含不同分辨率的黑白线对的标准测试图片。

5.3.1.2 将受试样品选项设定在光学分辨率上，以灰度模式扫描标准测试图片上的黑白线对。

5.3.1.3 对不同分辨率的黑白线对的扫描结果进行检查，其中一组可完整、正确、辨识清楚的分辨率最高的黑白线对所代表的分辨率值，即为受试样品的光学分辨率。(所谓完整、正确、辨识清楚，是指扫描输出的黑白线对间，不能有断线、连线或短线的情形)。

5.3.2 扫描速度

5.3.2.1 采用产品标准中规定的原稿。

5.3.2.2 将受试样品设定在产品标准中规定的分辨率、色彩模式下。

5.3.2.3 不带自动馈纸器的受试样品按5.3.2.4的规定进行，带自动馈纸器的受试样品按5.3.2.5的规定进行。

5.3.2.4 装载单张原稿，用秒表测量从发出扫描指令到扫描动作结束的时间，该时间值即为扫描速度值，单位为秒每页，精确到0.1 s/页。

5.3.2.5 按最大容纸量装载原稿，用秒表测量从发出扫描指令到批次扫描动作结束的时间，精确到0.1 s。计算扫描速度，单位为页每分或图像数每分(ipm)，结果取整数，计算公式：

$$x = 60 \times \frac{n}{t} \qquad \cdots\cdots(1)$$

式中：

x ——扫描速度，单位为页每分或图像数每分(ipm)；

n ——扫描的原稿数或采集的图像数；

t ——扫描所用的时间，单位为秒(s)。

5.3.3 原稿

采用4.3.3规定的原稿进行扫描，判断受试样品是否正常工作。

5.3.4 最大扫描区域

5.3.4.1 采用产品标准中规定的最大尺寸的原稿，按图1所示设计制作试验原稿图形。在原稿中画两个相互垂直的坐标轴，其中一个坐标轴与扫描方向平行，坐标原点在实际扫描区域内，坐标轴延伸到原稿的边沿，坐标轴的最小刻度按1 mm设计。

5.3.4.2 按最大扫描区域扫描满足5.3.4.1要求的原稿。

5.3.4.3 在图像处理软件中，利用原稿的扫描图像中的坐标轴图形，分别读出原稿的扫描图像中两个坐标轴图形的边界点的坐标，并按此坐标值将4个边界点分别标注在实物原稿中的坐标轴上的对应位置上。

5.3.4.4 用长度测量工具分别测量实物原稿中两个坐标轴上分别标注的两个点的距离 W 和 L，单位为毫米(mm)，结果取整数，则"$W \times L$"就是最大扫描区域。

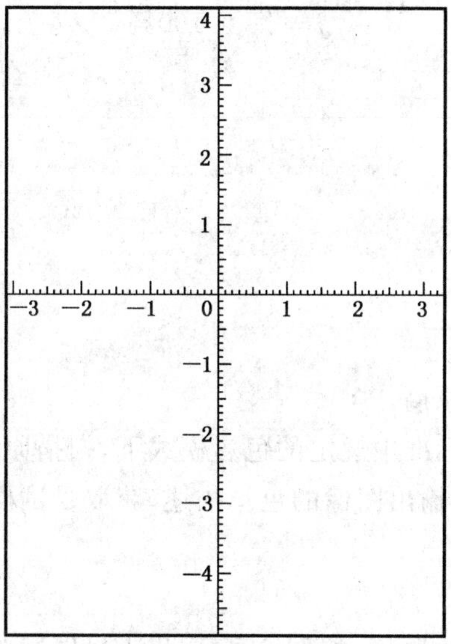

图 1　最大扫描区域的试验原稿示意图

5.3.5　**最大容纸量**

5.3.5.1　采用产品标准中规定的原稿。将原稿放入 5.1.1 规定环境中预处理 24 h。

5.3.5.2　将受试样品设定在产品标准中规定的分辨率、色彩模式下。

5.3.5.3　将产品标准中规定的最大容纸量的原稿装入自动馈纸器进行扫描，判断受试样品是否工作正常。

5.3.6　**分纸率**

5.3.6.1　采用产品标准中规定的原稿。将原稿放入 5.1.1 规定环境中预处理 24 h。

5.3.6.2　将受试样品设定在产品标准中规定的分辨率、色彩模式下。

5.3.6.3　以产品标准中规定的最大容纸量的原稿为 1 批次，连续扫描不低于 5 批次且扫描原稿总张数不少于 500 张。

5.3.6.4　计算分纸率，结果精确到 0.1%，计算公式：

$$k=\frac{n}{N}\times 100\% \qquad \cdots\cdots(2)$$

式中：

k ——分纸率；

n ——正常分纸张数；

N ——扫描原稿总张数。

5.3.7　**卡纸率**

5.3.7.1　采用产品标准中规定的原稿。将原稿放入 5.1.1 规定的环境中预处理 24 h。

5.3.7.2　将受试样品设定在产品标准中规定的分辨率、色彩模式下。

5.3.7.3　以产品标准中规定的最大容纸量的原稿为 1 批次，连续扫描不低于 5 批次且扫描原稿总张数不少于 500 张。

5.3.7.4　计算卡纸率，结果精确到 0.1%，计算公式：

$$j=\frac{m}{M}\times 100\% \qquad \cdots\cdots(3)$$

式中：

j ——卡纸率；

m ——卡纸张数；

M——扫描原稿总张数。

5.3.8 **色彩深度**

5.3.8.1 采用产品标准中规定的原稿。

5.3.8.2 将受试样品设定在产品标准中规定的色彩模式下，扫描原稿。

5.3.8.3 采用图像处理软件，查看输出图像的色彩描述，获取受试样品的色彩深度值。

5.3.9 **馈纸偏斜角**

5.3.9.1 采用支持最大扫描区域的原稿，按图 2 所示设计制作试验原稿图形。在原稿中画一条水平线，在水平线上标注两点 P1 和 P2，P1 和 P2 应尽量接近最大扫描区域的边界。

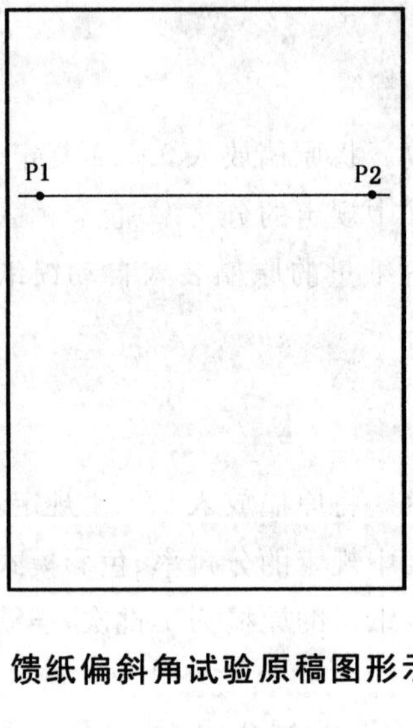

图 2 馈纸偏斜角试验原稿图形示意图

5.3.9.2 将受试样品设定在产品标准中规定的分辨率、色彩模式下，扫描满足 5.3.9.1 要求的原稿。

5.3.9.3 采用图像处理软件，读取扫描图像中 P1 和 P2 的坐标，分别记为(x_1,y_1)和(x_2,y_2)。

5.3.9.4 计算馈纸偏斜角，结果精确到 0.1°，公式为：

$$\alpha=\arctan\left(\frac{|y_2-y_1|}{|x_2-x_1|}\right) \qquad \cdots\cdots(4)$$

式中：

α ——馈纸偏斜角；

y_2——在图像处理软件中读取的 P2 点纵坐标；

y_1——在图像处理软件中读取的 P1 点纵坐标；

x_2——在图像处理软件中读取的 P2 点横坐标；

x_1——在图像处理软件中读取的 P1 点横坐标。

5.3.10 **接口**

将受试样品与具有相应接口的主机相连，由主机通过接口向受试样品发送操作指令，判断受试样品是否工作正常。

5.4 电源适应性

5.4.1 对采用交流供电的受试样品，按表9中的组合对受试样品进行试验，在每种组合下运行检查程序一遍。

表9 交流电源适应范围

组合	电压/V	频率/Hz
1	220	50
2	198	49
3	198	51
4	242	49
5	242	51

5.4.2 对采用直流供电的受试样品，按表10的次序进行试验，在每种条件下运行检查程序一遍。

表10 直流电源适应范围

次序	电压/V
1	额定电压
2	额定电压×95%
3	额定电压×105%

5.4.3 电线组件

按GB 15934的规定进行。

5.5 安全

按GB 4943.1的规定进行。

5.6 电磁兼容

5.6.1 无线电骚扰限值

按GB 9254的规定进行。

5.6.2 抗扰度

按GB/T 17618的规定进行。

5.6.3 谐波电流

按GB 17625.1的规定进行。

5.7 噪声

受试样品在扫描时，按GB/T 18313—2001第7章的规定进行测量。

5.8 环境适应性

5.8.1 一般要求

环境试验方法的总则和名词术语应符合 GB/T 2421.1、GB/T 2422 的有关规定。

以下各项试验中规定的初始检测和最后检测，统一按 5.2 进行外观检查，并运行检查程序一遍，检查受试样品状态。

5.8.2 温度下限

5.8.2.1 工作温度下限

按 GB/T 2423.1“试验 Ad”的规定进行。受试样品须进行初始检测。严酷程度取表 2 中对应产品标准中规定的气候环境适应性级别的工作温度下限值。加电运行试验持续 2 h，加电试验的开始、中间和最后各扫描 1 min 检查受试样品的状态。恢复时间为 2 h，至凝露消失，进行最后检测。

5.8.2.2 贮存运输温度下限

按 GB/T 2423.1“试验 Ab”的规定进行。严酷程度取表 2 中对应产品标准中规定的气候环境适应性级别的贮存运输温度下限值。受试样品在不工作条件下存放 16 h，恢复时间为 2 h，至凝露消失，进行最后检测。

为防止试验中受试样品结霜和凝露，允许将受试样品用聚乙烯薄膜密封后进行试验，必要时还可以在密封套内装吸潮剂。

5.8.3 温度上限

5.8.3.1 工作温度上限

按 GB/T 2423.2“试验 Bd”的规定进行。受试样品须进行初始检测。严酷程度取表 2 中对应产品标准中规定的气候环境适应性级别的工作温度上限值。加电运行试验持续 2 h，加电试验的开始、中间和最后各扫描 1 min，检查受试样品的状态。恢复时间为 2 h，进行最后检测。

5.8.3.2 贮存运输温度上限

按 GB/T 2423.2“试验 Bb”的规定进行。严酷程度取表 2 中对应产品标准中规定的气候环境适应性级别的贮存运输温度上限值。受试样品在不工作条件下存放 16 h，恢复时间为 2 h，进行最后检测。

5.8.4 恒定湿热

5.8.4.1 工作条件下恒定湿热

按 GB/T 2423.3“试验 Cab” 的规定进行。受试样品须进行初始检测。严酷程度取表 2 中对应产品标准中规定的气候环境适应性级别的工作温度和湿度上限值。加电运行试验持续 2 h，加电试验的开始、中间和最后各扫描 1 min，检查受试样品的状态。恢复时间为 2 h，至凝露消失，进行最后检测。

5.8.4.2 贮存运输条件下恒定湿热

按 GB/T 2423.3“试验 Cab”的规定进行。严酷程度取表 2 中对应产品标准中规定的气候环境适应性级别的贮存运输温度和湿度上限值。受试样品在不工作条件下存放 48 h，恢复时间为 2 h，至凝露消失，进行最后检测。

5.8.5 振动

5.8.5.1 一般要求

按 GB/T 2423.10“试验 Fc”的规定进行。受试样品按工作位置固定在振动台上，进行初始检测，受试样品在不工作状态下，按表 3 规定值，分别对 3 个互相垂直轴线方向进行振动。

5.8.5.2 初始振动响应检查

试验在给定频率范围内，在一个扫频循环上完成。试验过程中记录危险频率，一个试验方向上最多不超过 4 个危险频率。

5.8.5.3 定频耐久试验

用初始振动响应检查中记录的危险频率进行定频试验，如果两种危险频率同时存在，则不得只选其中一种。若在试验规定频率范围内无明显共振频率或无影响性能的频率，或危险频率超过四个则不做定频耐久试验，仅做扫频耐久试验。

5.8.5.4 扫频耐久试验

按表 3 给定频率范围由低到高，再由高到低，作为一次循环。按表 3 规定的循环次数进行，已做过定频耐久试验的样品不再做扫频耐久试验。

5.8.5.5 最后振动响应检查

对于已做过定频耐久试验的受试样品应做此项试验。对于做过扫频耐久试验的样品，可将最后一次扫频试验作为最后振动响应检查。本试验须将记录的共振频率与初始振动响应检查记录的共振频率相比较，若有明显变化，应对受试样品进行修整，重新进行该项试验。而这种修整必须在该批所有产品上进行。

试验结束后，进行最后检测。

5.8.6 碰撞

按 GB/T 2423.6 的规定进行。受试样品须进行初始检测，安装时要注意重力影响，按表 4 规定值，在不工作状态下，分别对 3 个互相垂直轴线方向各进行一次试验，试验后进行最后检测。

5.8.7 冲击

按 GB/T 2423.5“试验 Ea”进行。受试样品须进行初始检测，安装时要注意重力影响，按表 5 规定值，在不工作状态下，分别对 3 个互相垂直轴线方向进行冲击，每个方向冲击 3 次，试验后进行最后检测。

5.8.8 运输包装件跌落

对受试样品进行初始检测，将运输包装件处于准备运输状态，按 GB/T 4857.2—2005 表 1 中条件 5 规定进行预处理 4 h。按 GB/T 4857.5 的规定和表 6 的规定值进行跌落，六面三棱一角各跌落一次。试验后检查包装件的损坏情况，进行最后检测。

5.9 可靠性

5.9.1 试验条件

本标准规定可靠性试验目的是确定产品在正常使用条件下的可靠性水平，试验周期内综合应力规定如下：

电应力：受试样品在输入电压标称值 220 V±22 V 变化范围内工作（直流供电的受试样品电压变化为±5%）。一个周期内各种条件工作时间的分配为：电压上限 25%，电压标称值 50%，电压下限 25%。

温度应力：受试样品在一个周期内由正常温度（具体值由产品标准规定）升至表 2 中对应产品标准中规定的气候环境适应性级别的工作温度上限值再回到正常温度。温度变化率的平均值为 0.7 ℃/min～1 ℃/min 或根据受试样品的特殊要求选用其他值。在一个周期内保持在上限和正常温度的持续时间之比应为 1∶1 左右。

一个周期称为一次循环，在总试验期间内循环次数不应小于 3 次。每个周期的持续时间应不大于 0.2 m_0（m_0：可接受的平均故障间隔时间），电应力和温度应力应同时施加。

5.9.2 试验方案

按 GB/T 5080.7 的规定进行，可靠性鉴定试验和可靠性验收试验的方案由产品标准规定。在整个试验过程中，受试样品处于加电状态，每小时连续扫描 6 min。故障的判据和计入方法按附录 A 的规定，只统计关联故障数。

5.9.3 试验时间

试验时间应持续到总试验时间及总故障数均能按选定的试验方案作出接收或拒收判决时截止。多台受试样品试验时，每台受试样品的试验时间不得少于所有受试样品的平均试验时间的一半。

5.10 有毒有害物质

按 SJ/T 11365 的规定进行。

5.11 能耗

按附录 B 的规定进行。

6 质量评定程序

6.1 一般规定

产品在定型时（设计定型、生产定型）和生产过程中应按本标准和产品标准中的补充规定进行检验，并应符合这些规定的要求。

6.2 检验分类

本标准规定的检验分为：

a） 定型检验；

b） 质量一致性检验。

各类检验项目和顺序依次按表 11 的规定执行。若产品标准中有补充的试验项目时，则应将其插入至表 11 的相应位置。

表 11 检验项目

检验项目	技术要求	试验方法	定型检验	质量一致性检验	
				逐批检验	周期检验
外观和结构	4.2	5.2	○	○	○
性能	4.3	5.3	○	○	○
电源适应性	4.4	5.4	○	—	○
安全	4.5	5.5	○	○[a]	○[a]
电磁兼容	4.6	5.6	○	—	—
噪声	4.7	5.7	○	—	○
气候环境适应性	4.8.1	5.8	○	—	○
机械环境适应性	4.8.2	5.8	○	—	○
可靠性	4.9	5.9	○	—	#
有毒有害物质的限量	4.10	5.10	○	—	#
能耗	4.11	5.11	○	—	○

注："○"表示应进行的检验项目，"—"表示不进行检验的项目，"#"表示可选检验的项目。

[a] 在逐批检验和周期检验中，安全试验仅作抗电强度、接地连续性和接触电流三项试验。

6.3 定型检验

6.3.1 产品在设计定型和生产定型时均应进行定型检验。

6.3.2 定型检验由产品制造单位质量检验部门或由产品制造单位委托中国国家认证认可管理委员会认可的检测机构负责进行。

6.3.3 定型检验中的可靠性鉴定试验的样品数根据产品批量、试验时间和成本确定，其余检验项目的样品数量为 2 台。

6.3.4 定型检验中可靠性试验的故障判据和计入方法见附录 A。

除可靠性鉴定一项外，其他项目均按以下规定进行。

检验中出现故障或某项通不过时，应停止试验，查明故障原因，提出故障分析报告，排除故障，重新进行该项试验。若在以后的试验中再出现故障或某项通不过时，在查明故障原因，提出故障分析报告，排除故障后，应重新进行定型检验。

6.3.5 检验后应提交定型检验报告。

6.4 逐批检验

6.4.1 批量生产或连续生产的产品，进行逐批全数交收检验。检验中，出现任一项不合格时，返修后重新进行检验。若再次出现任一项不合格时，该产品判为不合格品。

6.4.2 逐批检验由产品制造单位质量检验部门负责进行。

6.5 周期检验

6.5.1 连续生产的产品每年至少进行一次周期检验。

6.5.2 周期检验由产品制造单位质量检验部门或产品制造单位委托中国国家认证认可管理委员会认可的检测机构负责进行。根据订货方的要求，制造单位应提供该产品近期的周期检验报告。

6.5.3 周期检验样品应在逐批检验合格产品中随机抽取，其中的可靠性验收试验项目的样品数根据产品批量、试验时间和成本确定，其余检验项目的试验样品数为2台。

6.5.4 周期检验中可靠性试验的故障判据和计入方法见附录A。

除可靠性验收试验外，其余项目的故障处理按以下规定进行。

检验中出现故障或任一项通不过时应查明故障原因，提出故障分析报告。经修复后重新进行该项检验。之后，再顺序做以下各项试验，如再次出现故障或某项通不过，在查明故障原因，提出故障分析报告，再经修复后，则应重新进行各项周期检验。在重新进行检验中又出现某一项通不过的情况时，则判该产品通不过周期检验。

经周期检验中的环境试验的样品，应印有标记，一般不应作为正品出厂。

6.5.5 检验后要提交周期检验报告。

7 标志、包装、运输和贮存

7.1 产品的标志应符合有关法律法规和标准的要求。

产品的标志应包括：产品名称、产品型号、产品技术规格说明、产品使用说明书、制造商信息或销售商信息（针对进口产品）、生产厂信息或产地信息（针对进口产品）、产品标准编号、产品认证标志、安全警示标志或中文警示说明、生产日期、产品质量检验合格证明、包装储运标识、商品修理更换退货责任说明等内容。

包装箱外应标有制造厂名称、产品型号，并喷刷或贴有"易碎物品"、"怕雨"等运输标志，运输标志应符合GB/T 191的规定。

产品包装的回收标志应符合GB 18455的规定。

产品中有毒有害物质含量的标识应符合SJ/T 11364的规定。

7.2 包装箱应符合防潮、防尘、防振的要求，包装箱内应有装箱明细表、检验合格证、备附件及有关的随机文件。

7.3 包装后的产品在长途运输时不得装在敞开的船舱和车厢中，中途转运时不得存放在露天仓库中，在运输过程中不允许和易燃、易爆、易腐蚀的物品同车（或其他运输工具）装运，并且产品不允许受雨、雪或液体物质的淋袭与机械损伤。

产品贮存时应存放在原包装盒（箱）内，仓库内不允许有各种有害气体、易燃、易爆的产品及有腐蚀性的化学物品，并且应无强烈的机械振动、冲击和磁场作用。包装箱应垫离地面至少10 cm，距墙壁、热源、冷源、窗口或空气入口至少50 cm。

若无其他规定时，贮存期应为6个月，若存放超过6个月，则应重新进行逐批检验。

附 录 A
（规范性附录）
故障分类及判据

A.1 故障定义和解释

按GB/T 5271.14规定的故障定义，出现以下情况之一均视为故障：

a) 受试样品在规定的条件下，出现一个或几个性能参数超过规定要求；
b) 受试样品在规定的应力范围内工作，由于机械零件、结构件的损坏或失灵，或出现了元器件的失效，而使受试样品不能完成其规定的功能。

A.2 故障分类

A.2.1 关联性故障

关联性故障是受试样品预期会出现的故障，通常都是由样品本身条件引起的。它是在解释试验结果和计算可靠性特征值时应计入的故障。

A.2.2 非关联性故障

非关联性故障是受试样品出现非预期的故障，这类故障不是由样品本身条件引起的。非关联性故障在解释试验结果和计算可靠性特征值时不计入，但应在试验中做记录，以便于分析时参考。

A.3 关联性故障判据

A.3.1 关联故障的判据原则

凡因受试样品本身的原因引起出错，以致于可能导致联机设备发生故障，或者受试样品本身的控制功能和扫描功能部分或全部失去，均判为关联故障。

A.3.2 关联故障判据

下列故障为关联故障：

a) 按键或拨动开关一次产生两次以上的作用效果或无效果；
b) 凡需停机修理（包括焊接、调整等）才能恢复受试样品功能的故障；
c) 告警失灵，状态失控；
d) 多次重复性故障，发现后立即修复的，只算作一次关联故障；不修或不能修复的，发现即算一次关联故障；
e) 操作员无法排除的卡纸故障。

A.4 非关联性故障判据

A.4.1 非关联故障的判据原则

非受试样品本身的原因引起的故障，或不影响扫描功能的故障，判为非关联故障。

A.4.2 非关联故障判据

下列故障为非关联故障：

a) 凡不需要任何人工干预而能排除的故障,如采取了自动纠错措施；

b) 非连续或非周期性的偶然故障自动恢复,不足3次的偶然故障；

c) 指示灯不亮；

d) 由于供电电源超过标准而引起的熔断丝断、电源过压或欠压保护；

e) 联机时,由联机反映到受试样品中来的故障；

f) 诱发故障和误用故障。

附　录　B
（规范性附录）
能耗的测量方法

B.1　测试仪器精度

测试电源满足交流电压 220 V±5 V，测试频率为 50 Hz±0.5 Hz，总谐波失真不大于 3%。

电能表能够在最小 20 mW 功率的水平上测量能耗，单位为瓦·小时(W·h)。

功率计在 1 W 的有用功功率读数时的分辨力为 0.1 W，且在电流不大于 2A 时的峰值因子不小于 5。

时间测量精确到 2 s。

B.2　试验步骤

B.2.1　试验前准备

如果受试样品的运行方式可以按顺序自动改变，在测试前需要进行多次试验性操作以确认完全理解和记录了该样品的自动改变顺序。

B.2.2　关闭状态下的能耗及测量的持续时间

试验步骤如下：

a)　接通所有测试设备的电源并正确调整工作量程；

b)　确认在测试期间电源输出符合要求，或调节交流稳压电源的输出使其满足要求；

c)　将受试样品连接到测试设备上，如果受试样品出厂时具备接口，则至少连接一个接口，并且受试样品不得通过接口取得电能；

d)　检查受试样品是否正常工作；

e)　将受试样品的电源开关设为“通”，5 min 后将开关设为“断”；

f)　测量受试样品的能耗及对应能耗测量的持续时间，能耗测量的持续时间应不小于 10 min。

B.2.3　睡眠状态下的能耗及测量的持续时间

试验步骤如下：

a)　接通所有测试设备的电源并正确调整工作量程；

b)　确认在测试期间电源输出符合要求、受试样品的运行状态正确；

c)　将受试样品连接到测试设备上，如果受试样品出厂时具备接口，则至少连接一个接口，并且受试样品不得通过接口取得电能；

d)　检查受试样品是否正常工作，并将所有用户调节参数设置在工厂缺省设置状态；

e)　将受试样品的电源开关设为“通”，受试样品须预热 5 min 以上，执行扫描任务，从最后　页原稿扫描完成后开始计时，至产品标准中规定的进入睡眠状态的预设时间结束，然后测量受试样品的能耗及对应能耗测量的持续时间，能耗测量的持续时间应不小于 10 min。

B.3 功率计算方法

计算公式为：

$$P = 3\,600 \times \frac{W}{t} \qquad \text{(B.1)}$$

式中：

P——功率值，单位用瓦(W)表示，精确到 0.1 W；

W——测量的能耗，单位用瓦时(W·h)表示；

t——测量的持续时间，单位用秒(s)表示，精确到 2 s。

ICS 35.040
L 72

中华人民共和国国家标准

GB/T 28167—2011/ISO/IEC 19503:2005

信息技术 XML 元数据交换(XMI)

Information technology—XML metadata interchange (XMI)

(ISO/IEC 19503:2005,IDT)

2011-12-30 发布　　2012-06-01 实施

中华人民共和国国家质量监督检验检疫总局
中国国家标准化管理委员会　发布

前　言

本标准按照 GB/T 1.1—2009 给出的规则起草。

本标准等同采用 ISO/IEC 19503:2005《信息技术　XML 元数据交换(XMI)》。

国际标准原文中有索引，但只是在电子版中起到链接的作用，在国家标准中的作用不大，因此删除。

本标准在采用国际标准的同时，对国际标准中的英文翻译统一采用以下规则：

a)　首字母大写的词，用斜体表示；

b)　黑体的词，用黑体表示；

c)　带引号的词，用带引号表示；

d)　大写词用宋体加粗，小写词用宋体；

e)　形式描述式，不译，格式按原文。

请注意本文件的某些内容可能涉及专利。本文件的发布机构不承担识别这些专利的责任。

本标准由全国信息技术标准化技术委员会(SAC/TC 28)提出并归口。

本标准起草单位：中国电子技术标准化研究所、北京科迪智标信息技术有限公司、中国标准化研究院。

本标准主要起草人：王静、张展新、刘彦东、冯惠、邢立强。

引　言

XMI 主要目的是为了在分布式异构环境中，使得在应用程序开发生存周期工具（例如：基于 ISO/IEC 19501《统一建模语言（UML）》的建模工具和基于 ISO/IEC 19502《元对象设施（MOF）》的元数据存储库/框架）之间的元数据易于交换。本标准集成了 3 个关键的行业标准：

- XML：可扩展置标语言，W3C 标准。
- UML：统一建模语言，OMG 建模规范，现在是 ISO/IEC 19501。
- MOF：元对象设施（ISO/IEC 19502）。

OMG 在 1999 年 2 月采纳了 XMI（1.0 版本）。作为一个模型和元数据交换设施，是对 OMG 分析和设计任务组发布的一项建议要求的响应。该设施的目的是支持元数据交换（如 ODP UML 模型）。2002 年 10 月 XMI 修订任务组提交了最新的版本 XMI 2.0，它包括一些对原有规范的澄清和更正，以及为适应 MOF 版本 1.4 而做出的变更。

分布式处理的迅速发展需要本标准和 ITU-T 建议 X.901-904 | ISO/IEC 10746 有一个协调的框架，而开放分布式处理参考模型（RM-ODP）提供了这样的一个框架，它定义了一个能够支持分布式、互操作性、可移植性相结合的体系结构。RM-ODP 第 2 部分（ISO/IEC 10746-2）定义了描述分布式系统的基本概念和建模框架结构。RM-ODP 第 3 部分（ISO/IEC 10746-3）应用第 2 部分的基本概念和框架规定了一个开放性分布式系统的类属体系结构。

当然，XMI 标准不仅仅局限于此标准文本，它和开放性分布式处理（ODP）标准化的任务也同样有关。

信息技术 XML元数据交换(XMI)

1 范围

本标准为以下各项提供了规范：

a) 将基于MOF的元模型转化为XML模式的XML模式定义(XSD)的产生式规则的集合；

b) 将基于MOF的元数据的编码和解码的XML文档产生式规则的集合；

c) 基于XMI的模式和XML文档的设计原则；

d) 将XML DTD导入基于MOF的元模型的产生式规则的集合。

本标准提高了在通常的分布式对象环境和特殊的分布式开发环境中的元数据管理和元数据互操作性。在对象分析和设计领域中，本标准描述了基于流式元数据互操作，同时XMI(部分因为它是基于MOF的)也在元数据的很多其他领域得到同样的应用。

2 规范性引用文件

下列文件对于本文件的应用是必不可少的。凡是注日期的引用文件，仅注日期的版本适用于本文件。凡是不注日期的引用文件，其最新版本(包括所有的修改单)适用于本文件。

GB 13000—2010 信息技术 通用多八位编码字符集(UCS)(ISO/IEC 10646:2003,IDT)

GB/T 18714.2—2002 信息技术 开放分布式处理 参考模型 第2部分：基本概念(ISO/IEC10746-2:1996,IDT)

GB/T 18714.3—2003 信息技术 开放分布式处理 参考模型 第3部分：体系结构(ISO/IEC 10746-3:1996,IDT)

ISO/IEC 19501 信息技术 统一建模语言(Information technology-Open distributed processing-Unified modeling language(UML))

ISO/IEC 19502 信息技术 元对象设施(Information technology-Meta object facility(MOF))

W3C XML 1.0 http://www.w3.org/TR/REC-xml-Feburary,2004

W3C XSD 1.0 http://www.w3.org/TR//XMLschema-0/ 、XMLschem-1、XMLschem-2

3 缩略语

DTD	文件类型定义	(Document Type Definition)
MOF	元对象设施	(Meta Object Facility)
UML	统一建模语言	(Unified Modeling Language)
XMI	XML元数据交换	(XML Metadata Interchange)
XSD	XML模式定义	(XML Schema Definition)

4 XMI模式设计原则

4.1 目的

本章是关于XML模式的描述，它可和XMI规范一起用来允许一些元模型信息通过XML确认进行验证。首先描述的是 XMI 中模式的使用,然后是基本原则简短的描述,包括每个 XML 属性的和 XMI 定义的 XML 元素的简短描述。这些描述后面有更完整的描述,它们提供一些示例来说明 XMI 模式在元模型类规范、发送不完整元数据、链接、剪裁模式产生式、发送元数据的差异,以及工具之间交换文档这些范围内的设计动机。

在本标准第 5 章定义了如何自动从 MOF 元模型生成一个模式,来表现任何符合 MOF 的元模型。

本章将描述 XMI 2.0 模式;第 5 章描述如何创建 XMI 2.0 模式。

可以规定标签值对作为 MOF 元模型的部分来剪裁生成的模式,但不要求这样做。使用这些标签值对需要一些关于 XML 模式的知识,但是产生的这些模式将比默认模式更有效。至于如何运用这些标签值对来产生 XML 模式的完整描述见第 7 章。4.11 中"剪裁模式产生式"描述了标签值、它们对模式产生式的影响和它们在文档序列化上的影响。

4.2 XML 模式的使用

XML 模式提供了一种方法,使得 XML 处理器能确认 XML 文档的句法和部分语义。本标准还提供了对于任何有效的、基于 MOF 的、XMI 传递的元模型都侧生成模式的规则。但是,是否使用模式是可选择的;即便存在模式,XML 文档也可以不去引用它。如果再放低文档质量上的要求,这些生成的文件可以被处理得更快。

在包含 MOF 元模型数据的 XML 文档中进行 XML 确认是有益的。如果进行了 XML 确认,任何 XML 处理器就都可以进行一些验证,从而缓解了进行这些检查的导入/导出程序的负担。进行验证的软件程序不能仅靠 XML 确认所有的验证,因为 XML 确认并不完成所有可能完成的验证。

包含符合本标准的元模型数据的每个 XML 文档都包含:本标准要求的 XML 元素、包含与元模型一致数据的 XML 元素,以及包含表示元模型扩展的元数据的 XML 元素(可选的)。本标准要求元模型要用 XML 元素明确地标识。同时一些元模型信息也能编码进 XML 模式中。进行 XML 确认可以对一些 XML 元素进行有效检查,这些 XML 元素包含:关于传送的信息的元数据、传送的信息本身和元模型的任意扩展。

W3C 采纳了 XML 命名空间规范,从而允许 XMI 可以同时使用多种元模型。XML 模式的确认依靠 XML 命名空间,因此可以在一个 XML 文档中选择自己的命名空间前缀,并使用模式去确认它。使用命名空间 URI(而不是命名空间前缀)来标识哪个模式可以用来确认 XML 文档。

4.2.1 XMI 文档的 XML 确认

XML 确认能确定在包含元模型数据的 XML 文档中是否出现本标准要求的 XML 元素,而不论这些 XML 元素需要的 XML 属性是否有它们的值和这些值是否正确。

XML 确认也能用来确认元模型数据是否与元模型一致。虽然可以进行一些检查,但是仅仅依赖 XML 确认去确保传递的信息符合所有的元模型语义限制是不现实的。不可能通过 XML 确认做完整的 XML 验证,因为目前在一个 XML 模式中规定元模型的所有的语义限制是不可能的,并且模式的自动产生式规则排除了能被手工编码但不能被自动编码进一个模式中的语义限制的使用。

最后,XML 确认能用来确认元模型的扩展,因为扩展必须作为元素描述;如果那些元素定义在一个模式中,该模式能用来验证该元素。

4.2.2 XMI 模式的要求

XMI 使用的每个模式必须符合以下要求:

a) XMI 规范定义的所有 XML 元素和属性必须引入模式。它们不能直接被放置到模式当中,因为每个模式只有一个目标命名空间。

b) 元模型结构有相应的元素声明,并可像下面描述的那样有一个 XML 属性声明。此外,一些结构也有 complexType 声明，这些声明可如下所述那样使用组、属性组和类型。

c） 虽不必要，但描述元模型的扩展的任何 XML 元素可在模式中加以声明。

在缺省状态下，XMI 模式允许“*发送不完整的元数据*，”但是如果需要也可以应用多样性的下限。进一步的细节可见 4.9 发送不完整元数据。

4.3 基本原则

本条说明 XMI 的 XML 模式的基本组织。本条还包含每个主题的详细信息。

4.3.1 要求的 XML 声明

本标准要求模式中包含：XML 元素声明、类型、属性和属性组，使元数据 XML 确认符合本标准。有些 XML 元素包含有与要传送的元数据有关的元数据。例如，与元数据关联的元模型身份，产生该元数据的工具，元数据是否已被验证等。

本标准定义的全部 XML 元素都在命名空间“http://www.omg.org/XMI”中。XML 命名空间机制能用于避免 XMI 元素和来自自用的 MOF 模型的 XML 元素之间名称冲突。

除要求 XML 元素声明之外，根据本标准有一些属性也必须定义。对每个符合元模型类的 XML 元素来说，必须有能使 XML 元素可成为本地的或移动的 XML 元素代理的 XML 属性。这些属性用来把一种 XML 元素与另外的 XML 元素关联起来。如果需要把数据放进 XML 属性而不是 XML 元素，那将需要一些其他的属性。用户可以使用 MOF 标签值进行声明。

4.3.2 元模型类的表示

在模式中，每种元模型类用名称和它一样的 XML 元素来表示，就像和类名称一样的 complexType 一样。类型的声明列出了：类的属性、与该类相关引用关联端、该类包含的类，它们或者是明确的或者是通过合成关联的。在默认情况下，符合元模型类的 XML 元素的内容模型在属性和引用方面并没有序列化。

在默认情况下，XMI 允许运用 XML 元素或者属性使其特征序列化，也同样可以指定如何让它们序列化。遏制引用和多值属性总是序列化使用 XML 元素。

4.3.3 元模型的扩展机制

每个 XMI 模式包含一个扩展元模型类的机制。零或更多 **extension** 元素都包含在每一类的内容模型中。这些扩展元素都有一个 ANY 的内容模型，在扩展性质方面都允许相当的自由度。processContents 属性是不严格的，即如果一个模式对它们来说是可用的，那么处理器就将对扩展范围内的元素加以确认，但是如果没有模式，它也不会报错。此外，顶层 XMI 元素可能包含提供新信息的零或更多的 **extension** 元素。扩展机制的一个用途就是可以为特殊工具和 XML 元素表示的元模型类一起的联合显示信息，还有就是可以发送代表一个元模型类扩展的数据。

使用 XMI 的工具将存储扩展信息并再次导出它，这样就使工程循环起来，尽管它们不可能进一步处理这些信息。可选择在模式中声明扩展元素中的 XML 元素。

4.4 XMI 模式和文档结构

每个 XMI 模式包含以下声明：

a） XML 版本处理指令。例如：〈? XML version="1.0" ?〉。

b） 可选的编码声明，指明符合 GB 13000 的字符集。例如：〈? XML version="1.0" ENCODING ="UCS-2"?〉。

c） 任何其他有效的 XML 处理指令。

d) 模式 XML 元素。

e) XMI 命名空间的导入 XML 元素。

f) 具体的元模型声明。

除非 XMI 被嵌入在另一份 XML 文档中,每份 XMI 文档将由下列声明组成:

a) XML 版本处理指令。

b) 规定字符集的可选择的编码声明。

c) 任何其他有效的 XML 处理指令。

XMI 不会强加那些超出 XML 定义的排序要求。XML *命名空间*也可像下面描述的那样在 XMI 元素中加以声明。

XMI 信息结构的顶级元素要么是 XMI 元素,要么是 MOF 元模型中类实例相应的 XML 元素。只包含 XMI 信息的 XML 文档将把 XMI 作为文档的根元素。将来的 XML 交换模式可能会发展成把扩展 XMI 和嵌入 XMI 元素也包含在它的元素中。

4.5 XMI 模型

本条描述 XMI 文档结构模型,即 XMI 模型。XMI 模型是用于在 XMI 文档中描述具体 XMI 的信息 MOF 实例,例如版本、文档编制、扩展和差别。

使用一个 XMI 模型能让对待 XMI 文档元数据像对待其他 MOF 元数据一样,允许同其他 MOF 对象一样使用标准 MOF API 访问和编排特定 XMI 信息。一份有效的 XMI 文档可以包含 XMI 元数据,也可以没有。

4.5.1 XMI 模型的 XML 模式

当 XMI 模型作为符合 XMI 模式产生式规则的 XML *模式*产生时,必然会有一套 XMI 元素和属性声明。第 8 章将给出这些声明并且赋予 XML 命名空间"http:// www.omg.org/XMI"。每个符合 XMI 的模式必须包括下列 XML 元素的声明,这些声明将从 XMI 命名空间中导入"http://www.omg.org/XMI"。

另外,有些属性声明和属性组声明也同样必须导入。这些包括 id 属性,IdentityAttribs,LinkAttribs 和 ObjectAttribs 属性组。这些结构并没有被 XMI 模型定义。

在那些然后的声明里,URI 是"http://www.w3.org/2001/XMLSchema"的 XML 模式命名空间都有命名空间前缀"xsd";XMI 命名空间是默认命名空间。

4.5.2 XMI 模型类

这里有 3 张图表描述 XMI 模型。下面各条将描述这个类的细节,而本条将给出模型的总括。

图 4.1 描述了 XMI 元素、文档和扩展元素。XMI 类是 XMI 文档元数据和内容的总默认容器。XMI 类的属性有版本、文档、差别(在图 4.2 中增加、替换、删除)以及扩展。文档类包含很多字段描述非计算用途的文档。扩展类包含有外部信息的元数据。*字符串*的数据类型是 MOF 模型中的字符串并且是"http://www.w3.org/2001/ XMLSchema#string"的 XML *模式*的数据类型。*整数*数据类型是 MOF 模型中的整数并且是"http://www.w3.org/2001/ XMLSchema#integer"的 XML *模式*的数据类型。

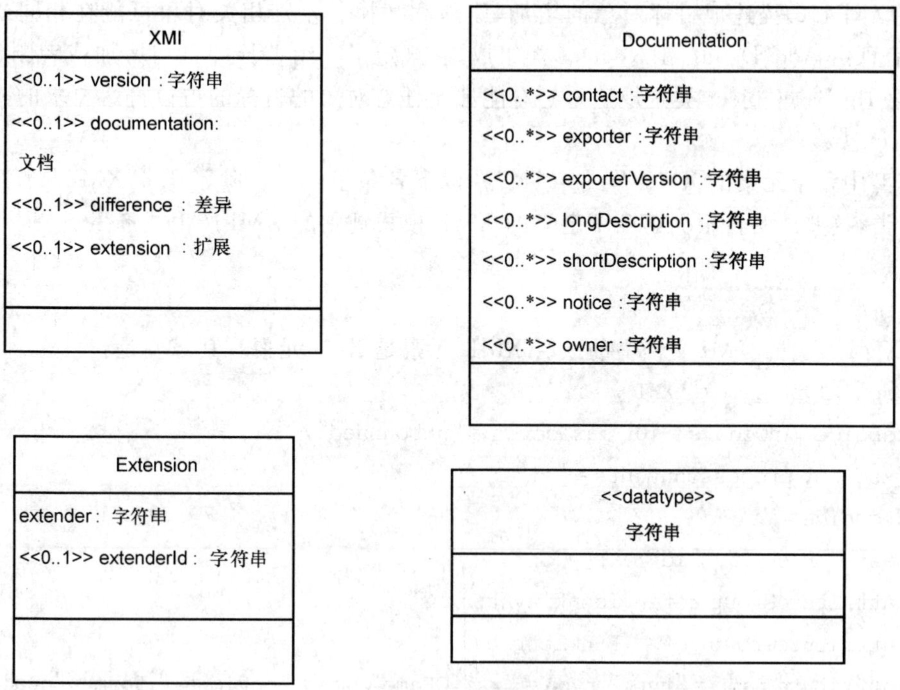

图 4.1 XMI 元素、文档和扩展的 XMI 模型

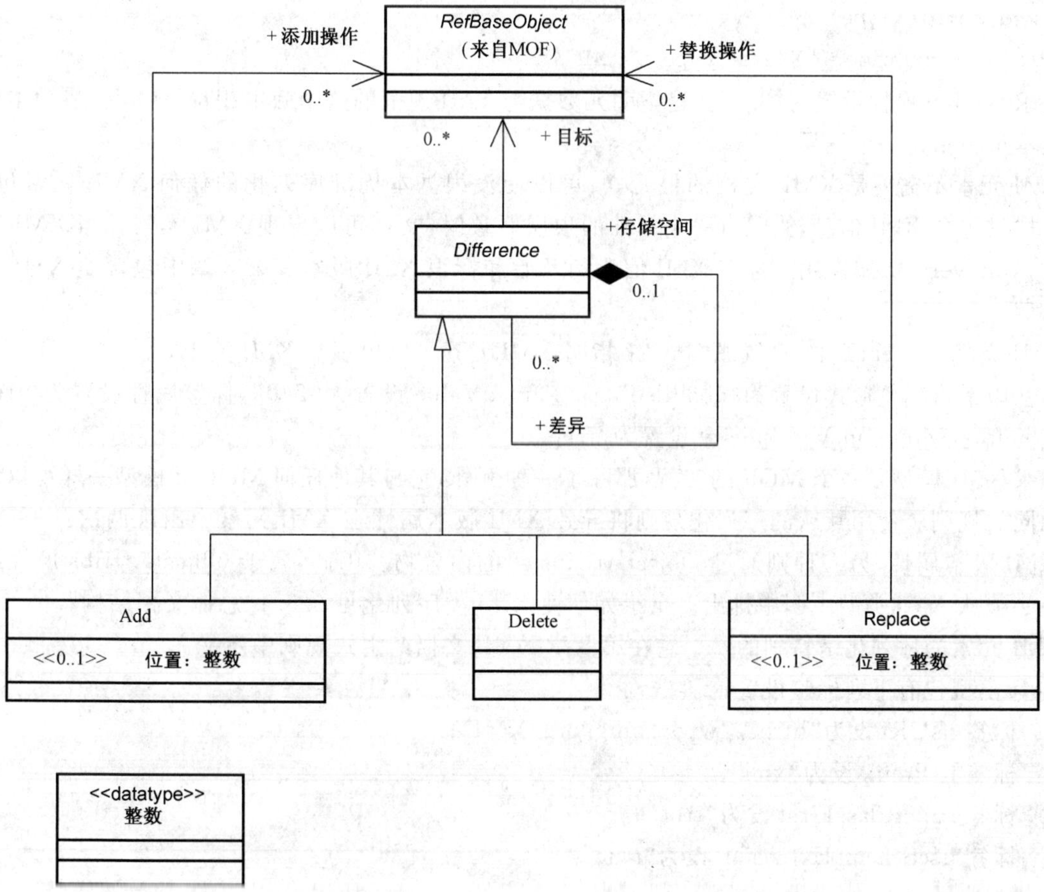

图 4.2 差别的 XMI 模型

差异信息(图 4.2)描述成目标对象的增加、删除和替换。差别相关对象可能在相同或者不同的文档中。差别信息由 Add、Delete 和 Replace 类组成,它规定了一组差异并且与增加或者删除的 MOF 对象相关。注意 RefBaseObject 类是规定差异有能涉及任意对象的目标的占位符。要求的元素声明中并没有 RefObject 类。

XML 模型中每个元素的 XML *模式*声明将在以下各条里给出。除了 4.6“XMI *属性*”描述的 XMI 属性和 XMI 类,这些声明将根据第 7 章定义的 XML 模式规则的 XMI 产生式产生。

4.5.3 XMI

只包含 XMI 数据的 XMI 文档中的顶层 XML 元素是 XMI 元素。其声明是:

```
〈xsd:complexType name = "XMI"〉
  〈xsd:choice minOccurs = "0" maxOccurs = "unbounded"〉
      〈xsd:any processContents = "strict"/〉
  〈/xsd:choice〉
  〈xsd:attribute ref = "id"/〉
  〈xsd:attributeGroup ref = "IdentityAttribs"/〉
  〈xsd:attributeGroup ref = "LinkAttribs"/〉
  〈xsd:attribute name = "type" type = "xsd:QName" use = "optional" form = "qualified"/〉
  〈xsd:attribute name = "version" type = "xsd:string" use = "required" fixed = "2.0"
            form = "qualified"/〉
〈/xsd:complexType〉
〈xsd:element name = "XMIsa" type = "XMI"/〉
```

要求 **version** 属性设置为“2.0”。这指明元数据与 XMI 规范的这个版本相符。OMG 将为本标准的修正版本重新指定一个编号。

XMI 元素不需要是 XML 文档的根元素;可以使没根据本标准序列化的任何 XML 元素包含它。如果文档只包含 XMI 信息,当只有一个单独的顶层对象时,文档可以出现 XMI 元素。当 XMI 元素不出现时,xmi:version 属性用来标签 XMI 信息的开始和标识 XMI 版本。第 8 章中包含使 XMI 元素应用的示例。

XMI 类将 contentType 设置成“any”来指明 XMI 元素可以出现在 XMI 流中。

属性版本将标签形式设置为“qualified”,标签 fixedValue 设置为“2.0”,标签属性设置为“true”,并且标签 enforceMinimumMultiplicity 设置为“true”。

如果 XMI 模型是一个 MOF 的实例,那除了一种例外,它与其他任何 MOF 元模型一样可以序列化使用相同的规则。使用默认的序列化规则将导致 XMI 版本属性在 XMI 元素中出现两次:一种是直接来自 XMI 版本属性,另一种则通过 ObjectAttribs 组的内含物。因此,属于 ObjectAttribs 属性组的版本属性必须从 XMI 类型声明中排出。至于如何使 XMI 类序列化见 6.3.1“总体文档结构”。

XMI 元素的序列化是特别的——它在第 8 章 XML 文档产生式规则中定义。

XMI 模型包有下列标签设置:

- 标签 nsURI 设为“http://www.omg.org/XMI”;
- 标签 nsPrefix 设为“xmi”;
- 标签 superClassFirst 设为“true”;
- 标签 useSchemaExtension 设为“true”。

4.5.4 扩展

扩展 od 设计成包含在用户元模型的范围之外的扩展信息。扩展是 XMI 类的一个多值属性,它可嵌入到 XMI 文档中一个特定位置中。扩展的模式如下：

```
<xsd:complexType name="Extension">
  <xsd:choice minOccurs="0" maxOccurs="unbounded">
    <xsd:any processContents="lax"/>
  </xsd:choice>
  <xsd:attribute ref="id"/>
  <xsd:attributeGroup ref="ObjectAttribs"/>
  <xsd:attribute name="extender" type="xsd:string" use="optional"/>
  <xsd:attribute name="extenderID" type="xsd:string" use="optional"/>
</xsd:complexType>
<xsd:element name="Extension" type="Extension"/>
```

Extender 属性指明了扩展工具。在处理扩展内容元素之前，这种工具可忽视其他工具做得扩展。extenderID 是一个可选的扩展工具内部的 ID。其他属性则允许标识各自扩展，并作为固定或移动扩展的代理。

MOF 模型中的扩展类将标签 contentType 设置为"any"，processContents 标签设置为"lax"。extender 和 extenderID 标签属性设置为"true"。

4.5.5 文档

文档类包括有关 XMI 文档或者被传送的流的信息，例如，文档的拥有者、文档的接触者、文档的长短描述、创建文档的导出工具、工具的版本以及版权或者其他有关文档的法律通告。文档的全部属性的数据类型是字符串。为文档编制产生的 XML 模式如下：

```
<xsd:complexType name="Documentation">
  <xsd:choice minOccurs="0" maxOccurs="unbounded">
    <xsd:element name="contact" type="xsd:string"/>
    <xsd:element name="exporter" type="xsd:string"/>
    <xsd:element name="exporterVersion" type="xsd:string"/>
    <xsd:element name="longDescription" type="xsd:string"/>
    <xsd:element name="shortDescription" type="xsd:string"/>
    <xsd:element name="notice" type="xsd:string"/>
    <xsd:element name="owner" type="xsd:string"/>
    <xsd:element ref="Extension"/>
  </xsd:choice>
  <xsd:attribute ref="id"/>
  <xsd:attributeGroup ref="ObjectAttribs"/>
  <xsd:attribute name="contact" type="xsd:string" use="optional"/>
  <xsd:attribute name="exporter" type="xsd:string" use="optional"/>
  <xsd:attribute name="exporterVersion" type="xsd:string" use="optional"/>
  <xsd:attribute name="longDescription" type="xsd:string" use="optional"/>
  <xsd:attribute name="shortDescription" type="xsd:string" use="optional"/>
  <xsd:attribute name="notice" type="xsd:string" use="optional"/>
  <xsd:attribute name="owner" type="xsd:string" use="optional"/>
</xsd:complexType>
```

```
<xsd:element name="Documentation" type="Documentation"/>
```

4.5.6 增加、替换和删除

*增加*类代表在该文档或者其他文档中对目标对象集的增加。**position** 属性则指明了和其他 XML 元素相关的增加应该放置在哪里。default,—1 指明在目标元素的末端增加新元素。**addition** 属性涉及被增加的对象集。这两个属性都将标签设置为“true”。

*替换*类代表目标对象集的删除和与替换属性涉及的对象的增加。**position** 属性则指明了和其他 XML 元素相关的替换应该在哪发生。default,—1 指明在目标元素的末端增加替换的元素。**replacement** 属性涉及替换的目标元素的对象集。这两个属性都将标签设置为“true”。

*删除*类代表该文档或其他文档中的目标对象集的删除。

*差异*类是*增加*、*替换*和*删除*类的超类。

这些类的声明如下:

```
<xsd:complexType name="Difference">
  <xsd:choice minOccurs="0" maxOccurs="unbounded">
    <xsd:element name="target">
      <xsd:complexType>
        <xsd:choice minOccurs="0" maxOccurs="unbounded">
          <xsd:any processContents="skip"/>
        </xsd:choice>
        <xsd:anyAttribute processContents="skip"/>
      </xsd:complexType>
    </xsd:element>
    <xsd:element name="difference" type="Difference"/>
    <xsd:element name="container" type="Difference"/>
    <xsd:element ref="Extension"/>
  </xsd:choice>
  <xsd:attribute ref="id"/>
  <xsd:attributeGroup ref="ObjectAttribs"/>
  <xsd:attribute name="target" type="xsd:IDREFS" use="optional"/>
  <xsd:attribute name="container" type="xsd:IDREFS" use="optional"/>
</xsd:complexType>
<xsd:element name="Difference" type="Difference"/>
<xsd:complexType name="Add">
  <xsd:complexContent>
    <xsd:extension base="Difference">
      <xsd:attribute name="position" type="xsd:string" use="optional"/>
      <xsd:attribute name="addition" type="xsd:IDREFS" use="optional"/>
    </xsd:extension>
  </xsd:complexContent>
</xsd:complexType>
<xsd:element name="Add" type="Add"/>
<xsd:complexType name="Replace">
  <xsd:complexContent>
```

```
        <xsd:extension base="Difference">
            <xsd:attribute name="position" type="xsd:string" use="optional"/>
            <xsd:attribute name="replacement" type="xsd:IDREFS" use="optional"/>
        </xsd:extension>
    </xsd:complexContent>
</xsd:complexType>
<xsd:element name="Replace" type="Replace"/>
<xsd:complexType name="Delete">
    <xsd:complexContent>
        <xsd:extension base="Difference"/>
    </xsd:complexContent>
</xsd:complexType>
<xsd:element name="Delete" type="Delete"/>
```

4.6 XMI 属性

本条描述在 XML 文档和模式的产生式中用到的 XML 属性。通过确定相容的 XML 属性集，XMI 提供了相容的体系结构用来使相容的对象一致并且所有资源链接。

4.6.1 Element Identification 属性

由本标准定义的 3 个 XML 属性来标识 XML 元素，这使得 XML 元素可以相互关联。通过 XML IDREFs、XLinks 和 XPointers，使 XML 元素引用其他 XML 元素。

这些属性中的两个在一个叫 **IdentityAttribs** 的属性组内声明；id 属性是全球声明，因为可以使用 idName 标签来变更 id 属性的名称。把这些属性放在属性组中可以避免在模式中这些属性的声明错误。其声明如下：

```
<xsd:attribute name="id" type="xsd:ID"/>
<xsd:attributeGroup name="IdentityAttribs">
    <xsd:attribute name="label" type="xsd:string" use="optional"
    form="qualified"/>
    <xsd:attribute name="uuid" type="xsd:string" use="optional"
    form="qualified"/>
</xsd:attributeGroup>
```

id

XML 语义要求一个 XML 文档内的该属性值是惟一的；然而，在全球范围内这值不要求惟一。该属性可作为 **idref** 的属性值使用在下一条中定义。它也可属于 XLinks 中的 **href** 属性值的一部分。本条中的该属性和其他属性的应用实例见 4.10.3“UML 的示例”。

label

该属性可以用来提供一个标识特殊 XML 元素的字符串标志。可在该属性中放任何值。

uuid

该属性的目的是为 XML 元素提供全不惟一性标识符。该属性的值应该是带有标识符类型前缀的全球惟一的字符串。如果访问 MOF 分配的 UUID，当在 XMI 中对 MOF 数据进行编码时，可以把

MOF 的 UUID 放进 uuid XML 属性中。例如，为了包含*开放组*定义的 DCE UUID，肯定会放"**DCE:**"在该 UUID 前面。这些属性值将会在简单的 Xlinks 中的 **href** 属性里用到。XMI 并没有规定选择哪个 UUID 协定。

UUID（通用惟一标识符）是来自于开放组（曾经的开放软件基金）的标准。基于 CORBA 的这个标准已经得到广泛应用，这其中包括微软的 COM（GUIDs）和许多其他公司 DCE。该标准发布了产生这些 128 位 ID 的方法，但是 ID 有效性和惟一性并没有经过实践检验。

UUID 被放置在 XMI 文件中，它的形式会是"Id namespace:uuid"。UUID 的 Id 命名空间通常是 DCE。其中一个示例就是 DCE:"2fac1234-31f8-11b4-a222-08002b34c003"。

在 XMI 执行中，MOF refID()经常被当作 uuid 使用。

4.6.2 Linking 属性

XMI 要求通过使用一些 XML 属性来允许 XML 元素涉及其他使用在上面的条中定义的属性值的 XML 元素。该属性的作用是允许 XML 元素的作用像简单的 Xlinks 一样，或者在使用 XML IDREF 机制的相同文档中找到引用的元素。见 4.10"链接"。

在本条中描述的属性包含在 LinkAttribs 的属性组中。属性组声明如下：

```
<xsd:attributeGroup name="LinkAttribs">
  <xsd:attribute name="href" type="xsd:string" use="optional"/>
  <xsd:attribute name="idref" type="xsd:IDREF" use="optional"
  form="qualified"/>
</xsd:attributeGroup>
```

链接属性是两个任一可在一次链接时任意使用的链接机制的联合体。这些机制是为在一个文档之内或不同文档交叉的 Xlinks **href**，或是在一个文档内链接的 **idref**。

Simple XLink 属性

上述实体内的 **href** 属性声明使 XML 元素能够在与符合 Xlinks 和 Xpoints W3C 建议的 Simple XLink 兼容的方式中发挥作用。**href** 的声明和使用将在 XLink 和 XPointer 规范中得以定义。XMI 允许使用 Simple XLink。XMI 不排除使用扩充的 XLinks。XLink 规范定义了许多增加的 XML 属性，用它们作为 LinkAttribs 组中定义的增加属性也是可能的。

使用简单的 XLinks，就可以把 **href** 设置到 URI 想要的位置。**href** 属性用作 **id** 属性设置成特殊值的相关 XML 元素。为了 XLink 和 Xpointer 建议中定义的 Xpointers，可以通过一个特殊的 URI 形式来规定 **id** 属性值。

Idref

该属性允许在相同的文档中的 XML 元素与其相关的另一 XML 元素使用 XML IDREF 机制。在 XMI 文档中，该属性值应是相关 XML 元素的 **id** 属性值。

4.6.3 Version 属性

版本属性必须出现，因为在一个 XMI XML 元素中 XMI 对象是没有序列化的，并且在代表另一对象的 XML 元素中也没有序列化。如果出现，那么属性值一定是 2.0，这指明对象是根据本标准序列化的：`<xsd:attribute name="version" type="xsd:string" fixed="2.0"/>`

4.6.4 Type 属性

当不能从模型中得知类型，那么该类型属性就用来指明这些序列化的对象类型。如果引用类型有子类，情况就会出现。该属性的声明是：

```
<xsd:attribute name="type" type="xsd:QName" form="qualified"/>
```

XMI 命名空间包含如下的对 **ObjectAttribs** 属性组的声明，这是一些适合对象的属性声明，而不是每个 MOF 类中声明里包含 IdentityAttribs、LinkAttribs 属性组、Version 和 Type 属性：

```
<xsd:attributeGroup name="ObjectAttribs">
  <xsd:attributeGroup ref="IdentityAttribs"/>
  <xsd:attributeGroup ref="LinkAttribs"/>
  <xsd:attribute name="version" type="xsd:string" use="optional" fixed="2.0"
  form="qualified"/>
  <xsd:attribute name="type" type="xsd:QName" use="optional"
    form="qualified"/>
</xsd:attributeGroup>
```

4.7 XMI 类型

XMI 命名空间包含一个被命名为 any(任何)的类型，在 XMI 2.0 模式产生式规则中类属性、类引用和类组成都要用到它。这种类型的声明是 XMI 2.0 固定声明的一部分。Any 类型允许任何内容和任何属性在那种类型元素里出现，这时它将直接跳过 XML 对其元素内容和属性的验证。这种类型的声明如下：

```
<xsd:complexType name="Any">
   <xsd:choice minOccurs="0" maxOccurs="unbounded">
      <xsd:any processContents="skip"/>
   </xsd:choice>
   <xsd:anyAttribute processContents="skip"/>
</xsd:complexType>
```

通过应用这种类型，XMI 2.0 模式产生式规则产生的模式比一个对这种类型进行多次声明的模式小得多。此外，使用 ANY 类型可以在不影响 XMI 2.0 产生的情况下完成对 ANY 类型声明的一些修改。

4.8 元模型类的规范

本条详细描述怎样在 XMI 模式里表示关于元模型类的信息。它使用第 5 章"XML 模式产生式"中的 EBNF 语法来描述属性的方法，联合和遏制关系在 XML 模式中的表示，同时还包括如何处理在元模型类之间的继承问题。这里将用简短的示例来解释这个编码。

4.8.1 命名空间限定 XML 元素名

当元模型的正式模式产生时，模式生成器必须选择一个或者多个能够在元模型中惟一标识的 XML 命名空间 URI。XML 处理器将使用那些命名空间 URI 来标识那些用作 XML 确认的模式，作为描述 XML 模式规范。

在文档里，元模型类、包和关联的 XML 元素名称就是它的简短名称。符合元模型属性和引用的 XML 标签名称就是属性和引用的简短名称。符合元模型属性和引用的 XML 属性名称就是属性或者引用的简短名称 XML 的名称。因为每个 XML 标签都有它自己的命名空间。

每个命名空间可以分配给逻辑的 URI，可以在包含元模型实例的 XML 文档的 XMI 元素的命名空间声明中找到它。通过为资源提供永久的全局有效名，XML 命名空间规范分配给在所有生存期间能始终保持固定的命名空间逻辑名称。示例是"http://schema.omg.org/spec/UML/1.4"。在处理

XML 文档期间，XML 命名空间规范就不会再收到任何关于废除和重新分配 URI 的要求。

下面是一个在使用命名空间的 XMI 文档中的 UML 模型的示例：

```
<xmi:XMI version = "2.0"
      XMLns:UML = "http://schema.omg.org/spec/UML/1.4"
      XMLns:xmi = "http:// schema.omg.org/spec/XMI/2.0">
   <UML:Class name = "C1">
     <feature xmi:type = "UML:Attribute" name = "a1" visibility = "private"/>
   </UML:Class>
</xmi:XMI>
```

这个模型有一个名称为 C1 并且包含着一个单独的名称是 a1 的私有属性的类。XMI 元素声明了 XMI 的版本和带有合理的 URI 的 URL 的命名空间。

4.8.2 元模型的多样性

在 XMI 1.1 中，元模型的多样性被忽略了，因为 DTD 不能在没有对 XML 元素进行排序的情况下标识这种多样性。默认情况下，XMI 产生模式时也同样忽略多样性。

通过确定 MOF(元对象设施)元模型的标签值来剪裁 XMI 产生的模式。下列两个标签："org.omg.XMI.enforceMaximumMultiplicity"和"org.omg.XMI.enforceMinimumMultiplicity"允许规定多样性在一个模式中究竟是被忽视还是得以确定下来。

元模型多样性直接从 MOF 定义的多样性那里映射而来，它有一在 XML 模式属性中称为 "minOccurs"和"maxOccurs"的上限和下限。对于多样性来说，minOccurs 对应于 XML 属性中的下限，另外一个则是上限。

4.8.3 类规范

每种元模型类可以被分解成 3 个部分：属性、关联和组成。类可以由 XML 元素表示，每个属性、引用和组成具有一个 XML 元素。类的 XML 元素包含继承属性、关联和组成。

在本条后面的示例中，"xsd"是 XML 模式命名空间("http:// www.w3.org/2001/XML Schema ")的命名空间前缀，"xmi"是 XMI 命名空间的命名空间前缀。

下面的名称为"c"的元模型类的展示是一个最简单的情况，在这里"c"没有任何属性、关联和遏制关系：

```
<xsd:element name = "c" type = "c"/>
<xsd:complexType name = "c">
   <xsd:choice minOccurs = "0" maxOccurs = "unbounded">
      <xsd:element ref = "xmi:Extension"/>
   </xsd:choice>
   <xsd:attribute ref = "xmi:id"/>
   <xsd:attributeGroup ref = "xmi:ObjectAttribs"/>
</xsd:complexType>
```

如果类有属性、联合体或者构成物，对应于它们的 XML 元素将被放置在内容模型的所有组中，将在下面做出说明。

4.8.4 属性规范

这里用 XML 元素和 XML 属性代表元模型类"c"的属性。如果元模型属性类型是原始的或枚举的，在缺省状态下就像 XML 元素一样也要为它们声明 XML 属性。这种编码选择有几个原因，包括：要交换的值非常大以致对一个XML属性不合适,以及只能是用于元素内容而缺乏对空白空间处理的控制。使用XMI"attribute"和"element"标签可以改变缺省编码。具体见4.11.4"XMI元素与XMI属性"。标签是如何影响编码的相关信息见4.11.1"XMI标签值",有XMI标签的完整列表。

名称为"a"的每个属性声明如下:

```
<xsd:element name="a" type="type specification"/>
```

与其属性一致的XML元素将在符合包含着属性类的复杂类型的内容中声明。该类型或者是XML模式数据类型,或者是枚举数据类型,或者是元模型中的类。

对那些多样性上限是1的字符串类型来说,XML属性也同样必须在与元模型类"c"一致的XML元素中声明,并且该XML元素必须要类"c;"的XML元素的模型内容中。没有多样性实施的"c"的声明如下:

```
<xsd:element name="c" type="c"/>
<xsd:complexType name="c">
  <xsd:choice minOccurs="0" maxOccurs="unbounded">
    <xsd:element name="a" type="xsd:string" nillable="true"/>
    <xsd:element ref="xmi:Extension"/>
  </xsd:choice>
  <xsd:attribute ref="xmi:id"/>
  <xsd:attributeGroup ref="xmi:ObjectAttribs"/>
  <xsd:attribute name="a" type="xsd:string" use="optional"/>
</xsd:complexType>
</xsd:element>
```

如果类中包含一个值为"字符串"的org.omg.XMI.schemaType的标签,那么元素也要声明成XML类型字符串。

对于多值属性,不声明任何XML属性,而是将每一个值作为XML元素编码。

当"a"是一个带有列举值的属性时,与元模型属性一致的XML元素以及XML属性声明中用到的类型如下:

```
<xsd:simpleType base="enumName">
  <xsd:restriction base="xsd:string">
    <xsd:enumeration value="v1"/>
    <xsd:enumeration value="v2"/>
  </xsd:restriction>
</xsd:simpleType>
```

在这里,**enumName**是枚举类型名称,**v1**和**v2**是列举文本。

如果属性有列举值,XML元素和属性将放置到类"c;"的复杂类型中,其声明如下:

```
<xsd:element name="a" type="enumName"/>
<xsd:attribute name="a" type="enumName" use="optional"/>
```

如果属性是多值的枚举属性,就可以省去XML属性声明。

在某些MOF模型中,在将列举文本放进模式前,宜将列举的前缀子字符串移除。标签"org.omg.XMI.XMIName"给出了XMI文档和模式需要的枚举文字的名称。

特性和枚举属性的默认值可以使用与属性相关的"org.omg.XMI.defaultValue"标签在模式中规定。默认值应是放进模式的XML字符串表示。属性的默认值应在模式中得到详细规定,因为XML允许处理器选择不把模式当成是最优化选择处理来阅读文档。当工具跳过处理模式,它们就将得不到XML属性的默认值。这样它们就必须通过理解元模型来获得默认值。当"d"是一个默认时,默认的形式是：

对于字符串属性，在与类一致的 XML 元素中的相应 XML 属性声明是：

〈xsd:attribute name = "a" type = "xsd:string" default = "d"/〉

对于列举属性，在与类一致的 XML 元素中的相应 XML 属性声明是：

〈xsd:attribute name = "a" type = "enumTypeName" default = "d"/〉

注：当阅读有 XML 元素规定模型属性值的文档时，一定要使用 XML 元素值而不是未使用的 XML 属性的默认值。

4.8.5 引用规范

每个引用都表示为 XML 元素和/或 XML 属性。"classtype"类型的元模型类"c"的引用名称为"r"的 XML 元素声明是：

〈xsd:element name = "r" type = "xmi:Any"/〉

在包含这个引用的类的复杂类型内容中声明该元素。本声明能使任意对象序列化，从而加强了模型的可扩展性。用户可以通过使用 useSchemaExtension 标签 or the contentType 标签来忽略这个声明。

包含在所在类的 complexType 声明当中的该引用的属性声明如下：

〈xsd:attribute name = "r" type = "xsd:IDREFS" use = "optional"/〉

4.8.6 遏制规范

表示遏制的每个关联端用 XML 元素来表示，而不用 XML 属性。该 XML 元素形式是和表示关联角色的那个完全相同的。

4.8.7 继承规范

XML 模式有一个扩展类型的机制，但是它并不支持从不只一个类型中扩展，也不支持使用这种机制来给从其他类型衍生的类型内容模型强制排序。因为 XMI 希望最小化次序的依赖性，默认的 XMI 是不会用模式扩展来表示继承的。在这里，XMI 规定继承采用向下复制的继承，因为属性和组成需要向下复制的继承。对于关联（带引用的 AssociationEnds），使用实际引用的类和可能会在另外的端引用的子类。

多继承可以这样处理：在继承层次中出现多次的类的属性、关联和组成在其子类中只包含一次。对于关联（带引用的 AssociationEnds），使用实际引用的类和可能会在另外的端引用的子类。

4.8.8 衍生信息

衍生信息是正交序列。该序列标签提供给选择性禁止序列化数据。该能力为终端用户提供更多的控制，使得他们能够熟悉他们的文件中有哪些信息。

4.9 发送不完整元数据

在 XMI2.0 模式生成器中，可以决定是否支持模型片段进行交换。

4.9.1 模型片段交换

实际上，大部分信息是相关的。对于实际信息交换来说发送一部分已知信息的能力非常重要。另外，在信息模型发展过程中，需要非常频繁地对它们进行交换。

通过 XMI 交换不完整模型采用如下指南：

a） 信息可以从一个模型中丢失。发送模式应不要求新信息的增加和创建操作。

b） 模型片段可以是不相交集合。每个集合都应该可以在相同或者不同的 XMI 文件中发送。

c） "incomplete"是指信息在数量上不多于"complete"的信息。元模型指出的不完整以外增加的信息只能通过扩展机制发送。

d) 就像在完整元数据中一样，要对现存的元数据进行语义验证。

4.9.2 XMI 编码

模型片段的交换可以通过降低下限大于 0 的多样性下限来完成。

4.9.3 示例

下面是一个不完整的 UML 模型的示例：

```
〈UML:Model name = "model1" xmi:id = "id1"〉
  〈ownedElement xmi:type = "UML:Class" name = "class1" xmi:id = "id2"〉
    〈feature xmi:type = "UML:Attribute" name = "attribute1" type = "type1"/〉
  〈/ownedElement〉
  〈ownedElement xmi:type = "UML:Datatype" name = "Integer" xmi:id = "type1"/〉
〈/UML:Model〉
```

4.10 链接

目的是提供在文档内部和之间规定引用的机制。尽管它是基于 XLinks 标准的，但它是向下兼容而且并不把 XLinks 当成先决条件的。

4.10.1 设计原则

a) 链接是基于 XLinks 和 Xpoints 的，以便于能够链接文档(也可能就是当前文档)和文档中的元素。

b) 链路定义被封装在 4.6.2“Linking 属性”中定义的 Linkattribs 属性组中。

c) 无论是作为一个定义还是一个代理，元素都像一个联合体一样发挥作用。代理用 LinkAttribs 组来定义链接，并且这个组也包含没有嵌套的元素。

d) LinkAttribs 支持通过 XLink 属性的外部链接，以及通过 xmi:idref 和 xmi:id 属性的内部链接。

e) 链接是相同的类型或者那种类型的子类中的元素之间的链接。对相同元素类型的限制代理减少了复杂性，增强了可靠性和类型的安全性。在 XMI 2.0 中，子类也允许在组合模型和元模型过程中有更多的灵活性。

f) 当作为代理时，XML 属性可被定义，但没有内容。如果后面应跟有链接，XML 属性就像给出指明的高速缓存一样工作。

g) 代理可被链住。

h) 当跟从在代理的链接之后，代理的定义将由引用元素取代。

i) 将缓存最大化并且封装，使用文档内相同元素的本地代理去链接带有外部引用的单独代理是非常有效的。

j) 关联角色的元素典型的包含代理，这些代理链接到参与关联的类的定义。

4.10.2 链接

对 XMI 来说，最通用的连结的要求是：

a) 在相同的文档中使用元素的标识对一种 XML 元素进行链接。

b) 在不同的文档中使用元素的标识对 XML 元素进行链接。

c) 在相同或者不同的文档中使用元素的通用惟一标识对 XML 元素进行链接。

以下的条描述 XMI 如何支持这些要求。

在一份文档中的链接

idref 属性可以用来规定当前 XML 文档中的 XML 元素的 XML ID。每一个提到的结构都会有一个本地 XML ID,一个在单个 XML 文件中惟一的字符串。

跨文档的链接

支持跨文档链接是选择性的。

4.10.2.1 使用 XMI href 属性找出 XMI id

这是跨文档链接的最简单的形式。在 XMI idName 标签的帮助下,它可以向后与 XMI 1.2 或更新的版本兼容。

这里,XMI href 属性用来通过它的 XMI 标识在另一个 XML 文档中找出 XML 元素。这个 **href** 必须是 URI 引用,正如 IETF RFC 2396:*统一资源标识符*定义的那样。URI 引用必须是 URI ＃id _ value 这种形式,URI 在这里可以找到包含 XML 元素的 XML 文件,并且 id_value 是 XML 元素的 XMI id 属性的值。

作为示例:

〈mgr xmi:id = "mgr_1" href = "Co.XML＃emp_2"/〉

将 XML 元素〈Employee XMI:id = "emp_2"…/〉放置在 Co. XML 文件中。

4.10.2.2 使用 XLink 简单链接和 XPointer 裸名定位 XMI id

这比用 XML **href** 属性要稍微复杂,而且没有提供更多的功能。但是它有标准 XLink and Xpointer 软件可以跟随这个链接的优势。

这里,在 XLink 是 XLink namespace 前缀的地方,使用了 xlink:href 属性。XLink 前缀必须在包含 Xlink:href 属性的那些文档中声明,例如:

〈xmi:XMI version = "2.0" XMLns:xlink = "http://www.w3.org/1999/XLink"

XMLns:xmi = " http://schema.omg.org/spec/XMI/2.0"〉

xlink:href 值必须再次作为 URI＃id_value 形式的 URI 引用。在这种情况下,id_value 技术上是 XPointer 的裸名,但是它看起来就像 XMI href 属性的 id_value。

带有 xlink:href 的 XML 元素也必须有一个 xlink:type=“simple”的属性,这是标识它是一个简单链接的依据。用权作为示例:

〈mgr xmi:id = "mgr_1" xlink:href = "Co.XML＃emp_2" xlink:type = "simple"/〉

在文件 Co. XML 中查找 XML element〈Employee XMI:id = "emp_2".../〉

4.10.2.3 使用 XLink 简单链接和完整的 XPointer 查找 XMI uuid

XLink 简单的链接和完整的 XPointer 形式可以通过它的 XMI uuid 查找 XML 文档中的 XML 元素。此外:

a) 当 Xlink 是一个 Xlink 命名空间前缀的时候,使用 xlink:href 属性。这个 xlink 前缀必须在包含 xlink:href 属性的文档中声明。

b) xlink:href 值必须是 URI 引用。

但是这里的 URI 引用有一个更复杂的形式:

URI＃xpointer((//＊[@XMI:uuid='value'])[1])

xpointer 表达式是一系列的指令,都是为了能够在 XMI:uuid 有那个值的目标文件中找到第一个元素。

作为示例：

```
<mgr xmi:id = "mgr_1"
    xlink:href = "Co.XML#xpointer((//*[@xmi:uuid = 'emp_2'])[1])"
    xlink:type = "simple"/>
```

只要是文件中第一个元素带有那个 uuid 的，就能在文件 Co.xml 中找出 XML 元素〈Employee XMI:uuid = "emp_2".../〉

因为一个 URI 可以标识包含 href 的同一个文件，这也可以通过相同文档的 XMI uuid 查找 XML 元素。

4.10.2.4 使用完整 XLink 和 XPointer 查找几乎所有东西

XLink 和 XPointer 为查找 XML 元素提供了非常强大和丰富的功能，这超过了 XMI 的要求。因此不确定支持跨文件链接的 XMI 实现也提供该级别支持。W3C Xlink 和 XPointer 规范规定了可能的情况和如何工作。

4.10.3 UML 的示例

在 UML 中，有约束与 ModelElements 之间的关联。Operation 是 ModelElements 的子类。这个示例说明的是一个在 Operation 与带有 4 个 roles constraint 和 constrainedElement 的 Constraints 之间的关联。链接的每种方法被示出。限制条件以定义和代理形式示出。

文档 1

```
<UML:Operation xmi:id = "id01" xmi:label = "op1" xmi:uuid = "DCE:1234">
    <constraint xmi:id = "idC1" xmi:label = "co1" xmi:uuid = "DCE:abcd">
        <body>First Constraint definition</body>
        <constrainedElement xmi:idref = "id01"/>
    </constraint>
    <constraint xmi:idref = "idC2" />
    <constraint xmi:idref = "idC3" />
    <constraint href = "doc2.XML#idC4" />
</UML:Operation>
<UML:Constraint xmi:id = "idC2" xmi:label = "co2" xmi:uuid = "DCE:efgh">
    <body>Second Constraint definition</body>
    <constrainedElement xmi:idref = "id01" />
</UML:Constraint>
<UML:Constraint xmi:id = "idC3" xmi:label = "co3" xmi:uuid = "DCE:ijkl">
    <body>Third Constraint definition</body>
    <constrainedElement
    href = "#xpointer(descendent(1,Operation,xmi:label,op1))"/>
</UML:Constraint>
```

文档 2

```
<UML:Constraint xmi:id="idC4" xmi:label="co4" xmi:uuid="DCE:mnop">
    <body>Fourth Constraint definition</body>
    <constrainedElement href="doc1.xml#id01"/>
</UML:Constraint>
```

第一个限制是一个定义。constrainedElement role 包含有使用 **XMI:idref** 进行初始 Operation 定义的本地引用的 Operation 代理。第二个限制则是一个涉及使用“idC2”的 **XMI:idref** 的限制定义代理。第三个限制是一个引用使用 **XMI:idref** 限制“idC3” 的定义的代理。第四个限制是一个限制使用 **href** 带 id“idC4”的 file doc2. xml 的定义的 Xpointer 引用代理。

继操作的定义和它的 3 个限制代理之后是两个限制的定义。第二个文档包含第三个限制定义。

文档创建者可以自由确定引用的使用和放置。大多数文档间因为如下原因做出内外部引用,尽量不进行多重声明,划分文档流大小或者提及发送范围之外的相关信息。比如:一个 XLinks 的 href 可能会质疑库能不能重召那些附加的相关信息。或者这里可能有一组已经创建的 XMI 文档,每包一个文件要被发送,那包之间的联系在哪?

4.11 剪裁模式产生式

本条描述了如何通过指定作为一个 MOF 元模型一部分的特定的 MOF 标签来剪裁模式产生式。它也描述了剪裁的模式对于文档产生的影响。

注意在 ModelElement 和标签之间的关联定义并不是一个构成物,也不是作为 ModelElement 一部分的一个介绍。这允许标签被包含在单独的包里并且“遥控”加标签的元素。

对 XMI 目的来说,这意味着下列标签可以被增加到现有的元模型中而不用嵌入进去改变它。更有特色的是,标签可以在分离的包当中并且一个超级包可以生成很多这种标签包,元模型包可以驱动模式的生成。这使得相同元模型应用不同类型标签变得非常方便(将每一个都配有单独的“超级”包)。“超级”包扩展允许运行时间元模型访问标签包,以便于用作发生的标签自检。

4.11.1 XMI 标签值

表 4.1 详细说明了允许剪裁通过 XMI 产生的模式和文档的 XMI 标签。它们每个名称都有一个“org. omg. XMI”前缀,但是为了方便阅读,前缀并没有包含在表格的名称当中。

表 4.1 XMI 标签值概要

标签名	值类型	默认值	描 述
命名的标签			
XMI 名称	字符串	零	为写成 XMI 提供来自 MOF 名称的一个交替的名称。在 MOF 名称有特性与 XML 相抵触的情况下是有用的。这些价值被使用而不是 MOF 名称
标识名称	字符串	XMI:id	值是 Id 属性的名称
nsURI	字符串	零	MOF 包的 namespace URI
ns 前缀	字符串	零	MOF 包的 namespace 前缀;这被在模式里使用(任何法律 XML 前缀可能被在资料里使用)
XML 句法标签			
序列化	布尔型	真	如果假,抑制 MOF 构造的长连接。通常适用于衍生的特征
属性	布尔型	假	如果真,序列化 MOF 构造 XML 属性
元素	布尔型	真	如果真,序列化 MOF 作为一个 XML 元素构造
remoteOnly	布尔型	假	如果集合在一个双向关系的一个结尾,如果它遥远,只是连续那个末端

表 4.1（续）

标签名	值类型	默认值	描　述
href	布尔型	false	如果真，用 href 属性而不是文档内链接的 idref 属性
排序			
superClassFirst	布尔型	false	如果真，先使超类内容连续
ordered	布尔型	false	如果真，使 MOF 元模型中定义的对象内容按这个顺序连续
内容			
includeNils	布尔型	false	如果假，不要让零值连续
XML 模式产生式			
enforceMaximumMultiplicity	布尔型	false	如果真，强制为最大多样性，否则为极大
enforceMinimumMultiplicity	布尔型	false	如果真，强制为最小多样性，否则为 0
use 模式 Extensions	布尔型	false	如果真，在 MOF 元模型中用模式扩展来表示继承
模式 Type	字符串	nil	在 XML 模式数据类型说明中定义的一个数据类型名
contentType	字符串	empty	定义模式内容类型。其他有效值有：complex、any、mixed、complex 和 simple
processContents	字符串	strict	如果 contentType 是任意，这个标签就用来说明任意元素的 processContents 属性值。其他有效值是：lax、skip
form	字符串	nil	说明属性的形式属性值。 其他有效值是 qualified 和 unqualified
defaultValue	字符串	nil	说明属性的默认值
fixedValue	字符串	nil	说明属性的固定值

4.11.2 标签值约束

这里有一些 XMI 标签值的约束作为上面表格说明的一个补充。下面是清单：

a) 如果 includeNils 为真，并且一个属性的值是零，那么不管属性标签的值，这个值必须由一个 XML 元素描述。注意 MOF 介绍不能被设置为零。

b) 如果 enforceMinimumMultiplicity 或者 enforceMaximumMultiplicity 为真，那与之有关的标签也一定为真（为了验证多样性，模式要求元素内容按特定的顺序连续）。多样标签要求元素也要连续。

c) 如果 use 模式 Extensions 为真，MOF(元对象设施)元模型不可能有多样性继承。

d) 如果 use 模式 Extensions 为真，superClassFirst 也一定为真。

e) 如果 href 为真，每个连续的介绍的元素也一定为真。

f) 在限制介绍，多值属性，非单独数据类型属性或者特征中属性标签未必会得到详细说明，这种情况下 element，includeNils，enforceMinimumMultiplicity，enforceMaximumMultiplicity 和 href 标签的值都为真。

4.11.3 范围

除 XMIName、连续以及 remoteOnly 之外，所有这些标签都在它们被分配的结构范围内适用于全部结构。如果注明为 MOF 包，则适用于在 MOF 包范围内建造。如果被注明为 MOF 种类，则申请 MOF 种类和种类的特征。例如，如果把 MOF 种类的元素标签确定为真，应连续使用 XML 元素的种类的全部特征的价值而不是 XML 属性。

XMIName、连续、contentType、模式 Type 和 remoteOnly 标签只用于被指定的结构。例如，确定对"c"的一个 MOF 种类的 XMIName 的意思是名称"c"应该被使用，在 XMI 模式和那种种类的资料里；它不强制种类的特征的名称。

4.11.4 XML 元素与 XML 属性

可以选择特征(MOF 属性或介绍)作为 XML 属性、XML 元素，或二者一起，这取决于模型和模型中的标签。下面是将某一特征映射到 XML 结构的条件列表。

仅对 XML 属性

- 特征有一个属性标签设置为真。

仅对 XML 元素

- 特征是遏制引用，或者
- 特征有一元素标签设置为真，或者
- 特征有一 href 标签设置为真，或者
- 特征是一个多值的属性，或者
- 特征是类型不是简单的数据类型的一个属性。

XML 属性和元素

- 默认。

4.11.5 XML 和 XMI 的 UML 轮廓

上面定义的标签确定了 XML 和 XMI 的一个 UML 轮廓。当把 UML 转化成 MOF 时，置于一种 UML 元素上的标签被直接转移到相应的 MOF 元素。另外，一个带有上述无前缀标签名的 UML 元素被以相同的名称和真值转存到一个 MOF 标签。通过提供精确的从 UML 模型到 MOF 模型的映射，针对 MOF 的 UML 轮廓补充了这一轮廓。

XML 和 XMIUML 轮廓的示例正将《element》准则置于一直被认为是 XML 元素的 UML 属性之上。相应 MOF 标签将有真值。

4.11.6 对文档产生式的影响

XMI 标签的值影响文件怎样被连续。通常，计划进行的验证越多，在使用计划的 XMI 资料上验证的限制就越多。有两个关于这方面的原因。首先，如果没有把一项命令强加给元素内容，模式不能验证多样性。其次，如果模式扩展机制被使用，超类元素必须在子类元素之前进行元素内容里连续。

这是一些 XMI 标签怎样影响文档产生式的示例。假定有一个包含超类和子类的 MOF 元模型。子类从超类继承。超类指定 a 为字符串类型，子类指定 b 为字符串类型。如果 URI 的 namespace 是"URI"，并且前缀是"p"，这就是由 MOF metamodel 产生的默认模式：

```
〈XML version = "1.0" encoding = "UTF-8"?〉
    〈xsd : schema = ""
          targetNamespace = "URI"
          XMLns:xmi = "http://www.omg.org/XMI"
```

```
    XMLns:xsd = "http://www.w3.org/2001/XMLSchema"
    XMLns:p = "URI">
  <xsd:import
    namespace = "http://www.omg.org/XMI"
    schemaLocation = "xmi20.xsd"/>
  <xsd:complexType name = "Super">
    <xsd:choice minOccurs = "0" maxOccurs = "unbounded">
      <xsd:element name = "a" type = "xsd:string"/>
      <xsd:element ref = "xmi:Extension"/>
    </xsd:choice>
    <xsd:attribute ref = "xmi:id"/>
    <xsd:attributeGroup ref = "xmi:ObjectAttribs"/>
    <xsd:attribute name = "a" type = "xsd:string" use = "optional"/>
  </xsd:complexType>
  <xsd:element name = "Super" type = "p:Super"/>
  <xsd:complexType name = "Sub">
    <xsd:choice minOccurs = "0" maxOccurs = "unbounded">
      <xsd:element name = "a" type = "xsd:string"/>
      <xsd:element name = "b" type = "xsd:string"/>
      <xsd:element ref = "xmi:Extension"/>
    </xsd:choice>
    <xsd:attribute ref = "xmi:id"/>
    <xsd:attributeGroup ref = "xmi:ObjectAttribs"/>
    <xsd:attribute name = "a" type = "xsd:string" use = "optional"/>
    <xsd:attribute name = "b" type = "xsd:string" use = "optional"/>
  </xsd:complexType>
  <xsd:element name = "Sub" type = "p:Sub"/>
</xsd: schema>
```

注：子类内容模式允许属性 a 或属性 b 首先被连续如果它们被作为元素连续。

例如，在一份 XML 文档中，如果 p 是 uri 为“URI”的 namespace 的 namespace 前缀，子类的下列实例依照默认验证模式：

```
<p:Sub>
  <b>Value1</b>
  <a>Value2</a>
</p:Sub>
```

以下也是合法的：

```
<p:Sub>
  <a>Value2</a>
  <b>Value1</b>
</p:Sub>
```

如果 use 模式 Extensions 是真实的，子类 complexType 的声明使用 XML 模式扩展机制，如下：

```
<xsd:complexType name = "Sub">
  <xsd:complexContent>
```

```
  <xsd:extension base = "p:Super">
    <xsd:choice minOccurs = "0" maxOccurs = "unbounded">
      <xsd:element name = "b" type = "xsd:string"/>
    </xsd:choice>
  <xsd:attribute name = "b" type = "xsd:string" use = "optional"/>
  </xsd:extension>
 </xsd:complexContent>
</xsd:complexType>
```

子类的声明把命令强加给子类实例的内容。对于这种声明，属性 a 必须在属性 b 之前连续，上面的第一个子类的实例没有验证这个模式，但是第二个进行了验证。此外，在子类实例中，同属性 b 一样，任何 XMI:extension 元素必须在元素之前进行连续。

4.11.7 XMI 标签范围和影响的概要

表 4.2 包含下列信息：

- 影响：第二列指出了受指定 XMI 标签影响的 MOF 结构。
- 范围：第三列至第五列指出了各个标签的范围。如果范围是包范围，一个包标签集将应用于包内的所有受影响的结构。如果是类范围，一个类标签将应用于类内的所有受影响的结构。如果范围是结构范围，标签只影响设置它的特定结构。

通过在包或类上设置标签，可以避免在包中的类或类内部的属性和相关结点上重复设置相同的标签。例如，元素标签应用于属性和相关节点。如果类中元素标签设置为真，类本身不受影响，但是类中各个属性和关联结点的元素标签看起来都被设置为真了。

表 4.2 XMI 标签、影响的 MOF 结构和其范围

XMI 标签	影响的 MOF 结构	包范围	类范围	结构范围
XMIName	Class，Attribute，AssociationEnd			X
serialize	Attribute，AssociationEnd	X	X	X
element	Attribute，AssociationEnd	X	X	X
attribute	Attribute，AssociationEnd	X	X	X
enforceMaximumMultiplicity	Attribute，AssociationEnd	X	X	X
enforceMinimumMultiplicity	Attribute，AssociationEnd	X	X	X
form	Attribute，AssociationEnd	X	X	X
remoteOnly	AssociationEnd	X	X	X
href	AssociationEnd	X	X	X
includeNils	Attribute	X	X	X
schemaType	Attribute			X
defaultValue	Attribute			X
fixedValue	Attribute			X
nsURI	Package	X		X
nsPrefix	Package	X		X
idName	Class	X	X	X
useSchema Extensions	Class	X	X	X
contentType	Class	X	X	X
superClassFirst	Class	X	X	X

4.12 发送元数据差别

目的是为提供一个机制指出文档之间的差别，这样一整份文档不需要每次被传送。这个设计没有明确计算区别的算法，只是一个传送文档的形式。

目前已知怎样传送一个不完全或者完全的模型。这种工作方式对所有环境而言还不够。准确地说是能想到在很多模式变动的环境下必须非常迅速地给其他用户传送。对这些环境来说完整的模型传送会消耗很大的资源（时间、网络通信量……），从而很难甚至无法找到协同工作的解决方案。

解决这个问题最可行的办法是只传送发生的模型变化。这种方式下一个模型不同的实例的维护与同步更容易更有效。对于一组用户的并发任务，用一个简单的机制同步模型变得可能。传送较少的信息使同步模型更加有效。

4.12.1 定义

这种方式是只传送对模型做出的改变（新旧模型之间的差别）以及能把变化作用于旧模型的必要信息。

a） New-Old＝Difference。模型差别是两个模型的比较并且用可逆方式明确它们之间的差别。差别表示为从旧文档到新文档而做出的改变。

b） New＝Old＋Difference。模型合并就是组合差别信息和普通的引用模型来建造合适新模型的能力。

4.12.2 差别

差别必须以定义的顺序被使用。一个更晚的差别是指由之前链接到其内容的差别增加的信息。模型完整性要求传送的全部差别被使用。以下是标识的差别类型，传送的信息，以及它们表示的变化：

a） 删除（涉及删除的元素）：删除操作涉及旧模型中的一个特定元素并指定一个对该元素和它的所有内容的深层移动。

b） 增加（涉及包含的元素，新元素，可选择位置）：增加操作涉及旧模型中的一个特定元素并指定一个深层增加。元素和它的内容被增加。新元素的内容被增加到指定的选择位置，该位置默认为内容中的最后一个元素。可选择的位置形式基于 XPointer 的位置形式。1 表示第一个位置，－1 表示最后一个位置，更大的数目沿着指定的方向穿过内容数。

c） 替换（涉及被替换元素，替换元素，可选择的位置）：这个操作删除旧元素但不删除其内容。新元素及其内容被增加到旧元素的位置。原先旧元素的内容在指定的选择位置被增加到新元素的内容，该位置默认为最后。

4.12.3 XMI 编码

下列是用来对差别进行编码的元素：

删除

删除元素的链路属性包含一个指向被删除元素的链接。

增加

增加内容就是要增加的元素。链接属性包含一个指向被删除元素的链接和一种可选择的位置元素。编号对应于 XPointer 编号，1 是第一个元素，－1 是末元素。

替换

替换的内容是用于替换旧元素的元素。属性包含一个指向被替换元素的链接和一个放置替换元素内容的可选择位置元素。编号对应于 XPointer 编号，1 是第一个元素，－1 是末元素。

4.12.4 示例

这个示例将删除一个类及其属性，增加第二个类，并给一个包重命名。

源文件：

```
<xmi:XMI version="2.0" XMLns:UML="org.omg/UML" XMLns:xmi="http://www.omg.org/XMI">
  <UML:Package xmi:id="ppp" xmi:label="p1">
    <ownedElement xmi:type="UML:Class" xmi:id="ccc" xmi:label="c1">
    <feature xmi:type="UML:Attribute" xmi:label="a1"/>
    <feature xmi:type="UML:Attribute" xmi:label="a2"/>
   </ownedElement>
 </UML:Package>
</xmi:XMI>
```

差别文档：

```
<xmi:XMI version="2.0" XMLns:UML="org.omg/UML" XMLns:xmi="http://www.omg.org/XMI">
  <difference xmi:type="xmi:Delete">
    <target href="original.XML#ccc"/>
  </difference/>
  <difference xmi:type="xmi:Add" addition="Class_1">
    <target href="original.XML#ppp"/>
  </difference>
  <UML:Class xmi:id="Class_1" xmi:label="c2"/>
  <difference xmi:type="xmi:Replace" replacement="ppp">
    <target href="original.XML#ppp"/>
  </difference>
  <UML:Package xmi:id="ppp" xmi:label="p2"/>
</xmi:XMI>
```

以下是3个差别应用时怎样改变文件。

删除：

```
<xmi:XMI version="2.0" XMLns:UML="org.omg/UML" XMLns:xmi="http://www.omg.org/XMI">
  <UML:Package xmi:id="ppp" xmi:label="p1"/>
</xmi:XMI>
```

下一步，增加：

```
<xmi:XMI version="2.0" XMLns:UML="org.omg/UML" XMLns:xmi="http://www.omg.org/XMI">
  <UML:Package xmi:id="ppp" xmi:label="p1">
    <ownedElement xmi:type="UML:Class" xmi:label="c2"/>
  </UML:Package>
</xmi:XMI>
```

最后，替换：

```
<xmi:XMI version="2.0" XMLns:UML="org.omg/UML" XMLns:xmi="http://www.omg.org/XMI">
  <UML:Package xmi:id="ppp" xmi:label="p2">
    <ownedElement xmi:type="UML:Class" xmi:label="c2"/>
  </UML:Package>
</xmi:XMI>
```

4.13 用多种工具交换文档

本条推荐了一种使用多种工具交换文档时的可选择方法。这个方法中，XMI:uuid 和扩展一起用来保护指定工具的信息。尤其，一些工具对它们的 ID 有特别要求，从而增加了 ID 交换的难度。扩展用来保存指定工具的信息，包括指定工具的 ID。

基本的规则是最初创造结构的工具分配 XML ID。UUID 很可能与工具自己使用所选择的 ID 相同。文档的任何其他修改器必须保护原有的 UUID，但是可以增加它们自己的作为其扩展的一部分。

4.13.1 定义

通常：

- MC——模型结构。一种包含 XMI.uuid 属性的 XML 元素。
- 扩展——扩展使用扩展元素。MCs 的扩展可以嵌套在 MCs 内，然后链接到文档的扩展地区，或者链接到文档外边。每个扩展在 extender 属性内包含一个具体工具的标识符。对一特定的工具扩展被认为是私有的。一个 MC 内可能有零个或更多的扩展，扩展可以嵌套起来。

IDs：

- XMI:uuid——一个 MC 的通用专一 ID，表示为 XMI:uuid 属性。例如：
  〈ClassXMI:uuid = "ABCDEFGH"〉
- extenderID——一个 MC 的特定工具 ID。extenderID 储存在 MC 的一个扩展中，不同于 XMI:uuid。

工具 ID 规则：

每个工具要么是打开的要么是关闭的。

- 打开工具 ——接受任何 XMI:uuid 作为已有的一件工具。打开工具不需要增加扩展来包含具体工具的 ID。
- 关闭工具——一件不接受另一件工具建立的 XMI:uuid 的工具。关闭工具在 XMI.extension 内的 extenderID 属性中存储它们的 ID。XMI.extension 的扩展属性设置为关闭工具的名称。

4.13.2 规程

文档创建：

创建工具创建一份新 XMI 资料。每个 MC 分配一个 XMI:uuid。如果 XMI:uuid 与 extenderID 不同，一个用于此工具的包含 extenderID 的扩展被增加。

文档导入：

导入工具读取一份现有的 XMI 文档。其他工具的扩展可能被内部储存但在以后发生的事件中无法解释。于是出现下列某种情况：

- 如果导入工具是一个打开工具，XMI:uuids 被内部接受，且不需转换。
- 如果导入工具是一个关闭工具，该工具用 extenderID 寻找一个包含的扩展(由扩展器标识)。如果该扩展不存在，导入工具建立它自己的内部 ID。

文档修改：

- 修改工具写入 MCs 和由导入保护的任何扩展。
- 对新 MCs 来说，MC 会被分配一个 XMI:uuid。
- 关闭工具在 extenderID 里增加包括它们的内部 ID 的一个扩展。

4.13.3 示例

本条描述了这样一种情形，Tool1 创建一份 XMI 文档，然后被 Tool2 导入，接着导出到 Tool1，最后 Tool3 导入该文档。全部工具都是关闭工具。

a) Tool1 中,XMI 中写入一个类,一个模型创建。

```
〈UML:Class XMI:label = "c1" XMI:uuid = "abcdefgh"/〉
```

b) 此类被 Tool2 导入。Tool2 分配 extenderID“JKLMNOPQRST”。增加第二个类,名称为“c2”,extenderID 是“X012345678”。

c) 将模型合并到 XMI:

```
〈UML:Class xmi:label = "c1" xmi:uuid = "abcdefgh"〉
    〈xmi:Extension extender = "Tool2" extenderID = "JKLMNOPQRST"/〉
〈/UML:Class〉
〈UML:Class xmi:label = "c2" xmi:uuid = "X012345678"/〉
```

d) 模型被导入到 Tool1。Tool1 把 extenderID“ijklmnop”分配给“c2”,一个新类“c3”建立 extenderID 为“qrstuvwxyz”。

e) 将模型合并到 XMI:

```
〈UML:Class xmi:label = "c1" xmi:uuid = "abcdefgh"〉
    〈xmi:Extension extender = "Tool2" extenderID = "JKLMNOPQRST"/〉
〈/UML:Class〉
〈UML:Class xmi:label = "c2" xmi:uuid = "X012345678"〉
    〈xmi:Extension extender = "Tool1" extenderID = "ijklmnop"/〉
〈/UML:Class〉
〈UML:Class xmi:label = "c3" xmi:uuid = "qrstuvwxyz"/〉
```

f) 第三方关闭工具,Tool3,增加它的 ID:

```
〈UML:Class xmi:label = "c1" xmi:uuid = "abcdefgh"〉
    〈xmi:Extension extender = "Tool2" extenderID = "JKLMNOPQRST"/〉
    〈xmi:Extension extender = "Tool3" extenderID = "s1234"/〉
〈/UML:Class〉
〈UML:Class xmi:label = "c2" xmi:uuid = "X012345678"〉
    〈xmi:Extension extender = "Tool1" extenderID = "ijklmnop"/〉
    〈xmi:Extension extender = "Tool3" extenderID = "s5678"/〉
〈/UML:Class〉
〈UML:Class xmi:label = "c3" xmi:uuid = "qrstuvwxyz"〉
    〈xmi:Extension extender = "Tool3" extenderID = "s90ab"/〉
〈/UML:Class〉
```

g) 打开工具导入和修改文件。因为工具使用了 XMI:uuids,所以没有变化。

4.14 通用的数据类型机制

在 XMI 里支持一般数据类型的能力有显著的好处。因为域元模型有一套定域数据类型,XMI 的应用性被显著扩大。一般的解决办法允许用户通过确定的指向 XML 数据类型的映射来提供一个域数据类元模型。

数据类型在模型内被定义,XML 的数据类型连续描述为 XML 模式数据类型。

MOF 复杂数据类型看作 MOF 类,该类的每个域看作一个 MOF 属性,其中每个属性包括一个映射到 XML 模式的原始类型。

标签 org. omg. XMI. 模式 Type 表明这个类是有 XML 模式映射的数据类型。标签的值表明模式类型。例如,http://www. w3. org/2001/XML 模式#int 是 int 的数据类型。

5 XMI 模式产生式

5.1 目的

下述条描述了由一个基于 MOF(元对象设施)的元模型创建一个模式的原则。其一致性原则收录在附录 A 中。

EBNF(扩展的巴克斯-诺尔范式)记法

本标准用 EBNF 来描述这些规则,并且为了引用它们已经被编好了号码。用规则号和规则名来应用它,比如:1a. 模式 tart。引号内的文本就是它的值,比如:"〈xsd:element"。

双斜线内的文本将被合适的输入值填充,比如://Name of Attribute//。当作为 XML 文档中 XML 属性值时,文字将被加上单引号或者双引号。"*"后缀表明不作重复或者重复很多次,"?"则表明不作重复或仅重复一次,"+"是重复一次或者多次。垂直的竖线"|"表明在两者间需做出一个选择。圆括号"()"则用于把一组东西放在一起。

EBNF 忽略空白,所以这些规则没有指出空白的处理方法。然而,由于 XML 中空白是非常重要的,实际的模式产生过必然会在合适的地方插入空白。

5.2 XML 2.0 版本模式

5.2.1 EBNF

XMI 版本 2 模式的 EBNF 列出各条之间有规则的描述如下:

```
1. Schema::= 1a: Schema tart
             1d:ImportsAndIncludes?
             1e:FixedDeclarations
             2:Package Schema +
             1f: Schema End
1a. Schema tart::= "〈xsd: Schema
                     XMLns:xsd = 'http://www.w3.org/2001/XML Schema'
                     XMLns:XMI = 'http://www.omg.org/XMI'"
                  1b:NamespaceDecl *
                  1c:TargetNamespace?
                 "〉"
1b. NamespaceDecl::= "XMLns:" //Namespace name// " = "
                     "'" //Namespace URI// "'"
1c. TargetNamespace::= "targetNamespace = '" //Namespace URI// "'"
1d. ImportsAndIncludes::= // Imports and includes //
1e. FixedDeclarations::= "〈xsd:import
                          namespace = 'http://www.omg.org/XMI'/〉"
1f. SchemaEnd::= "〈/xsd:schema 〉"
1g. XMIFixedAttribs::= ( "〈xsd:attribute ref = 'XMI:id'"
                         "use = 'optional'〉" |
```

```
                "<attribute name='" // Id attrib name // "'"
                              "type='xsd:ID'use='optional'")
                "<xsd:attributeGroup
             ref='XMI:ObjectAttribs'/>"
1h.Namespace::=( //Name of namespace// ":" )?
```

1.	一个模式由 XML 元素组成。它包括入口、陈述、固定声明和对元模型中包内容的附加声明
1a.	XML 模式元素由以下三部分组成:命名空间属性、该模式中使用的另一个命名空间的属性以及一个可选的目标命名空间属性。规则如下:模式命名空间命名为 xsd,XML 命名空间命名为 XMI。不过在遵守规则的基础上,也可以用其他名称代替这些命名空间名称
1b.	模式中的每一个命名空间必须有说明命名空间名称和命名空间 uri(通用标识符)的命名空间属性。如果命名空间名称为"",属性名称应为"XMLns"。命名空间由元模型中的 nsPrefix 和 nsURI 标签声明
1c.	如果模式有目标命名空间,则目标命名空间属性应存在
1d.	如果一个模式应用其他模式的声明,则应存在适当的包含和导入声明
1e.	XML 命名空间中的模式声明列在 6.3.2"总体内容结构"中
1f.	模式 XML 元素的最后部分
1g.	主要元素中的固定 XML 属性包括元素身份和元素链接。如果 org.omg.XMI.idName 标识有值,则该值为 ID 属性名;否则属性名为"XMI:id"
1h.	":"应跟在命名空间后面,如果没有命名空间,则规则为空白

```
2.Package 模式::=( 2:PackageSchema
                  | 3:ClassSchema
                  | 13:EnumSchema) *
                  6:PackageElementDef
```

2.	数据包的模式属性包括所有包含的数据包的声明、类、没有介绍的结构、枚举类型,和数据包本身的 XML 元素声明

```
3.ClassSchema::=4:ClassTypeDef
                5:ClassElementDef
```

3.	类模式 contribution 由基于类属性和关联的类型声明以及类本身的元素声明组成

```
4.ClassTypeDef::="<xsd:complexType name='" //Name of Class//
                 ("mixed='true'")?
                 "'>"
```

```
                         ( "〈xsd:complexContent〉"
                         "〈xsd:extension base = '" 4a:ClassTypeName "'")?
                         ("〈xsd:choice minOccurs = '0'
                         maxOccurs = 'unbounded'〉" |
                         "〈xsd:sequence〉")?
                         ( 4b:ClassContents |
                         "〈xsd:any minOccurs = '0'maxOccurs = 'unbounded'
                         processContents = '" // ProcessContents Value //
                         "'/〉")?
                         ("〈/xsd:choice〉" | "〈/xsd:sequence〉")?
                         4g:ClassAttListItems
                         ( "〈/xsd:extension〉"
                         "〈/xsd:complexContent〉" )?
                         "〈/xsd:complexType〉
4a.ClassTypeName::= 1h:Namespace //Name of Class//
4b.ClassContents::= 4d:ClassAttributes
                         4e:ClassReferences
                         4f:ClassCompositions
                         4c:Extension
4c.Extension::= ("〈xsd:element ref = 'XMI:extension'/〉") *
4d.ClassAttributes::= ("〈xsd:element name = '" //Name of Attribute// "'"
                            ("nillable = 'true'")?
                            ( 4m:MinOccursAttrib )?
                            ( 4n:MaxOccursAttrib )?
                            (("type = '" //Name of type// "'/〉") |
                            ("type = 'XMI:Any'/〉")) ) *
4e.ClassReferences::= ( "〈xsd:element name = '" //Name of Reference// "'"
                            ( 4m:MinOccursAttrib )?
                            ( 4n:MaxOccursAttrib )?
                            (("type = '" 4a:ClassTypeName "'/〉") |
                            ("type = 'XMI:Any'/〉")) ) *
4f.ClassCompositions::= ( "〈xsd:element name = '" //Name of Reference// "'"
                            ( 4m:MinOccursAttrib )?
                            ( 4n:MaxOccursAttrib )?
                            (("type = '" 4a:ClassTypeName "'/〉") |
                            ("type = 'XMI:Any'/〉")) ) *
4g.ClassAttListItems::= 1g:XMIFixedAttribs 4h:ClassAttribAtts
4h.ClassAttribAtts::= ( 4i:ClassAttribRef
                          | 4j:ClassAttribData
                          | 4k:ClassAttribEnum ) *
4i.ClassAttribRef::= "〈xsd:attribute name = '" //Name of attribute// "'"
                          ("type = 'xsd:IDREFS'use = 'optional'/〉" |
                          "type = 'xsd:IDREF'use = 'required'/〉")
```

```
4j.ClassAttribData::="〈xsd:attribute name='" //Name of attribute// "'"
                    "type='xsd:string'"
                    ("use='optional'" | "use='required'")
                      ("default='" 4l:ClassAttribDflt "'")?
                        ("fixed='" 4p:ClassAttribFixed "'")?
                        ("form='" // Form value // "'")?
                    "/〉"
4k.ClassAttribEnum::="〈xsd:attribute name='" //Name of attribute// "'"
                          "type='" 8a:EnumTypeName "'"
                        (("use='default'"
                         "value='" 4l:ClassAttribDflt "'") |
                         ("use='optional'" | "use='required'")) "/〉"
4l.ClassAttribDflt::=//Default value//
4m.MinOccursAttrib::="minOccurs='" // Minimum // "'"
4n.MaxOccursAttrib::="maxOccurs='" // Maximum // "'"
4o.Class AttribFixed::=//Fixed value//
```

4.	这些规则规定了元模型中类的声明,声明为包含内容模型和XML属性的XML复杂类型。如果org.omg.XMI.enforceMaximumMultiplicity和org.omg.XMI.enforceMinimumMultiplicity两个标识中任一个为真,则类的内容顺序排放,否则选择排放。如果org.omg.XMI.contentType标识是复杂的,根据规则4b,类内容声明如定义显示。如果contentType值为空(默认值),类内容不显示。如果contentType值为任何其他值,则"xsd:any"元素声明显示而类内容不显示。如果contentType值为混合的,则混合属性被包含在内。 如果org.omg.XMI.use模式Extensions为真,则类的复杂类型通过扩展从复杂类型得来用作超级类
4a.	该规则关于类的类型,如果存在而且不是默认的命名空间,则是命名空间的类的名称的前缀
4b. 4c.	类的复杂类型包括所含属性的XML元素、类的介绍和成分以及扩展元素。不论这些是不是被标签为子元素。org.omg.XMI.serialize标识可用来控制这些结构的连续。如果org.omg.XMI.use模式扩展为假或者不存在,则继承属性、介绍和内容被包括在内,否则,只有本地属性、介绍和内容被包括在内
4d.	类的每个属性的XML元素名称被列为类元素的内容模型的一部分。这包括类本身定义的属性和从超级类继承来的所有属性。简单属性的类型是"xsd:string"——列举属性的列举名,或者为org.omg.XMI.模式类型标识的值的一部分,如果存在的话。如果org.omg.XMI.includeNils标识为假,则声明中不包括"nillable"属性。如果org.omg.XMI.enforceMinimumMultiplicity为真,则minOccurs属性被包括在内。如果org.omg.XMI.enforceMaximumMultiplicity为真,则maxOccurs属性被包括在内
4e.	类的每个介绍的XML元素名称列在类的内容模型中。列表包含类本身定义的介绍和从超级类继承来的介绍。如果org.omg.XMI.use模式Extensions为真或者org.omg.XMI.contentType为"complex",类型为介绍类型为类名称。否则,类型允许任一目标被连续。如果org.omg.XMI.enforceMinimumMultiplicity为真,则minOccurs属性被包含在内。如果org.omg.XMI.enforceMaximumMultiplicity为真,则maxOccurs属性被包含在内

4f.	类的介绍是一种复合介绍,类的介绍的 XML 元素名在类的内容模型中列出。该列表包含类本身定义的介绍和从超级类继承来的介绍。如果 org. omg. XMI. use 模式 Extensions 为真或者 org. omg. XMI. contentType 为"complex",则类型为介绍类型的类名称。否则,该类型允许任一目标被连续。如果 org. omg. XMI. enforceMinimumMultiplicity 为真,则 minOccurs 属性被包含在内。 如果 org. omg. XMI. enforceMaximumMultiplicity 为真,则 maxOccurs 属性被包含在内
4g. 4h.	类元素的属性列表包含标准定义和联接属性。除此之外还包括属性的 XML 属性。当 XML 属性语法的限制工具允许表达必要的值时,也包括类的非复合介绍。 除非 org. omg. XMI. use 模式 Extensions 标识为真,否则继承属性和相关性被包含在内。不然,只有本地属性和相关性被包含在内
4i.	相关性可表达为 XML 名和 XML 属性之间的相关性。如果属性的多样性为一并且 org. omg. XMI. enforceMinimumMultiplicity 为真,类型为 IDREF 且属性是必须的
4j.	有字符串表达式表示数据的类的单值属性被映射为"xsd:string"类型的 XML 属性,除非 org. omg. XMI. 模式 Type 标识存在,在这种情况下该值被用作类型。 因为 XML 属性语法不允许值重复,所以类的多值属性不能这样表达。如果属性的多样性为一,而且 org. omg. XMI. enforceMinimumMultiplicity 为真,则属性须存在
4k.	有列举值的单值属性被映射为列举类型的 XML 属性。 如果属性的多样性为一,且 org. omg. XMI. enforceMinimumMultiplicity 为真,则属性须存在
4l.	如果属性表示为 XML 属性且存在与属性相关的 MOF 标识"org. omg. XMI. defaultValue",那么它的初始值可以在模式中表示。此标识的值必须表示为 XML 属性字符串
4m.	最小值是最小多样性
4n.	最大值是最大多样性
4o.	如果属性被表示为 XML 属性且存在与属性相关的 MOF 标识"org. omg. XMI. fixedValue",那么它的固定值可以在模式中表示。此标识的值必须可表示为 XML 属性字符串

```
5. ClassElementDef:: = "〈xsd: element name = '" //Name of class// "'"" type = ' 4a:
ClassTypeName "'/〉"
```

5	本标准规定了元模型中类的 XML 元素

```
6. PackageElementDef:: = "〈xsd:element name = '" //Name of package// "'〉"
                        "〈xsd:complexType〉
                        〈xsd:choice minOccurs = '0'
                      maxOccurs = 'unbounded'〉"
                      6b:PkgContents
                     "〈/xsd:choice〉"
                    6g:PkgAttListItems
                      "〈/xsd:complexType〉
                      〈/xsd:element〉"
6a. PkgElmtName:: = 1h:Namespace //Name of package//
6b. PkgContents:: = 6c:PkgAttributes
```

```
                    6d:PkgClasses
                    6e:PkgAssociations
                    6f:PkgPackages
                    4c:Extension
6c.PkgAttributes::= ( "〈xsd:element name = '"
                         //Qualified name of Attribute// "'"
                          "type = '//Name of type// "'/〉") *
6d.PkgClasses::= ( "〈xsd:element ref = '" 4a:ClassTypeName "'/〉") *
6e.PkgAssociations::= ( 7:AssociationDef ) *
6f.PkgPackages::= ( "〈xsd:element ref = '" 6a:PkgElmtName "'/〉") *
6g.PkgAttListItems::= 1g:XMIFixedAttribs 6h:PkgAttribAtts
6h.PkgAttribAtts::= 4h:ClassAttribAtts
```

6.	*包*的模式属性包括*包*的 XML 元素定义，通过内容模型说明数据*包*的内容
6a.	该规则规定*包*名称的使用
6b.	*包*包括所有分类等级的属性，没有*引用*的*关联*、类、嵌套*包*和扩展
6c.	*包*的分类等级属性也是静态属性。由父数据*包*继承来的属性也包括在内
6d.	*包*的每个类都被列出。由父数据*包*继承来的类也包括在内
6e.	*包*可能包含没有引用的*关联*(比如：没有类包含指向 AssociationEnd 所拥有的关联结尾的*引用*)。*包*或其父*包*所包含的每个*关联*被列为*包*内容的一部分，这样它所包含的信息可以作为 XML 文档的一部分传递
6f.	嵌套*包*都被列出。由父*包*继承来的嵌套*包*也包括在内
6g. 6h.	XML 属性*包*是固定身份和链接 XML 属性，以及与*包*中类的分离器等级属性相对应的 XML 属性声明

```
7.AssociationDef::= "〈xsd:element name = '" //Name of association// "'〉"
"〈xsd:complexType〉
〈xsd:choice minOccurs = '0'maxOccurs = 'unbounded'〉"
7b:AssnContents
"〈/xsd:choice〉"
7d:AssnAtts
"〈/xsd:complexType〉
〈/xsd:element〉"
7a.AssnElmtName::= 1c:Namespace //Name of association//
7b.AssnContents::= 7c:AssnEndDef
7c:AssnEndDef
4c:Extension
7c.AssnEndDef::= "〈xsd:element"
"name = '" //Name of association end// "'〉"
"〈xsd:complexType〉"
1g:XMIFixedAttribs
```

"〈/xsd:complexType〉"

"〈/xsd:element〉"

7d. AssnAtts::= 1g:XMIFixedAttribs

7.	不引用关联的声明包括其 AssociationEnd XML 元素名称
7a.	XML 元素名称的使用可以代表关联
7b.	关联元素的内容是其两 AssociationEnd 元素
7c.	一个不引用的关联的 AssociationEnd 元素是使用标准固定属性的单标识符引用(比如 idref);因为只有简单链接(成对的引用)在这里表示,所以不会有嵌套元素或者变化多样性
7d.	固定身份和链接 XML 属性为关联 XML 属性

8. Enumschema::= "〈xsd:simpleType name = '" 8b:EnumName "'〉"

"〈xsd:restriction base = 'xsd:string'〉"

8c:EnumLiterals

"〈/xsd:restriction〉"

"〈/xsd:simpleType〉"

8a. EnumTypeName::= 1h:Namespace 8b:EnumName

8b. EnumName::= // Name of enumeration //

8c. EnumLiterals::= ("〈xsd:enumeration value = '" 8d:EnumLiteral "'/〉") +

8d. EnumLiteral::= // Name of enumeration literal //

8.	列举模式内容包括从字符串得到的简单类型,字符串的合法值为列举字
8a.	XML 模式引用中枚举的名称
8b. 8c.	每个枚举字为枚举 XML 元素的 XML 属性值
8d.	枚举字的名称

5.2.2 固定的模式声明

模式中的某些元素是固定的,它们是每个 XMI2.0 模式必需的一些样板文件。下面这个条将对这些元素加以介绍。我们在 http://www.omg.org/XMI 中能找到这些声明。

现在将只介绍那些有明确内容的模式,至于这些声明的完整语法描述,见第 7 章。

这些确定的声明是:

〈schema XMLns = "http://www.w3.org/2001/XMLSchema"

〈? XML version = "1.0" encoding = "UTF-8"?〉

〈xsd:schema XMLns:xsd = "http://www.w3.org/2001/XMLSchama" XMLns = "http://www.omg.org/XMI" targetNamespace = "http://www.omg.org/XMI"〉

〈xsd:annotation〉

〈xsd:documentation〉

The following attribute and attribute group declarations are included

in the types for MOF classes, but they are not defined in the XMI

model.

```
    </xsd:documentation>
  </xsd:annotation>
  <xsd:attribute name="id" type="xsd:ID"/>
  <xsd:attributeGroup name="IdentityAttribs">
    <xsd:attribute name="label" type="xsd:string" use="optional"
    form="qualified"/>
    <xsd:attribute name="uuid" type="xsd:string" use="optional"
    form="qualified"/>
  </xsd:attributeGroup>
  <xsd:attributeGroup name="LinkAttribs">
    <xsd:attribute name="href" type="xsd:string" use="optional"/>
    <xsd:attribute name="idref" type="xsd:IDREF" use="optional"
    form="qualified"/>
  </xsd:attributeGroup>
  <xsd:attributeGroup name="ObjectAttribs">
    <xsd:attributeGroup ref="IdentityAttribs"/>
    <xsd:attributeGroup ref="LinkAttribs"/>
    <xsd:attribute name="version" type="xsd:string" use="optional"
    fixed="2.0" form="qualified"/>
    <xsd:attribute name="type" type="xsd:QName" use="optional"
    form="qualified"/>
  </xsd:attributeGroup>
  <xsd:annotation>
    <xsd:documentation>PACKAGE: XMIPackage</xsd:documentation>
  </xsd:annotation>
  <xsd:annotation>
    <xsd:documentation>CLASS: XMI</xsd:documentation>
  </xsd:annotation>
  <xsd:complexType name="XMI">
    <xsd:choice minOccurs="0" maxOccurs="unbounded">
      <xsd:any processContents="strict"/>
    </xsd:choice>
    <xsd:attribute ref="id"/>
    <xsd:attributeGroup ref="IdentityAttribs"/>
    <xsd:attributeGroup ref="LinkAttribs"/>
    <xsd:attribute name="type" type="xsd:QName" use="optional"
    form="qualified"/>
    <xsd:attribute name="version" type="xsd:string" use="required"
    fixed="2.0" form="qualified"/>
  </xsd:complexType>
  <xsd:element name="XMI" type="XMI"/>
  <xsd:annotation>
    <xsd:documentation>CLASS: Documentation</xsd:documentation>
```

```
</xsd:annotation>
<xsd:complexType name="Documentation">
  <xsd:choice minOccurs="0" maxOccurs="unbounded">
    <xsd:element name="contact" type="xsd:string"/>
    <xsd:element name="exporter" type="xsd:string"/>
    <xsd:element name="exporterVersion" type="xsd:string"/>
    <xsd:element name="longDescription" type="xsd:string"/>
    <xsd:element name="shortDescription" type="xsd:string"/>
    <xsd:element name="notice" type="xsd:string"/>
    <xsd:element name="owner" type="xsd:string"/>
    <xsd:element ref="Extension"/>
  </xsd:choice>
  <xsd:attribute ref="id"/>
  <xsd:attributeGroup ref="ObjectAttribs"/>
  <xsd:attribute name="contact" type="xsd:string" use="optional"/>
  <xsd:attribute name="exporter" type="xsd:string" use="optional"/>
  <xsd:attribute name="exporterVersion" type="xsd:string"
  use="optional"/>
  <xsd:attribute name="longDescription" type="xsd:string"
  use="optional"/>
  <xsd:attribute name="shortDescription" type="xsd:string"
  use="optional"/>
    <xsd:attribute name="notice" type="xsd:string" use="optional"/>
    <xsd:attribute name="owner" type="xsd:string" use="optional"/>
</xsd:complexType>
<xsd:element name="Documentation" type="Documentation"/>
<xsd:annotation>
    <xsd:documentation>CLASS: Extension</xsd:documentation>
</xsd:annotation>
<xsd:complexType name="Extension">
    <xsd:choice minOccurs="0" maxOccurs="unbounded">
    <xsd:any processContents="lax"/>
  </xsd:choice>
  <xsd:attribute ref="id"/>
  <xsd:attributeGroup ref="ObjectAttribs"/>
  <xsd:attribute name="extender" type="xsd:string" use="optional"/>
  <xsd:attribute name="extenderID" type="xsd:string" use="optional"/>
</xsd:complexType>
<xsd:element name="Extension" type="Extension"/>
<xsd:annotation>
  <xsd:documentation>CLASS: Difference</xsd:documentation>
</xsd:annotation>
<xsd:complexType name="Difference">
```

```
      <xsd:choice minOccurs = "0" maxOccurs = "unbounded">
        <xsd:element name = "target">
          <xsd:complexType>
          <xsd:choice minOccurs = "0" maxOccurs = "unbounded">
            <xsd:any processContents = "skip"/>
          </xsd:choice>
          <xsd:anyAttribute processContents = "skip"/>
        </xsd:complexType>
      </xsd:element>
      <xsd:element name = "difference" type = "Difference"/>
      <xsd:element name = "container" type = "Difference"/>
      <xsd:element ref = "Extension"/>
    </xsd:choice>
    <xsd:attribute ref = "id"/>
    <xsd:attributeGroup ref = "ObjectAttribs"/>
    <xsd:attribute name = "target" type = "xsd:IDREFS" use = "optional"/>
    <xsd:attribute name = "container" type = "xsd:IDREFS" use = "optional"/>
  </xsd:complexType>
  <xsd:element name = "Difference" type = "Difference"/>
  <xsd:annotation>
    <xsd:documentation>CLASS: Add</xsd:documentation>
  </xsd:annotation>
  <xsd:complexType name = "Add">
    <xsd:complexContent>
      <xsd:extension base = "Difference">
        <xsd:attribute name = "position" type = "xsd:string" use = "optional"/>
        <xsd:attribute name = "addition" type = "xsd:IDREFS" use = "optional"/>
      </xsd:extension>
    </xsd:complexContent>
  </xsd:complexType>
  <xsd:annotation>
    <xsd:documentation>CLASS: Replace</xsd:documentation>
  </xsd:annotation>
  <xsd:complexType name = "Replace">
    <xsd:complexContent>
      <xsd:extension base = "Difference">
        <xsd:attribute name = "position" type = "xsd:string" use = "optional"/>
        <xsd:attribute name = "replacement" type = "xsd:IDREFS"
        use = "optional"/>
      </xsd:extension>
    </xsd:complexContent>
  </xsd:complexType>
  <xsd:element name = "Replace" type = "Replace"/>
```

```
  〈xsd:annotation〉
    〈xsd:documentation〉CLASS: Delete〈/xsd:documentation〉
  〈/xsd:annotation〉
  〈xsd:complexType name = "Delete"〉
    〈xsd:complexContent〉
      〈xsd:extension base = "Difference"/〉
    〈/xsd:complexContent〉
  〈/xsd:complexType〉
  〈xsd:element name = "Delete" type = "Delete"/〉
  〈xsd:complexType name = "Any"〉
    〈xsd:choice minOccurs = "0" maxOccurs = "unbounded"〉
      〈xsd:any processContents = "skip"/〉
    〈/xsd:choice〉
    〈xsd:anyAttribute processContents = "skip"/〉
  〈/xsd:complexType〉
  〈xsd:element name = "XMIPackage"〉
    〈xsd:complexType〉
      〈xsd:choice minOccurs = "0" maxOccurs = "unbounded"〉
        〈xsd:element ref = "Difference"/〉
        〈xsd:element ref = "Add"/〉
        〈xsd:element ref = "Replace"/〉
        〈xsd:element ref = "Delete"/〉
        〈xsd:element ref = "XMI"/〉
        〈xsd:element ref = "Documentation"/〉
        〈xsd:element ref = "Extension"/〉
      〈/xsd:choice〉
    〈/xsd:complexType〉
  〈/xsd:element〉
〈/xsd:schema〉
```

5.2.3 非本源数据的模式产生式法则

MOF 1.4 增加了一组非本源数据类型.这些数据类型的模式产生规则是由 5.2.1 EBNF 中已经存在产生规则定义得到。下面这一条我们将对此加以讨论。

结构类型

在模式产生式规则中,带有结构性质的结构类型是和带有属性的类相同的。这个类的产生式规则的定义从 3:Class 模式开始。对于结构类型,就是用结构类型名代替类的名称,用结构性质名代替属性名。

枚举类型

枚举类型的模式产生式规则的定义从 8:Enum 模式开始。

别名类型

别名类型的模式产生式规则同它的基本类型相同,只是它要用别名类型名代替基本类型名。

汇集类型

汇集类型的模式产生式规则同一个与汇集类型有相同类型和多样性的类一样,这些类的产生式规则的定义从 3:Class 模式开始。对于一个汇集类型,用其名称代替类的名称,用汇集类型的类型名代替属性名。

6　XML 文档产生式

6.1　目的

本章规定了如何使用 XML 第 2 版从 MOF 模型生成 XML 文件。XML 第二版描述了一种 XML 句法，能够大幅度提高 XML 模式的能力，生成体积更小、功能更强大的文件，增强易读性。一组 MOF 对象遵循此处定义的语法写成一个 XML 文件。要向成功实现模型相互转换，这种规约必须完善而清晰。还有一点同样重要，就是关于元数据的所有重要特征都必须归入 XML 文件并且能够被从中恢复出来。

6.2　引言

XML 的 XML 文档生成过程被定义为一套生成规则。当这些规则应用于某个模型或是模型片段时，就会生成一个 XML 文件。逆向使用这些规则就能够通过 XML 文件重建模型或模型片段。在这两种情况下，规则都隐含在用于元数据互换的特定元模型中。

生成规则被用来规范 XML 文件的生成和使用过程。它们不应被看作对 XML 的生成方或使用方做出预先限定的任何特定算法。

6.4 的“增加的示例”中包含了除 EBNF 中这些以外的示例。

6.3　EBNF 规则表示

由 XMI 生成的 XML 在此处用扩展巴克斯—诺尔范式(EBNF)表示。XML 规约并不要求 XML 处理程序将具有 XML 属性的命令保存在 XML 元素内部。所以，虽然该语法指出 XML 属性应该由 XML 元素按照特定顺序排列而连续化，但事实上 XML 属性可能以任何顺序表现得连续化。而且，XML 属性被 XML 处理程序变得规范化，这样空白空间可能无法保存。可以选择使用 org. omg. XMI 元素标签将部分对象如 XML 元素而不是 XML 属性连续化，下面对此做出了解释。

6.3.1 说明了产生式规则：

6.3.1　总体文档结构

```
1:Document                ::= 1a:XMI | 2:ContentElements
1a:XMI                    ::= "〈" 1b:XMINamespace "XMI" 1c:StartAttribs "〉"
                              ( 2:ContentElements )?
                              ( 5j:Extension ) *
                              "〈/" 1b:XMINamespace "XMI〉"
1b:XMINamespace           ::= (//NsName// ":") ?
1c:StartAttribs           ::= 1d:XMIVersion 1e:Namespaces
1d:XMIVersion             ::= 1b:XMINamespace "version='" //XMIVersion// "'"
1e:Namespaces:            ::= 1f:XMINamespaceDecl ?
                              ( "XMLns:" 1h:NsName "='" 1i:NsURI "'" ) *
1f:XMINamespaceDecl       ::= "XMLns='http://www.omg.org/XMI'" |
                              "XMLns:" //NsName// "='http://www.omg.org/XMI'"
1g:Namespace              ::= ( 1h:NsName〉 ":" )?
1h:NsName                 ::= //Name of namespace//
```

```
1i:NsURI                        ::=//URI of namespace//
```

1.	XML 文档可以附在 XMI XML 元素内,也可以不这么做。 XML 规范规定在 XML 文档中必须有一个根元素
1a.	一个 XMI 元素包括 XML 属性和 XML 元素。XML 属性声明命名空间,说明 XMI 版本。XML 元素为 XMI 文档组成头部、内容、区别及扩展
1b.	这一规则说明了一个 XMI 文档中 XMI 命名空间名称,XMINsName 的应用。如果 NsName 是" ",那规则产生的也是" ",其他情况下规则产生的 NsName 后面是":"。比如,要是 XMI 命名空间名称是"XMI",XMI 产生式规则说明的 XML 元素就有一个名为"XMI:XMI"的标签。如果 XMI 命名空间名称是" ",那么标签名称也相应的变成只是"XMI"
1c.	开始属性包括版本属性和文档中应用的命名空间声明
1d.	根据本标准,XML 文档版本须为"2.0"
1e.	XMI 命名空间和与一个模型相联系的命名空间必须已经声明或者对一个 XML 文档中的 XMI 元素来说是可见的。因为 XMI XML 元素不一定是根元素,这些命名空间也可以在包含 XMI 元素的 XML 元素中声明
1g.	命名空间的名称包括分隔符":"。如果名称为空白,结果为空字符串
1h.	一个特殊的命名空间名。 文档作者可自行选择命名空间名,只要产生合法的 XML 文档即可。当然也可以使用 org.omg.XMI.nsPrefix 标识的值
1i.	命名空间逻辑上的 URI。命名空间被转化成了逻辑 URIs,而不是实际的物理 URIs,这样 URI 就不必再转化而且在那个位置就不会有任何信息了。我们可以从 org.omg.XMI.nsURI 标签处获取 URI

6.3.2 总体内容结构

```
2:ContentElements               ::=   ( 3:ObjectAsElement )*
                                      ( 6:ClassAttributes )*
                                      ( 7:OtherLinks )*
```

2.	内容是:顶级对象的 XML 表示法,分类器的级别属性和其他链接。顶级对象包括那些有一个符合链接的对象,这些链接没有任何从复合的成分而来的介绍

6.3.3 对象结构

```
3:ObjectAsElement              ::="<" 3a:ObjectTagName 3c:ObjectAttribs ("/>")?
                                    5:ObjectContents
                                    3b:ObjectEndTag
3a:ObjectTagName               ::=1g:Namespace // XMI name//
3b:ObjectEndTag                ::=("</" 3a:ObjectTagName ">")?
3c:ObjectAttribs               ::=( 1c:StartAttribs )?
                                    3d:IdentityAttribs
```

```
                                ( 3f:TypeAttrib )?
                                3g:FeatureAttribs
3d:IdentityAttribs            ::= ( 3e:IdAttribName "='" // id // "'")?
                                ( 1b:XMINamespace "label='" //label// "'" )?
                                ( 1b:XMINamespace "uuid='" //uuid// "'" )?
3e:IdAttribName               ::= 1b:XMINamespace "id" | // id attrib name //
3f:TypeAttrib                 ::= (1b:XMINamespace | 1g:Namespace)
                                "type='" 3a:ObjectTagName "'"
3g:FeatureAttribs             ::= ( 3h:DataValueAttrib
                                | 3i:EnumValueAttrib
                                | 3j:RefValueAttrib ) *
3h:DataValueAttrib            ::= 3l:AttribName "='" //value// "'"
3i:EnumValueAttrib            ::= 3l:AttribName "='" //enumeration literal// "'"
3j:RefValueAttrib             ::= 3l:AttribName "='" 3k:RefValues "'"
3k:RefValues                  ::= ( //reference id// " " ) *
3l:AttribName                 ::= // XMI name of attribute //
```

3.	一个对象有一个起始元素、内容和一个结束元素。如果内容是空的话,可以用“/〉.”表示起始元素。可以使用这个表达式规则来让顶级元素连续和让属性和介绍值连续,也可以让结构类型连续。为了让结构类型连续,应该用结构名而不是类名,然后用属性产生式规则去让结构的域和它的值连续
	〈department XMI:id="Department_1"/〉

例 6.1　内容为空的类的示例

3a.	如果一个对象是顶级的,那么它的标签的名称就是命名空间名称加“:”再加 XMI 名称。这个对象的 XMI 名称要么是对象的类名,要么就是 org. omg. XMI. XMIName 标签的值。如果对象是一个属性或者介绍的值的话,XMI 名就是属性或者介绍名,或者是 org. omg. XMI. XMIName 标签的值。一个属性或者介绍值的对象,它的命名空间名通常会被忽略掉
	〈complexco:department XMI:id="Department_1"/〉

例 6.2　类、命名空间名是它的包名的示例

3b.	结束和开始的标签名是相同的,都在“/.”之前,如果内容是空的,则不需要结束标签
3c.	一个对象的 XML 属性是可选择的起始属性、辨识属性和与对象特征(属性和介绍)相关的属性。对于一个顶级对象来说起始属性必须存在,并且它将不在一个表达式规则 1a:XMI 说明的 XMI 元素中
	〈Company XMI:version="2.0" XMLns:XMI="**http://www.omg.org/XMI**" XMI:id=Company_1" name="Acme"〉 ……… 〈/Company〉

例 6.3　COMPANY 是在一个没有 XMI 元素的文档中的顶级对象

3d.	辨识属性由 id. label(标签). uuid 组成,如果有用元素的 MOF uuid 就可以
3e.	缺省状态下,辨识属性在 XMI 命名空间中的名称是 id。然而,如果已经说明了一个 org. omg. XMI. idName 标签,辨识属性的名称就是这个标签值

3f.	如果模型不能很清楚地决定一个对象的类,必须用类型属性说明这个类名,这里的类型属性或者是XMI命名空间或者是URI是“http://www.w3.org/2001/XML模式-instance”的模式实例命名空间。这一属性值已经被XML模式　第1部分:结构说明定义成一个Qname,它由值的类(如果这里有一个并且不是文档的默认命名空间的话)的命名空间名、“:”和值的类名组成。更多细节请参见模式说明。如果org.omg.XMI.use模式Extensions为真,将只能用XML模式示例类型属性。6.4.3“派生类型和引用”提供了一个类型属性使用的范例
3g.	元素的XML属性符合数据值类型,枚举类型属性的元素XML属性或者是值为文档对象的介绍。一个属性或者介绍可以不像同一对象中的XML元素和XML属性那样连续。不过如果org.omg.XMI.element标签为真,不能像XML属性一样让一个属性或者介绍序列化;如果org.omg.XMI.serialize标签为假,则无论如何不能使它们连续。如果org.omg.XMI.remoteOnly标签为真,就无论如何也不能使介绍连续,而且这时候介绍有一个在同一个文档中的对象作为它的值。可以通过一个对象使分类器那一级的属性连续
3h.	使用这个产生式规则来让类型并不是一个对象,值能有一个字符串表示的属性连续。我们不能像XML属性一样使多值属性连续。如果属性类型是　XML模式　第2部分:数据类型说明中的一种,就按那个说明让它们的值连续
	<Department XMI:id = "Department_1" number = "13"/>

例 6.4　一个单值属性类的示例

3i.	运用这个产生式规则来让类型是枚举类型,值为一个合理枚举类型内容的属性连续。如果内容中有org.omg.XMI.XMIName的说明,那么应该应用那个标签的值;否则应该用那个枚举类型名
	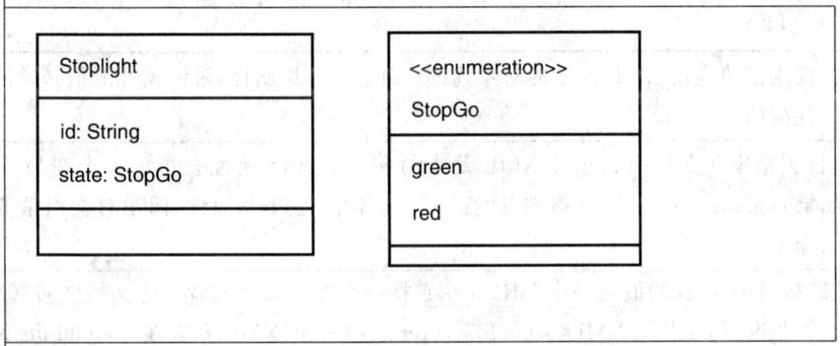
	<Stoplight XMI:id = "Stoplight_6" id = "SL06" state = "red" />

例 6.5　一个枚举属性类的示例

3j. 3k.	运用产生式规则使值为相同文档中连续的对象的介绍连续。 XML属性值包含每一个相关对象的XMI ID,它们之间用空格分开

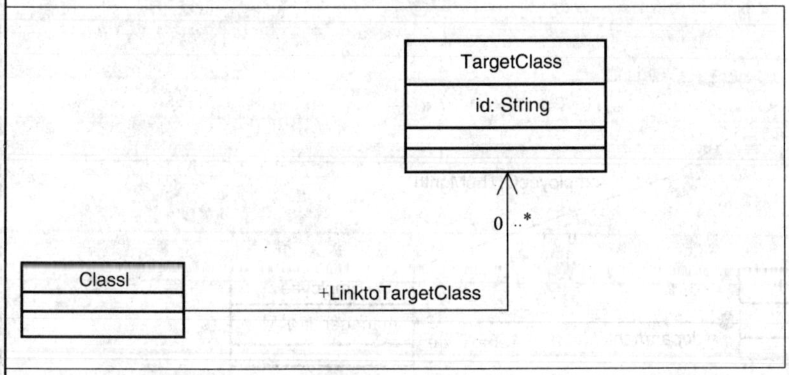

```
〈Class1 XMI:id = "Class1_1" LinktoTargetClass = "TargetClass_1 TargetClass_2"/〉
〈TargetClass XMI:id = "TargetClass_1" id = "TC1 instance"/〉
〈TargetClass XMI:id = "TargetClass_2" id = "TC2 instance"/〉
```

例 6.6 与其他类的示例有联系的一个类的示例

3l.	XML 属性名是模型属性或者介绍名,或者是属性或者介绍的 org.omg.XMI.XMIName 标签值

6.3.4 引用

```
4:ReferenceElement          ::= "〈" 3a:ObjectTagName
                                    ( 1c:StartAttribs )?
                                    3d:IdentityAttribs
                                    ( 3f:TypeAttrib )?
                                    4a:LinkAttribs
                                    "/〉"
4a:LinkAttribs              ::= 1b:XMINamespace "idref = '" //reference id// "'"
                                | 4b:Link
4b:Link                     ::= "href = '" //URI reference// "'"
```

4.	运用产生式规则来使应用 XML 元素的对象连续。如果用辨识属性,辨识属性的值必须匹配被引用的对象的辨识属性的值
4a.	用 idref 属性去指定在文档中的相关 XML 元素的 id。用 href 属性去指定一个在另一个文档里的 XML 元素.如果 org.omg.XMI.href 标签是“真”,一定不能用 idref 属性,而用对文档里的和跨越文档里的介绍 href 属性
	一个 XMI 链接.Hre 属性的值是一个 URI 介绍它指一个在本文档或者其他文档里的 XML 元素。例如,如果 href 是“file:someFile.XMI#someId”,href 所指一个 XML 元素在“someFile.XMI”文档它的 XMI ID 是“someId”。如果 href 是“#anotherId”,这个 href 属性所指的一个 XML 元素它的 XMI ID 是“anotherId”在本文档.XLinks 在 XMI 也被支持。引用 4.10.2,“Linking,”得到更多信息。引用 W3C Xlin 和 XPointer 产生规则说明
4b.	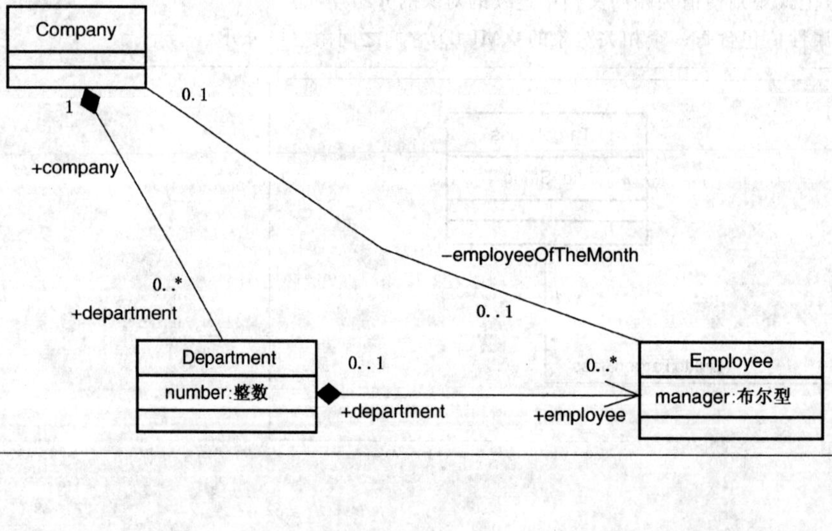

Document **CompanyKey_1.XML** contains a link to external document **CompanyKey_2.XML** for theemployeeOfTheMonth association:

〈Company **XMI:id="Company_1"** name="Acme"〉

  〈employeeOfTheMonth href="**CompanyKey_2.XML#Employee_1**" /〉

〈/Company〉

Document **CompanyKey_2.XML** contains the target of the link,and link back to original document:

  〈Employee **XMI:id="Employee_1" name**="Fatale,Natasha"〉

   〈company **href="CompanyKey_1.XML#Company_1"** /〉

例 6.7 跨文档的链接

6.3.5 对象内容

```
5:ObjectContents          ::=( 5a:AttributeAsElmt
                              | 5h:ReferenceAsElmt〉
                              | 5i:CompositeAsElmt )*
                              ( 5j:Extension )*
5a.AttributeAsElmt        ::=( 5b:AttribValueAsElement ) *
                              | 5f:NullValue
5b:AttribValueAsElmt      ::=3:ObjectAsElement
                              | 4:ReferenceElement
                              | 5c:DataValue
                              | 5d:EnumLiteral
5c:DataValue              ::="〈" 5e:AttribTagName "〉"
                              //value//
                              "〈/" 5e:AttribTagName "〉"
5d:EnumLiteral            ::="〈" 5e:AttribTagName "〉"
                              //enumeration literal//
                              "〈/" 5e:AttribTagName "〉"
5e:AttribTagName          ::=// XMI name for attribute//
5f:NullValue              ::="〈" 5e:AttribTagName 5g:NullAttrib "/〉"
5g:NullAttrib             ::=1g:Namespace "nil='true'"
5h:ReferenceAsElmt        ::=4:ReferenceElement
5i:CompositeAsElmt        ::=3:ObjectAsElement
5j:Extension              ::="〈" 1b:XMINamespace "extension"
                             (" extender='" // extender // "'")?
                             (" extenderID='" // extenderID // "'")?
                             "〉"
                             // Extension elements //
                             "〈/" 1b:XMINamespace "extension〉"
```

5.	对象内容包括属性、介绍和像 XML 元素一样连续的合成物,扩展的也同样如此。注意没有复合介绍的内容(合成对象是经过复合链接的)并不符合产生式规则,所以并不像 XML 嵌入式元素,而是作为顶级元素。任何特殊的介绍或者单值属性可能会被像 XML 属性或者元素来表达,但是不能同时像它们两个一样。可以通过 org. omg. XMI. element 标签说明一个属性或者介绍是不是像一个 XML 属性或者元素一样连续。如果 org. omg. XMI. superClassFirst 标签值为真,可以把继承的属性、介绍和合成物序列化。首先从类序列头开始
5a.	一个属性的每一个值都可以用一个 XML 元素来表达;对于多值属性,对每一个值都有一个 XMLelement。值为空也一样要被序列化,除非 org. omg. XMI. includeNils 标签值为:false,这种情况下不能将空值序列化
5b. 5c.	如果属性值是一个对象,它将通过 3:ObjectAsElement 产生式规则连续。除非对象在另一个文档中,这时我们用 4:ReferenceElement 产生式规则
	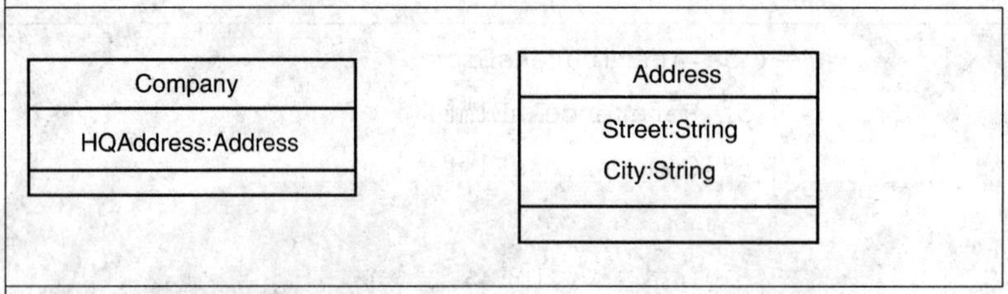
	〈Company XMI:id = "Company_1" name = "Acme"〉 〈**HQAddress XMI:id = "Address_1" Street = "Side Street"** 〈/Company〉**City = "Hometown"**/〉

例 6.8　属性 HQAddress 的值是一个对象

一个属性的每一个值都通过 XML 元素表达,在多值情况下
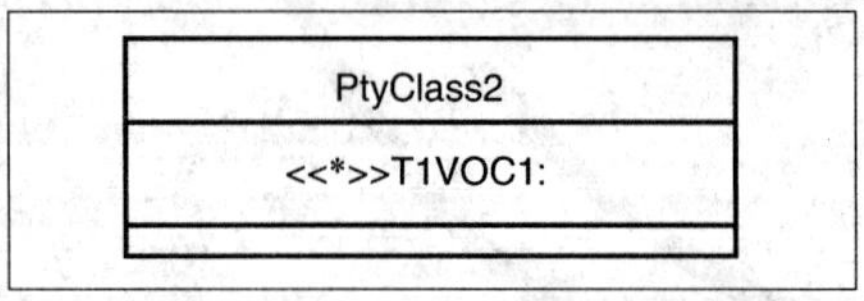
〈PtyClass2 XMI:id = "PtyClass2_1"〉 〈T1VOC1〉1001〈/T1VOC1〉 〈T1VOC1〉2001〈/T1VOC1〉 〈/PtyClass2〉

例 6.9　每个值像元素序列化的多值属性

5d.	枚举内容是模型中的内容名或者是 org. omg. XMI. XMIName 标签值
5e.	属性的 XMI 名是模型的属性名或者是 org. omg. XMI. XMIName 标签值
5g.	空的属性在命名空间中名为 T "nil",它的 URI 链接是 "http://www. w3. org/2001/XML 模式 instance. "

5i.	运用这个表达式来像元素一样使合成关系连续 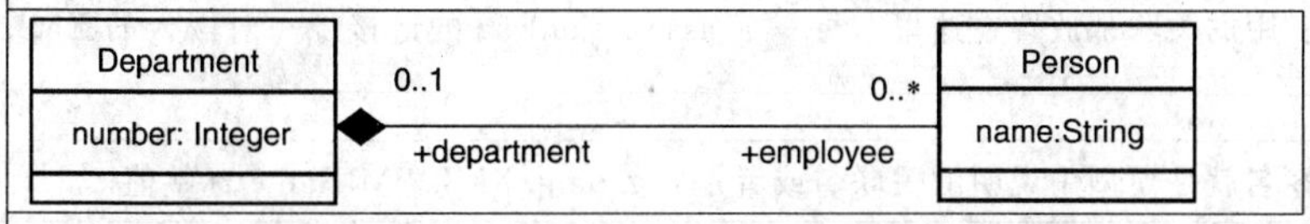 〈Department XMI:id="Department_1" number="13"〉 **〈employee XMI:id="Employee_2" name="Glozic,Dejan" /〉** **〈employee XMI:id="Employee_3" name="Andrews,Gilbert" /〉** **〈employee XMI:id="Employee_4" name="Beisiegel,Gloria" /〉** 〈/Department〉

例 6.10 像元素一样严格连续

5j.	每一个扩展元素都有一个可选择的扩展者和扩展者身份标签属性,它的内容完全任意。

6.3.6 包

```
6:Package                  ::="〈" 6a:PackageTagName 3c:ObjectAttribs "〉"
                               (7:ClassAttributes | 8:OtherLinks) *
                               "〈/" 6a:PackageTagName "〉"
6a:PackageTagName        ::=1g:Namespace //XMI name//
```

6.	This element is only serialized if there are classifier-level attributes that have not been serialized in objects, or other links that have not been serialized with objects, either. 元素仅在分类层属性没有在对象中连续或者是有没有同对象连续的其他链接的情况下才需要序列化

6.3.7 属性

```
7:ClassAttributes::=( 5a:AttributeAsElmt ) *
```

7.	所有分类级别属性都可以通过 XML 元素形式表达,除非它们已经在对象中连续

6.3.8 其他链接的类型

```
8:OtherLinks                  ::="〈" 8a:AssocTagName 3c:ObjectAttribs "〉"
                                   ( 8b:AssociationEndRef 8b:AssociationEndRef ) *
                                   "〈/" 8a:AssocTagName "〉"
8a:AssocTagName               ::=//XMI name for the association//
8b:AssociationEndRef          ::=4:ReferenceElement
```

8.	所有没有引用的关联都放置在这里。每一个 associationEnd 的链接像一对嵌入的 XML 元素一样被包括其中
8a.	关联的标签名就是模型中说明的关联名或者是 org. omg. XMI. XMIName 标签值
8b.	一个 AssociationEnd 中链接的元素介绍;相关元素的标签名应该是关联端的 XMI 名,它或者是模型中说明的关联名,或是 org. omg. XMI. XMIName 标签值

6.4 增加的示例

6.4.1 继承

子类的属性和结构从超类继承。例如,在以下的示例,CollegeStudent 直接从 Student 和 Citizen 继承,从 Person. 间接继承。

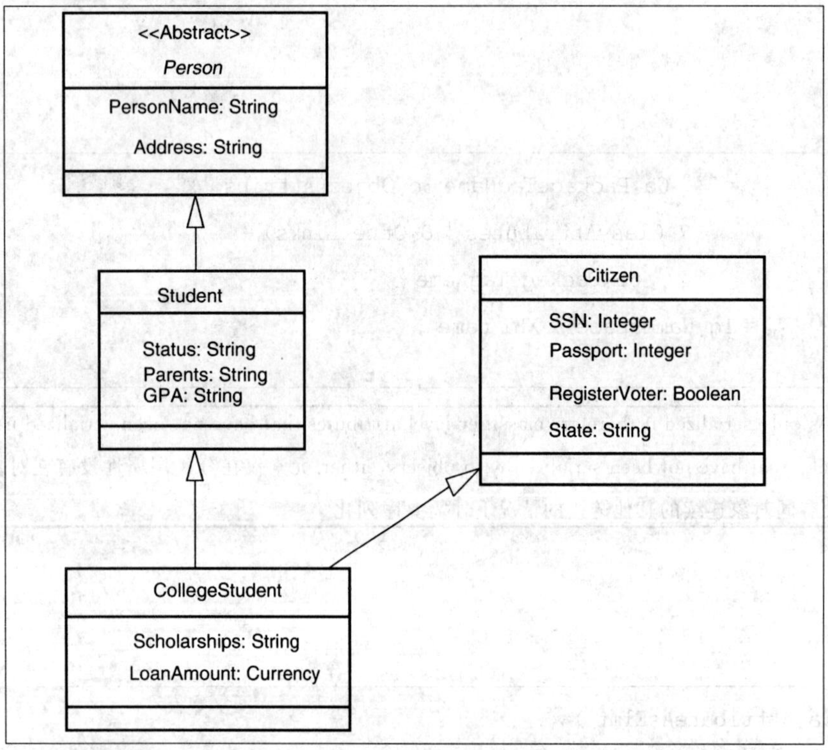

CollegeStudent 实例从超类继承的每一个属性。

〈CollegeStudent XMI:id = "CollegeStudent_1"
PersonName="Andrew Pham" GPA="4.95" SSN="1234567890" /〉

6.4.2 嵌套的包

下面的示例显示了在一个叫 Education 包里,包含了一个叫 Students 包。Students 包有一个 org. omg. XMI. nsPrefix 标签设置为"Students:

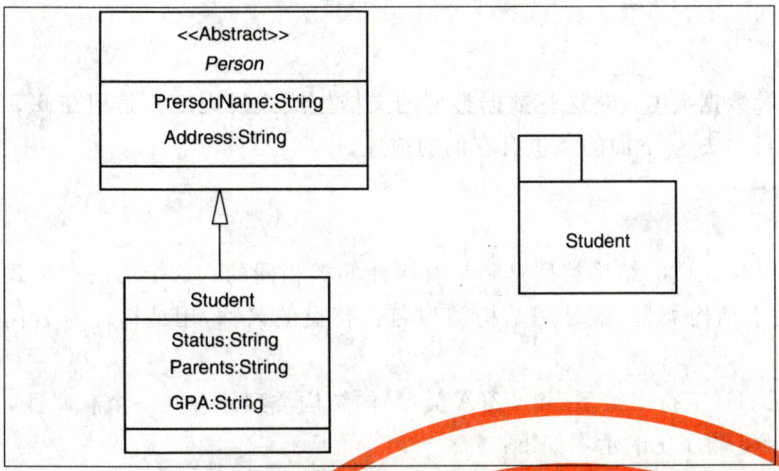

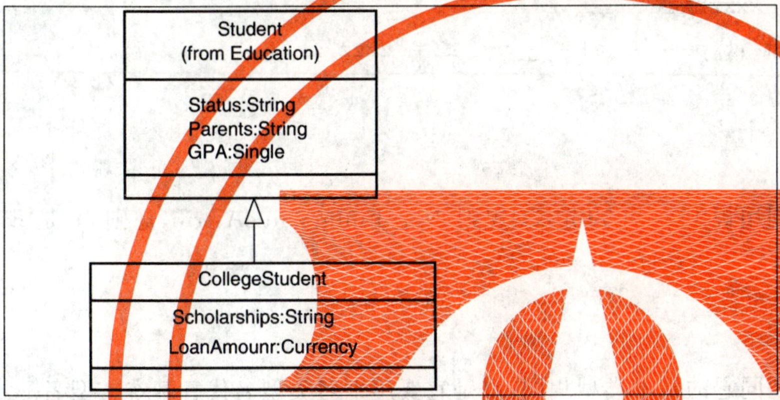

嵌套包能在 CollegeStudent 元素的限定里表达。

```
〈Students:CollegeStudent xmi:id="CollegeStudent_1"
    PersonName="Andrew Pham" GPA="4.95" SSN="1234567890" /〉
```

6.4.3 派生类型和引用

在下面的示例里，类 Company 有个属性 HQAddress，它的类型是另一个类，Address 类：

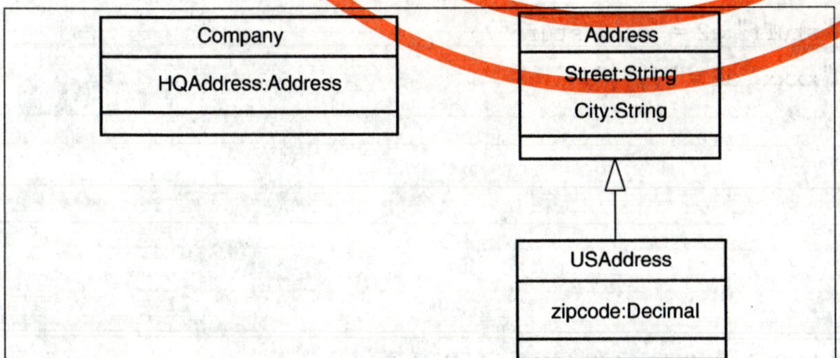

Address 有一个子类，USAddress。一个 Company 实例能用 xsi:类型去声明它的 HQAddress 实际上是类型 USAddress 并且包含一段代码。

相似的，如果一个模型包含有子类的类的介绍，那在一个实例中 XMI:类型能被用来声明这个介绍实际上是子类的。

6.5 非本源数据的文档产生式规则

MOF 1.4 增加了一套非本源数据类型。对这些数据类型的文档生成式规则定义是用在 6.3 里提到存在生成式规则"EBNF 规则表示法"。下面的条里有它们的描述。

6.5.1 结构类型

在文档产生式规则中，带有结构性质的结构类型是和带有属性的类相同的。这个类的产生式规则的定义从 3:Class 模式开始。对于结构类型，就是用结构类型名代替类的名称，用结构性质名代替属性名。

比如：ST 是一个带有结构域 sf1(字符串类型)和 sf2(A 类型)的结构类型。A 是一个有属性 a1(字符串)和 a2(字符串)属性的类。ST 顺序化的示例如下：

```
〈ST xmi:id = "ST_1" sf1 = "xxxx"〉
  〈sf2 xmi:id = "sf2_1" xmi:type = "A" a1 = "yyyy" a2 = "zzzz"/〉
〈/ST〉
```

6.5.2 枚举类型

枚举类型的文档产生式规则用规则 3i 和 5d 定义，规则 3i 是 EnumValueAttrib，规则 5d 是 EnumLiteral。

6.5.3 别名类型

别名类型的文档产生式规则同它的基本类型相同，只是它要用别名类型名代替基本类型名。

6.5.4 汇集类型

汇集类型的文档产生式规则同一个与汇集类型有相同类型和多样性的类一样，这些类的产生式规则的定义从 3:Class 模式开始。对于一个汇集类型，用其名称代替类的名称，用汇集类型的类型名代替属性名。

例如：CT 是一个汇集类型。CT 的类型是 A，它有为 0.. * 的多样性。A 是一个包含属性 a1(字符串)和 a2(字符串)的类。下面是一个大小为 3 的 CT 的顺序化实例：

```
〈CT xmi:id = "CT_1"〉
    〈A xmi:id = "A_1" a1 = "string" a2 = "another string"/〉
    〈A xmi:id = "A_2" a1 = "stuff" a2 = "more stuff"/〉
    〈A xmi:id = "A_3" a1 = "xxxx" a2 = "yyyy"/〉
〈/CT〉
```

7 从 XML 到 MOF 的产生式

7.1 引言

XML 作为一种信息源，是已经存在的分析部分(UML)、软件部分(java，c^{++})、各种组件(ejb，idl，corba component model)和数据库(CWM)等的补充。尽管 XML 没有定义对象，它可以通过一些额外信息和约定的补充成为真实对象定义的输入源。

为了从 XML 输入源中产生 MOF 里的对象定义，我们在这一条款中描述了下列法则：

- DTD(文档类型定义)到 MOF 产生式；

- XML(可扩展标签语言)到 MOF 产生式;
- XML 模式到 MOF 产生式。

本条将描述从 DTD,XML 文档和 XML 模式中产生 MOF 声明的映射。这些映射并不惟一,因为仅仅是 XML 形式的信息不足以产生明确的 MOF 表示法。

读取 XMI 文档并不一定需要这些机制,因为 XMI 对于完整明确的发送 MOF 信息来说已经足够丰富了。

这些产生式已经为 XML 中最常见的声明提供反向映射。这些产生式分成两部分:规则和参数化的映射。三种 XML 信息源中的每一种都有它自己的规则去抽出它们相应的类和它们所代表的属性声明。这些参数化的映射就是 MOF 的规则,它们可以产生基本的带有明确参数的 MOF 类和属性,这些参数是被一个带有比超过产生式输入更多有用信息的一次运行确定的。

7.2 DTD(文档类型定义)到 MOF 产生式

当一个 DTD 被用来创建一个 MOF 元模型,它将逐个阅读 DTD 的声明,从而加进去 MOF 定义。对每一种声明,下列的 MOF 定义中的一种将根据相应的规则被增加进去。而这些映射可以通过在第二个表格配置参数来确定下来。

下面是一个 DTD 通过默认值来产生 MOF 声明的示例:

DTD:

```
〈! ELEMENT Car (Engine,Door * )〉
〈! ATTLIST Car make CDATA #IMPLIED model CDATA #IMPLIED〉
〈! ELEMENT Engine (#PCDATA)〉
〈! ELEMENT Door EMPTY〉
〈! ATTLIST Door side CDATA #REQUIRED〉
```

MOF:

```
Class Car {
    Attribute make : String;
    Attribute model : String;
    Association engine : Engine 1.. * containment one-way;
    Association door : Door 1.. * containment one-way;
}

Class Engine {
    Attribute value : String 0..1;
}
Class Door {
    Attribute side : String 0..1;
}
```

规则	DTD 声明	MOF 定义
1	〈! ELEMENT E〉	类 E 以及超类 (E)
2	〈! ATTLIST E A Type Occurs〉	类 E 中命名为 A 的属性和属性类型(E,A,类型)和多重属性(E,A,Occurs)
3	〈! ELEMENT E (F)〉	F 类中 TypedElement(E,F) 属性或者关联和名称 RoleName(E,F)

表（续）

规则	DTD 声明	MOF 定义
4	〈! ELEMENT E (＃PCDATA)〉	AttributeType(E,TextName(E))类型中命名为 TextName(E)的属性
5	〈! ELEMENT E ANY〉	超类为("Any")的 TypedElement(E,"ANY")属性或者关联，命名为 RoleName(E,"ANY")

参量	默认值
超类(元素名)	节点
属性类型(元素名，属性名，类型名) AttributeNult(元素名，属性名，Occurs style) TypedElement(元素名，TypedElementname)	CDATA 类型的字符串 在 MOF 中查找 IDREF 0..1 关联：值的遏制， 多样性 0..＊， 一条路可行 属性：多样性 0..＊
任务名(元素名，TypedElement name)	小写字母 TypedElement 名
文档名(元素名)	"值"

7.3 XML 到 MOF

如果一个 XML 文档没有任何额外的类型信息，我们就可以把它概括起来只用一个最小限度的 MOF 表示。这个映射使用了与从 DTD 到 MOF 的映射相同的可选择的参数。

这个概括的过程有以下几步：

a) 将 XMLl 文档分列到一个 DOM(文档对象模型)树中。

b) 选择一个存在的 MOF 元模型或者新建一个空的 MOF 元模型，进行深度有限遍历 XML 文档的 DOM 树。

c) 在每一个节点，根据遇到的父节点和子节点类型进行适当的概括操作。

下面是一个通过映射从 XML 转换到 MOF 文档的示例：

XML：

```
<Car make = "Ford" model = "Mustang">
  <Engine>240 HP</Engine>
  <Door side = "left"/>
  <Door side = "right"/>
  </Car>
```

MOF：

```
Class Car {
    Attribute make : String;
    Attribute model : String;
    Association engine : Engine 1..* containment one-way;
    Association door : Door 1..* containment one-way;
}
Class Engine {
    Attribute value : String 0..1;
}
```

```
Class Door {
    Attribute side : String 0..1;
}
```

规则	DOM 父节点	DOM 子节点	MOF 定义
1	元素 E	空	类 E 和超类型(E)
2	元素 E	属性 A	类 E 中命名为 A 的属性 AttributeType(E,A,"CDATA")和多样性 AttribiteMult(E,A,"#IMPLIED")
4	元素 E	元素 F	类 F 中 TypedElement(E,F)属性或者关联和名称 RoleName(E,F)
5	元素 E	文档,CharacterData,或者 CDATASection	属性类型 AttributeType(E, TextName(E))中 命名为 TextName(E)的属性

7.4 XMLSchema 到 MOF

本条是一个代表了一部分 XML 模式规范中的生意订单的示例,对它们进行映射要用下面的相反的工程表:

a) 解析 XML 模式。

b) 用深度优先方式走访 XML 模式的同时运行 3 个规则中与模式声明相关的一个。

XMLSchema:

```
〈xsd:schema XMLns:xsd = "http://www.w3.org/2001/XMLSchema"〉
 〈xsd:element name = "purchaseOrder" type = "PurchaseOrderType"/〉
 〈xsd:element name = "comment" type = "xsd:string"/〉
 〈xsd:complexType name = "PurchaseOrderType"〉
  〈xsd:sequence〉
   〈xsd:element name = "shipTo" type = "USAddress"/〉
   〈xsd:element name = "billTo" type = "USAddress"/〉
   〈xsd:element ref = "comment" minOccurs = "0"/〉
   〈/xsd:sequence〉
   〈xsd:attribute name = "orderDate" type = "xsd:date"/〉
  〈/xsd:complexType〉
  〈xsd:complexType name = "USAddress"〉
   〈xsd:sequence〉
    〈xsd:element name = "name" type = "xsd:string"/〉
    〈xsd:element name = "street" type = "xsd:string"/〉
    〈xsd:element name = "city" type = "xsd:string"/〉
    〈xsd:element name = "state" type = "xsd:string"/〉
    〈xsd:element name = "zip" type = "xsd:decimal"/〉
   〈/xsd:sequence〉
   〈xsd:attribute name = "country" type = "xsd:NMTOKEN"
   fixed = "US"/〉
  〈/xsd:complexType〉
```

```
</xsd:schema>
```

MOF:

```
<Class name = "PuchaseOrder">
  <attribute name = "shipTo" type = "USAddress"/>
  <attribute name = "billTo" type = "USAddress"/>
  <attribute name = "comment" type = "mof:String" multiplicty = "0..1"/>
  <attribute name = "orderDate" type = "mof:String"/>
</Class>
<Class name = "USAddress>"
  <attribute name = "name" type = "mof:String"/>
  <attribute name = "street" type = "mof:String"/>
  <attribute name = "city" type = "mof:String"/>
  <attribute name = "state" type = "mof:String"/>
  <attribute name = "zip" type = "mof:Integer"/>
  <attribute name = "country" type = "mof:String"/>
</Class>
```

数据类型在用户模型中没有定义的话，它将被映射成 mof. string，下面两种情况例外：xsd. decimal 和它所约束的将被映射成 mof. Integer，xsd. boolean 将被映射成 mof. boolean。

规则	XML 模式	MOF 定义
1	Element(E),ComplexType(E),SimpleType (E) with base (S)	类 E 和超类 (E)
2	Sequence(L),List(L),Choice(L) containing Rule 1 (E2) andminOccurs (min), MaxOccurs(max)	属性类型 (E,L,E2) 中的属性 E2 和它的多样性 min..max
3	Attribute(A) Type(T)	属性 A 和其类型(E,A,T)

8 XMLSchema Model

8.1 引言

下面这个条描述了 MOF(元对象设施)模型，它使用 UML 符号可转化成 XML 模式声明。这个模式是一个从 XML 模式规范开始的直接映射。

8.2 XMLSchema 结构

这些模型是完全按照 XML 模式第 1 部分中描述的结构来定义的。

顶层 XML 模式声明(见图 8.1)由对模式本身的描述(命名空间前缀,目标名称等)和模式内部的声明组成。这些声明包括对全局属性、全局元素、属性组、类型的声明(由 XSD 组扩充而来),和由其他模式引入的部分。

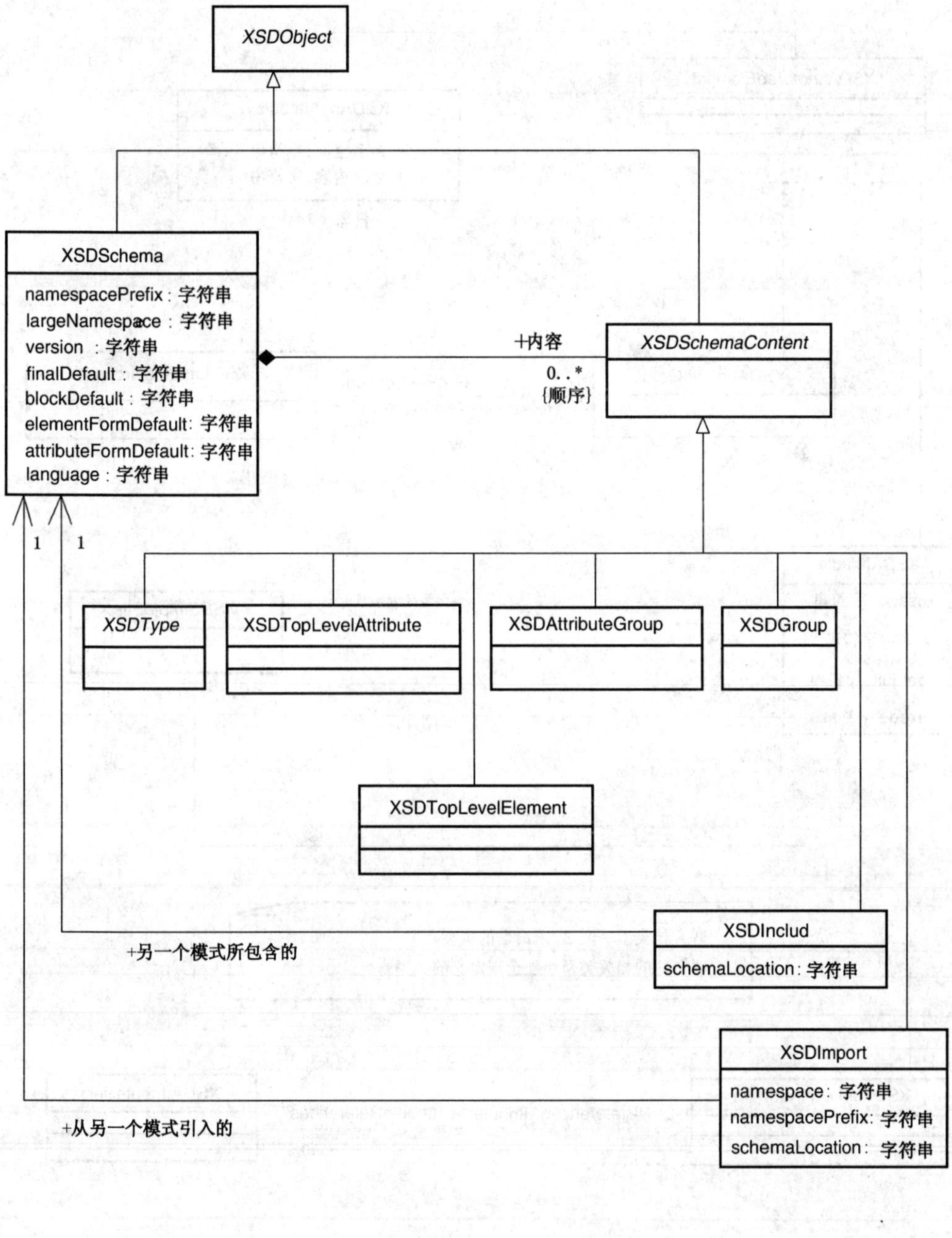

图 8.1 XMLSchema 顶层声明

简单类型可能在它所在范围内定义或者与外部相关(见图 8.2),每一个 XML 属性有一个从 XSD-NameElement 继承而来的名称,它们是可以有注释的。这些属性可能是在一个为了重复利用而建立的属性组中定义的,而一个属性组可能和其他属性组相关。当然,一个顶层属性可能涉及一些其他属性的应用。

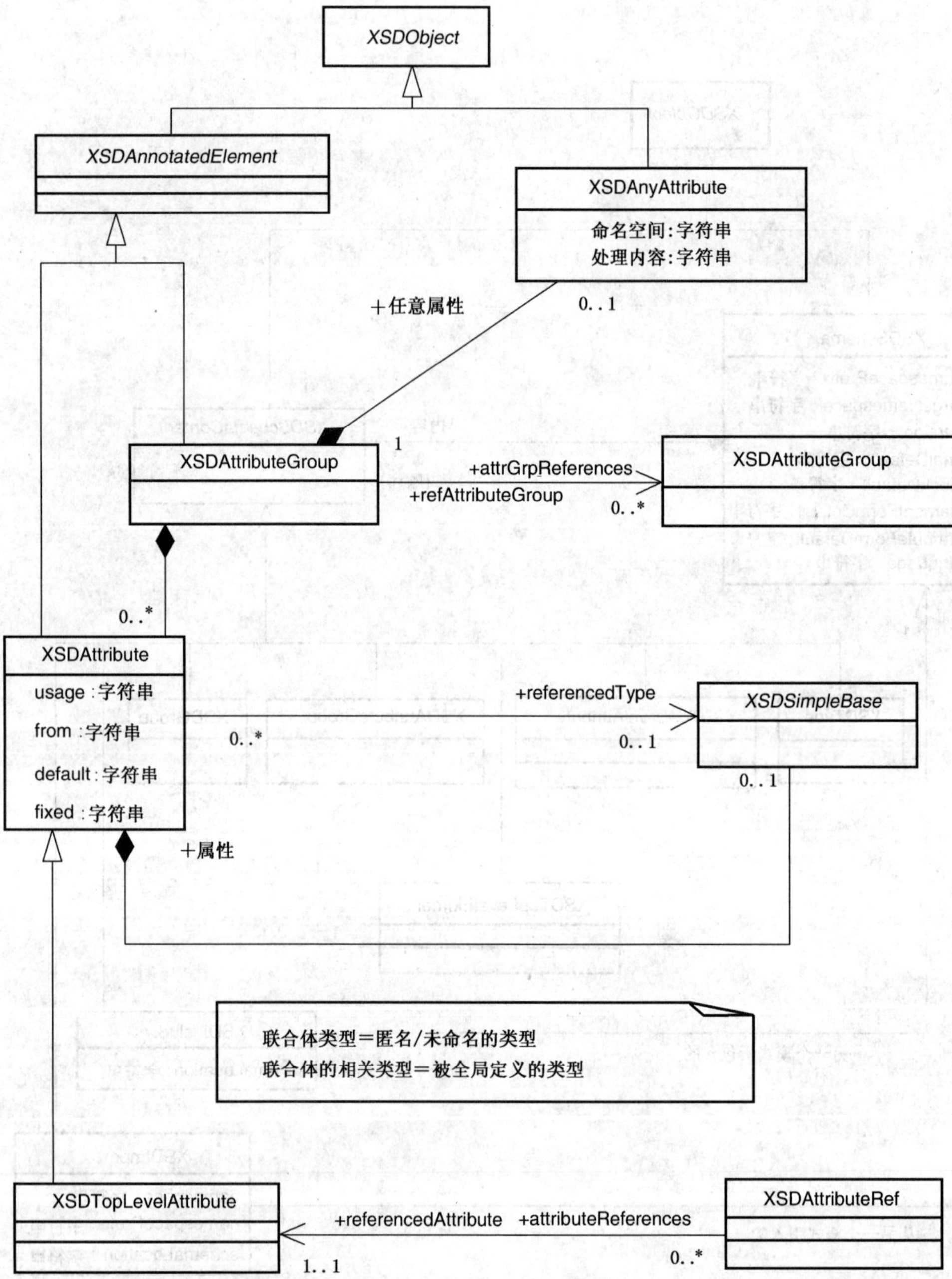

图 8.2 **XMLSchema** 属性声明

元素声明(见图 8.3)包括一个从 XSDNamedElement 得来的元素名称，一个由 XSDAnnotatedElement 而来的注释和一些可能是其他模式或者组当中的内容。这些元素可能在它们的声明中定义许多新的类型或者使用一些其他地方声明的类型。顶层的元素声明可能会被其他很多元素提及。

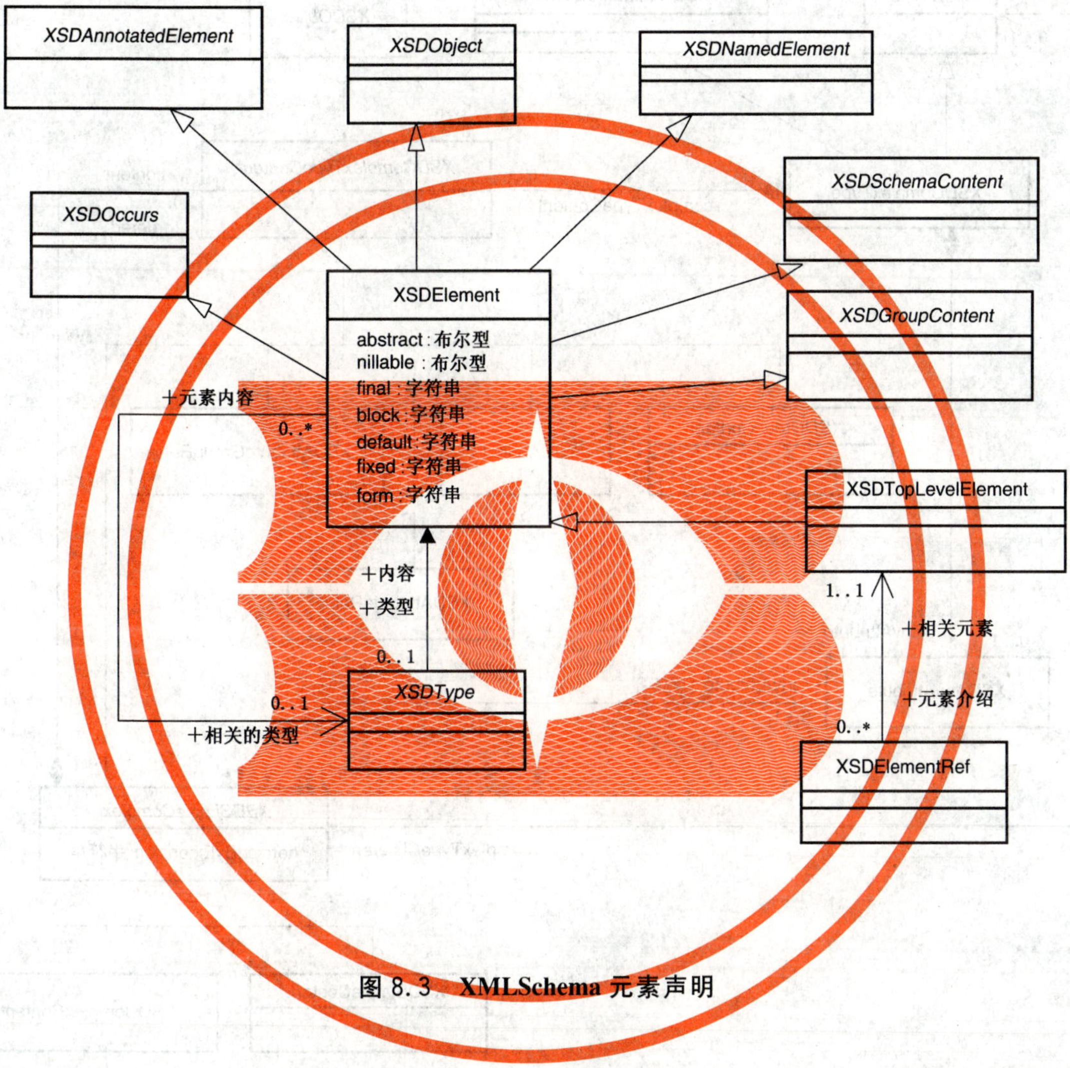

图 8.3 XMLSchema 元素声明

一个复杂类型(见图 8.4)在作为一个类型的同时也是一个带注释的元素。这些复杂类型的内容可能是一个声明了简单或者复杂类型的类型组。这个类型可能有它自己的属性,或者涉及属性或者属性组的东西。复杂类型的内容可能源自扩充或者限制,可能简单,也可能复杂。

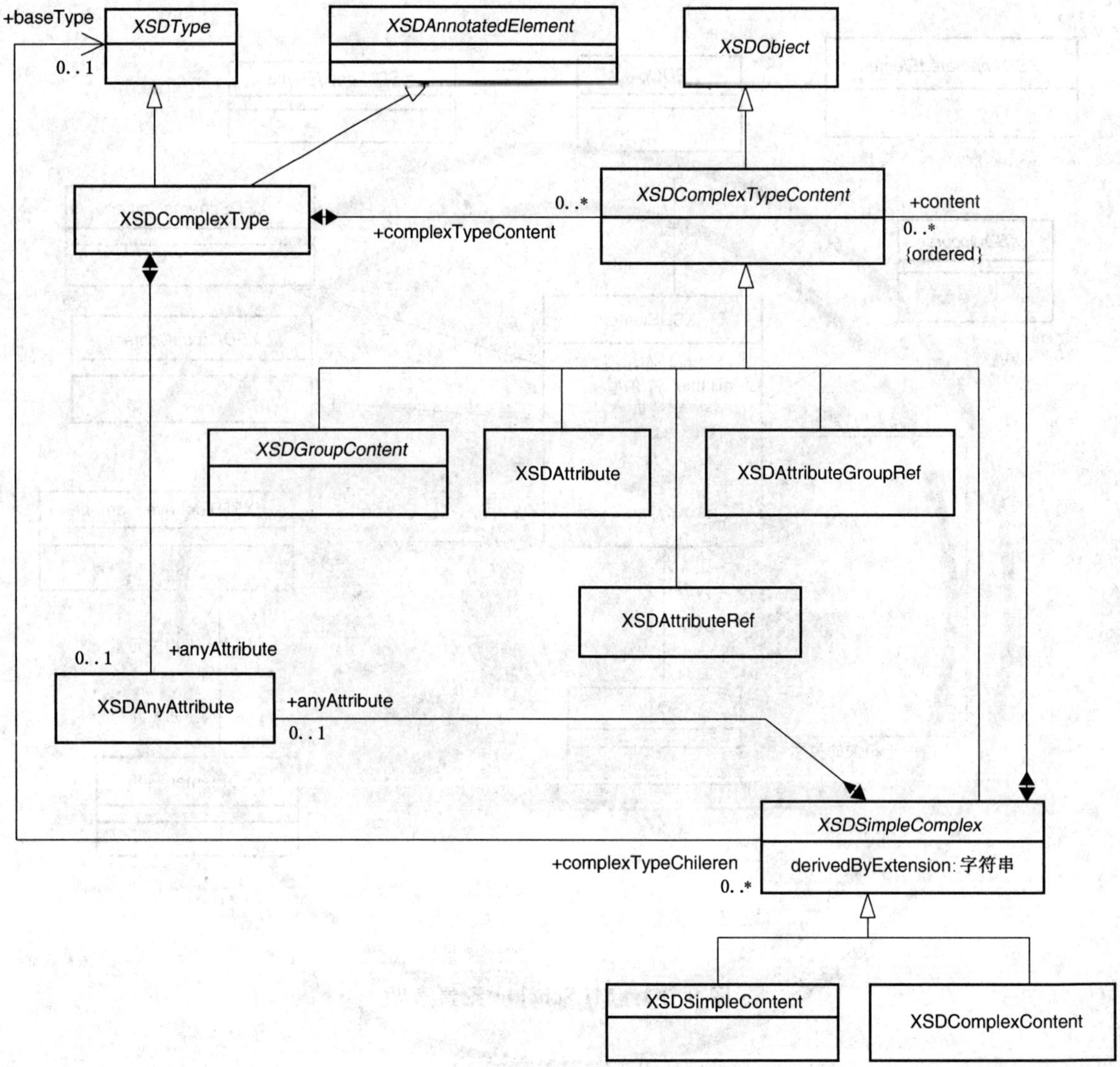

图 8.4 **XMLSchema 复杂类型声明**

简单类型的内容(见图 8.5)可以用面来描述。这些面包括空白空间、数字表达式、长度范围、枚举、联合体、样式列表几种。

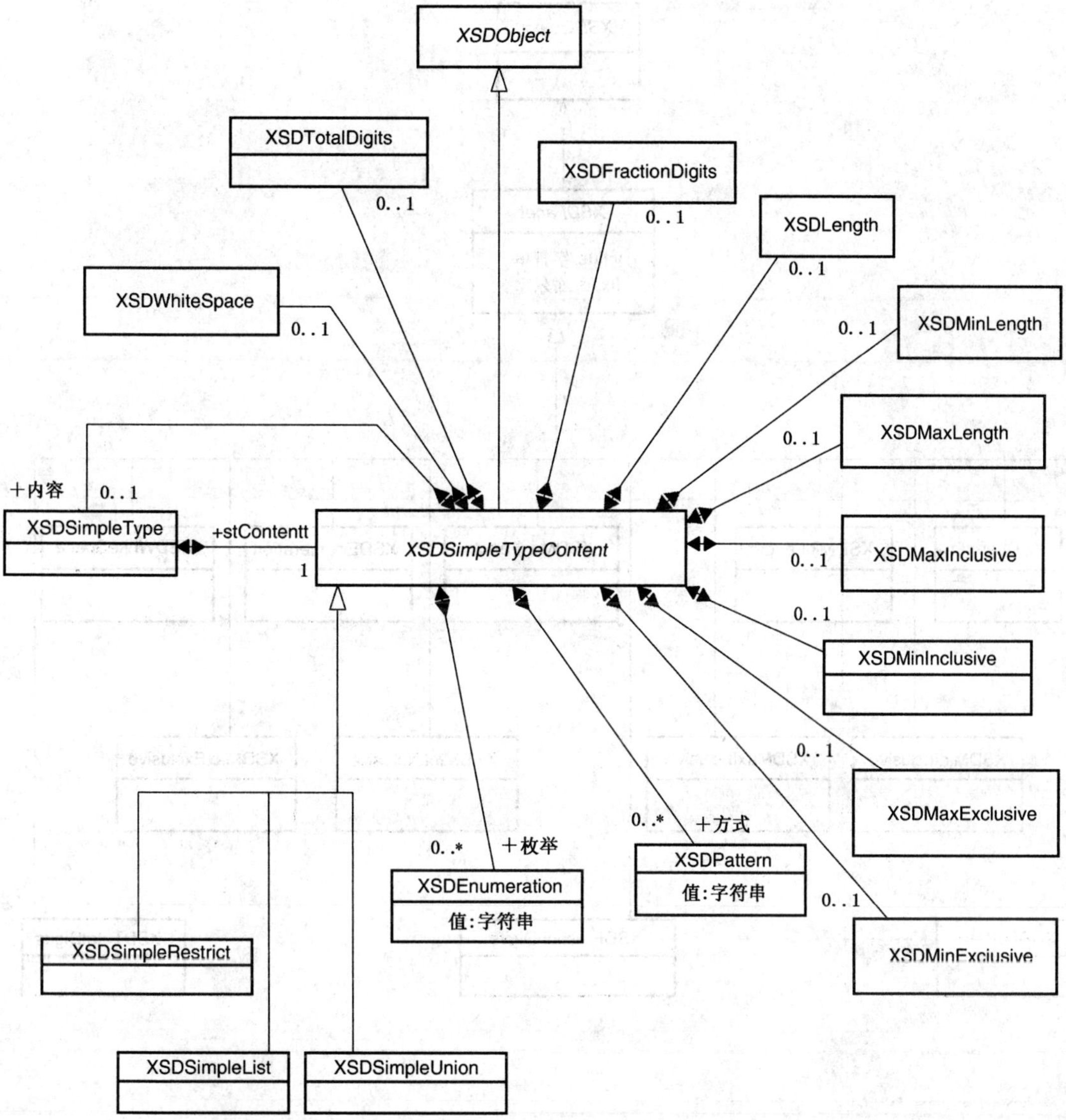

图 8.5 **XMLSchema 简单类型内容声明**

简单类型内容声明中有许多不同类型的面(见图 8.6),如果它们是确定的,它们全都是 XSDFacet 和同一个声明这些面的值得抽象类当中的。

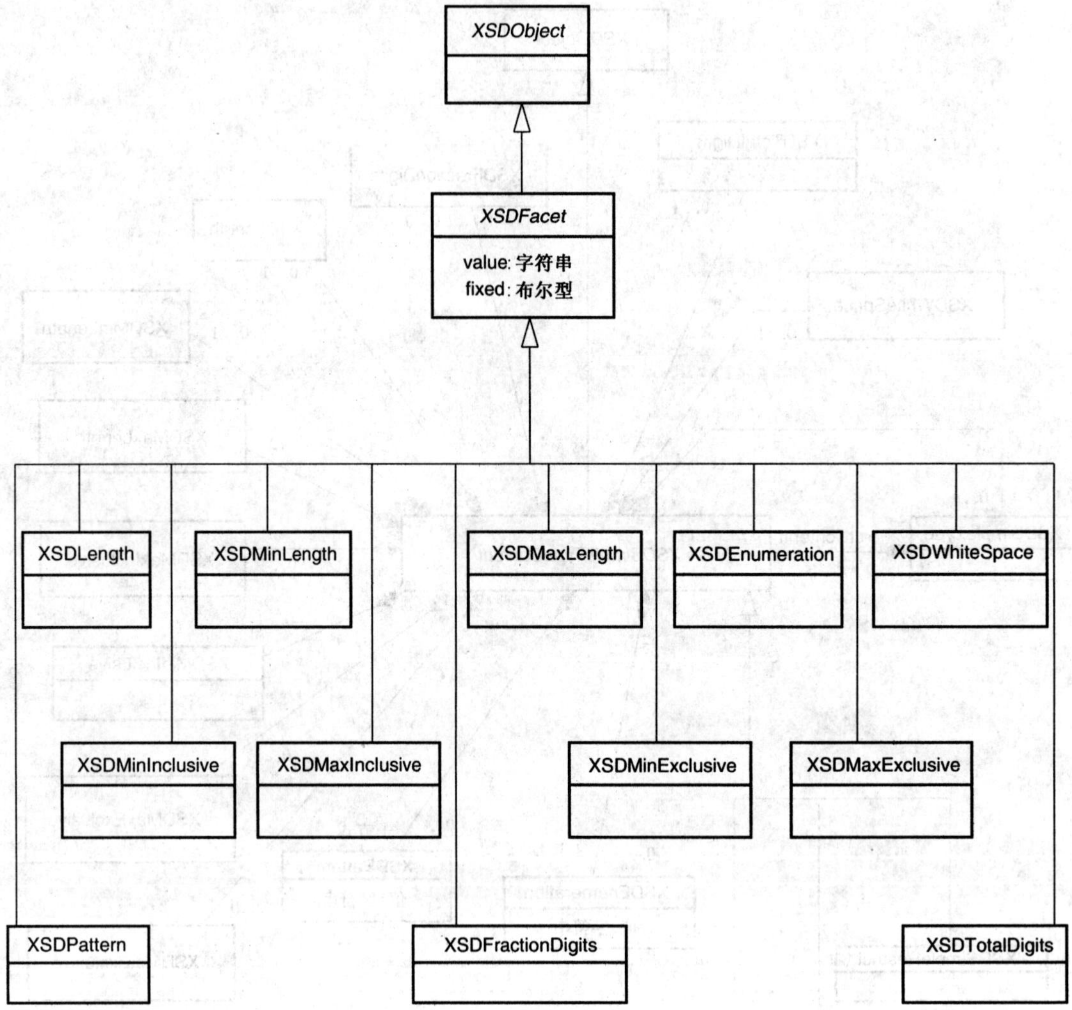

图 8.6　XMLSchema 中的面

一个XML模式类型可能在一个模式或者一个元素内声明(见图8.7)。当然这一类型可以是简单的或者复杂的。简单类型可以是XML模式第2部分中嵌入的已经预置的类型中的一个数据类型,或者是用户定义的一个简单类型。

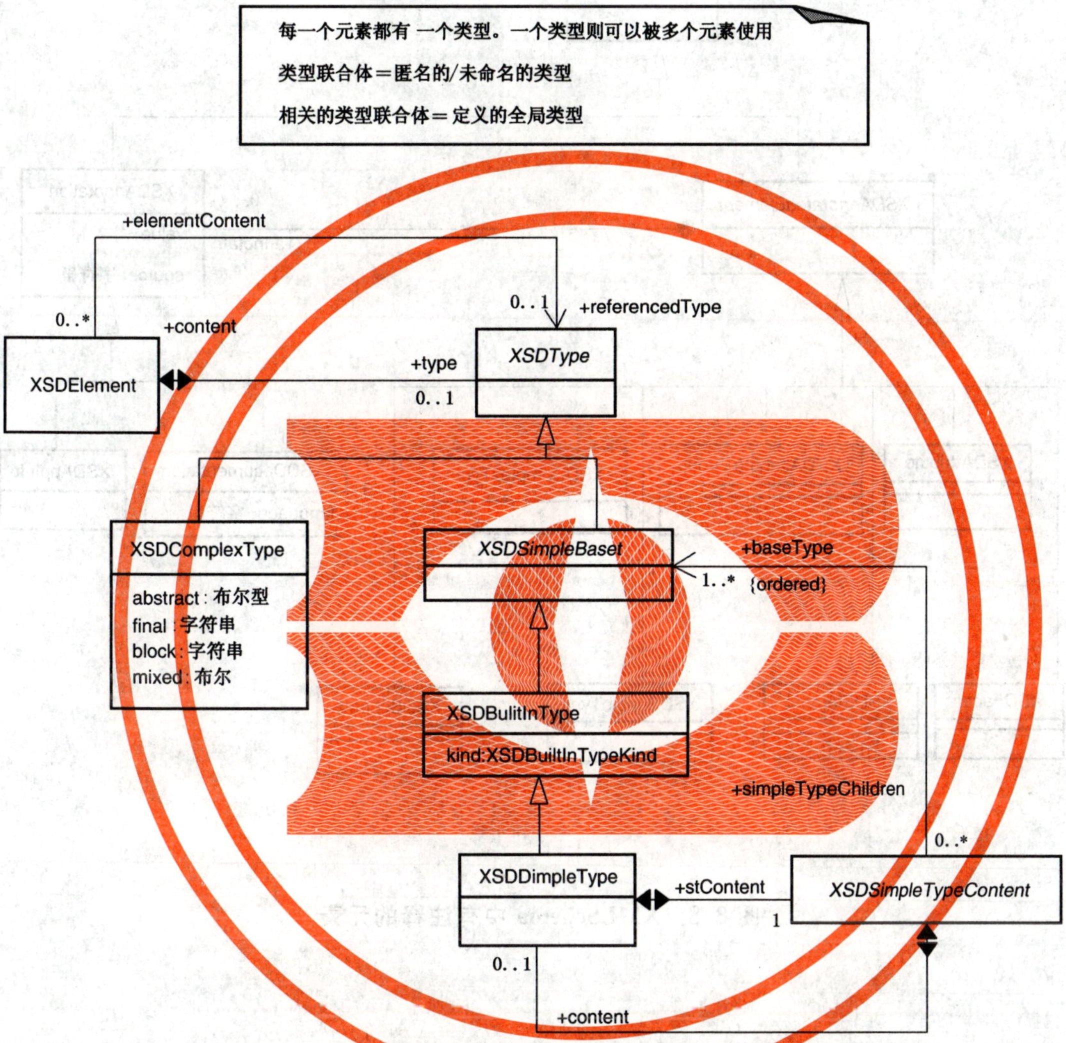

图8.7 **XMLSchema类型声明**

许多XML模式声明可能包含注释(见图8.8)。这些声明可能是属性、属性组、元素、简单或者复杂类型、面或者模式、文档和应用信息都可以在它们的注释中出现。

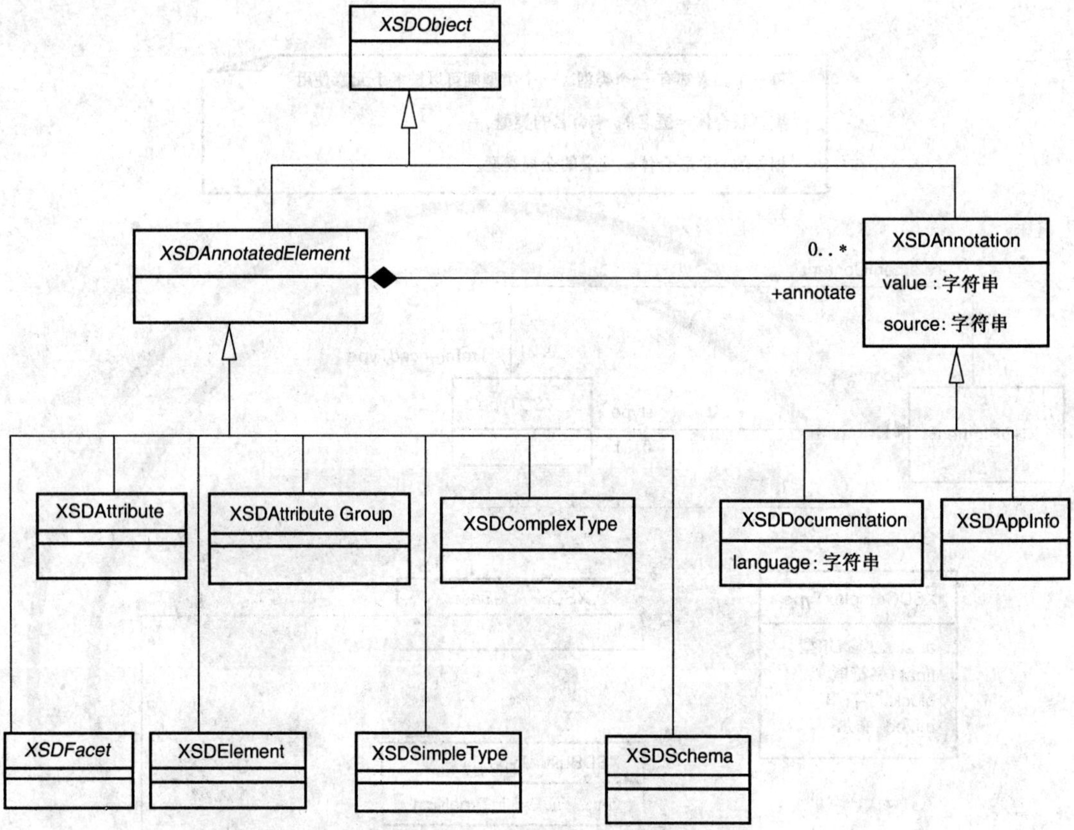

图8.8 XMLSchema中有注释的元素

一个组可能包含其他组或者涉及其他组或者其中的元素，也可能包含其他组的声明，或者选择、序列、所有类型的元素。在这里，组中的内容也同样可以被声明(见图 8.9)。

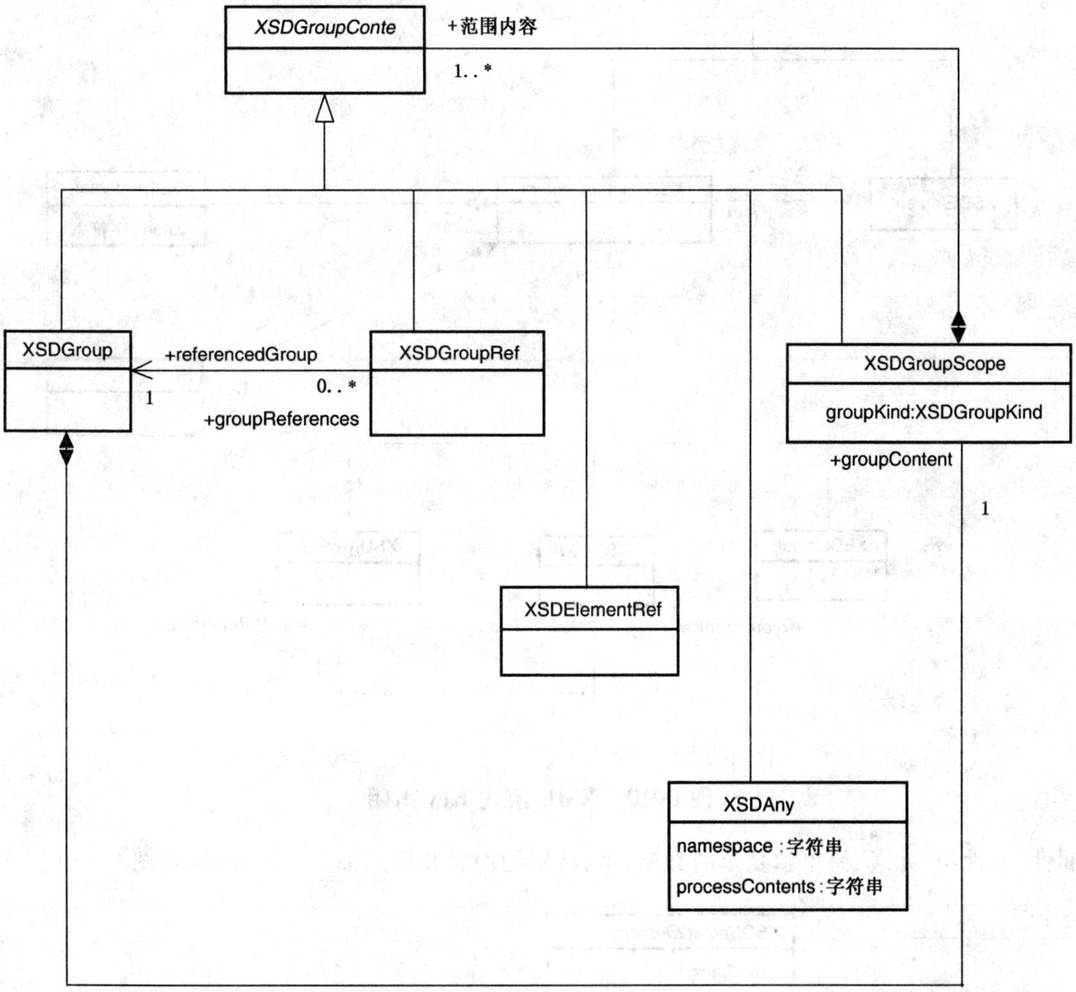

图 8.9 **XMLSchema 组声明**

Key(关键点)声明是基于元素内容的独特征的(见图 8.10)。这些元素内容可以通过对其属性进行筛选来衡量。关键点可能涉及到其他关键点。

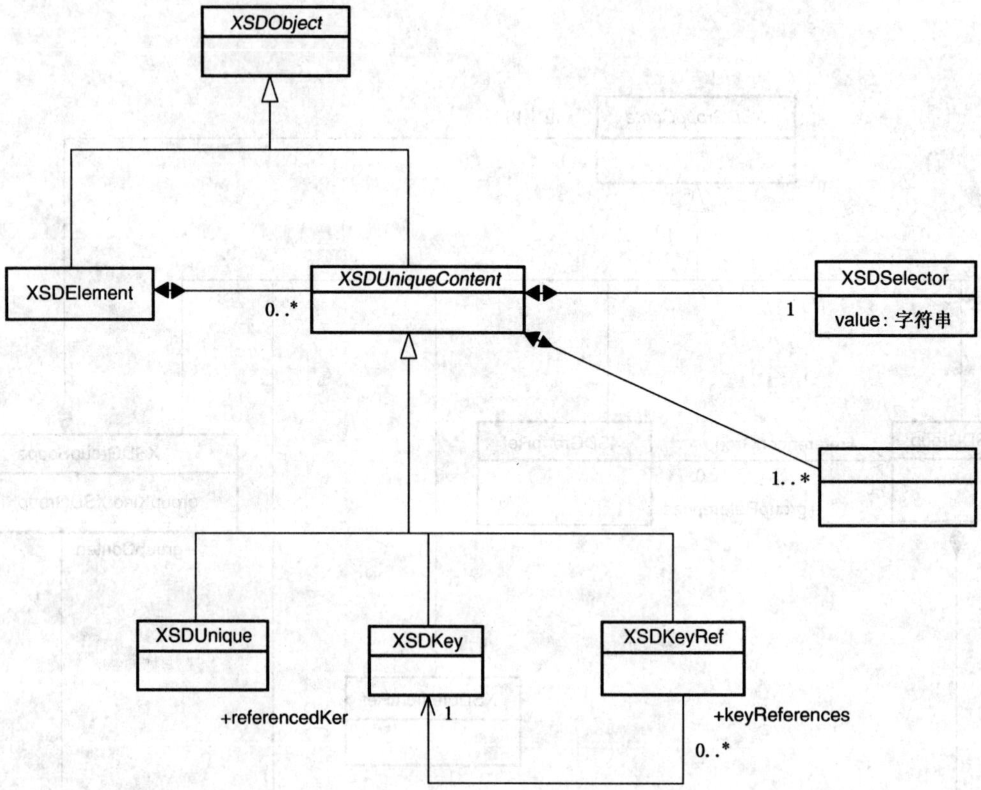

图 8.10 XML 模式 Key 声明

属性、属性组、元素、简单和复杂的类型、组、特别的内容和模式都可以被命名(见图 8.11)。

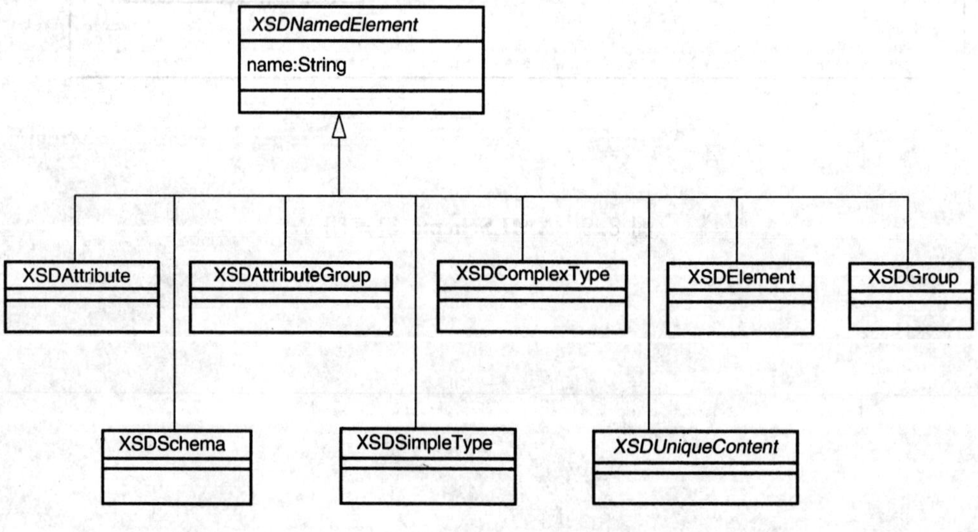

图 8.11 XML 模式命名声明

在元素、元素介绍、任何组介绍声明中出现的发生点都是发生抽象类中的元素(见图 8.12)。

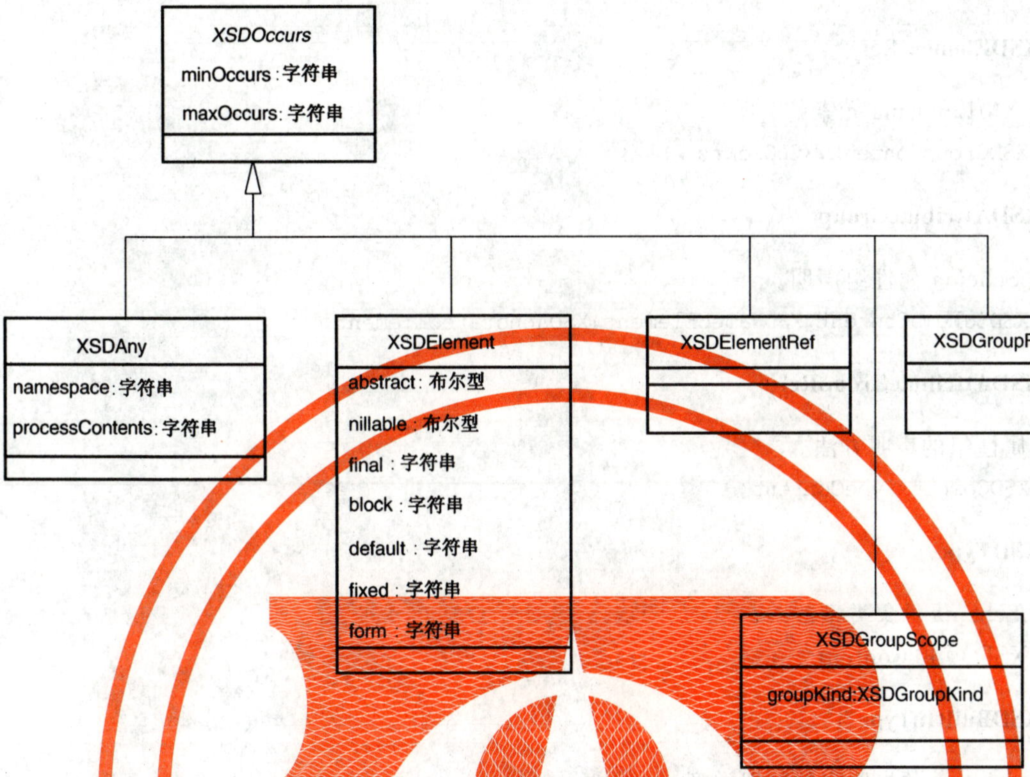

图 8.12 XML 模式发生点

8.2.1 XSDSchema

XSDSchema 是一个 XMLSchema 声明。

Extends:XSDObject,XSDNamedElement,XSDAnnotatedElement

Attributes:

namespacePrefix:String

targetNamespace:String

version:String

finalDefault:String

blockDefault:String

elementFormDefault:String

attributeFormDefault:String

language:String

8.2.2 XSDAttribute

XMLSchema 属性声明。

Extends:XSDComplexTypeContent,XSDNamedElement,XSDAnnotatedElement

Attributes:

usage:String

form:String

default:String

fixed:String

8.2.3 XSDElementRef

涉及XMLSchema元素的声明。

Extends:XSDGroupContent,XSDOccurs

8.2.4 XSDAttributeGroup

XMLSchema属性组声明。

Extends:XSDSchemaContent,XSDNamedElement,XSDAnnotatedElement

8.2.5 XSDAttributeGroupRef

涉及属性组的声明方法。

Extends:XSDComplexTypeContent

8.2.6 XSDType

XMLSchema抽象类型。

Extends:XSD模式Content

8.2.7 XSDBuiltInType

XMLSchema预先确定的数据类型。

Extends:XSDSimpleBase

8.2.8 XSDComplexType

可以从另一个复杂类型或者是另一个简单类型派生而来的复杂类型.在这里,复杂类型可以包含众多结构。

Extends:XSDType,XSDNamedElement,XSDAnnotatedElement

Attributes:

abstract:Boolean

final:String

block:String

mixed:Boolean

8.2.9 XSDComplexTypeContent

XMLSchema的内容。

Extends:XSDObject

8.2.10 XSDSchemaContent

XMLSchema的内容。

Extends:XSDObject

8.2.11 XSDElement

XMLSchema元素声明。

Extends:XSDObject,XSDNamedElement,XSDOccurs,XSDAnnotatedElement,
XSDGroupContent,XSDSchemaContent.

Attributes:

abstract:Boolean

nullable:Boolean

final:String

block:String

default:String

fixed:String

form:String

8.2.12 XSDSimpleBase

XMLSchema 简单类型的抽象基类。

Extends:XSDType

8.2.13 XSDPattern

数据类型的模式匹配。

Extends:XSDFacet

Attributes:

value:String

8.2.14 XSDEnumeration

枚举一个数据类型。

Extends:XSDFacet

Attributes:

value:String

8.2.15 XSDInclude

XMLSchema 包含模式的声明。

Extends:XSDSchemaContent

Attributes:

SchmeaLocation:String

8.2.16 XSDImport

XMLSchema 导入模式声明。

Extends:XSDSchemaContent

Attributes:

namespace:String

namespacePrefix:String

SchemaLocation:String

8.2.17 XSDGroup

XMLSchema 组声明。

Extends:XSDSchemaContent,XSDGroupContent,XSDNamedElement

8.2.18 XSDGroupKind

声明组内容是它内部所有子元素无序出现 0 或 1 次,还是允许几个子元素中出现一个,还是它们所有内容的一个有序出现。

Enumeration literals:

all

choice

sequence

8.2.19 XSDGroupScope

嵌套的 XMLSchema 组声明,它可以被声明成 all,choice 或者 sequence。

Extends:XSDGroupContent,XSDOccurs

Attributes:

groupKind:XSDGroupKind

8.2.20 XSDGroupContent

代表 XMLSchema 组内容的抽象类声明。

Extends:XSDComplexTypeContent

8.2.21 XSDGroupRef

涉及 XMLSchema 组的声明。

Extends:XSDGroupContent,XSDOccurs

8.2.22 XSDKey

key 的声明。

Extends:XSDUniqueContent

8.2.23 XSDKeyRef

涉及 key 声明的示例。

Extends:XSDUniqueContent

8.2.24 XSDUnique

特殊范围的具体声明。

Extends:XSDUniqueContent

8.2.25 XSDUniqueContent

特殊键入的内容的类型。

Extends:XSDObject,XSDNamedElement

8.2.26 XSDSelector

XMLSchema 惟一性选择器声明。

Attributes:

value:String

8.2.27 XSDField

这个字段用于 XML 模式惟一性声明的选择器。

Attributes:

value:String

8.2.28 XSDObject

XSDObject 是一个能够很方便地应用 XML 模型的抽象超类。

8.2.29 XSDAnnotatedElement

XSDAnnotatedElement 是一个 XMLSchema 可能被评注的结构中的抽象类。

Extends:XSDObject

8.2.30 XSDDocumentation

XSD 文本是表示一个 XMLSchema 结构的文本。

Extends:XSDAnnotation

Attributes:

language:String

8.2.31 XSDAppinfo

提供明确的应用信息。

Extends:XSDAnnotation

8.2.32 XSDAnnotation

一个 XMLSchema 注释。

Extends:XSDObject

Attributes:

value:String

source:String

8.2.33 XSDSimpleContent

XMLSchema 中一个简单类型的声明。

Extends:XSDSimpleComplex

8.2.34 XSDComplexContent

XMLSchema 中一个简单类型的声明。

Extends:XSDSimpleComplex

8.2.35 XSDSimpleComplex

XMLSchema 简单或复杂的动态类型,这一类型可能会被限制或者扩展。

Extends:XSDComplexTypeContent

Attributes:

derivedByExtension:Boolean

8.2.36 XSDSimpleTypeContent

简单类型内容的声明。

Extends:XSDObject

8.2.37 XSDSimpleRestrict

简单类型约束。

Extends:XSDSimpleTypeContent

8.2.38 XSDSimpleList

简单类型列表。

Extends:XSDSimpleTypeContent

8.2.39 XSDSimpleUnion

简单类型联合体。

Extends:XSDSimpleTypeContent

8.2.40 XSDSimpleType

一个 XMLSchema 简单类型声明。这个简单类型有最小限度的结构。

Extends:XSDBuiltInType,XSDNamedElement,XSDAnnotatedElement

8.2.41 XSDFacet

XMLSchema 类型声明有一系列不同面(facet)定义特定的行为,XSD 面(facet)是一个由其类型确定的抽象类。

Extends:XSDObject,XSDAnnotatedElement

Attributes:

value:String

fixed:Boolean

8.2.42 XSDLength

长度面。

Extends:XSDFacet

8.2.43 XSDMinLength

最小长度限制类型。

Extends:XSDFacet

8.2.44 XSDMaxLength

最大长度限制类型。

Extends:XSDFacet

8.2.45 XSDMinInclusive

最小包含值范围的限制类型。

Extends:XSDFacet

8.2.46 XSDMaxinclusive

最大包含值范围的限制类型。

Extends:XSDFacet

8.2.47 XSDMinExclusive

最小排除值范围的限制类型。

Extends:XSDFacet

8.2.48 XSDMaxExclusive

最大排除值范围的限制类型。

Extends:XSDFacet

8.2.49 XSDTotalDigits

总精度限制类型。

Extends:XSDFacet

8.2.50 XSDFractionDigits

小数部分精度限制类型。

Extends:XSDFacet

8.2.51 XSDWhiteSpace

空白处理限制类型。

Extends:XSDFacet

8.2.52 XSDAny

XML 模式组中任意一种内容的声明。

Extends:XSDGroupContent,XSDOccurs

Attributes.

namespace:String

processContents:String

8.2.53 XSDAnyAttribute

涉及 non-模式命名空间的任一属性的 XML 模式。

Extends:XSDObjec

Attributes:

namespace:String

processContents:String

8.2.54 XSDAttributeRef

涉及 XML 属性。

Extends:XSDComplexTypeContent

8.2.55 XSDNamedElement

Attributes:

name:String

8.2.56 XSDOccurs

代表 XML 模式点最大最小发生可能的抽象类。

Attributes:

minOccurs:String

maxOccurs:String

8.2.57 XSDTopLevelAttrbute

可能引用其他声明的模式的最高一级属性。

Extends:XSDAttribute,XSD 模式 Content

8.2.58 XSDTopLevelElement

可能引用其他声明的模式的最高一级元素。

Extends:XSDElement,XSD 模式 Content

8.3 XMLSchema Simple Datatypes

XMLSchema 简单数据类型是由一组基本的原始类型和经常使用的派生类型定义的。

每一数据类型都被 8.2 中的"XMLSchema Structures"XSD 面描述的应用面限制。这里的每一个面都是抽象 XSDFacet 的子类.每个数据类型都有自己的面,就像数据类型的属性一样。

该 XML 模式(见图 8.13)模型由一组原始的基类组成,它们都有一个类型前缀。然后实例模型被进一步说明来提供一个范围宽广的有用的导出类型。这些类型的出处将从约束而不是扩展方面来描述。

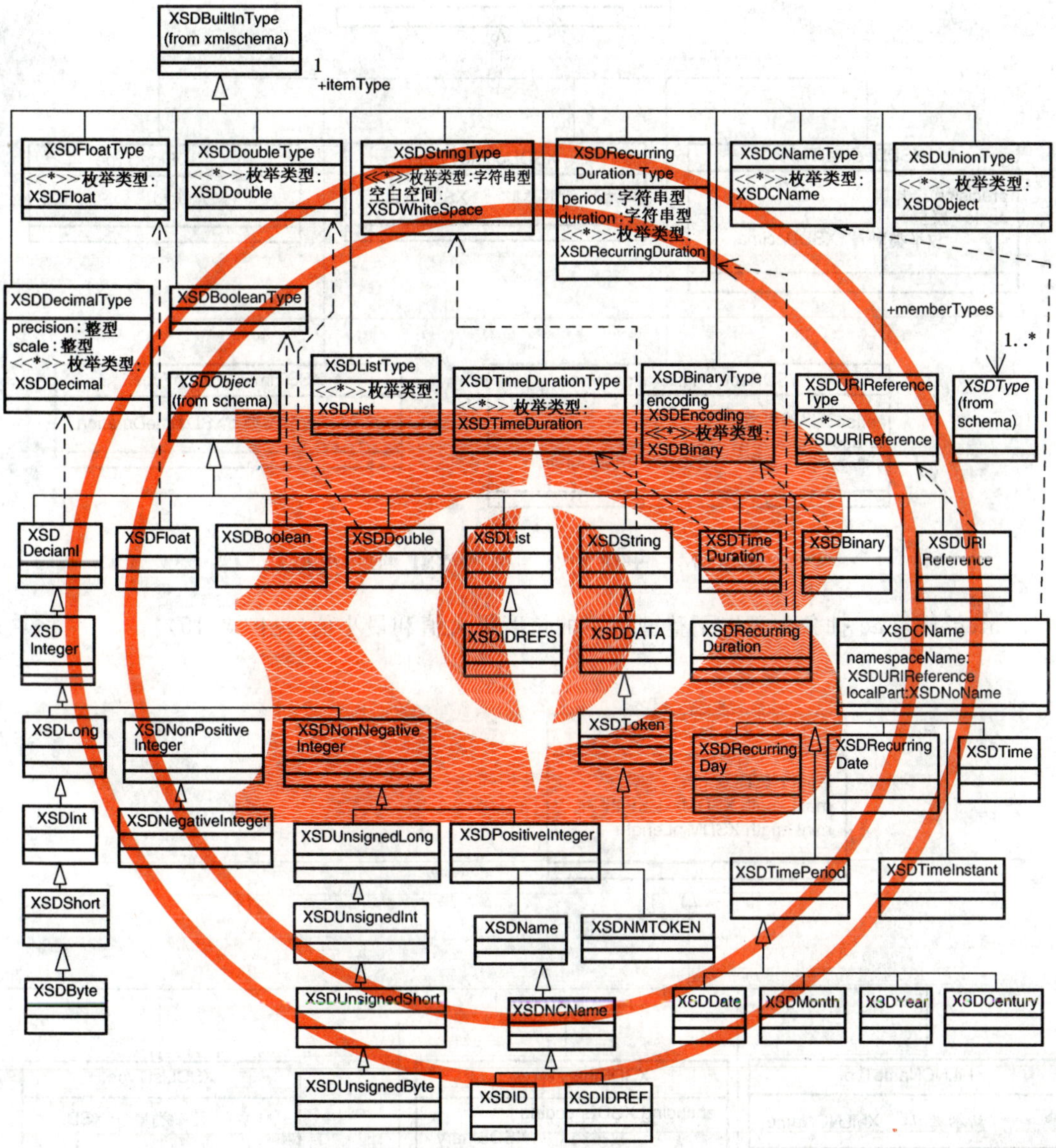

图 8.13 **XML 模式数据类型**

The XSDDecimalRange 抽象类重申了十进制范围的最大值和最小值(见图 8.14)。

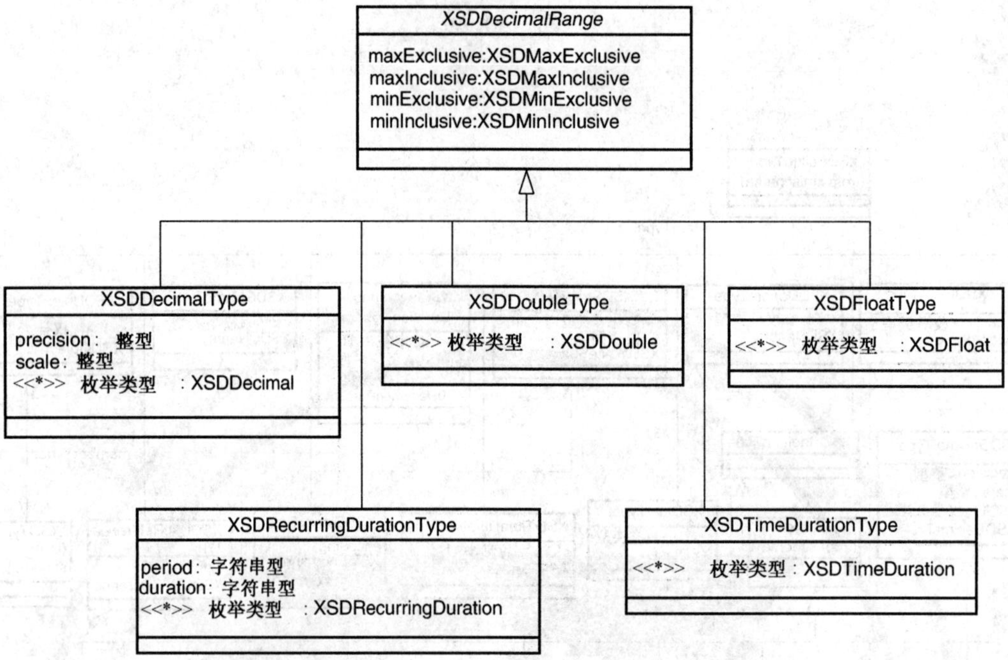

图 8.14 十进制范围内的 XSL 模式类型

XSDIntegerRange 抽象类重申了整型范围的长度最大值和最小值(见图 8.15)。

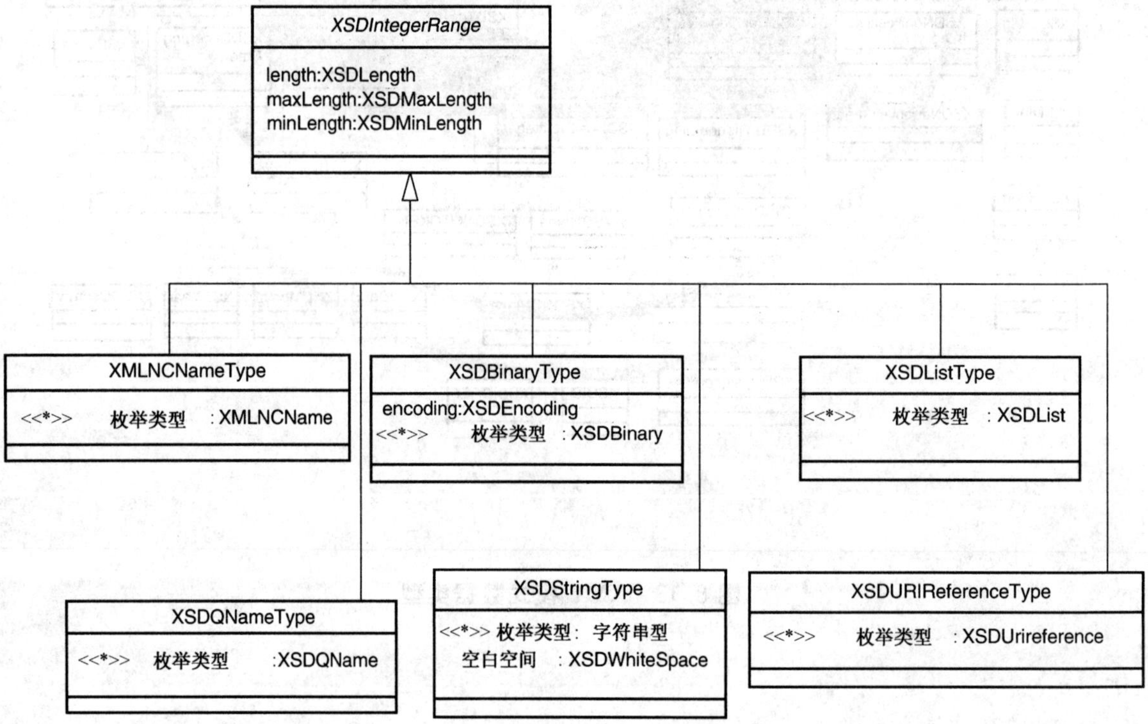

图 8.15 整型范围 XSL 模式类型

XML 模式中原始数据类型的大部分通过模式面来使类型符合一个正则表达(见图 8.16)。

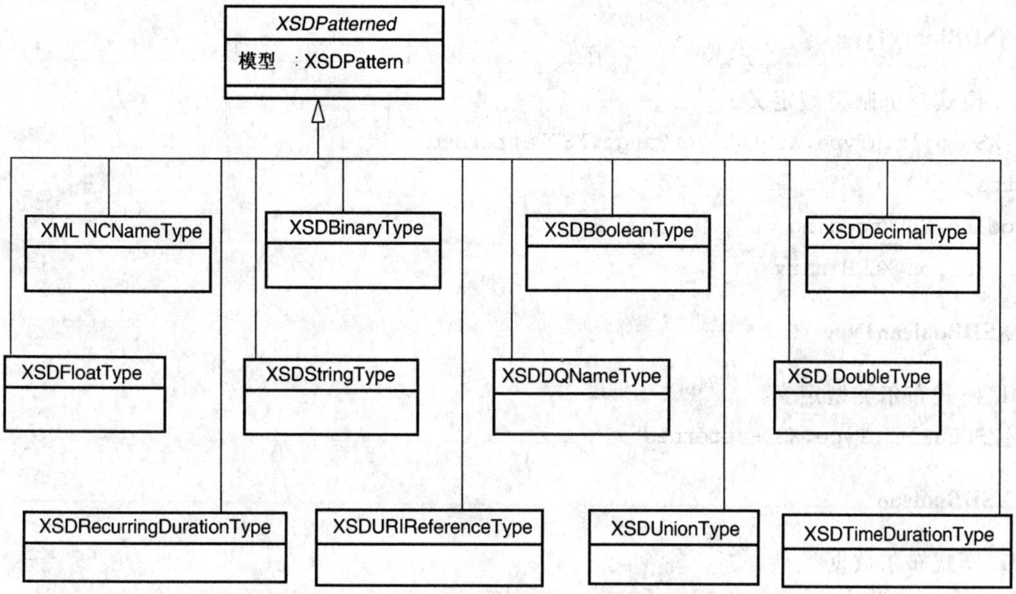

图 8.16 **XML 模式类型中用到的模式面**

8.3.1 XSDDate

XML 模式数据的数据类型。

Extends:XSDTimePeriod

8.3.2 XSDDecimal

XML 模式十进制数据类型。

Extends:XSDObject

8.3.3 XSDDecimalType

XML 模式十进制类型定义。

Extends:XSDBuiltInType,XSDDecimalRange,XSDPatterned

Attributes:

precision:Integer

scale:Integer

enumeration:XSDDecimal

8.3.4 XSDDouble

XML 模式双精度型数据类型。

Extends:XSDObject

8.3.5 XSDCentury

XML 模式显示日期的数据类型。

Extends:XSDTimePeriod

8.3.6 XSDBinary

XML 模式二进制数据类型。

Extends:XSDObject

8.3.7 XSDBinaryType

XML 模式二进制类型定义。

Extends:XSDBuiltInType,XSDIntegerRange,XSDPatterned

Attributes:

encoding:XSDEncoding

enumeration:XSDBinary

8.3.8 XSDBooleanType

XML 模式布尔类型定义。

Extends:XSDBuiltInType,XSDPatterned

8.3.9 XSDBoolean

XML 模式布尔数据类型。

Extends:XSDObject

8.3.10 XSDByte

XML 模式比特数据类型。

Extends:XSDShort

8.3.11 XSDDoubleType

XML 模式双精度类型定义。

Extends:XSDDecimalRange,XSDPatterned,XSDBuiltInType

Attributes:

enumeration:XSDDouble

8.3.12 XSDFloat

XML 模式浮点数据类型。

Extends:XSDObject

8.3.13 XSDFloatType

XML 模式浮点类型定义。

Extends:XSDDecimalRange,XSDPatterned,XSDBuiltInType

Public Attributes:

enumeration:XSDFloat

8.3.14 XSDInt

XML 模式长整型数据类型。

Extends:XSDLong

8.3.15 XSDInteger

XML 模式整型数据类型。

Extends:XSDDecimal

8.3.16 XSDCDATA

XML 模式字符串数据类型。

Extends:XSDString

8.3.17 XSDID

Extends:XSDNCName

8.3.18 XSDIDREF

Extends:XSDNCName

8.3.19 XSDIDREFS

XML 模式表单数据类型。

Extends:XSDList

8.3.20 XSDListType

XML 模式表单类型定义。

Extends:XSDBuiltInType,XSDIntegerRange

Attributes:

enumeration:XSDList

8.3.21 XSDList

XML 模式表单数据类型。

Extends:XSDObject

8.3.22 XSDLong

XML 模式长数据类型。

Extends:XSDInteger

8.3.23 XSDMonth

XML 模式月度数据类型。

Extends:XSDTimePeriod

8.3.24 XSDName

XML 模式名称数据类型。

Extends:XSDToken

8.3.25 XSDNCName

XML 模式 NCName 数据类型。

Extends:XSDName

8.3.26 XSDNegativeinteger

XML 模式负整型类型。

Extends:XSDNonPositiveInteger

8.3.27 XSDNMTOKEN

XML 模式 NMToken 数据类型。

Extends:XSDStringType,XSDToken

8.3.28 XSDNonNegativeinteger

XML 模式非负整型数据类型。

Extends:XSDInteger

8.3.29 XSDNonPositiveInteger

XML 模式非正整型数据类型。

Extends:XSDInteger

8.3.30 XSDPositiveinteger

XML 模式正整型数据类型。

Extends:XSDNonNegativeInteger

8.3.31 XSDQName

XML 模式 QName 数据类型。

Extends:XSDObject

Attributes:

namespaceName:XSDURIReference

localPart:XSDNCName

8.3.32 XSDQNameType

由 XML 模式确定的名称类型定义。

Extends:XSDBuiltInType,XSDIntegerRange,XSDPatterned

Attributes:

enumeration:XSDQName

8.3.33 XSDRecurringDate

XML 模式重现日期数据类型。

Extends:XSDRecurringDuration

8.3.34 XSDRecurringDay

XML 模式 recurring day 数据类型。

Extends:XSDRecurringDuration

8.3.35 XSDRecurringDuration

XML 模式重现持续时间数据类型。

Extends:XSDObject

8.3.36 **XSDRecurringDurationType**

XML 模式重现持续时间类型定义。

Extends:XSDBuiltInType,XSDDecimalRange,XSDPatterned

Attributes:

period:String

duration:String

enumeration:XSDRecurringDuration

8.3.37 **XSDShort**

XML 模式短数据类型。

Extends:XSDInt

8.3.38 **XSDToken**

XML 模式符号数据类型。

Extends:XSDCDATA

8.3.39 **XSDString**

XML 模式字符串数据类型。

Extends:XSDObject

8.3.40 **XSDStringType**

XML 模式字符串类型定义。

Extends:XSDBuiltInType,XSDIntegerRange,XSDPatterned

Attributes:

enumeration:String

whiteSpace:XSDWhiteSpace

8.3.41 **XSDTime**

XML 模式时间数据类型。

Extends:XSDRecurringDuration

8.3.42 **XSDTimeDuration**

XML 模式持续时间数据类型。

Extends:XSDObject

8.3.43 **XSDTimeDurationType**

XML 模式持续时间类型定义。

Extends:XSDBuiltInType,XSDDecimalRange,XSDPatterned

Attributes:

enumeration:XSDTimeDuration

8.3.44 **XSDTimeInstant**

XML 模式时间常量数据类型。

Extends:XSDRecurringDuration

8.3.45 XSDTimePeriod

XML 模式周期时间数据类型。

Extends:XSDRecurringDuration

8.3.46 XSDUnionType

XML 模式联合体类型定义。成员类型联合体是一组联合体允许的可能类型。

Extends:XSDBuiltInType,XSDPatterned

Attributes:

enumeration:XSDObject

8.3.47 XSDUnsignedByte

XML 模式无符号比特数据类型。

Extends:XSDUnsignedShort

8.3.48 XSDUnsignedint

XML 模式无符号整型数据类型。

Extends:XSDUnsignedLong

8.3.49 XSDUnsignedLong

XML 模式无符号长数据类型。

Extends:XSDNonNegativeInteger

8.3.50 XSDUnsignedShort

XML 模式无符号段数据类型。

Extends:XSDUnsignedInt

8.3.51 XSDURIReference

XML 模式 URI 相关数据类型。

Extends:XSDObject

8.3.52 XSDURIReferenceType

XML 模式 URI 相关类型定义。

Extends:XSDBuiltInType,XSDIntegerRange,XSDPatterned

Attributes:

enumeration:XSDURIReference

8.3.53 XSDValueConstraint

Attributes:

use:XSDUse

value:XSDString

8.3.54 XSDYear

XML 模式年度数据类型。

Extends:XSDTimePeriod

8.3.55 XSDDecimalRange

强调最大最小边界范围的抽象类。

Attributes:

maxExclusive:XSDMaxExclusive

maxInclusive:XSDMaxInclusive

minExclusive:XSDMinExclusive

minInclusive:XSDMinInclusive

8.3.56 XSDIntegerRange

强调长度与最大最小范围的抽象类。

Attributes:

length:XSDLength

maxLength:XSDMaxLength

minLength:XSDMinLength

8.3.57 XSDPatterned

强调正则表达模式的抽象类。

Attributes:

pattern:XSDPattern

附　录　A
（规范性附录）
符合性事项

A.1　引言

本章描述符合 XMI 规范的必须和可选要点。“XMI”文档和“XMI 模式”是指根据此规范定义的 XMI 生成规则所生成的文档和模式。

A.2　依从性要求

A.2.1　XMI 模式依从

XMI 模式必须等价于由本文档规定的 XMI 生成规则所生成的 XMI 模式。等价意味着那些在 XMI 模式生成规则下有效的 XMI 文档在依从的 XMI 模式中同样有效，反之亦然。

A.2.2　XMI 文档依从性

XMI 文档需遵循以下几点：

a)　不论它是否与相应的 XMI 模式一起使用，XMI 文档必须是 XML 建议定义下“有效”且“结构正确”的文档。尽管可以选择不进行发送和(或)用其 XMI 模式验证文本，该文档仍然需要符合要求就像它已经通过检验一样。

b)　XMI 文档必须等价于由本文档规定的 XMI 生成规则所生成的 XMI 文档。两个文档等价要求文档中的元素一一对应，对应元素有相同的元素名称、元素属性(名称和数值)和包含元素。XMI 文档中声明的元素和扩展元素除外。

A.2.3　软件依从性

如果软件生成的 XML 模式与 XMI 模式依从，那么该软件与 XMI 模式依从。

如果软件生成或使用的是与 XMI 文档依从的 XML 文档，那么它与 XMI 文档依从。

A.3　可选的依从点

A.3.1　XMI 扩充和差异的依从

XMI 文档选择性地遵循以下几点：

4.5“XMI 模型”和 4.11“剪裁模式产生式”对扩展元素使用的指导建议。工具将它们的扩展信息加到指定的扩展区域当中，使用可用的 XMI 标准元素来声明扩展性质，并且把其他工具的扩展保存在合适的地方。XMI 中差异元素的处理(4.12“发送元数据差别”)是可选择性的依从点。

A.3.2　逆向的工程依从性

本附录中每一个逆向生成过程都是一个独立的可选择性依从点。

- XML 到 MOF；
- DTD 到 MOF；

- 模式到 MOF。

A.3.3 XML 模式模型依从

通过 MOF 规范和该 XMI 规范定义的例示、编码生成、引用、编号将标准的 XML 模式模型用于元模型文档和模式协调。

附 录 B
（资料性附录）
参 考 文 献

[XML] XML，一个 W3C 的技术建议标准。http://www.w3.org/TR/REC-XML

[XML 模式] XML 模式，W3C 提出的建议。
入门:http://www.w3.org/TR/XML 模式-0/，
结构类型:http://www.w3.org/TR/XML 模式-1/，
数据类型:http://www.w3.org/TR/XML 模式-2/.

[NAMESP] Namespaces，W3C 提供的技术建议。
http://www.w3.org/TR/REC-XML-names

[XLINK] XLinks，W3C 应用的工作草案。http://www.w3.org/TR/WD-xlink and http://www.w3.org/TR/
NOTE-xlink-principles

[XPath] XPointer，W3C 的技术建议。http://www.w3.org/TR/xpath

[UML] UML，OMG 采用的标准。http://www.omg.org

[MOF] MOF 1.4，OMG 采用的标准。http://www.omg.org

[XMI] XMI 1.2，OMG 采用的标准。http://www.omg.org

以下是关于 UUIDs 的开放组的 DCE 标准。

[UUID] CAE 规范
DCE 1.1:Remote Procedure Call
文档号:C706
http://www.opengroup.org/onlinepubs/9629399/toc.htm
http://www.opengroup.org/onlinepubs/9629399/apdxa.htm (Definition/creation of UUIDs)

附 录 C
（规范性附录）
法律信息

C.1 版权信息

版权© 1998,1999,2000,2001 IBM

版权© 2003,Object Management Group

版权© 1998,1999,2000,2001 Softeam

版权© 1998,1999,2000,2001 Unisys Corporation

C.2 规范的使用——术语、条件和通告

本文件中的材料详细说明了 Object Management Group 集团的一个规范，该规范与下方所列的条件、环境、注意事项相一致。

这份文档并不代表承诺在任何公司的生成中可以推行本标准的任何部分。文件中信息可能未经通知而变更。

C.3 许可

上面列出的公司已经得到了对象管理集团(OMG)的同意，许可它们内部可以非独家的付费使用本文档，并且可以在全球范围内拷贝和下发本文件和获得相应的更新版本。以上所列的每一个版权持有人都同意：已被列入的任何此类版权持有人，因采用了这里阐述的规格，或有符合任何计算机软件应用此规则不被视为侵犯版权。

基于以下所有的款项和条件，本标准中提及的版权所有者在此授予一个全部付讫、非独家、不可转让的永久性全球范围内的许可(无权进行再授权)，授权使用此规范来创制和分发基于该规范的软件和用作特殊用途，并根据版权法令的规定使用、复制、传播该规范。条件如下：(1)以上被确定的版权公告和此许可公告出现在规范的任何副本上；(2)规格的使用是引用目的，不会被复制或张贴在任何网络电脑或任何媒体上播放，不会以其他方式转售或转作商业用途；(3)本标准没做任何更改。如果违反了上述任何条款或条件，这许可会自动终止，恕不另行通知。终止后，必须在职位或控制范围内立即销毁任何本标准及其副本。

C.4 专利

对于本标准的应用者来说，应注意在应用过程中可能会用到有专利授权的发明。OMG 将不负责标识出那些 OMG 规范可能需要的许可，或者是导致的法律质询，引出这项注意的专利。OMG 规范仅仅是前瞻性咨询性规范。准用户有自我保护避免承担侵权责任。

C.5 一般使用限制

任何未经授权使用本标准都可能会违反版权法、商标法、通讯等规章和法令。这个文件包含了被版

权保护的信息。保留所有权利。在不经过版权所有者的允许情况下,这里的任何一部分都不能被再创造或通过任何形式或任何手段——图表的、电子的或者机械的,包括复印、录音、录像,或信息存储和检索系统——加以利用。

C.6 免责许可

同时,尽管本版本现在看来是准确的,但是它可能含有错误或印刷错误。对象管理集团和上面列出的公司也没有以任何明确的或者暗示的形式进行担保。对于这个出版物,其中包括但并不限于任何对于产权或所有权的授权,它含蓄保证了适销性或某一特定的目的或用途。

在任何情况应对象管理集团或任何有关上市公司中,在此承担所包含的错误或直接的、间接的、偶然的、特别的、重要的依赖或支付赔偿,包括利润损失、收入、数据或使用,招致任何用户或任何第三方涉嫌的设备,性能,或尽管获知上述损害的可能性,但仍使用这种材料。

整个以使用此规范而自行开发的软件生成的质量和性能的风险是由你负担。这免责保修构成了许可的一个重要部分来授予您使用此规格的权利。

C.7 限制权利说明

美国政府的使用、复制或披露受 DFARS 252.227-7013 的技术数据和计算机软件权利条款中的(c)(1)(ii)段落、48 C.FR.52.227-19 中的商业计算机软件-权利限制(c)(1)和(2)、国防部 F.A.R 补充条款及其后续条款中的 48 C.FR.227-7202-2、联邦政府采购法规 48 C.F.R.12.212 及其后续条款的限制,视情况适用以上条款。技术规范的版权所有人已在前面列明,可以通过下列地址联系:the Object Management Group,250 First Avenue,Needham,MA 02494,U.S.A

C.8 商标

The OMG Object Management Group Logo®、CORBA®,CORBA Academy®、The Information Brokerage®、UML®、XMI®、IIOP®都是 the Object Management Group 集团的注册商标。OMG™、Object Management Group™、CORBA logos™、OMG Interface Definition Language (IDL)™、The Architecture of Choice for a Changing World™、CORBAservices™、CORBAfacilities™、CORBAmed™、CORBAnet™、Integrate 2002™、Middleware That's Everywhere™、Unified Modeling Language™、The UML Cube logo™、MOF™、CWM™、The CWM Logo™、Model Driven Architecture™、Model Driven Architecture Logos™、MDA™、OMG Model Driven Architecture™、OMG MDA™、XMI Logo™都是属于 Object Management Group 集团的商标。所有提到的其他生成或公司名称仅用于标识目的,也可能成为它们各自拥有者的商标。

C.9 依从

以上列出的版权持有人承认对象管理集团(代理本身或其指定人员)应在任何时候是惟一的实体,可以授权使用这些材料的计算机软件的开发者、供应商和销售商使用认证标签、商标或其他特别名称。

依据本许可开发的软件可以声称遵守或是符合本标准当且仅当该软件的遵守一个规范中说明的应用一致点。仅仅部分应用到本标准开发的软件应该声明为基于本标准,但可以不声明为符合本标准。在对象管理集团对组件进行测试的情况下,应用到的公司如果刚好完全地用到了测试组件才需要声明符合本标准。

C.10 问题报告

所有 OMG 的规范不断受到检查和改进。作为成员之一，我们鼓励读者指出任何含糊不清，互相矛盾或不准确指出，欢迎登录主网页 http://www.omg.org，under Documents & Specifications，Report a Bug/Issue，并填写其上列出的问题报告。

ICS 35.060
L 74

中华人民共和国国家标准

GB/T 28168—2011

信息技术 中间件 消息中间件技术规范

Information technology—Specification for message-oriented middleware

2011-12-30 发布 2012-06-01 实施

中华人民共和国国家质量监督检验检疫总局
中国国家标准化管理委员会 发布

前　言

本标准按照 GB/T 1.1—2009 给出的规则起草。

请注意本文件的某些内容可能涉及专利，本文件的发布机构不承担识别这些专利的责任。

本标准由全国信息技术标准化技术委员会(SAC/TC 28)提出并归口。

本标准起草单位：东方通科技发展有限责任公司、中国电子技术标准化研究所、北京航空航天大学、中国科学院软件研究所、金蝶中间件有限公司、中创软件商用中间件股份有限公司、北京中和威软件有限公司、北京赛迪时代信息产业股份有限公司。

本标准主要起草人：马新群、任宇、李海波、陈志峰、朱律玮、宁凯、张红艳。

信息技术　中间件　消息中间件技术规范

1　范围

本标准规定了消息中间件的架构及组成、功能要求、质量特性要求及支持的运行环境等。

本标准适用于消息中间件软件的开发和应用。

2　规范性引用文件

下列文件对于本文件的应用是必不可少的。凡是注日期的引用文件，仅注日期的版本适用于本文件。凡是不注日期的引用文件，其最新版本(包括所有的修改单)适用于本文件。

GB/T 11457—2006　信息技术　软件工程术语

Java 消息服务规范 v1.1(Java Message Service Specification，v1.1)

3　术语和定义、缩略语

3.1　术语和定义

GB/T 11457—2006 中界定的以及下列术语和定义适用于本文件。

3.1.1

应用　application

应用程序

通过调用开发接口，在运行过程中使用中间件系统提供功能和服务的各种程序。

3.1.2

消息　message

不同的应用程序(进程或线程)之间传递或交换的信息。

注：消息的格式及内容，由该消息的提供者及接收者协商而定。

3.1.3

消息的发送者　message sender

产生消息的应用程序。

3.1.4

消息的接收者　message receiver

接收消息的应用程序。

3.1.5

队列　queue

存储消息的缓冲区实体。

注：队列由消息索引区和数据存储区组成。

3.1.6

消息中间件系统　message-oriented middleware system

存在于物理机器上的一套消息中间件软件运行系统，包含一组程序和应用开发接口(API)。

3.1.7

消息优先级　message priority

根据消息的紧急程度，为消息设置的等级。消息可以有不同的优先级。在消息的发送中，高优先级的消息可以得到优先处理。

3.1.8

单消息　single message

消息中间件中传输的一条单一消息。

3.1.9

组消息　group message

消息中间件中传输的一系列带有先后顺序的消息的组合。

注：组消息由多个单消息组合而成，在处理时相当于一个消息。组消息中的单个消息，称为子消息。

3.1.10

Java 消息服务　Java Message Service;JMS

使用基于点到点或者发布/订阅的交互方式，遵从J2EE技术规范并实现异步消息传输的消息服务系统。

3.1.11

消息有效期　expiry of message

产生消息时，应用设定的消息属性，表示消息可在队列中存放的最长时间。

3.1.12

消息生存期　lifecycle of message

消息从进入队列到该消息被接收者取出或被删除的时间段。

3.1.13

死信　dead letter

进入队列但不能完成传递过程的消息。

注：如目的队列不存在的消息或有效期时间到的消息等。

3.1.14

事件　event

消息中间件系统在消息的传递过程中产生的动作。

注：事件可由用户通过配置来定义。由事件触发产生的消息，称为事件消息。

3.1.15

集群　cluster

若干消息中间件系统组建为一个群组，对外提供消息的发送、接收和处理功能，宜具备负载均衡和防止单点失效的功能。

3.1.16

主题　topic

一种向多个消息订阅者分发消息的机制。发布者根据指定的主题名发布消息，订阅者通过主题订阅消息。

注：主题使得订阅者和发布者保持互相独立，不需要接触即可保证消息的传送。

3.2　缩略语

API	应用编程接口(Application Programming Interface)
TCP/IP	传输控制协议/因特网协议(Transfer Control Protocol/Internet Protocol)
HTTP	超文本传输协议(Hypertext Transfer Protocol)

JDK　　　Java 开发工具包(Java Development Kit)
Java EE　Java 企业版(Java Enterprise Edition)
J2EE　　 Java 2 企业版(Java 2 Enterprise Edition)
SSL　　　安全套接层(Secure Sockets Layer)

4　消息中间件的架构和组成

4.1　消息中间件架构

消息中间件是基于队列与消息传递技术,在网络环境中为应用系统提供同步或异步、可靠的消息传输的支撑性软件系统。

消息中间件一般由服务子系统、监控管理子系统、应用开发子系统三部分组成(参见附录 A)。其架构如图 1 所示:

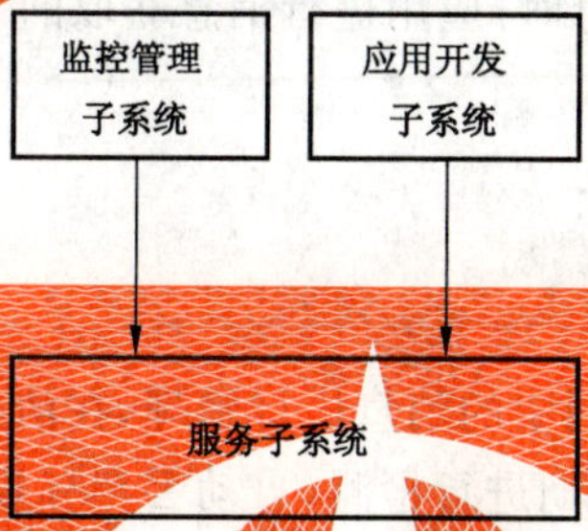

图 1　消息中间件架构

消息中间件的组成功能如下:

a)　服务子系统是消息中间件的核心运行实体,提供消息传输、存储等功能;
b)　监控管理子系统是消息中间件的用户操作入口,提供对服务子系统监控、管理的功能;
c)　应用开发子系统是消息中间件提供给用户进行应用程序开发的接口库。

4.2　服务子系统

服务子系统由图 2 所示各功能模块组成:

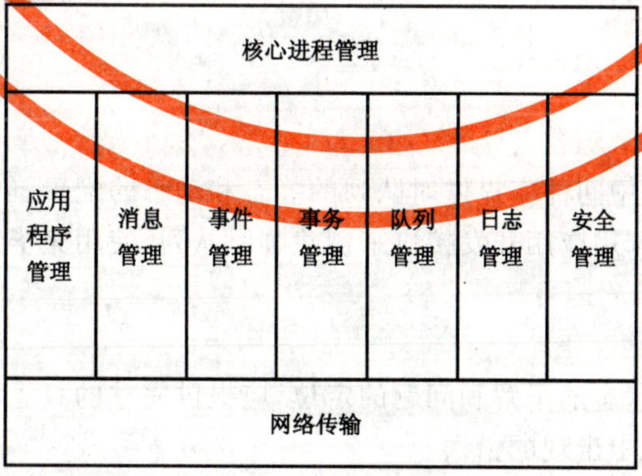

图 2　消息中间件的服务子系统

4.2.1　核心进程管理

负责对整个系统的运行情况进行监控,报告、诊断和排除各种错误。它能够及时掌握各核心进程的运行情况,当某个进程出现问题时,可以及时监测到并进行修复或报警。

4.2.2 网络传输

消息中间件应提供在异构计算机系统间的数据传输,且这种传输是实时和可靠的。

参与消息传递的消息中间件节点,可以是位于同一计算机系统中的节点,也可以是位于不同计算机系统中的节点。消息中间件应能屏蔽计算机硬件和物理网络的差别,使得节点间逻辑关系的建立与硬件和网络无关。

4.2.3 应用程序管理

消息中间件应提供对应用程序的灵活管理,包括启动、停止、监控和管理,并提供如下应用程序的启动方式:

a) 随系统启动而触发;
b) 应根据用户设定的规则,如当队列中的消息积存到一定阈值时,启动应用程序去接收消息,以避免和减少在队列中没有消息时,应用进行消息获取的无效操作,保证应用及时准确地获得消息,提高应用处理的能力;
c) 定时启动。

4.2.4 消息管理

消息中间件的服务子系统应对队列中的消息进行管理,在消息进入队列、网络发送、网络接收、从队列中接收的过程中,能够对消息的有效期进行检测,自动丢弃有效期到期的消息。

消息进入队列后,出现故障造成无法传递时,该消息将被丢弃或处置,消息将结束其生存期。

4.2.5 事件管理

消息中间件应能根据用户定义的事件,适时产生事件消息,并允许用户通过调用应用接口进行查看和接收,及时了解系统运行中消息发送、接收的情况。

4.2.6 事务管理

消息中间件应提供消息的事务管理。多个消息发送和接收可包含在一个事务里,系统保证一个事务中的所有消息发送和消息接收的操作同时成功,或同时失败。失败的消息接收操作会将消息回退到队列中,等待下次的处理。

4.2.7 队列管理

队列是消息的载体,消息中间件应提供对队列的静态和动态的配置、创建、更新和删除;允许用户根据需要,在应用运行过程中,调用应用开发接口来创建临时队列,使用完毕后,清除该队列。

4.2.8 日志管理

为便于用户对系统运行状态的了解和问题的定位,应提供完整的日志功能,通过日志可以查看系统的运行情况,并可以排除系统中出现的错误。

日志记录级别及日志文件的大小都可以根据用户需求灵活配置,用户进行系统调试时,日志级别可以设置得较高,以详细记录系统传输的信息,当系统稳定运行后,日志级别可以相应调低,以减少日志记录对资源的占用。

4.2.9 安全管理

消息中间件宜提供安全管理功能。安全管理包括消息中间件的节点间身份认证、传递消息的网络连接认证、消息传输的加密等。

消息中间件可提供可定制的安全功能实现，来满足应用特定的安全要求。可提供消息层、传输层、网络层的安全实现。

4.3 监控管理子系统

监控管理子系统是实现对消息中间件及相关应用进行配置、监控、启动、停止及管理的模块。

管理工具应对系统对象进行动态管理和控制，以达到对系统运行规模进行调控、节省系统资源、提高效率的目的。

宜提供集中监控和管理功能，通过一个统一入口，对所有消息中间件节点进行监控和管理。

4.4 应用开发子系统

应用开发子系统是供开发人员进行基于消息中间件开发应用系统的编程接口。开发人员利用应用开发子系统，能够完成消息的传递和系统的维护管理。

应用开发子系统应提供对多种计算机语言、开发工具和开发环境的支持，以方便应用的开发和部署。

a） 提供 C、C＃、C＋＋和 Java 语言的应用开发接口；

b） 提供符合 Java 消息传输规范(JMS)的 Java 语言开发接口；

c） 提供可供可视化开发工具使用的 Win 32 应用开发接口。

5 功能要求

5.1 综述

本章从服务子系统、监控与管理、应用开发子系统 3 个方面，对消息中间件的功能要求进行了规定。

5.2 服务子系统属性

5.2.1 消息组成及属性

5.2.1.1 消息组成

消息应由消息头和消息体组成。消息头中定义了消息的属性信息，包含消息类型、消息唯一标识、消息目的地、消息优先级、消息有效期、消息大小、用户自定义属性等信息；消息体中包含消息内容或消息所传输文件的名称。通过消息属性，可以获得消息的相关信息，也可以来控制消息。

5.2.1.2 消息类型

按照消息体的存储方式，应分为缓冲区消息和文件消息，缓冲区消息中存储缓冲区的内容，文件消息中存储文件的名称。

5.2.1.3 消息唯一标识

消息标识，可由应用设定，如果应用没有设定，应由消息中间件自动产生。消息的标识应保证消息在全网内的唯一性。

5.2.1.4 消息目的地

发送消息时，应可以指定该消息的目的地。目的地可以是当前中间件系统节点，也可以是当前中间件系统相邻的节点，还可以是和当前节点不相邻的节点。

5.2.1.5 消息目标队列

发送消息时需要指定的目标队列。

5.2.1.6 消息优先级

应提供根据消息的紧急程度,为所发送的消息设置优先级的功能。一般情况下,高优先级的消息具有更多的发送机会。

5.2.1.7 消息有效期

应提供消息有效期控制的机制,丢弃或处置过期消息,释放占用的系统资源,保证整个系统的运行效率。

有效期控制机制应不受发送方、接收方时钟不一致的影响。

5.2.1.8 消息大小

消息中间件通过该属性,获知消息的大小或设定发送消息的尺寸。

5.2.1.9 消息的自定义属性

消息中间件应提供消息自定义属性的功能,允许用户根据业务的需要和属性规则设定自定义属性信息。接收消息时,自定义属性可用于过滤消息,来接收和应用指定的自定义属性及属性值相匹配的消息。

5.2.2 消息分组

消息中间件应提供消息分组功能。组消息在消息中间件中,是作为一个整体来处理的。消息组中的消息是按照先后顺序进行发送和接收的。

5.2.3 消息的持久性

按照消息的持久性,消息中间件系统应提供对持久性消息和非持久性消息的支持。当系统发生故障时,非持久性消息被丢弃;持久性消息进行保存,并在系统重新启动后恢复。系统正常运行时,在消息的有效期内,系统保证持久性和非持久性消息不会丢失。

5.2.4 消息的传输控制

5.2.4.1 消息传输的唯一性

消息进入队列后,消息中间件负责传输。在目标节点可达的情况下,应保证消息能送达目的地,且该消息的传输是不重复的。

5.2.4.2 多种消息的传输方式

消息中间件系统应提供点到点、路由转发和发布/订阅等多种消息传输方式。

5.2.4.2.1 点到点消息传输

点到点消息传输是指需要进行消息传输的两方直接建立传输通道,进行消息传输的方式,如图3

所示：

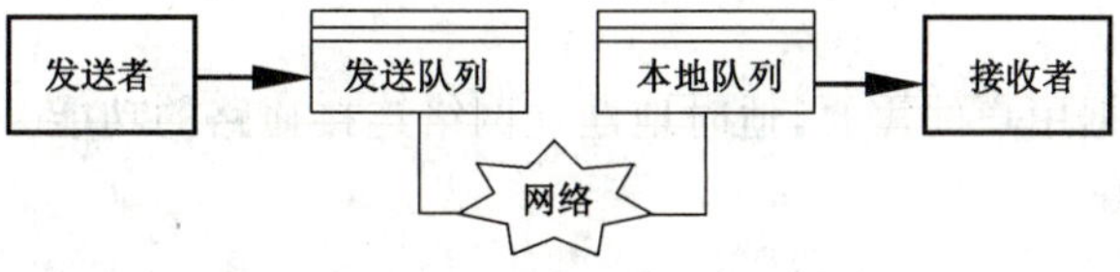

图 3　点到点消息传输

5.2.4.2.2　路由转发消息传输

路由转发消息传输是指消息中间件支持在不相邻的系统间传输消息的方式，如图 4 所示：

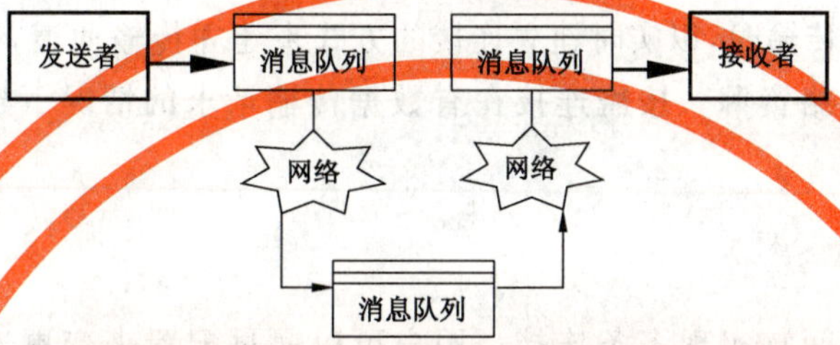

图 4　路由转发消息传输

两个不相邻的消息中间件间宜支持多条路由互为备份。当正在使用的路由发生故障时，可以自动切换到备份路由上，保证消息的正常连续传输。

5.2.4.2.3　发布/订阅消息传输

发布/订阅消息传输方式是指通过发布/订阅代理，为应用提供了一种透明的信息发布和信息消费的框架，如图 5 所示：

消息的发布者只负责发布信息的收集，并通过一个公共"主题"来表示这个消息，消息的订阅者通过公共主题来订阅需要的消息，当有订阅"主题"的消息发布时，消息自动发送给订阅者。

a）订阅和发布可以实现一对多、多对一和多对多的消息传递方式；

b）订阅者可以根据自己的需要订阅某些主题，然后在适当的时间从该主题上接收已经发布的消息。

订阅者和发布者可以分布在一个消息中间件系统上，也可以分别分布在不同的系统上，分布在不同系统上的发布者和订阅者通过发布订阅代理间的网络进行消息传输。

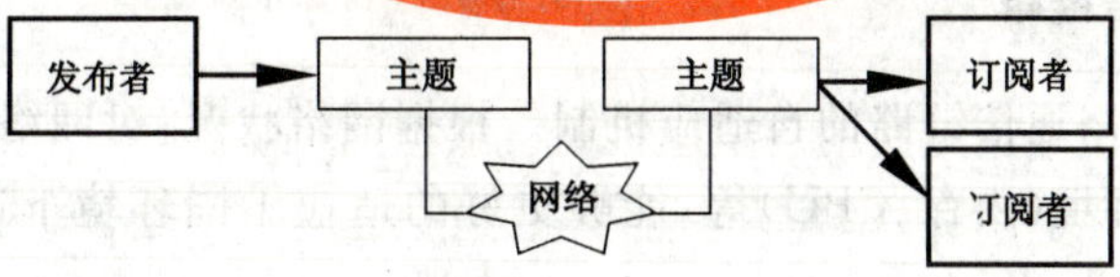

图 5　发布/订阅消息传输

5.2.4.3　断点续传功能

消息中间件系统应提供断点续传功能。消息在传输过程中，不论是系统停止、硬件断电、硬件异常、非正常关机还是网络意外中断等情况，消息都应仍保留在消息队列中，要保证消息没有丢失、内容完整，保证顺序，系统恢复后，消息将从传输失败点继续发送，而不是整个消息重新发送。

5.2.5 连接管理

消息中间件应提供根据用户的需要，适时地建立网络连接通路的功能。当网络链路发生故障后，能够自动重建连接。

5.2.5.1 常连接

在消息中间件间以预连接的方式建立传输通道，以减少因频繁建立/拆除连接所引起的系统开销和网络开销，并通过定时发送检测包来检测其通断情况。

5.2.5.2 按需连接

在系统间有数据需要传输时，以实时建立连接的方式来建立传输通道，完成传输后自动关闭连接，以此来节约系统占用的网络资源。按需连接在有数据传输请求的情况下建立，没有数据要求传输时断开。

5.2.5.3 多连接

两个消息中间件系统间宜实现多条连接。用户可以通过配置来变更连接的数量，每条连接是同等的。

5.2.6 事件管理

系统应提供事件管理功能，使得用户能够通过配置来定义事件以便跟踪消息的传输情况，如消息是否已经传输完成等。当用户定义的事件发生时，系统应自动产生事件消息，并按事件的配置对事件消息进行处理。事件功能也可以用来了解系统运行中出现的各种故障，以便进行及时处理。

系统宜支持对“消息入队列”、“消息网络发送”、“消息网络接收”、“消息出队列”等活动中的事件定义，如，在“消息网络发送”活动中，可定义“开始网络发送”、“结束网络发送”等事件，来实现对消息传输的精确管理。

5.2.7 性能管理

5.2.7.1 网络流量控制

消息中间件宜提供流量控制功能。网络质量较高的系统，可以调大流量控制配置，以充分的利用网络带宽；网络质量较差的系统，可以相应调小流量控制配置，以减少对网络的传输压力。

5.2.7.2 自适应网络通信链路

消息中间件宜实现网络通信链路的自适应机制。根据网络状况，对网络链路进行调节和补充，以适应不同的网络环境、硬件环境(内存、CPU)等，能够更好的适应不同环境下通信的需要，节省系统资源和提高传输效率。

5.2.8 队列管理

服务系统应支持用户根据消息的用途和目的地，创建如下不同类型的队列。如：

a) 接收队列或本地队列。物理队列，用于存储从异地节点通过网络传输到本地、本地节点应用放入的消息。

b) 事件队列。物理队列，用于存储系统事件消息。系统事件中包含由配置中定义的事件触发的消息、死信消息。

c) 发送队列。物理队列,用于存放网络发送出的消息的队列。

d) 集群队列。逻辑队列,是一个包含多个物理队列的列表。

e) 远程队列。逻辑队列,是远端节点的一个接收队列或远程队列在本地节点的一个逻辑映射。

5.2.9 集群

集群(如图6所示),应提供消息的接收和处理分布到若干个消息中间件系统上的机制,应支持防止单点失效和负载均衡两类使用方式:

a) 防止单点失效:当消息中间件集群中的某个子系统出现故障时,集群系统可以自动选择其他子系统来完成消息的传输;

b) 负载均衡:当消息中间件系统希望在多个系统或多个队列上分摊消息处理的压力时,可以选择负载均衡功能,消息发送到集群队列后,会根据系统设置的权重按照比例将消息分发到不同的队列中。

集群内消息中间件系统的数量应可以根据需要动态调整。

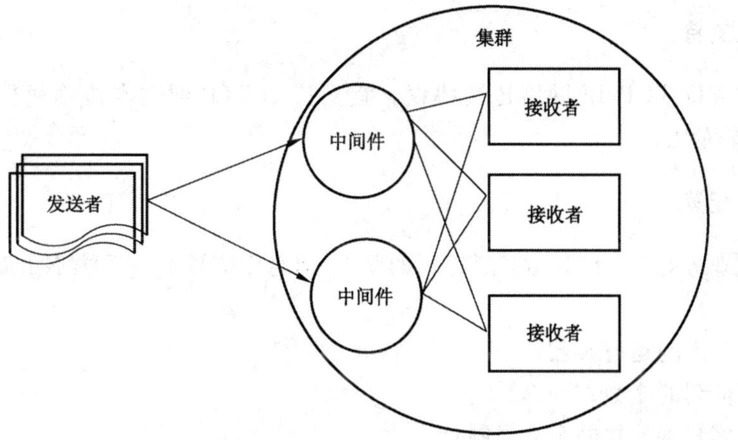

图6 集群

5.2.10 安全服务

5.2.10.1 综述

消息中间件应提供安全服务功能,如中间件节点间的身份鉴别、中间件节点间的SSL安全连接、数据包在传输过程中的加密和压缩、应用程序连接到消息中间件的身份鉴别等。

5.2.10.2 多层次的安全服务

宜在网络层、通道层和应用层多层面提供安全服务。网络层安全服务提供消息中间件节点之间的身份鉴别;通道层提供数据包在传输层的加解密;应用层提供在应用层对整个消息进行加解密。

5.2.10.3 安全服务的实现

消息中间件系统应提供默认的安全服务的功能实现,如提供跨网络层和通道层的SSL协议的安全管理。

消息中间件可提供可定制的安全功能实现,宜支持消息层、网络层、传输层的安全接口的定制:

a) 消息层接口,如消息的加密、压缩接口;

b) 网络层接口,如建立网络连接的预处理接口、链路通道接口、后处理接口;

c） 传输层接口，如网络数据包的安全传输接口。

5.2.11 日志管理

消息中间件系统应提供日志管理功能，运行过程中自动生成日志文件系统，登记系统的日常运行信息、传输的数据包和文件信息、系统出错提示等，日志级别应分多级，级别越高，记录的数据越详细。日志应可用于对系统的运行状态进行监控，亦可用于对系统的运行情况进行审计、故障处理、系统开发调试跟踪。用户可以通过调整系统配置参数，抑制日志中部分或全部信息的输出。

消息中间件系统的告警信息应能够及时显示在管理台、日志文件中，便于用户的查看和问题定位。应提供如下的日志管理措施：

a） 提供调试开关的功能，使用户可以根据需要及时调节系统的核心，提高效率和可靠性；

b） 提供日志定时清理和磁盘空间管理功能；

c） 提供日志的查询和管理功能；

d） 动态修改日志的等级，便于用户的排错。

5.2.12 网络协议支持

消息中间件应支持 TCP/IP 网络传输协议。宜支持 HTTP 超文本传输通信协议，以满足用户在 Internet 网络上传输的需求。

5.2.13 系统动态配置

为了支持关键业务对 7×24 h 不间断运行的要求，消息中间件应在系统不重新启动的情况下，可以实现：

a） 动态修改节点的运行参数；

b） 动态修改队列的个数；

c） 动态修改客户端连接的个数限制；

d） 动态扩充系统中应用的数量。

消息中间件系统应能根据应用规模或数据规模的增长，通过不断地调整系统的各项参数或不断增加新的服务器去满足这种需求，应在运行系统不停机的情况下进行。

5.3 监控与管理

5.3.1 消息中间件系统宜提供本地、远程和集中监控和管理功能

a） 本地监控。实现对本地消息中间件系统的监控和管理；

b） 远程监控。实现对异地消息中间件系统的监控和管理；

c） 集中监控。通过同一个统一入口，实现对全网内的所有消息中间件系统（含本地、远程系统）的监控和管理。

可以从一个统一入口监控和管理多个远程系统的运行。

5.3.2 监控管理应能实现的功能

a） 实时查看各消息中间件系统的运行状态；

b） 动态地修改系统配置及相关运行参数；

c） 查看各队列中消息的传输情况；

d） 对所监控的对象进行启动、停止或删除等管理操作。

消息中间件的监控和管理界面设计应直观、易懂。集中监控管理宜提供基于浏览器的操作方式，应

能灵活地部署在用户选择的计算机系统上。

5.4 应用开发子系统

5.4.1 综述

消息中间件应提供一组供用户用于开发的API包。消息中间件应提供C、C#、C++和Java等接口,使用户可以使用多种计算机语言进行应用的开发。宜提供Win 32应用开发接口库的实现。

应用系统可以通过调用这些接口实现消息的发送和接收、事件的获取、系统管理等功能,应用系统只需要关心业务处理逻辑,而不必关心复杂的底层网络传输。

5.4.2 接口类型

接口分为本地接口和远程接口两种类型。

本地接口是用于和本地消息中间件系统运行在同一台机器上的应用系统,而远程接口是用于远端没有安装消息中间件的应用系统。

应用系统可运行于安装有消息中间件的机器上,也可运行于没有消息中间件节点上。

5.4.3 接口要求

消息中间件系统在所有应用平台上提供一致的应用开发接口,以实现应用程序在不同平台上的迁移。

消息中间件提供的应用开发接口宜包括C接口、C++接口、C#接口、Win 32 API、Java接口,Java接口中宜支持JMS v1.1规范和JNDI,以满足应用开发的标准化要求,并能与其他任何遵循JMS v1.1规范的应用系统或中间件产品进行无缝集成。

5.4.3.1 C、C++、C#语言接口要求

提供消息的发送、接收、浏览、删除、状态查询、消息组、事务、发布/订阅接口。

5.4.3.2 Java接口要求

提供支持JDK1.4以上版本的消息的发送、接收、浏览、删除、状态查询、消息组、事务、发布/订阅接口。

Java接口可参考JMS规范实现,支持JMS v1.1以上版本;可在JMS v1.1的基础上,进行必要的扩充,如文件消息、消息组等接口。

5.4.3.3 Win 32应用开发接口要求

宜提供消息的发送、接收、浏览、删除、状态查询、消息组、事务、发布/订阅的Win 32应用开发接口,使得符合Win 32 DLL调用标准的可视化开发工具能够通过该接口和消息中间件进行交互。

6 消息中间件的部署模式及拓扑结构

6.1 部署模式

6.1.1 单机单系统方式

所有的应用程序均部署在同一台机器内,它们之间共用一个消息中间件运行系统进行消息的传递。

6.1.2 单机多系统方式

所有的应用程序均部署在同一台机器内，它们之间分别通过不同的消息中间件运行系统进行消息的传递。

6.1.3 多机多系统方式

应用程序部署在网络的多台机器内，它们之间分别使用不同的消息中间件运行系统进行消息的传递。

6.1.4 混合方式

应提供单机单系统方式、单机多系统方式及多机多系统方式的混合使用方式。

6.2 拓扑结构

消息中间件系统应能根据用户的业务和应用，支持任意构建拓扑结构，如既支持树型逻辑结构，又支持网状结构。

消息中间件之间的部署关系，对业务和应用是透明的。

7 质量特性属性

7.1 易用性

7.1.1 产品手册

消息中间件应提供完整的产品手册，保证产品手册与系统实际功能保持一致。产品手册应准确、清楚、易于学习和掌握。应包含以下内容：

a) 产品系统概述；

b) 产品安装说明；

c) 产品配置及管理说明；

d) 管理工具使用说明；

e) 产品故障排除方法；

f) 编程参考手册；

g) 联机帮助。

7.1.2 产品可配置

消息中间件的子系统规模、队列数及每个队列中存放消息数据的空间大小应可以通过系统配置来定义。

7.1.3 应用示例

消息中间件应针对支持的开发语言，提供可供操作的应用示例包：

a) C、C++、C#、Win 32 API 应用示例；

b) Java 应用示例；

c) JMS 应用示例。

7.1.4 安装和卸载

消息中间件的安装和卸载应提供简单明了的操作：

a) 消息中间件应提供 Windows 平台上的图形界面形式的安装和卸载程序,引导用户安装和卸载的全过程;

b) 消息中间件的安装和卸载,若需要 Java 运行环境,应支持操作系统所提供的 Java 运行环境或自带 JDK 等辅助工具;

c) 简单易用,提供默认的配置策略。

7.1.5 启动和停止

消息中间件应提供命令行方式启动和停止。

7.2 可靠性

7.2.1 核心进程的自动恢复

消息中间件系统提供核心进程自检功能。当有守护程序异常终止时,系统可以检测并自行重新启动该进程。

7.2.2 消息的自动恢复

消息中间件系统,不论是由于系统停止、硬件断电、硬件异常、非正常关机还是网络意外中断等情况,都应保证持久性消息不可丢失、内容完整,保证顺序,待故障排除后,消息将从传输失败点继续发送,而不是整个消息重新发送。

7.2.3 防止单系统失效

应实现集群功能,防止单个消息中间件系统失效后,消息不能传输。

7.2.4 路由的备份

宜实现备份路由功能。当一条路由出现故障时,可以通过备份路由到达接收方。

7.3 效率

中间件系统应能充分利用计算机系统的处理能力、网络带宽等资源条件,以获得应用需要的高效率指标。消息中间件的效率指标可包括:

a) 消息吞吐能力,指单位时间内,消息中间件能够处理的消息数量。可用在单位时间内发送、接收的消息数来衡量。

b) 并发处理效率,可分为:

  1) 应用并发量,指系统能够支持的最大应用并发量;

  2) 资源利用率,指应用并发情况下,对 CPU 资源的最大占用量。

c) 网络传输效率,可分为:

  1) 消息的网络传输效率,指单位时间内网络发送完成的消息数;

  2) 网络传输带宽利用率,是指中间件占用的网络带宽与网络可提供最大带宽的比率。在同等环境下,消息中间件与 FTP 网络带宽利用率的对比可作为衡量消息中间件网络传输效率的指标。

7.4 可维护性

系统的可维护性,体现在:

a) 提供动态或静态配置功能,使得在系统运行中或重新启动后,使用者能够改变系统的运行负载;

b) 提供详尽的日志记录系统；

c) 提供用于故障排查、系统监控及管理的工具。

7.5 可移植性

消息中间件在不同的系统平台上提供的应用开发接口应保持一致性，保证应用程序在源码级的可迁移性。

8 支持的运行环境

8.1 硬件体系结构

应支持32位、64位的计算环境。

8.2 操作系统

应支持Windows、Unix和Linux等操作系统。

8.3 网络通信协议

应支持TCP/IP网络通信协议，宜支持HTTP等通信协议。

8.4 Java运行环境

应支持JDK v1.4以上版本。

附　录　A
（资料性附录）
消息中间件产品示例

A.1　消息中间件的组成

消息中间件由运行节点、监控管理中心、应用开发子系统三部分组成。组成结构如图 A.1 所示：

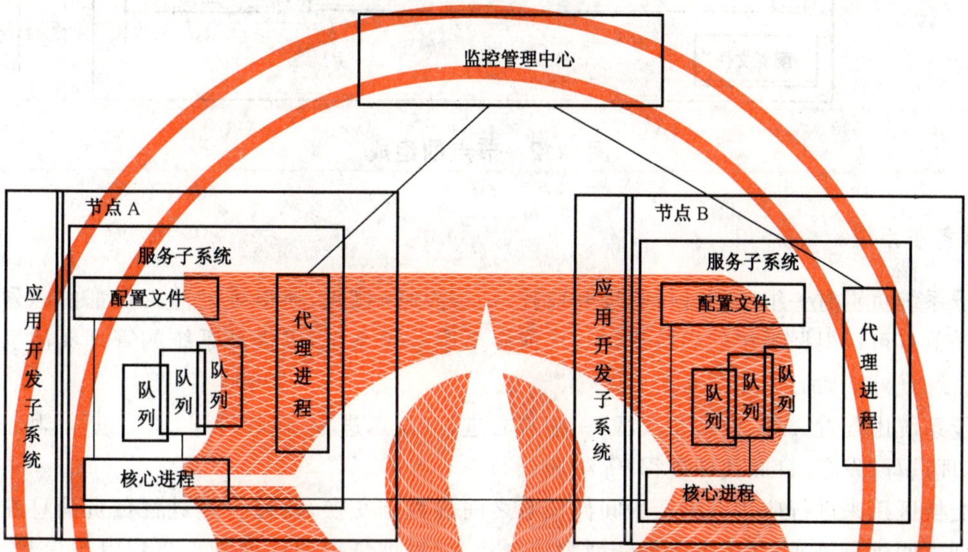

图 A.1　消息中间件系统组成

节点是在一台物理机器上的一套运行环境，主要由相关的配置文件、核心进程、队列、代理进程组成，提供基于队列的消息传输服务。

监控管理中心是用来对节点进行配置和监控管理的平台，可提供集中式的远程管理，对所有节点的监控和管理可以通过一个操作入口来完成。

应用开发子系统是提供的一组 API，应用开发人员使用它能够完成消息的传递和系统的维护管理。

A.2　节点

A.2.1　综述

节点是由一个或一组服务子系统、配置文件、监控代理进程、系统运行监控进程组成，提供消息存储、传输、管理和控制服务。

节点的组成结构如图 A.2 所示：

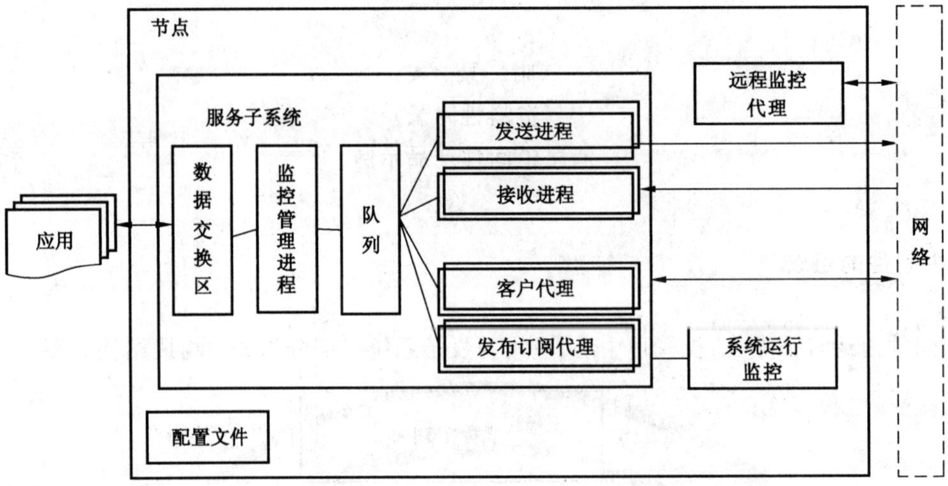

图 A.2　节点的组成

A.2.2　服务子系统

服务子系统负责对一组队列进行管理和监控，消息发送、接收、通道维护等工作都由队列控制单元负责。一个节点可以根据系统的规模建立一个或多个服务子系统，以提高系统的管理灵活度和消息的处理能力。

服务子系统由配置文件、数据交换区、一组核心进程（发送进程、接收进程、监控进程）和一组代理进程（客户代理进程、发布/订阅代理进程）等组成。

数据交换区用来进行应用系统及中间件核心之间的数据交换；监控管理进程负责消息在数据交换区中与队列之间进行传递，并负责监控队列中消息状态，根据情况向队列管理进程发出信号，以便队列管理进程对某些消息进行特殊操作；发送进程负责将消息从队列中取出发送到网络上；接收进程负责从网络上接收消息并放入队列；客户代理进程负责响应远程 API 的操作请求；发布/订阅代理负责提供发布/订阅代理服务；队列是消息的安全存放地，队列存储消息直到它被应用程序处理。

A.2.3　系统运行监控

系统运行监控模块负责对整个系统的运行情况进行监控，并诊断、排除和报告各种错误。主要提供以下功能：

a）监控各核心进程的运行状况，如当某个进程出现故障时，运行监控模块可以第一时间监测到，并进行修复；

b）根据用户的配置对应用程序进行启动和管理，如当有消息到达时，能够及时触发和通知应用进行接收和处理。

A.2.4　远程监控代理

监控代理作为节点与监控管理中心之间的桥梁，负责为监控管理中心收集和提供节点的各类配置信息、监控信息等，同时负责执行监控管理中心上的相关远程控制操作（如配置变更、消息清理），真正实现监控管理中心对节点的实时动态管理。

A.3　监控管理中心

监控管理中心是一套基于 Web 浏览器的、B/S 架构的中间件系统及相关应用的集中监控管理平台。它独立于节点运行环境，可以灵活地安装部署在专门的监控管理设备上。通过监控管理中心，可以实现的主要功能有：

a) 对网络中所有节点的集中配置、监控、管理和维护等，能够大大提高系统的维护管理效率，降低系统维护成本；
b) 实时查看节点的运行状态、队列中消息的传输情况；
c) 可以动态地修改中间件系统配置及相关运行参数，并使其立即生效而无需重新启动系统；
d) 提供对所监控的对象进行启动、停止、删除、清空等管理功能。

A.4 应用开发子系统

A.4.1 综述

提供对多种开发工具和开发环境的支持，提供 C、C＃、C＋＋、Java 方式的接口，并支持 JMS v1.1 标准，方便了应用程序的开发。

中间件的 API 接口分为本地接口和远程接口两种类型，本地接口是用于和节点运行在同一台机器上的应用系统，而远程接口是用于远端没有安装节点的应用系统。

A.4.2 组成接口

提供连接操作、队列控制单元操作、消息操作、组操作和事务控制等应用开发接口。主要接口包括：

a) 连接操作接口。包括建立连接、拆除连接。建立连接是指连接到消息中间件的系统资源；拆除连接是指关闭到消息中间件系统资源的连接。
b) 队列控制单元操作接口。包括打开队列控制单元、关闭队列控制单元。打开队列控制单元是指连接到队列控制单元的资源，并进行应用程序的控制；关闭队列控制单元是指注销应用程序，并关闭到队列控制单元资源的连接。
c) 消息操作接口。包括发送消息、删除消息、接收消息和确认消息。发送消息是指将消息存储进目标队列；删除消息是指从指定队列中删除符合条件的消息；接收消息是指从指定队列取得符合条件的消息，包含消息头及消息体；确认消息是指对接收过的消息进行确认(分提交和回滚两种)，只有在接收消息指定为手工确认方式时有效。
d) 组操作接口。包括组初始化、组提交、组回滚。组初始化是指开始一个组处理，登记组标识；组提交是指对具有当前组标识的消息进行提交，这其中包含缓冲区消息或文件消息；组回滚是指对具有当前组标识的消息进行回滚。
e) 事务控制接口。包括事务初始化、事务提交、事务回滚。事务初始化是指开始一个事务处理，登记事务标识；事务提交是指对当前事务中的所有消息进行提交，这其中包含缓冲区消息或文件消息；事务回滚是指对当前事务中的所有消息进行回滚。

ICS 35.060
L 74

中华人民共和国国家标准

GB/T 28169—2011

嵌入式软件 C语言编码规范

Embedded software—C language coding specification

2011-12-30 发布　　　　2012-06-01 实施

中华人民共和国国家质量监督检验检疫总局
中国国家标准化管理委员会　发布

前　言

本标准按照 GB/T 1.1—2009 给出的规则起草。

请注意本文件的某些内容可能涉及专利。本文件的发布机构不承担识别这些专利的责任。

本标准由全国信息技术标准化技术委员会(SAC/TC 28)提出并归口。

本标准起草单位:中国电子技术标准化研究所、珠海南方软件产品检测中心、炬力集成电路设计有限公司、珠海许继电气有限公司、珠海优特电力科技股份有限公司、东信和平智能卡股份有限公司、深圳市吉阳自动化科技有限公司、上海博泰悦臻电子设备制造有限公司、珠海银邮光电技术发展股份有限公司、上海嵌入式系统应用工程技术研究中心、上海超算并行软件有限责任公司、上海鲁齐信息科技有限公司、大连共创软件有限公司等。

本标准主要起草人:侯建华、潘海洋、杨哲军、张展新、张亚伟、罗庆霞、齐建华、陈勇、张旸旸、阳如坤、于晓菁、代玉宏、吴智凯。

引　言

嵌入式系统是指以应用为中心，以计算机技术为基础，软硬件可剪裁，适应应用系统对功能、可靠性、成本、体积和功耗严格要求的专门计算机系统。嵌入式系统几乎包括了生活中所有的电器设备，还广泛应用于船舶、机床、仪表、工业自动化仪表及航空航天等领域。

尽管C语言是嵌入式软件开发的主要工具，然而C语言并非是专门为嵌入式系统应用而设计的。因此，需要制定针对嵌入式系统软件的编码规范要求。

本标准是在理解标准C语言的基础上，结合嵌入式软件的开发实践以及嵌入式软件开发中常见的不规范编码方式制定的，着重于软件的安全性、可读性，既可作为嵌入式软件开发中的编码要求，也可作为软件交付时验收方的验证要求。

嵌入式软件　C语言编码规范

1　范围

本标准规定了使用C语言在嵌入式软件编程中的规范要求。本标准也给出了在嵌入式系统开发中应该注意的与编码相关的事项。

本标准适用于嵌入式软件生存周期的C语言的设计、编码、测试及其使用。

2　规范性引用文件

下列文件对于本文件的应用是必不可少的。凡是注日期的引用文件，仅注日期的版本适用于本文件。凡是不注日期的引用文件，其最新版本(包括所有的修改单)适用于本文件。

GB/T 15272　程序设计语言　C

3　术语和定义

GB/T 15272界定的以及下列术语和定义适用于本文件。

3.1

副作用　side effect

在表达式执行后对程序运行环境可能会造成影响。赋值语句、自增等操作都是典型的具有副作用的操作。

4　编码规范要求

4.1　总体要求

4.1.1　编程前应阅读硬件电路和芯片资料——熟悉芯片的各种存储器(区)、寄存器地址、中断服务、定时器、通讯接口等功能，必要时应将相关信息加入程序注释中。

4.1.2　编程中应注意程序的存储空间——如指令空间大小、数据空间大小、堆栈空间大小等是否超出系统有关限制。

4.1.3　使用联合体时，应明确该编译器联合体存储的细节——如联合体的末尾有多少个填充单位、联合体的各个成员如何对齐、多字节的数据类型高低字节排放顺序等。

4.1.4　宜注意硬件系统复位和软件复位的方法和区别——在程序中宜使用芯片提供的看门狗功能实现硬件系统复位。

4.1.5　宜注意CPU对各种存储器的访问速度——在程序中宜利用各种硬件设备自身的特点来提高程序效率。

4.1.6　应注意所使用的编译器的目标CPU的位数、支持的C语言标准、调试程序所占用的内存、兼容性等特点。

4.1.7　应注意编译器处理不同数据类型的原则及有关细节——如static类别的局部变量将在内存数据区中生成，而非static类别的局部变量将在堆栈中生成。

4.1.8　应注意程序开发调试环境和实际应用环境的区别。

4.1.9 应用程序宜使用操作系统驱动程序来调用硬件端口。

4.2 内存空间管理类

4.2.1 在使用 malloc 等函数获取内存时，应对分配失败做异常处理。

4.2.2 动态内存的申请与释放应配对，防止内存泄漏。应用场景主要包括：

a) 过程或函数中分配的内存，在过程、函数退出之前要释放；

b) 过程或函数中申请的（为打开文件而使用的）文件句柄，在过程、函数退出之前要关闭。

规范用法示例：

```
int example_fun (BYTE gt_len,BYTE * gt_code)
{
    BYTE * gt_buf;
    gt_buf = (BYTE * ) malloc (MAX_GT_LENGTH);
    ...
    /* global title length error */
    if (gt_len>MAX_GT_LENGTH)
    {
        free (gt_buf);//退出之前释放 gt_buf
        return GT_LENGTH_ERROR;
    }
    ...
}
```

不规范用法示例：

```
int example_fun (BYTE gt_len,BYTE * gt_code)
{
    BYTE * gt_buf;
    gt_buf=(BYTE * ) malloc (MAX_GT_LENGTH);
    ...
    /* global title length error */
    if (gt_len>MAX_GT_LENGTH)
    {
        return GT_LENGTH_ERROR;//退出之前没有释放 gt_buf
    }
    ...
}
```

4.2.3 不应使用已经释放的内存空间。

4.2.4 应防止越界操作数组、指针、内存地址等内存空间。

4.2.5 字符串连接宜使用 strncat 库函数代替 strcat 库函数，字符串拷贝宜使用 strncpy 库函数代替 strcpy 库函数，避免长度不够引起的数组越界。

4.2.6 使用 sprintf 库函数时，应注意字符长度，避免长度不够引起的数组越界。

4.2.7 对于内存受限的系统，宜减少使用动态内存分配，多采用静态分配，在程序编译时就确定所需的空间。

4.2.8 对于内存受限的系统，在分配内存时，应考虑内存碎片的问题。

4.2.9 对于动态分配的内存指针和文件句柄，在定义的时候应初始化为空，访问的时候应判断是否为空，在释放完成后应设为空。

4.3 中断处理类

4.3.1 中断服务程序不应带回返回值。

4.3.2 不应在中断服务程序中使用 printf、malloc 等函数。

4.3.3 对于中断中使用到的非局部变量，在中断处理函数中应对其进行入栈保护。

4.3.4 中断处理程序中的变量，如果会被其他函数执行读操作或者写操作，那么在其他函数读写这个变量前，应先关中断，再读写，之后再开中断。

4.3.5 对于开关中断，应注意成对匹配——对于默认开启的中断，如果在某个函数中进行了关闭，在函数退出时需进行相应的开启；对于默认关闭的中断，如果在某个函数中进行了开启，在函数退出时需进行相应的关闭。

4.3.6 不应在中断服务程序中进行浮点数运算。

4.4 系统接口类

4.4.1 不应更改其他模块或系统的有关设置和配置。

4.4.2 不应改变与其他模块的接口。

4.4.3 应充分了解系统的接口之后，再使用系统提供的功能。

4.5 硬件系统初始化类

4.5.1 系统运行之初，应初始化有关变量及运行环境。

4.5.2 系统运行之初，应对加载到系统中的数据进行一致性检查。

4.5.3 在硬件系统初始化之前，有条件时应检测工作电压是否已经稳定。

4.6 软件模块初始化类

4.6.1 所有变量在使用之前应被初始化。

规范用法示例：

```
unsigned int x = 0;
unsigned int y = 0;
y = x;
```

不规范用法示例：

```
unsigned int x;
unsigned int y;
y=x;
```

4.6.2 不应在局部作用域声明变量时使用 extern。

不规范用法示例：

```
int foo (void)
{
    extern int x = 0;
    return (x);
}
```

4.6.3 数组、结构和联合的初始化列表应使用大括号“{}”,并使用附加的大括号来指示嵌套的结构;程序员应显式地考虑和描述复杂数据类型的所有元素,不应忽略某个元素的初始化。

规范用法示例:

```
int16_t y[3][2] = {{1,2},{3,4},{5,6}};
```

不规范用法示例:

```
int16_t y[3][2] = {1,2,3,4,5,6};
int16_t y[3][2] = {{1,2}};
```

4.6.4 枚举元素的初始化应完整——如果对枚举元素进行初始化,只能通过以下两种形式:

a) 初始化所有元素;

b) 只初始化第一个元素。

规范用法示例:

```
enum E_type{num1 = 1,num2 = 2,num3 = 3};
enum E_type{num1 = 1,num2,num3};
```

不规范用法示例:

```
enum E_type{num1,num2 = 2,num3};
```

4.7 版面书写类

4.7.1 文件注释应采用统一格式。宜使用格式如下:

规范用法示例:

```
/*
 * Copyright (c) 2007,公司名称
 * All rights reserved.
 * 文件名称:filename.c
 * 摘要:简要描述本文件的内容
 * 当前版本:x.x,编写者、修改者、修改时间、修改内容
 * 历史版本:x.x,编写者、修改者、修改时间、修改内容
 */
```

4.7.2 函数注释应采用统一格式。推荐使用格式如下:

规范用法示例:

```
/*
 * 函数介绍:
 * 参数:
 * 返回值:
 * 备注:
 */
```

4.7.3 不应使用嵌套的注释。

4.7.4 应保证注释与代码的一致性,无用的注释应删除。

4.7.5 对单条语句代码的注释应放在其上方或右方相邻位置。

4.7.6 对于有物理含义的变量、常量、数据结构,如果其命名不是充分自注释的,在声明时应加以注释,说明其物理含义。

4.7.7 if、for、do、while、switch 等语句的执行语句部分应使用大括号“{}”括起来。

规范用法示例：

```
if (a == 1)
{
    x = y;
}

while (b!= 0)
{
    putchar (c);
}

for (;;)
{
    timetest (n);
}
```

不规范用法示例：

```
if (a == 1)
    x = y;

while (b!= 0)
    putchar (c);

for (;;)
    timetest (n);
```

4.7.8 注释与其上面的代码应使用空行隔开。

4.7.9 宏定义标识符应使用大写字母。

规范用法示例：

```
#define MAX 100
#define PI   3.141 59
```

不规范用法示例：

```
#define max 100
#define pi   3.141 59
```

4.7.10 函数式宏定义的参数和定义体应使用括号“()”括起来，但是含有#和##操作符的除外。

规范用法示例：

```
#define ADD (a,b)   ((a) + (b))
```

不规范用法示例：

```
#define ADD (a,b)   a + b
```

4.7.11 代码中的一行中只应有一个声明或者一条语句。

不规范用法示例：

```
int i;int j;  /*一行中包含多个声明*/
j=i;i++;  /*一行中包含多条语句*/
```

4.7.12 超过120个字符的长语句，宜分成多行书写。

4.7.13 一个文件中的程序总行不宜超过2 000行。

4.7.14 一个函数中的程序总行不宜超过200行。

4.7.15 宜用括号"()"明确表达式的操作顺序，避免使用默认优先级。

4.7.16 不应使用逗号操作符，但是for语句的第一和第三表达式除外。

4.8 声明定义类

4.8.1 头文件中只应存放对象或函数的声明，不应存放对象或函数的定义。

4.8.2 不应单独使用小写字母"l"或大写字母"O"作为变量名。

注：小写字母"l"很容易与数字"1"混淆，大写字母"O"很容易与数字"0"混淆。

4.8.3 函数参数、结构体和联合体的成员不应只有类型名没有标识符的情况出现。

4.8.4 使用八进制数应加以注释。

注：八进制数以0开始，易与十进制数混淆。

4.8.5 局部变量和参数不应与全局变量重名，应避免结构体名、联合体名、枚举名重名。

4.8.6 不应使用未知大小的数组。当声明一个数组时，其大小应该显式声明或者通过初始化进行隐式定义。

4.8.7 不应重新定义使用C的关键字。

4.8.8 非void类型函数每个出口都应有一个含有返回值的return语句，并且返回值与函数返回类型应一致。

规范用法示例：

```
int func (void)
{
    int x = 1;
    ...
    return (x);
}
```

不规范用法示例：

```
int func (void)
{
    ...
    return;
}
```

4.8.9 不应在函数参数中使用static存储类别。

不规范用法示例：

```
int func (static int x);
```

4.8.10 调用函数式宏定义时，其参数个数与宏定义时的应一致。

规范用法示例：

```
#define ABC (x)  ((x) + 3)
a = ABC (b);
#define MAX (a,b)  ((a)>(b)? (a):(b))
long maxnum = MAX (num1,num2);
```

不规范用法示例：

```
#define ABC (x)  ((x) + 3)
a = ABC;

#define MAX (a,b)  ((a)>(b)? (a):(b))
long maxnum = MAX (num);
```

4.8.11 字符型变量应明确定义是有符号的还是无符号的。

4.8.12 在同一嵌入式软件产品内，应规划好接口部分标识符（变量、结构、函数及常量）的命名，防止编译、链接时产生冲突——例如，可规定接口部分的变量与常量之前加上模块名称标识等。

4.8.13 在文件范围内声明和定义的所有对象或函数均应具有内部链接，除非是在需要外部链接的情况下。

4.8.14 用 typedef 自定义的类型不应被重新定义。

注：改变用户自定义的类型会引起混淆甚至能导致错误。

4.8.15 匹配的预处理语句“#if”、“#else”、“#elseif”和“#endif”不应被分散在不同的文件之中。

4.8.16 “#if”表达式中使用的宏应该已经被定义，并且“#if”表达式只能包含整型常量。

不规范用法示例：

```
#define BIGINT 32767
#define BIGREAL 1e38
#if (BIGREAL>BIGINT)  /* BIGREAL 是浮点型常数 */
...
#endif
```

4.8.17 应避免一个头文件的内容被包含两次。

4.8.18 宏如果需要被重定义，应该先用“#undef”解除前面的定义。

4.8.19 除了编译开关和头文件等特殊应用外，不应使用“_EXAMPLE_TEST_”之类以下划线字符“_”开始和结尾的定义。

4.8.20 标识符命名中不应包含两个连续的下划线字符“_”。

4.8.21 不应使用 static 存储类别定义标记。

不规范用法示例：

```
static struct ST1{int a;int b};
```

4.8.22 不应把地址操作符“&”用于一个声明为“register”的对象。

不规范用法示例：

```
static void foo (void)
{
    register int a;
    int * pa;
    pa = &a;   /* "&"不应用于一个声明为"register"类型的对象 */
}
register int array [10];
int * ptr = &array [0];   /* "&"不应用于一个声明为"register"类型的对象 */
```

4.8.23　struct 或 union 的定义体中至少应有一个成员。

4.8.24　不应对 struct 或 union 成员使用存储类指示符。

不规范用法示例：

```
struct record
{
    extern int field;
};
```

4.8.25　struct 或 union 类型的成员不应是 void 类型、函数类型、未知大小的数组和含有未知内容的 struct 或 union。

4.8.26　宜使用"typedef"在头文件中对基本类型定义。

规范用法示例：

```
typedef char             char_t;
typedef signed char      int8_t;
typedef signed short     int16_t;
typedef signed int       int32_t;
typedef signed long      int64_t;
typedef unsigned char    uint8_t;
typedef unsigned short   uint16_t;
typedef unsigned int     uint32_t;
typedef unsigned long    uint64_t;
typedef float            float32_t;
typedef double           float64_t;
typedef long double      float128_t;
```

4.8.27　对运行使用过程中值不改变的变量，宜使用"const"限定词声明为常量。

4.8.28　宜优先考虑使用函数而非函数式宏定义，在宏参数中不宜包含自增、自减或赋值等带有副作用的操作符，宏参数中也不宜包含函数调用。

4.8.29　函数中不应使用过多的参数，建议不超过 20 个。

4.8.30　不应定义参数为空的函数。

注：参数为空，代表函数调用时，参数个数为不确定。

规范用法示例：

```
void fun (void);   /* 参数个数为 0 */
```

不规范用法示例：

```
void fun ();   /* 参数个数不确定 */
```

4.8.31 不应在一个函数块中单独使用“＃define”或“＃undef”。

4.8.32 位域应明确定义为有符号的还是无符号的。

4.8.33 位域是有符号时，位域的值应大于1。

4.9 控制语句类

4.9.1 在条件判别成立时，相应分支不应无执行语句。

4.9.2 在if…else语句中应使用else分支。

4.9.3 在switch语句中应有default语句。

4.9.4 不应使用空switch语句。

4.9.5 在switch语句中不应只包含default语句。

4.9.6 所有非空的switch case子句都应以break语句结束。

4.9.7 switch控制表达式不应是一个常量或逻辑表达式。

注：逻辑表达式只有真、假两种情况，当需要对逻辑表达式判别时，应使用if…else语句而不是switch语句。

4.9.8 每一个switch语句都应至少有一个case子句，在switch的case或default之前不应存在声明和语句。

4.9.9 case表达式的类型应与switch控制表达式的类型一致。

4.9.10 switch的子句中，应避免case或者default语句位于一个嵌套的代码块中。

不规范用法示例：

```
int foo (int i,int p)
{
    int ret = p;

    switch (i)
    {
    case 0:
        if (ret>2)
        {
            ret ++ ;
        break;
    case 1:
        ret = 2;
        break;
    case 2:
        ret = 3;
        break;
        }
    default:
        ret = 4;
        break;
    }
}
```

4.9.11 case表达式的大小不应超过switch控制表达式的大小。

4.9.12 循环控制变量不应使用浮点类型变量。

不规范用法示例：

```
...
for (ft = 0.0F;ft<10.0F;ft = ft + 2.0F)
    ++ loop;
...
```

4.9.13 循环控制变量应使用局部变量。

注：循环变量应在最小的范围内定义，以免变量被外部修改导致循环不可控制，即循环变量的作用域应最小。

4.9.14 for 循环控制语句中的 3 个表达式只应和循环控制相关。第一个表达式只能为循环变量赋初值，第二个表达式只能进行循环条件的判断，第三个表达式只能进行循环变量增(减)值。

规范用法示例：

```
for (i = 0;i<10;i ++ )
{
    ...
}
```

不规范用法示例：

```
for (i == 0;i<10;i ++ )   /＊第一个表达式不是赋值表达式＊/
{
    ...
}
```

4.9.15 for 循环中，循环变量只应在 for 循环控制语句的第三个表达式中修改，不应在循环体中修改。

4.9.16 不应直接从函数中跳出，以免破坏程序的结构。

不规范用法示例：

```
#include<setjmp.h>

void foo (jmp_buf mark,unsigned int val)
{
    ...
    longjmp (mark,val);
}
```

4.9.17 不宜使用 goto 语句及标号。

4.9.18 不宜在循环中使用 continue 和 break 语句。

4.9.19 for 循环不应只执行一次。

4.9.20 控制结构的嵌套层数应限制在一定范围内。

4.10 类型转换类

4.10.1 应减少不必要的数据类型默认转换与强制转换；表达式如果是函数的参数或函数的返回表达式，不能出现默认数据类型转换；常数被默认转换为无符号数时，应充分考虑到无符号变量的所占字节空间。

4.10.2 应禁止 signed 类型与 unsigned 类型之间的隐式转化。

注：从有符号类型转换为无符号类型会导致符号的丢失；无符号数转换为有符号数时，可能得到一个负值。

4.10.3 应禁止 int 类型与 float 类型的隐式转化。

注：浮点类型与整型之间的相互转换会导致精度的损失。

不规范用法示例：

```
double d64_a;
float f32_a;
signed int i16_a;
...
d64_a = i16_a;     /* 整型数转换为浮点数 */
i16_a = f32_a;     /* 浮点数转换为整型数 */
...
```

4.10.4 不应对指针变量使用强制类型转换赋值。

不规范用法示例：

```
void foo (void)
{
    unsigned short s = 0;
    unsigned int * p1_ptr;
    p1_prt = (unsigned int * ) s;
    ...
}
```

4.11 指针、数组使用类

4.11.1 不应把自动类型的局部变量的地址赋值给外部指针。

不规范用法示例：

```
extern int * pi;

void f (void)
{
    int a;
    pi = &a;
}
```

4.11.2 指针的指针不应超过两级。

4.11.3 指向不同数据类型的指针之间不应相互转换。

注：不同的数据类型分配的字节空间可能不同，将指向多字节空间的指针转换为指向少字节空间的指针不会有问题，反之有可能出现错误。

4.11.4 指针转换过程中不应丢失指针的 const、volatile 属性。

规范用法示例：

```
int x;
int * pi;                /* 指向整型的指针 */
int * const pci1 = &x;   /* const 指针 */
const int * pci2;        /* 指向 const 整型的指针 */
volatile int * pci3;     /* 指向 volatile 整型的指针 */
...
pi = pci1;               /* 符合本条要求 */
pi = (int * ) pci2;      /* 不符合本条要求 */
pi = (int * ) pci3;      /* 不符合本条要求 */
```

4.11.5 只有指向数组的指针才允许进行算术运算。

注：此处的算术运算仅限于指针加减某个整数，比如 ppoint＝point－5，ppoint＋＋等。

规范用法示例：

```
int *px;
int a[10];
px = a;
px = px + 2;
++px;
```

不规范用法示例：

```
int *px;
int i;
px = &i;
px = px + 2;
++px;
```

4.11.6 只有指向同一数组的两个指针才允许相减。

注：此处两个指针可以指向同一数组的不同成员。

不规范用法示例：

```
int a[10];
int b[10];
int x, *p1, *p2;
p1 = a;
p2 = b;
x = p1 - p2;
```

4.11.7 只有指向同一数组的两个指针才允许用＞、＞＝、＜和＜＝等关系运算符进行比较。

注：此处两个指针可以指向同一数组的不同成员。

规范用法示例：

```
char a[10];
char *p1, *p2;
int x;
p1 = a;
p2 = a + 2;
x = p1<p2;
```

不规范用法示例：

```
char a[10];
char b[10];
int x;
x = a<b;
```

4.11.8 指针的索引值不应为负数。

不规范用法示例：

```
void foo (int *p,int n)
{
    int r;
    if (n< -5)
    {
        r=p[n];        /*指针的索引值为负数*/
        ...
        r=*(p+n);      /*指针的索引值为负数*/
    }
}
```

4.11.9 不应对指针值可能为 NULL 的指针进行算术运算。

不规范用法示例：

```
extern int buf[10];
void foo (int n)
{
    int *p=NULL;
    for (i=1;i<=n; ++i)
    {
        ...
        p=&buf[i];
        ...
    }
    ++p;          /*对指针值可能为NULL的指针进行算术运算*/
}
```

4.11.10 对于传递到函数的指针参数，应判断是否为空。

4.11.11 调用返回类型为指针的函数后，应判断返回值是否为空。

4.11.12 除常量字符串外，其他字符数组应指定长度。

4.11.13 不应把局部变量的地址在本对象消亡后传给另外一个对象。分为如下三种情况：

a) 将动态分配的局部变量的地址赋值给一个带链接的或更宽范围的指针是危险的，一旦局部变量的内存空间被释放，这个指针会成为无效的指针（见不规范用法示例中函数 foo1）；

b) 函数参数不应返回动态数据的地址（见不规范用法示例中函数 foo2）；

c) 函数参数不应返回本地静态数据的地址（见不规范用法示例中函数 foo3）。

不规范用法示例：

```
extern int *pi;

void foo1 (void)
{
    int a;
    pi=&a;
}
```

```
void foo2 (int * appi)
{
    int bi = 1;
    ...
    * appi = &bi;
    return;
}

void foo3 (int * appi)
{
    static int bi = 1;
    ...
    * appi = &bi;
    return;
}
```

4.11.14 一个未知大小的对象的指针不应成为加法或者减法操作的左操作数。

不规范用法示例：

```
typedef struct TAG  T;

static int foo (int n,void * pv)
{
    T * v1 = 0;

    v1 = v1 + n;     /* 不符合本条要求 */
    pv = pv + n;     /* 不符合本条要求 */
    v1 = v1 - n;     /* 不符合本条要求 */
    pv = pv - n;     /* 不符合本条要求 */
}
```

4.11.15 数组的索引值不应越界。

4.11.16 多线程应用中被几个任务共享的变量宜使用“volatile”。

4.12 运算处理类

4.12.1 不应对有符号数进行位运算。

4.12.2 不应将无格式的字符型变量和无符号变量与负数常量和零比较。

注： 无格式的字符型指既没有定义为 unsigned 也没有定义为 signed 的 char 类型。不同的编译器对其处理是不一样的，有的定义其可正可负，有的定义其只能为正。

不规范用法示例：

```
void f (char c1)
{
    if (c1< - 3)     /* 和负数常量比较 */
    {
        c1 ++ ;
    }
    if (c1<0)     /* 和零比较 */
    {
        c1 ++ ;
    }
}
```

4.12.3 对变量进行移位操作应保证不会产生溢出和数据截短。

4.12.4 不应在布尔表达式中使用赋值运算符。

4.12.5 不应对布尔表达式进行算术或者位运算。

4.12.6 表达式的值在任何求值顺序下应保持一致。

注：防止同一个表达式在不同的编译器中得到的结果不一样。

规范用法示例：

```
x = b [i] + i;
i ++ ;
x = 2;
y = 3;
x = y * x;
x ++ ;
```

不规范用法示例：

```
x = b [i] + i ++ ;     /* 不同的编译器给出的结果不一样，b [i]不一定先执行 */
x = 2;
y = 3;
x = y * x ++ ;     /* 求值顺序无法确定 */
```

4.12.7 应避免除数可能为 0 的情况出现。

4.12.8 不应对赋值运算符的左操作数进行转换操作，并且赋值运算符的左操作数应该是一个可更改的对象。

不规范用法示例：

```
int c = 0;
float ff = 20.0F;
float gg = 5.0F;
const float f1 = 0.0F;
f1 = 0.1F;               /* 不符合本条要求 */
(char) c = ff * gg;          /* 不符合本条要求 */
```

4.12.9 sizeof 操作符不应使用在有副作用的表达式上。

规范用法示例：

```
int i;
int j;
j = sizeof (i);
i = 1234;
```

不规范用法示例：

```
int i;
int j;
j = sizeof (i = 1234);        /* "i = 1234"没有执行 */
```

4.12.10 逻辑运算符“&&”或者“||”右边不应包含有副作用的表达式。

注：如果“&&”的左边已经为0或者“||”的左边已经为1，则右边不会执行。

不规范用法示例：

```
if (ishight) && (x == i ++))     /* 如果 ishight = 0,那么 i ++ 不会执行 */
```

4.12.11 逻辑运算符(&&、||和!)的操作数宜为一个有效的布尔值，布尔值表达式不宜进行逻辑运算以外的操作。

4.12.12 不应对无符号的表达式进行一元减运算。

4.12.13 不应在同一个表达式中混合使用“++”和“--”运算符。

4.12.14 不应对浮点类型变量使用“==”和“!=”作比较。

4.13 函数使用类

4.13.1 函数调用时，实参的个数和类型应与函数声明一致。

4.13.2 函数原型中的指针参数如果不是用于修改就应声明为指向 const 的指针。

规范用法示例：

```
void myfunc (int16_t *param1,const int16_t *param2,const int16_t *param3)
/* param1:指针指向的对象被修改了—不需要 const 限定
   param2:指针指向的对象没有被修改—需要 const 限定
   param3:指针指向的对象没有被修改—需要 const 限定 */
{
   *param1 = *param2 + *param3;
   return;
}
```

4.13.3 不应把 auto 类型的局部变量地址作为函数的返回值或者通过指针参数返回。

注：return 语句不可返回指向“栈内存”的“指针”或者“引用”。auto 类型的局部变量在退出函数后会被自动销毁，内存变为没有意义。

不规范用法示例：

```
void foo (int * * appi)
{
    int bi = 1;
    ...
    * appi = &bi;        /* 不符合本条要求 */
    ...
    return;
}

int8_t * foobar (void)
{
    int8_t local_auto;
    return (&local_auto);        /* 不符合本条要求 */
}
```

4.13.4 在函数的调用中，函数标识符之后应该有“()”。

注：在函数的调用中，如果函数名后面不加“()”，表示函数的指针，而不是函数的调用。

4.13.5 不应在函数中使用 static 类别的局部变量。

注：尽量避免函数带有“记忆”功能，相同的输入应当产生相同的输出。带有“记忆”功能的函数，其行为可能是不可预测的，因为它的行为可能取决于某种“记忆状态”。这样的函数既不易理解又不利于测试和维护。

4.13.6 应避免函数参数在调用中未被使用。

4.13.7 宜谨慎使用 abort，exit 等函数。

注：这些函数会导致程序终止执行，有可能导致嵌入式系统无法正常运行。

4.13.8 不宜使用函数的递归调用。

注：递归调用特别是函数间的递归调用（如 A→B→C→A），影响程序的可理解性；递归调用一般都占用较多的系统资源（如堆栈空间）；递归调用对程序的测试有一定影响。故除非为某些算法或功能的实现方便，应减少没必要的递归调用。

4.14 冗余类

4.14.1 不应存在执行不到的代码。

4.14.2 表达式语句上层不应包括多余的操作符和转换。

不规范用法示例：

```
a = = b++ ;        /* 该表达式包含的操作符“ == ”没有被用到 */
(int) (a += 1);
```

4.15 程序效率类

4.15.1 应保证循环体内工作量最小化。

规范用法示例：

```
/* 语句“back_sum = sum”应放在 for 语句之后 */
for (ind = 0; ind < MAX_ADD_NUMBER; ind ++ )
{
    sum += ind;
}
back_sum = sum;      /* backup  sum */
```

不规范用法示例：

```
/*如下代码效率不高*/
for (ind = 0;ind<MAX_ADD_NUMBER;ind ++ )
{
    sum += ind;
    back_sum = sum;/*backup  sum*/
}
```

4.15.2 在多重循环中，应将循环次数多的循环放在内层。

规范用法示例：

```
for (col = 0;col<5;col ++ )
{
    for (row = 0;row<100;row ++ )
    {
        sum += a [row] [col];
    }
}
```

不规范用法示例：

```
for (row = 0;row<100;row ++ )
{
    for (col = 0;col<5;col ++ )
    {
        sum += a [row] [col];
    }
}
```

4.15.3 循环体内不宜包含判断语句。

注：目的是减少判断次数。循环体中的判断语句是否可以移到循环体外，要视程序的具体情况而定。在一般情况下，与循环变量无关的判断语句可以移到循环体外。

4.15.4 应注意 switch-case 语句的使用。

注：为了提高程序效率，应把 switch-case 语句中的每一种具体情况按照它们发生的相对频率排序。即把最可能发生的情况放在最前，最不可能发生的情况放在最后。

4.15.5 应避免使用标准库函数。

注：很多大的库例程设法处理所有可能的情况，占用了庞大的内存空间，因此嵌入式系统编程应尽可能地减少使用标准库函数。

5 符合性

当需要验证编译器和静态分析工具与本标准的符合性时，可参照附录 A 进行。

附　录　A
（资料性附录）
符合性矩阵

验证编译器和静态分析工具对本标准的符合性，可使用下面的符合性矩阵：

要求条目	是否符合要求	编译器 1	编译器 2	静态分析工具 1	静态分析工具 2
4.1.1	Yes	Warning 121		Warning 100	Error 23
4.1.2	Yes		Warning 86	Warning 152	
4.1.3	No	Warning 94			Warning 57
……	……	……	……	……	……
合计（符合本标准的条数）					

参 考 文 献

[1] GJB 5369—2005 航天型号软件C语言安全子集
[2] MISRA-C:2004 Guidelines for the use of the C language in critical system
[3] ISO/IEC 9899:1990 Programming language—C

ICS 35.140
L 81

中华人民共和国国家标准

GB/T 28170.1—2011/ISO/IEC 19775-1:2004

信息技术　计算机图形和图像处理　可扩展三维组件(X3D)　第1部分:体系结构和基础组件

Information technology—Computer graphics and image processing—Extensible 3D (X3D)—Part 1:Architecture and base component

(ISO/IEC 19775-1:2004,IDT)

2011-12-30 发布　　2012-06-01 实施

中华人民共和国国家质量监督检验检疫总局
中国国家标准化管理委员会　发布

前　言

GB/T 28170《信息技术　计算机图形和图像处理　可扩展三维组件(X3D)》分为两个部分：

——第1部分：体系结构和基础组件；

——第2部分：场景访问接口(SAI)。

本部分为GB/T 28170的第1部分。

本部分按照GB/T 1.1—2009给出的规则起草。

本部分使用翻译法等同采用国际标准ISO/IEC 19775-1:2004《信息技术　计算机图形和图像处理　可扩展三维图形(X3D)　第1部分：体系结构和基础组件》。

本部分还做了下列编辑性修改：

——“ISO/IEC 19775的本部分”改为“本部分”；

——删除国际标准前言；

——对ISO/IEC 19775中引用的其他国际标准，已被采用为我国标准的，用我国标准代替对应的国际标准。其余未采用为我国标准的国际标准，在本部分中均被直接引用；

——根据GB/T 1.1—2009的编写格式，分别按照本部分中表和图的顺序，修改了表和图的编号。

与本部分中规范性引用的国际文件有一致性对应关系的我国文件如下：

——GB/T 2659—2000　世界各国和地区名称代码(ISO 3166-1:1997,EQV)

——GB/T 4880.1—2005　语种名称代码　第1部分：2字母代码(ISO 639-1:2002,MOD)

——GB/T 4880.2—2000　语种名称代码　第2部分：3字母代码(ISO 639-2:1998,EQV)

——GB 13001.1—2010　信息技术　通用多八位编码字符集(UCS)(ISO/IEC 10646-1:2003,IDT)

——GB/T 15121.1—1994　信息处理系统　计算机图形　存储和传送图片描述信息的元文卷　第1部分：功能描述(ISO 8632-1:1987,IDT)

——GB/T 15121.3—1994　信息处理系统　计算机图形　存储和传送图片描述信息的元文卷　第3部分：二进制编码(ISO/IEC 8632-3:1992,IDT)

——GB/T 15121.4—1994　信息处理系统　计算机图形　存储和传送图片描述信息的元文卷　第4部分：清晰正文编码(ISO/IEC 8632-4:1992,IDT)

——GB/T 15272—1994　程序设计语言C(ISO/IEC 9899:1990,IDT)

——GB/T 18232—2000　信息技术　计算机图形和图像处理　图形项的等级规程(ISO/IEC 9973:1994,EQV)

请注意本文件的某些内容可能涉及专利。本文件的发布机构不承担识别这些专利的责任。

本部分由全国信息技术标准化技术委员会(SAC/TC 28)提出并归口。

本部分起草单位：中国电子技术标准化研究院、北京声讯电子有限公司、山东大学、北京中科辅龙计算机技术有限公司、西安电子科技大学、北京数码大方科技有限公司。

本部分主要起草人：刘棠丽、李婧欣、徐冬梅、杨宏、尹志飞、杨承磊、李士才、詹海生、刘爱军。

引　言

0.1　概述

可扩展三维(X3D)是一个软件标准,用于定义集成了多媒体的基于Web和广播的3D内容。X3D可用于各种硬件设备和多种应用领域,如工程和科学可视化、多媒体呈现、娱乐和教育、网页和共享虚拟世界。X3D也试图成为集成3D图形和多媒体的统一交换格式。X3D是虚拟现实建模语言(VRML)的继承者,VRML是最初的基于Web的3D图形(ISO/IEC 14772)。X3D是对VRML的改进,具有新的特性、高级应用程序接口、新增的数据编码格式、更为严格的符合性和允许以模块方式支持标准的组件化的体系结构。

本引言是背景介绍,包括X3D开发背后的设计目标、X3D特征综述和对X3D规范过程的描述。

0.2　设计目标

X3D是为满足特定的市场和技术需求而制定的,为满足这些需求,X3D采用了如下设计目标:

- 将运行时体系结构从数据编码中分离;
- 支持多种编码格式,包括可扩展置标语言(XML);
- 增加了新的图形、行为和交互对象;
- 将多个可选的应用程序接口(API)提供到3D场景中;
- 定义了满足不同市场需求的规范子集("配置文件");
- 允许在不同服务级别上实施规范;
- 尽可能消除未规定或者隐性规定的行为。

0.3　X3D特征

X3D具有一套丰富的特征,用来支持如工程和科学可视化、多媒体呈现、娱乐和教育节目、网页和共享虚拟世界。X3D特征集包括:

- 3D图形:多面几何、参数几何、层级变换、光照、材质和多步或多阶段纹理映射;
- 2D图形:在三维变换层级中显示的文本、二位矢量和平面形状;
- 动画:驱动连续动画的计时器和插值器;人体动画和形变;
- 空间音频和视频:映射到场景中几何体上的视听源;
- 用户交互:基于鼠标的点击和拖曳;键盘输入;
- 导航:相机;用户在3D场景中的移动;碰撞检测、邻近性检测和可见性检测;
- 用户定义的对象:通过创建用户自定义的数据类型扩展浏览器的内置功能;
- 脚本:通过程序语言和脚本语言动态更改场景;
- 联网:利用网络上的资源组装一个X3D场景;将对象超链接到万维网中的其他场景或者资源上;
- 物理仿真:人体动画;地理空间数据集;与分布式交互模拟协议(DIS)的集成。

有关X3D特征的完整列表,见本部分第7章到第29章对组件的描述。

信息技术　计算机图形和图像处理
可扩展三维组件(X3D)
第1部分:体系结构和基础组件

1　范围

GB/T 28170定义了一个集成具有网络能力的3D图形和多媒体的软件系统。概念上，每个X3D应用是一个时基三维空间，它由可通过多种机制动态修改的图形和听觉对象构成。本部分定义了X3D的体系结构和基础组件。

X3D的语义描述了一种时基的、三维交互的、多媒体信息的抽象功能行为。本部分不定义物理设备或者任何其他的与实现相关的概念(如屏幕分辨率和输入设备)。本部分旨在可用于尽可能广泛的设备和应用，在功能的解释和实现方面尽可能提供广泛性。例如，本部分并不假设鼠标或者二维显示设备一定存在。

X3D适用于：

a)　为所有被定义的对象以及应用包含的所有对象，隐含地建立一个世界坐标空间；

b)　显式地定义并组合三维对象和多媒体对象；

c)　可指定与其他文件或应用的超链接；

d)　可定义程序驱动或数据驱动的对象行为；

e)　可通过编程语言或脚本语言连接到外部模块或应用；

f)　通过定义配置文件来显示地声明功能要求；

g)　可通过定义组件来声明附加的功能要求。

2　规范性引用文件

下列文件对于本文件的应用是必不可少的。凡是注日期的引用文件，仅注日期的版本适用于本文件。凡是不注日期的引用文件，其最新版本(包括所有的修改单)适用于本文件。

GB/T 17191.1—1997　信息技术　具有1.5 Mbit/s数据传输率的数字存储媒体运动图像及其伴音的编码　第1部分:系统(idt ISO/IEC 11172-1:1993)

GB/T 17555—1998　信息技术　计算机图形与图像处理　图形标准实现的一致性测试(idt ISO/IEC 10641:1993)

ISO 639-1:2002　语种名称代码　第1部分:2字母代码(Codes for the representation of names of languages—Part 1:Alpha-2 code)

ISO 639-2:1998　语种名称代码　第2部分:3字母代码(Codes for the representation of names of languages—Part 2:Alpha-3 code)

ISO 3166-1:1997　国家及其细分名称表示码　第1部分:国家代码(Codes for the representation of names of countries and their subdivisions—Part 1:Country codes)

ISO 3166-2:1998　国家及其细分名称表示码　第2部分:国家细分码(Codes for the representation of names of countries and their subdivisions—Part 2:Country subdivision code)

ISO 3166-3:1999　国家及其细分名称表示码　第3部分　构造之前使用的名称码(Codes for the representation of names of countries and their subdivisions—Part 3:Code for formerly used names of constructs)

ISO/IEC 8632-1:1999 信息技术 计算机图形 存储和传送图形描述信息的元文卷 第1部分：功能规范(Information technology—Computer graphics—Metafile for the storage and transfer of picture description information—Part 1:Functional specification)

ISO/IEC 8632-3:1999 信息技术 计算机图形 存储和传送图形描述信息的元文卷 第3部分：二进制编码(Information technology—Computer graphics—Metafile for the storage and transfer of picture description information—Part 3:Binary encoding)

ISO/IEC 8632-4:1999 信息技术 计算机图形 存储和传送图形描述信息的元文卷 第4部分：清晰文本编码(Information technology—Computer graphics—Metafile for the storage and transfer of picture description information—Part 4:Clear text encoding)

ISO/IEC 9899:1999 程序设计语言 C(Programming languages—C)

ISO/IEC 9973:1994 信息技术 计算机图形、图像处理和环境数据表示 图形项的登记规程(Information technology—Computer graphics and image processing—Procedures for registration of graphical items)

ISO/IEC 10646 信息技术 通用多八位编码字符集(UCS)(Information technology—Universal Multiple-Octet Coded Character Set(UCS))

ISO/IEC 14496-1:2001 信息技术 音视频对象编码 第1部分:系统(Information technology—Coding of audio-visual objects—Part 1:Systems)

ISO/IEC 14772-1:1997 信息技术 计算机图形与图像处理 虚拟现实建模语言 第1部分:功能规范和UTF-8编码(Information technology—Computer graphics and image processing—The Virtual Reality Modeling Language(VRML)—Part 1:Functional specification and UTF-8 encoding)

ISO/IEC 15948:2003 信息技术 计算机图形与图像处理 可移植网络图形(PNG):功能规范(Information technology—Computer graphics and image processing—Portable Network Graphics (PNG):Functional specification)

ISO/IEC 16262:2002 信息技术 ECMAScript语言规范(Information technology—ECMAScript language specification)

ISO/IEC 18026 信息技术 空间参考模型(SRM)(Information technology—Spatial Reference Model(SRM))

ISO/IEC FCD 19774 信息技术 计算机图形与图像处理 人性动画(H-Anim)(Information technology—Computer graphics and image processing—Humanoid Animation(H-Anim))

ISO/IEC 19775-2 信息技术 计算机图形与图像处理 扩充3D(X3D) 第2部分:景物访问接口(SAI)(Information technology—Computer graphics and image processing—Extensible 3D(X3D)—Part 2:Scene Access Interface(SAI))

ISO/IEC FCD 19776(所有部分)信息技术 计算机图形与图像处理 扩充3D(X3D)编码(Information technology—Computer graphics and image processing—Extensible 3D(X3D)encodings)

ISO/IEC FCD 19777(所有部分) 信息技术 计算机图形与图像处理 扩充3D(X3D)语言绑定(Information technology—Computer graphics and image processing—Extensible 3D(X3D)language bindings)

ISO/IEC 10918-1:1994 信息技术 连续色调静态图像的数字压缩和编码:要求和指南(Information technology—Digital compression and coding of continuous-tone still images:Requirements and guidelines)

IEEE Standard 1278.1-1995 分布交互仿真标准 应用协议1995(Standard for Distributed Interactive Simulation—Application Protocols,1995)

IEEE Standard 1278.1a-1998 分布交互仿真补充标准 应用协议1998(Supplement to Standard for Distributed Interactive Simulation—Application Protocols,1998)

IEEE Standard 1278.2-1995 分布交互仿真补充标准 通信服务和配置文件 1998(Supplement to Standard for Distributed Interactive Simulation—Communication Services and Profiles,1998)

IEEE Standard 1278.3-1996 分布交互仿真推荐练习 练习管理和反馈 1996(Practice for Distributed Interactive Simulation—Exercise Management and Feedback,1996)

IEEE Standard 1278.4-1997 分布交互仿真试验使用推荐练习 验证和认可 1997(Trial-Use Recommended Practice for Distributed Interactive Simulation—Verification, Validation,and Accreditation,1997)

Java 语言规范(The Java Language Specification) James Gosling, Bill Joy, Guy Steele, Addison Wesley, Reading Massachusetts, 1996, ISBN 0-201-63451-1 http://java. sun. com/docs/books/jls/index. html

Java 虚拟机规范(The Java Virtual Machine Specification) Tim Lindhold, Frank Yellin, Addison Wesley, Reading Massachusetts, 1996, ISBN 0-201-63452-X http://java. sun. com/docs/books/vmspec/index. html

JPEG 文件交换格式(JPEG File Interchange Format) JFIF, Version 1.02,1992 http://www. w3. org/Graphics/JPEG/jfif. txt

完全 MIDI 1.0 详细规范(Complete MIDI 1.0 Detailed Specification),MIDI 制造商联盟 http://www. midi. org

ISO 图型项登记(ISO International Register of Graphical Items)登记授权 国家的肖像和映射代理 c/o 联合互操作测试命令 http://jitc. fhu. disa. mil/nitf/graph_reg/graph_reg. htm

IETF RFC 1738 统一资源定位符 互联网标准追踪协议(Uniform Resource Locator, Internet standards track protocol)

IETF RFC 1766 语言鉴别标签 互联网标准追踪协议(Tags for the Identification of Languages, Internet standards track protocol)

IETF RFC 1808 相对统一资源定位符 互联网标准追踪协议(Relative Uniform Resource Locator, Internet standards track protocol)

IETF RFC 1889 RTP:实时应用传输协议(RTP:A Transport Protocol for Real-Time Applications)

IETF RFC 2077 多用途互联网邮件扩充的初始模型内容类型 IETF 互联网标准追踪协议(The Model Primary Content Type for Multipurpose Internet Mail Extensions, IETF Internet standards track protocol)

IETF RFC 2141 统一资源名称 互联网标准追踪协议(Universal Resource Name, Internet standards track protocol)

IETF RFC 2397 “数据”URL 方案 互联网标准追踪协议(The “data” URL scheme, Internet standards track protocol)

IETF RFC 3066 语言识别标记(Tags for the Identification of Languages)

IETF RFC 3541 统一资源名(URN)Web3D 联盟(Web3D)名称空间(A Uniform Resource Name (URN) Namespace for the Web3D Consortium(Web3D))

3 术语和定义、缩略语

下列术语和定义适用于本文件。

3.1 术语和定义

3.1.1

激活 activate

导致感知器节点产生“isActive”事件。

3.1.2

祖(先)节点 ancestor

变换层级中某一节点的前辈节点。

3.1.3

作者 author

创建 X3D 文件的人或代理。

3.1.4

创作工具 authoring tool

同生成器(见 3.1.29)。

3.1.5

化身 avatar

X3D 世界中用户的抽象表示。

3.1.6

方位轴线 bearing

沿着指示器方向穿过指示器位置的直线。

3.1.7

可绑定的节点 bindable node

在一个场景图中可以有许多实例的节点,但在任意时刻只有一个实例是活动的。

3.1.8

浏览器 browser

解释 X3D 文件、向显示设备上的用户提供其内容,并允许用户借助用户接口与 X3D 文件中定义的世界交互的计算机程序。

3.1.9

浏览器扩展 browser extension

使用原型机制定义的、仅被特定浏览器支持的节点。

3.1.10

内置节点 built-in node

显式定义的类型节点。

3.1.11

回调 callback

用脚本语言定义的、可接收事件的函数。

3.1.12

子 child

子节点的实例。

3.1.13

子节点 children node

节点类型之一,它的多个实例可以集合成一组,以共享与组节点类型相关的特性。

3.1.14

客户端系统　client system

连接到某个网络的计算机系统，主要处理功能依赖于另一台计算机(服务器)。

3.1.15

碰撞代理　collision proxy

在碰撞检测期间用作代替某个碰撞节点的所有子节点的节点。

3.1.16

颜色模型　colour model

依据显式的参数表征的颜色空间。

3.1.17

剔除　culling

为了产生世界的期望视图，标识不需要由浏览器进一步处理的对象或部分对象的过程。

3.1.18

后代节点　descendant

在变换层级中从另一个节点继承下来的节点(子节点)。

3.1.19

显示设备　display device

可渲染 X3D 世界的图形设备。

3.1.20

拖曳感知器　drag sensor

对与感知器关联的指示器的移动进行响应而产生事件的指点设备感知器。

3.1.21

环境感知器　environmental sensor

根据视点在 X3D 世界中的位置或者世界中对象之间的关系产生事件的感知器节点。

3.1.22

事件　event

按路由定义从一个节点发送到另一个节点的消息。

3.1.23

事件级联　event cascade

由脚本或感知器事件初始化，沿着一个或多个路由从一个节点到另一个节点传播的事件序列，所有事件视为同时发生。

3.1.24

执行模型　execution model

规定浏览器和脚本如何处理事件的规则。

3.1.25

外部原型　external prototype

在外部文件中定义并由统一资源定位器(URL)引用的原型。

3.1.26

域　field

节点的特性或属性。

3.1.27

域名称　field name

域的标识符。

3.1.28

帧 frame

在显示设备上对 X3D 世界的一次渲染，或者仿真中的单个时间步。

3.1.29

生成器 generator

创建 X3D 文件的计算机程序。

3.1.30

几何特性节点 geometric property node

定义某个特定几何节点特性的节点。

3.1.31

几何节点 geometry node

包含点、线、面、文本字符串和实体的数学描述的节点。

3.1.32

抓取 grab

从被激活的指点设备接收事件。

3.1.33

成组节点 grouping node

一种节点类型，包括多个节点，这些节点称为它的子节点。

3.1.34

图像 image

像素值的二维(2D)矩形阵列。

3.1.35

沉浸感 Immersive

产生身处计算机生成场景中的体验。

3.1.36

内联 in-lining

一个 X3D 文件以层级方式包含在另一个文件中的机制。

3.1.37

实例 instance

对已定义和命名的节点的引用。

3.1.38

插值器节点 interpolator node

定义进行分段线性插值的节点。

3.1.39

内网 intranet

采用与互联网相同协议和标准的专用网络。

3.1.40

层次细节 level of detail

在任意特定时间为任意特定对象显示细节或复杂度的程度。

3.1.41

行结束符 line terminator

换行字符(0x0A)和/或回车符(0x0D)

3.1.42

循环　loop

一种事件序列，会导致特定事件生成器发送一个以上相同时间戳的事件。

3.1.43

多媒体　multimedia

多种类型的内容，诸如计算机图形、音频和视频的集成表示，一种典型情况是在计算机上。

3.1.44

网络　network

一组互连的计算机。

3.1.45

节点　node

场景图中的基本组件。

3.1.46

节点类型　node type

通常描述其特定语义的节点的特征。

3.1.47

对象　object

根据本部分定义的规则和语法封装的数据和过程的集合。

注：本术语通常是节点的同义词。

3.1.48

全景图　panorama

放置在场景中所有几何体之后、地面和天空之前的背景纹理。

3.1.49

父　parent

一种节点，是成组节点的一个实例。

3.1.50

指示器　pointer

用户当前与虚拟世界交互所使用的指点设备所定义的虚拟世界中的位置和方向。

3.1.51

指点设备　pointing device

与用户的计算机连接的且用户可以借此直接控制指示器位置和方向的硬件设备。

3.1.52

指点设备感知器　pointing device sensor

根据用户的动作（如指点设备移动或按键操作）产生事件的感知器节点。

3.1.53

折线　polyline

分段线性的曲线。

3.1.54

配置文件　profile

被命名的功能性和符合性准则的集合，定义了标准的一个可实现子集。

3.1.55

原型　prototype

用本部分所定义的节点对新节点类型的定义。

3.1.56

原型法 prototyping

扩展 X3D 文件中节点类型集的机制。

3.1.57

路径 route

生成事件的节点与接收事件的节点之间的连接。

3.1.58

场景图 scene graph

成组节点和其他节点的有序集合。

3.1.59

脚本 script

通常作为事件级联的一部分来执行的过程函数集合。

3.1.60

脚本编制 scripting

创建或引用脚本的过程。

3.1.61

脚本编制语言 scripting language

用于定义并自动执行计算机上的程序和进程的语法和语义结构的系统。

3.1.62

感知器节点 sensor node

使用户能够与场景图层中的世界交互的节点。

3.1.63

分隔符 separator character

用于分隔 X3D 文件里的语法实体的 UTF-8 字符。

3.1.64

兄弟 sibling

与其他节点共享父节点的节点。

3.1.65

仿真节拍 simulation tick

能够在模拟时间的数字仿真中被标识的最小时间单元。

3.1.66

特殊组节点 special group node

表现特殊行为(例如,Switch 或 LOD)的成组节点。

3.1.67

纹理 texture

应用于几何节点时,用来创建视频外观效果的图像。

3.1.68

纹理坐标 texture coordinates

将纹理映射到几何图形的坐标系。

3.1.69

时间 time

由某个节点生成的单调递增值。

3.1.70

时间戳 timestamp

事件的一部分,用于描述该事件发生并导致消息发送的时间。

3.1.71

变换层级 transformation hierarchy

由明确定义的坐标系的节点组成的场景图子集。

3.1.72

透明块 transparency chunk

PNG 文件中包含透明信息的部分(见 ISO/IEC 15948)。

3.1.73

遍历 traverse

按正确的顺序处理场景图中的节点。

3.1.74

用户 user

借助浏览器使用 X3D 文件并与之互动的人或代理。

3.1.75

取景器 viewer

虚拟世界中的某个位置、方向和视角,以确定浏览器向用户呈现的虚拟世界的部分。

3.1.76

虚拟世界 virtual world

同世界(见 3.1.78)。

3.1.77

空白 white space

分隔符的一次或多次连续出现。

3.1.78

世界 world

一个或多个 X3D 文件及其他多媒体内容的集合,当由 X3D 浏览器解释时,按作者意图向用户显示交互体验。

3.1.79

世界坐标空间 world coordinate space

定义 X3D 世界的坐标系统。

3.1.80

X3D 浏览器 X3D browser

同浏览器(见 3.1.8)。

3.1.81

X3D 文档服务器 X3D document server

响应来自浏览器的请求,定位并发送 X3D 文件和支撑性文件的计算机程序。

3.1.82

X3D 文件 X3D file

按照本部分定义的 X3D 节点和语句的集合。

3.1.83

XY 平面 XY plane

通过 Z=0.0 的点并与 Z 轴垂直的平面。

3.1.84

YZ 平面　YZ plane

通过 X=0.0 的点并与 X 轴垂直的平面。

3.1.85

ZX 平面　ZX plane

通过 Y=0.0 的点并与 Y 轴垂直的平面。

3.2　缩略语

3.2.1

HSV——色度、饱和度和纯度的颜色模型(Hue,Saturation,and Value colour model)

3.2.2

JPEG——联合图像专家组(Joint Photographic Experts Group)

3.2.3

MIDI——乐器数字接口(Musical Instrument Digital Interface)

3.2.4

MIME——多用途互联网电子邮件扩展(Multipurpose Internet Mail Extension)

3.2.5

MPEG——运动图像专家组(Moving Picture Experts Group)

3.2.6

PNG——便携式网络图形(Portable Network Graphics)

3.2.7

RGB——红、绿、蓝颜色模型(Red,Green,and Blue colour model)

3.2.8

RURL——相关统一资源定位器(Relative Uniform Resource Locator)

3.2.9

UCS——通用多八位编码字符集(Universal multiple-octet coded Character Set)

3.2.10

URL——统一资源定位器(Uniform Resource Locator)

3.2.11

URN——通用资源名称(Universal Resource Name)

3.2.12

UTF-8——8位可变长度通用多八位编码字符集传输格式(variable-length 8-bit Universal multiple-octet coded character set Transformation Format)

4　概念

4.1　概要

4.1.1　主题

本章描述了 X3D 的核心概念,包括:如何创建和回放 X3D 场景、X3D 场景的运行时语法、基于组件和配置文件的模块化结构、基于支持等级的符合性、数据编码语法、程序访问和网络化因素。

表 1 列出了本章的主题。

表1 主题

- 4.1 概要
  - 4.1.1 主题
  - 4.1.2 概述
  - 4.1.3 约定
- 4.2 创建与回放
  - 4.2.1 X3D 浏览器
  - 4.2.2 X3D 生成器
  - 4.2.3 X3D 加载器
- 4.3 场景图
  - 4.3.1 概述
  - 4.3.2 根节点
  - 4.3.3 场景图层
  - 4.3.4 后代节点与祖(先)节点
  - 4.3.5 变换层级
  - 4.3.6 标准单位与坐标系
  - 4.3.7 行为图
- 4.4 运行环境
  - 4.4.1 概述
  - 4.4.2 对象模型
    - 4.4.2.1 概述
    - 4.4.2.2 域语法
    - 4.4.2.3 接口层级
    - 4.4.2.4 修改对象
      - 4.4.2.4.1 路由
      - 4.4.2.4.2 通过程序访问修改对象
    - 4.4.2.5 对象生命周期
  - 4.4.3 DEF/USE 语法
  - 4.4.4 原型语义
    - 4.4.4.1 简介
    - 4.4.4.2 PROTO 接口声明语法
    - 4.4.4.3 PROTO 定义语法
    - 4.4.4.4 原型适用范围规则
  - 4.4.5 外部原型语义
    - 4.4.5.1 简介
    - 4.4.5.2 EXTERNPROTO 接口语法
    - 4.4.5.3 EXTERNPROTO URL 语法
  - 4.4.6 导入/导出语法
    - 4.4.6.1 简介
    - 4.4.6.2 IMPORT 语法
    - 4.4.6.3 EXPORT 语法
  - 4.4.7 运行时命名(name)范围
  - 4.4.8 事件模型
    - 4.4.8.1 事件
    - 4.4.8.2 路径

表 1（续）

- 4.4.8.3 执行模型
- 4.4.8.4 循环
- 4.4.8.5 扇入和扇出

- 4.5 组件
  - 4.5.1 概述
  - 4.5.2 定义组件
  - 4.5.3 基本组件
- 4.6 配置文件
  - 4.6.1 概述
  - 4.6.2 配置文件定义
- 4.7 支持等级
- 4.8 数据编码
- 4.9 场景访问接口
- 4.10 组件与配置文件注册

- 图 1 X3D 架构
- 图 2 接口层次
- 图 3 概念执行模型

- 表 1 主题
- 表 2 标准单位
- 表 3 原型声明映射到节点实例的规则
- 表 4 实例的支持等级表

4.1.2 概述

概念上说，每个 X3D 应用都是一个包含能通过网络加载并能使用多种方法动态修改的图形和声音对象的三维时空。X3D 的语法描述了一个基于时间的、三维交互的、多媒体的信息抽象功能行为。X3D 不定义物理设备或任何与实现相关的概念（如，屏幕分辨率和输入设备）。X3D 面向广泛的多种设备和应用，在功能的解释和实现上提供广泛的自由度。例如，X3D 不要求必须使用鼠标或 2D 显示设备。

每个 X3D 应用：

a) 隐式地为应用中定义的和包含的所有对象建立一个世界坐标空间；

b) 显示地定义和组合一组二维、三维和多媒体对象；

c) 可以指定到其他文件和应用程序的超链接；

d) 可以定义对象行为；

e) 可以通过编程和脚本语言连接到外部模块或应用程序。

X3D 系统架构如图 1 所示。

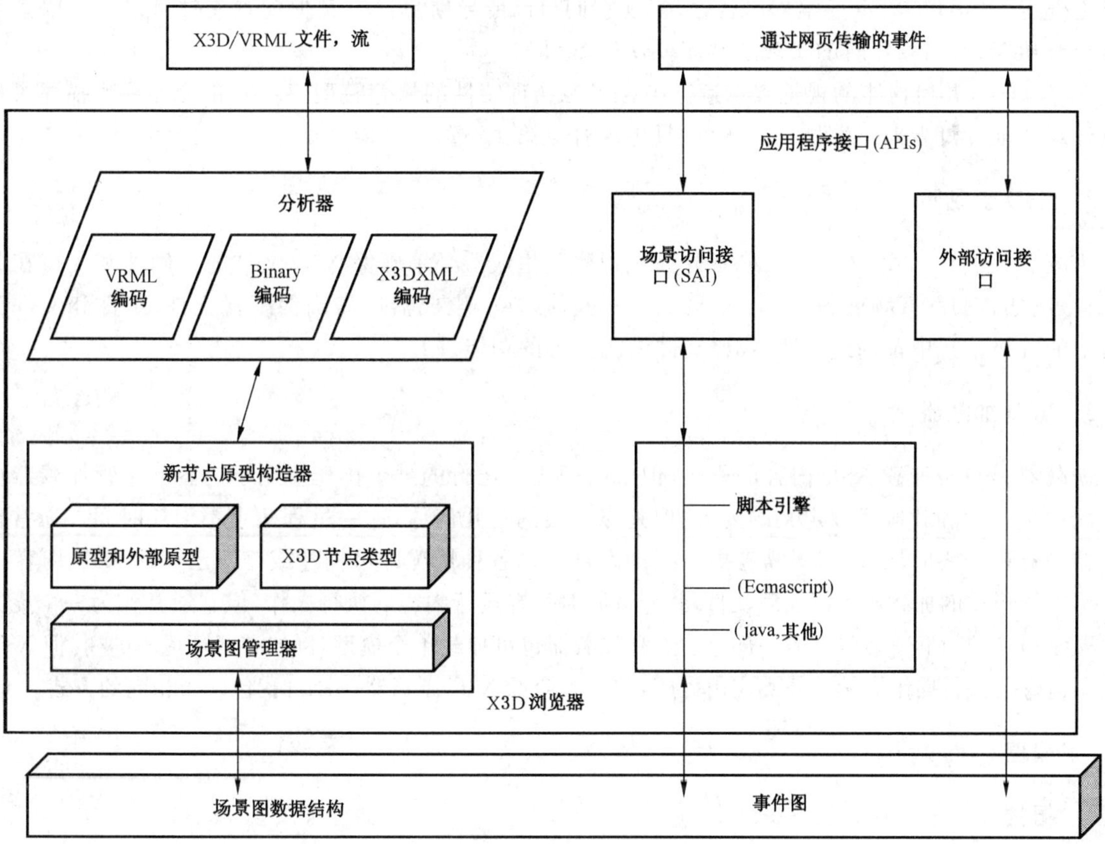

图 1　X3D 架构

4.1.3　约定

在本部分使用如下约定：

斜体字(*Italic s*)用于表示域名,也用于表示新的术语和等式变量。

固定宽(fixed-space)字体表示 URL 地址和源代码范例。

节点类型名首字母大写(例如,"Billboard 节点是一个组节点…")。然而,节点的概念一般使用小写,这表示节点的语法,而不是节点本身(如,"为了旋转 billboard")。

"0xhh"表示一个十六进制的字节,表示该字节的位状态。

4.2　创建与回放

4.2.1　X3D 浏览器

使用*浏览器*(browser)机制来解释、执行和表示 X3D 文件,即在场景图中显示形状并播放声音。这种表示称为*虚拟世界*,在浏览器里控制导航的人或者实体称作*用户*。虚拟世界以特定位置体验的方式呈现在用户面前,这个特定位置的坐标和朝向被称为*取景器*。浏览器提供导航模式(如行走或飞行),允许用户在虚拟世界中移动取景器。

除了导航,浏览器还提供了一种有限的机制,让用户通过场景图中感知器节点与虚拟世界交互。感知器反馈用户和虚拟世界中几何对象的交互、用户在虚拟世界中的运动,或者时间的流逝。此外,在本标准的第 2 部分中定义的 X3D 场景访问接口(SAI—Scene Access Interface),提供了一种获取用户输入、获取和设置用户的当前视点的机制。取景器可以使用 SAI 提供用户导航能力。另外,创作者也可以使用绑定到SAI的脚本或编程语言，来实现它们自己的导航算法。其他配置文件可以指定取景器需要的导航功能；取景器导航的实现通常需要使用SAI。

在X3D中，几何物体的视觉表示遵循模拟光源物理特性的概念模型。X3D的光照模型描述了如何集成外观特征和灯光来产生显示的颜色(具体内容见第17章)

4.2.2 X3D生成器

*生成器*是制作X3D文件的人或者计算机程序。生成器必须确保X3D文件的正确性和支持在此引用资料(例如，图片、音频剪辑、其他X3D文件)的有效性。生成器还需确保配置文件、组件和文件头部声明中的等级信息中正确地声明X3D文件内所描述的功能。

4.2.3 X3D加载器

*加载器*是负责加载X3D内容的程序，但不会把正在运行的某个操作应用于内容。尽管加载器可以自由地加载纹理和其他远程定义的内容，但是显示出的是几何体，这一过程几乎不消耗时间。通常在建模工具中有一个零时加载器，无需考虑运行期间规范的各种情况即可构建或修改已有的X3D内容。

第二种形式的加载器可以加载文件，并允许同时正在运行内容的执行操作，但它通常作为一个庞大的用户界面和三维图形渲染引擎的一部分。这种加载器也可加载单个模型，例如游戏环境中的树，但X3D内容正在运行的执行操作依赖于外部应用程序，并且不会像X3D浏览器一样自我包含于相同的方式。

4.3 场景图

4.3.1 概述

*场景图*是X3D运行环境的基本单元。这个结构包含了系统中的所有对象及其相互间的关系。这些关系包含于场景图的不同方面。*变换层级*描述了渲染对象之间的空间关系。*行为图*描述了系统中域和事件流之间的连接。

4.3.2 根节点

一个X3D文件包含零个或多个根节点。根节点是由不包含于其他节点或者PROTO语句中的节点语句或者USE语句定义的。根节点可以成为子节点(见第10章)。

4.3.3 场景图层

一个X3D场景图是一个有向无环图。节点可以包含参与在层级中的一个或多个子节点作为特定的域。进一步，子节点中又可能包含节点(或节点的实例)。这种节点层级就称为*场景图*。图中的每个从A到B的弧，表示节点A有一个域，它的域值直接指向节点B。关于层次场景图的详细资料参见FOLEY。

4.3.4 后代节点与祖(先)节点

一个节点的*后代节点*是该节点的域中的所有节点以及所有那些节点的后代节点。一个节点的祖先节点是以该节点为后代节点的所有节点。

4.3.5 变换层级

变换层级包含所有的根节点及其子节点，这些节点在虚拟世界中都有一个或多个特定的位置。X3D有本*地坐标系*的概念，定义了相对于父节点坐标系的变换。根节点坐标系称为*世界坐标系*。

X3D浏览器的任务是将X3D文件展示给用户，它通过展示变换层级给用户来达到这个目的。变换层级描述了虚拟世界直接可见的部分。

一些节点，如感知器和环境节点，也包含在场景图中，但是不会受变换层级影响，例如 CoordinateInterpolator，Script，TimeSensor 和 WorldInfo 节点。

一些节点，如 Switch 或者 LOD，包含一个子节点列表，在渲染时最多只遍历其中一个子节点。不管在遍历过程中，节点是否被渲染，为了计算场景位置，所有这些子节点都被视为变换层级的一部分。例如，Viewpoint 节点作为某个 Switch 节点的子节点，当 whichChoice 域设置为－1 时（表示在渲染过程中不使用它的子节点），Viewpoint 节点仍然使用它在 Switch 节点里的局部坐标空间来确定它在场景中的位置。

变换层级应该是一个有向无环图；变换层级中，如果一个节点同时作为自己的祖先节点，则该节点无效，将被忽略。下面是这种情况的一个例子：

示例：

```
DEF T Transform {
    children    [
        Shape { … }
            USE T
    ]
}
```

4.3.6 标准单位与坐标系

本部分定义世界坐标系的度量单位是米。其他所有坐标系都是基于世界坐标系进行变换的。表 2 列出了本部分的标准单位。

表 2 标准单位

分　类	单　位
直线距离	米
角度	弧度
时间	秒
颜色空间	RGB([0.,1.],[0.,1.],[0.,1.])

本标准使用三维的笛卡儿右手坐标系。默认情况下，取景器位于 Z 轴上，并对着－Z 轴，＋X 为右方向，＋Y 为上方向。模型变换（见第 10 章中的 Transform 和 Billboard 节点类型定义）或视点变换（见第 23 章中的 Viewpoint 节点类型定义）可以用来改变这种缺省投影关系。

4.3.7 行为图

X3D 的事件模型允许域（路由）之间的连接声明和事件沿着这些连接传播的模型。行为图是一系列的域连接。可以通过重新路由动态的改变、增加或者中断连接。事件融入系统中并沿着行为图事先定义好的顺序传播。

除非某组件支持对该规则的扩展，否则域只能路由到和它具有相同数据类型的其他域。

4.4 运行环境

4.4.1 概述

X3D 的运行环境能够维持场景图的当前状态，按需渲染场景，接收不同来源（感知器）的输入，并响应行为系统的指令对场景图完成更改。X3D运行环境管理对象的生命周期,包括内置的对象和用户定义的对象和编程脚本。运行环境协调事件的处理,这是X3D中生成行为的主要方式。运行环境还负责管理X3D浏览器和用于文件传递、超链接、页面整合和外部程序访问等宿主应用程序间的互操作。

运行环境管理对象。X3D支持多种类型的内置对象,这些对象提供运行环境通常使用到的功能。有些内置对象表示数据结构,例如表示三维矢量值的 *3SFVec3f*,几何节点(如 *Cylinder*),节点之间*路径*。每个节点包含零个或多个域来存储数据值和(或)零个或多个事件来表示与对象间的消息收发。节点通过在文件中声明或通过程序代码在运行时进行实例化。使用原型机制,用户可以创建新的节点类型(见4.4.4)。这些节点成为运行环境的一部分,并且完全像内置节点一样使用。使用包含文件内的原型声明,或包含引用不同位置原型声明的外部原型,或使用运行环境提供的本地原型声明,这三种方式都可以创建新节点。原型只可用于建立域和路由以外的其他节点。

*事件*是X3D运行环境产生行为的主要手段。事件的使用贯穿整个X3D:驱动时基的动画;处理对象拾取;检测用户的运动和碰撞;改变场景图层。运行环境通过依照良好定义的规则集的评价顺序和系统来管理传播。

X3D内容的创作者可以控制场景的创建和管理、渲染和行为,以及多媒体资源的访问。创作者还可以控制创作者扩展的装载和集成,这些扩展可以用X3D或外部语言来写。在配置文件中提供了内容定义的扩展能力,以支持原型机制。

4.4.2 对象模型

4.4.2.1 概述

X3D系统由称为对象的抽象的独立实体构成。本部分为每种对象类型定义了一个功能规范,但是不规定实现方法。对象的兼容性实现应当遵循第5章、第7章至第30章组件描述、ISO/IEC 19775-2或本标准其他部分定义的对象、域或者节点类型的规范内容。通过使用ISO/IEC FCD 19776中描述的X3D编码,或其他将来的编码格式,或者在运行时使用的内置脚本(需要配置文件提供相应支持),或程序访问场景图(见ISO/IEC 19775-2)等其他形式,X3D的创作者可以在场景图中安排对象。

域派生于 *X3DField* 对象,描述了轻量级的概念,如数据存储和对该种类型的数据操作。节点派生于 *X3DNode* 对象,描述了更完整的空间或时间处理概念。节点包含一个或多个域,这些域保存数据值,或者为该节点发送或接收事件。

一些节点通过继承拥有共同性质或功能描述的*接口*实现额外功能,例如应用于可视对象和组节点的包围盒,或用特定对象表示元数据的规范。此外,为了访问没有存储在域或节点中的场景图信息,如路由、原型声明、组件/配置文件信息和元数据,X3D定义了对象类型。

一个域可能包含一个给定类型的单一的值,或者一个此类型的数组。在本文中,包含一个单值的域,其类型名使用 *SF* 字符做前缀(例如,域 *a* 是*3SFVec3f* 类型),包含一个数组的域,其类型名使用 *MF* 字符做前缀(例如,域 *b* 是 *MFVec 3f* 类型)。通过使用*3SFVec 3f* 和 *MFVec 3f* 域类型,一个域可以包含对到一个或多个节点的引用。

每个对象有以下的几个共同特性:

a) **类型名**。例如SFVVec3f,MFColor,SFFloat,Group,Bacground,或SpotLight等。

b) **实现**。每个对象的实现定义了怎样响应其属性值的变化,这些改变的结果如何改变其他的属性值,以及它如何影响运行环境的状态。ISO/IEC 19775定义了内置节点的功能语法(即由X3D浏览器提供实现的节点)。

X3DNode类型派生的对象有以下附加特性:

c) **零个或多个域值**。域值与节点或域一起存储在X3D文件中,用来对虚拟世界的状态进行编码。

d) **零个或多个可以接收和发送的事件**。每个节点的域都可以接收事件，引起节点域的状态发生改变。每个节点也可以从它的域产生事件，来报告节点状态的变化。一个节点产生的事件可以连接到其他节点的域以传播这些变化。通过使用文件内的 ROUTE 语句或通过 SAI 服务引用，可以实现这种传播。

e) **命名**。使用文件中 DEF 语句或在运行时通过 SAI 服务调用都可以为节点命名。命名用来让其他语句使用一个节点的特定实例。命名也可以用来定位特定命名的节点在场景层中的位置。

节点的实现有两种方式：内置节点和原型。内置节点是创作者可以使用的节点，由可应用的配置文件和(或)组件声明规定。不同组件定义不同的内置节点集。

此外，X3D 支持使用原型进行内容扩展。原型是创作者使用 PROTO 或 EXTERNPROTO 语句建立的对象。在场景图中，这些对象的写法和节点的语法是一样的。这些加入系统中的新的对象类型，只在被加载后有效。有些配置文件可能不支持这些扩展能力。对原型语义的讨论见 4.4.4 和 4.4.5。

原型和内置节点使用相似的机制进行实例化。一个对象可以在声明中实例化或在运行时使用 ISO/IEC 19775-2 中指定的 SAI 服务实例化。所有原型都派生于基节点类型 *X3DPrototypeInstance*。

4.4.2.2 域语法

域定义了节点的持续状态和节点可以以事件的形式发送和接收的值。X3D 支持四种类型的节点域的*访问方式*：

a) *initializeOnly* 访问，允许为域提供初始值，但不允许之后再改变它的值；

b) *inputOnly* 访问，允许节点可以接收事件以改变域值，但不允许读取域值；

c) *outputOnly* 访问，允许节点在域值改变时，发送一个事件，但不允许写入域值；

d) *inputOutput* 访问，允许对该域的所有访问，可给域提供一个初始值，该节点接收到事件时可以改变域值，以及在域值改变时，节点可以发送事件。

inputOutput 域可以像 inputOnly 域那样接收事件，也可以像 outputOnly 域那样产生事件，还可以像 initializeOnly 域那样，存储在 X3D 文件中。一个名字为 *zzz* 的 inputOutput 域使用'*set_zzz*'来引用，作为 inputOnly 域，或使用'*zzz_changed*'来引用，作为 outputOnly 域。在 ISO/IEC 19775 中，inputOutput 域访问或 inputOnly 域访问统称为*输入域*，inputOutput 域访问或 outputOnly 域访问统称为*输出域*。类似的，域接收和发送的事件，分别称为*输入事件*和*输出事件*。

inputOutput 域的初始值是在 X3D 文件中它的值，或者，如果没有规定它的值，则是它所在的节点的默认值。当 inputOutput 域接收到一个事件时，它应产生一个与此事件具有相同值和时间戳的事件。接下来，按照以下优先顺序决定 inputOutput 域的初始值：

e) 实例化时用户定义的值(如果指定了)；

f) 节点或原型定义中为域指定的默认值。

内置节点的 initializeOnly 域、inputOutput 域、outputOnly 域和 inputOnly 域遵循以下命名规则：

g) 所有的名称包含多个单词，第一个单词首字母小写，其后所有单词的首字母大写(例如，*addChildren*)，下面描述的 *set_*和*_changed* 例外；

h) 所有 inputOnly 域使用"*set_*"前缀，addChildren 和 removeChildren 例外；

i) 某些 SFTime 类型的 inputOnly 域和 outputOnly 域不要使用"*set_*"前缀或"*_changed*"后缀；

j) 除了 SFBool 类型的 outputOnly 域，所有其他的 outputOnly 域都使用"*_changed*"做后缀。为了提高可读性，布尔 outputOnly 域以"*is*"做前缀(例如，isFoo)。

4.4.2.3 接口层级

多数对象类型的部分接口和功能是派生于系统的其他对象。派生者为超类，被超类派生者为对象。

同样，这些超类可以派生自其他的对象类型的能力，最终形成一个由少数基本类型派生出所有最终对象类型的链。描述系统中所有对象类型之间的关系图称为*接口层级*。本部分中，对象层级在概念上描述了对象之间的关系，但不必规定实际的实现。图2描述了本部分及一些具体应用提出的组件扩展中定义的对象类型所构成的对象层级。注意：不是每个组件层或配置文件都支持所有的对象类型；具体细节请参阅本部分的单个组件和配置文件说明。

```
X3DField -+- SFBool
          +- SFColor
          +- SFColorRGBA
          +- SFDouble
          +- SFFloat
          +- SFImage
          +- SFInt32
          +- SFNode
          +- SFRotation
          +- SFString
          +- SFTime
          +- SFVec2d
          +- SFVec2f
          +- SFVec3d
          +- SFVec3f
          |
          +- X3DArrayField -+- MFBool
                            +- MFColor
                            +- MFColorRGBA
                            +- MFDouble
                            +- MFFloat
                            +- MFImage
                            +- MFInt32
                            +- MFNode
                            +- MFRotation
                            +- MFString
                            +- MFTime
                            +- MFVec2d
                            +- MFVec2f
                            +- MFVec3d
                            +- MFVec3f
X3DboundedObject
X3DmetadataObject
X3DurlObject
X3Dnode
 |
```

图2 接口层次

```
 +- X3DprotoInstance
 |
 +- X3DAppearanceNode -+- Appearance
 |
 +- X3DAppearanceChildNode -+- FillProperties
 |                    +- LineProperties
 |                    |
 |                    +- X3DMaterialNode -+- Material
 |                    |
 |                    +- X3DTextureNode -+- X3DTexture2DNode -+- ImageTexture (X3DUrlObject)*
 |                    |              |              +- MovieTexture (X3DSoundSourceNode,
X3DUrlObject)*
|                    |              |              +- PixelTexture
 |                    |              +- MultiTexture
 |                    |
 |                    +- X3DTextureTransformNode -+- X3DTextureTransform2DNode -+-
TextureTransform
 |                                              +- MultiTextureTransform
 |
 +- X3DGeometryNode -+- Arc2D
 |               +- ArcClose2D
 |               +- Box
 |               +- Circle2D
 |               +- Cone
 |               +- Cylinder
 |               +- Disk2D
 |               +- ElevationGrid
 |               +- Extrusion
 |               +- GeoElevationGrid
 |               +- IndexedLineSet
 |               +- LineSet
 |               +- PointSet
 |               +- Polyline2D
 |               +- Polypoint2D
 |               +- Rectangle2D
 |               +- Sphere
 |               +- Text
 |               +- TriangleSet2D
 |               |
```

图 2（续）

```
 |                 +- X3DComposedGeometryNode -+- IndexedFaceSet
 |                 |                          +- IndexedTriangleFanSet
 |                 |                          +- IndexedTriangleSet
 |                 |                          +- IndexedTriangleStripSet
 |                 |                          +- TriangleFanSet
 |                 |                          +- TriangleSet
 |                 |                          +- TriangleStripSet
 |                 |
 |                 +- X3DParametricGeometryNode -+- NurbsCurve
 |                                             +- NurbsSweptSurface
 |                                             +- NurbsSwungSurface
 |                                             +- X3DNurbsSurfaceGeometryNode -+- NurbsPatchSurface
 |                                                                             +- NurbsTrimmedSurface
 |
 +- GeoOrigin
 |
+- X3DGeometricPropertyNode -+- X3DColorNode -+- Color
 |                          |                +- ColorRGBA
 |                          |
 |                          +- X3DCoordinateNode -+- Coordinate
 |                          |                    +- CoordinateDouble
 |                          |                    +- GeoCoordinate
 |                          |
 |                          +- HAnimDisplacer
 |                          |
 |                          +- X3DNormalNode -+- Normal
 |                          |
 |                          +- X3DTextureCoordinateNode -+- MultiTextureCoordinate
 |                                                      +- TextureCoordinate
 |                                                      +- TextureCoordinateGenerator
 |
 +- X3DFontStyleNode -+- FontStyle
 |
 +- MetadataDouble (X3DMetadataObject)*
 +- MetadataFloat (X3DMetadataObject)*
 +- MetadataInteger (X3DMetadataObject)*
 +- MetadataSet (X3DMetadataObject)*
 +- MetadataString (X3DMetadataObject)*
 |
```

图 2(续)

```
+- X3DGeometricPropertyNode -+- X3DColorNode -+- Color
|                           |               +- ColorRGBA
|                           |
|                           +- X3DCoordinateNode -+- Coordinate
|                           |                     +- CoordinateDouble
|                           |                     +- GeoCoordinate
|                           |
|                           +- HAnimDisplacer
|                           |
|                           +- X3DNormalNode -+- Normal
|                           |
|                           +- X3DTextureCoordinateNode -+- MultiTextureCoordinate
|                                                        +- TextureCoordinate
|                                                        +- TextureCoordinateGenerator
|
+- X3DFontStyleNode -+- FontStyle
|
+- MetadataDouble (X3DMetadataObject)*
+- MetadataFloat (X3DMetadataObject)*
+- MetadataInteger (X3DMetadataObject)*
+- MetadataSet (X3DMetadataObject)*
+- MetadataString (X3DMetadataObject)*
|
+- Contour2D
+- NurbsTextureCoordinate
+- X3DNurbsControlCurveNode -+- ContourPolyline2D
|                           +- NurbsCurve2D
|
+- X3DChildNode -+- X3DBindableNode -+- Fog
                |                   +- GeoViewpoint
                |                   +- NavigationInfo
                |                   +- Viewpoint
                |                   +- X3DBackgroundNode -+- Background
                |                                         +- TextureBackground
                |
                +- Inline (X3DUrlObject, X3DBoundedObject)*
                |
                +- StaticGroup (X3DBoundedObject)*
                |
                +- X3DShapeNode -+- Shape (X3DBoundedObject)*
                |
                +- X3DGroupingNode (X3DBoundedObject)* -+- Anchor
```

图 2（续）

```
|                                  +- Billboard
|                                  +- Collision (X3DSensorNode)*
|                                  +- EspduTransform
|                                  +- GeoLocation
|                                  +- GeoLOD
|                                  +- Group
|                                  +- HAnimJoint
|                                  +- HAnimSegment
|                                  +- HAnimSite
|                                  +- LOD
|                                  +- Switch
|                                  +- Transform
|
+- NurbsSet (X3DBoundedObject)*
+- NurbsOrientationInterpolator
+- NurbsPositionInterpolator
+- NurbsSurfaceInterpolator
|
+- HAnimHumanoid (X3DBoundedObject)*
|
+- ReceiverPdu (X3DBoundedObject)*
+- SignalPdu (X3DBoundedObject)*
+- TransmitterPdu (X3DBoundedObject)*
|
+- X3DInterpolatorNode -+- ColorInterpolator
|                      +- CoordinateInterpolator
|                      +- CoordinateInterpolator2D
|                      +- GeoPositionInterpolator
|                      +- NormalInterpolator
|                      +- OrientationInterpolator
|                      +- PositionInterpolator
|                      +- PositionInterpolator2D
|                      +- ScalarInterpolator
|
+- X3DLightNode -+- DirectionalLight
|               +- PointLight
|               +- SpotLight
|
+- X3DScriptNode (X3DUrlObject)* -+- Script
|
+- X3DSensorNode -+- TimeSensor (X3DTimeDependentNode)*
|                 +- Collision (X3DGroupingNode)*
```

图 2（续）

```
     |          +- X3DEnvironmentalSensorNode -+- ProximitySensor
     |          |                              +- VisibilitySensor
     |          |
     |          +- X3DKeyDeviceSensorNode -+- KeySensor
     |          |                          +- StringSensor
     |          |
     |          +- X3DNetworkSensorNode +- LoadSensor
     |          |
     |             +- X3DPointingDeviceSensorNode -+- X3DDragSensorNode -+-
CylinderSensor
     |                        |                    +- PlaneSensor
     |                        |                    +- SphereSensor
     |                        |
     |                               +- X3DTouchSensorNode -+-
GeoTouchSensor
     |                                                      +- TouchSensor
     |
     +- X3DSoundNode -+- Sound
     |
     +- X3DTimeDependentNode -+- TimeSensor (X3DSensorNode)*
     |                        |
     |                          +- X3DSoundSourceNode -+- AudioClip (X3DUrlObject) *
     |                                                  +- MovieTexture (X3DTexture2DNode,
X3DUrlObject)*
     |
     +- X3DSequencerNode -+- BooleanSequencer
     |                    +- IntegerSequencer
     |
     +- X3DTriggerNode -+- BooleanTrigger
     |                  +- IntegerTrigger
     |                  +- TimeTrigger
     |
     +- BooleanFilter
     +- BooleanToggle
     |
     +- X3DInfoNode --+- GeoMetadata
                      +- WorldInfo
```

* = 继承自多个接口

图 2（续）

对象层级定义了抽象接口和具体节点类型。抽象接口定义被其他接口和(或)节点继承的功能，但是在场景图中不能通过实例化产生对象。具体节点类型派生于一个或多个抽象接口，可以在场景图中被实例化。因此，活动的场景图只包含节点类型的实例。本部分中定义的组件要求实现抽象接口的功能。使得其派生的具体节点类型能使用这个功能。ISO/IEC 19775 的第 2 部分定义了应用通过编程访问抽象接口和具体节点功能的方法。

X3DNode 和 *X3DField* 是两个主要对象类型，大部分的对象都是由这两个类派生而来。节点是使用声明式语言来构成场景图的对象，同时域包含在节点中，并为节点保存数据项。一些域对象包含简单数据值，如整数或字符串数组。还有一些域对象包含到节点的引用。*X3DNode* 可以包括 *X3DField*，同时 *X3DField* 也可以是到 *X3DNode* 的引用，X3D 用这种方式构建场景图层。下面是一个例子：

示例：

```
Transform { translation 1 2 3
    children[
        Shape {
            geometry Box { }
        }
        Group {
            children[…]
        }
    ]
}
```

在上面的例子中，Transform 节点包含了一个简单的域 **translation**，**translation** 域包含一个 3 值向量。Transform 节点还包含了一个 **children** 域，子域可以包含一组其他的节点。在本例中，它又包含了 Shape 节点和 Group 节点。Shape 和 Group 节点的域中，同样也可以包含其他对象。

派生有利于确定对象的类型。在上面的例子中，子域必须包含派生于 *X3DChildNode* 的一组对象。由于 Shape 和 Group（间接地）从 *X3DChildNode* 派生，它们可以被放置在子域。另外，Shape 节点的 geometry 域只可以包含从 *X3DgeometryNode* 派生来的单一节点。Box 由 *X3DgeometryNode* 派生而来，因此可以被放置在 geometry 域。Box 不是派生自 *X3DChildNode*，所以不能放置在子域。同样，Group 并非派生自 *X3DgeometryNode*，因此，不可以放置在 geometry 域。

上述例子展示了派生的另外一个性质。Transform 派生自 *X3DgroupingNode*，因此继承了其子域。这使得 Transform 的描述比较简单，因为它并不需要描述子域的功能。由于 Transform 派生自 *X3DgroupingNode*，创作者知道它和派生自 *X3DgroupingNode* 的 Group 同样包含一个子域，并有相应的相同功能。

4.4.2.4 修改对象

4.4.2.4.1 路由

有很多方法可以用来修改对象的域。使用某种 X3D 文件格式，作者可以声明一个节点集、及其域的初始状态和被称作路径的域之间的相互关系。在运行时 X3D 使用事件传播或数据流模型改变域值。作为抽象规范的一部分，它描述了在响应发送到节点域的事件时节点的行为，以及节点域发送事件的条件。这样，可以只使用事件传播模式来创建具有运行时行为的场景。例如：

示例：

```
DEF TS TimeSensor {
  loop TRUE
  cycleInterval 5
}
DEF I PositionInterpolator {
  key[0 0.5 1]
```

```
  keyValue[0 -1 0, 0 1 0, 0 -1 0]
}
DEF T Transform {
  children[
    Shape {
      geometry Box { }
    }
  ]
}
ROUTE ts.fraction_changed TO I.set_fraction
ROUTE I.value_changed TO T.set_translation
```

这个例子使一个盒子以 5 s 的周期上下弹跳。该 TimeSensor 对象从它的fraction 域持续地发送事件。根据cycleinterval 中指定的值，这个事件以 5 s 的周期发送从 0 到 1 之间的不断变化的浮点数。其 loop 域指定了这个过程会不断重复。这个不断变化的值被送到 PositionInterpolator 的fraction 域。当这个对象的 fraction 域接收到一个事件，就会从它的value 域发送一个事件。该值取决于key 和 keyValue 域。本例中，它发出了一个向量，其 Y 值不断的由－1 变到＋1 然后再变回来。Value 值被发送到 Transform 节点的translation 域。Transform 节点根据其translation 的值，设置其 children 的位置。关于路径的详细信息见 4.4.8.2。

4.4.2.4.2 通过程序访问修改对象

路由机制是简单的，但在修改节点的域值时还有些限制，所有的改变都限制在给定节点集中。为提供更强的灵活性，一些配置文件提供了对系统中对象的编程访问，允许设置或读取域值，或调用功能。这种机制还支持定位原型对象，进而实例化该类的对象。

X3D 中有三种程序访问的类型：外部访问(例如从 HTML 页面或嵌入本地的应用中访问)和使用任何支持的脚本语言开发的内部脚本。

通过对象的接口提供对对象编程访问。对象的接口(它的数据和功能属性集合)是被规定的，也可以称为*对象类型*。一个描述节点的对象类型被称为*节点类型*。对象类型可以是抽象的也可以是具体的。抽象对象类型是不可以实例化的。它们用于派生其他的对象类型，或用来指出某一个域包含的节点，该节点可以由其派生节点替代。具体节点类型派生于抽象节点类型，并且可以实例化。一个对象接口的实现应该符合 ISO/IEC 19775-2 中接口规范的定义。

详细信息见 4.9，以获取更多信息。

4.4.2.5 对象生命周期

节点有一个生命周期：节点可以被创建、使用和最终销毁。如果一个节点满足以下条件中的一个或多个，则这个节点被认为是活动的：

a) 节点是场景的根节点；

b) 节点被一个活动节点的域引用；

c) 活动脚本引用到这个节点；

d) 外部程序引用到这个节点。

规则 b)和 c)递归地进行应用，以便涵盖整个活动场景图。

依据对节点的实例或对原型的场景图的实例化，浏览器隐式地创建在文件中实例化的节点。节点也可以通过编程方式被实例化；在这种情况下，节点的生命周期包括了更多的离散步骤。详细信息见 ISO/IEC 19775-2。

4.4.3 DEF/USE 语法

使用 DEF 关键字命名的节点，可以在命名后在该文件中使用 USE 或 ROUTE 语句通过名字引用。USE 语句不会建立该节点的拷贝。而是把该节点再次插入到场景图中，使得该节点有多个父节点。多次引用一个节点的实例被称为实例化。

节点命名的适用范围被限定在单一的 X3D 文件、原型定义或者字符串中，此字符串或者提交给 CeateX3DFromString 浏览器扩展，或者提交给在脚本中 SFNodes 的构造机制。给定一个命名为"NewNode"的节点(即 DEF NewNode)，任何在 NewNode 范围内的 SFNode 域或 MFNode 域中的"USE NewNode "声明都指向 NewNode(限制自我引用节点，见 4.3.5)。

在关联的 DEF 关键字出现的上下文中，节点的名称应是唯一的。

4.4.4 原型语义

4.4.4.1 简介

PROTO 语句根据已经存在(内置或原型)的节点类型来定义一个新节点类型。一旦被定义，原型节点类型可以像内置节点类型一样，在场景图中直接被实例化。

在每个 X3D 文件中，节点类型的名称应该是唯一的。在同一使用范围内，如果原型名字和内置节点类型或已定义的原型名字相同，则结果不确定。

4.4.4.2 PROTO 接口声明语法

原型接口为新的节点类型定义了域和域的访问方式。接口声明包括类型、名称和原型域的缺省值(仅对 initializeOnly 域和 inputOutput 域)。

接口声明可以包含 inputOutput 域的声明，这样可以方便地同时定义 initializeOnly 域、inputOnly 域以及 outputOnly 域。如果声明了一个名字为 *zzz* 的 inputOutput 域，就相当于同时分别声明了一个名字为 *zzz* 的 initializeOnly 域、名字为 *set_zzz* 的 inputOnly 域以及一个名字为 *zzz_changed* 的 outputOnly 域。

每一个原型实例，可以被视为一个原型的完整拷贝，这个实例有它自己的域值和原型定义的拷贝。原型节点通过标准的节点语法来实例化。例如，原型(有一个空的接口声明)：PROTO Cube[]{Box{}}，可以这样被实例化：shape{geometry Cube{}}。

在 PROTO 接口声明语句中，用户自定义域名时，建议遵循 4.4.2.2 描述的命名习惯。

如果原型声明的 outputOnly 域和一个 inputOutput 域有关系，该 outputOnly 域的初始值应该是 inputOutput 域的初始值。如果该 outputOnly 域和多个 inputOutput 域相关，其结果不确定。

4.4.4.3 PROTO 定义语法

原型定义包含一个或多个节点、嵌套的 PROTO 语句以及 ROUTE 语句。第一个节点类型将决定如何对 X3D 文件中的原型实例化。通过给原型定义的参数赋值，以及在原型实例化时插入第一个节点(及其场景图)的拷贝，来创建实例。举例来说，如果原型定义中的第一个节点是 Material 节点，原型的实例就可以用在任何 Material 节点可用的地方。原型定义中其他任何节点及其相关的场景图，都不属于变换层级，但可以在原型定义中被 ROUTE 语句或脚本节点引用。

通过在节点中使用 IS 语句，可以在原型定义中节点的域与原型接口声明的域之间建立关联。当从一个 X3D 文件读取原型实例时，可能给出原型接口域的域值。如果指定了域值，则原型定义中所有为此域定义了 IS 语句的节点都可以使用该域值。类似的，当原型实例的输入域接收到一个事件，该事件将被传送给所有为此事件定义了 IS 语句的节点。原型实例中定义了 IS 语句的节点产生了一个输出事件时，这个事件(通过路由)被送到所有与该原型实例的输出域关联的输入域。

IS 语句可以使用在原型定义中任何可以使用域的地方。IS 语句应指向原型接口声明的域。如果 IS 语句使用到了不存在的声明,则结果不确定。如果域通过 IS 语句关联,域的类型和原型接口定义中声明的类型不匹配,则结果不确定。例如,SFColor 与 SFVec3f 关联是非法的。SFColor 与 MFColor 关联也是非法的,反之亦然。

如果 IS 语句如下,则结果是不确定的:

- inputOnly 域关联到 initializeOnly 域或 outputOnly 域;
- outputOnly 域关联到 initializeOnly 域或 inputOnly 域;
- initializeOnly 域关联到 inputOnly 域或 outputOnly 域。

原型接口中的 inputOutput 域只能和原型定义中的 inputOutput 域关联,但是原型定义中的 inputOutput 域可以和原型接口声明中 inputOutput 域、inputOnly 域,或 outputOnly 域关联。当在原型定义中的 inputOutput 域和原型声明中的 inputOnly 域或 outputOnly 域建立关联时,可以使用简写的 inputOutput 域名(如,*translation*),或者使用完整的域名(如,*set_translation* 或 *translation_changed*),二者都是有效的。表 3 给出了原型声明中的域访问类型和它的场景图节点(是表示合法的映射,否表示错误的映射)之间的映射规则。

表 3 原型声明映射到节点实例的规则

		原型(接口)声明			
		inputOutput	initializeOnly	inputOnly	outputOnly
原型(类)定义	inputOutput	是	是	是	是
	initializeOnly	否	是	否	否
	inputOnly	否	否	是	否
	outputOnly	否	否	否	是

在原型定义中,如果一个节点的域在原型接口中关联一个以上的域(即,原型定义中节点的域有多个 IS 语句),则结果未定。但是允许原型接口声明中的域对应多个 IS 语句。如果原型定义中一个节点的域既定义有初始值(即用域语句),又使用 IS 语句关联到原型接口中的域,则结果是未定的。如果一个原型接口有 outputOnly 域 E 和原型定义中的多个 ED_i 之类的 outputOnly 域关联,E 的值将是时间戳最大的事件产生的域值。如果两个或两个以上的 outputOnly 域产生时间戳相同的事件,则结果未定。

4.4.4.4 原型适用范围规则

在一个原型定义中出现的原型定义(即嵌套)适用范围被局限在这个封装的原型内部。嵌套的原型实现内部的 IS 语句可以引用最内层原型的原型声明。

一个 PROTO 语句确立一个 DEF/USE 命名适用范围,该命名独立于场景的其他部分,也独立于任何嵌套的 PROTO 语句。由原型内的 DEF 结构命名的节点不可以在原型适用范围外的 USE 结构引用。在原型适用范围外的 DEF 结构命名的节点不能在原型适用范围内的 USE 结构引用。

在一个文件中,原型可以在原型定义后的任何地方被实例化。原型不可以在内部实现中对自身实例化(即递归原型是非法的)。

4.4.5 外部原型语义

4.4.5.1 简介

EXTERNPROTO 语句定义了一个新节点类型。它相当于 PROTO 语句,但有两点不同。首先,节点类型的实现是储存在外部的，或是包含 PROTO 语句的 X3D 文件中，或是使用其他与实现相关的机制。其次，由于实现中会给出相应的值，所以域的缺省值没有给出。

4.4.5.2 EXTERNPROTO 接口语法

除了不在本地指定缺省域值，EXTERNPROTO 的语法和 PROTO 语句是完全一样的。此外，直到该节点实现被定位之前，发送到一个外部原型节点实例的事件可能被忽略。

当定义被加载后，浏览器将使用以下规则（按优先次序）确定 inputOutput 域的初始值：

a) 实例化时，用户定义的值（如果指定了）；

b) 域类型的缺省值。

对 outputOnly 域，启动时的初始值将使用该域类型的缺省值。加载 EXTERNPROTO 时，如果发现了 outputOnly 域的初始值，那么，使用该域值并且没有事件产生。

接口声明中域的名称和类型应当是实现中定义了的一个子集。用不匹配的名字声明域是错误的，名称匹配但类型不匹配时声明域也是错误的。

建议在 EXTERNPROTO 接口声明中定义域名时遵循 4.4.2.2 中描述的命名习惯。

4.4.5.3 EXTERNPROTO URL 语法

在接口声明后规定的字符串，来指定原型实现所在的位置。如果指定了多个字符串，浏览器按优先顺序搜索。关于 URL 的更多信息，见第 9 章。

如果 EXTERNPROTO 语句中的一个 URL 指向一个 X3D 文件，那这个 X3D 文件中的第一个 PROTO 语句（不包括 EXTERNPROTOs）用来定义外部原型。这时原型名字不必与 EXTERNPROTO 语句中给出的名字匹配。如果 EXTERNPROTO 语句中的 URL 指向的是一个非 X3D 文件，则结果未定。

为创建可重用的 PROTO 定义库，浏览器需要能识别 EXTERNPROTO URLs 中以“＃名字”结尾的，用来表示 X3D 文件中指定“名字”的 PROTO 语句。举例来说，一个标准的素材库可被储存在一个名为“materials.wrl”的 X3D 文件中，如下：

示例：

```
＃X3D V3.0 utf8
PROTO Gold   [] { Material { …} }
PROTO Silver[] { Material { …} }
    …etc.
```

这个库中的素材使用方式如下：

示例：

```
＃X3D V3.0 utf8
EXTERNPROTO GoldFromLibrary[] "http://…/materials.wrl＃Gold"
  …
Shape {
  appearance Appearance { material GoldFromLibrary {} }
  geometry  …
}
…
```

4.4.6 导入/导出语法

4.4.6.1 简介

为了建立事件路由，IMPORT 特征允许创作者把内联节点中定义或通过编程创建的内容整合到文件的名空间中。外部原型(见 4.4.5)允许访问外部文件定义节点的单个域,而 IMPORT 允许使用单个语句访问外部文件定义节点的所有域。

从内联文件中导入节点可以用 IMPORT 和 EXPORT 两条语句实现。IMPORT 语句用在包含文件中,定义了整合到该文件命名空间的内联文件中的节点。EXPORT 语句用在被导入的文件中,用来定义在其他文件中也可以访问该文件中的节点。

4.4.6.2 IMPORT 语义

X3D 文件中的 IMPORT 语句描述了导入的内联文件中定义的节点或编程方式建立的内容,这些将整合到该 X3D 文件的命名空间中,以建立事件路由。一旦导入了一个节点,事件就可以通过路由发送到它的域,或通过路由接收从这个节点域输出的事件。IMPORT 语句由以下几个部分组成:

a) 导入节点所在的内联文件名字;

b) 导入的节点名字;

c) 在运行时命名适用范围内,为导入节点使用一个别名,避免名称冲突。

导入语句的语法如下:

d) 节点一旦被导入,按照 DEF 中定义的方式进行路由;

e) 使用 IMPORT 语句导入到 X3D 场景的节点,可以不再通过 USE 语句来实例化;

f) 只有在内联文件中使用 EXPORT 语句导出的节点,才可以使用 IMPORT 语句来导入。

以下例子说明如何使用 IMPORT 语句(经典的 VRML 编码语法):

示例:

```
DEF I1 Inline {
  url "someurl.x3d"
}
      ...
  IMPORT I1.rootTransform AS I1Root
  DEF PI PositionInterpolator { …}
  ROUTE PI.value_changed TO I1Root.set_translation
```

在上面的例子中,用 rootTransform 定义 someurl.x3d 文件中使用 EXPORT 语句导出的 Transform 节点(见 4.4.6.3)。可选关键字 AS 为 rootTransform 定义一个别名,在包含此节点的场景中可以直接使用 I1Root 来引用节点。

4.4.6.3 EXPORT 语法

X3D 文件中的 EXPORT 语句指定内联文件中可以导入到在其他场景中的节点。只有使用 EXPORT 语句导出的名字才能被导入到另一个文件中。EXPORT 语句由以下部分组成:

a) 导出的节点的名字;

b) 导出此节点到其他文件时,可使用的别名。

EXPORT 语句语法如下:

c) 导出的节点一旦被导入到包含场景中,就可以在这个场景中按照 DEF 中的节点定义方式使用路由;

d) 导出节点导入到包含场景后,可以不再通过 USE 语句来实例化;

e) 导出不能通过文件传递;即使用 IMPORT 语句导入到场景中的一个节点,不能使用 EXPORT 语句导出到其他场景。

以下例子说明如何使用 EXPORT 语句(经典的 VRML 的编码):

示例:

```
  DEF T1 Transform {
```

```
...
}
...
EXPORT T1 AS rootTransform
```

在上面的例子中，T1 被导出，被其他 X3D 场景使用。可选关键字 AS 给 rootTransform 定义 T1 作为导出的名字，即其他场景可以只使用名字 rootTransform 导入该节点。

4.4.7 运行时命名(name)范围

每个 X3D 浏览器定义了 个运行时命名范围，它包括了当前场景图包含的所有根节点以及这些根节点的所有子节点，但不包括隐藏在其他命名范围中的节点。原型建立一个命名范围，因此原型实例中的节点对父命名范围不可见。

如上面说明的限制，每个内联节点或原型实例同时定义了一个运行时命名范围，其中包括由内联节点所引用的文件中的所有根节点，或原型定义的所有的根节点。可以加入其他的节点或扩展机制来指定它们自己的命名适用范围。

IMPORT 特性允许内联文件(Inline files)中定义节点整合到包含场景图的运行时命名范围中。一旦遇到 IMPORT 语句，新名字可以完全像任何其他节点一样使用路由或编程(即可以使用 ROUTE 语句，或使用 SAI 调用)来对域进行访问。内联导入的名字应在内联文件中使用 EXPORT 语句显示的声明为可导出；只有使用 EXPORT 语句导出的名字，才可以被导入到其他的运行时命名范围中。关键字可选项 AS 允许给导出节点分配唯一的名字，以避免在含有场景图的运行时命名范围内命名冲突。

动态(使用 X3D 场景访问接口)生成的节点，在添加到场景图之前，不属于任何运行时命名范围，当加入场景图后，成为其父节点(们)的命名适用范围中的一部分。一个节点可以属于一个以上运行时命名范围。当节点从场景图中被删除时，它同时也应从运行时命名范围内被移除。

4.4.8 事件模型

4.4.8.1 事件

在 X3D 运行环境中，*事件*是产生行为的主要手段。事件贯穿整个 X3D：驱动基于时间的动画；处理对象拾取；检测用户的运动和碰撞；改变场景图层。按照预先定义的规则，运行环境管理事件在整个系统中的传播。

节点定义了输入域(如带 inputOutput 或 inputOnly 的访问域)，该输入域可以触发节点行为。当某一特定事件发生时，其节点接到通知，并可以改变其中一个或多个域的内部状态和值。节点也定义输出域(如 inputOutput 或 outputOnly 访问域)，该域发送状态变化信号或节点中发生的其他事件。本标准中发送到输入域的事件和输出域发出的事件统称为*事件*。

4.4.8.2 路径

*路径*允许创作者声明把一个节点的输出事件，连接到其他节点的输入事件上，这样提供了一种不必编程就可实现复杂的行为的方法。在路由中，一个输出事件发生，相应目标的输入事件就会接到通知，同时可以对这种变化进行响应处理。处理过程可能改变节点的状态，产生额外的事件，或者改变场景图的结构。路由可以在 X3D 文件中声明创建或通过 SAI 以编程方式调用。

路由不是节点。ROUTE 语句在两个指定节点的域之间，建立事件路径。ROUTE 语句可以出现在 X3D 文件的顶层位置，也可以出现在节点中任何可以出现的节点中。ROUTE 语句应该放置在路由的源节点和目的节点定义之后，而不能放置在源节点中或目的节点中。路由语句遵循 4.4.7 中描述的命名空间规则。

目的域的类型应该和源域的类型一样，除非使用特定的组件或支持等级对这条规则进行扩展。

冗余路由将被忽略。如果X3D文件中有重复的路由路径,第二次及以后相同的路由都将被忽略。这条规则也适用于X3D SAI动态生成的路由。

通过X3D原型机制创建的节点,使创作者有机会以自定义的方式处理接收到的事件。原型化的节点通过其接口域收到的事件可以被路由到原型的内部节点以进行处理,其结果可以通过其他的接口域再传播到原型之外。这样通过使用脚本节点的内部脚本编写支持,创作者也可以给一个接口域添加编程处理逻辑。

4.4.8.3 执行模型

一旦感知器或脚本产生了*初始事件*,这个事件从产生事件的域,沿着所有可能的路由,传播到其他节点。这些其他节点可能回应,并产生额外的事件,事件将一直传播,直到遍历过所有路由。这一过程被称为*事件级联*。所有在某一特定的事件级联中产生的事件,都被指派了和初始事件相同的时间戳,因为所有这些事件都被认为是瞬时发生的。

一些感知器会同时产生多个事件。同样的,有可能异步产生的事件会同时到达,就像一个或多个感知器产生了事件一样。在这种情况下,所有产生的事件属于同一初始事件级联的一部分,并且每一个事件都有相同的时间戳。并不要求考虑应用事件的顺序。符合性要求的X3D场景,应该能以任意顺序,容纳同步事件。

当遍历过所有的初始事件级联中的事件后,后续事件处理将执行由此事件级联驱动的动作。在一个时间戳内,浏览器需要按以下的动作顺序执行:

a) 基于当前视点位置和朝向的更新相机;

b) 计算感知器的输入值;

c) 计算路由;

d) 如果步骤b)和c)产生了新的事件,则转到步骤b)并继续下去。

对于支持脚本节点和场景访问接口的配置文件,上述顺序可能会产生一些中间步骤。详情见第29章和ISO/IEC 19775-2。

图3提供了一个概念执行模型。

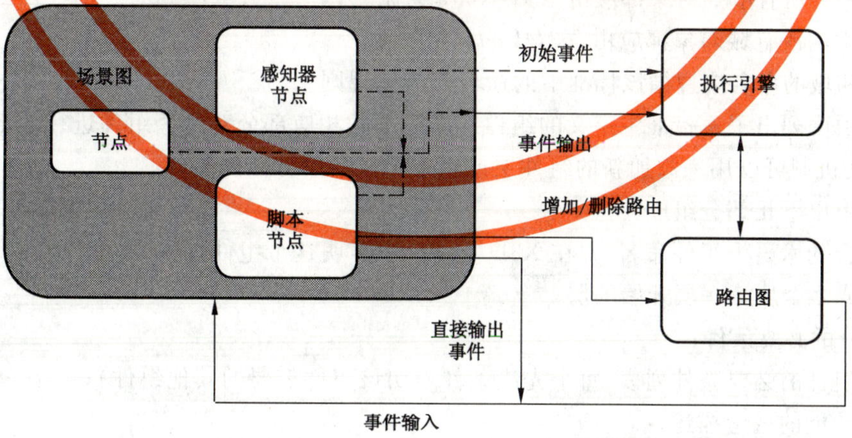

图3 概念执行模型

含有输出事件的节点,在每个时间戳里每个域最多只能产生一个事件。如果一个域通过路由连接到另一个域,一次实现每个时间戳每个路由只会发送一个事件。这也适用于脚本,为了发送输出事件,确定如何做出适当行动的规则的定义见第29章。

4.4.8.4 循环

事件级联可能产生循环，即事件 *E* 路由到一个节点，这个节点产生一个事件，这个事件最终导致再次产生事件 *E*。用于限定每个时间戳不循环产生事件的循环中断规则，见 4.4.8.3。这一规则同样适用于中断不同感知器节点循环依赖性造成的循环。

4.4.8.5 扇入和扇出

当两个或两个以上路由到同一个目的域时发生*扇入*(Fan-in)。所有的事件都被看作同时接收的，不考虑这些事件的处理顺序。

当一个域是两个或两个以上的路由的源域时发生*扇出*(Fan-out)。域产生的任何事件都会沿所有路由发送。所有的事件都被看作同时发送的，不考虑这些事件的处理顺序。

4.5 组件

4.5.1 概述

X3D 组件是由不同的 X3D 对象和服务按以下描述的方式构成的相关功能集合。

本标准中规定了一些组件，这些组件在其他地方可能被定义。本标准还规定了一个 X3D 组件应当满足的需求集。按照组件规范，组件可以被组织到子集中。应该给子集命名，以在文件头声明或配置文件中使用。

新组件的定义或者通过制定本标准的新部分或者通过注册。通过对本标准相应部分的修订或通过注册，可以向已经定义的组件中添加新的功能。可以通过添加一个或更多新层的形式，来扩展该标准中已经提供的功能，添加新的功能。已经定义的层将不再更改。每一个新增加的层都要满足以前组件定义的需要。

4.5.2 定义组件

定义组件的要求如下：

a) 组件中的所有节点对象都应由 *X3DNode* 类派生；

b) 组件中的所有域对象都应由 *X3DField* 类派生；

c) 节点和域的命名应遵循该标准中的命名的语法规则。

在组件索引中列出了本标准中定义的组件。本标准的相应部分对这些组件进行了定义。在任何情况下，X3D 扩展机制可以用来添加新的组件层或用来定义新的分离的组件。

每个组件由以下几部分组成：

d) 用适合的术语为组件命名，并在 X3D 文件头中声明这个组件；

e) 一个或多个从第一层开始的层；

f) 本部分的必要条件；

g) 每个组件的必要条件列表(每个先决条件声明该组件需要的其他组件)；

h) 组件功能的概念描述；

i) 节点的定义，包括节点所处的层次；

j) 组件符合性的声明。

4.5.3 基本组件

本标准中规定了一些组件，这些组件在其他地方可能被定义。组件索引列出了 X3D 官方正式认定的 X3D 组件。

组件是通过描述组件支持的功能来描述的。其后是组件的抽象节点规范，也可以没有。再后面是组件的具体节点规范。最后，指明支持等级。

表 4 列出了支持等级。第一列列出了支持等级的标号。第二列指明了先决组件，即指定组件的支持等级需要的组件。每一个新层及其先决条件在表中占用一行。随后直至下一个新层的行，用来指定该层的支持节点。第三列指明该支持等级全部或部分地支持的节点和组件的特性。第四列指明该支持等级对特定功能或节点的任何限制。对于每个支持等级 i+1 ，前一支持等级支持的所有特性，在该层也支持。

在第二列中，支持等级的每一个先决条件，按照组件名和该组件的支持等级列出来。这表明该组件和支持等级，也需要作为先决条件列出的组件和支持等级的支持。如果没有先决条件，用“ None”指明。

在第三列，先列出支持等级的抽象节点，再列出支持等级的具体节点。

在第四列，“n/a”表示“不适用”。当一个域使用“可选择支持”时，表示 X3D 浏览器并不需要支持该域的工作。如果一个节点的所有域是完全支持的，用“全部支持”表示。

表 4 是一个支持等级表的例子。

表 4　实例的支持等级表

等级	前提条件	节点/特性	支持
1	Core 1 Networking 2		
		X3DTimeDependentNode(抽象)	n/a
		Node1Name	选择性支持的域
		Node2Name	完全支持的所有域
2	Level 1 nodes		Level 1 中支持的所有域
	NodeName		完全支持的所有域

任何由修订或在本标准新的部分定义的新组件，应使用相同的格式来指定功能。

4.6　配置文件

4.6.1　概述

ISO/IEC 19775 支持配置文件(profile)的概念。配置文件是为实现与配置文件相一致所需要支持的一组指定的功能和需求。配置文件定义为组件集合和其相应组件的层级，同时这个集合中包括所有对象的最小支持标准。

ISO/IEC 19775 的本部分为了满足不同的需求集，定义了 6 个初始配置文件：

a)　Core 配置文件(见附录 A)；

b)　Interchange 配置文件(见附录 B)；

c)　Interactive 配置文件(见附录 C)；

d)　MPEG-4 Interchange 配置文件(见附录 D)；

e)　Immersive 配置文件(见附录 E)；

f)　Full 配置文件(见附录 F)。

每个需求集用来支持特殊顾客的需要。这些配置文件表现的功能可能不能涵盖所有的顾客需要的功能。因此，本部分允许通过对相应部分的修订或通过注册，来定义额外的配置文件。

遵循某配置文件的系统，将支持相应配置文件中定义的全部对象集和兼容性。

4.6.2 配置文件定义

每个配置文件定义由以下几部分构成：

a) 用合适的术语为配置文件命名的名字，在 X3D 文件头中声明这个组件；

b) 一个此配置文件用途的介绍；

c) 此配置文件中包含的组件及组件层的列表；

d) 此配置文件的符合性标准的声明；

e) 此配置文件的节点类型集列表以及此配置文件的 X3D 文件限制和每个节点类型的最小浏览器支持的声明的列表；

f) 此配置文件的其他限制的列表；

g) 此配置文件的其他详细信息。

4.7 支持等级

可以在不同的等级或服务质量上支持 X3D 规范。每个 X3D 组件可以使用一个数字来指定一个特定的服务等级，数字越大的等级表示更高的服务质量。更高的服务等级可能有以下的特征：

a) 特性的存在(或缺少)；

b) 特定特性的改进支持；

c) 更严格的语法定义；

d) 更严格的符合性要求。

注意，不同特性之间的服务等级并不需要对应。例如，一个配置文件可能包括一个支持第二等级的组件，同时包括另一个支持第一等级的组件。只要相应特性整合适当，满足行为确定性(在实际应用中的限定)，并且满足相应配置文件和组件定义的符合性要求，任何配置文件可以由不同服务等级定义的组件组成。

4.8 数据编码

X3D 运行时架构与数据编码格式是无关的。X3D 内容和应用软件可以使用不同的编码，包括文本编码(采用 XML 或经典的 VRML 语法)或二进制编码，压缩或未压缩编码。本标准包括了抽象的数据编码格式规范，定义了 X3D 场景的结构：对象之间的层次关系，对象的初始值，对象之间的数据流连接。所有具体的 X3D 数据编码都要遵从这个抽象的规范。

根据应用需要和适应指定组件或配置文件的要求，浏览器和生成器可以选择支持任一种或全部的标准编码格式。

X3D 全部的编码规范见 ISO/IEC FCD 19776。

4.9 场景访问接口

X3D 提供了一个应用程序接口(API—Application Programming Interface)扩展集，称为场景访问接口(SAI—Scene Access Interface)，以便在运行时动态地访问场景。通过使用这些 SAI，开发者可以建立或删除节点，向节点发送事件，(通过*路由*)在节点之间建立联系，读取或设置节点的域值，遍历场景图，控制浏览器的操作。程序化的访问可以是*内部的*(*internal*)(比如像在场景图中建立自定的元素)；或*外部的*(*external*)(比如连接到场景之外的诸如 web 浏览器之类的主应用程序)。内部访问由特殊的 *Script*(*脚本l*)节点支持。Script 节点允许开发者连接编程语言功能和对象类到场景图。脚本的域自动地映射到和脚本关联的对象的属性和方法上。Script 节点代码可以产生事件，并在运行环境中传播回场景图。外部访问通过整合 X3D 运行时系统和一系列运行时编程语言库来支持。

X3D SAI 规定了一个语言无关的服务集，可以绑定到许多编程语言或脚本语言。对于 X3D SA 服务的完整规范和组件模型接口,其细节描述见 ISO/IEC 19775-2。ISO/IEC 19775-2 中的服务绑定语言的规范按 ISO/IEC FCD 19777 中的定义。通过 Script 节点的内部程序化访问的细节描述见第 29 章。

4.10 组件与配置文件注册

通过注册组件、新的组件层和配置文件,允许在本部分中定义新的概念。注册不支持修改任何现有的组件、组件层和配置文件。新功能注册将遵循 ISO 国际图形类注册权威(ISO International Registration Authority for Graphical Items)已制订的程序。这个程序需要提议者提供除层的编号外的所有的新的注册项的信息。层的编号(如果适用)由 ISO 国际图形类注册权威指定并管理。注册将依照 ISO/IEC 9973:1994 中的注册图形类的程序进行(见 ISO/IEC 9973:1994)。

5 域类型参考

5.1 概要

本章描述域的语法和一般语义,域是 X3D 中用来定义节点属性的基本数据类型。节点是由域组成的,域的类型在本章中定义。关于节点的更多信息见 4.4.2。

域类型总体上分为两种:包含单个值的域类型(这个值可以是单个的数字、向量,甚至一幅图像)和包含了多个值的有序表的域类型。单值域的名字以 SF 开头,多值域的名字以 MF 开头。多值域用一个排序表列出多个独立的值,如果域中的值的个数是 0,则它是空的,但仍需表示。

表 5 列出了本章的主题。

表 5 主题

• 5.1 概要	• 5.9 SFNode 和 MFNode
• 5.2 SFBool 和 MFBool	• 5.10 SFRotation 和 MFRotation
• 5.3 SFColor 和 MFColor	• 5.11 SFString 和 MFString
• 5.4 SFColorRGBA 和 MFColorRGBA	• 5.12 SFTime 和 MFTime
• 5.5 SFDouble 和 MFDouble	• 5.13 SFVec2d 和 MFVec2d
• 5.6 SFFloat 和 MFFloat	• 5.14 SFVec2f 和 MFVec2f
• 5.7 SFImage 和 MFImage	• 5.15 SFVec3d 和 MFVec3d
• 5.8 SFInt32 和 MFInt32	• 5.16 SFVec3f 和 MFVec3f

5.2 SFBool 和 MFBool

SFBool 域定义了单个布尔值,MFBool 域定义多个布尔值。每个布尔值可以是真(TRUE)或假(FALSE)。至于这些值是如何表示的,依赖于编码方法。

未经初始化的 SFBool 域的初始值是假(FALSE)。

未经初始化的 MFBool 域的初始值是一个空表。

5.3 SFColor 和 MFColor

SFColor 域定义了一个 RGB 颜色三元组。MFColor 域定义 0 个或多个 RGB 三元组。每种颜色以 RGB 三元组的形式写入 X3D 文件,其中每种颜色取值为(0.0,1.0)之间的浮点数。

未经初始化的 SFColor 域的初始值是(0 0 0)。

未经初始化的 MFColor 域的初始值是一个空表。

5.4 SFColorRGBA 和 MFColorRGBA

SFColorRGBA 域定义了一个 RGBA(红色-绿色-蓝色-不透明度)颜色四元组,这个四元组包含了 alpha(不透明度)信息。MFColorRGBA 域定义 0 个或多个 RGBA 四元组。每种颜色分量作为一个取值于(0.0,1.0)之间浮点数的 RGBA 四元组写入 X3D 文件。alpha 在 0.0(完全透明)到 1.0(完全不透明)之间取值。

未经初始化的 SFColorRGBA 域的初始值是(0 0 0 0)。

未经初始化的 MFColorRGBA 域的初始值是一个空的列表。

5.5 SFDouble 和 MFDouble

SFDouble 域定义了一个双精度浮点数,MFDouble 域定义了 0 个或多个双精度浮点数。SFDouble 和 MFDouble 在 X3D 文件中的表示方法由相应的编码方法定义。

实现这两个域的目的是利用处理器的双精度浮点数的处理能力。然而,假如能达到至少 14 位小数的精度,并且这时对于正数或负数指数至少达到[-12,12],也可以用定长小数实现这个域。

未初始化的 SFDouble 域的初始值是 0.0。

未初始化的 MFDouble 域的初始值是一个空表。

5.6 SFFloat 和 MFFloat

SFFloat 域定义了一个单精度浮点数,MFFloat 域定义了 0 个或多个单精度浮点数。SFFloat 和 MFFloat 在 X3D 文件中给出了描述,就像在各自的编码中定义的那样。

实现这两个域的目的是利用处理器的单精度浮点数的处理能力。然而,如果保留至少 6 位小数的精度,并且对于正负数的指数取值达到[-12,12],也可以用定长小数实现这个域。

未初始化的 SFFloat 域的初始值是 0.0。

未初始化的 MFFloat 域的初始值是一个空表。

5.7 SFImage 和 MFImage

SFImage 域定义了一个未压缩的 2 维像素图像。SFImage 域包括 3 个整数,分别表示宽度、高度和图像分量数,接着是(宽度×高度)个十六进制数或者是整数值,表示图像的像素。MFImage 域包含 0 个或多个 SFImage 域。MFImage 域中的各幅图像的数值(宽度、高度、分量数)可以不同,所以十六进制或整数值的数量也就可能不同。

像素值限制为 256 个亮度级,例如,0~255(十进制)或 0x00~0xFF(十六进制)。只含有一个分量的图像用一个字节的十六进制数或整数来表示图像的亮度。例如,0xFF 在十六进制下是全亮(在十进制下是 255),0x00 是没有亮度(在十进制下是 0)。2 分量图像表示为:第一个字节(高)指明亮度,第二个字节(低字节)指明透明度。3 分量图像表示为:第一个字节(高字节)指明红色部分,接着是绿色和蓝色部分,如 0xFF0000 是红色,0x00FF00 是绿色,0x0000FF 是蓝色。在 4 分量图像中,红、绿、蓝之后定义了一个表示透明度的 alpha 字节,例如,0x0000FF80 是半透明的蓝色,取值 0x00 表示完全透明,0xFF 表示完全屏蔽。注意 alpha 等于(1.0 -透明度),如果 alpha 和透明度都在 0.0 到 1.0 之间取值的话。

每个像素作为一个无符号数被读入。例如,一个 3 分量像素值是 0x0000FF,也可以被写作 0xFF(十六进制)或 255(十进制)。像素按照由左至右,由下到上的顺序来定义。第一个十六进制值是左下角的像素,最后一个值是右上角的像素。

SFImage outputOnly 域的初始值是(0 0 0),MFImage 域的初始值是一个空表。

5.8 SFInt32 和 MFInt32

SFInt32 域定义一个 32 位的整数。MFInt32 域定义了 0 个或多个 32 位整数。SFInt32 域和 MFInt32 域都是带符号整数。

未初始化的 SFInt32 域的初始值是 0。

未初始化的 MFInt32 域的初始值是一个空表。

5.9 SFNode 和 MFNode

SFNode 域定义一个 X3D 节点。MFNode 域定义了 0 个或多个节点。

未初始化的 SFNode 域的初始值是 NULL。

未初始化的 MFNode 域的初始值是一个空表。

5.10 SFRotation 和 MFRotation

SFRotation 域定义一个任意的旋转。MFRotation 域定义了 0 个或多个任意的旋转。一个 SFRotation 是作为 4 个浮点数写入 X3D 文件的这个浮点数的形式由相应编码定义。前 3 个数值定义了一个规范化的旋转轴向量，第 4 个值定义了相对旋转轴发生的右手旋转量，以弧度值表示。

旋转(x y z a)用一个 3×3 矩阵表示为

$$\begin{bmatrix} tx^2 + c & txy + sz & txz - sy \\ txy - sz & ty^2 + c & tyz + sx \\ txz + sy & tyz - sx & tz^2 + c \end{bmatrix}$$

其中 $c = \cos(a)$，$s = \sin(a)$，$t = 1 - c$

未初始化的 SFRotation 域的初始值是(0 0 1 0)。

MFRotation 域的初始值是一个空表。

5.11 SFString 和 MFString

SFString 域和 MFString 域包含用 UTF-8 通用字符集编码的字符串(见 ISO/IEC 10646)。SFString 定义一个字符串。MFString 定义 0 个或多个字符串。字符串被定义为一串 UTF-8 八位字节。

字符串中可以出现任意字符(包括换行符和“#”)。

未初始化的 SFString outputOnly 域的初始值是一个空的字符串。未初始化的 MFString 域的初始值是一个空表。

在 ISO/IEC 10646 中定义的字符被编码为多个八位字节。编码空间分成 4 个单元，如下：

```
+-----------+-------------+----------+----------+
| Group-octet | Plane-octet | Row-octet | Cell-octet |
+-----------+-------------+----------+----------+
```

ISO/IEC 10646 允许两种字符的基本形式：

a) UCS-2(通用多八位编码字符集-2)。这种形式就是我们知道的 BMP。字符在较低的 2 个八位字节编码(row 和 cell)；

b) UCS-4(通用多八位编码字符集-4)。字符在 4 个八位字节中全都被编码。

另外，它还接受这 2 种转换格式(UCS 转换格式或 UTF)：UTF-8 和 UTF-16。每一种都表示出其转换特性：8 位或 16 位。UTF-8 和 UTF-16 见 ISO/IEC 10646。

UTF-8 维持了所有 ASCII 码值(0…127)的透明性。允许 ASCII 文本(0x0..0x7F)不做任何改变,把字符编码为 0x80 到 0x7FFFFFFF 的数,用至多 6 个字节表示。

如果第一个字符的最高有效位是 0,那么剩下的 7 位就被解释为 ASCII 字符。如果该位不为 0,则开头的第一位的数值就是接下来的字节数。在计数位和任何数据之间通常会有一个 0 位。

第一个字节是如下的一种。X 表示允许编码字符的位。

0XXXXXXX	只有 1 个字节	0..0x7F(ASCII)
110XXXXX	2 个字节	最大字符数值是 0x7FF
1110XXXX	3 个字节	最大字符数值是 0xFFFF
11110XXX	4 个字节	最大字符数值是 0x1FFFFF
111110XX	5 个字节	最大字符数值是 0x3FFFFFF
1111110X	6 个字节	最大字符数值是 0x7FFFFFFF

其他所有字节格式都是 10XXXXXX。

看一个 2 字节的例子,注册商标符号®,编码为 0x00AE(见 ISO/IEC 10646 的"UCS-2"),在 UTF-8 中有如下 2 种字节编码:0xC2 和 0xAE。

5.12 SFTime 和 MFTime

SFTime 域定义一个时间值,MFTime 域定义 0 个或多个时间值。时间值被定义为双精度浮点小数。双精度浮点小数的合法形式在特定编码中有定义。时间值指的是从一个确定的时间原点开始经过的秒数。通常,SFTime 域表示从 1970 年 1 月 1 日 00:00:00 GMT 起经过的秒数。

未经初始化的 SFTime 域的初始值是−1,MFTime 域的初始值是一个空表。

5.13 SFVec2d 和 MFVec2d

SFVec2d 域定义一个 2 维向量。MFVec2d 域定义了 0 个或多个 2 维向量。SFVec2d 和 MFVec2d 用一对双精度浮点小数值来表示。(见 5.5)

双精度浮点小数的合法形式在编码中有定义。

未经初始化的 SFVec2d 域的初始值是(0 0),MFVec2d 域的初始值是一个空列表。

5.14 SFVec2f 和 MFVec2f

SFVec2f 域定义一个 2 维向量。MFVec2f 域定义了 0 个或多个 2 维向量。SFVec2f 和 MFVec2f 用一对单精度浮点小数值来表示。单精度浮点小数的合法形式在特定的编码中有定义。

未经初始化的 SFVec2f 域的初始值是(0 0),MFVec2f 域的初始值是一个空表。

5.15 SFVec3d 和 MFVec3d

SFVec3d 域或事件定义一个 3 维向量。MFVec3d 域或事件定义了 0 个或多个 3 维向量。SFVec3d 和 MFVec3d 用一个双精度浮点小数值的三元组来表示(见 5.5)。双精度浮点小数的合法形式在编码中有定义。

未经初始化的 SFVec3d 域的初始值是(0 0 0),MFVec3d 域的初始值是一个空表。

5.16 SFVec3f 和 MFVec3f

SFVec3f 域或事件定义一个 3 维向量。MFVec3f 域或事件定义了 0 个或多个 3 维向量。SFVec3f 和 MFVec3f 用一个单精度浮点小数值的三元组来表示。单精度浮点小数的合法形式在特定的编码中有定义。

未经初始化的 SFVec3f 域的初始值是(0 0 0),MFVec3f 域的初始值是一个空表。

6 符合性

6.1 概要

6.1.1 主题

本章描述 X3D 文件、X3D 生成器和 X3D 浏览器的符合性。

表 6 列举了本章的主题。

表 6 主题

- 6.1 概要
  - 6.1.1 主题
  - 6.1.2 目标
  - 6.1.3 范围
- 6.2 符合性
  - 6.2.1 文件的符合性
  - 6.2.2 X3D 生成器的符合性
  - 6.2.3 X3D 浏览器的符合性
- 6.3 最小支持要求
  - 6.3.1 生成器的最小支持要求
  - 6.3.2 浏览器的最小支持要求

6.1.2 目标

本章规范的主要目标是：

a) 通过限制减少或者扩展 ISO/IEC 19775 的随意性来提高互操作能力；

b) 通过符合性测试的开发提高统一性；

c) 提高 X3D 浏览器显示结果的一致性；

d) 便于自动测试的产生。

6.1.3 范围

对于 X3D 文件和 X3D 浏览器，定义了符合性标准。对于 X3D 生成器，符合性准则的目的是增强互操作的能力。

*基本配置文件符合性*的定义用来保证 X3D 生成器和 X3D 浏览器的互用性。基本配置文件符合性是基于一组限制和最低需求。符合性的基本配置文件的意图是为 X3D 生成器提供一个合理的功能需求，同时限制 X3D 浏览器的复杂性和资源请求。符合性的基本配置文件文件可能并不满足所有的 X3D 应用。

本章阐述 X3D 数据流和实现需求。实现需求包括 X3D 生成器和 X3D 浏览器的范围。本章并不直接规范生成器或浏览器的环境、性能和资源要求。

本章不定义应用需求或者规定使用 X3D 文件的应用程序的功能

本章的范围限定于 X3D 内容的公共交换规则。

6.2 符合性

6.2.1 文件的符合性

根据本部分内容，如果满足以下条件，则认为一个 X3D 文件在*语法上是正确*的：

a) X3D 文件包含一个 X3D 头声明语句作为它的第一个元素(见 7.2.5.2)；

b) 包含的所有的实体与在本部分中相应的实体功能说明匹配。X3D 文件应遵循正式语法和其他所有的语法要求定义的关系；

c) X3D 文件中的实体顺序应该满足在本部分中说明的关系，产生在具中说明的结构；

d) X3D 文件的所有的字段值必须满足在本部分中说明的关系，产生在其中说明的结构；

e) 出现在 X3D 文件中的节点只能有以下类型：本标准指定的在对应的配置文件使用的节点；由于字符编码技术的需要而引入的节点；配置文件中 PROTO 或者 EXTERNPROTO 定义的并且在当前限制范围内可用的节点；

f) X3D 文件根据 ISO/IEC FCD 19776 规则进行编码(见 ISO/IEC FCD 19776)；

g) 这不包含行为定义，因为在本部分中没有定义。

6.2.2 X3D 生成器的符合性

如果生成的所有的 X3D 文件都是语法上正确的，且满足在 6.2.1 中的要求，则 X3D 生成器是符合本标准的。

如果一个 X3D 生成器能够被配置成它所生成的所有 X3D 文件都符合某个配置文件模板，那么就说明这个生成器是符合这个配置文件模板的。

6.2.3 X3D 浏览器的符合性

如果一个 X3D 浏览器满足如下条件，它便具有符合性：

a) 它能够读取浏览器支持的符合配置文件的任意 X3D 文件；

b) 在本章以及配置文件规定的限制下，它为所有抽象接口提供功能实现，以提供给那些继承接口的具体节点使用；

c) 在本章以及配置文件规定的限制下，在任意符合可用的配置文件的 X3D 文件中，它呈现了 X3D 节点的图形和音频特征；

d) 在本章以及配置文件规定的限制下，它正确处理了用户交互和事件生成，就如在可用配置文件中说明的那样；

e) 它满足了对浏览器和可用配置文件的最小支持要求，和配置文件的最小支持要求表中列举的一项。

6.3 最小支持要求

6.3.1 生成器的最小支持要求

X3D 生成器不能确定需要(或适合)的最小的复杂性。任意的兼容节点集可以被生成出来，这些节点集合的复杂程度是可变的，以能够表达应用程序的内容，并且集合内的所有节点应符合相应配置文件中的规定。

6.3.2 浏览器的最小支持要求

每个配置文件定义了它所支持的最小复杂性，其应被 X3D 浏览器支持。选择的浏览器的执行程序能够支持更高级的复杂度，这样就不需要降低应用配置文件描述的限制了。当 X3D 文件包含由浏览器实现的超出限制的节点时,结果是不可预知的。在浏览器最小支持列中的短语“可选支持”仅仅指得是条目的陈列;特别地,*set_* events 为忽略输入输出域仍然能生成 corresponding *_changed* 事件。如果一个特殊的节点的范围在最小支持需求表中做出了限定,那么该点的其他参数应全部得到支持。

7 核心组件

7.1 简介

7.1.1 名称

本组件的名称叫“Core”。当在 COMPONENT 语句中引用这个组件时应使用本名称(见 7.2.5.4)。

7.1.2 概述

本章描述了本部分中的核心组件。核心组件支持 X3D 运行时系统的基本功能,这些功能包括抽象的基本节点类型、域类型、事件模型、路由。表 7 列出了本章的主题。

表 7 主题

- 7.1 简介
  - 7.1.1 名称
  - 7.1.2 概述
- 7.2 概念
  - 7.2.1 核心的概述
  - 7.2.2 可绑定子节点
  - 7.2.3 感知器
  - 7.2.4 元数据
    - 7.2.4.1 概述
    - 7.2.4.2 元数据的数据类型
    - 7.2.4.3 与 X3D 场景的集成
    - 7.2.4.4 将元数据指定给一个完整的 X3D 场景
  - 7.2.5 X3D 抽象结构
    - 7.2.5.1 组织
    - 7.2.5.2 Header 语句
    - 7.2.5.3 PROFILE 语句
    - 7.2.5.4 COMPONENT 语句
    - 7.2.5.5 META 语句
- 7.3 抽象类型
  - 7.3.1 *X3DBindableNode*
  - 7.3.2 *X3DChildNode*
  - 7.3.3 *X3DMetadataObject*
  - 7.3.4 *X3DNode*
  - 7.3.5 X3DPrototypeInstance
  - 7.3.6 *X3DSensorNode*
- 7.4 节点引用
  - 7.4.1 MetadataDouble
  - 7.4.2 MetadataFloat

表 7（续）

◦ 7.4.3 MetadataInteger ◦ 7.4.4 MetadataSet ◦ 7.4.5 MetadataString • 7.5 支持等级 • 表 7 主题 • 表 8 核心组件支持等级

7.2 概念

7.2.1 核心的概述

核心组件提供了所有 X3D 兼容执行所需要的最小的功能。核心组件提供了以下的抽象架构：

a) 从抽象类型 *X3DField* 衍生的 X3D 域类型；

b) 抽象的基本节点类型，包括 *X3DNode* 和 *X3DPrototypeInstance*；

c) 常用的界面，包括 *X3DBindableNode* 和 *X3DUrlObject*；

d) 只可以通过脚本的 API（应用程序界面）或外部场景存取的 API 来使用 *X3DRoute* 和 *X3DScene* 这样的工具类型；

e) X3D 事件模型和路由；

f) 抽象文件结构；

g) 原型。

核心组件是构成其他所有 X3D 组件的首要条件。

核心组件可以支持不同的层，允许符合 X3D 结构、对象模型、事件模型的不同范围的执行模式。详细的信息见第 4 章。

7.2.2 可绑定子节点

许多 X3D 节点例如 Background、TextureBackground、Fog、NavigationInfo、Viewpoint 都是可绑定子节点，这些节点都是由抽象节点类型 X3DBindableNode 衍生而成。这些节点具有一种独特的行为模式，每一类型的节点在同一时刻只有一个节点可以被绑定（如，影响用户体验）。浏览器为每种可绑定节点单独维护一个堆栈。每种可绑定节点都包括一个 *set_bind* inputOnly 域和一个 *isBound*outputOnly 域。*set_bind* inputOnly 域用来把给定的节点移到堆栈的顶部或从堆栈中移去。发送到 *set_bind* inputOnly 域的 TRUE 值将把节点移到堆栈顶部；发送的 FALSE 值将把节点从堆栈顶部移去。当节点发生以下情况的时候将输出 *isBound* 事件：

a) 节点被移动到堆栈顶部；

b) 节点被从堆栈顶部移去；

c) 节点被另一个放置到堆栈顶部的节点压到堆栈顶以下。

这就是说，当给定节点变为被激活或停止活动时发送 *isBound* 事件。每个相应类型中，在其堆栈顶部的节点（最近绑定的节点）是活动节点，浏览器根据活动节点来设置场景的状态。如果堆栈为空（例如 X3D 文件中不包含相应类型的可绑定节点或堆栈已经被弹空），则用相应节点类型的缺省值来设置场景的状态。如果一个被实例化（使用 DEF/USE）的可绑定节点被绑定，则结果不确定。

以下描述了〈*可绑定节点*〉（*bindable Node*），（Background、Fog、NavigationInfo、Viewpoint）类型的堆栈绑定行为的规则：

d) 在读取时,第一个遇到的〈*可绑定节点*〉将被弹到此〈*可绑定节点*〉堆栈的顶部,从而被绑定。Nodes contained Inlines 中包含的节点,或传输到 Browser. createX3DFromString()方法的字符串中的节点,或传输到 Browser. createX3DFromURL()方法中的 X3D 文件中的节点(见 ISO/IEC 19775-2),都不算做最先遇到的〈*可绑定节点*〉。原型实例中的第一个节点可以算作第一个遇到的〈*可绑定节点*〉。第一个遇到的〈可绑定节点〉发送一个 *isBound* TRUE 事件。

e) 当一个〈*可绑定节点*〉接受到一个 *set_bind* TRUE 事件时,

 1) 如果节点不在堆栈顶,当前的堆栈顶的节点发送一个 *isBound* FALSE 事件。新的节点被移到堆栈顶,并变为当前绑定的〈*可绑定节点*〉。堆栈顶的新的〈*可绑定节点*〉发送一个 *isBound* TRUE 事件;

 2) 如果节点已经在堆栈顶,则事件不发生影响。

f) 当一个〈*可绑定节点*〉接收到一个 *set_bind* FALSE 事件时,这个节点将被从堆栈中移除。如果这个节点在堆栈顶,

 1) 这个节点发送一个 *isBound* FALSE 事件;

 2) 堆栈中的下一个节点变为当前〈*可绑定节点*〉,(例如弹到堆栈顶)同时发送 *isBound* TRUE 事件。

g) 不在堆栈中的节点将忽略接收到的 *set_bind* FALSE 事件,同时也不会发送 *isBound* 事件。

h) 当堆栈顶的节点被另一个节点替代时,两个节点同时分别发送 *isBound* TRUE 和 FALSE eventOut 事件(例如有一个相同的时间戳)。

i) 如果删除绑定的节点,则产生与其接收到 *set_bind* FALSE 事件时相同的行为(见 7.2.2 中 f))。

如果一个可绑定节点被绑定,并且作为 LOD,Switch 节点的子节点,或者其他禁用了子节点的节点或原型的子节点时,结果是未知的。如果可绑定节点被绑定且导致和几何体产生冲突,则浏览器将会执行其自定义的导航调节,像用户导航到该处一样(见 23.3.2)。

7.2.3 感知器

感知器节点基于对场景图的外部输入产生事件。这包括用户输入,改变视点的环境,网络传输的信息,或系统计时。X3D 定义了以下类型的感知器:

a) 指点设备感知器(见第 20 章);

b) 环境感知器(见第 22 章);

c) 按键设备感知器(见第 21 章);

d) 载入感知器(见第 9 章);

e) 时间感知器(见第 8 章)。

感知器是层级中的子节点,因此可以作为组节点的子节点,见 10.2.1。

每种感知器类型都定义了何时产生事件。当多个感知器产生事件后,场景图的状态会按顺序根据的每个单个事件做出相应改变。如果多个感知器同时产生事件,而结果是基于事件顺序的,则场景图的状态将不确定。

不同类型的感知器之间可能会建立依赖性关系。举例来说,TouchSensor 可能会改变 VisibilitySensor 节点的位移,这种改变可能会影响 VisibilitySensor 节点的可见性状态。在执行时处理这种依赖性的详细描述见 4.4.8.3。

7.2.4 元数据

7.2.4.1 概述

元数据是指和 X3D 场景中物体相关联的信息,但并不被直接用于描述场景的表示。本部分定义了

一个抽象接口:*X3DmetadataObject*,该接口用于标识一个节点,该节点包含了元数据和使用不同数据类型指定元数据值的元数据节点。

7.2.4.2 元数据的数据类型

本部分声明了三种基本的表示类型:字符串、单精度和双精度浮点值、整型。每个元数据还包含两个字符串用于描述:

a) 元数据声明中指定的元数据标准(如果有);

b) 提供的特殊元数据的标识。

MetadataSet 节点用于支持一个特定的元数据的集合需要多于一个数据类型的情况。

7.2.4.3 与 X3D 场景的集成

X3Dnode 抽象节点类型声明了一个 SFNode 元数据域,只有继承自 *X3DmetadataObject* 的节点才可能拥有该数据域。如果元数据域为空,则意味着没有元数据和该节点相关联。由于 X3D 中的所有节点都继承自 X3Dnode,所以元数据可以放到 X3D 场景中的任何地方。

元数据并不是 X3D 场景描述的一部分。但是元数据节点可以有一个 DEF 名称,而且元数据节点域的值也可以被 SAI 服务访问。

X3D 浏览器并不解释元数据节点值域的内容。

可以通过将节点的元数据域赋给一个继承自 X3DmetadataNode 抽象节点类型的节点的方法将元数据赋给其他的 X3D 节点。

7.2.4.4 将元数据指定给一个完整的 X3D 场景

META 语句(见 7.2.5.5)可以用于将元数据赋给整个场景。

7.2.5 X3D 的抽象结构

7.2.5.1 组织

X3D 场景定义为概念性地组织为一个文件的一系列的语句序列。文件中第一项是 Header 语句。第二项是 PROFILE 语句。PROFILE 语句后为一个或多个可选的 COMPONENT 语句。文件剩下的部分由本部分定义的其他元素构成。可选的 META 语句紧跟 COMPONENT 语句,当没有 COMPONENT 语句时,可选的 META 语句紧跟 PROFILE 语句。其他的任何语句都要放置在上述的语句之后。

另外由 Inline 节点或使用 createX3DFromStream、createX3DFromString、createX3DFromUrl 载入的场景,应声明具有等同于或者少于必需功能集的原型;例如,原型内容中明确声明或提出的组件,应不超过包含场景的初始原型和组件声明中必需的功能。

虽然 X3D 场景被描述为包含在一个文件中,但这个文件是概念上的,也可以按照 ISO/IEC 19775-2 中描述的方法在运行时动态的创建。

7.2.5.2 Header 语句

Header 语句是一个包含以下元素的基于编码的语句:

a) 支持的标准的标识(本标准中为“X3D”);

b) 支持的字符编码的标识(本标准中为“UTF-8”);

c) 其他的可以用于本部分的可选的注释。

无论这些信息的实际描述基于何种编码格式,这些信息始终需存储为可读文本格式。

7.2.5.3 PROFILE 语句

每个 X3D 应用都要在其执行的开头声明一个配置文件(profile)。这个声明通知浏览器运行此应用所需要的组件及这些组件的支持等级,这种机制下浏览器可以选择严格执行某个相应的符合性,并允许浏览器按照需要动态载入适当的组件。如果浏览器支持配置文件和组件组合申明(见 7.2.5.4),这个浏览器就可以再现这个场景,否则便失败。

配置文件由 PROFILE 语句申明,PROFILE 语句放置在文件头部,紧跟在 Header 语句之后。PROFILE 语句的格式是:

PROFILE〈name〉　　　　　　　　　　　　(配置文件〈名称〉)

〈name〉是一个不包含空格的字符串。

本部分中定义了以下配置文件:

a) Core(见附录 A);

b) Interchange(见附录 B);

c) Interactive(见附录 C);

d) MPEG-4 interactive(见附录 D);

e) Immersive(见附录 E);

f) Full(见附录 F)。

7.2.5.4 COMPONENT 语句

X3D 应用中可以明确声明运行这个应用程序所需要的额外的组件(Component)。这个特性用来在预定义的配置文件中组合入额外的没有预定义的功能,例如可以在 Immersive 配置文件中加入 Humanoid Animation(人体动画)支持。如果浏览器支持配置文件和组件组合申明,这个浏览器就可以再现这个场景,否则便失败。

组件由 COMPONENT 语句申明,COMPONENT 语句放置在文件头部,紧跟在 PROFILE 语句之后,但放置在其他内容之前。COMPONENT 语句的格式是:

COMPONENT〈name〉〈level〉　　　　(组件〈名称〉〈等级〉)

〈name〉是一个不包含空格的字符串,〈level〉是一个正整数。

如果场景的配置文件申明中已经间接包含了相应等级的组件支持,就不需要再进行单独的组件申明,但还是可以保留组件申明。

7.2.5.5 META 语句

X3D 应用可以通过使用添加一个或多个 META 语句来申明的元数据(metadata),以定义场景相关的信息。这些语句不会影响场景图,只是用来提供一些额外的关于场景的信息。

元数据由 META 语句申明,META 语句放置在文件头部,紧跟在 PROFILE 语句和 COMPONENT 语句之后但放置在其他内容之前。META 语句的格式是:

META〈key〉〈data〉　　　　　　　　(元〈关键词〉〈数据〉)

〈key〉是用来识别元数据的字符串,〈data〉是用来定义相应元数据值的字符串。

7.3 抽象类型

7.3.1 *X3DBindableNode*

```
X3DBindableNode:X3DChildNode {
  SFBool    [in]      set_bind
```

```
  SFNode    [in,out]  metadata NULL     [X3DMetadataObject]
  SFTime    [out]     bindTime
  SFBool    [out]     isBound
}
```

X3DBindableNode 是所有可绑定子节点的抽象基本节点类型,这些节点包括 Background、TextureBackground、Fog、NavigationInfo、Viewpoint。关于可绑定行为的描述见 7.2.2。

7.3.2 *X3DChildNode*

```
X3DChildNode:X3DNode {
  SFNode[in,out] metadata NULL[X3DMetadataObject]
}
```

该抽象节点类型表明了那些基于该类型的具体节点实例可以被用于 *children*,*addChildren* 和 *removeChildren* 域。

更多有关 *children*、*addChildren* 和 *removeChildren* 域的细节可以见 10.2.1。

7.3.3 *X3DMetadataObject*

```
X3DMetadataObject {
  SFString    [in,out]    name        ""
  SFString    [in,out]    reference   ""
}
```

该抽象接口是所有 metadata 节点的基础,被所有 metadata 节点继承。

reference 域的声明是可选的。如果提供了的话,则该域就定义了元数据的标准或其他定义 *name* 域的声明。如果没有提供 *reference* 域或者 *reference* 域为空,则 *name* 域的含义被认为就是字符串所表示的意思。

7.3.4 *X3DNode*

```
X3DNode {
  SFNode[in,out] metadata NULL[X3DMetadataObject]
}
```

X3DNode 是 X3D 系统中所有节点的抽象基本节点类型。

7.3.5 *X3DPrototypeInstance*

```
X3DPrototypeInstance:X3DNode {
  SFNode[in,out] metdata NULL[X3DMetadataObject]
}
```

X3DProtoypeInstance 是 X3D 系统中所有节点的原型实例的抽象基本节点类型。任何使用 PROTO 或 EXTERNPROTO 申明的用户定义的节点使用这种类型来实例化。X3DPrototypeInstance 节点可以放置在场景图中允许使用原型实例申明中第一个节点的任何地方。举例来说,如果其中第一个节点的基本类型是 *X3DAppearanceNode*,这个原型的实例就可以放置在场景图中任何允许使用外观(appearance)节点的位置(例如放置在 Shape 节点中)。

7.3.6 *X3DSensorNode*

```
X3DSensorNode:X3DChildNode {
```

```
  SFBool    [in,out]   enabled     TRUE
  SFNode    [in,out]   metadata    NULL[X3DMetadataObject]
  SFBool    [out]      isActive    isActive
}
```

X3DSensorNode 是所有感知器的抽象基本节点类型。

7.4 节点引用

7.4.1 MetadataDouble

```
MetadataDouble:X3DNode, X3DMetadataObject {
  SFNode    [in,out]   metadata    NULL[X3DMetadataObject]
  SFString  [in,out]   name        ""
  SFString  [in,out]   reference   ""
  MFDouble  [in,out]   value       []
}
```

该节点的元数据包含在值域的双精度浮点数中。

7.4.2 MetadataFloat

```
MetadataFloat:X3DNode, X3DMetadataObject {
  SFNode    [in,out]   metadata    NULL[X3DMetadataObject]
  SFString  [in,out]   name        ""
  SFString  [in,out]   reference   ""
  MFFloat   [in,out]   value       []
}
```

该节点的元数据包含在值域的单精度浮点数中。

7.4.3 MetadataInteger

```
MetadataInteger:X3DNode, X3DMetadataObject {
  SFNode    [in,out]   metadata    NULL[X3DMetadataObject]
  SFString  [in,out]   name        ""
  SFString  [in,out]   reference   ""
  MFInt32   [in,out]   value       []
}
```

该节点的元数据包含在值域的整型数中。

7.4.4 MetadataSet

```
MetadataSet:X3DNode, X3DMetadataObject {
  SFNode    [in,out]   metadata    NULL[X3DMetadataObject]
  SFString  [in,out]   name        ""
  SFString  [in,out]   reference   ""
  MFNode    [in,out]   value       [][X3DMetadataObject]
}
```

该节点的元数据包含在值域的元数据节点中。

7.4.5 MetadataString

```
MetadataString:X3DNode, X3DMetadataObject {
  SFNode    [in,out]   metadata    NULL[X3DMetadataObject]
  SFString  [in,out]   name        ""
  SFString  [in,out]   reference   ""
  MFString  [in,out]   value       []
}
```

该节点的元数据包含在值域的字符串中。

7.5 支持等级

核心组件提供 表 8 中规定的 2 个支持等级(Level)。Level 1 提供对所有配置文件和组件的最少基本支持。Level 2 添加了对原型的支持。

表 8 核心组件支持等级

等级	前提条件	节点/特性	支持
1	无		
		X3DBindableNode(抽象)	完全支持
		X3DChildNode(抽象)	完全支持
		X3DField(抽象)	完全支持
		X3DMetadataObject(抽象)	完全支持
		X3DNode(抽象)	完全支持
		X3DObject(抽象)	完全支持
		X3DPrototypeInstance(抽象)	完全支持
		X3DUrlObeject(抽象)	完全支持
		MetadataDouble	完全支持所有域
		MetadataFloat	完全支持所有域
		MetadataInteger	完全支持所有域
		MetadataSet	完全支持所有域
		MetadataString	完全支持所有域
		语句: Header PROFILE COMPONENT META	完全支持
		域类型	所有域支持
		事件模型	与 4.4.8 中指定的一致
		路由	完全支持
		原型	选择性支持
2	无		
		所有 Level 1 Core 对象	和 Level 1 支持的相同
		原型	完全支持

8 时间组件

8.1 简介

8.1.1 名称

本组件的名称是“Time”。当在 COMPONENT 语句中引用这个组件时应使用本名称(见 7.2.5.4)。

8.1.2 概述

本章描述了本部分中的时间组件。其中包括 TimeSensor 节点的定义，以及连接 X3D 场所和时间相关浏览器的基本方法。表 9 列出了本章的主题。

表 9 主题

8.2 概念

8.2.1 时间模型

浏览器通过 TimeSensors 对某个场所中时间变化进行控制，当时间流逝时，TimeSensors 会不断产生事件。使用特殊的浏览器或者创作特定的应用程序可以使时间的流逝比真实世界中的时间更快或更慢，但典型的由 TimeSensors 产生的时间将基本等于“真实”时间。场景作者不应考虑 TimeSensor 多长时间产生一个事件，但可以认定每个后一时间事件的时间戳都会大于前一时间事件的时间戳。

8.2.2 时间原点

时间(0.0)等于格林尼治标准时间 1970 年 1 月 1 日零点(00:00:00 GMT January 1,1970)。SFTime 或 MFTimeAbsolute 域中指定的绝对时间是双精度浮点数,单位是秒。负的绝对时间说明 1970 年以前发生的。

处理时间戳 *t* 的事件只可能导致产生时间戳大于 *t* 或等于 *t* 的事件产生。

8.2.3 离散变化和连续变化

本标准不区分离散事件(例如 TouchSensor 产生的事件)和从概念上连续变化的过程中采样得到的事件(例如 TimeSensor 产生的片断事件)。理想的 X3D 执行应能对连续变化进行无限多的采样,对这些采样的处理也应是无限快的。

在处理一个离散事件时,发生在此时的所有的连续变化的事件都和这个离散事件具有相同的时间戳。

除了为和处理离散事件同步做的采样更新,对连续变化的采样频率是基于执行模式的。代表性的如影响场景可视性(或其他可察觉)部分的 TimeSensor 将每帧(*frame*)产生一个事件,这时帧为一次场景的渲染或一次仿真的时间步。

8.2.4 时间相关节点

8.2.4.1 概述

AudioClip、MovieTexture、TimeSensor 都是 X3DTimeDependentNode 类型节点的实例,这些节点都可以在指定的时刻激活、暂停、继续、停用自身实例化。这些节点类型都包括 inputOutput 域:*startTime*,*PauseTime*,*resumeTime*,*stopTime*,*loop*,*elapsedTime*,*isActive*,*isPaused*。inputOutput 域的值用来决定什么时候实例化的节点被激活或停用,或什么时候暂停或继续。在某些情况下,发送到实例化节点某些 inputOutput 域的事件将被忽略。忽略事件可能是不接受新值,或不产生 xxx_*changed*,事件。抽象的时间相关的节点可以认为是 AudioClip、或 MovieTexture、或 TimeSensor 中的一个。

8.2.4.2 时间循环周期

时间相关节点以循环方式执行。循环由节点中的域数据定义。如果循环结束时 *loop* 域的值为 FALSE,节点执行将被终止(见下文的终止时事件)。相反,如果循环结束时 *loop* 域的值为 TRUE,节点将继续执行下一个循环。当 *startTime*≥*stopTime* 时,每次循环时 *loop* 都值为 TRUE 的节点将一直循环,如果 *startTime*<*stopTime* 将循环到 *startTime*,或设置暂停条件可以打断循环。

elapsedTime outputOnly 域发送当前的 TimeSensor 激活并运行经过的以秒累计的时间,不包括暂停时经过的时间。

8.2.4.3 计时启动

每个时间相关节点的缺省值都被指定为非活动的或可继续的(因此在载入时不会产生事件)。当 *loop* 值设置为 TRUE 时,可以指定时间相关节点在载入时就被激活。要谨慎使用这种不终止的时间相关节点,因为这样会导致仿真时连续不断的开销。

时间相关节点当被激活时产生一个 *isActive* TRUE 事件,当被停用时产生一个 *isActive* FALSE 事件。只有这两种时候会产生 *isActive* 事件。特别要说明的是,并不在每个仿真的时间节拍中发送 *isActive* 事件。

在到达 *startTime* 之前,时间相关节点都是不激活的。当前时间 *now* 变得大于或等于 *startTime* 时,时间相关节点被激活,并产生一个 *isActive* TRUE 事件(*now* 参考浏览器对虚拟场景模拟和显示的时间)。当从 X3D 文件中读取了时间相关节点,并建立了由文件中 ROUTE 指定的路由以后,这个节点将决定是否被激活,如果被激活,就产生一个 *isActive* TRUE 事件和其他需要的事件。但是,如果节点在设计为读取文件前不被激活,则在读取完成之后不会立即产生任何事件。

如果 *stopTime* > *startTime*,一个激活的时间相关节点将在达到 *stopTime* 被停用。如果 *stopTime*≤*startTime*,*stopTime* 的值将被忽略。当 *loop* 值为 FALSE 时,激活的时间相关节点在当前循环结束后就被停用。当激活的时间相关节点接受到 *set_loop* FALSE 事件时,将会继续执行到当前循环的结束或执行到 *stopTime*(如果 *stopTime*>*startTime*),这取决于哪种情况先发生。循环结束后的终止可以有后发的 *set_loop* TRUE 事件取消。

任何发送到激活的时间相关节点的 *set_startTime* 事件都将被忽略。任何发送到 *stopTime*≤*startTime* 的激活的时间相关节点的 *set_stopTime* 事件也将被忽略。当 *startTime*<*stopTime*≤*now* 时,发送到激活的时间相关节点的 *set_stopTime* 事件,将产生和达到 *stopTime* 时产生事件一样的事件。这就是说,最终的结果,包括产生一个 *isActive* FALSE 事件,一个值和 *set_stopTime* 值相同的 *stopTime_changed* 事件,并使节点变为不激活。其他收尾事件是基于节点的(见 8.4.1)。

时间相关节点在激活时可以被设置重新启动,方法是发送一个和当前时间相同的 *set_stopTime* 事件(设置节点为不活动)并发送一个设置为当前时间或将来的时间的 *set_startTime* 事件。为保证产生正确的行为,这些事件应该被设置为相同的时间戳,并且保证先处理 *set_stopTime*,然后是 *set_startTime*。

8.2.4.4 计时暂停

当时间相关节点暂停时,产生 *isPaused* TRUE 事件和 *pausedTime_changed* 事件,并停止产生其他输出事件,并维持(或说"冻结")其状态(维持最后的输出值并维持暂停时内部时钟的时间)。

时间相关节点在其相关的 SFTime 类域满足以下情况时会暂停,*now*≥*pauseTime*>*resumeTime*。当时间相关节点暂停时,其 *isPaused* 域将发送一个 *isPaused* TRUE 事件,并通过发送 paused*Time_changed* 指明节点暂停的时间。

激活的但暂停的时间相关节点将在满足 *now*≥*resumeTime*>*pauseTime* 的第一个仿真时间节拍继续执行。此时的 eventOut 从暂停时仿真时间节拍的状态开始继续输出事件。节点继续时将产生一个 *resumeTime_changed* 事件以提示继续时的时间。

图 4 介绍了时间相关节点的一些通常的行为。在每个例子中标出了 *startTime*、*stopTime*、*loop* 的初始条件和时间相关节点的节点循环周期,阴影区域表示时间相关节点被激活的持续时间,箭头表示时间相关节点接收到的 input 事件和发送的 output 事件,水平轴表示时间。

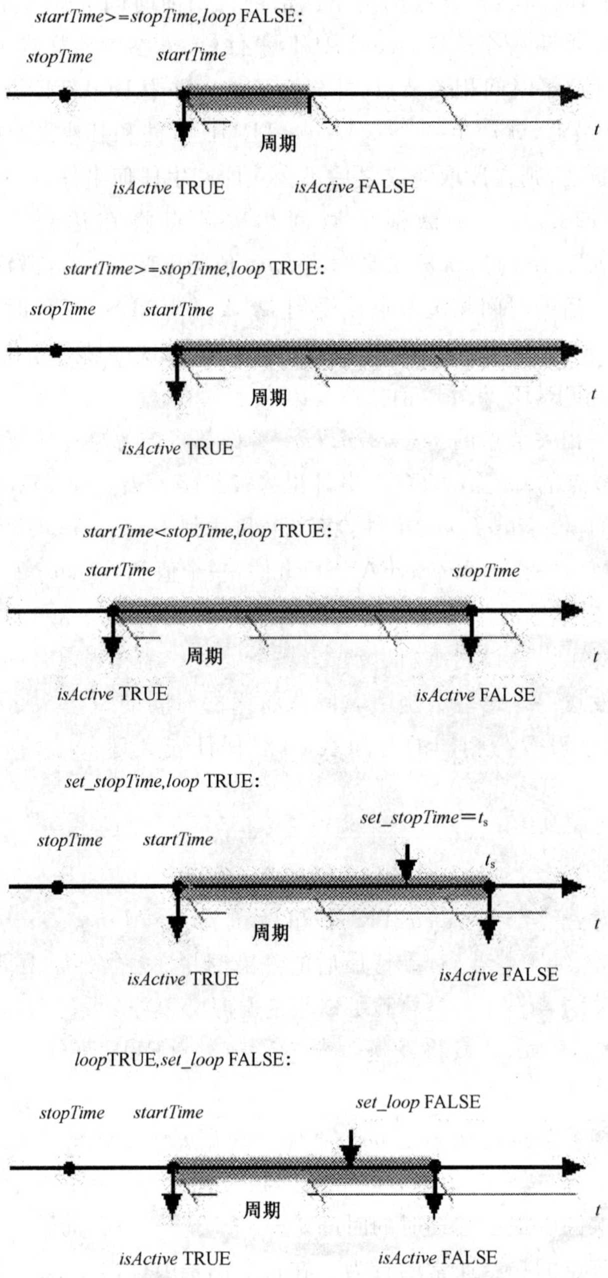

图 4 执行时间相关节点的例子

8.3 抽象类型

8.3.1 *X3DTimeDependentNode*

```
X3DTimeDependentNode:X3DChildNode  {
  SFBool    [in,out]   loop          FALSE
  SFNode    [in,out]   metadata      NULL     [X3DMetadataObject]
  SFTime    [in,out]   pauseTime     0        (-∞,∞)
  SFTime    [in,out]   resumeTime    0        (-∞,∞)
  SFTime    [in,out]   startTime     0        (-∞,∞)
```

```
  SFTime    [in,out]    stopTime       0        (-∞,∞)
  SFTime    [out]       elapsedTime
  SFBool    [out]       isActive
  SFBool    [out]       isPaused
}
```

这个抽象节点类型是衍生所有的时间相关节点的基本节点类型，是 X3D 系统中所有节点的抽象基本节点类型。8.2 中包含了基于时间节点的详细描述。

8.4 节点引用

8.4.1 TimeSensor

```
TimeSensor:X3DTimeDependentNode, X3DSensorNode {
  SFTime    [in,out]    cycleInterval     1        (0,∞)
  SFBool    [in,out]    enabled           TRUE
  SFBool    [in,out]    loop              FALSE
  SFNode    [in,out]    metadata          NULL     [X3DMetadataObject]
  SFTime    [in,out]    pauseTime         0        (-∞,∞)
  SFTime    [in,out]    resumeTime        0
  SFTime    [in,out]    startTime         0        (-∞,∞)
  SFTime    [in,out]    stopTime          0        (-∞,∞)
  SFTime    [out]       cycleTime
  SFTime    [out]       elapsedTime
  SFFloat   [out]       fraction_changed
  SFBool    [out]       isActive
  SFBool    [out]       isPaused
  SFTime    [out]       time
}
```

TimeSensor 节点随时间流逝不断产生事件。TimeSensor 节点的用途可以包含以下方面：

a) 驱动连续性仿真和动画；

b) 控制周期性活动(例如每分钟一次)；

c) 开始单独发生的事件，例如闹钟。

TimeSensor 节点包含两个离散 outputOnly 域：*isActive* 和 *cycleTime*。*isActive* outputOnly 域在 TimeSensorfield 节点开始运行时发送 TRUE，当停止运行时发送 FALSE。在 *startTime* 和每个循环开始时 *cycleTime* outputOnly 域发送时间事件(可以用于同步其他的时间相关对象)。其余的 outputOnly 域都连续地产生事件。*fraction_changed* outputOnly 域，发送[0.0,1.0]范围之间的 SFFloat 浮点值，用以指明当前循环进行时间在整个循环中的百分比。*time* outputOnly 域根据给定的*仿真时间节拍*(*simulationt tick*)发送绝对时间。

如果 *enabled* 域为 TRUE，TimeSensor 节点可以被激活并可能正在运行。当正在运行的 TimeSensor 节点接收到 *set_enabled* FALSE 事件时，则执行以下动作：

d) 计算并发送所有相关的输出；

e) *isActive* 域发送 FALSE 值；

f) 停用自身。

不管 *enabled* 域的状态如何，TimeSensor 节点都将处理域的输入事件(例如 *set_startTime*)并由

outputOnly 域(例如 *startTime_changed*)发送相应的事件。以下的讨论假设 *enabled* 值为 TRUE。

loop、*startTime*、*stopTime*、*isActive* 域和其对 TimeSensor 节点的影响见 8.2。TimeSensor 节点的“循环周期(cycle)”将持续 *cycleInterval* 秒。*cycleInterval* 应大于 0。

cycleTime outputOnly 域可以用于同步,比如同步动画和声音。*cycleTime* 事件的值将等于当前循环开始的时间。在每次循环开始时产生 *cycleTime* 事件,这也包括在 *startTime* 开始的那个循环。可以用 TimeSensor 节点的第一个 *cycleTime* 事件做闹钟(在指定时间发送单个脉冲)。

当 TimeSensor 节点被激活时,会产生一个 *isActive*=TRUE 事件,同时开始产生 *time*、*fraction_changed*、*cycleTime* 事件,这些事件可以被路由到其他节点以驱动动画或仿真行为。读取时的行为参照以下的描述。*time* 事件发送 TimeSensor 节点的给定时间节拍的绝对时间(SFTime/MFTime 域和事件描述从格林尼治标准时间 1970 年午夜(midnight GMT January 1, 1970)经过的秒数)。

fraction_changed 事件输出[0,1]之间的一个浮点值。在 *startTime* 时 *fraction_changed* 值为 0。在 *startTime* 后,任何循环周期中的 *fraction_changed* 的值在(0.0,1.0]之间不断增加。在 *startTime*+*N*×*cycleInterval*,其中 *N*=1,2,…,(例如每次循环周期结束时),*fraction_changed* 的值为 1。

用 *now* 描述当前时间节拍的时间时,*time* 和 *fraction_changed* output-only 域的值可以由以下公式算出:

```
time = now


temp = (now - startTime) / cycleInterval
  f = fractionalPart(temp)


if (f = = 0.0 && now > startTime) fraction_changed = 1.0
else fraction_changed = f
```

这里 *fractionalPart*(*x*)是一个返回非负浮点数的小数部分的函数(即小数点右边)。

当指定 *loop* 为 TRUE(不是缺省值)并指定 *stopTime* 小于或等于 *startTime*(缺省值就满足这个条件)时,TimeSensor 节点可以设置为读取时就被激活。*time* 事件在 TimeSensor 节点仿真的每个时间节拍输出绝对时间。*time* 事件输出开始与仿真时间步大于等于 *startTime* 时。*time* 事件输出结束于 *stopTime* 或结束于 *startTime*+*N*×*cycleInterval*(其中 *N* 为正整数),或者根据其他相关的域值也可以一直循环下去。激活的 TimeSensor 节点会在 *now*≥*stopTime*>*startTime* 时的第一个仿真时间段停止。

不保证相关 TimeSensor 节点多长时间产生一个事件,但 TimeSensor 节点至少每个仿真时间步都要产生事件。TimeSensor 保证产生最后的 *time* 事件和 *fraction_changed* 事件。如果在第 *N* 个 cycleInterval 循环结束后 loop 值为 FALSE,但在 *startTime*+*M* *cycleInterval* 时 loop 值为 TRUE(其中 0<*M*<*N*),则最终产生的 *time* 事件的值为 *startTime*+*N*×*cycleInterval* 或 *stopTime*(如果 *stopTime*>*startTime*)中较小的一个值。如果在完成每个循环时 *loop* 值都为 TRUE,最终事件将在 *stopTime* 时产生(如果 *stopTime*>*startTime*)或永远不产生。

激活的 TimeSensor 节点将忽略 *set_cycleInterval* 事件和 *set_startTime* 事件。激活的 TimeSensor 节点也将忽略 *set_stopTime* 小于或等于 *startTime* 的 *set_stopTime* 事件。举例来说,如果激活的 TimeSensor 节点接收到一个 *set_startTime* 事件,这个 *set_startTime* 事件将被忽略(*startTime* 域将不会改变,也不产生 *startTime_changed* 事件)。如果激活的 TimeSensor 节点接收到一个 *set_stopTime* 事件同时这个 *set_stopTime* 大于 *startTime* 并小于当前时间,这时节点会像当前时间就是 *stopTime* 那样运作,并基于当前时间发送最终事件(注意 *stopTime* 为域中指定的值)。

如果 TimeSensor 节点设置为允许被激活并满足所有激活的条件,则此节点从 X3D 文件读取以后就产生 *isActive* TRUE、*time*、*fraction_changed* 事件。

8.5 支持等级

时间组件提供表 10 中规定的 2 个支持等级(levels)。

Level 1 提供了 TimeSensor 的基本支持。Level 2 添加了 TimeSensor 节点所有域的支持。

表 10 时间组件支持等级

等级	前提条件	节点/特征	支 持
1	Core 1		
		X3DTimeDependentNode(抽象)	完全支持
		TimeSensor	选择性支持 *pause*。 选择性支持 *isPaused*。 选择性支持 *resumeTime*
2	Core 1		
		Level 1 TimeSensor	Level 1 中支持的所有域
		TimeSensor	完全支持所有域

9 网络组件

9.1 简介

9.1.1 名称

本组件的名称是"Networking"。当在 COMPONENT 语句中引用这个组件时应使用本名称(见 7.2.5.4)。

9.1.2 概述

本章描述了本部分中的网络组件。这个组件定义了存取万维网上基于文件的资源或流资源的节点类型及其相关的其他特性。表 11 列出了本章的主题。

表 11 主题

表 11 （续）

9.2 概念

9.2.1 URLs

IETF RFC 1738 中描述的 URL(Uniform Resource Locator - 统一资源定位),指定了一个特定服务器上的文件定位以及用来存取这个文件所使用的特定的协议(例如 http 协议)。在本部分中,大写的 URL 指的是 URL(Uniform Resource Locator - 统一资源定位的网址),斜体的小写的 *url* 指的是可以包含 URL 或内联编码数据的域。

该组件的高级实现扩展了浏览器对 URL 的支持,例如支持*URNs*(Uniform Resource Name - 通用资源名称),URN 是 URL 概念的扩展。URN 允许调用一个抽象的解决机制以定位资源(见 IETF RFC 2141)。这允许定位本地机器上的资源,或使用 URN 和平台标识定位基于特定平台的资源。

在支持 URN 的等级上,*url* 域也应该支持 Web3D 联盟的 URN 命名空间(见 IETF RFC 3541),并且支持可能使用该命名空间访问的通用媒体库。URN 允许调用一个抽象的解决机制以定位资源(见 IETF RFC 2141)。这允许定位本地机器上的资源,或使用 URN 和平台标识定位基于特定平台的资源。扩展的组件可以通过支持 URN 命名规则来扩展浏览器的 URL 支持。更多关于 *url* 域的信息可以见 9.3.2。

更多的 URL 的信息见 IETF RFC 1738。

9.2.2 相对 URLs

相对 URLs 按照 IETF RFC 1808 中描述的方式被处理。含有 URL 域的节点的基本文档是一个 X3D 文件,声明语句从该文件中读取。EXTERNPROTO 声明语句或含有 URL 域的节点的基文档是:

a) 如果该声明语句是原型定义的一部分,原型在文件中被实例化的 X3D 文件;

b) 一个包含脚本代码的文件,脚本代码用于创建新的场景图;

c) 否则,在 RURL 信息提供数据本身的情况下,声明语句从该文件中读取的 X3D 文件。

9.2.3 脚本语言协议

组件能为 X3D 浏览器添加脚本支持能力。例如可以通过添加脚本组件(Scripting component)引入 Script 节点。Script 节点的 *url* 域可为不同的脚本语言提供定制的协议的支持。例如,以 *ecmascript*:(或者是不推荐的 *javascript*:)为前缀的脚本 *url* 应包含 ECMAScript 源代码,并且在代码字符串中可以使用行终止符。在 ISO/IEC FCD 19777 的相应部分中,详细定义了每一种语言协议的语言绑定方法(见 ISO/IEC FCD 19777)。支持某种脚本浏览器并不一定要同时支持 Java 和 ECMAScript 这两种脚本语言。但是如果浏览器支持某种脚本语言,就应当遵循 ISO/IEC FCD 19777

附录中相应的协议定义。以下范例说明了在单一 *url* 域中混合使用定制协议和标准协议(按先后顺序决定优先权)的方法:

示例:

```
#X3D V3.0 utf8
Script {
url [ "ecmascript:…", # custom protocol ECMAScript
"http://bar.com/foo.js", # std protocol ECMAScript
"http://bar.com/foo.class" ] # std protocol Java platform bytecode
}
```

在以上的例子中,"…"表示内嵌的 ECMAScript 源代码。

9.2.4 浏览器选项

X3D 支持通过一组选项来配置浏览器。这些选项值在启动时被传送到浏览器并控制浏览器运行时的运作。如果 X3D 浏览器作为互联网浏览器的嵌入控件运行时,浏览器选项可以被设置为以 EMBED 或 OBJECT 标记的 HTML PARAM value,当 X3D 浏览器在其他应用容器中运行时,浏览器选项可以通用应用程序指定的机制如配置文件或系统注册表项来设置。

对浏览器选项支持不是必须的,但是强烈推荐。受限于底层的渲染系统,某些浏览器可能不支持所有的选项。

表 12 列出了可用的 X3D 浏览器选项。

表 12 浏览器选项

名称	描述	类型/有效范围	默认
Antialiased	如果可用,利用硬件实现反走样	Boolean	False
Dashboard	显示浏览器导航用户界面	Boolean	由场景中绑定的 NavigationInfo 控制导航模式
EnableInlineViewpoints	如果内联节点启用视点,则内联节点的视点被包含在视点列表中	Boolean	True
MotionBlur	渲染动画时使用动态模糊效果	Boolean	False
PrimitiveQuality	Box,Cone,Cylinder,Sphere 的渲染质量(细分等级)	Low,Medium,High	Medium
QualityWhenMoving	当相机移动时的渲染质量	Low, Medium, High, Same(as while stationary)	Same
Shading	指定所有对象的明暗处理模式	Wireframe,Flat,Gouraud,Phong	Gouraud
SplashScreen	显示浏览器的启动画面	Boolean	取决于具体实现
TextureQuality	纹理帖图的显示质量	Low,Medium,High	Medium

9.3 抽象类型

9.3.1 *X3DNetworkSensorNode*

```
X3DNetworkSensorNode:X3DSensorNode {
```

```
    SFBool    [in,out]   enabled    TRUE
    SFNode    [in,out]   metadata   NULL [X3DMetadataObject]
    SFBool    [out]      isActive
}
```

该抽象节点类型是所有基于网络活动而产生事件的感知器的基础。

9.3.2 *X3DUrlObject*

```
X3DUrlObject:X3DObject {
  MFString [in, out] url [] [urn];
}
```

该抽象接口被所有包含互联网上的数据的节点所继承,例如 AudioClip、ImageTexture、Inline。

所有的 *url* 域可以包含多个字符串值。域中的字符串指示了多个位置,将按先后顺序在这些位置搜索数据。如果浏览器不能找到或解释第一个位置的数据,就可能去依次尝试第二个及后面的位置,直到有一个 URL 中包括可解释的数据。但 X3D 浏览器仅须解释一个字符串。如果没有找到可解释的 URL,节点类型定义产生缺省的行为。

更多关于 URL 的信息见 9.2.1。

9.4 节点引用

9.4.1 **Anchor**

```
Anchor:X3DGroupingNode {
  MFNode    [in]       addChildren
  MFNode    [in]       removeChildren
  MFNode    [in,out]   children      []          [X3DChildNode]
  SFString  [in,out]   description   ""
  MFNode    [in,out]   metadata      NULL        [X3DMetadataObject]
  SFString  [in,out]   parameter     []
  SFString  [in,out]   url           []          [url or urn]
  SFVec3f   []         bboxCenter    0 0 0       (-∞,∞)
  SFVec3f   []         bboxSize      -1 -1 -1    [0,∞) or -1 -1 -1
}
```

当用户激活(例如点击)Anchor 节点的子节点中包含的某个几何体时,Anchor 组节点将检索到指定 URL 的内容。如果 URL 指向一个有效的 X3D 文件,则这个场景将替换掉 Anchor 节点所属的这个场景(除非 *parameter* 域改变了这种行为,*parameter* 域将在后面介绍)。如果检索到的是非 X3D 的数据,浏览器将判断如何处理这个数据;通常情况下,是把它转交给非 X3D 的浏览器。

用户究竟如何激活 Anchor 节点包含的几何体,依赖于指点设备并取决于 X3D 浏览器决定。通常情况下,单击指点设备将导致新的场景替换掉当前的场景。当 *url* 域为空的 Anchor 节点的子节点被选中时,不会发生任何事。对多个 Anchor 和多个指点设备感知器情况下的求解方法的描述见 20.2。

更多的 *children*、*addChildren*、*removChildren* 域的细节描述见 10.2。

Anchor 节点中的 *description* 域指定了 Anchor 节点的说明文本。浏览器指定的用户界面可以利用它来展示给用户关于此 Anchor 的更详细的信息。

parameter 域可以用来提供需要被浏览器解释的任何额外信息。每个字符串应由"keyword=value"("关键字=值")字符串对构成。例如,一些浏览器允许为链接指定一个"target"(目标)以显示

HTML 文档的另一部分的链接。这时 *parameter* 域可以设为：

示例：

```
Anchor {
  parameter [ "target = name_of_frame" ];
  ...
}
```

Anchor 节点可以用来绑定场景中的初始视点节点，方法是指定一个以“#ViewpointName”结束的 URL，其中“ViewpointName”是 X3D 文件中定义的视点 DEF 名。例如：

示例：

```
Anchor {
  url "http://www.school.edu/X3D/someScene.wrl#OverView";
   children  Shape { geometry Box {} };
}
```

定义了一个 Ahchor，当 Anchor 节点的几何体（包围盒 Box）被激活时，这个 Ahchor 节点将加载名为“someScene.wrl”的 X3D 文件并且绑定初始的用户视角到名为“OverView”的 Viewpoint 节点。如果没有在 X3D 文件中发现相应命名的 Viewpoint 节点，则使用 Viewpoint 节点绑定堆栈规则加载 X3D 文件。（见 23.3.5）。

如果 *url* 域以“#ViewpointName”的形式进行定义（没有文件名），Anchor 节点的运行时命名空间中的名为“ViewpointName”的 Viewpoint 节点将被绑定（*set_bind* TRUE）。如果在 Anchor 节点运行时命名空间中有多个同名的 Viewpoints 节点，则结果为不确定。如果 Anchor 节点不属于任何运行时命名空间，或同时属于多个运行时命名空间，则结果为不确定。运行时命名空间的详细信息见 4.4.7。关于浏览器如何从一个 Viewpoint 节点切换到另一个 Viewpoint 节点的 Viewpoint 规则见 23.3.5。例如：

示例：

```
Anchor {
  url "#Doorway";
  children Shape { geometry Sphere {} };
}
```

当球体被激活时，会绑定视点到当前场景中由“Doorway”定义的视点。这种情况下，如果没有找到 Viewpoint 节点，则激活时不发生任何动作。

更详细的 *url* 域的信息见 9.2.1。

bboxCenter 和 *bboxSize* 域指定了一个包裹所有 Anchor 子节点的包围盒。该信息可用于各种优化操作。如果任何时候，指定的包围盒比实际的子节点的包围盒小，则结果不确定。缺省的 *bboxSize* 值（−1，−1，−1）表明没有指定包围盒，如果需要必须由浏览器来计算。更详细的关于 *bboxCenter* 域和 *bboxSize* 域的信息见 10.2.2 。

9.4.2 Inline

```
Inline:X3DChildNode, X3DBoundedObject, X3DUrlObject {
  SFBool    [in,out]   load         TRUE
  SFNode    [in,out]   metadata     NULL          [X3DMetadataObject]
  MFString  [in,out]   url          []            [url or urn]
  SFVec3f   []         bboxCenter   0 0 0         (-∞,∞)
  SFVec3f   []         bboxSize     -1 -1 -1      [0,∞) or -1 -1 -1
}
```

Inline 节点嵌入一个存储于万维网上的一个 X3D 场景到当前的场景中。如果配置文件中支持

load 域，则 Inline 场景读取和显示的时间由 *load* 域决定。如果配置文件不支持 *load* 域，则 Inline 场景读取和显示的时间不确定(例如，读取场景可能延迟到 Inline 节点的包围盒相对于观测者可见)。一旦 Inline 场景被载入，其子节点将被加入当前的场景，并被作为 Inline 节点的子节点渲染并交互；然而这些子节点并不对当前场景暴露，也就是说不能路由以及通 DEF 命名访问，除非这些命名使用 IMPORT 语句明确的导入到当前的场景(见 4.4.6.2)。

每一个指定的 URL 应该指向一个有效的 X3D 文件，这个有效的 X3D 文件应该按照 10.2.1 中描述的那样在最顶层包含一系列子节点、原型和路由。如果 URL 指向的不是一个 X3D 文件，或者这个 X3D 文件包含一个无效的场景，则结果不确定。

在 URL 域中指定的文件中包含的组件定义不是其包容场景的组件的子集时将会出错。此外，这些组件不应获得高于在包容场景中使用的组件支持等级，无论是通过隐含的或通过 PROFILE 声明或其他 COMPONENT 语句。当一个 inline 场景所请求的能力超过其父节点的能力时，将会引发下面的动作：

- 将会产生一个错误，
- URL 将会像 9.3.2 中定义的一样，被认为是无法解释，并且
- 下一个 URL 将会按照 9.2 被加载和检查。

当 *load* 域被设置为 TRUE(缺省的域值)时，由 *url* 域指定的场景将立即被载入。当 *load* 域被设置为 FALSE 时，将不发生动作。稍后，可能通过向 *load* 域发送 TRUE 事件显示地载入相应 URL(例如，作为 ProximitySensor 或其他感知器发送的事件的结果)。如果向先前已经载入的 Inline 的 *load* 域发送 FALSE 事件，这个 Inline 的内容将会从场景图中卸载。

发送到 *url* 的事件可以用来改变通过内联节点内嵌的场景。如果在内联场景载入后设置新的 *url* 值，当前内嵌的场景将被卸载并载入新的 URL 指向的场景。

用户能使用 *bboxCenter* 和 *bboxSize* 域为 Inline 节点指定包围盒。这可以提示浏览器，以用来进行剔除等优化操作。

9.4.3 LoadSensor

```
LoadSensor:X3DNetworkSensorNode {
  SFBool    [in,out]   enabled     TRUE
  SFNode    [in,out]   metadata    NULL     [X3DMetadataObject]
  SFTime    [in,out]   timeOut     0
  SFNode    [in,out]   watchList   []       [X3DUrlObject]
  SFBool    [out]      isActive
  SFBool    [out]      isLoaded
  SFTime    [out]      loadTime
  SFFloat   [out]      progress
}
```

LoadSensor 监视从网络上下载 URL 元素的过程以及是否下载成功。只有包含有效 URL 域的节点(例如 *X3DUrlNode* 的子)可以被列入 *watchList* 域。可以使用单一的 LoadSensor 来监视多个节点。

timeOut 域定义了 LoadSensor 从感知器被激活开始监测加载的最长时间。*timeOut* 域的值为 0 表示没有超时限制；例如，LoadSensor 会一直等待，直至加载成功或失败。

watchList 域包含了一个或多个要监视的 URL 对象。只有包含一个有效 URL 域(例如，*X3DurlObject* 的子节点)的节点才能被声明为 *watchList* 的元素。如果该域指定了多个值，那么只有当所有子节点都被加载或至少一个子节点加载失败时才会产生输出事件。如果不同节点需要各自的加载状态信息，则需要使用多个 LoadSensor 节点，每个节点包含一个 *watchList* 元素。

isActive 域在 LoadSensor 的 *watchList* 元素开始和结束加载时触发事件。当第一个元素开始加载时会产生一个 *isActive* 为 TRUE 的事件。当所有对象都被成功加载,或某个对象的加载失败,或达到 *timeOut* 中指定的超时限制时会产生一个 *isActive* 为 FALSE 的事件。

isLoaded 域在 LoadSensor 的 *watchList* 加载完成时触发事件。当所有元素被加载时会触发一个 *isLoaded* 为 TRUE 的事件。当一个或多个元素加载失败,或达到 *timeout* 中指定的超时限制时会触发一个 *isLoaded* 为 FALSE 的事件。

当 LoadSensor 的 *watchList* 加载成功时会触发 *loadTime* 事件。如果加载失败或超时,则不会触发 *loadTime* 事件。

progress 域在加载过程中会产生事件。*progress* 的值是一个位于 0 和 1 之间的浮点数(包括 0 和 1)。1 表示所有 *watchList* 元素加载完成。其他所有值的准确含义(即,无论是总字节的百分比,还是总文件数的百分比或其他度量)以及 *progress* 事件产生的频率取决于浏览器。无论如何,浏览器会确保在所有 URL 对象被成功加载后,*progress* 的值为 1。

下面的例子定义了一个 LoadSensor,用于监视加载两个不同 ImageTexture 节点的加载过程:

示例:

```
Shape {
    appearance Appearance {
      material Material {
        texture DEF TEX1 ImageTexture { url "Amypic.png" }
      }
      }
      geometry Sphere {}
}
Shape {
      appearance Appearance {
        material Material {
          texture DEF TEX2 ImageTexture { url "Bmypic.png" }
        }
      }
geometry Sphere {}
}
DEF LS LoadSensor {
      watchList [ USE TEX1, USE TEX2 ]
}
ROUTE LS.loadTime TO MYSCRIPT.loadTime
```

将会按以下情况产生事件:

- 所有子都载入成功:
  - isLoaded=true
  - loadTime=now
  - progress=1
  - isActive=false

- 任何某个节点载入超时,或载入失败,或没有网络连接:
  - isLoaded=false
  - isActive=false

对于允许动态重新加载其内容的 *watchList* 元素而言,任何元素的重新加载(例如,改变一个

ImageTexture的 *url* 域或者设置一个 Inline 的 *load* 域)会重新设置 LoadSensor 以便于其根据新的值来监视这些元素,并且重新设置其 *timeout* 周期(如果指定)。

对于流模式的子节点,取得数据的第一帧就意味着载入成功(例如,浏览器可以渲染电影的第一帧或可以开始播放声音文件)。

9.5 支持等级

网络组件提供表 13 中指定的 3 个支持等级。

表 13 网络组件支持等级

等级	前提条件	节点/特征	支持
1	Core 1 Grouping 1		
		X3DUrlObject (抽象)	完全支持
		X3DNetworkSensorNode(抽象)	完全支持
		协议	仅支持 file:协议
		命名解析	相对 URLs
2	Core 1 Grouping 1		
		Level 1 中支持的节点	支持 Level 1 中的指定域
		Anchor	完全支持所有域
		Inline	除选择性支持 *load* 域支持外,支持所有域
		协议	要求支持 file:和 http:协议
		命名方案	相对 URLs; URNs
3	Core 1 Grouping 1		
		Level 2 中支持的节点	支持 Level 2 中的指定域
		Inline	完全支持所有域
		LoadSensor	完全支持所有域
		浏览器选项	取决于具体实现

10 成组组件

10.1 简介

10.1.1 名称

本组件的名称是"Grouping"。当在 COMPONENT 语句中引用这个组件时应使用本名称(见 7.2.5.4)。

10.1.2 概述

本章描述了本部分中的组组件。其中说明了如何把节点组织为组以建立 X3D 场景图的变换层级。

表 14 列出了本章的主题。

表 14 主题

- 10.1 简介
    - 10.1.1 名称
    - 10.1.2 概述
- 10.2 概念
    - 10.2.1 组和子节点类型
    - 10.2.2 包围盒
- 10.3 抽象类型
    - 10.3.1 *X3DBoundedObject*
    - 10.3.2 *X3DGroupingNode*
    - 10.3.3 *X3DInfoNode*
- 10.4 节点引用
    - 10.4.1 Group
    - 10.4.2 StaticGroup
    - 10.4.3 Switch
    - 10.4.4 Transform
    - 10.4.5 WorldInfo
- 10.5 支持等级
- 表 14 主题
- 表 15 成组组件支持级别

10.2 概念

10.2.1 组和子节点类型

组节点有一个包含子节点列表的域。每一个组节点都为其子节点定义了一个坐标空间。这个坐标空间是相对于其组节点的子层级的坐标空间存在的。这样的节点被称为父(*parent*)节点。这意味着变换将随着场景图层级的深入而累积。

本部分定义了一些组节点,包括以下的:

- Anchor;
- Billboard;
- Collision;
- Group;
- Inline;
- LOD;
- Switch;

- Transform。

组件可以添加以下类型的节点：

- 新的组节点；
- 被用作子节点的新的节点类型；
- 不被用作子节点的节点类型。

除了 GeoLOD、Inline、LOD、Switch 节点，其他所有的组节点都有 *addChildren* inputOnly 域和 *removeChildren* inputOnly 域。*addChildren* 事件将向组节点的 *children* 域添加节点。传递给 *addChildren* inputOnly 域的节点，如果已经在组节点的 children 列表中出现，则忽略。举例来说，如果 *children* 域包含了节点 Q、L、S(按顺序)，并且组节点接受到一个 *addChildren* 事件，此事件包含了节点 A、L、Z(按顺序)，则 *children* 域的结果包含节点 Q、L、S、A、Z(按顺序)。

removeChildren 事件将从组节点的 *children* 域中移除节点。*removeChildren* 事件中的节点，如果不包括在组节点的 children 列表中，则忽略。举例来说，如果 *children* 域包含了节点 Q、L、S、A、Z(按顺序)，并且组节点接受到一个 *removeChildren* 此事件包含了节点 A、L、Z，则 *children* 域的结果为 Q、S。

注意：很多节点类型都通过域来引用其他的节点类型。其中一些是父—子关系，而另一些不是(其语法由节点指定)。

所有的组节点应有一个 MFNode 类型的 *children* 域。添加到这个域的节点将被添加到组的子节点集中。如果添加到组节点 *children* 域的节点已经包含在组节点的子列表中，则为非法。如果添加到组节点 *children* 域的节点是其组节点的祖先，则为非法。

很多节点类型都通过域来引用其他的节点类型。其中一些是父—子关系(例如 Transform 节点的 children 域)，而另一些不是(例如 Shape 节点的 appearance 域 node)。域类型指定了其中可以放置的节点类型。举例来说，Transform 节点的 children 域的节点类型是 MFNode，这里所有的节点都应是由 *ChldNodeType* 衍生的。因此，只有由 *ChldNodeType* 衍生的节点类型才能放置于此。Shape 放置于 children 域就是合法的，因为它是从 *ChldNodeType* 衍生的，而 Appearance 就不能放置在同样的位置。完整的词源层级见 4.4.2.3。

可以使用扩展机制定义新的节点类型。只要这个节点域的类型在一个新类型的词源层级中，这些新的节点类型可以被放置在一个节点的域中。

10.2.2 包围盒

一些节点类型包括由 *bboxSize* 域和 *bboxCenter* 域指定的包围盒。包围盒是一个尺寸为 *bboxSize*，中心位于局部坐标系的 *bboxCenter* 的长方体。一般组节点使用包围盒来提示浏览器这个组的大约的尺寸，以进行剔除优化。缺省的包围盒的尺寸是(−1,−1,−1)，说明用户没有指定包围盒，效果将等同于指定一个无穷大的包围盒。*bboxSize* 值(0,0,0)是有效的，此时表现为空间中的一个点(例如一个无穷小的盒子)，指定的 *bboxSize* 域值应该≥0.0 或等于(−1,−1,−1)。*bboxCenter* 域指定了相对局部坐标系的位移。

bboxCenter 域和 *bboxSize* 域可以用来指定组节点中的对象的最大可能的包围盒(例如 Transform)。这些将被用来作为某种优化的提示，例如决定此组是否需要被渲染。包围盒应该足够大，以保证在任何时候都能包裹下组节点及其子节点的包围盒的并集；也不应包括任何由此组自身执行的变换(例如，包围盒被定义在其子节点的局部坐标系中)。如果指定的包围盒比组的实际包围盒小，则结果不确定。

10.3 抽象类型

10.3.1 *X3DBoundedObject*

```
X3DBoundedObject:X3DObject {
```

```
  SFVec3f    []    bboxCenter    0 0 0        (-∞,∞)
  SFVec3f    []    bboxSize      -1 -1 -1     (0,∞)
}
```

这个抽象节点类型是所有指定有边界定义部分的节点类型的基础。

bboxCenter 域和 *bboxSize* 域指定了一个包裹组节点的子节点的包围盒。这是一个可以用作优化目的的提示。如果指定的包围盒在某一时间中比其子节点的实际包围盒小，则结果不确定。缺省的 *bboxSize* 值(－1，－1，－1)意味着没有指定包围盒，如果需要，包围盒将由浏览器计算。关于 *bboxCenter* 域和 *bboxSize* 域的详细描述见 10.2.2。

10.3.2 *X3DGroupingNode*

```
X3DGroupingNode:X3DChildNode, X3DBoundedObject {
  MFNode     [in]      addChildren
  MFNode     [in]      removeChildren
  MFNode     [in,out]  children       []          [X3DChildNode]
  MFNode     [in,out]  metadata       NULL        [X3DMetadataObject]
  SFVec3f    []        bboxCenter     0 0 0       (-∞,∞)
  SFVec3f    []        bboxSize       -1 -1 -1    [0,∞) or -1 -1 -1
}
```

从这个抽象节点类型衍生的所有的具体节点类型，都可以包含子节点并作为所有集合的基础。

更详细的关于 *children* 域、*addChildren* 域、*removeChildren* 域的描述见 10.2.1。

10.3.3 *X3DInfoNode*

```
X3DInfoNode:X3DChildNode {
  SFNode [in,out] metadata NULL [X3DMetadataObject]
}
```

这是所有只包含信息语法而不包含视觉效果语法的节点的基本节点类型。

10.4 节点引用

10.4.1 Group

```
Group:X3DGroupingNode {
  MFNode     [in]      addChildren                 [X3DChildNode]
  MFNode     [in]      removeChildren              [X3DChildNode]
  MFNode     [in,out]  children       []           [X3DChildNode]
  MFNode     [in,out]  metadata       NULL         [X3DMetadataObject]
  SFVec3f    []        bboxCenter     0 0 0        (-∞,∞)
  SFVec3f    []        bboxSize       -1 -1 -1     [0,∞) or -1 -1 -1
}
```

Group 节点包含子节点，但不引入新的变换。它等同于包含一个恒等变换的 Transform 节点。

更详细的关于 *children* 域、*addChildren* 域、*removeChildren* 域的描述见 10.2.1。

bboxCenter 域和 *bboxSize* 域指定了一个包裹 Group 节点的子节点的包围盒。这是一个可以用作优化目的的提示。如果指定的包围盒在某一时间中比其子节点的实际包围盒小，则结果不确定。缺省的 *bboxSize* 值(－1，－1，－1)意味着没有指定包围盒，如果需要，包围盒将由浏览器计算。关于 *bboxCenter* 域和 *bboxSize* 域的详细描述见 10.2.2。

10.4.2 StaticGroup

```
StaticGroup:X3DChildNode, X3DBoundedObject {
  SFNode   [in,out]  metadata    NULL       [X3DMetadataObject]
  MFNode   []        children    []         [X3DChildNode]
  SFVec3f  []        bboxCenter  0 0 0      (-∞,∞)
  SFVec3f  []        bboxSize    -1 -1 -1   [0,∞) or -1 -1 -1
}
```

StaticGroup 节点包含不能修改的子节点。StaticGroup 的子节点保证不会改变，不会发送或接受事件，也不包含任何此 StaticGroup 节点之外的 USE 引用。这允许浏览器对此部分内容进行优化以更快地渲染并使用更少的内存。

浏览器应该阻止任何对 StaticGroup 及其子节点的非法的修改。StaticGroup 的子节点应该保证不产生事件。

在 StaticGroup 中保证最终的渲染效果相同的前提下，可以自由地重新安排节点或移除节点。这些优化可包括把一系列的变换转换为一个单一的变换，或者对场景图进行深度的分析优化以尽量提高渲染速度。因为在其创建时刻之后就不能再被存取，所以 StaticGroup 不需要保留其子节点的 VRML 表示法(例如域数据)。

10.4.3 Switch

```
Switch:X3DGroupingNode {
  MFNode   [in]      addChildren                  [X3DChildNode]
  MFNode   [in]      removeChildren               [X3DChildNode]
  MFNode   [in,out]  children        []           [X3DChildNode]
  SFNode   [in,out]  metadata        NULL         [X3DMetadataObject]
  SFInt32  [in,out]  whichChoice     -1           [-1,∞)
  SFVec3f  []        bboxCenter      0 0 0        (-∞,∞)
  SFVec3f  []        bboxSize        -1 -1 -1     [0,∞) or -1 -1 -1
}
```

Switch 组节点遍历 *choice* 域中指定的一个节点，或也可不遍历任何节点。

对 *children* 域中可以使用的合法的节点类型的详细描述见 10.2.1。

whichChoice 域指定了游历的子节点的索引，其中第一个子节点的索引为 0。如果 *whichChoice* 小于 0 或大于 *choice* 域中的索引数 field，则不选择任何子节点。

不管 *whichChoice* 的值为何，Switch 之下的所有子节点都持续接受和发送事件。例如，如果有一个活动的 TimeSensor 包含于一个没有被 Switch 选中的子节点，则这个 TimeSensor 不管 Switch 的选择状态如何都将发送事件。

bboxCenter 域和 *bboxSize* 域指定了一个包裹 Switch 节点的子节点的包围盒。这是一个可以用作优化目的的提示。如果指定的包围盒在某一时间中比其子节点的实际包围盒小，则结果不确定。缺省的 *bboxSize* 值(−1,−1,−1)意味着没有指定包围盒，如果需要，包围盒将由浏览器计算。关于 *bboxCenter* 域和 *bboxSize* 域的详细描述见 10.2.2。

10.4.4 Transform

```
Transform:X3DGroupingNode {
  MFNode   [in]      addChildren                  [X3DChildNode]
  MFNode   [in]      removeChildren               [X3DChildNode]
  SFVec3f  [in,out]center            0 0 0        (-∞,∞)
```

```
  MFNode     [in,out]children           []              [X3DChildNode]
  MFNode     [in,out]metadata           NULL            [X3DMetadataObject]
  SFRotation[in,out]rotation            0 0 1 0         [-1,1] or (-∞,∞)
  SFVec3f    [in,out]scale              1 1 1           (0,∞)
  SFRotation[in,out]scaleOrientation    0 0 1 0         [-1,1] or (-∞,∞)
  SFVec3f    [in,out]translation        0 0 0           (-∞,∞)
  SFVec3f    []       bboxCenter        0 0 0           (-∞,∞)
  SFVec3f    []       bboxSize          -1 -1 -1        [0,∞) or -1 -1 -1
}
```

Transform 节点是一个组节点，它为其子节点定义了一个相对于其祖先坐标系的相对坐标系。详细的坐标系和变换的描述见 4.3.5 和 4.3.6。

更详细的关于 *children* 域、*addChildren* 域、*removeChildren* 域的描述见 10.2.1。

bboxCenter 域和 *bboxSize* 域指定了一个包裹 Transform 节点的子节点的包围盒。这是一个可以用作优化目的的提示。如果指定的包围盒在某一时间中比其子节点的实际包围盒小，则结果不确定。缺省的 *bboxSize* 值(−1,−1,−1)意味着没有指定包围盒，如果需要，包围盒将由浏览器计算。包围盒应该足够大，以保证在任何时候都能包裹下组节点及其子节点的包围盒的并集；也不应包括任何由此组自身执行的变换(例如，包围盒被定义在其子节点的局部坐标系中)。如果指定的包围盒比组的实际包围盒小，则结果不确定。关于 *bboxCenter* 域和 *bboxSize* 域的详细描述见 10.2.2。

translation、*rotation*、*scale*、*scaleOrientation*、*center* 域定义了一个三维的几何变换，这个变换由以下变换构成(依次)：

a) 沿任一点的非均匀缩放(也可能均匀缩放)；

b) 沿任一点和任一轴的旋转；

c) 平移。

center 域指定了一个相对局部坐标系原点(0,0,0)的偏移。*rotation* 域指定一个坐标系的旋转。*scale* 域指定了一个坐标系的非一致缩放。*scale* 值应大于 0。*scaleOrientation* 域指定了缩放前的坐标系统的旋转(以指定任意方向的缩放)。*scaleOrientation* 只应用于缩放操作。*translation* 域值指定一个坐标系的平移。

假定有一个三维点 **P** 和一个 Transform 节点，**P** 在其父坐标系中，通过一系列中间变换，变换到点 **P**′。在变换矩阵表示中，其中 C(*center*)、SR(*scaleOrientation*)、T(*translation*)、R(*rotation*)、S(*scale*)分别为相应的等价变换矩阵。

```
P′ = T * C * R * SR * S * -SR * -C * P
```

以下的 Transform 节点：

```
Transform {
    center            C
    rotation          R
    scale             S
    scaleOrientation SR
    translation       T
    children          [...]
}
```

等同于这个嵌套序列：

```
Transform {
  translation T
 children Transform {
   translation C
```

```
      children Transform {
        rotation R
        children Transform {
          rotation SR
          children Transform {
            scale S
            children Transform {
              rotation -SR
              children Transform {
                translation -C
                children [...]
}}}}}}}
```

10.4.5 WorldInfo

```
WorldInfo:X3DInfoNode {
SFNode    [in,out]   metadata   NULL   [X3DMetadataObject]
MFString  []         info       []
SFString  []         title      ""
}
```

WorldInfo节点包含关于场景的信息。这个节点只提供文档信息而不包括场景的视觉外观或行为。*title* 域用于存储场景的名称或标题，并通过浏览器可以把这些呈现给用户(可以在窗口边界中)。其他关于场景的信息可以存储在 *info* 域中，例如作者信息、版权、使用说明等。

10.5 支持等级

成组组件提供表15中规定的3个支持等级(levels)。

表15 成组组件支持等级

等级	前提条件	节点/特征	支持
1	Core 1		
		X3DBoundedObject(抽象)	n/a
		X3DGroupingNode(抽象)	n/a
		X3DInfoNode(抽象)	n/a
		Group	选择性支持 *addChildren*。选择性支持 *removeChildren*。其他的和所有组相同
		Transform	选择性支持 *addChildren*。选择性支持 *removeChildren*。其他的和所有组相同
		WorldInfo	忽略 *info*、*title*
2	Core 1		
		Level 1 中所有 Grouping 节点	完全支持所有域
		Switch	完全支持所有域
3	Core 1		
		Level 2 中所有 Grouping 节点	完全支持所有域
		StaticGroup	完全支持所有域

11 渲染组件

11.1 简介

11.1.1 名称

本组件的名称是"Rendering"。当在 COMPONENT 语句中引用这个组件时应使用本名称(见 7.2.5.4)。

11.1.2 概述

本章描述了本部分中的渲染组件。其中包括了 TriangleSets、PointSets 之类的基本渲染图元,以及用来指定坐标索引、颜色、法向量、纹理坐标的几何性质节点。表 16 列出了本章的主题。

表 16 主题

- 11.1 简介
  - 11.1.1 名称
  - 11.1.2 概述
- 11.2 概念
  - 11.2.1 渲染图元
  - 11.2.2 几何性质
    - 11.2.2.1 颜色
    - 11.2.2.2 坐标
    - 11.2.2.3 法向量
  - 11.2.3 公共几何域
- 11.3 抽象类型
  - 11.3.1 *X3DColorNode*
  - 11.3.2 *X3DComposedGeometryNode*
  - 11.3.3 *X3DCoordinateNode*
  - 11.3.4 *X3DGeometricPropertyNode*
  - 11.3.5 *X3DGeometryNode*
  - 11.3.6 *X3DNormalNode*
- 11.4 节点引用
  - 11.4.1 Color
  - 11.4.2 ColorRGBA
  - 11.4.3 Coordinate
  - 11.4.4 IndexedLineSet
  - 11.4.5 IndexedTriangleFanSet
  - 11.4.6 IndexedTriangleSet
  - 11.4.7 IndexedTriangleStripSet
  - 11.4.8 LineSet
  - 11.4.9 Normal
  - 11.4.10 PointSet
  - 11.4.11 TriangleFanSet
  - 11.4.12 TriangleSet
  - 11.4.13 TriangleStripSet

表 16（续）

• 11.5　支持等级 • 图 5　TriangleFanSet 节点 • 图 6　TriangleSet 节点 • 图 7　TriangleStripSet 节点 • 表 16　主题 • 表 17　渲染组件支持等级

11.2　概念

11.2.1　渲染图元

下面的节点代表了用来描绘多边形渲染系统中的一般的基本视觉对象：

a）IndexedLineSet；

b）IndexedTriangleFanSet；

c）IndexedTriangleSet；

d）IndexedTriangleStripSet；

e）PointSet；

f）TriangleFanSet；

g）TriangleSet；

h）TriangleStripSet。

诸如第 13 章和第 14 章中定义的复杂的几何体，都可以用这里的渲染图元(rendering primitive)组合来执行。渲染组件的这些节点提供建立任意几何体类型的基本服务。

所有渲染图元节点都由 *X3DGeometryNode* 类型衍生而来。

11.2.2　几何性质

一些几何节点包括几何性质(geometric property)的节点类型 Coordinate、Color、Normal、TextureCoordinate。这些几何性质节点是定义的独立节点类型，可以在不同的几何节点中实例化和共享。其中 TextureCoordinate 节点类型的定义见第 18 章。

11.2.2.1　颜色

X3D 中的颜色指定为使用 RGB 颜色模型，其中每个颜色值由 RGB 三分量组成，每个颜色分量是一个范围在 0.0 到 1.0 的浮点数。这个颜色模型中(0,0,0)表示黑，(1,1,1)表示白。颜色也可以指定为使用 RGBA 颜色模型，其中包括第四个 alpha 透明度分量，Alpha 透明度值的范围是 0(完全透明)到 1(完全不透明)。更多的 RGB 颜色空间的信息见 FOLEY。

11.2.2.2　坐标

X3D 中的坐标指定为一个右手正交坐标系中的(x,y,z)三元组。

11.2.2.3　法向量

法向量定义了几何面片上的垂线方向，以用来执行光照计算。法向量可以指定为内容的一部分，也可以直接由浏览器从几何体上计算。当指定为内容的一部分时,应使用单位长度。

11.2.3 公共几何域

某些几何节点有一些提供如何渲染此几何体的信息的域。这些域指定了顶点顺序,此形状是否是实体(solid),此形状包含的是否是凸面(convex faces),面之间呈现褶皱(crease)的角度,相应域名为 *ccw*、*solid*、*convex*、*creaseAngle*。

ccw 域定义了几何体顶点坐标关于法向量的顺序,法向量向量用在进行光照模型计算方程中,可以由用户指定或自动生成。如果 *ccw* 值为 TRUE,则法向量应当遵循右手法则;亦即当从法向量向量的反方向观察各顶点时(在 Shape 节点的局部坐标系中),各顶点相对于法向量方向来说应呈逆时针排列。如果 *ccw* 值为 FALSE,则法向量方向相反。如果法向量不是自动生成而是由 Normal 节点指定,这时如果法向量的方向和 *ccw* 域的设置不匹配,则结果不确定。

solid 域决定应该显示每个多边形的一面还是两面都显示。如果 *solid* 值为 FALSE,每个多边形不管从什么方向观察都可见(例如,将不会执行背面剔除(backface culling),并且对受光表面的两个面都执行光照)。如果 *solid* 值为 TRUE,每个多边性的可见性将按以下规则来决定:假定 **V** 为取景器在几何体的局部坐标系中的位置,**N** 为多边形的几何法向量,**P** 为由多边形顶点定义的平面上的任意点(局部坐标系原点除外)。这时如果(**V** dot **N**)-(**N** dot **P**)大于零,则多边形可见;如果小于或等于零,则多边形不可见(背面剔除)。

convex 域指示是否形状中所有的多边形都是凸多边形(值为 TRUE)。凸多边形是平面的,不自交的,所有的顶点的内角都小于 180°。非平面的或自交的多边形,即使其 *convex* 域为 FALSE,也可能产生不确定的结果。

creaseAngle(褶皱角)域定义了如何生成缺省的法向量。如果两个相邻面的几何法向量的夹角小于褶皱角,则应计算法向量并在两个面的交界边上进行平滑的明暗过渡;否则应计算法向量并使明暗在交界边进行中断。例如当褶皱角为 0.5 rad 时,如果相邻两个多边形面的几何法向量的夹角小于 0.5 rad,则相邻两个多边形面的交界边应该是平滑的,否则呈现为小面构成的。褶皱角应大于或等于 0。

11.3 抽象类型

11.3.1 *X3DColorNode*

```
X3DColorNode:X3DGeometricPropertyNode {
  SFNode [in,out] metadata NULL [X3DMetadataObject]
}
```

X3D 中指定颜色的基本节点类型。

11.3.2 *X3DComposedGeometryNode*

```
X3DComposedGeometryNode:X3DGeometryNode {
  SFNode    [in,out]   color             NULL
  SFNode    [in,out]   coord             NULL
  SFNode    [in,out]   metadata          NULL    [X3DMetadataObject]
  SFNode    [in,out]   normal            NULL
  SFNode    [in,out]   texCoord          NULL
  SFBool    []         ccw               TRUE
  SFBool    []         colorPerVertex    TRUE
  SFBool    []         normalPerVertex   TRUE
```

```
  SFBool    []          solid            TRUE
}
```

X3D 中复合三维几何体的(composed 3D geometry)基本节点类型。

复合几何体节点类型定义了一个抽象类型,这个抽象类型用一系列独立定义的组件节点组成复合几何体。复合几何体中可能提供有颜色、坐标、法向量、纹理坐标。这些复合节点的渲染输出结果赖于具体的节点定义。然而一般所有的节点都应用以下的规则:

- 如果 color 域不为 NULL(空),它就应包括一个 X3DColorNode 节点,以按以下规则应用这些颜色到 *X3DComposedGeometryNode* 的顶点或面上;
- 如果 *colorPerVertex* 值为 FALSE,颜色将被应用到每个面上。如果 *colorPerVetex* 值为 true,颜色将被分别应用到单个顶点上;
- 如果 *color* 域为 NULL(空),几何体将使用 Appearance 节点中定义的 Material 材质和 texture 纹理来进行通常的渲染(见 12.2.2);
- 如果 *normalPerVertex* 值为 FALSE,法向量将被应用到每个面上。如果 *normalPerVertex* 值为 true,法向量将被分别应用到单个顶点上;
- 如果 *normal* 域不为 NULL(空),它就应包括一个 Normal 节点,这些法向量将应用到 *X3DComposedGeometryNode* 的顶点或面上,就相当于上面描述的应用颜色到顶点或面上(这时 *normalPerVertex* 对应 *colorPerVertex*,*nomalIndex* 对应 *colorIndex*);
- 如果 *nomal* 域为 NULL(空),浏览器将按照节点的定义自动生成法向量。如果节点没有定义如何生成法向量,缺省的情况下将为所有共享一个顶点的面生成一个平均法向量;
- 如果 *texCoord* 域不为 NULL(空),它就应包括一个 TextureCoordinate 节点。

11.3.3 *X3DCoordinateNode*

```
X3DCoordinateNode:X3DGeometricPropertyNode {
  SFNode [in,out] metadata NULL [X3DMetadataObject]
}
```

X3D 中所有坐标节点类型的基本节点类型。所有节点中指定的坐标都由此抽象节点类型衍生。

11.3.4 *X3DGeometricPropertyNode*

```
X3DGeometricPropertyNode:X3DNode {
  SFNode [in,out] metadata NULL [X3DMetadataObject]
}
```

X3D 中所有几何性质节点类型的基本节点类型。

11.3.5 *X3DGeometryNode*

```
X3DGeometryNode:X3DChildNode {
  SFNode [in,out] metadata NULL [X3DMetadataObject]
}
```

X3D 中所有几何体的基本节点类型。

11.3.6 *X3DNormalNode*

```
X3DNormalNode:X3DGeometricPropertyNode {
  SFNode [in,out] metadata NULL [X3DMetadataObject]
}
```

X3D 中所有法向量节点类型的基本节点类型。所有节点中指定的法向量都由此抽象节点类型衍生。

11.4 节点引用

11.4.1 Color

```
Color:X3DColorNode {
  MFColor    [in,out]    color     [NULL]    [0,1]
  SFNode     [in,out]    metadata NULL       [X3DMetadataObject]
}
```

这个节点定义了一个可以在其他节点域中使用的 RGB 颜色集。

Color 节点只用来为单个几何形状指定多种颜色，例如 IndexedFaceSet 节点的面或顶点的颜色。而 Materia 节点用来指定受光几何体的整体材质参数。如果为一个几何形状同时指定了 Material 节点和 Color 节点，则颜色值将替代材质中的漫反射(diffuse)成分。

RGB 纹理或 RGBA 纹理优先于颜色处理；如果为一个几何体同时指定了一个 RGB 或 RGBA 纹理和一个 Color 节点，则结果导致 Color 节点被忽略。详细的光照方程见 17.2.2。

11.4.2 ColorRGBA

```
ColorRGBA:X3DColorNode {
  MFColorRGBA    [in,out]    color     [NULL]    [0,1]
  SFNode         [in,out]    metadata NULL       [X3DMetadataObject]
}
```

这个节点定义了一个可以在其他节点域中使用的 RGBA 颜色集。

ColorRGBA 节点只用来为单个几何形状指定多种带 alpha 透明度的颜色，例如 IndexedFaceSet 节点的面或顶点的颜色。而 Material 节点用来指定受光几何体的整体材质参数。如果为一个几何形状同时指定了 Material 节点和 ColorRGBA 节点，则颜色值将替代材质中的漫反射(diffuse)和透明度(transparency)成分。

RGB 纹理或 RGBA 纹理优先于颜色处理；如果为一个几何体同时指定了一个 RGB 或 RGBA 纹理和一个 Color 节点，则结果导致 Color 节点被忽略。详细的光照方程见 17.2.2。

11.4.3 Coordinate

```
Coordinate:X3DCoordinateNode {
  SFNode    [in,out]    metadata    NULL      [X3DMetadataObject]
  MFVec3f   [in,out]    point       [NULL]    (-∞,∞)
}
```

这个节点定义了一个可用于基于顶点的几何节点中的 *coord* 域的三维坐标集，这些基于顶点的几何节点包括：

a) IndexedFaceSet;

b) IndexedLineSet;

c) IndexedTriangleFanSet;

d) IndexedTriangleSet;

e) IndexedTriangleStripSet;

f) PointSet;

g） TriangleFanSet；

h） TriangleSet；

i） TriangleStripSet。

11.4.4 IndexedLineSet

```
IndexedLineSet:X3DGeometryNode {
  MFInt32    [in]      set_colorIndex
  MFInt32    [in]      set_coordIndex
  SFNode     [in,out]  color            NULL     [X3DColorNode]
  SFNode     [in,out]  coord            NULL     [X3DCoordinateNode]
  SFNode     [in,out]  metadata         NULL     [X3DMetadataObject]
  MFInt32    []        colorIndex       []       [0,∞) or -1
  SFBool     []        colorPerVertex   TRUE
  MFInt32    []        coordIndex       []       [0,∞) or -1
}
```

IndexedLineSet 节点呈现一个由折线(polyline)构成的三维几何体，这个折线是由节点中 *coord* 域中指定的三维点连接而成的。IndexedLineSet 使用 *coordIndex* 域中的索引指定连接 *coord* 中相应的顶点来构造这个折线。索引值为“－1”表示当前的折线结束和下一段折线的开始。最后一段折线可以(但不一定必须)跟随一个“－1”。IndexedLineSet 指定在局部坐标系中并受祖先变换的影响。

coord 域包含一个 Coordinate 节点，以指定线段集中使用的三维顶点。

线条将不受光照影响，不能做纹理映射，不参与碰撞检测。线的宽度是基于执行模式的，每段线段都是实线(即不是虚线)。

如果 *color* 域不为 NULL(空)，它就应包括一个 Color 节点。颜色将按以下规则应用到线上：

a） 如果 *colorPerVertex* 值为 FALSE：

1） 如果 *colorIndex* 域不为空，IndexedLineSet 的每段折线使用一个颜色。*colorIndex* 域中有几个索引，IndexedLineSet 中就至少有几段折线。如果 *colorIndex* 域中的最大索引为 N，Color 节点中就应有 N+1 个颜色值。*colorIndex* 域中不应包含任何负值；

2） 如果 *colorIndex* 域为空，Color 节点中的颜色值将被按顺序应用到 IndexedLineSet 的每段折线上。Color 节点中的颜色值的个数至少应和折线的段数一样多。

b） 如果 *colorPerVertex* 值为 TRUE：

1） 如果 *colorIndex* 域不为空，颜色值将被应用到 IndexedLineSet 的每个顶点上，这时采用和 *colorIndex* 域被用来从 Coordinate 节点中选取并提供每个顶点的坐标的同样的方式。*colorIndex* 域至少应包含 *colorIndex* 域中的索引数，并应包含对应 *colorIndex* 域的折线结束标记(－1)。如果 *colorIndex* 域中的最大索引为 N，Color 节点中就应有 N+1 个颜色值；

2） 如果 *colorIndex* 域为空，则使用 *colorIndex* 域来在 Color 节点中选择颜色值。如果 *colorIndex* 域中的最大索引为 N，Color 节点中就应有 N+1 个颜色值。

如果这个 IndexedLineSet 的 *color* 域为 NULL(空)并且有 Material 节点定义了 Appearance 外观，Material 材质节点的 *emissiveColor* 域自发光颜色将被用来画线。应用于 IndexedLineSet 节点光照方程的详细描述见第 17 章。

11.4.5 IndexedTriangleFanSet

```
IndexedTriangleFanSet:X3DComposedGeometryNode {
```

```
  MFInt32   [in]       set_Index         []      [0,∞) or -1
  SFNode    [in,out]   color             NULL    [X3DColorNode]
  SFNode    [in,out]   coord             NULL    [X3DCoordinateNode]
  SFNode    [in,out]   metadata          NULL    [X3DMetadataObject]
  SFNode    [in,out]   normal            NULL    [X3DNormalNode]
  SFNode    [in,out]   texCoord          NULL    [X3DTextureCoordinateNode]
  SFBool    []         ccw               TRUE
  SFBool    []         colorPerVertex    TRUE
  SFBool    []         normalPerVertex   TRUE
  SFBool    []         solid             TRUE
  MFInt32   []         Index             []      [0,∞) or -1
}
```

IndexedTriangleFanSet 节点描述了一个由三角形扇组成的三维形状，其中每个扇形都是沿着其第一个声明的顶点形成的扇形，如图 5 所示。IndexedTriangleFanSet 使用其 *index* 域的索引值将 *coord* 域中对应的顶点连接形成三角形扇。索引值"－1"表示当前扇形的结束和下一个扇形的开始。最后一个扇形后面可能(不是必须)有一个索引值"－1"。每个扇形必须至少有 3 个不共线的顶点。

IndexedTriangleFanSet 节点在局部坐标系中声明，并且受其祖先节点变换的影响。颜色、坐标、法向量和纹理坐标节点中分别有关于 *color* 域、*coord* 域、*normal* 域和 *texCoord* 域的描述。如果给 *color*、*normal* 和 *texCoord* 域指定了值，那么这些值会以跟 *coord* 域中的值相同的方式被应用，并且这些值的个数至少要和 *coord* 域中的值的个数相同。*colorPerVertex* 域的值可以忽略，通常认为是 TRUE。如果没有给出 *normal* 域的话，必须使用下面的方法生成法向量：

- 如果 *normalPerVertex* 为 TRUE，则每个顶点的法向量为所有共享该顶点的三角形的法向量的平均值；
- 如果 *normalPerVertex* 为 FALSE，则基于 *ccw* 域计算当前三角形的法向量。

solid 域决定了从内部观察时 IndexedTriangleFanSet 是否可见。对 *solid* 域的完整描述见 11.2.3。

11.4.6 IndexedTriangleSet

```
IndexedTriangleSet:X3DComposedGeometryNode {
  MFInt32   [in]       set_Index         []      [0,∞) or -1
  SFNode    [in,out]   color             NULL    [X3DColorNode]
  SFNode    [in,out]   coord             NULL    [X3DCoordinateNode]
  SFNode    [in,out]   metadata          NULL    [X3DMetadataObject]
  SFNode    [in,out]   normal            NULL    [X3DNormalNode]
  SFNode    [in,out]   texCoord          NULL    [X3DTextureCoordinateNode]
  SFBool    []         ccw               TRUE
  SFBool    []         colorPerVertex    TRUE
  SFBool    []         normalPerVertex   TRUE
  SFBool    []         solid             TRUE
  MFInt32   []         Index             []      [0,∞) or -1
}
```

IndexedTriangleSet 节点描述了一个由一系列独立三角形组成的三维形状，如图 6 所示。IndexedTriangleSet 使用 *index* 域的索引值从 *coord* 域中指定每个三角形的顶点。每个三角形由 Coordinate 节点中的 3 个连续顶点组成。如果 *index* 域中不包括多个三坐标值组，则多余的顶点会被忽略。

IndexedTriangleSet 节点在局部坐标系中声明,并且受其祖先节点变换的影响。颜色、坐标、法向量和纹理坐标节点中分别有关于 *color* 域、*coord* 域、*normal* 域和 *texCoord* 域的描述。如果给 *color*、*normal* 和 *texCoord* 域指定了值,那么这些值会以跟 *coord* 域中的值相同的方式被应用,并且这些值的个数至少要和 *coord* 域中的值的个数相同。*colorPerVertex* 域的值可以忽略,通常认为是 TRUE。如果没有给出 *normal* 域,应使用下面的方法生成法向量:

——如果 *normalPerVertex* 为 TRUE,则每个顶点的法向量为所有共享该顶点的三角形的法向量的平均值。

——如果 *normalPerVertex* 为 FALSE,则每个顶点的法向量垂直于三角形所在面的法向量。

solid 域决定了从内部观察时圆柱体是否可见。对 *solid* 域的完整描述见 11.2.3。

11.4.7 IndexedTriangleStripSet

```
IndexedTriangleStripSet:X3DComposedGeometryNode {
  MFInt32   [in]       set_Index        []     [0,∞) or -1
  SFNode    [in,out]   color            NULL   [X3DColorNode]
  SFNode    [in,out]   coord            NULL   [X3DCoordinateNode]
  SFFloat   [in,out]   creaseAngle      0      [0,∞)
  SFNode    [in,out]   metadata         NULL   [X3DMetadataObject]
  SFNode    [in,out]   normal           NULL   [X3DNormalNode]
  SFNode    [in,out]   texCoord         NULL   [X3DTextureCoordinateNode]
  SFBool    []         ccw              TRUE
  SFBool    []         normalPerVertex  TRUE
  SFBool    []         solid            TRUE
  MFInt32   []         Index            []     [0,∞) or -1
}
```

IndexedTriangleStripSet 节点描述了一个由三角形条带组成的三维形状,如图 7 所示。IndexedTriangleStripSet 使用 *index* 域的索引值将 *coord* 域中对应的点连接成三角形条带。索引值"-1"表示当前条带的结束和下一个条带的开始。最后一个条带后面可能(不是必须)有一个索引值"-1"。每个条带应至少有 3 个不共线的顶点。

IndexedTriangleStripSet 节点在局部坐标系中声明,并且受其祖先节点变换的影响。颜色、坐标、法向量和纹理坐标节点中分别有关于 *color* 域、*coord* 域、*normal* 域和 *texCoord* 域的描述。如果给 *color*、*normal* 和 *texCoord* 域指定了值,那么这些值会以跟 *coord* 域中的值相同的方式被应用,并且这些值的个数至少要和 *coord* 域中的值的个数相同。*colorPerVertex* 域的值可以忽略,通常认为是 TRUE。如果没有给出 *normal* 域的话,应使用下面的方法生成法向量:

——如果 *normalPerVertex* 为 TRUE,则每个顶点的法向量为所有共享该顶点的三角形的法向量的平均值;

——如果 *normalPerVertex* 为 FALSE,则基于 *ccw* 域计算当前三角形的法向量。

solid 域决定了从内部观察时 IndexedTriangleStripSet 是否可见。对 *solid* 域的完整描述见 11.2.3。

11.4.8 LineSet

```
LineSet:X3DGeometryNode {
  SFNode    [in,out]   color        NULL   [X3DColorNode]
  SFNode    [in,out]   coord        NULL   [X3DCoordinateNode]
  MFInt32   [in,out]   vertexCount  []     [2,∞)
```

```
  SFNode    [in,out]    metadata    NULL    [X3DMetadataObject]
}
```

LineSet 节点描述了一个由折线(polyline)构成的三维几何体,这个折线是由节点中 *coord* 域中指定的三维点连接而成的。

color 域包含一个 Color 节点,通过每个顶点的颜色来描述线段集的颜色。Color 节点给出了 *color* 域的描述。如果 *color* 域为 NULL(空)并且有 Material 节点定义了 Appearance 外观,Material 材质节点的 *emissiveColor* 域自发光颜色将被用来画线。应用于 LineSet 节点光照方程的详细描述见第 17 章。

coord 域包含一个 Coordinate 节点,以指定线段集中使用的三维顶点。

vertexCount 域描述了 coordinate 域中有多少个顶点被用于构造折线。坐标值通过 coordinate 域中的 *vertexCount*[*n*]个顶点赋给每条线段。*vertexCount* 数组中的每个值必须要大于或等于 2,否则将会出错。

线条将不受光照影响,不能做纹理映射,不参与碰撞检测。线的宽度是基于执行模式的,每段线段都是实线(即不是虚线)。

11.4.9 Normal

```
Normal:X3DNormalNode {
SFNode    [in,out]    metadata    NULL    [X3DMetadataObject]
MFVec3f   [in,out]    vector      []      (-∞,∞)
}
```

这个节点定义了一个用在某些几何节点(例如 IndexedFaceSet 和 ElevationGrid)的 *vector* 域中的三维表面法向量向量集。这个节点包含一个由法向量向量构成的多值域。法向量应为单位长度。

11.4.10 PointSet

```
PointSet:X3DGeometryNode {
SFNode    [in,out]    color       NULL    [X3DColorNode]
SFNode    [in,out]    coord       NULL    [X3DCoordinateNode]
SFNode    [in,out]    metadata    NULL    [X3DMetadataObject]
}
```

PointSet 节点在局部坐标系中指定了三维点集,并且能为其中每个点都指定相关颜色。*coord* 域指定了一个 Coordinate 节点(或实例化引用一个 Coordinate 节点)。如果 *coord* 域指定了其他任何类型的节点,则结果不确定。PointSet 按顺序使用坐标。如果 *coord* 域为 NULL(空),则点集被认为空。

PointSet 不受光照影响,不能做纹理映射,不参与碰撞检测。每个点的大小是基于执行模式的。

如果 *color* 域不为 NULL(空),它就应指定一个 Color 节点,其中最少要包括 *coord* 节点中包括的点数。如果 *color* 域指定了其他任何类型的节点,则结果不确定。颜色值将顺序应用到每个点上。如果 Color 节点中的值的数量少于 Coordinate 节点中的值的数量,则结果不确定。

如果这 PointSet 节点的 *color* 域为 NULL(空)并且有 Material 节点定义了 Appearance 外观,Material 材质节点的 *emissiveColor* 域自发光颜色将被用来画点。光照方程的详细描述见第 17 章。

11.4.11 TriangleFanSet

```
TriangleFanSet:X3DComposedGeometryNode {
  SFNode    [in,out]    color       NULL    [X3DColorNode]
  SFNode    [in,out]    coord       NULL    [X3DCoordinateNode]
```

```
  MFInt32    [in,out]   fanCount          []     [3,∞)
  SFNode     [in,out]   metadata          NULL   [X3DMetadataObject]
  SFNode     [in,out]   normal            NULL   [X3DNormalNode]
  SFNode     [in,out]   texCoord          NULL   [X3DTextureCoordinateNode]
  SFBool     []         ccw               TRUE
  SFBool     []         colorPerVertex    TRUE
  SFBool     []         normalPerVertex   TRUE
  SFBool     []         solid             TRUE
}
```

TriangleFanSet 节点描述了一个由三角形扇组成的三维形状，其中每个扇形都是沿着其第一个声明的顶点形成的扇形。

fanCount 域描述了每个扇形使用多少个 coordinate 域中的顶点。通过获取的 *fanCount*[*n*]，coordinate 域中的坐标被分配给每个条带。*fanCount* 数组中的每个值应大于或等于 3。如果值小于 3 将会出现错误。

图 5 显示了一个包含单一扇形的 TriangleFanSet 中的顶点顺序。

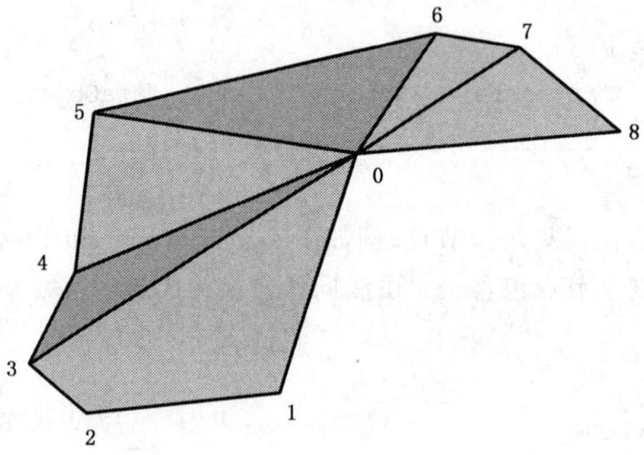

图 5　TriangleFanSet 节点

TriangleFanSet 指定在局部坐标系中并受祖先变换的影响。*coord*、*normal*、*texCoord* 域在 Color、Coordinate、Normal、TextureCoordinate 节点中有相应描述。如果没有提供 *normal* 域，法向量应按如下规则自动生成：如果 *normalPerVertex* 值为 TRUE，那么法向量将为两个共享同一顶点的三角形的平均值。对应扇形的顶点，法向量应为所有组成扇形的独立面法向量的平均值。如果 *normalPerVertex* 值为 FALSE，那么将基于 *ccw* 域生成当前三角形的法向量。

solid 域决定了从内部观察时 TriangleFanSet 是否可见。对 *solid* 域的完整描述见 11.2.3。

11.4.12　TriangleSet

```
TriangleSet:X3DComposedGeometryNode {
  SFNode     [in,out]   color       NULL   [X3DColorNode]
  SFNode     [in,out]   coord       NULL   [X3DCoordinateNode]
  SFNode     [in,out]   metadata    NULL   [X3DMetadataObject]
  SFNode     [in,out]   normal      NULL   [X3DNormalNode]
  SFNode     [in,out]   texCoord    NULL   [X3DTextureCoordinateNode]
  SFBool     []         ccw         TRUE
```

```
  SFBool    []          colorPerVertex    TRUE
  SFBool    []          normalPerVertex   TRUE
  SFBool    []          solid             TRUE
}
```

TriangleSet 节点描述了一个由一系列独立三角形的组成的三维形状。

coord 域包含了一个 Coordinate 节点以用来定义三角形的三维顶点。每个三角形由坐标节点中的 3 个连续顶点组成。如果坐标节点中不包括多个三坐标值组(即坐标值的数目不为三的倍数),则多余的节点应被忽略。

图 6 描述了一个由多个三角形组成的 TriangleSet 节点。此图也显示了顶点的顺序。一个箭头指向棱锥的顶点。注意顶点 3 和 4 情况。

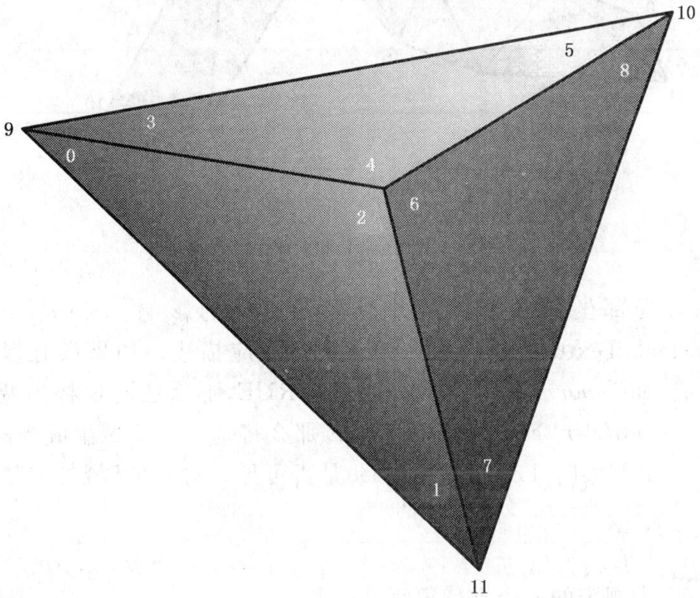

图 6　TriangleSet 节点

TriangleSet 在局部坐标系中指定并受祖先变换的影响。*coord*、*normal*、*texCoord* 域在 Color、Coordinate、Normal、TextureCoordinate 节点中有相应描述。如果提供了 *coord*、*normal*、*texCoord* 域的值,则必须在 *coord* 域中至少提供同样多的值。*colorPerVertex* 域的值被忽略,并且常默认为 TRUE。如果没有提供 *normal* 域,法向量应生成为面的垂线,而不需考虑 *normalPerVertex* 的情况。

solid 域决定了从内部观察时 cylinder 是否可见。对 *solid* 域的完整描述见 11.2.3。

11.4.13　TriangleStripSet

```
TriangleStripSet:X3DComposedGeometryNode {
  SFNode    [in,out]    color             NULL    [X3DColorNode]
  SFNode    [in,out]    coord             NULL    [X3DCoordinateNode]
  SFNode    [in,out]    metadata          NULL    [X3DMetadataObject]
  SFNode    [in,out]    normal            NULL    [X3DNormalNode]
  MFInt32   [in,out]    stripCount        []      [3,∞)
  SFNode    [in,out]    texCoord          NULL    [X3DTextureCoordinateNode]
  SFBool    []          ccw               TRUE
  SFBool    []          colorPerVertex    TRUE
```

```
    SFBool      []          normalPerVertex  TRUE
    SFBool      []          solid            TRUE
}
```

TriangleStripSet 描述了一个由三角形条带组成的三维形状。

stripCount 域描述了每个条带使用多少个 coordinate 域中的顶点。通过获取的 *stripCount*[*n*]，coordinate域中的坐标被分配给每个条带。*stripCount* 数组中的每个值应大于或等于 3。如果值小于 3 将会出现错误。图 7 描述了一个由单个三角形条带组成的 TriangleStripSet。

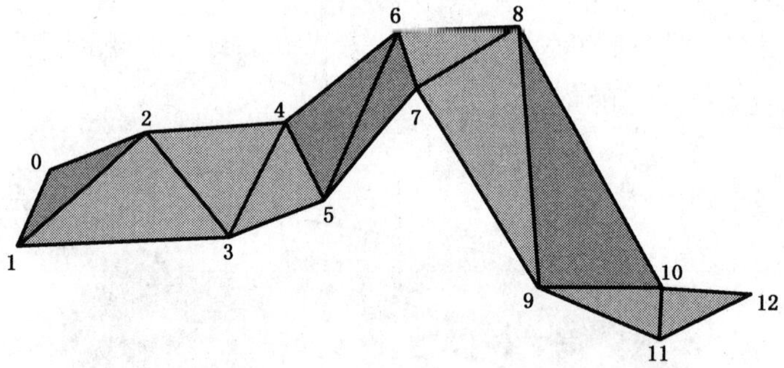

图 7　TriangleStripSet 节点

TriangleStripSet 在局部坐标系中指定并受祖先变换的影响。*coord*、*normal*、*texCoord* 域在 Color、Coordinate、Normal、TextureCoordinate 节点中有相应描述。如果没有提供 *normal* 域，法向量应按如下规则自动生成：如果 *normalPerVertex* 值为 TRUE，那么法向量将为两个共享同一顶点的三角形的平均值。如果 *normalPerVertex* 值为 FALSE 那么将基于 *ccw* 域生成当前三角形的法向量。

solid 域决定了从内部观察时 TriangleStripSet 是否可见。对 *solid* 域的完整描述见 11.2.3。

11.5　支持等级

渲染组件提供表 17 中规定的 4 个支持等级(levels)。

表 17　渲染组件支持等级

等级	前提条件	节点/特征	支持
1	Core 1 Grouping 1		
		X3DComposedGeometryNode(抽象)	n/a
		X3DGeometricPropertyNode(抽象)	n/a
		X3DGeometryNode(抽象)	n/a
		X3DColorNode(抽象)	n/a
		X3DCoordinateNode (抽象)	n/a
		Color	完全支持所有域
		ColorRGBA	选择性支持 Alpha 分量
		Coordinate	完全支持所有域
		IndexedLineSet	选择性支持 *ccw*。 选择性支持 *set_colorIndex*。 选择性支持 *set_coordIndex*

表 17（续）

等级	前提条件	节点/特征	支持
		LineSet	完全支持所有域
		PointSet	完全支持所有域
2	Core 1 Grouping 1		
		Level 1 中所有 Rendering 节点	Level 1 中支持的所有域
		X3DNormalNode (Abstract)	n/a
		Normal	完全支持所有域
3	Core 1 Grouping 1		
		Level 2 中所有 Rendering 节点	除 ColorRGBA 外，Level 2 中支持的所有域
		IndexedTriangleFanSet	完全支持所有域
		IndexedTriangleSet	完全支持所有域
		IndexedTriangleStripSet	完全支持所有域
		TriangleFanSet	完全支持所有域
		TriangleSet	完全支持所有域
		TriangleStripSet	完全支持所有域
4	Core 1 Grouping 1		
		Level 3 中所有 Rendering 节点	Level 3 中支持的所有域
		ColorRGBA	Alpha 分量完全支持

12 形状组件

12.1 简介

12.1.1 名称

本组件的名称是“Shape”，当在 COMPONENT 语句中用这个组件时应使用本名称（见 7.2.5.4）。

12.1.2 概述

本章描述了本部分中的形状组件的内容。形状组件定义了多个节点，通过这些节点将几何与它们的可视属性和场景关联在一起。表 18 列出了本章的主题。

表 18 主题

12.2 概念

12.2.1 Shape 节点

Shape 节点将一个几何节点与定义几何外观的节点联系在一起。为了获得可视效果，Shape 节点必须被包含在变换层级中，而变换层级必须包含 Shape 节点，才可能使其包含的几何可见。如第 24 章中所述，能渲染出可视效果的节点只有 Shape 节点和 Background 节点。一个 Shape 节点仅能在它的 *geometry* 域中包含一个 *X3DShapeNode* 类型的几何节点。Shape 节点由抽象基本类型 *X3DShapeNode* 派生。

12.2.2 Appearance 节点

Shape 节点可以指定一个 Appearance 节点来描述其几何的显示属性，即材质、纹理和纹理变换。Appearance 节点的所有有效子节点都是从抽象基本类型 *X3DAppearanceChildNode* 继承而来。

在 Appearance 节点的 *material* 域中可以定义 Material 节点，还可以通过继承抽象基本类型 *X3DMaterialNode* 派生出新的节点，扩展 Appearance 节点的 *material* 域中的节点集合。

在 Appearance 节点的 *texture* 域中定义了纹理映射，其有效值均为继承自抽象基本类型 *X3DTextureNode* 的节点，包括：

- ImageTexture；
- PixelTexture；
- MovieTexture；

- MultiTexture。

可以通过继承抽象基本类型 *X3DTextureNode* 派生出新的纹理节点,从而扩展 Appearance 节点的 *texture* 域中的纹理节点集合。

在 Appearance 节点的 *textureTransform* 域中可以定义 *X3DtextureTransformNode* 类型的节点,这类节点包括:

- TextureTransform。

外观属性和几何节点属性之间的相互作用将在第 13 章和第 14 章中介绍。

Appearance 节点可以定义几何外观的附加属性,可以为线和填充区域定义特殊属性,这些属性通过节点相应的 *lineProperties* 域和 *fillProperties* 域中定义:

- LineProperties;
- FillProperties。

12.3 抽象类型

12.3.1 *X3DAppearanceChildNode*

```
X3DAppearanceChildNode:X3DNode {
  SFNode [in,out] metadata NULL [X3DMetadataObject]
}
```

此为 *X3DappearanceNode* 的子节点的基本节点类型。

12.3.2 *X3DAppearanceNode*

```
X3DAppearanceNode:X3DNode {
  SFNode [in,out] metadata NULL [X3DMetadataObject]
}
```

此为所有 Appearance 节点的基本节点类型。

12.3.3 *X3DMaterialNode*

```
X3DMaterialNode:X3DAppearanceChildNode {
  SFNode [in,out] metadata NULL [X3DMetadataObject]
}
```

此为所有 Material 材质节点的基本节点类型。

12.3.4 *X3DShapeNode*

```
X3DShapeNode:X3DChildNode, X3DBoundedObject {
  SFNode   [in,out]  appearance  NULL         [X3DAppearanceNode]
  SFNode   [in,out]  geometry    NULL         [X3DGeometryNode]
  SFNode   [in,out]  metadata    NULL         [X3DMetadataObject]
  SFVec3f  []        bboxCenter  0 0 0        (-∞,∞)
  SFVec3f  []        bboxSize    -1 -1 -1     [0,∞) or -1 -1 -1
}
```

此为所有 Shape 节点的基本节点类型。

12.4 节点引用

12.4.1 Appearance

```
Appearance:X3DAppearanceNode {
```

```
  SFNode   [in,out]   fillProperties      NULL   [FillProperties]
  SFNode   [in,out]   lineProperties      NULL   [LineProperties]
  SFNode   [in,out]   material            NULL   [X3DMaterialNode]
  SFNode   [in,out]   metadata            NULL   [X3DMetadataObject]
  SFNode   [in,out]   texture             NULL   [X3DTextureNode]
  SFNode   [in,out]   textureTransform    NULL   [X3DTextureTransformNode]
}
```

Appearance 节点定义了几何的显示属性，其中每个域的值可以为 NULL，而若为 non-NULL，则该域中必须包含相应类型的节点。

如果 Appearance 节点中定义了 *material* 域，该域应包含一个 Material 节点。如果 *material* 域的值为 NULL 或者没定义，光照效果将被关闭，即在渲染引用该 Appearance 节点的对象时，所有的光源将被忽略，并且无光照对象的颜色值为(1,1,1)。关于 X3D 中的光照模型的详细说明，见第 17 章。

如果 Appearance 节点中定义了 *texture* 域，该域应该包含一种纹理节点，关于纹理节点的详细说明见第 18 章。如果 *texture* 域为 NULL 或者没定义，引用该 Appearance 节点的对象在渲染时没有纹理。

如果 Appearance 节点中定义了 *textureTransform* 域，该域应该包含纹理变换节点，关于纹理变换节点的详细说明见 18.4.8。如果 *textureTransform* 域为 NULL 或者没定义，*textureTransform* 域对引用该 Appearance 节点的对象的显示没影响。

如果 Appearance 节点中定义了 *lineProperties* 域，该域应该包含 LineProperties 节点，关于该节点的详细说明见 12.4.3 中的说明。如果 *lineProperties* 域为 NULL 或者没定义，*lineProperties* 域对引用该 Appearance 节点的对象的显示没影响。

如果 Appearance 节点中定义了 *fillProperties* 域，该域应该包含 FillProperties 节点，关于该节点的详细说明见 12.4.2 中的说明。如果 *fillProperties* 域为 NULL 或者没定义，*fillProperties* 域对引用该 Appearance 节点的对象的显示没影响。

12.4.2 FillProperties

```
FillProperties:X3DAppearanceChildNode {
  SFBool    [in,out]   filled       TRUE
  SFColor   [in,out]   hatchColor   1 1 1   [0,1]
  SFBool    [in,out]   hatched      TRUE
  SFInt32   [in,out]   hatchStyle   1       [0,∞)
  SFNode    [in,out]   metadata     NULL    [X3DMetadataObject]
}
```

此节点定义了可以应用到所有的多边形区域的附加属性，这些属性的效果将覆盖在相应 Appearance 节点中其他域定义的任何外观效果的上面，因此填充线将覆盖在节点已经渲染好的外观的上面，光照不影响填充线的效果。

该节点中的 *hatchStyle* 域用来定义填充图案，填充图案的定义可参考 ISO 的国际图形元素登记中的说明(见 ISO 图型项登记)。填充线的颜色由 *hatchColor* 域中的颜色值决定。

只有该节点中的 *filled* 域和/或 *hatched* 域的值为 TRUE 时，相应的几何对象才会被填充颜色或者图案。

12.4.3 LineProperties

```
LineProperties:X3DAppearanceChildNode {
  SFBool    [in,out]   applied               TRUE
```

```
  SFInt32    [in,out]    linetype                 1        [1,∞)
  SFFloat    [in,out]    linewidthScaleFactor     0        [-∞,∞)
  SFNode     [in,out]    metadata                 NULL     [X3DMetadataObject]
}
```

LineProperties 节点定义了可以应用到所有直线的附加属性，只有当该节点中的 *applied* 域的值为 TRUE 时，linetype 和 linewidth 属性才有效，当 *applied* 域的值为 FALSE 时，直线的线形为实线，线宽为最小值。直线的颜色由相关的材质节点定义。

该节点中的 *linetype* 域用来定义线型，线型的定义可参考 ISO 的国际图形元素登记中的说明(见 ISO 图型项登记)。X3D 的浏览器应支持 ISO 的国际图形元素登记中注册的任何线型，如果使用了浏览器不支持的线型，系统将默认使用线型 1。表 19 列出了 ISO 国际图形元素登记中的线形部分定义的前 16 种线型。

表 19　国际图形元素注册的线型

1	Solid	实线
2	Dashed	虚线
3	Dotted	点线
4	Dashed-dotted	点画线
5	Dash-dot-dot	双点画线
6	(single)	单线
7	(single dot)	单点线
8	(double arrow)	双箭头线
10	(chain line)	链线
11	(center line)	中心线
12	(hidden line)	隐藏线
13	(phantom line)	梦幻线
14	(break line 1)	中断线 1
15	(break line 2)	中断线 2
16	User-specified dash pattern	用户自定义虚线

该节点中的变量 linewidthScaleFactor 是线宽的比例因子与浏览器的实际线宽相乘得到的值，该结果映射到最接近的可用线宽。如果该变量的值小于或等于 0，则线宽为最小线宽。

12.4.4 Material

```
Material:X3DMaterialNode {
  SFFloat    [in,out]    ambientIntensity     0.2            [0,1]
  SFColor    [in,out]    diffuseColor         0.8 0.8 0.8    [0,1]
  SFColor    [in,out]    emissiveColor        0 0 0          [0,1]
  SFNode     [in,out]    metadata             NULL           [X3DMetadataObject]
  SFFloat    [in,out]    shininess            0.2            [0,1]
  SFColor    [in,out]    specularColor        0 0 0          [0,1]
  SFFloat    [in,out]    transparency         0              [0,1]
}
```

材质节点定义了相关几何节点的表面材质属性，在渲染时用于 X3D 的光照方程求解。对 X3D 的光照模型方程的详细描述见第 17 章。

材质节点中各个域的取值范围均为 0 到 1.0,它们决定了对象表面对光线的反射方式,从而产生不同的颜色:

a) *ambientIntensity* 域定义了对象表面应该反射多少环境光。环境光是全方位的仅仅与场景中光源的数量相关,与光源与对象表面的相对位置无关。环境光的颜色可通过计算 *ambientIntensity* 和 *diffuseColor* 的乘积得到;

b) *diffuseColor* 域反映了对象表面对所有 X3D 光源的漫反射强度,它与表面和光源之间的角度有关,表面越接近于正对光源,产生越多的漫反射;

c) *emissiveColor* 域用于表示发光的对象,通常用来显示预光照过的模型(此处明确计算出空间中的光线能量)或者用于显示科学数据;

d) *specularColor* 域和 *shininess* 域定义了镜面高光反射,当从光源到表面的角度接近从表面到观察者的角度时,*specularColor* 将参加漫反射和环境光强度的计算。Shininess 的值较低时将产生柔和的光,Shininess 的值较高时,则会产生更清晰、更小的高光;

e) *transparency* 域定义了对象的透明度,其值等于 1.0 时表示对象完全透明,等于 0.0 时表示完全不透明。

12.4.5 Shape

```
Shape:X3DShapeNode {
  SFNode   [in,out]   appearance   NULL       [X3DAppearanceNode]
  SFNode   [in,out]   geometry     NULL       [X3DGeometryNode]
  SFNode   [in,out]   metadata     NULL       [X3DMetadataObject]
  SFVec3f  []         bboxCenter   0 0 0      (-∞,∞)
  SFVec3f  []         bboxSize     -1 -1 -1   [0,∞) or -1 -1 -1
}
```

Shape 节点包含 *appearance* 和 *geometry* 两个域,这两个域用于产生场景中对象的渲染效果,*transparency* 域包含 Appearance 节点,Appearance 节点定义了几何的显示属性,*geometry* 域包含一个几何节点,几何节点显示效果由相应的 Appearance 节点决定。

X3D 中的光照模型以及 Appearance 节点和几何节点之间的交互作用进行了详细描述见第 17 章。

若 *geometry* 域的值等于 NULL,则不渲染对象。

Shape 节点中的 *bboxCenter* 和 *bboxSize* 域定义了一个包含节点中的几何对象的边界盒,可用于一些优化处理。如果定义的边界盒小于实际几何对象的边界盒,将产生不可预测的结果。*bboxSize* 的默认值为(−1,−1,−1),即未定义边界盒,如果需要,则由浏览器自行计算。对 *bboxCenter* 和 *bboxSize* 域的详细描述见 10.2.2。

12.5 支持等级

形状组件提供了 3 种不同等级的支持,如表 20 所示。

表 20 形状组件支持等级

等级	前提条件	节点/特征	支持
1	Core 1 Rendering 1 Texturing 1		
		X3DAppearanceChildNode(抽象)	n/a

表 20（续）

等级	前提条件	节点/特征	支持
		X3DAppearanceNode（抽象）	n/a
		X3DMaterialNode（抽象）	n/a
		X3DShapeNode（抽象）	n/a
		Appearance	选择性支持 *textureTransform*。 不支持 *lineProperties*。 不支持 *fillProperties*
		Material	选择性支持 *ambientIntensity*。 选择性支持 *shininess*。 选择性支持 *specularColor*。 选择性支持 *emissiveColor* 不等于(0,0,0)并且 *diffuseColor* 等于(0,0,0)的材质为不发光材质;1位透明度;透明度值≥0.5透明
		Shape	完全支持所有域
2	Core 1 Rendering 1 Texturing 1		
		等级1中除 Appearance 节点之外的所有节点	完全支持所有域
		Appearance	不支持 *fillProperties*
		LineProperties	完全支持所有域
3	Core 1 Rendering 1 Texturing 1		
		等级2中的所有 Appearance 节点	完全支持所有域
		FillProperties	完全支持所有域

13　3D 几何组件

13.1　简介

13.1.1　名称

本组件的名称是“Geometry3D”，当在 COMPONENT 语句中引用这个组件时应使用本名称（见7.2.5.4）。

13.1.2　概述

本章描述了本部分中的 3D 几何组件。3D 几何组建给出了三维几何的定义方法以及可用的三维几何形状。表 21 列出了本章的主题。

表 21 主题

- 13.1 简介
  - 13.1.1 名称
  - 13.1.2 概述
- 13.2 概念
  - 13.2.1 几何概述
  - 13.2.2 形状和几何节点
  - 13.2.3 几何属性节点
  - 13.2.4 外观节点
  - 13.2.5 公共几何域
- 13.3 节点引用
  - 13.3.1 Box
  - 13.3.2 Cone
  - 13.3.3 Cylinder
  - 13.3.4 ElevationGrid
  - 13.3.5 Extrusion
    - 13.3.5.1 语法
    - 13.3.5.2 概述
    - 13.3.5.3 算法描述
    - 13.3.5.4 特殊情况
    - 13.3.5.5 一般情况
    - 13.3.5.6 其他域
  - 13.3.6 IndexedFaceSet
  - 13.3.7 Sphere
- 13.4 支持等级

- 图 8 Box 节点
- 图 9 Cone 节点
- 图 10 Cylinder 节点
- 图 11 ElevationGrid 节点
- 图 12 一个脊线顶点上的 SCP
- 图 13 缺省的 IndexedFaceSet 纹理映射
- 图 14 图 13 中 IndexedFaceSet 的纹理图像
- 图 15 Sphere 节点

- 表 21 主题
- 表 22 3D 几何组件支持级别

13.2 概念

13.2.1 几何概述

几何组件由四种类型的节点组成，它们是形状节点、几何节点、几何属性节点和外观节点，这些类型的节点共同描述了 X3D 场景中的可视元素。

13.2.2 形状和几何节点

Shape 节点把一个几何节点和定义此几何节点外观的外观节点联合起来。为了产生可视效果，Shape 节点必须包含在变换层级中，反之为产生几何的可视效果，则变换层级中必须包括相应的 Shape 节点，且只有 Shape 节点和 Background 节点可以渲染出可视效果。Shape 节点只能在自己的 *geometry* 域中包括且只包括一个类型为 *GeometryNodeType* 的几何节点。关于 Shape 节点详细内容节见第 12 章。

其他组件也可以定义新的几何节点类型。

13.2.3 几何属性节点

许多几何节点都包含 Coordinate、Color、Normal、TextureCoordinate 等几何属性节点。这些节点在第 11 章中定义。

13.2.4 外观节点

Shape 节点可以定义一个 Appearance 节点并用以描述应用到 Shape 节点中的几何上的外观属性，即材质和纹理。第 12 章中详细描述了 Appearance 节点。

13.2.5 公共几何域

很多 3D 几何节点包含描述属性的公共域。这些域被用来说明顶点顺序、形状是否为实体、形状是否凸多边形面以及面之间夹角的大小，相应域名为 *ccw*、*solid*、*convex*、*creaseAngle*。公共 3D 几何域的描述见第 11 章。

13.3 节点引用

13.3.1 Box

```
Box:X3DGeometryNode {
  SFNode    [in,out]    metadata    NULL    [X3DMetadataObject]
  SFVec3f   []          size        2 2 2   (0,∞)
  SFBool    []          solid       TRUE
}
```

Box 节点定义一个立方体盒子，其中心定位在局部坐标系原点(0,0,0)并和局部坐标轴对齐。盒子沿每个坐标轴缺省尺寸为 2 个单位，即从 −1 到 +1。Box 节点的 *size* 域定义了盒子沿 X 轴、Y 轴、Z 轴方向的尺寸大小，它的每个分量的值大于 0。Box 节点的各个域如图 8 中所示。

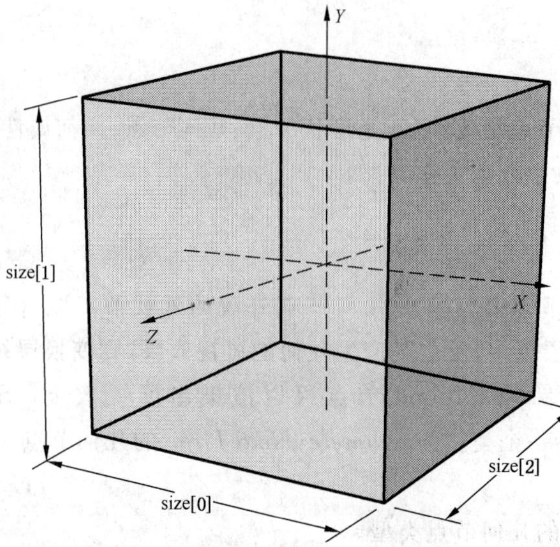

图 8　**Box 节点**

盒子的每个面上可以使用不同的纹理。对于盒子前(＋Z)、后(－Z)、右(＋X)、左(－X)面上的纹理,当从盒子外面以＋Y为向上的观察方向观察时,纹理按图像在2D空间的显示方向映射到相应的面上。对于盒子上(＋Y)面的纹理,当沿着Y坐标轴从上方以－Z为向上的观察方向向下观察时,纹理按图像在2D空间的显示方向映射到盒子的上面。对于盒子底(－Y)面的纹理,当沿着Y坐标轴从下方以＋Z为向上的观察方向向上观察时,纹理按图像在2D空间的显示方向映射到盒子的底面。TextureTransform可以改变Box节点的纹理坐标(见18.4.9)。

Box节点的*solid*域决定盒子从其内部观察时是否可见。*solid*域的完整描述见11.2.3。

13.3.2　Cone

```
Cone:X3DGeometryNode {
  SFNode   [in,out]   metadata      NULL   [X3DMetadataObject]
  SFBool   []         bottom        TRUE
  SFFloat  []         bottomRadius  1      (0,∞)
  SFFloat  []         height        2      (0,∞)
  SFBool   []         side          TRUE
  SFBool   []         solid         TRUE
}
```

Cone节点定义一个圆锥,其中心定位在局部坐标系原点(0,0,0)且其中心轴和局部坐标系Y轴对齐。*bottomRadius*域定义了圆锥底面的半径,缺省值为1个单位,*height*域定义了从圆锥底面中心到顶点的高度,缺省值为2个单位。缺省的圆锥为一个底面半径为1,高度为2,顶点位于y=*height*/2,底面位于y=－*height*/2的圆锥。*bottomRadius*和*height*的值都应大于0。图9说明了Cone节点的各个域的意义。

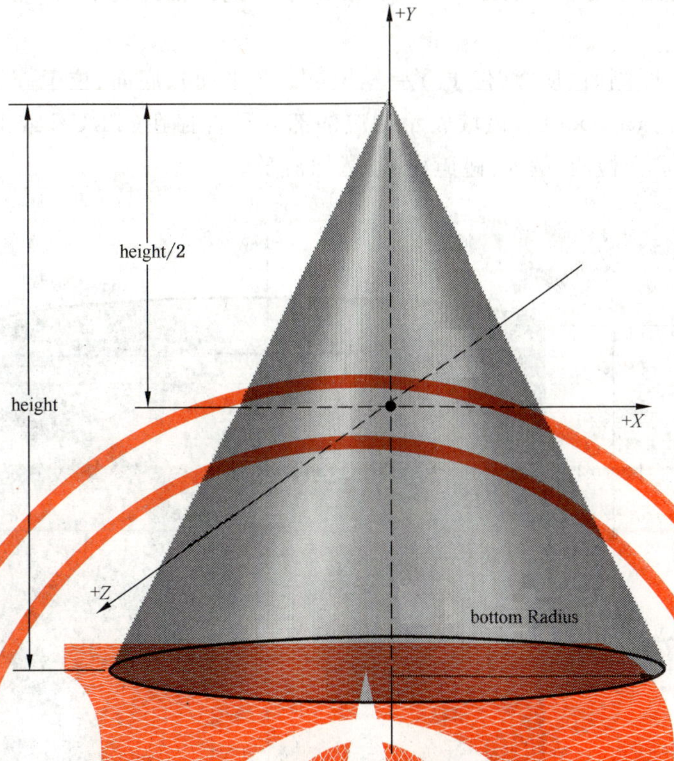

图 9　Cone 节点

side 域指定是否创建圆锥的侧面，*bottom* 域指定是否创建圆锥的底面，若为 TRUE，则说明圆锥相应部分存在，若为 FALSE，则说明圆锥的相应部分不存在，将不被渲染，不进行碰撞检测和求交测试。

圆锥侧面进行纹理映射时，纹理从圆锥的背面开始逆时针(从上面看)包裹到圆锥的侧面，因此纹理竖缝位于圆锥的背面，该竖缝位于 X＝0 平面上的从顶点(0，*height*/2，0)到底面中心(0，－*height*/2，－*bottomRadius*)的连线。底面的纹理为一个中心位于(0，－*height*/2，0)的(2×*bottomRadius*)乘以(2×*bottomRadius*)大小的单位方形纹理中裁出的圆形。当圆锥的顶点向－Z 轴方向旋转时，底面纹理对应的图像的右边向上。TextureTransform 可以改变 Cone 节点的纹理坐标(见 18.4.9)。

Cone 节点的 *solid* 域决定圆锥从其内部观察时是否可见。对 *solid* 域的完整描述见 11.2.3。

13.3.3　Cylinder

```
Cylinder:X3DGeometryNode {
  SFNode   [in,out]   metadata   NULL   [X3DMetadataObject]
  SFBool   []         bottom     TRUE
  SFFloat  []         height     2      (0,∞)
  SFFloat  []         radius     1      (0,∞)
  SFBool   []         side       TRUE
  SFBool   []         solid      TRUE
  SFBool   []         top        TRUE
}
```

Cylinder 节点定义了一个圆柱，其中心定位在局部坐标系原点(0,0,0)且其中心轴和局部坐标系的 Y 轴对齐。圆柱的缺省尺寸在 3 个方向上都为－1 到＋1。Cylinder 节点的 *radius* 域指定了圆柱的半径,*height* 域指定圆柱沿中心轴的高度。*radius* 和 *height* 的值都应大于 0。图 10 说明了 Cylinder 节点的各个域的意义。

圆柱有 3 个部分,即侧面、顶面(位于 Y=+height/2 平面)、底面(位于 Y=-height/2 平面)。每一部分都有一个关联的 SFBool 域,该域表示相应的部分是否存在(TRUE 或 FALSE),不存在的部分将不被渲染也不参加求交检测(例如:碰撞检测、感知器激活)。

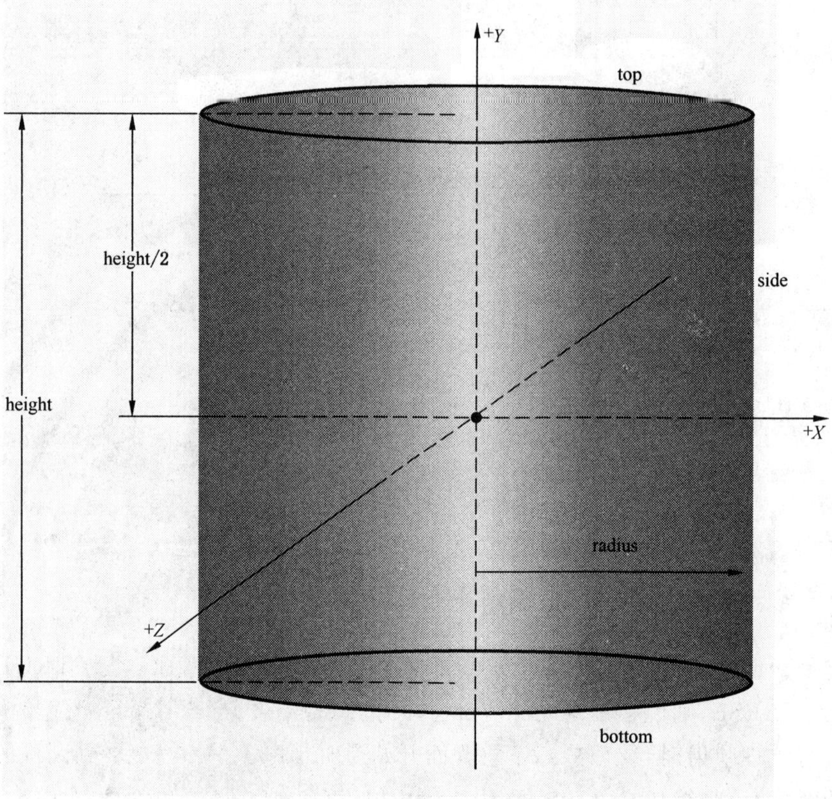

图 10 Cylinder 节点

当对圆柱进行纹理映射时,圆柱的侧面、顶面和底面的纹理映射方式各不相同。侧面纹理映射时,纹理从圆柱的背面开始逆时针(从上面看)地包裹圆柱侧面,因此,纹理在背面有一条与 X=0 平面相交的竖缝。顶面和底面的纹理均为一个中心位于(0,±height/2,0)的(2×*radius*)乘以(2×*radius*)尺寸的单位纹理方形中裁出的圆形。当圆柱顶面向+Z 方向倾斜时,底面纹理对应的图像的右边向上。当圆柱顶面向-Z 方向倾斜时,底面纹理对应的图像的右边向上。TextureTransform 可以改变 Cylinder 节点的纹理坐标(见 18.4.8)。

Cylinder 节点的 *solid* 域决定圆柱从其内部观察时是否可见。对 *solid* 域的完整描述见 11.2.3。

13.3.4 ElevationGrid

```
ElevationGrid:X3DGeometryNode {
  MFFloat   [in]       set_height
  SFNode    [in,out]   color       NULL   [X3DColorNode]
  SFNode    [in,out]   metadata    NULL   [X3DMetadataObject]
  SFNode    [in,out]   normal      NULL   [X3DNormalNode]
  SFNode    [in,out]   texCoord    NULL   [X3DTextureCoordinateNode]
```

```
    SFBool     []      ccw              TRUE
    SFBool     []      colorPerVertex   TRUE
    SFFloat    []      creaseAngle      0          [0,∞)
    MFFloat    []      height           []         (-∞,∞)
    SFBool     []      normalPerVertex  TRUE
    SFBool     []      solid            TRUE
    SFInt32    []      xDimension       0          [0,∞)
    SFFloat    []      xSpacing         1.0        (0,∞)
    SFInt32    []      zDimension       0          [0,∞)
    SFFloat    []      zSpacing         1.0        (0,∞)
}
```

ElevationGrid 节点定义了一个局部坐标系中相对 Y=0 平面高低起伏的均匀矩形网格。网格中的几何数据被表示成一个标量数组，该数组定义了网格中的每个节点相对于 Y=0 平面中每个网格点的高度。

该节点中的 *xDimension* 域和 *zDimension* 域标明网格在 X 方向和 Z 方向上的高度数组中的元素数量。*xDimension* 和 *zDimension* 都应大于或等于 0。如果 *xDimension* 或 *zDimension* 其中的任一个值小于 2，则相应的 ElevationGrid 节点不包含四边形。网格顶点的位置由 *height* 域、*xSpacing* 域、*zSpacing* 域定义：

- *height* 域是一个 *xDimension*×*zDimension* 维的标量数组，表示每个顶点对应的栅格点之上的高度；
- *xSpacing* 域和 *zSpacing* 域分别表示 X 方向和 Z 方向上两个相邻顶点之间的间距，这两个值应大于 0。

所以，在网格上与点 P[i, j]对应的顶点的位置为：

P[i,j]. x=xSpacing×i

P[i,j]. y=height[i+j×xDimension]

P[i,j]. z=zSpacing×j

其中 0≤i<xDimension 且 0≤j<zDimension，P[0,0]位于局部坐标系原点的上/下 height[0]单位处。

ElevationGrid 节点的输入域 *set_height* 允许改变 MFFloat 类型的 height 域的高度值，以此支持 ElevationGrid 节点的动画。

ElevationGrid 节点的 *color* 域将根据 *colorPerVertex* 域的值为 ElevationGrid 节点的每个顶点或四边形定义颜色。如果 *color* 域为 NULL，ElevationGrid 节点将根据包含此节点的 Shape 节点的全局属性进行渲染(见第 12 章)。

ElevationGrid 节点的 *colorPerVertex* 域确定 ElevationGrid 节点的 *color* 域中定义的颜色渲染到每个顶点上还是四边形上。如果 *colorPerVertex* 为 FALSE 且 *color* 域不为 NULL，则 *color* 域的值为至少包含(*xDimension*−1)×(*zDimension*−1) 个颜色值的颜色节点，每个颜色值对应一个四边形，颜色值对应顺序如下：

QuadColor[i,j]=Color[i+j×(xDimension−1)]

其中 0≤i<xDimension-1 且 0≤j<zDimension-1，QuadColor[i,j]为由 height[i+j×xDimension]，height[(i+1)+j×xDimension]，height[(i+1)+(j+1)×xDimension]，height[i+(j+1)×xDimension]4 个顶点定义的四边形的颜色值。

如果 *colorPerVertex* 域的值为 TRUE 且 *color* 域不为 NULL，则 *color* 域应为一个至少包含 *xDimension*×*zDimension* 个颜色值的 Color 节点，每个颜色值对应一个顶点，颜色值与顶点的对应顺序如下：

VertexColor[i,j]=Color[i+j×xDimension]

其中 0≤i<xDimension 且 0≤j<zDimension，VertexColor[i,j]为由 height[i+j×xDimension]定义的顶点的颜色值

ElevationGrid 节点的 *normal* 域将根据 normalPerVertex 的值为 ElevationGrid 节点的每个顶点或每个四边形指定法向量。如果 *normal* 域为 NULL，浏览器将自动生成法向量，并根据 *creaseAngle* 域的值确定表面的法向量是否需要平滑过渡，若需要，还要确定如何产生平滑过渡表面的法向量（见 11.2.3）。

ElevationGrid 节点的 *normalPerVertex* 域决定了法向量将被指定到 ElevationGrid 节点的每个顶点上还是被指定到每个四边形上。如果 *normalPerVertex* 为 FALSE 且 *normal* 域不为 NULL，*normal* 域的值为至少包含（*xDimension*−1）×（*zDimension*−1）个法向量的 Normal 节点；每个法向量对应一个四边形，对应顺序如下：

QuadNormal[i,j]=Normal[i+j×(xDimension−1)]

其中 0≤i<xDimension−1 且 0≤j<zDimension−1，

QuadNormal[i,j] 为由 height[i+j×xDimension]，height[(i+1)+j × xDimension]，height[(i+1)+(j+1)×xDimension]，height[i+(j+1) × xDimension]四个顶点定义的四边形的法向量。

如果 *normalPerVertex* 为 TRUE 且 *normal* 域不为 NULL，则 *normal* 域应为一个至少包含 *xDimensionn*×*zDimension* 个法向量的 Normal 节点；每个值对应一个顶点，对应顺序如下：

VertexNormal[i,j]=Normal[i+j×xDimension]

其中 0≤i<xDimension 且 0≤j<zDimension，VertexNormal[i,j] 为附给由 height[i+j×xDimension] 定义的顶点的法向量。

ElevationGrid 节点的 *texCoord* 域定义 ElevationGrid 节点中每个顶点的纹理坐标。如果 *texCoord* 为 NULL，将应用缺省的纹理坐标。缺省的纹理坐标的范围从第一个顶点的（0,0）到最后一个顶点的（1,1）。S 纹理坐标与 X 坐标轴平行，T 纹理坐标与 Z 轴平行。如果 *texCoord* 不为 NULL，则其应为一个至少包含 *xDimension*×*zDimension* 个纹理坐标的纹理坐标节点，每个值对应一个顶点，对应顺序如下：

VertexTexCoord[i,j]=TextureCoordinate[i+j×xDimension]

其中 0≤i<xDimension 且 0≤j<zDimension，VertexTexCoord[i,j] 为由 height[i+j×xDimension] 定义的顶点的纹理坐标。

ElevationGrid 节点的 *ccw* 域、*solid* 域、*convex* 域和 *creaseAngle* 域的详细描述见 11.2.3。

在缺省状态下，四边形按逆时针方向定义，因此法向量的 Y 分量为正值。若 *ccw* 域为 FALSE，法向量翻转。当 *solid* 域为 TRUE 时将允许背面剔除。

图 11 举例说明了 ElevationGrid 节点各个域的意义。

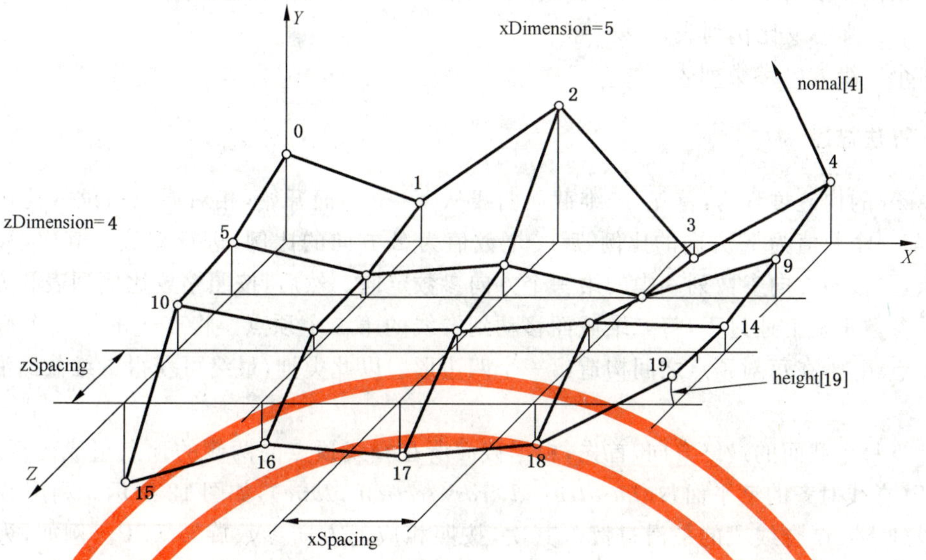

图 11 ElevationGrid 节点

13.3.5 Extrusion

13.3.5.1 语法

```
Extrusion : X3DGeometryNode {
  MFVec2f     [in]      set_crossSection
  MFRotation  [in]      set_orientation
  MFVec2f     [in]      set_scale
  MFVec3f     [in]      set_spine
  SFNode      [in,out]  metadata          NULL                           [X3DMetadataObject]
  SFBool      []        beginCap          TRUE
  SFBool      []        ccw               TRUE
  SFBool      []        convex            TRUE
  SFFloat     []        creaseAngle       0                              [0,∞)
  MFVec2f     []        crossSection      [1 1 1 -1 -1 -1 -1 1 1 1]      (-∞,∞)
  SFBool      []        endCap            TRUE
  MFRotation  []        orientation       0 0 1 0                        [-1,1] or (-∞,∞)
  MFVec2f     []        scale             1 1                            (0,∞)
  SFBool      []        solid             TRUE
  MFVec3f     []        spine             0 0 0 0 1 0]                   (-∞,∞)
}
```

13.3.5.2 概述

Extrusion 节点定义了局部坐标系中的一个几何形状，它由一个二维截面沿着三维脊线伸展而成，截面在脊线的不同位置可以缩放或者旋转，由此产生各种各样的形状。

Extrusion 节点的定义中包含：

a) 一个由多段折线组成的二维截面(可描述为一系列的相连顶点)；

b) 一条由多段折线组成一条三维脊线(也可描述为一系列的相连顶点);

c) 一个二维缩放比例列表;

d) 一个三维方向参数列表。

13.3.5.3 算法描述

Extrusion 的构造过程为:首先,二维截面曲线从 Y=0 平面开始,相对原点按缩放比例列表中的第一个参数(前一个数值为 X 方向的比例,后一个数值为 Z 方向的比例)进行缩放。其次,移动到脊线的第一个顶点,并按照方向参数列表中的第一个方向参数定向。然后,按照缩放比例列表和方向参数列表中的第二个参数重复上述过程,将二维截面移动到脊线的第二个顶点。将产生的第一个截面和第二个截面对应顶点相连,在每对顶点之间构造出一个四边形。以此类推,最终可获得二维截面沿脊线展开的表面。

为了计算每个截面的最终方向,首先,根据截面所在脊线顶点的两侧的顶点组成的脊线段,将截面定位到 SCP(脊线对齐的截平面,*spine-aligned cross-section plane*),如图 12 所示。利用 SCP 可实现从一个脊线段到下一个脊线段的平滑过渡。其次,按照相应的方向参数旋转 SCP。例如,为了实现扭转效果,就要将截面绕着 Y 坐标轴(0,1,0)进行旋转。其他方向参数也有效并会将截面旋转出 SCP。

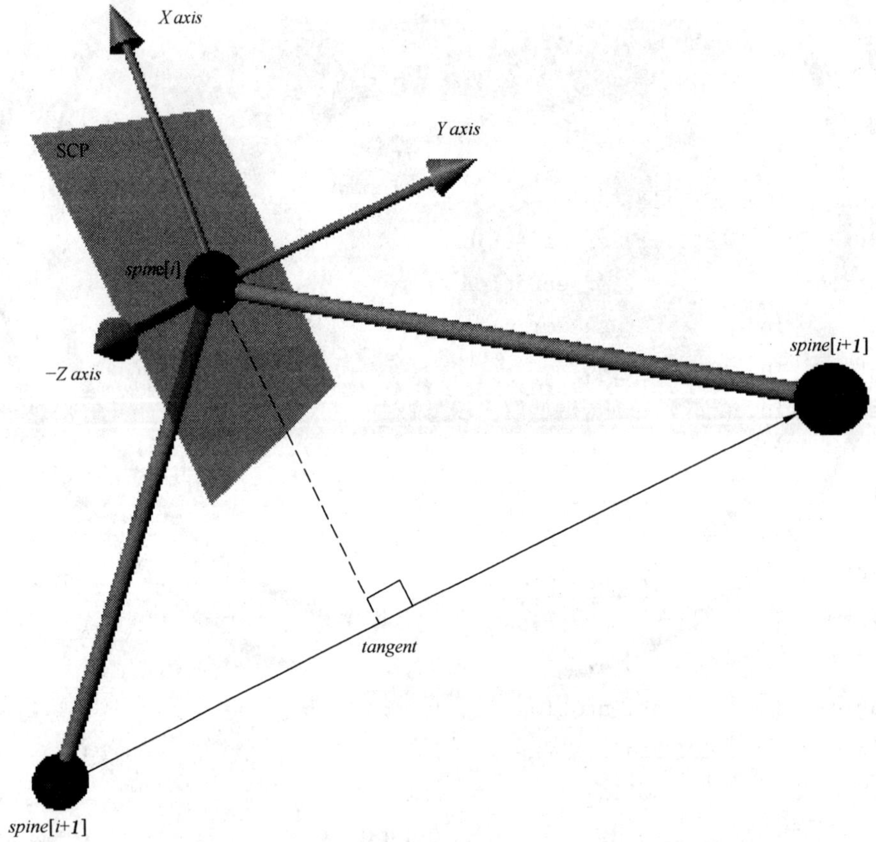

图 12 一个脊线顶点上的 SCP

为了计算 SCP,首先计算出它的局部坐标系的 Y 坐标轴和 Z 坐标轴,然后计算它们的叉积,结果即为 X 坐标轴。用这 3 个坐标轴就可确定将 Y=0 平面旋转到 SCP 的数值,结果近似为在脊线的每个顶点处与脊线相切的平面,如图 12 所示。首先,Y 坐标轴的计算方法如下:

令 n 为脊线的个数,i 为索引变量,且满足:$0 \leqslant i < n$

a) 对除起点和终点外的所有点,顶点 *spine*[i]的局部坐标系的 y 坐标轴为(*spine*[i+1]− *spine* [i－1])向量的单位化向量；

b) *如果脊线是封闭的*，则起点和终点的 SCP 是相同的，并由(*spine*[1]－*spine*[n－2])确定 Y 坐标轴；

c) *如果脊线不是封闭的*，则起点的 Y 坐标轴轴是由 *spine*[0]指向 *spine*[1]的单位向量，终点的 Y 坐标轴是由 *spine*[n－2]指向 *spine*[n－1]的单位向量。

Z 坐标轴的计算方法如下：

d) *对于除起点和终点外的所有点*，Z 坐标轴为以下叉积：

Z＝(spine[i＋1] － spine[i])×(spine[i－1] － spine[i]

e) *如果脊线是封闭的*，则起点和终点的 SCP 相同。Z 坐标轴为以下叉积：

Z＝(spine[1] － spine[0])×(spine[n-2] － spine[0]

f) *如果脊线不是封闭的*，则起点的 Z 坐标轴与 *spine*[1]相同。终点的 Y 坐标轴与 *spine*[n－2]的相同；

g) 在 Z 坐标轴确定之后，计算它与前一个脊线顶点的 Z 坐标轴的点积。如果这个值为负，则需要将 Z 轴反向(即乘－1)。在大多数情况下，这样可以防止脊线角度的微小变化导致截面翻转 180°。

根据已知的 Y 坐标轴和 Z 坐标轴，就可用它们的叉积计算出 X 坐标轴。

13.3.5.4 特殊情况

如果缩放比例或者方向参数的个数比脊线的顶点数量多，则超出的值将被忽略。如果它们中只有一个值，该值被用于所有脊线的顶点。如果缩放比例或者方向参数的数量大于 1 而少于脊线顶点的数量，则结果不确定。缩放比例应为正值。

如果计算 Z 坐标轴时 3 个点共线，则叉积的结果为 0，则用上一相邻顶点的 Z 坐标轴代替该顶点的 Z 坐标轴。

如果脊线不封闭且前 3 个点共线，则脊线的第一个顶点的 Z 坐标轴不能确定，则该顶点需要指定一个 Z 坐标轴。

如果脊线的全部顶点共线，则首先计算出与 Y 坐标轴正向一致的向量($\boldsymbol{v}_1$)到脊线形成的向量($\boldsymbol{v}_1$)之间的旋转向量，Y＝0 平面按此向量旋转后即为 SCP。

如果脊线中的 2 个点重合，那么它们的 SCP 相同。如果每个顶点都含有不同的旋转角度，则通过连接截面的边即可构造出正常的表面，这在创建旋转体表面时非常有用的。

注：Extrusion 运算法则并不能避免因脊线节点重合而形成的曲面自交现象。

13.3.5.5 一般情况

下面是 Extrusion 节点支持的几种常见情况。

旋转曲面：

如果截面近似为圆，脊线为直线，则 Extrusion 为旋转曲面，这时*缩放比例*定义了脊线的不同位置上截面的大小。

等截面 Extrusion：

如果*缩放比例*为(1,1)，脊线为直线，截面在拉伸过程中不会扭转或者缩放，而被均匀拉伸，结果为一截面均匀的柱形。

弯曲面|扭转面|锥形面：

修改 Extrusion 节点中的所有域将会得到这些曲面。脊线弯曲将会得到弯曲形状，通过修改方向参数，使截面绕 Y 坐标轴旋转，将得到扭转面，通过修改截面在脊线不同节点的缩放比例可以得到锥形体。

13.3.5.6 其他域

挤压曲面由三部分组成,它们是侧面、*beginCap*(起始面)和 *endCap*(结束面),起始面为位于脊线起始顶点的截面,结束面是位于脊线结束顶点的截面,有两个 SFBool 型的域分别标志起始面和结束面是否可见(TRUE 或 FALSE)。

当 *beginCap* 或者 *endCap* 为 TRUE 时,无论截面是否为闭合曲线,均将产生起始面和结束面。如果截面没有闭合,则给截面增加一个与它的起始点相同的结束点,将其闭合而构造起始面或者结束面。开放的表面也可以具有起始面或者结束面,就像听装的汽水瓶竖直剖开一样。即使脊线闭合,也会产生这样的表面。如果为 FALSE,则不产生对应的起始面或者结束面。

Extrusion 节点自动产生纹理坐标,进行纹理映射时,沿截面曲线的为 U 纹理坐标,取值范围为 0 到 1(0 对应截面曲线的第一个顶点,1 对应截面曲线的最后一个顶点),沿脊线的为 V 纹理坐标,取值范围为 0 到 1(0 对应脊线的第一个顶点,1 对应脊线的最后一个顶点)。如果存在起始面或者结束面,则将截面进行等比例缩放和变换,以使截面尺寸较大的方向(X 或者 Z)的纹理坐标范围从 0 到 1。起始面和结束面纹理的 S 和 T 方向对应截面局部坐标系的 X 和 Z 方向。

X3D 浏览器应自动产生 Extrusion 节点中的法向量,并根据 *creaseAngle* 域确定是法向量是否和如何在表面进行平滑。起始面和结束面的法向量沿着 SCP 的 Y 坐标轴方向,通过从上面观察(沿着 SCP 的 Y 坐标轴的负方向观察)截面获得。截面顶点按逆时针方向排列的起始面的缺省法向量应指向－Y 方向,截面顶点按逆时针方向排列的结束面的缺省法向量应指向＋Y 方向。

组成挤出曲面侧面的每个四边形从低处的截面到高处的截面顺序排列,因此,每个四边形的顶点顺序为:

spine[0](crossSection[0], crossSection[1])

spine[1](crossSection[1], crossSection[0])

侧面缺省法向量的计算方法参考 13.2.2 形状和几何节点。

例如,一个逆时针方向的圆截面和默认脊线将产生一个圆柱,若 *solid* 为 TRUE,*ccw* 为 TRUE,则该圆柱从外部可见,若 *ccw* 为 FALSE,则圆柱从内部可见。

关于 *ccw*、*solid*、*convex* 和 *creaseAngle* 域见 11.2.3。

13.3.6 IndexedFaceSet

```
IndexedFaceSet:X3DComposedGeometryNode {
IndexedFaceSet:X3DComposedGeometryNode {
  MFInt32   [in]       set_colorIndex
  MFInt32   [in]       set_coordIndex
  MFInt32   [in]       set_normalIndex
  MFInt32   [in]       set_texCoordIndex
  SFNode    [in,out]   color            NULL    [X3DColorNode]
  SFNode    [in,out]   coord            NULL    [X3DCoordinateNode]
  SFNode    [in,out]   metadata         NULL    [X3DMetadataObject]
  SFNode    [in,out]   normal           NULL    [X3DNormalNode]
  SFNode    [in,out]   texCoord         NULL    [X3DTextureCoordinateNode]
  SFBool    []         ccw              TRUE
  MFInt32   []         colorIndex       []      [0,∞) or -1
  SFBool    []         colorPerVertex   TRUE
  SFBool    []         convex           TRUE
```

```
    MFInt32    []    coordIndex         []      [0,∞) or -1
    SFFloat    []    creaseAngle        0       [0,∞)
    MFInt32    []    normalIndex        []      [0,∞) or -1
    SFBool     []    normalPerVertex    TRUE
    SFBool     []    solid              TRUE
    MFInt32    []    texCoordIndex      []      [-1,∞)
}
```

IndexedFaceSet 节点通过利用 *coord* 域中的顶点列表构造多边形面，而表示一个 3D 形状。*coord* 域包含一个坐标节点，该节点定义了 *coordIndex* 域引用的 3D 顶点。IndexedFaceSet 节点通过其 *coordIndex* 域定义的索引，在坐标节点中找到顶点坐标定义多边形面。－1 索引表示当前的多边形面结束，开始下一个多边形面。最后的多边形面的索引后面可以跟一个－1，也可以不要。如果 *coordIndex* 域最大索引为 N，则坐标节点应该包含 N+1 个坐标，从 0 到 N。IndexedFaceSet 节点的每个面应满足：

a) 至少 3 个不相同的顶点；

b) 顶点定义一个平面多边形；

c) 顶点定义的多边形是非自交多边形。

否则，结果不可确定。

IndexedFaceSet 节点中的坐标值是其局部坐标体系中的数值，受其上级节点的变换影响而改变。*coord*、*normal* 和 *texCoord* 域的值分别为坐标、法向量和纹理坐标节点。关于光照方程以及颜色、法向量、纹理、材质和几何之间的相互作用的详细说明见第 11 章和第 12 章。

如果 *color* 域为 NULL，IndexedFaceSet 节点应该包含一个颜色节点，其中定义的颜色可以为顶点的颜色或者面的颜色，具体如下：

d) 如果 *colorPerVertex* 为 FALSE，则颜色将会按以下规则应用于所有面：

   1) 如果 *colorIndex* 不为空，IndexedFaceSet 节点中的每个面都有一种颜色。因此 *colorIndex* 域中颜色索引至少要和 IndexedFaceSet 节点中的面的数量相同的。如果 *colorIndex* 域中最大索引为 N，则颜色节点中应有 N+1 个颜色，*colorIndex* 域中不应有负数。

   2) 如果 *colorIndex* 为空，Color 节点中的颜色将按顺序应用到 IndexedFaceSet 节点中的每个面。在 Color 节点中至少应有和面数相同的颜色数。

e) 如果 *colorPerVertex* 为 TRUE，颜色将会按以下规则应用于所有顶点：

   1) 如果 *colorIndex* 域不为空，颜色将以与从 Coordinate 节点中根据 *colorIndex* 域为每个顶点选择坐标值完全相同的规则应用于 IndexedFaceSet 节点中的每个顶点。因此 *colorIndex* 域中颜色索引至少要和 *colorIndex* 域中的索引一样多，并且在和 *colorIndex* 域完全相同的位置包含面结束标志(－1)。如果 *colorIndex* 域中最大索引为 N，则颜色节点中应有 N+1 个颜色。

   2) 如果 *colorIndex* 域为空，将按 *colorIndex* 域中的索引从颜色节点中选择颜色，如果 *colorIndex* 域中最大索引为 N，则颜色节点中应有 N+1 个颜色。

如果 *color* 域为 NULL，几何通常会用外观节点中定义的材质和纹理进行渲染(见第 12 章)。

如果 *normal* 域不为 NULL，它将会包含一个 Normal 节点，其中的法向量将按给顶点或者面添加颜色的方法为顶点或面赋值，*normalPerVertex* 对应 *colorPerVertex*，*colorPerVertex* 对应 *colorIndex*。如果 *normal* 域为 NULL，浏览器应根据 *creaseAngle* 决定法向量是否和如何在公共顶点处光滑过渡而自动生成相应的法向量(见 11.2.3)。

如果 *texCoord* 域不为 NULL，它应会包含一个纹理坐标节点，节点中的纹理坐标按以下方式为 IndexedFaceSet 中的顶点赋值：

f) 如果 *texCoordIndex* 域不为空，则其中的索引被用来为 IndexedFaceSet 中的每一个顶点指定纹理坐标，方式与利用 *coordIndex* 域为每个顶点从 Coordinate 节点中选择坐标值一样。*texCoordIndex* 域至少包含和 *coordIndex* 域相同的索引数量，也应在相同位置包含面结束标志符(−1)。如果 *texCoordIndex* 域中最大的索引为 N，则纹理坐标节点中至少要有 N+1 个纹理坐标。

g) 如果 *texCoordIndex* 域为空，那么 *coordIndex* 将被用于从 TextureCoordinate 节点中选择纹理坐标。如果 *coordIndex* 域中最大索引为 N，则纹理坐标节点中至少要有 N+1 个纹理坐标。

如果 *texCoord* 域为 NULL，则利用形状的边界盒的局部坐标系进行默认的纹理坐标映射，边界盒的最长边对应纹理坐标的 S 坐标，次长边对应 T 坐标。如果边界盒的两个或者 3 个边等长，则可任意指定等长边中的一个边对应 S 坐标或者 T 坐标。S 坐标值的取值范围从 0 到 1，从边界盒的一端到另一端，T 坐标的取值范围从 0 到次长边与最长边的比值。图 13 说明了一个 TextureCoordinate 表示的简单盒子的默认纹理映射，该盒子的 X 方向的边长为 Z 方向边长的 2 倍，为 Y 方向的 4 倍。图 14 为图 13 所示例子中应用到的纹理图片。

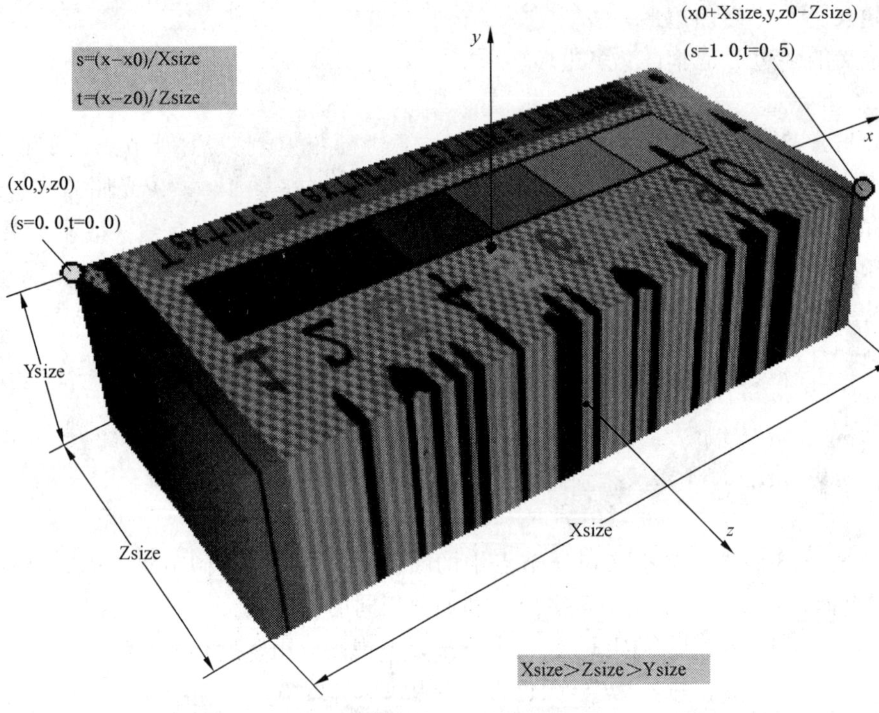

图 13 缺省的 **IndexedFaceSet** 纹理映射

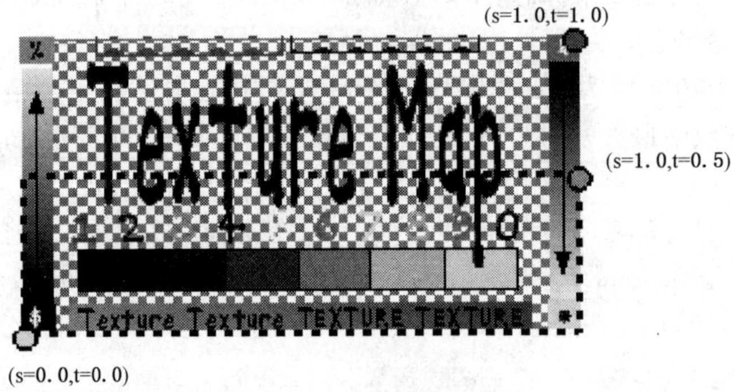

图 14 图 13 中的纹理映射用到的图像

关于 *ccw*、*solid*、*convex* 和 *creaseAngle* 的意义见 11.2.3。

13.3.7 Sphere

```
Sphere:X3DGeometryNode {
SFNode    [in,out]    metadata    NULL    [X3DMetadataObject]
SFFloat   []          radius      1       (0,∞)
SFBool    []          solid       TRUE
}
```

Sphere 节点定义了一个球心在局部坐标系原点(0,0,0)点的球体。*radius* 域定义了球体的半径，应大于 0。图 15 描述的即为 Sphere 节点。

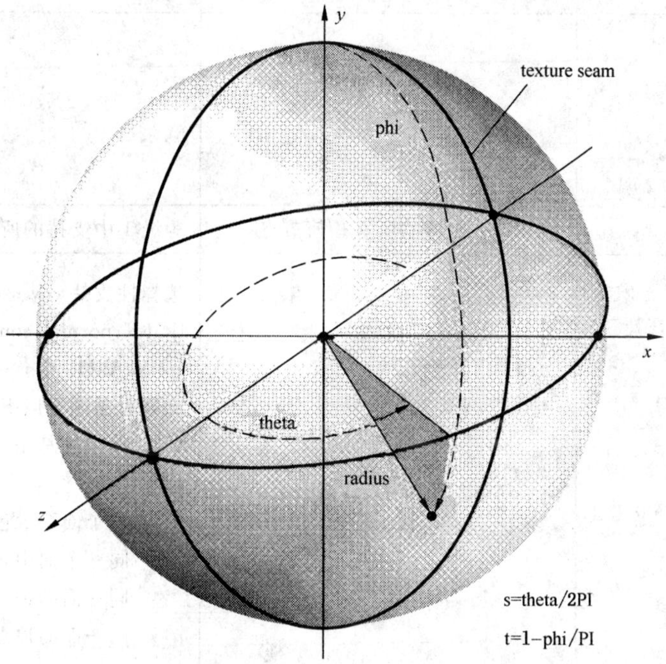

图 15 Sphere 节点

球体进行纹理映射时，纹理将从球体的后面(与－Z 轴相交的径向圆弧)开始沿逆时针方向(从球体上面观察)覆盖整个球体表面，因此纹理中存在一个缝，该缝为 X=0 平面与球体表面的交线中 Z 小于 0 的部分。TextureTransform 会影响球体的纹理坐标(见 18.4.9)。

solid 域决定了球体是否是内部可见的。对 *solid* 域的详细描述见 11.2.3。

13.4 支持等级

3D 几何组件提供了 4 个等级的支持，如表 22 中所列。第 1 等级提供包含某些域的有限支持的基本索引几何、基本几何体和 Shape 节点。第 2 等级增加了 IndexedFaceSet 节点的支持。第 3 等级增加了对 ElevationGrid 节点的支持，使轻量地形模型的建立和数据可视化成为可能，并且支持第 3 层中所有节点的所有域。第 4 层提供了对 Extrusion 节点的支持。

表 22 3D 几何组件支持等级

等级	前提条件	节点/特征	支持
1	Core 1 Grouping 1 Rendering 1 Shape 1		
		Box	完全支持所有域
		Cone	完全支持所有域
		Cylinder	完全支持所有域
		Sphere	完全支持所有域
2	Core 1 Grouping 1 Rendering 1 Shape 1		
		等级 1 中支持的所有几何节点	等级 1 中支持的所有域
		IndexedFaceSet	选择性支持 ccw; set_colorIndex; set_normalIndex; normal; convex; normalIndex creaseAngle 等于 0 或者 π; 面列表需满足以下条件: 1. 每个面都由 −1 终结,包括队列中的最后一个面 2. 每个面至少包含 3 个不重合的点 3. 同一个面中,坐标索引不能重复 4. 同一面的顶点应定义一个平面多边形 5. 同一面的顶点不能导致自相交多边形
3	Core 1 Grouping 1 Rendering 1 Shape 1		
		等级 2 中支持的所有几何节点	等级 2 中支持的所有域
		ElevationGrid	选择性支持:ccw
4	Core 1 Grouping 1 Rendering 1 Shape 1		
		所有等级 2 支持的几何节点	等级 2 中支持的所有域
		Extrusion	完全支持所有域

14 2D 几何组件

14.1 简介

14.1.1 名称

本组件的名称是“Geometry2D”，当在 COMPONENT 语句中引用这个组件时应使用本名称（见 7.2.5.4）。

14.1.2 概述

本章描述了本部分中的 2D 几何组件。2D 几何组件给出了二维几何的定义方法以及可用的二维几何形状。表 23 列出了本章的主题。

表 23 主题

14.2 概念

14.2.1 几何概述

2D几何组件仅由几何节点所组成，因为它使用在形状组件中定义的形状、几何属性以及外观节点。2D几何节点可以看做平面对象。

定义2D节点的二维坐标系位于当前3D坐标系中的z=0平面，并且该二维坐标系中的X轴和Y轴与三维坐标系中X轴和Y轴的是一致的。二维坐标系的原点与当前三维坐标系原点相同。二维坐标中未定义的z分量通常为0。所有的变换，无论是二维变换还是三维变换，都将影响2D节点的位置与方向。

2D节点中的每个面都与它所在坐标系z=0的平面共面。所有面都包括前后两个面。前面定义为z=0平面的正面。本标准中定义的3D几何的后向面剔除算法也适用于二维面。

当从2D节点在边缘观察它们时，将看不到它们的面，这是因为它们没有厚度。

14.2.2 形状与几何节点

形状节点定义见第12章。

14.2.3 几何属性节点

作为几何属性节点的若干几何节点包含坐标、颜色、法向量或纹理坐标。这些节点定见第11章。

14.2.4 外观节点

形状节点可能会指定一个外观节点，它用来描述应用于形状几何的外观属性。对于外观这个概念的描述参见第12章。

对于外观属性和几何节点中的属性之间的关系的描述见第12章。

14.3 节点引用

14.3.1 Arc2D

```
Arc2D:X3DGeometryNode {
  SFNode    [in,out]    metadata      NULL    [X3DMetadataObject]
  SFFloat   []          endAngle      π/2     [-2π,2π]
  SFFloat   []          radius        1       (0,∞)
  SFFloat   []          startAngle    0       [-2π,2π]
}
```

Arc2D节点定义了一段线性圆弧，它的中心在(0,0)，而且它的角度是按从正X轴到正Y轴的方向进行计算的。*radius*域定义了圆弧所在圆的半径，圆弧为从*startAngle*逆时针旋转到*endAngle*的部分。*radius*的值应大于0。*startAngle*和*endAngle*的值域应该在(0,2π)的区间内。如果*startAngle*和*endAngle*的值相同，则表示一个整圆。

对*solid*域的完整描述见11.2.3。

图16是Arc2D节点的一个例子。

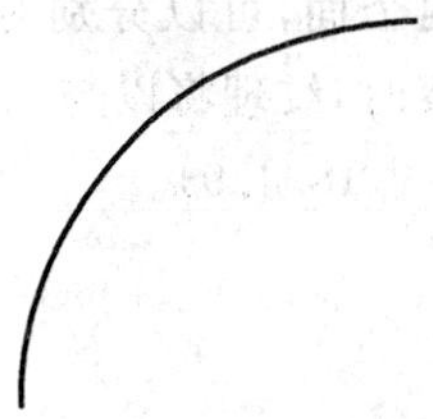

图 16 **Arc2D 节点**

14.3.2 ArcClose2D

```
ArcClose2D:X3DGeometryNode {
  SFNode    [in,out]    metadata     NULL     [X3DMetadataObject]
  SFString  []          closureType  "PIE"    ["PIE"|"CHORD"]
  SFFloat   []          endAngle     π/2      [-2π,2π]
  SFFloat   []          radius       1        (0,∞)
  SFBool    []          solid        FALSE
  SFFloat   []          startAngle   0        [-2π,2π]
}
```

ArcClose2D 节点定义了一段圆弧,它的中心在(0,0),而且它的角度是按从正 X 轴到正 Y 轴的方向进行计算的。*closureType* 域决定了圆弧两个端点的连接方式,*radius* 域定义了圆弧所在圆的半径,圆弧为从 *startAngle* 逆时针旋转到 *endAngle* 的部分。*radius* 的值应大于 0。*startAngle* 和 *endAngle* 的值域应该在(0,2π)的区间内。如果 *startAngle* 和 *endAngle* 的值相同,则表示一个整圆,同时忽略 *closureType* 的影响。

当 closureType 域等于"PIE"时,两个端点通过两个线段连接,其中第一个线段从末尾点指向圆点,第二个线段从中心指向了开始点。这样就形成如图 17 所示的楔形。

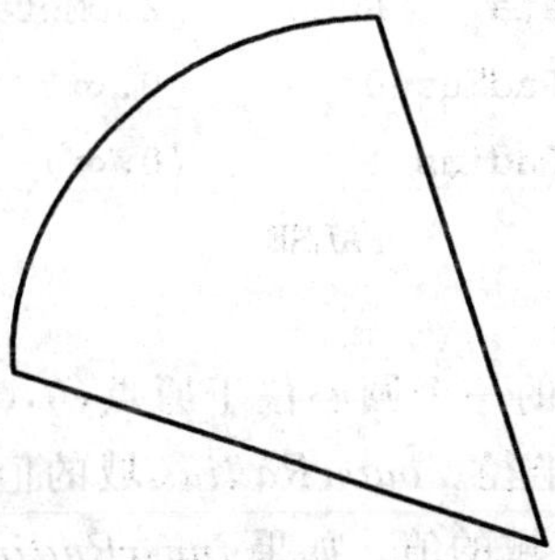

图 17 **ArcClose2D 节点("PIE"型封闭)**

当 closureType 域为"CHORD"时,两个端点通过一条由末尾点到开始点的线段连接,这样就形成图 18 所示的形状。

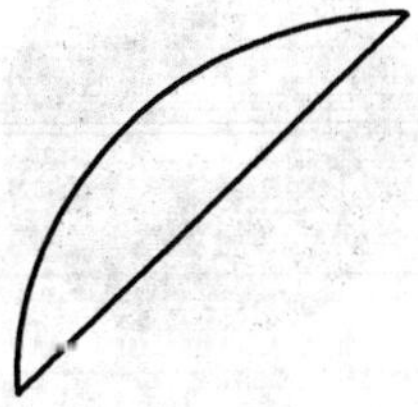

图 18 **ArcClose2D 节点("CHORD"型封闭)**

ArcClose2D 节点定义的形状有前后两个面,可以分别对这两个面进行纹理映射。在 ArcClose2D 的正面(+Z)和背面(−Z),当从+Z 轴观察时,纹理将以与二维空间相同的方向映射在每一个面上。纹理变换影响 ArcClose2D 节点的纹理坐标(见 18.4.9)。

对 *solid* 域的完整描述见 11.2.3。

14.3.3 Circle2D

```
Circle2D:X3DGeometryNode {
  SFNode    [in,out]    metadata    NULL    [X3DMetadataObject]
  SFFloat   []          radius      1       (0,∞)
}
```

Circle2D 节点定义了局部坐标系中的一个圆心位于原点(0,0)的圆。*radius* 域定义了圆的半径,*radius* 的值应大于 0。图 19 所示为一个带有虚线线型的 Circle2D 节点。

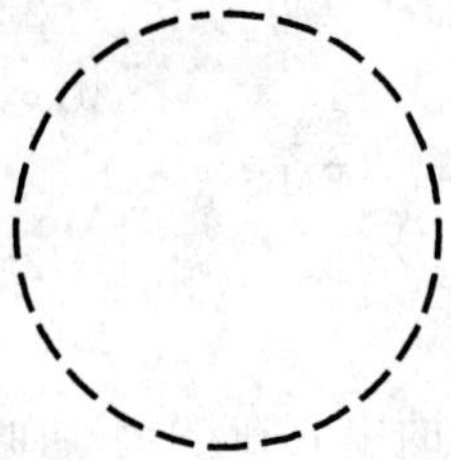

图 19 Circle2D 节点

关于 *solid* 域的详细说明见 11.2.3。

14.3.4 Disk2D

```
Disk2D:X3DGeometryNode {
  SFNode    [in,out]    metadata     NULL    [X3DMetadataObject]
  SFFloat   []          innerRadius  0       [0,∞)
  SFFloat   []          innerRadius  1       (0,∞)
  SFBool    []          solid        FALSE
}
```

Disk2D 节点定义了局部坐标系中的一个圆心位于原点(0,0)的圆盘。*outerRadius* 域为圆盘外圆的半径,*innerRadius* 域为圆盘内圆的半径。*outerRadius* 域的值应该大于 0,*innerRadius* 域的值应该大于或等于 0 且小于等于 *outerRadius* 域的值。如果 *innerRadius* 域的值为 0,圆盘为实心圆盘,否则,*innerRadius* 之内的区域在圆盘中形成了一个洞。如果 *innerRadius* 与 *outerRadius* 相同,应使用当前线形渲染圆。图 20 所示为一个 *innerRadius* 非 0 的 Disk2D 节点。

图 20 Disk2D 节点

Disk2D 节点定义的形状有前后两个面,可以分别对这两个面进行纹理映射。在 Disk2D 节点的正面(+Z)和背面(−Z),当从+Z 轴观察时,纹理将以与二维空间相同的方向映射在每一个面上。纹理变换影响 ArcClose2D 节点的纹理坐标(见 18.4.9)。

对 *solid* 域的详细描述见 11.2.3。

14.3.5 Polyline2D

```
Polyline2D:X3DGeometryNode {
  SFNode    [in,out]   metadata    NULL   [X3DMetadataObject]
  MFVec2f   []         lineSegments[]     (-∞,∞)
}
```

Polyline2D 节点在二维局部坐标系中通过连接一组顶点定义了一系列相连的直线段,称为折线。*lineSegment* 域定义了连接顶点。图 21 所示为一个 Polyline2D 节点表示的折线。

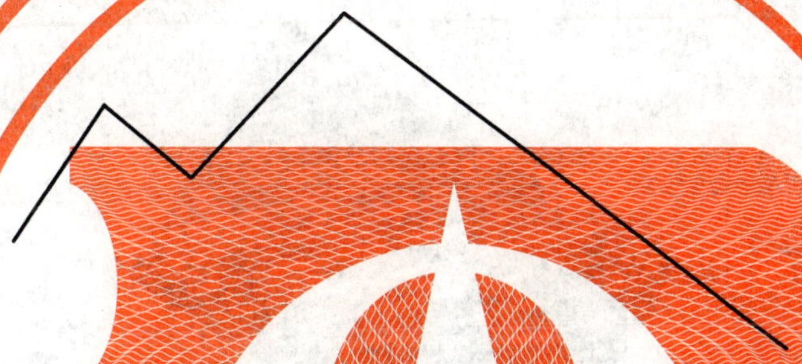

图 21 **Polyline2D 节点**

对 *solid* 域的详细描述见 11.2.3。

14.3.6 Polypoint2D

```
Polypoint2D:X3DGeometryNode {
  SFNode    [in,out]   metadata    NULL   [X3DMetadataObject]
  MFVec2f   [in,out]   point       []     (-∞,∞)
}
```

Polypoint2D 节点定义了一个二维局部坐标系中的顶点集合,其中每一个顶点都被显示成一个点。*points* 域为顶点。图 21 所示为 Polypoint2D 节点的例子,这些点是图 22 中描述直线的点,为了方便说明这些点被放大了。

图 22 **Polypoint2D 节点**

对 *solid* 域的详细描述见 11.2.3。

14.3.7 Rectangle2D

```
Rectangle2D:X3DGeometryNode {
  SFNode    [in,out]    metadata    NULL     [X3DMetadataObject]
  SFVec2f   []          size        2 2      (0,∞)
  SFBool    []          solid       FALSE
}
```

Rectangle2D 节点定义了一个二维局部坐标系中的矩形，该矩形的中心位于坐标系原点(0,0)，并且边与坐标轴平行。在缺省情况下，矩形每个边的长度为 2，即从－1 到＋1。*size* 域为矩形与 X 轴和 Y 轴平行的两个边的长度，每一个分量值都应大于 0。图 23 所示为一个 Rectangle2D 节点，该节点包含定义填充样式的 FillProperties 节点。

图 23　Rectangle2D 节点

Rectangle2D 节点定义的形状有前后两个面，可以分别对这两个面进行纹理映射。在 Rectangle2D 节点的正面(＋Z)和背面(－Z)，当从＋Z 轴观察时，纹理将以与二维空间相同的方向映射在每一个面上。纹理变换影响 ArcClose2D 节点的纹理坐标(见 18.4.9)。

对 *solid* 域的详细描述见 11.2.3。

14.3.8 TriangleSet2D

```
TriangleSet2D:X3DGeometryNode {
  SFNode    [in,out]    metadata    NULL     [X3DMetadataObject]
  SFVec2f   [in,out]    vertices    []       (－∞,∞)
  SFBool    []          solid       FALSE
}
```

TriangleSet2D 节点定义了一个二维局部坐标系中三角形集合。*vertices* 域为三角形集合中定义三角形的顶点，顶点的总数应为 3 的整数倍数，若不能整除，则剩余的顶点将被忽略。图 24 所示为一个 TriangleSet2D 节点。

图 24 **TriangleSet2D 节点**

TriangleSet2D 节点定义的形状有前后两个面,可以分别对这两个面进行纹理映射。在 TriangleSet2D 节点的正面(+Z)和背面(-Z),当从+Z 轴观察时,纹理将以与二维空间相同的方向映射在每一个面上。纹理变换影响 ArcClose2D 节点的纹理坐标(见 18.4.9)。

对 *solid* 域的详细描述见 11.2.3。

14.4 支持等级

2D 几何组件提供了两个等级的支持,如表 24 所示。等级 1 提供了对带有直边的基本二维几何的支持。等级 2 增加了对包含非直边的二维几何的支持。

表 24 2D 几何组件支持等级

等级	前提条件	节点/特征	支持
1	Core 1 Grouping 1 Shape 1 Rendering 1		
		Polyline2D	完全支持所有域
		Polypoint2D	完全支持所有域
		Rectangle2D	完全支持所有域
		TriangleSet2D	完全支持所有域
2	Core 1 Grouping 1 Shape 1 Rendering 1		

表 24（续）

等级	前提条件	节点/特征	支持
		所有等级 1 中的 2D 几何节点	完全支持所有域
		Arc2D	完全支持所有域
		ArcClose2D	完全支持所有域
		Circle2D	完全支持所有域
		Disk2D	完全支持所有域

15 文本组件

15.1 简介

15.1.1 名称

本组件的名称是“Text”，当在 COMPONENT 语句中引用这个组件时应使用本名称(见 7.2.5.4)。

15.1.2 概述

本章描述了本部分中的文本组件的内容。表 25 列出了本章的主题。

表 25 主题

表 25（续）

    - 15.2.2.3 方向和对齐
    - 15.2.2.4 语言
- 15.3 抽象类型
  - 15.3.1 *X3DFontStyleNode*
- 15.4 节点引用
  - 15.4.1 FontStyle
  - 15.4.2 Text
- 15.5 支持等级

- 图 25 表 30 和表 31 的关键字
- 图 26 文本 size 和 spacing 域属性

- 表 25 主题
- 表 26 主方向对齐(*horizontal*=TRUE)
- 表 27 主方向对齐(*horizontal*=FALSE)
- 表 28 副方向对齐(*horizontal*=TRUE)
- 表 29 副方向对齐(*horizontal*=FALSE)
- 表 30 *horizontal*=TRUE
- 表 31 *horizontal*=FALSE
- 表 32 文本组件支持等级

15.2 概念

15.2.1 文本语义

15.2.1.1 概述

文本在 X3D 中被当作几何处理，只是文本的定义和显示与几何不同。本章说明 X3D 中的文本节点表示文本相关属性的方法。文本格式化的说明见 15.2.2。

15.2.1.2 外观

X3D 中的文本可以进行纹理映射，方法为：纹理坐标原点位于第一个字符串的原点，字符串原点由对齐方式决定，字型的高度为 1，纹理坐标相对字型高度在 S 和 T 方向上进行等比例缩放，S 向右为正方向，T 向上为正方向。

外观、材质和纹理与光照之间的相互作用的详细描述见第 12 章。X3D 中使用的光照方程的详细描述见第 17 章。

15.2.2 文本格式化

15.2.2.1 概述

关于文本的排列和格式的问题已经有很长历史了，X3D 标准中定义了对不同语言文本以及排列方式提供支持的技术方法。

15.2.2.2 字体和字型

文本属性由字体和字型两个属性决定，浏览器应为文本属性选择合适的可用字型和字体。

family 域包含一个区分大小写的 MFString 类型的值，它定义了一系列字体的常用名称。浏览器应在所在操作系统中寻找与 MFString 值中的第一个字体名称匹配的字体，如果没有找到一个与 MFString 值中定义的字体名称一致的字体，则使用默认的“SERIF”字体。所有浏览器至少支持一种“SERIF”字体，如 Times Roman 字体，一种“SANS”字体，如 Helvetica 字体和一种“TYPEWRITER”字体，如 Courier 字体。若 *Family* 域的值为空，则等效于[“SERIF”]。以下为 *family* 域的一个例子：

[“Lucida Sans Typewriter”, “Lucida Sans”, “Helvetica”, “SANS”]

在这个例子中，浏览器首先在操作系统中寻找名称为“Lucida Sans Typewriter”的字体，如果未找到，继续寻找名称为“Lucida Sans”的字体，如果仍未找到，继续寻找名称为“Helvetica”的字体，如果没找到，浏览器将寻找任意一个 sans-serif 字体，如果没发现一个 sans-serif 字体，浏览器将使用任意的 serif 字体，这也是缺省字体。编辑人员应负责选择合适的字体列表，以使在大多数操作系统中获得所需的文本外观。若操作系统没提供所需字体，编辑人员也应接受浏览器选择的“SERIF”字体的显示效果。

style 域定义了一个区分大小写的 SFString 类型的值，缺省为“PLAIN”，表示常规字型，“BOLD”代表粗体字，“ITALIC”代表斜体字，“BOLDITALIC”代表黑斜体字。若 *style* 域的值为空(“”)，则表示使用缺省的“PLAIN”值。如果请求的字型不存在，浏览器将选择与请求字型最接近的字型来代替请求字型。例如一些字体定义了 Demibold 字型，而没定义 Bold 字型，当找不到黑斜体字型时，浏览器将用 Demibold 字型代“BOLD”字型。

15.2.2.3 方向和对齐

horizontal、*leftToRight* 和 *topToBottom* 域表示文本的方向。*horizontal* 域表示在文本的主方向上水平(*horizontal*=TRUE)还是竖直(*horizontal*=FALSE)排列。*leftToRight* 和 *topToBottom* 域表示文本在主方向和副方向上的文本排列方向，主方向为同一字符串中字符的排列方向，副方向指连续字符串的排列方向。*horizontal* 域的值决定哪一个域被用来表示主方向和副方向。重新定义文本的方向将不考虑某个语言原有的排列方式。

对于水平放置的文本，*horizontal*=TRUE，若 *leftToRight* 为 TRUE，其每一行中的字符沿 X 轴的正向排列，若 *leftToRight* 为 FALSE，其每一行中的字符沿 X 轴的负向排列。若 *topToBottom* 为 TRUE，每个字符行沿 Y 轴的负向排列，若 *topToBottom* 为 FALSE，每个字符行沿 Y 轴的正向排列。行距等于 *size*×*spacing*。

对于竖直排列的文本，*horizontal*=FALSE，若 *leftToRight* 为 TRUE，其每一行中的字符沿 Y 轴的负向排列，若 *leftToRight* 为 FALSE，其每一行中的字符沿 Y 轴的正向排列。若 *topToBottom* 为 TRUE，每个字符行沿 X 轴的正向排列，若 *topToBottom* 为 FALSE，每个字符行沿 X 轴的负向排列。行距等于 *size*×*spacing*。

justify 域定义了上述文本排列方式相对于局部坐标系原点的对齐方式，其值的类型为 MFString，包含两个数值。第一个数值定义沿文本主方向的对齐方式，第二个数值定义了沿文本副方向的对齐方式，文本的主方向和副方向由域 *horizontal* 决定。若域 *justify* 为空则为缺省对齐方式。如果没定义第二个值，即没定义副方向上文本的对齐方式，则副方向上的文本对齐方式为缺省的“FIRST”。因此，域 *justify* 为空、“BEGIN”和[“BEGIN” “FIRST”]等效。

当 *horizontal* 为 TRUE 时，文本排列的主方向沿 X 坐标轴，当 *horizontal* 为 FALSE 时，文本排列的主方向沿 Y 坐标轴。当 *horizontal* 为 TRUE 时，文本排列的副方向沿 Y 坐标轴，当 *horizontal* 为 FALSE 时，文本排列的副方向沿 X 坐标轴。*justify* 域的有效值为“FIRST”、“BEGIN”、“MIDDLE”和

"END"。主方向上的对齐是指每行文本根据对齐方式进行的排列,副方向上的对齐是指所有行的文本形成的文本块根据副对齐方式进行的排列。表 26～表 29 所示为文本在不同参数下的位于原点的不同部分。

表 26　主方向对齐(*horizontal*＝TRUE)

对齐参数	*leftToRight*＝TRUE	*leftToRight*＝FALSE
FIRST	每行的左边	每行的右边
BEGIN	每行的左边	每行的右边
MIDDLE	以 X 轴为中心	以 X 轴为中心
END	每行的右边	每行的左边

表 27　主方向对齐(*horizontal*＝FALSE)

对齐参数	*topToBottom*＝TRUE	*topToBottom*＝FALSE
FIRST	每行的上边	每行的下边
BEGIN	每行的上边	每行的下边
MIDDLE	以 Y 轴为中心	以 Y 轴为中心
END	每行的下边	每行的上边

表 28　副方向对齐(*horizontal*＝TRUE)

对齐参数	*topToBottom*＝TRUE	*topToBottom*＝FALSE
FIRST	第一行的基线	第一行的基线
BEGIN	第一行的上边	第一行的下边
MIDDLE	以 Y 轴为中心	以 Y 轴为中心
END	最后一行的底边	最后一行的上边

表 29　副方向对齐(*horizontal*＝FALSE)

对齐参数	*leftToRight*＝TRUE	*leftToRight*＝FALSE
FIRST	第一行的左边	第一行的右边
BEGIN	第一行的左边	第一行的右边
MIDDLE	以 X 轴为中心	以 X 轴为中心
END	最后一行的右边	最后一行的左边

缺省的副方向对齐方式为"FIRST",当 *horizontal* 为 TRUE 时,文本开始于位于 Y 坐标轴的基线,除了这种情况外,在其他情况中,副方向对齐方式为"FIRST"和"BEGIN"时,对文本排列的影响相同。在表 30 和表 31 中,每个十字标志表示的位置为文本在某　对齐方式下的插入点。图 25 所示为表 30 和表 31 所用符号的意义。

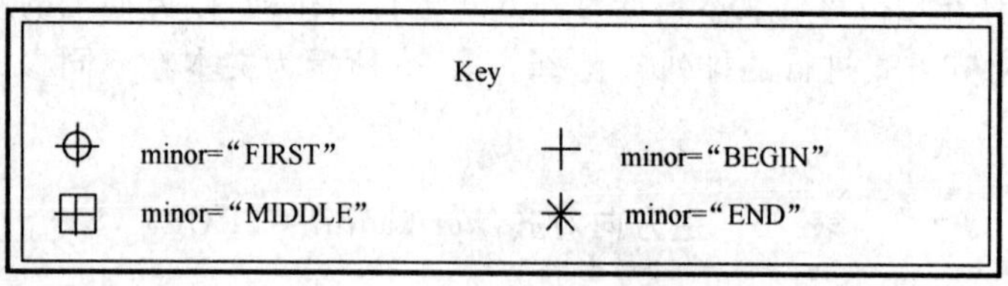

图 25　表 30 和表 31 中所用符号的意义

表 30　*horizontal*＝**TRUE**

		major＝"BEGIN"or"FIRST"		major＝"MIDDLE"		major＝"END"	
		leftToRight		leftToRight		leftToRight	
		TRUE	FALSE	TRUE	FALSE	TRUE	FALSE
topToBottom	TRUE	+ Read ⊕ ⊞ some text ✳ Today!	daeR + ⊕ txet emos ⊞ !yadot ✳	Re + ad ⊕ some ⊞ text tod ✳ ay!	da + eR ⊕ txet ⊞ emos !ya ✳ dot	Read + ⊕ some text ⊞ today! ✳	+ daeR ⊕ ⊞ txet emos ✳ !yadot
	FALSE	✳ today! ⊞ some text ⊕+ Read	!yadot ✳ txet emos ⊞ daeR +⊕	tod ✳ ay! some ⊞ text Re ⊕+ ad	!ya ✳ dot txet ⊞ emos da ⊕+ eR	today! ✳ some text ⊞ Read ⊕+	✳ !yadot ⊞ txet emos +⊕ daeR

注：当副方向的"FIRST"对齐方式和"BEGIN"对齐方式的插入点重合时，为了说明问题，图中两个标志之间存在一段距离。

表 31　*horizontal*＝**FALSE**

		major＝"BEGIN"or"FIRST"		major＝"MIDDLE"		major＝"END"	
		leftToRjght		leftToRjght		leftToRjght	
		TRUE	FALSE	TRUE	FALSE	TRUE	FALSE
topToBottom	TRUE						

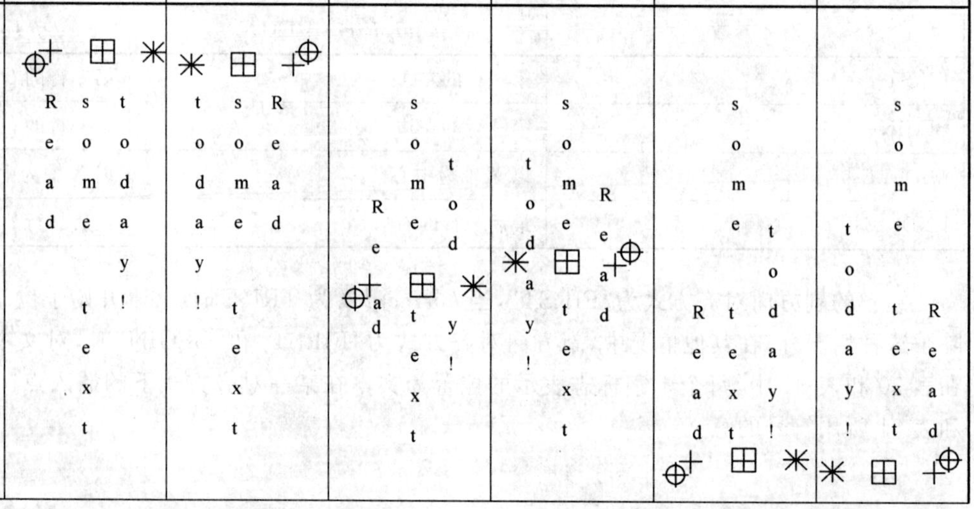

表 31(续)

		major="BEGIN"or"FIRST"		major="MIDDLE"		major="END"	
		leftToRjght		leftToRjght		leftToRjght	
		TRUE	FALSE	TRUE	FALSE	TRUE	FALSE
topToBottom	FALSE	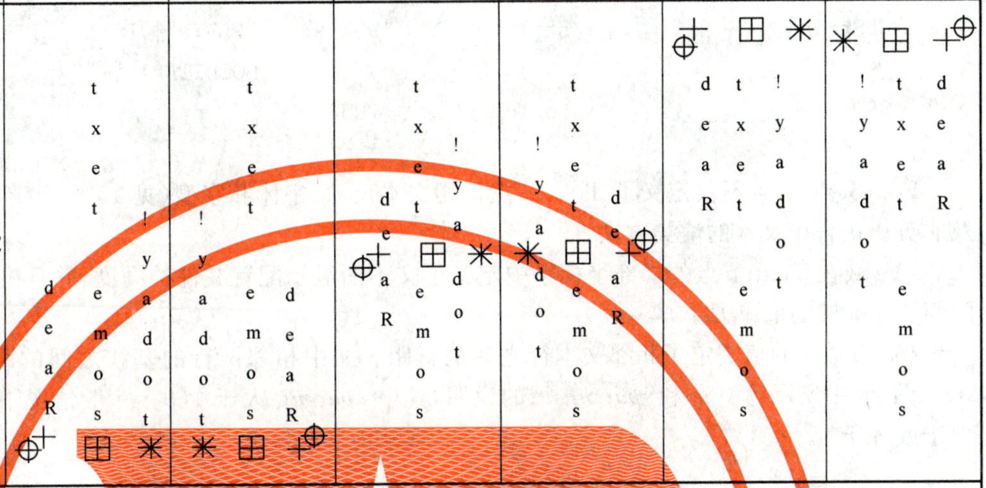					
注:在所有情况下,副方向的"FIRST"对齐方式和"BEGIN"对齐方式的插入点重合,但为了说明问题,图中两个标志之间存在一段距离。							

15.2.2.4 **语言**

language 域定义了文本字符串所用语言以及使用该语言的国家的相关内容。语言及其使用国家按照 RFC3066 定义的语言标签定义,可以只定义国家(使用 ISO 3166 中定义的三字符码),也可以利用 RFC3066 中规定的子标签结构定义国家和语言(使用 ISO 639 中定义的二字符码)。语言标签包含 1~8 个字符。注意语言标签中使用的字符是基本拉丁字母表,在使用时要变换为 UTF-8 编码的单字节的字符。

关于 RFC3066、ISO/IEC 10646、ISO/IEC 639 和 ISO 3166 的更多信息见第 2 章。

15.3 抽象类型

15.3.1 *X3DFontStyleNode*

```
X3DFontStyleNode:X3DNode {
  SFNode [in,out] metadata NULL [X3DMetadataObject]
}
```

这个抽象节点类型是所有字型节点的基础节点。

15.4 节点引用

15.4.1 **FontStyle**

```
FontStyle:X3DFontStyleNode {
  SFNode      [in,out]    metadata      NULL      [X3DMetadataObject]
  MFString    []          family        "SERIF"
  SFBool      []          horizontal    TRUE
```

```
    MFString    []    justify        "BEGIN"   ["BEGIN"|"END"|"FIRST"|
                                                "MIDDLE"| ""]
    MFString    []    language       ""
    SFBool      []    leftToRight    TRUE
    SFFloat     []    size           1.0       (0,∞)
    SFFloat     []    spacing        1.0       [0,∞)
    MFString    []    style          "PLAIN"   ["PLAIN"|"BOLD"|"ITALIC"|
                                                "BOLDITALIC"|""]
    SFBool      []    topToBottom    TRUE
}
```

FontStyle 节点不仅定义了 Text 节点使用文本尺寸、字体和字型(见 15.2.2)还定义了文本方向以及非英语语言中文本的渲染方法。

size 域在 Text 节点的局部坐标系中定义了文本的显示配置文件的高度,并且决定了相邻文本行的间距。*size* 域的值应大于 0。

spacing 域的值决定了相邻文本行之间的行距。文中相邻两行的基线之间的距离等于 *spacing*×*size*,图 26 中所示为 *size* 和 *spacing* 域的说明,其中 *spacing* 大于 1.0。一般情况下 *spacing* 域的值应大于或等于 0。

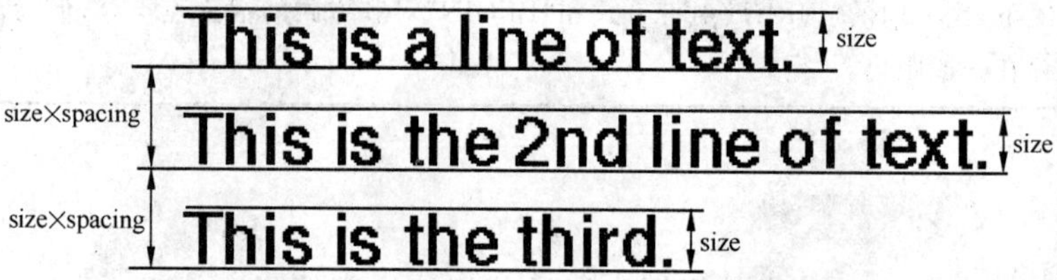

图 26　文本 *size* 和 *spacing* 域

15.4.2　Text

Text 节点定义了一个位于局部坐标系 Z=0 的平面中的一个双面的、平的文本串对象,其具体尺寸由 fontStyle 域定义。文本节点可以包含多个文本串,这些文本按-照 ISO/IEC 10646 的规定使用 UTF-8 编码。文本串按照 FontStyle 节点定义的文本字符输出顺序进行存储。

文本串保存在 *string* 域中,*fontStyle* 域包含一个 FontStyle 节点,该节点定义了文本尺寸、字体和字型、文本串的方向以及非英语语言中文本的渲染方法。

maxExtent 域定义了局部坐标系中文本所占区域的最大长度,如果最大文本串的长度大于该值,则文本将被限制在该范围内而被压缩。如果文本串的最大长度小于最大长度,则不压缩。对于水平排列的文本,文本的最大长度指水平方向上的长度。对于竖直排列的文本,文本的最大长度指水竖直向上的长度。*maxExtent* 域的值应大于等于 0。

length 域包含一个 MFFloat 类型的值,它定义了局部坐标系中文本串的长度。如果文本串太短,其中的字符将被放大或者字符间的间距将被增加以使文本串的长度达到 *length* 的值。如果文本串太长,其中的字符将被缩小或者字符间的间距将被减少以使文本串的长度限制在 *length* 指定的值。如果 *length* 域缺少了一个值,如有四个文本串而只有 3 个值的时候,缺少的值被认为 0。*length* 域的值应大于或等于 0。

若 *maxExtent* 和 *length* 域均为 0,则表示文本串可为任意长度。

对 *solid* 域的完整描述见 11.2.3。

15.5 支持等级

文本组件只提供 1 个等级的支持，如表 32 所示。

表 32 文本组件支持等级

等级	前提条件	节点/特征	支持
1	Core1 Grouping 1 Rendering 1 Shape1		
		X3DFontStyleNode（抽象）	n/a
		FontStyle	完全支持所有域
		Text	完全支持所有域

16 声音组件

16.1 简介

16.1.1 名称

本组件的名称是"Sound"，当在 COMPONENT 语句中引用这个组件时应使用本名称（见 7.2.5.4）。

16.1.2 概述

本章描述了本部分的声音组件的内容，包括在 X3D 中如何发布声音以及如何访问声音。表 33 列出了本章的主题。

表 33 主题

- 16.1 简介
  - 16.1.1 名称
  - 16.1.2 概述
- 16.2 概念
  - 16.2.1 声音的优先级
  - 16.2.2 声音衰减和空间化
- 16.3 抽象类型
  - 16.3.1 *X3DsoundNode*
  - 16.3.2 *X3DSoundSourceNode*
- 16.4 节点引用
  - 16.4.1 AudioClip
  - 16.4.2 Sound

表 33（续）

• 16.5 支持等级 • 图 27 立体声移位 • 图 28 Sound 节点的几何参数 • 表 33 主题 • 表 34 声音组件支持等级

16.2 概念

16.2.1 声音的优先级

如果浏览器没有足够的资源播放当前所有需要播放的声音文件，建议浏览器按以下排序原则按照指定的顺序将当前需要播放的声音进行排序：

a） *priority* 依次降低；

b） 如果声音的优先级大于 0.5，按(now－*startTime*)依次增加；

c） 观察者位置的强度值(*intensity*×“强度衰减系数”)依次降低。

其中，*priority* 是 Sound 节点的 *priority* 域的值，now 为当前时间，*startTime* 是 *source* 域定义的声源节点的 *startTime* 域的值，“强度衰减系数”为内外椭圆体之间线性分贝衰减斜率的强度因子。

对于高优先级的声音(事件和提示)，应使用排序键 2，这样可以保证在浏览器中存在大量需要播放的高优先级声音时，浏览者也能听到这些新提示音。排序键 2 不适用于一般优先级声音，排序选择应基于排序键 3(观察位置的声音强度)。

浏览器应充分利用可使用的资源和两次渲染之间允许的时延，从声音排序列表的开始播放尽量多的声音文件。在大多数系统中，播放 MIDI 与播放采样声音的可用资源不同，因此维护一份单独的列表有助于处理 MIDI 数据。

16.2.2 声音衰减和空间化

在观察者从声音椭圆体的内部向外部走动时，为了产生音量线性降低的效果，声音衰减要求分贝斜率为线性变化。为了保持不同浏览器之间声音衰减的符合性，分贝变化范围从最小椭圆体的 0 dB 到外椭圆体的－20 dB。Sound 节点的外椭圆体的尺寸是最小椭圆体的 10 倍，声音的强度按与距离平方成反比的方式衰减，与无声环境中衰减值近似。

当浏览器的 *spatialize* 域为 TRUE 时，并且声音库允许，浏览器支持声音的空间定位。浏览器应至少支持非 MIDI 声音基于观察者和声源之间角度的立体声移位。将声源位置(全局坐标系)投影到观察者所在的 XZ 平面，计算 Z 轴和观察者位置到声源位置投影的向量之间的夹角，根据夹角大小为其分配一个[0.0,1.0]区间内的移位数值，如图 27 所示。根据移位数值按以下公式可以计算出左、右声道的声级。

```
 leftPanFactor = 1 - pan²
rightPanFactor = 1 - (1 - pan)²
```

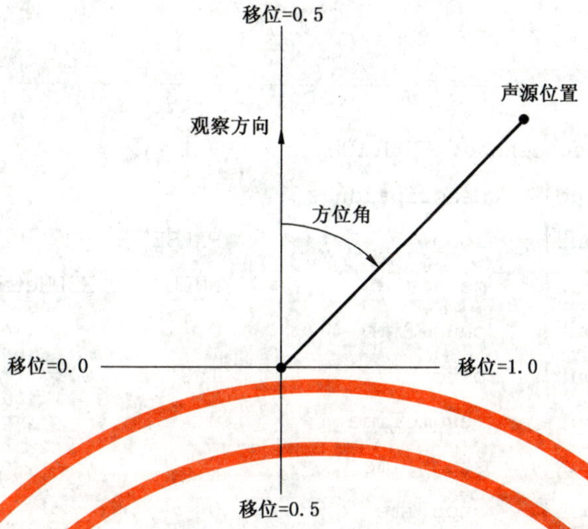

图 27 立体声移位

使用这一技术,首先可以通过 *intensity* 域值修改声音的音量,然后利用距离衰减或者非空间化的音频输出。最后非空间化的声音经 leftPanFactor 和 rightPanFactor 因子缩放而产生左右声道最终输出的信号。鼓励使用更复杂更精确的定位技术,但是不是必须的。

16.3 抽象类型

16.3.1 *X3DsoundNode*

```
X3DSoundNode:X3DChildNode {
  SFNode [in,out] metadata NULL [X3DMetadataObject]
}
```

这个抽象节点类型是所有 Sound 节点的基础节点。

16.3.2 *X3DSoundSourceNode*

```
X3DSoundSourceNode:X3DTimeDependentNode {
  SFString    [in,out]    description         ""
  SFBool      [in,out]    loop                FALSE
  SFNode      [in,out]    metadata            NULL    [X3DMetadataObject]
  SFTime      [in,out]    pauseTime           0       (-∞,∞)
  SFFloat     [in,out]    pitch               1.0     (0,∞)
  SFTime      [in,out]    resumeTime          0       (-∞,∞)
  SFTime      [in,out]    startTime           0       (-∞,∞)
  SFTime      [in,out]    stopTime            0       (-∞,∞)
  SFTime      [out]       duration_changed
  SFTime      [out]       elapsedTime
  SFBool      [out]       isActive
  SFBool      [out]       isPaused
}
```

这个抽象节点类型可被用来派生能生成音频数据的新节点类型。

16.4 节点引用

16.4.1 AudioClip

```
AudioClip:X3DsoundsourceNode, X3DUrlObject {
  SFString   [in,out]   description        ""
  SFBool     [in,out]   loop               FALSE
  SFNode     [in,out]   metadata           NULL    [X3DMetadataObject]
  SFTime     [in,out]   pauseTime          0       (-∞,∞)
  SFFloat    [in,out]   pitch              1.0     (0,∞)
  SFTime     [in,out]   resumeTime         0       (-∞,∞)
  SFTime     [in,out]   startTime          0       (-∞,∞)
  SFTime     [in,out]   stopTime           0       (-∞,∞)
  MFString   [in,out]   url                []      [urn]
  SFTime     [out]      duration_changed
  SFTime     [out]      elapsedTime
  SFBool     [out]      isActive
  SFBool     [out]      isPaused
}
```

AudioClip 节点指定了可以由 Sound 节点引用的声音数据。

description 域是声音源的文本描述,浏览器不必显示 *description* 域的内容,但是除播放声音外,可以根据需要显示 *description* 域的内容。

url 域指定了声音加载位置的 URL。浏览器应至少支持非压缩 PCM 格式的 WAV 文件,建议浏览器也支持 MIDI 类型 1 格式(见完全 MIDI 1.0 详细规范)和 MP3 压缩格式(见 GB/T 17191.1)。MIDI 文件默认使用通用 MIDI 配音规范集。对 *url* 域的详细描述见 9.2.1。

关于输入输出域 *loop*, *pauseTime*, *resumeTime*, *startTime*, *stopTime* 和输出域 *elapsedTime*, *isActive*, *isPaused* outputOnly 对 AudioClip 节点的影响见第 8 章。AudioClip 的"*周期*"以秒计算,是按指定的 *pitch* 域值播放一次声音文件的时间长度。

pitch 域定义了一个系数,该系数乘以声音采样音高即为播放时的实际声音音高。*pitch* 域的值应大于 0。改变 *pitch* 域的值将影响声音的音高和回放速度。对于一个活动的 AudioClip 实例,*set_pitch* 事件将被忽略,不会修改 *pitch_changed* 域的值。如果 *pitch* 对于采样声音,*pitch* 域修改了声音播放时的声音采样率。对于 MIDI(或者其他提示声音剪辑序列)声音的音高控制,实现方法是用 *pitch* 值乘以回放的速度,从而调整 MIDI 的粗调及微调,最终获得合适的音高变化。

"正常"剪辑持续时间内任意时刻的新值都会触发一个 *duration_changed* 事件。典型情况下,只有当正在使用的 *url* 值改变并且声音数据已经加载时,才会产生 *duration_changed* 事件,表示剪辑正播放一个不同的声源。持续时间按秒计算,表示 *pitch* 值为 1.0 时一个声音周期的时长。改变 *pitch* 域的值不会触发 *duration_changed* 事件。当持续时间值为−1 时,表示该声音的数据还未被加载或者该值未知。当读取 X3D 文件或 AudioClip 节点被添加到场景图中时,如果 AudioClip 节点被加载,应产生 *duration_changed* 事。

isActive 域可以被其他节点用来确定该剪辑是否处于活动状态。如果 AudioClip 实例处于活动状态,它应根据声音本地时间系统播放相应的声音(即声音的本地时间系统中,0 时间点对应样本 0):

$$t = (now - startTime) \bmod (duration/pitch)$$

16.4.2 Sound

```
Sound:X3DSoundNode {
  SFVec3f    [in,out]   direction    0 0 1    (-∞,∞)
  SFFloat    [in,out]   intensity    1        [0,1]
  SFVec3f    [in,out]   location     0 0 0    (-∞,∞)
  SFFloat    [in,out]   maxBack      10       [0,∞)
  SFFloat    [in,out]   maxFront     10       [0,∞)
  SFNode     [in,out]   metadata     NULL     [X3DMetadataObject]
  SFFloat    [in,out]   minBack      1        [0,∞)
  SFFloat    [in,out]   minFront     1        [0,∞)
  SFFloat    [in,out]   priority     0        [0,1]
  SFNode     [in,out]   source       NULL     [X3DMetadataObject]
  SFBool     []         spatialize   TRUE
}
```

Sound 节点定义了在 X3D 场景中声音的空间描述。位于本地坐标系中某点处声音以椭圆体形式(由两个椭圆体决定)向外发出声音,其中椭圆体的方向由 *direction* 域决定。通过修改椭圆体的形状可获得距离声音位置或大或小的方向焦距。

Sound 节点中的 *source* 域定义了声源,如果 *source* 域未指定,Sound 节点不会发出声音。*source* 域应为一个 AudioClip 节点或者 MovieTexture 节点。如果 MovieTexture 节点用作声源,MovieTexture 应为支持声音的影片格式(例如 MPEG-1 系统,见 GB/T 17191.1)。

Sound 节点中的 *intensity* 域用来调整发出声音的音量(分贝)(这与传统定义的声音强度不同;参见 SNDA)。*intensity* 域的取值范围从 0.0 到 1.0,用于指定声音回放过程中声源的归一化采样数据的缩放因子。如果 Sound 节点中 *intensity* 域的值为 1.0,该节点将以最大声音播放(衰减前),如果 *intensity* 域的值为 0.0,则不发声,如果 *intensity* 域的值处于 0.0 到 1.0 之间,音量则从 1 个 −20 dB 变化(*intensity* 域的值接近 0.0)到 1 个 0 dB 变化(*intensity* 域的值接近 1.0)线性增加。

有限的系统资源或者系统负载而导致系统不能立即播放多个活动 Sound 节点时,*priority* 域为浏览器播放哪一个声音提供了选择依据。描述了对于在这种情况下决定播放哪个声音的推荐算法的描述见 16.2。*priority* 的取值范围从 0.0 到 1.0,1.0 为最高优先级而 0.0 则为最低优先级。

location 域确定了本地坐标系中声音发射器的位置。当且仅当 Sound 节点位于当前浏览场景中时,它输出的声音才可以被听到。如果从已禁用其子节点浏览功能(即拖动)的 LOD 节点、Switch 节点以及组或者原型节点派生的 Sound 节点如果没在浏览区域显示也听不到声音。如果一个 Sound 节点被 Switch 节点或者 LOD 节点禁用,后来又成为浏览区域可见部分,它应从假定连续播放而之前停止的位置重新继续播放。

Sound 节点有一个内部椭圆体,该椭圆体定义了可以听到最大音量的空间,在该椭圆体内,归一化采样数据按 *intensity* 域的值进行缩放并且不衰减。内部椭圆体由 *location* 定义的声源位置的 *direction* 向量延伸的空间决定。*minBack* 和 min*Front* 域指定了沿向量 *direction* 分别离 *location* 位置向后及向前的距离。内部椭圆体的一个焦点位于 *location* 指定的位置(第二个焦点可以计算出来),并且和 *direction* 向量相交于 *minBack* 和 min*Front* 处。

Sound 节点还有一个外部椭圆体,该椭圆体定义了声音可被听到的最大范围,超出该范围将听不到这个声音。外部椭圆体由 *location* 定义的声源位置的 *direction* 向量所延伸的空间决定。max*Back* 和 max*Front* 域指定了沿向量 *direction* 离 *location* 位置向后及向前的距离。外部椭圆体的一个焦点位于 *location* 指定的位置(第二个焦点可以计算出来),并且和 *direction* 向量相交于 max*Back* 和 max*Front* 处。

minFront、*maxFront*、*minBack* 和 *maxBack* 域均为本地坐标系中的值，且大于或等于零。*minBack* 域的值应小于或等于 *maxBack*，*minFront* 域的值应小于或等于 *maxFront*。椭圆体参数在本地坐标系中定义，但是椭圆体的几何形状受祖节点中的变换操作影响。

在这两个椭圆体之间，有一条音量线性衰减斜线，在最小的椭圆体处为 0 dB，在最大椭圆体处为 −20 dB：

$$衰减 = -20 \times (d'/d'')$$

其中，d′是沿着"声源位置—观察者"向量的距离，该距离表示从变换后的最小椭圆体边界到观察者之间的距离。D″也是沿着"声源位置—观察者"向量的一段距离，该距离表示从变换后的最小椭圆体边界到最大椭圆体边界之间的距离(见图 28)。

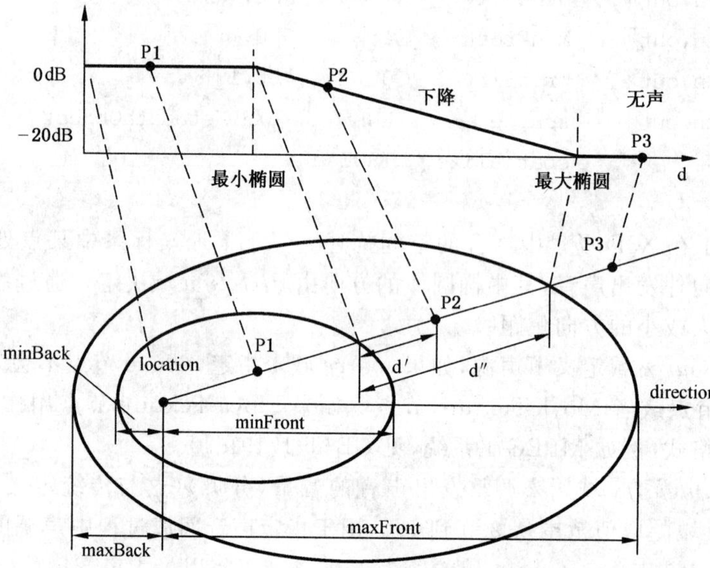

图 28 Sound 节点的几何参数

spatialize 域定义了当相对于观察者声音被定向时，声音是否可被感知。如果 *spatialize* 域的值为 TRUE 并且观察者位于变换后的内外椭圆体之间，则播放声音时要考虑观察者的方位和与声源的相对位置。关于空间化函数所需的最小需求见 16.2.2。如果 *spatialize* 域的值为 FALSE，声音的方向效果将被忽略，但是椭圆体的尺寸和 *intensity* 域仍然影响声音的音量。如果声源是多声道的(如立体声)，声源在播放时应保留声道区分。

16.5 支持等级

声音组件提供如表 34 所说明的支持等级。

表 34 声音组件支持等级

等级	前提条件	节点/特征	支持
1	Core 1 Time 1 Rendering 1 Shape 1		
		AudioClipNodeType(抽象)	n/a

表 34（续）

等级	前提条件	节点/特征	支持
		soundNodeType(抽象)	n/a
		AudioClip	完全支持所有域
		Sound	完全支持所有域

17 光照组件

17.1 简介

17.1.1 名称

本组件的名称是"Lighting"。当在 COMPONENT 声明中引用这个组件时应使用本名称(见 7.2.5.4)。

17.1.2 概述

本章描述了本部分的光照组件的内容，包含光源定义和定位，以及光照对渲染图像的影响。表 35 列出了本章的主题。

表 35 主题

- 17.1 简介
  - 17.1.1 名称
  - 17.1.2 概述
- 17.2 概念
  - 17.2.1 光源语义
    - 17.2.1.1 概述
    - 17.2.1.2 光照范围
  - 17.2.2 光照模型
    - 17.2.2.1 简介
    - 17.2.2.2 光照"关"
    - 17.2.2.3 光照"开"
    - 17.2.2.4 光照方程
    - 17.2.2.5 参考
- 17.3 抽象类型
  - 17.3.1 X3DLightNode
- 17.4 节点引用
  - 17.4.1 DirectionalLight
  - 17.4.2 PointLight

表 35（续）

17.2 概念

17.2.1 光源语义

17.2.1.1 概述

Shape 节点被所有影响到该对象的光源照射。这包含光源产生的直射光照和环境光照。环境光是由光源光线的反射和散射产生的。环境光的总量与场景中的每个光源都有关系。这可以粗略模拟实际情况下的环境反射效果。

任何作为光源的节点都是从 *X3DLightNode* 派生的。所有光源包含一个 *intensity*(强度)域，一个 *color*(颜色)域和一个 *ambientIntensity*(环境光强度)域。*intensity* 域确定光源平行光强度，*ambientIntensity* 域确定光源产生的环境光强度。光强度范围从 0.0(没有光照)到 1.0(最大光照强度)。*color* 域用 RGB 值表示平行光和环境光的光谱颜色属性。on 域制定光源是开启的还是关闭的，如果它的值是 FALSE，则表示光源是关闭的，不会对场景中的节点产生光照作用；如果它的值是 TRUE，则光源按照 17.2.1.2 中的规则对相应节点产生光照作用。

光源节点类型包括：

- DirectionalLight(见 17.4.1)；
- PointLight(见 17.4.2)；
- SpotLight(见 17.4.3)。

PointLight 和 SpotLight 可以照亮在其光照范围内的所有对象并且与对象所处变换等级中的位置无关。PointLight 的光照范围定义是以光源为中心的一个球体(由一个半径确定)。SpotLight 光照范围是由一个半径和一个遮光角定义的立体角区域。DirectionalLight 仅照亮光源父组节点派生的对象，包括父祖节点派生的子节点。

17.2.1.2 光照范围

对于 DirectionalLight 这种类型的光源来说，它照明的物体要和它一起进行相同的变换层级，这样才可以保证生成仅照亮一个房间的真实感效果。

17.2.2 光照模型

17.2.2.1 简介

X3D 光照模型提供了计算每个几何对象颜色的详细方程。对于一个几何对象来说，应用于该对象的 Material、Color 和 Texture 节点值和照亮该对象的所有光源以及绑定的 Fog 节点值共同决定了几何对象的颜色。这些方程可以用来模拟光照在一个表面上的物理属性。

17.2.2.2 光照“关”

如果下列条件为真，则 Shape 节点不被照亮：

a) 显示对象节点的 *appearance* 域为 NULL(缺省)；

b) Apperance 节点的 *material* 域为 NULL(缺省)。

注意：不支持光照模型的特定几何节点(见 11.4.4 和 11.4.10)。

如果形状没有被照亮，则该形状几何表面上每一点的 colour(I_{rgb})和 alpha(A，1－透明度)值如表 36。

表 36 无光照颜色和透明度映射

纹理类型	每个顶点或者面的颜色	不着色
无纹理	$I_{rgb}=I_{Crgb}$ $A=1$	$I_{rgb}=(1,1,1)$ $A=1$
亮度纹理 (单分量)	$I_{rgb}=I_T\times I_{Crgb}$ $A=1$	$I_{rgb}=(I_T,I_T,I_T)$ $A=1$
亮度＋alpha 透明度纹理 (双分量)	$I_{rgb}=I_T\times I_{Crgb}$ $A=A_T$	$I_{rgb}=(I_T,I_T,I_T)$ $A=A_T$
全 RGB 纹理 (三分量)	$I_{rgb}=I_{Trgb}$ $A=1$	$I_{rgb}=I_{Trgb}$ $A=1$
全 RGB＋alpha 透明度纹理 (四分量)	$I_{rgb}=I_{Trgb}$ $A=A_T$	$I_{rgb}=I_{Trgb}$ $A=A_T$

A_T＝由 2 或 4 分量纹理图单位化到[0,1]的 alpha 透明度值。

I_{Crgb}＝由 Color 节点插值每个顶点或每个面的颜色值。

I_T＝由 1 或 2 分量纹理图中单位到[0,1]的亮度值。

I_{Trgb}＝3-4 分量纹理图的颜色。

17.2.2.3 光照“开”

如果一个形状节点被照亮(即 Shape 节点中定义了 Material 节点和 Appearance 节点)，Material 和 Texture 节点按照表 37 中所列的光照方程的散射颜色值。

Materia 节点的 diffuseColor 域的值可以调整纹理的颜色值。这样，如果 diffuseColor 是白色，则导致纹理颜色为纯色；而 diffuseColor 是黑色时，纹理的颜色将被忽略，而得到黑色散射颜色。

Material 节点的 transparency 域的值可以调整纹理的 alpha 值。这样，transparency 的值为 0 时，alpha 值等于纹理的 alpha 值；而 transparency 为 1 时，alpha 的值为 0，与纹理无关。

表 37 光照颜色和透明度映射

纹理类型	每个顶点或者面的颜色	不着色
无纹理	$O_{Drgb}=I_{Crgb}$ $A=1-T_M$	$O_{Drgb}=I_{Drgb}$ $A=1-T_M$
亮度纹理 (单分量)	$O_{Drgb}=I_T\times I_{Crgb}$ $A=1-T_M$	$O_{Drgb}=I_T\times I_{Drgb}$ $A=1-T_M$
亮度+alpha透明度纹理 (双分量)	$O_{Drgb}=I_T\times I_{Crgb}$ $A=A_T$	$O_{Drgb}=I_T\times I_{Drgb}$ $A=A_T$
全RGB纹理 (三分量)	$O_{Drgb}=I_{Trgb}$ $A=1-T_M$	$O_{Drgb}=I_{Trgb}$ $A=1-T_M$
全RGB+alpha透明度纹理 (四分量)	$O_{Drgb}=I_{Trgb}$ $A=A_T$	$O_{Drgb}=I_{Trgb}$ $A=A_T$
I_{Drgb}=材质的 *diffuseColor*。 O_{Drgb}=散射因子,用于17.2.2.4的光照方程。 T_M=材质透明度。 其他符号定义见17.2.2.2。		

17.2.2.4 光照方程

一个理想的X3D应用需要利用下面的光照方程计算光照表面的每一点光照强度,几何体表面的每一点的RGB强度(I_{rgb})由下面公式计算出:

$I_{rgb}=I_{Frgb}\times(1-f_0)+f_0\times(I_{E\,rgb}+SUM(on_i\times attenuation_i\times spot_i\times I_{Lrgb}\times(ambient_i+diffuse_i+specular_i)))$

其中:

$attenuation_i=1/\max(C_1+C_2\times d_L+C_3\times d_L{}^2,1)$

$ambient_i=I_{ia}\times O_{Drgb}\times O_a$

$diffuse_i=I_i\times O_{Drgb}\times(N\cdot L)$

$specular_i=I_i\times O_{Srgb}\times(N\cdot((L+V)/|L+V|))^{shininess\times 128}$

且:

• =修正的矢量点积:如果点积<0,则为0.0,否则为点积。

C_1,C_2,C_3 =光源i的 *attenuation* 值。

d_V =在当前fog节点坐标系下,几何表面一点到视点的距离。

d_L =在光源坐标系中,光源到几何表面一点的距离。

f_0 =Fog插值,计算时见表39。

I_{Frgb} =当前绑定的fog节点的 *color* 域的值。

I_{Lrgb} =光源i的 *color* 域的值。

I_i =光源i的 *intensity* 域的值。

I_{ia} =光源i的 *ambientIntensity* 域的值。

L =(点/SpotLight)从几何体上到光源i位置的单位向量。

L =(DirectionalLight)—光源i的方向。

N =几何体在该点的单位法向量(interpolated from vertex normals specified in Normal node or calculated by browser)。

O_a =Material 节点的 *ambientIntensity* 域的值。

O_{Drgb} =散射颜色(diffuse colour),来自材质节点、颜色节点和/或纹理节点。

O_{Ergb} =Material 节点的 *emissiveColor* 域的值。

O_{Srgb} =Material 节点的 *specularColor* 域的值。

on_i =1,如果光源 i 影响几何上的这一点,
0,如果光源 i 不影响该几何(大于 PointLight 或 SpotLight 的 *radius*,在 DirectionalLights 的 Group/Transform 之外,或 *on*=FALSE)。

shininess =Material 节点的 *shininess* 域的值。

spotAngle=acos(−L · $spotDir_i$)。

$spot_{BW}$ =SpotLight i 射束宽度。

$spot_{CO}$ =SpotLight i *cutOffAngle*。

$spot_i$ =spotlight 因子,见表 38。

$spotDir_i$ =SpotLight i 的单位向量。

SUM:所有光源 i。

V=从几何表面一点到视点位置的单位向量。

表 38 SpotLight 参数计算

条件(按顺序)	$spot_i$ =
$light_i$ 是 PointLight 或 DirectionalLight	1
spotAngle ≥ $spot_{CO}$	0
spotAngle≤$spot_{BW}$	1
$spot_{BW}$<spotAngle<$spot_{CO}$	(spotAngle − $spot_{CO}$)/($spot_{BW}$ − $spot_{CO}$)

表 39 雾化调节计算

条 件	f0=
no fog	1
fogType "LINEAR",d_V< fogVisibility	(fogVisibility−d_V)/fogVisibility
fogType "LINEAR",d_V> fogVisibility	0
fogType "EXPONENTIAL",d_V<fogVisibility	exp(−d_V/(fogVisibility−d_V))
fogType "EXPONENTIAL",d_V> fogVisibility	0

17.2.2.5 参考

X3D 光照方程是基于 FOLEY(参见 FOLEY)和 OPENGL(参见 OPENGL)中给出的简单光照方程的。

17.3 抽象类型

17.3.1 *X3DLightNode*

```
X3DLightNode:X3DChildNode {
  SFFloat  [in,out]  ambientIntensity  0      [0,1]
  SFColor  [in,out]  color             1 1 1  [0,1]
  SFFloat  [in,out]  intensity         1      [0,1]
  SFNode   [in,out]  metadata          NULL   [X3DMetadataObject]
  SFBool   [in,out]  on                TRUE
}
```

X3DLightNode 抽象类型是派生所有光源节点类型的基本类型。*ambientIntensity*,*color*,*intensity* 和 *on* 域的描述见 17.2.1。

17.4 节点引用

17.4.1 DirectionalLight

```
DirectionalLight:X3DLightNode {
  SFFloat   [in,out]  ambientIntensity  0       [0,1]
  SFColor   [in,out]  color             1 1 1   [0,1]
  SFVec3f   [in,out]  direction         0 0 -1  (-∞,∞)
  SFFloat   [in,out]  intensity         1       [0,1]
  SFNode    [in,out]  Metadata          NULL    [X3DMetadataObject]
  SFBool    [in,out]  on                TRUE
}
```

DirectionalLight 节点定义了一个光线平行于指定的三维矢量的平行光源。*ambientIntensity*,*color*,*intensity* 和 *on* 域的描述见 17.2.1。

direction 域确定了局部坐标系下光源光照矢量方向。光线沿平行矢量方向从无限远处射来。DirectionalLight仅能照亮其父组下的显示对象。光线可以照亮该坐标系下的任何物体,包括所有父组的子节点和派生节点。父节点的累加变换会影响光源。

DirectionalLight 节点不随距离而衰减。X3D 光照方程的精确定义见 17.2.2。

17.4.2 PointLight

```
PointLight:X3DLightNode {
  SFFloat   [in,out]  ambientIntensity  0       [0,1]
  SFVec3f   [in,out]  attenuation       1 0 0   [0,∞)
  SFColor   [in,out]  color             1 1 1   [0,1]
  SFFloat   [in,out]  intensity         1       [0,1]
  SFVec3f   [in,out]  location          0 0 0   (-∞,∞)
  SFNode    [in,out]  Metadata          NULL    [X3DMetadataObject]
  SFBool    [in,out]  on                TRUE
  SFFloat   [in,out]  radius            100     [0,∞)
}
```

PointLight 节点在局部坐标系下的一个 3D 位置上定义一个点光源。PointLight 向所有方向射出的光线相同，即为全方向的。PointLight 节点在局部坐标系下定义并受父节点变换的影响。

ambientIntensity，*color* 和 *intensity* 域的详细描述见 17.2.1。

PointLight 节点在其所在 *location* 的 *radius* 范围内照亮几何体。radius 和 location 受父节点变换的影响（比例变换影响 *radius*，几何变换影响 *location*）。*radius* 域必须大于或等于 0。

PointLight 节点的光照亮度随距离的增加而衰减，衰减度由 3 个衰减系数来确定。衰减因子是：

$$1/max(attenuation[0]+attenuation[1]\times r+attenuation[2]\times r^2,1)$$

其中 r 是光源到照亮表面的距离。缺省情况下没有衰减。衰减值(0,0,0)和(1,0,0)是相同的。衰减值必须大于或等于 0。X3D 光照方程的详细说明见 17.2.2。

17.4.3 SpotLight

```
SpotLight:X3DLightNode {
  SFFloat   [in,out]   ambientIntensity   0          [0,1]
  SFVec3f   [in,out]   attenuation        1 0 0      [0,∞)
  SFFloat   [in,out]   beamWidth          π/2        (0,π/2]
  SFColor   [in,out]   color              1 1 1      [0,1]
  SFFloat   [in,out]   cutOffAngle        π/4        (0,π/2]
  SFVec3f   [in,out]   direction          0 0 -1     (-∞,∞)
  SFFloat   [in,out]   intensity          1          [0,1]
  SFVec3f   [in,out]   location           0 0 0      (-∞,∞)
  SFNode    [in,out]   Metadata           NULL       [X3DMetadataObject]
  SFBool    [in,out]   on                 TRUE
  SFFloat   [in,out]   radius             100        [0,∞)
}
```

SpotLight 节点定义的光源是从一个指定的点沿指定的矢量方向发射光线，并且光线被限定在一个立体角区域内。汇聚光源可以照亮与 SpotLight 节点定义的立体角相交的几何体。汇聚光源节点在局部坐标系下并受父节点变换影响。

ambientIntensity，*color*，*intensity* 和该光源 X3D 光照方程的详细描述见 17.2.1。更多的关于光源概念包括对 X3D 光照方程的详细描述见 17.2.2。

location 域定义了光源中心点与光源局部坐标系原点的偏移量。该点是光源发射光线形成的立体角的顶点。*direction* 域定义了局部坐标系下光线中心轴的矢量方向。

on 域定义了光源是否发光。如果 *on*＝TRUE，则光源会发光照亮场景中的几何对象；如果 *on*＝FALSE，则光源不发光，不能照亮几何对象。

radius 域定义了立体角的径向距离和光源从 *location* 可以照到的最大距离。在这个距离之外光源不会起作用。*radius* 应大于或等于 0。

radius 和 location 会受到父节点变换的影响（比例变换影响 *radius*，几何变换影响 *location*）。

cutOffAngle 域定义了立体角的外边界，在立体角之外光源不起作用。*beamWidth* 域定义了一个内部立体角，在该立体角内光源的光照都是满强度的。在内立体角（*beamWidth*）到外立体角（*cutOffAngle*）之间光源的光照强度会衰减，衰减方程如下：

```
angle = SpotLight 的方向矢量与光源位置到光照点矢量夹角

if (angle ≥ cutOffAngle):
    multiplier = 0
else if (angle≤beamWidth):
```

```
        multiplier = 1
    else:
        multiplier = (angle-cutOffAngle) / (beamWidth-cutOffAngle)
    intensity(angle) = SpotLight.intensity × multiplier
```

如果 *beamWidth* 大于 *cutOffAngle*，则 *beamWidth* 等于 *cutOffAngle*，这样光源的光照在 *cutOffAngle* 定义的整个立体角内部都是满强度的。*beamWidth* 和 *cutOffAngle* 应大于或等于 0.0，小于或等于 π/2。图 29 说明了 SpotLight 节点的 *beamWidth*、*cutOffAngle*、*direction*、*location* 和 *radius* 域的含义。

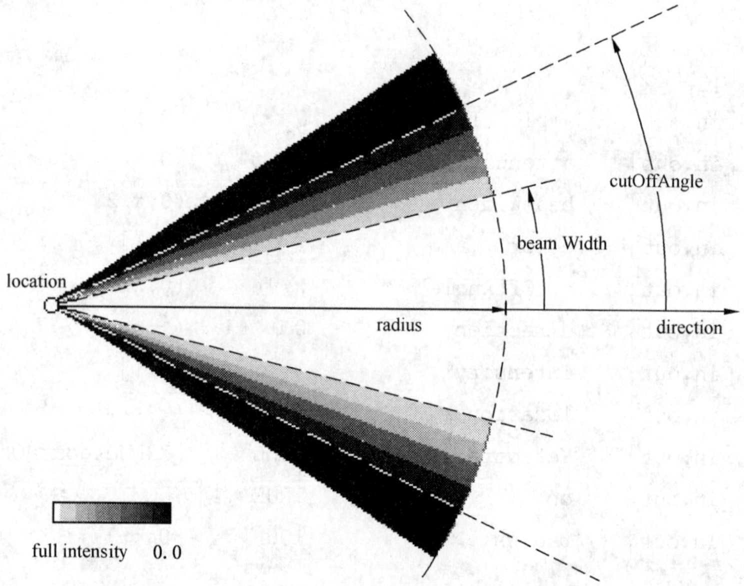

图 29 **SpotLight 节点**

SpotLight 的光照亮度随距离的增加而衰减，衰减度由 3 个衰减系数来确定。衰减因子是：

$$1/max(attenuation[0]+attenuation[1]\times r+attenuation[2]\times r^2,1)$$

其中 r 是光源到照亮表面的距离。缺省情况下没有衰减。衰减值(0,0,0)和(1,0,0)是相同的。衰减值应大于或等于 0。该光源的 X3D 光照方程见 17.2.2。

17.5 支持等级

光照组件提供 3 级支持，如表 40 所示。

表 40 **光照组件支持等级**

等级	前提条件	节点/特征	支 持
1	Core 1 Shape 1		
		X3DLightNode(抽象)	n/a
		DirectionalLight	不受父 Group 节点或 Transform 节点的范围限定
2	Core 1 Shape 1		

表 40（续）

等级	前提条件	节点/特征	支　持
		All Level 1 Lighting nodes	Level 1 中支持的所有域
		PointLight	选择性支持 *radius*，线性衰减
		SpotLight	选择性支持 *beamWidth*。选择性支持 *radius*。线性衰减
3	Core 1 Shape 1		
		所有等级 2 的光源节点	完全支持所有域

18 纹理组件

18.1 简介

18.1.1 名称

本组件的名称是“Texturing”。当在 COMPONENT 语句中引用这个组件时应使用本名称（见 7.2.5.4）。

18.1.2 概述

本章描述了本部分中的纹理组件。其中包括如何在几何体上指定纹理以及如何调节纹理的位置。表 41 列出了本章的主题。

表 41 主题

- 18.1 简介
  - 18.1.1 名称
  - 18.1.2 概述
- 18.2 概念
  - 18.2.1 纹理映射格式
  - 18.2.2 纹理映射图像格式
  - 18.2.3 纹理坐标
  - 18.2.4 多纹理
- 18.3 抽象类型
  - 18.3.1 *X3DTextureCoordinateNode*
  - 18.3.2 *X3DTextureNode*
  - 18.3.3 *X3DTexture2DNode*
  - 18.3.4 *X3DTextureTransformNode*
  - 18.3.5 *X3DTextureTransform2DNode*
- 18.4 节点引用
  - 18.4.1 ImageTexture

表 41（续）

18.2 概念

18.2.1 纹理映射格式

指定纹理映射的节点类型，其中包括：Background、ImageTexture、MovieTexture、MultiTexture、PixelTexture 等。一般，纹理映射由一个包含描述色彩值数组的 2D 图像定义。纹理映射数值的解析依赖于纹理映射中分量的数量和图像格式。通常纹理映射可使用下列形式之一来描述：

a) *亮度纹理*(单分量)；

b) *亮度加 alpha 不透明纹理*(双分量)；

c) *全 RGB 纹理*(三分量)；

d) *全 RGB 加 alpha 不透明纹理*(四分量)。

注意：多数的图像格式指定 alpha 值为不透明度，而不是透明度(alpha＝1-transparency)。

如何使用不同纹理的类型的相关说明见第 17 章。

虽然本部分中只支持二维映射格式，但以后的组件可能会支持三维或多维的纹理映射格式。

18.2.2 纹理映射图像格式

纹理节点应支持 PNG(见 ISO/IEC 15948)，并按以下方式对 PNG 像素的格式做解释：

a) 不附带 alpha 透明度的灰度像素被处理成亮度纹理；

b) 附带 alpha 透明度的灰度像素被处理成亮度加 alpha 纹理；

c) 不附带 alpha 透明度的 RGB 像素被处理成全 RGB 纹理；

d) 附带 alpha 透明度的 RGB 像素被处理成全 RGB 加 alpha 纹理。

如果图像以索引色的方式指定(例如调色板(palettes 或 colourmaps)),将使用以下的语义。(注意"灰度"将参照红绿蓝值相同的调色板):

e) 如果调色板中所有的颜色都是灰度并且没有透明块,将被处理成亮度纹理;

f) 如果调色板中所有的颜色都是灰度并有透明块,将被处理成亮度加 alpha 透明度纹理;

g) 如果调色板中有不是灰度的颜色并且没有透明块,将被处理成全 RGB 纹理;

h) 如果调色板中有不是灰度的颜色并有透明块,将被处理成全 RGB 加 alpha 纹理。

纹理节点应支持 JPEG 文件(见 JPEG 文件交换格式),并按以下方式对 JPEG 文件做解释:

i) 灰度文件(色彩分量的数为 1)被处理成亮度纹理;

j) YCbCr 文件被处理成全 RGB 纹理;

k) 不必须支持其他的 JPEG 文件类型。建议将其他的 JPEG 文件视为全 RGB 纹理。

支持 MPEG 文件(见 GB/T 17191.1—1997)的纹理节点,应将 MPEG 文件视为 RGB 纹理。

建议支持 GIF 文件(参见 GIF)的纹理节点,应遵循上述的 PNG 格式的相关语义描述。

18.2.3 纹理坐标

纹理映射被定义在一个 2D 坐标系(s,t)中,其中映射两个方向上的定义都在范围[0.0,1.0]中。图像的底边对应纹理映射的 S 轴,图像的左边沿对应纹理映射的 T 轴。图像左下角的像素对应 $s=0$, $t=0$ 坐标,图像的右上角对应 $s=1,t=1$ 坐标。纹理映射可以被看作一个二维 colour 函数,给定一个 (s,t) 坐标,将返回函数 $color(s,t)$ 的颜色值。图 30 描述了说明了这种关系。

图 30 纹理映射坐标系

纹理映射节点 ImageTexture、MovieTexture、PixelTexture 包含 *repeatS* 和 *repeatT* 这两个域,用以指定纹理在 S 方向和 T 方向上的包裹方式。如果 *repeatS* 值为 TRUE(缺省值),S 方向上纹理坐标范围[0.0,1.0]之外的范围将重复进行纹理映射。如果 *repeatS* 值为 FALSE,S 方向上的纹理坐标将被限制在[0.0,1.0]范围中。*repeatT* 域和 *repeatS* 域类似。

每个基于顶点的几何节点(例如 IndexedFaceSet 和 ElevationGrid)使用一系列 2D 纹理坐标把纹理贴在顶点上。几何节点的纹理坐标通过使用 TextureCoordinate 节点和 TextureCoordinateGenerator 节点指定。S 轴或 T 轴纹理映射值(ImageTexture、MovieTexture、PixelTexture)范围在[0.0,1.0]间。然而,纹理坐标的范围可能在(−∞,∞)。纹理坐标指定了某一个纹理映射中的位置(然后将使用贴图中这个位置的色彩值)。先指定水平坐标 s,然后指定垂直坐标 t。

如果纹理映射在某个给定方向上(S 轴或 T 轴上)重复,设定纹理映射在给定方向有 N 个像素,这个纹理坐标 C(s 或 t)将被按以下方式变换到纹理映射中:

Texture map location = (C - floor(C)) × N

如果纹理贴图不重复,纹理坐标将被按以下方式限制在 0.0 到 1.0 范围中:

Texture map location = N,　　if C>1.0,

= 0.0,if C<0.0,

= C×N,if 0.0≤C≤1.0

通过在 Appearance 节点包含的纹理构成中应用 TextureTransform 节点,纹理坐标可以被变换(缩放、旋转、平移)。

纹理映射节点类型中关于重复纹理的描述见 ImageTexture、MovieTexture、PixelTexture。

18.2.4 多纹理

可以在一个几何节点上按照预定的混合方法使用 Multitexturing(多纹理)。这就允许使用包括光照映射和环境映射等各种视觉效果。根据可用的硬件情况,可能运用 multi-stage(多阶)或 multi-pass(多通道)技术实现多纹理。根据可用的硬件情况,可混合的纹理数可能对性能有很大影响。

图 31 描述了一个光照映射的例子,在纹理 1 上添加了纹理 2,模拟了一个预先处理过的物体的贴图。

(Base Texture+Lightmap=Result)

图 31　光照映射实例

多纹理使用 MultiTexture(多纹理)节点和 MultiTextureCoordinate(多纹理坐标)节点来实现。多纹理指定了一组单一的纹理和纹理变换。多纹理坐标指定了一组相关纹理使用的对应的纹理坐标。

表 42 比较 Appearance 节点和几何节点使用单纹理和多纹理的属性。

表 42　单一纹理和多纹理属性对比

纹理节点	纹理变换	纹理坐标	纹理模式
ImageTexture { ... }	appearance. textureTransform TextureTransform {}	TextureCoordinate { coord [ ] }	隐含在光照模型中: REPLACE / MODULATE
MultiTexture { texture [ImageTexture { ... } ImageTexture { ... }]}	MultiTexture { textureTransform [TextureTransform { ... } TextureTransform { ... }]}	MultiTextureCoordinate { coord [TextureCoordinate { coord [ ] } TextureCoordinate { coord [ ] }]}	MultiTexture { mode ["MODULATE" "MODULATE"]}

18.3 抽象类型

18.3.1 *X3DTextureCoordinateNode*

```
X3DTextureCoordinateNode:X3DGeometricPropertyNode {
}
```

这个抽象类型是所有用来指定纹理坐标的节点所使用的基本类型,在渲染组件中定义的基础上,添加了一个新的几何属性节点。

18.3.2 *X3DTextureNode*

```
X3DTextureNode:X3DAppearanceChildNode {
}
```

这个抽象类型是所有用来指定纹理图像源的节点所使用的基本类型。

18.3.3 *X3DTexture2DNode*

```
X3DTexture2DNode:X3DTextureNode {
  SFBool      []       repeatS     TRUE
  SFBool      []       repeatT     TRUE
}
```

这个抽象类型是所有用来指定纹理图像的2D源的节点所使用的基本类型。

18.3.4 *X3DTextureTransformNode*

```
X3DTextureTransformNode:X3DAppearanceChildNode {
}
```

这个抽象类型是所有用来指定纹理坐标变换的节点所使用的基本类型。

18.3.5 *X3DTextureTransform2DNode*

```
X3DTextureTransform2DNode:X3DTextureTransformNode {
  SFVec2f    [in,out]    center          0 0     (-∞,∞)
  SFFloat    [in,out]    rotation        0       (-∞,∞)
  SFVec2f    [in,out]    scale           1 1     (-∞,∞)
  SFVec2f    [in,out]    translation     0 0     (-∞,∞)
}
```

这个抽象类型是所有用来指定纹理坐标2D变换的节点所使用的基本类型。

18.4 节点引用

18.4.1 ImageTexture

```
ImageTexture:X3DTexture2DNode {
  MFString    [in,out]    url         []       [urn]
  SFBool      []          repeatS     TRUE
  SFBool      []          repeatT     TRUE
}
```

通过指定一个图像文件和指定几何体上映射的一般参数,Texture节点定义了一个纹理映射。

纹理通过 *url* 域从指定的 URL 中读取。当 *url* 域中不包含值时([]),纹理将被禁止。浏览器应支持 JPEG(见 JPEG 文件交换格式)和 PNG(见 ISO/IEC 15948)图像文件格式。另外,浏览器也可以支持能渲染到 2D 图像的其他图像格式(例如 CGM,见 ISO/IEC 8632)。推荐对 GIF(参见 GIF)格式的支持(包括透明度)。*url* 域的描述见 9.2.1。

一般的关于纹理映射的描述见 18.2。

光照方程的描述,以及纹理、材质和几何体的外观如何结合见第 17 章。

18.4.2 MovieTexture(电影纹理)

```
MovieTexture:X3DTexture2DNode, X3DSoundSourceNode {
  SFBool     [in,out]   loop               FALSE
  SFFloat    [in,out]   speed              1.0       (-∞,∞)
  SFTime     [in,out]   startTime          0         (-∞,∞)
  SFTime     [in,out]   stopTime           0         (-∞,∞)
  MFString   [in,out]   url                []        [urn]
  SFBool     []         repeatS            TRUE
  SFBool     []         repeatT            TRUE
  SFTime     [out]      duration_changed
  SFBool     [out]      isActive
}
```

MovieTexture 定义了一个时间相关的纹理映射(包含在一个影片文件中)以及控制影片和纹理映射的参数。MovieTexture 节点也可以被用作 Sound 节点的声音数据源。在这种特殊情况下,MovieTexture 节点不会被渲染。

定义影片数据的 *url* 域应支持 GB/T 17191.1—1997 中定义的 MPEG1-Systems(音频和视频)或 MPEG1-Video(只有视频)影片文件格式。*url* 域的描述见 9.2.1。

MovieTexture 节点可以由 Appearance 节点的 *texture* 域引用(作为影片纹理),或由 Sound 节点的 *source* 域引用(作为一个音频源)。

一旦影片被载入,就发出一个 *duration_changed* 域事件。这表示以秒为单位的影片持续时间。这个域可以被读取(例如由 Script node 节点读取)而测定影片持续时间。"-1"的值表示影片还没有被载入或因为某些原因此值不可用。

loop、*pauseTime*、*resumeTime*、*startTime*、*stopTime* inputOutput 域,和 *elapsedTime*、*isActive*、*isPaused* outputOnly 域,以及它们在 MovieTexture 节点上的效果的详细描述,见第 8 章。MovieTexture 节点的循环周期是以 *speed* 域指定的速度播放影片一次的秒数。

speed 域指示影片的播放速度。*speed* 值为 2 表示影片以两倍速度播放。*duration_changed* 输出事件不受 *speed* 域影响。*set_speed* 事件在影片播放时将被忽略。负值的 *speed* 表示影片将被倒放。

如果影片载入时 MovieTexture 节点没激活,且 *speed* 域为非负值时,显示影片纹理的 0 帧,或 *speed* 域为负值时,显示影片纹理的最后一帧(见 8.2.4)。如果 *speed*=0,MovieTexture 节点将显示 0 帧。当 *speed* 域为正值时,激活的 MovieTexture 节点显示按以下规则显示位于影片时间 *t* 的帧(假设影片的本地时间系中帧 0 位于时间 0 且 *speed*=1):

```
t = (now - startTime)modulo (duration/speed)
```

当 *speed* 域为负值时,MovieTexture 节点显示按以下规则显示位于影片时间的帧:

```
-((now - startTime) modulo |duration/speed|)
```

如果 MovieTexture 节点变为不活动,对应 MovieTexture 节点不活动时间的帧将保留以作纹理。

一般的关于纹理映射的描述见 18.2 。

光照方程的描述，以及纹理、材质和几何体的外观如何结合见第 17 章。

18.4.3 MultiTexture(多纹理)

```
MultiTexture:X3DTextureNode {
  SFFloat    [in,out]   Alpha         1        [0,1]
  SFColor    [in,out]   color         1 1 1    [0,1]
  MFString   [in,out]   function      []
  MFString   [in,out]   made          []
  MFString   [in,out]   source        []
  MFNode     [in,out]   texture       []       [X3DTextureNode]
  SFBool     [in,out]   transparent   FALSE
}
```

MultiTexture 允许在一个 3D 对象上使用多个单一纹理，以完成复杂的视觉效果。在 Appearance（外观）节点的 texture 域中可以使用 MultiTexture 作为其域值。

texture 域包括了一个 Texture 节点的列表（比如 ImageTexture，PixelTexture，MovieTexture，MultiTexture)，texture 域可以不包含其他的 MultiTexture 节点。

color 域和 *alpha* 域为 SELECT 运算模式定义了基础 RGB 和 alpha 值。

mode 域控制了混合运算的类型。可用的模式包括光照 Appearance 所用的 MODULATE，非光照 Appearance 所用的 REPLACE，以及其他这两种模式的变种。

表 43 列出了可能的多纹理模式。

表 43　多纹理模式

MODE 模式	描　述
MODULATE	纹理颜色和当前颜色乘积 Arg1×Arg2
REPLACE	替换当前的颜色 Arg2
MODULATE2X	自变量的每个分量相乘，并把乘积左移 1 位(相当于乘以 2)以加亮
MODULATE4X	自变量的每个分量相乘，并把乘积左移 1 位(相当于乘以 4)以加亮
ADD	将自变量的分量相加 Arg1＋Arg2
ADDSIGNED	每个自变量的分量上先作－0.5 的偏移，使其有效范围在－0.5 到 0.5 之间
ADDSIGNED2X	每个自变量的分量上先作－0.5 的偏移，并把乘积左移 1 位
SUBTRACT	从第一个自变量的分量中减去第二个自变量的分量。 Arg1－Arg2
ADDSMOOTH	把第一个自变量和第二个自变量相加，再从两个自变量的和中减去这两个自变量的乘积。 Arg1＋Arg2－Arg1×Arg2＝Arg1＋(1－Arg1)×Arg2
BLENDDIFFUSEALPHA	依据顶点间插值 alpha，线性地混合此纹理 stage Arg1×(Alpha)＋Arg2×(1－Alpha)

表 43（续）

MODE 模式	描　述
BLENDTEXTUREALPHA	使用前一纹理 stage 的 alpha,线性地混合此纹理 stage Arg1×(Alpha)+Arg2×(1－Alpha)
BLENDFACTORALPHA	使用 MultiTexture 节点中 alpha 参数,线性混合纹理 stage Arg1×(Alpha)+Arg2×(1－Alpha)
BLENDCURRENTALPHA	使用前一纹理 stage 的 alpha,线性混合此纹理 stage Arg1×(Alpha)+Arg2×(1－Alpha)
MODULATEALPHA_ADDCOLOR	使用第一个自变量的 alpha 值调节第二个自变量的颜色;然后把结果加在第一个自变量上。 Arg1. RGB+Arg1. A×Arg2. RGB
MODULATEINVALPHA_ADDCOLOR	和 MODULATEALPHA_ADDCOLOR,相似,但使用第一个自变量的 alpha 的相反值。 (1－Arg1. A)×Arg2. RGB+Arg1. RGB
MODULATEINVCOLOR_ADDALPHA	和 MODULATECOLOR_ADDALPHA,相似,但使用第一个自变量的相反颜色值。 (1－Arg1. RGB)×Arg2. RGB+Arg1. A
OFF	关闭纹理单元
SELECTARG1	使用颜色自变量 1 Arg1
SELECTARG2	使用颜色自变量 2 Arg2
DOTPRODUCT3	调节每个自变量的分量(带正负符号的分量)及其乘积,把总和复制到包括 alpha 在内的所有颜色通道。 这样可以利用适当的输入实现散射或镜面反射。执行函数 function (Arg1. R×Arg2. R+Arg1. G×Arg2. G+Arg1. B×Arg2. B),其中每个分量已经经过缩放和偏移以使其带正负符号,把结果复制到所有四个(包括 alpha)通道

source 域决定了第二个自变量的色彩源。表 44 列出了 *source* 域可用的值。

表 44　*source* 域可用的值

模　式	描　述
“”(缺省)	第二个自变量的颜色(ARG2)来自前一个渲染 stage(DIFFUSE 是第一个进程)
“DIFFUSE”	纹理自变量是 Gouraud Shading(明暗处理)过程中顶点插值的散射色彩值(diffuse color)
“SPECULAR”	纹理自变量是 Gouraud Shading(明暗处理)过程中顶点插值的高光色彩值(specular color)
“FACTOR”	纹理自变量来自 MultiTexture 节点中的要素(color、alpha)

function 域定义了可以在模式运算后施加到自变量上的可选的功能。表 45 列出了 *function* 域使用的值。

表 45 *function* 域可用的值

Operator 操作符	描　述
“”(缺省)	不使用此功能
“COMPLEMENT”	如果自变量的结果被变量 x 引用时，自变量求补，也就是说值将为 1.0 减去 x
“ALPHAREPLICATE”	操作完成前复制 alpha 信息到所有的色彩通道

模式中可以包含 alpha 通道所另外使用的混合模式；例如“MODULATE，REPLACE”定义 Color=(Arg1. color×Arg2. color，Arg1. alpha)。

所使用的纹理阶段的数量将由纹理域的长度指定。如果缺少 mode 模式值，将使用缺省的模式“MODULATE”。

18.4.4 MultiTextureCoordinate

```
MultiTextureCoordinate : X3DTextureCoordinateNode {
  SFNode    [in,out]    metadata    NULL    [X3DMetadataObject]
  MFNode    [in,out]    texCoord    NULL    [X3DTextureCoordinateNode]
}
```

MultiTextureCoordinate 为每个顶点提供多个纹理坐标。这个节点可用于设定不同映射通道的纹理坐标。

texCoord 域中的每一项可以包含一个 TextureCoordinate 节点或 TextureCoordinateGenerator 节点。

如果在 IndexedFaceSet 节点中使用 MultiTexture 而不使用 MultiTextureCoordinate texCoord，缺省情况下通道 0 所使用的纹理坐标将被复制到其他通道。同样，如果 texCoord 域中缺少项，最后一项将被复制到其他通道。

示例：

```
Shape {
  appearance Appearance {
    texture MultiTexture {
      mode [ “MODULATE” “MODULATE” ]
      texture [
        ImageTexture { url “brick.jpg”}
        ImageTexture { repeatS FALSE repeatT FALSE url “light_gray.png”}
      ]
    }
  }
  geometry IndexedFaceSet {
      ...
    texCoord MultiTextureCoord {
      texCoord [
        TextureCoordinate { ...}
        TextureCoordinate { ...}
      ]
```

```
      }
    }
  }
```

18.4.5 MultiTextureTransform

```
MultiTextureTransform:X3DTextureTransformNode {
  MFNode [in,out] textureTransform NULL [X3DTextureTransformNode]
}
```

MultiTextureTransform 为每个外观提供多个纹理变换。这个节点可以为不同的映射通道指定各自的纹理变换。MultiTextureTransform 可以出现在场景图中任何 X3DTextureTransformNode 可以出现的地方。

textureTransform 域中的每一项应当包括一个 X3DTextureTransformNode 或为 NULL(空)。

如果在 IndexedFaceSet 节点中使用 MultiTexture 而不使用 MultiTextureTransform 节点,缺省情况下通道 0 所使用的纹理坐标将被复制到其他通道。同样,如果 textureTransform 域中缺少项,最后一项将被复制到其他通道。

示例:

```
Shape {
  appearance Appearance {
    texture MultiTexture {
      mode [ "MODULATE" "MODULATE" ]
      texture [
        ImageTexture { url "brick.jpg")
        ImageTexture { repeatS FALSE repeatT FALSE url "light_gray.png"}
      ]
    }

    textureTransform MultiTextureTransform {
      textureTransform [
        TextureTransform {}
        TextureTransform { scale 0.5 0.5 }
      ]
    }
  }
}
```

18.4.6 PixelTexture

```
PixelTexture:X3DTexture2DNode {
  SFImage    [in,out]    image      0 0 0
  SFBool     []          repeatS    TRUE
  SFBool     []          repeatT    TRUE
}
```

PixelTexture 节点定义了一个基于 2D 图像的纹理映射,方法是直接给出一个像素值数组(*image* 域),并给出纹理如何重复平铺到几何对象上的控制参数。

repeatS 和 *repeatT* 域定义纹理在 S 和 T 方向上如何映射,如果 *repeatS* 为 TRUE(缺省值),纹理将在 S 向纹理坐标区间外重复映射以填满整个形状,如果 *repeatS* 为 FALSE,S 方向上的纹理坐标将

被限制在 0.0 到 1.0 的范围内。*repeatT* 域类似于 *repeatS* 域。

关于纹理映射的描述见 18.2。

纹理同几何外观的相互影响见第 17 章 。image 图像的说明见 5.7。

18.4.7 TextureCoordinate

```
TextureCoordinate:X3DTextureCoordinateNode {
  MFVec2f [in,out] point [] (-∞,∞)
}
```

TextureCoordinate 节点是一个几何体性质节点，用来指定一系列 2D 纹理坐标，vertex-based 几何节点（例如 IndexedFaceSet 和 ElevationGrid）使用这些坐标把纹理映射到顶点上。

18.4.8 TextureCoordinateGenerator

```
TextureCoordinateGenerator:X3DTextureCoordinateNode {
  SFString  [in,out]  mode       "SPHERE"   [见表 46]
  MFFloat   [in,out]  parameter  []         [见表 46]
}
```

TextureCoordinateGenerator(纹理坐标生成器)支持对指定几何形体自动生成纹理坐标。

这个节点可以用在相关节点的 texCoord 域中，以设置纹理坐标。

mode 域按照表 46 中描述的生成纹理坐标的运算法则来定义如何生成纹理坐标。

表 46　纹理坐标生成模式

模　式	描　述
SPHERE	用来建立球型环境反射映射或"铬合金"反射映射的纹理坐标，此坐标的建立基于变换到摄像机空间的顶点法向量。 u=Nx/2+0.5 v=Ny/2+0.5 这里 u 和 v 代表要计算的纹理坐标，Nx 和 Ny 代表摄像机空间中顶点法向量的 x 分量和 y 分量。如果法向量有一个正 x 分量，法向量指向右，则用 u 坐标对纹理寻址调节。同样对于 v 坐标：正 y 表示法向量向上。每个分量的负值则表示相反的情况。如果法向量直接指向摄像机，结果的坐标将没有扭曲。在两个坐标上都将加上+0.5 的偏移，以使零扭曲的点位于球形映射的中心，同时顶点法向量(0,0,z)将寻址到此点。注意此方程不计算法向量的 z 分量
CAMERASPACENORMAL	使用转换到摄像机空间的顶点法向量作为输入纹理坐标，结果的坐标将在−1 到 1 范围中
CAMERASPACEPOSITION	使用转换到摄像机空间的顶点位置作为输入纹理坐标。
CAMERASPACEREFLECTIONVECTOR	使用转换到摄像机空间的反射向量作为输入纹理坐标。反射向量由输入顶点位置和法向量向量计算。 R=2×DotProd(E,N)×N−E; 在以上方程中，R 表示将要计算的反射向量，E 表示位置到眼睛的单位向量，N 表示摄像机空间的顶点法向量。 结果的坐标将在−1 到 1 范围中

表 46（续）

模　式	描　述
SPHERE-LOCAL	在局部坐标中的 SPHERE 球形帖图坐标
COORD	使用顶点坐标
COORD-EYE	使用转换到摄像机空间的顶点坐标
NOISE	在顶点坐标上使用 Perlin solid 噪音函数计算而来，参数包括比例和平移［scale. x scale. y scale. z translation. x translation. y translation. z］
NOISE-EYE	和 NOISE 模式相近同，但先把顶点坐标转换到摄像机空间
SPHERE-REFLECT	和"CAMERASPACEREFLECTIONVECTOR"相似，但附带一个可选的折射率，参数[0]将包含折射率索引。 结果的坐标将在－1 到 1 范围中
SPHERE-REFLECT-LOCAL	和"SPHERE-REFLECT"相似，参数［0］包含折射率索引，参数［1 to 3］包含局部坐标中的视点位置。通过动画参数［1 to 3］，反射将根据视点做改变。 结果的坐标将在－1 到 1 范围中

某些模式可能是硬件加速的，还有些模式是视点相关的。

18.4.9 TextureTransform(纹理变换)

```
TextureTransform:X3DTextureTransform2DNode {
  SFVec2f   [in,out]   center        0 0    (-∞,∞)
  SFFloat   [in,out]   rotation      0      (-∞,∞)
  SFVec2f   [in,out]   scale         1 1    (-∞,∞)
  SFVec2f   [in,out]   translation   0 0    (-∞,∞)
}
```

TextureTransform 节点定义了一个应用到纹理坐标(见 18.4.7)上的 2D 变换。这个节点将影响纹理坐标应用到几何体表面的方式。平移包括(依次)：

a) 平移；

b) 绕中心点旋转；

c) 依据中心点非均匀缩放。

这些参数将支持几何体上纹理的尺寸、方向和位置的变化。要注意当从几何体表面观察时，这些操作的效果都是翻转的。例如，一个放大纹理坐标的 *scale* 值(2 2)，实际效果将是使纹理的尺寸收缩了 2 倍(纹理坐标为两倍大导致纹理映射重复两次)。一个沿 S 轴平移纹理坐标＋0.5 单位的 *translation* 值 (0.5 0.0)，实际效果将是使纹理沿几何体上 S 轴平移纹理坐标－0.5 单位。旋转纹理坐标 π/2 将导致几何体上的纹理旋转 －π/2。

center 域指定了纹理坐标空间中的位置偏移，*rotation* 域和 *scale* 域的变化都基于偏移后的中心点。*scale* 域指定了沿 *center* 点的纹理坐标系的 S 轴和 T 轴的缩放因子。*scale* 值范围在(-∞,∞)。*rotation* 域以弧度值指定一个沿 *center* 点的纹理坐标系旋转，纹理旋转应应用在纹理缩放之后。正的旋转值使纹理坐标沿 *center* 点逆时针旋转，这样看起来纹理将自己做顺时针旋转。*translation* 域将指定一个纹理坐标的平移。

下面的变换矩阵中,Tc 表示变换前的纹理坐标,Tc' 表示变换后的纹理坐标,C(*center*)、T(*translation*)、R(*rotation*)、S(*scale*)分别为相应的等价变换矩阵,

$$Tc' = -C \times S \times R \times C \times T \times Tc$$

注意:变换顺序和 Transform 节点中的变换顺序是相反的,因为变换的是纹理坐标(例如纹理坐标系),而不是纹理。

18.5 支持等级

纹理组件提供表 47 中规定的 3 个支持等级。

表 47 纹理组件支持等级

等级	前提条件	节点	支持
1	Core 1 Grouping 1 Geometric properties 1 Appearance 1		
		X3DTextureCoordinateNode(抽象)	n/a
		X3DTextureNode(抽象)	n/a
		X3DTexture2DNode(抽象)	n/a
		ImageTexture	完全支持所有域
		TextureCoordinate	完全支持所有域
2	Core 1 Grouping 1 Geometric properties 1 Appearance 1		
		Level 1 的所有 Texturing 节点	Level 1 中支持的所有域
		X3DTextureTransformNode(抽象)	n/a
		X3DTextureTransform2DNode(抽象)	n/a
		MovieTexture	完全支持所有域
		PixelTexture	完全支持所有域
3	Core 1 Grouping 1 Geometric properties 1 Appearance 1		
		Level 2 的所有 Texturing 节点	Level 2 中支持的所有域
		MultiTexture	完全支持所有域
		MultiTextureCoordinate	完全支持所有域
		TextureCoordinateGenerator	完全支持所有域

19 插值器组件

19.1 简介

19.1.1 名称

本组件的名称是“Interpolation”。当在 COMPONENT 语句中引用这个组件时应使用本名称(见 7.2.5.4)。

19.1.2 概述

本章描述了本部分中的插值器组件。表 48 列出了本章的主题。

表 48 主题

19.2 概念

本章描述了 6 种 Interpolator 节点,这些插值器提供了基于关键帧的动画能力。

19.2.1 插值器

插值器节点提供了动画关键帧的值之间的线性插值。以下的插值器节点类型是基于值的类型划分的：

- ColorInterpolator；
- CoordinateInterpolator；
- CoordinateInterpolator2D；
- NormalInterpolator；
- OrientationInterpolator；
- PositionInterpolator；
- PositionInterpolator2D；
- ScalarInterpolator。

所有的插值器节点都基于 X3DInterpolatorNode 抽象类型。

19.2.2 线性插值

本条中定义的 X3D 插值器节点是为线性关键帧动画而设计的。每一个此类节点定义了一个(－∞,∞)区间中的分段线性函数 f(t)。此线性函数定义 n 个 t 的值，称为 *key*(关键点)，以及 n 个对应的 f(t)的值称为 *keyValue*(关键值)。关键点应为单调递增的，否则结果未定义。

对于给定的某一 t 值(通过 *fraction* 域给定)，插值器节点按以下方式计算 f(t)。假设 n 个关键点 $t_0, t_1, t_2, \cdots, t_{n-1}$ 把(－∞,∞)区域分割为 n＋1 个给定子区间$(-\infty, t_0)$，$[t_0, t_1)$，$[t_1, t_2)$，…，$[t_{n-1}, +\infty)$。并且设定 n 个对应关键点值的 f(t)值 $v_0, v_1, v_2, \cdots, v_{n-1}$。则分段线性插值函数 f(t)定义为：

```
f(t) = v0,      if t≤t0,
     = vn-1,    if t ≥ tn-1,
     = linterp(t, vi, vi+1),      if ti≤t≤ti+1,


where linterp(t,x,y) is the linear interpolant,
      i belongs to {0,1,..., n-2}.
```

f(t)值的第三种取值条件允许为一个关键点定义多个值，(例如不连续区域的 f(t)中的左极限和右极限)。第一个指定的值作为左边区域的 f(t)的极限值，最后一个指定的值作为右边区域的 f(t)的极限值。在多次定义关键值的关键点上，f(t)的值是不确定的，但是它应总是相关的极限值中的一个。

19.3 抽象类型

19.3.1 *X3DInterpolatorNode*

```
X3DInterpolatorNode:X3DChildNode {
  SFFloat        [in]         set_fraction                  (-∞,∞)
  MFFloat        [in,out]     key                 []        (-∞,∞)
  MF<type>       [in,out]     keyValue            []
  SFNode         [in,out]     metadata            NULL      [X3DMetadataObject]
  [S|M]F<type>   [out]        value_changed
}
```

抽象节点 X3DInterpolatorNode 是本条中规定的所有插值器类型的基本类型。

key 域包含了关键点时间的列表，其表现为：

```
key [0 0.25 0.65 0.75 1]
```

这指示了此节点中有 5 个关键帧。*keyValue* 域包含目标域的值,即对应每个关键点的值的完整集合。不包 *key* 域中关键点的插值器节点将不产生事件。然而,如果一个包含关键点的输入事件替换了空的 *key* 域,那么在下次接收到 *set_fraction* 事件时该插值器节点将产生事件。

set_fraction 输入域接收 SFFloat 事件,使插值器节点函数开始计算,并产生 *set_fraction* 事件具有相同的时间戳的 *value_changed* 输出事件。

keyValue 和 *value_changed* 域的内容依赖于节点的类型(例如 PositionInterpolator 域使用 MFVec3f 值)。*keyValue* 域中的值或一组值按顺序对应 *key* 域中的参数值。

对于产出单值的插值器节点,如果 *key* 域中值的数量和 *keyValue* 域中值的数量不同,则结果不确定。

对于产生多值的插值器节点,其 *keyValue* 域的值是一个 $n \times m$ 数组,其中 n 为 *key* 域中值的数量,m 为每个关键帧中值的数量。*keyValue* 域中每个 m 值按顺序对应 *key* 域中的参数值。每一个 *value_changed* 事件应包括 m 个值插值。*keyValue* 域中的值的数量如果不是 *key* 域中值的数量的整数倍,则结果未定义。

如果 X3DinterpolatorNode *value_changed* 输出域在接收任何输入之前被读取,如果 *keyValue* 不为空则返回 *keyValue*[0]的值,如果 *keyValue* 为空(例如 [ ]),则返回相应域类型的初始值(例如 SFVec3f 为(0,0,0);初始事件值见第 5 章。

X3DInterpolatorNode 节点在场景图变换阶段中的位置对其操作没有影响。例如,插值器节点的父节点是一个开关节点(Switch node)并且 *whichChoice* 被设置为"−1"(即忽略子节点),插值器节点仍然继续执行操作(即接收和发送事件)。

关键帧动画的典型简化结构中包括一个时间 TimeSensor(感知器节点)、ROUTEs(路径)和 target node(目标节点)。

```
Transform {
  Shape
    IndexedFaceSet { coordIndex = '... -1 ...〉
        Coordinate DEF = 'Moved' point [ x y z, ... ] # t0Geometry
    }
  }
}


CoordinateInterpolator DEF = 'Mover'
    key [t0 t1 t2 ]              #   list of key times, 0 to 1
    keyValue ' x y z, ...'     #   one geometry per key time


TimeSensor DEF = 'Timer' cycleInterval 5 loop TRUE


ROUTE Timer.fraction_changed TO Mover.set_value
ROUTE Mover.value_changed TO Moved.point
```

在典型的运作中,TimeSenso 依据时间的变化送达关键帧的 *set_fraction* 事件,事件的值基于 TimeSensor 在循环周期中的位置在 0 到 1 之间变化。例如,如果 TimeSensor 的循环周期为 10 s,则在其周期中经过 5 s 时 set_fraction 值将为 0.5。

在样例结构中,IndexedFaceSet 中包含了一个名为 *Moved* 的坐标域,定义了时间等于 0 时节点的几何体。名为 *Mover* 的 CoordinateInterpolator 节点包含了一个关键帧时间的列表以及在 keyValue 域中包含了对应关键帧的一组坐标。当 *key* 的 *set_fraction* 事件到达时,相应的插值 *keyValue* 被发送到目标坐标节点(Coordinate node)进行渲染。

19.4 节点引用

19.4.1 ColorInterpolator

```
ColorInterpolator:X3DInterpolatorNode {
  SFFloat    [in]        set_fraction              (-∞,∞)
  MFFloat    [in,out]    key               []      (-∞,∞)
  MFColor    [in,out]    keyValue          []      [0,1]
  SFNode     [in,out]    metadata          NULL    [X3DMetadataObject]
  SFColor    [out]       value_changed
}
```

这个节点在一个 MFColor 关键值列表中插值以产生一个 SFColor(RGB) *value_changed* 事件。*keyValue* 域中的颜色值的数量应和 *key* 域中关键帧的数量相同。*keyValue* 域和 *value_changed* 事件在 RGB 色彩空间中定义。在 HSV 空间 space(RGB 和 HSV 色彩空间的描述参见 FOLEY)使用 *set_fraction* 的值为输入值进行线性插值。如果在两个连续关键帧之间进行补色之间的插值,则结果不确定。

19.4.2 CoordinateInterpolator

```
CoordinateInterpolator:X3DInterpolatorNode {
  SFFloat    [in]        set_fraction              (-∞,∞)
  MFFloat    [in,out]    key               []      (-∞,∞)
  MFVec3f    [in,out]    keyValue          []      (-∞,∞)
  SFNode     [in,out]    metadata          NULL    [X3DMetadataObject]
  MFVec3f    [out]       value_changed
}
```

这个节点在一个 MFVec3f 关键值列表中线性插值以产生一个 MFVec3f *value_changed* 事件。*keyValue* 域中的坐标值的数量应为 *key* 域中关键帧的整数倍。这个整数的倍数定义了 *value_changed* 事件中包含坐标的数量。

19.4.3 CoordinateInterpolator2D

```
CoordinateInterpolator2D:X3DInterpolatorNode {
  SFFloat    [in]        set_fraction              (-∞,∞)
  MFFloat    [in,out]    key               []      (-∞,∞)
  MFVec2f    [in,out]    keyValue          []      (-∞,∞)
  SFNode     [in,out]    metadata          NULL    [X3DMetadataObject]
  MFVec2f    [out]       value_changed
}
```

这个节点在一个 MFVec2f 关键值列表中插值以产生一个 MFVec2f *value_changed* 事件。*keyValue* 域中的坐标值的数量应为 *key* 域中的坐标值。这个整数的倍数定义了 *value_changed* 事件中包含坐标的数量。

19.4.4 NormalInterpolator

```
NormalInterpolator:X3DInterpolatorNode {
  SFFloat      [in]       set_fraction              (-∞,∞)
  MFFloat      [in,out]   key              []       (-∞,∞)
  MFVec2f      [in,out]   keyValue         []       (-∞,∞)
  SFNode       [in,out]   metadata         NULL     [X3DMetadataObject]
  MFVec2f      [out]      value_changed
}
```

NormalInterpolator 节点在一个由 *keyValue* 域指定的法向量集内插值以产生一个 MFVec3f *value_changed* 事件，*value_changed* 的输出向量的应是一组单位化向量。

keyValue 域中的值应是单位长度的向量，*keyValue* 域中的法向量的数量应为 *key* 中关键帧的整数倍，这个整数的倍数定义了 *value_changed* 事件中包含法向量的数量。

法向量的插值应在单位球体的表面执行，也就是说，从单位球上点 P 到单位球上点 Q 的线形插值的输出值位于连接点 P 和点 Q 的最短弧线上(在单位球体上)，而且等间隔的输入对应等长的弧线。如果 P 和 Q 在对角的相反地位置，则结果不确定。

19.4.5 OrientationInterpolator

```
OrientationInterpolator:X3DInterpolatorNode {
  SFFloat      [in]       set_fraction              (-∞,∞)
  MFFloat      [in,out]   key              []       (-∞,∞)
  MFRotation   [in,out]   keyValue         []       [-1,1]or(-∞,∞)
  SFNode       [in,out]   metadata         NULL     [X3DMetadataObject]
  SFRotation   [out]      value_changed
}
```

OrientationInterpolator 在一个由 *keyValue* 指定的旋转值列表内插值以产生一个 SFRotation *value_changed* 事件，这些旋转值是对象空间的绝对值而不是累积获得的。*keyValue* 域中包含的值的数量应和 *key* 域包含的值的数量相同。

方向值表示了一个对象应用了旋转之后的最终方位。OrientationInterpolator 中两个方向值之间插值通过两个方位值在单位球面上的最短路径计算，并在弧长上沿路径线形插值。如果两个点互为反向，则结果不确定。

如果两个前后连续的 *keyValue* 值之间的弧长大于 π，则插值将在补角的弧上进行。例如方向(0，1,0,0)和(0,1,0,5.0)之间的插值与(0,1,0,2π)和(0,1,0,5.0)之间的旋转是等效的。

19.4.6 PositionInterpolator

```
PositionInterpolator:X3DInterpolatorNode {
  SFFloat      [in]       set_fraction              (-∞,∞)
  MFFloat      [in,out]   key              []       (-∞,∞)
  MFVec3f      [in,out]   keyValue         []       (-∞,∞)
  SFNode       [in,out]   metadata         NULL     [X3DMetadataObject]
  MFVec3f      [out]      value_changed
```

}

PositionInterpolator 节点在一个 3D 向量的列表中线形插值以产生一个 SFVec3f *value_changed* 事件。*keyValue* 域中包含的值的数量应和 *key* 域包含的值的数量相同。

19.4.7 PositionInterpolator2D

```
PositionInterpolator2D:X3DInterpolatorNode {
  SFFloat      [in]        set_fraction              (-∞,∞)
  MFFloat      [in,out]    key               []      (-∞,∞)
  MFVec2f      [in,out]    keyValue          []      (-∞,∞)
  SFNode       [in,out]    metadata          NULL    [X3DMetadataObject]
  SFVec2f      [out]       value_changed
}
```

PositionInterpolator 节点在一个 2D 向量的列表中线形插值以产生一个 SFVec2f *value_changed* 事件。*keyValue* 域中包含的值的数量应和 *key* 域包含的值的数量相同。

19.4.8 ScalarInterpolator

```
ScalarInterpolator:X3DInterpolatorNode {
  SFFloat      [in]        set_fraction              (-∞,∞)
  MFFloat      [in,out]    key               []      (-∞,∞)
  MFFloat      [in,out]    keyValue          []      (-∞,∞)
  SFNode       [in,out]    metadata          NULL    [X3DMetadataObject]
  SFFloat      [out]       value_changed
}
```

这个节点在一个 SFFloat 关键值列表中线性插值以产生一个 SFFloat *value_changed* 事件。此插值器适用于为任何使用单精度浮点值定义的参数插值,例如宽度,半径,强度域。*keyValue* 域中包含的值的数量应和 *key* 域包含的值的数量相同。

19.5 支持等级

插值组件提供在表 49 中指定的 3 个支持等级。

表 49 插值组件支持等级

等级	前提条件	节点/特征	支 持
1	Core 1 Grouping 1 Shape 1		
		X3DInterpolatorNode(抽象)	n/a
		CoordinateInterpolator	完全支持所有域
		OrientationInterpolator	完全支持所有域
		PositionInterpolator	完全支持所有域
		ScalarInterpolator	完全支持所有域

表 49（续）

等级	前提条件	节点/特征	支　持
2	Core 1 Grouping 1 Shape 1		
		所有 Level 1 中的 Interpolator 节点	完全支持所有域
		ColorInterpolator	完全支持所有域
		NormalInterpolator	完全支持所有域
3	Core 1 Grouping 1 Shape 1		
		所有 Level 2 中的 Interpolator 节点	完全支持所有域
		CoordinateInterpolator2D	完全支持所有域
		PositionInterpolator2D	完全支持所有域

20　指点设备感知器

20.1　简介

20.1.1　名称

本组件的名称是“PointingDeviceSensor”。当在 COMPONENT 语句中引用这个组件时应使用本名称(见 7.2.5.4)。

20.1.2　概述

本章描述了本部分中的指点设备感知器。其中包括指点设备在概念上如何操作，以及提供了哪些不同类型的指点设备感知器。表 50 列出了本章的主题。

表 50　主题

- 20.1　简介
  - 20.1.1　名称
  - 20.1.2　概述
- 20.2　概念
  - 20.2.1　指点设备感知器概述
  - 20.2.2　拖曳感知器

表 50(续)

- 20.2.3 激活与操作指点设备感知器
- 20.3 抽象类型
  - 20.3.1 *X3DDragSensorNode*
  - 20.3.2 *X3DPointingDeviceSensorNode*
  - 20.3.3 *X3DTouchSensorNode*
- 20.4 节点引用
  - 20.4.1 CylinderSensor
  - 20.4.2 PlaneSensor
  - 20.4.3 SphereSensor
  - 20.4.4 TouchSensor
- 20.5 支持等级
- 表 50 主题
- 表 51 指点设备感知器组件支持等级

20.2 概念

20.2.1 指点设备感知器概述

指点设备感知器检测诸如用户点击某一几何体之类的用户指点事件(例如 TouchSensor),指点设备感知器有以下类型:

- CylinderSensor;
- PlaneSensor;
- SphereSensor;
- TouchSensor。

Anchor 也被视为指点设备感知器,目的是检测用户的拾取动作,但它不是由 X3DPointingDeviceSensorNode 接口扩展而来的。

其他组件也可添加指点设备感知器。

当用户把指点设备定位到受指点设备感知器影响的几何节点上时,该指点设备感知器被激活。指点设备感知器影响所有该感知器的父组节点的后代几何体节点。在 Anchor 节点中,Anchor 节点自身被当作其父组节点。一般情况下,指点设备感知器和受其影响的几何体同级,在另一些情况下,感知器和包含几何体的组节点同级(例如受指点设备感知器影响的组节点)。

几何体的外观属性不影响感知器的操作,特别地,对于活动的指点设备感知器,透明材质或纹理将被当作不透明物对待。

对于给定的用户操作,等级中最底层的活动指点设备感知器被激活,所有上层其他活动指点设备感知器将被忽略。指点设备感知器的层级由定位此指点设备感知器的几何体节点及其整个上层层级定义。如果多个指点设备感知器同为最底层,且每个感知器都同时且独立地活动,可能的结果是有多个感知器同时活动并输出事件。这个特性允许多个指点设备感知器组合(例如 TouchSensor 和 PlaneSensor 组合)。如果一个指点设备感知器在变换层级中出现多次(DEF/USE),则应检测在其出现的所有坐标系中的活动状态。

如果指点设备感知器没有被激活,指点设备的按键动作不产生相关事件,直到该指点设备停止活动且感知器被激活时才产生事件(例如,在拖曳时激活感知器将不会使感知器立即被激活)。

20.2.2 拖曳感知器

*拖曳感知器*是指点设备感知器的子集。有三种类型的拖曳感知器:CylinderSensor、PlaneSensor、SphereSensor。拖曳感知器一般有两个输出域:*trackPoint_changed* 和〈*value*〉*_changed*。这些输出域依照活动指点设备的"虚拟几何体"(例如 CylinderSensor 使用圆柱体)为活动指点设备每次移动发送相关事件。*trackPoint_changed* 输出域发送指示器的方位轴线同拖曳感知器的虚拟几何体的交点,〈*value*〉*_changed* 输出域发送自感知器活动开始后的相对变化加上该感知器偏移域。〈*value*〉*_changed* 的类型和名称依赖于拖曳感知器的类型:在 CylinderSensor 中为 *rotation_changed*,在 PlaneSensor 中为 *translation_changed*,在 SphereSensor 中为 *rotation_changed*。

为了简化这些感知器的应用,每个节点中都有开放域 *offset* 和 *autoOffset*。当感知器为响应活动指点设备的活动而生成事件时,〈*value*〉*_changed* 发送自初始活动开始后的相对变化值加上偏移值(*offset* field)。如果 *autoOffset* 值为 TRUE,当指点设备变为不活动时,*offset* 域的值将被设置为感知器最后的〈*value*〉*_changed* 值,并且 *offset* 域将发送一个 *offset_changed* 输出事件,这将允许后续的捕捉操作累计变化值;如果 *autoOffset* 值为 FALSE,感知器在变为不活动时(或其他任何时间)并不设置 *offset* 域的值。

20.2.3 激活与操作指点设备感知器

指点设备控制了虚拟世界中的一个指示器。当感知器被指点设备激活时,感知器将根据指示器的移动生成事件。指点设备一般可以分为 2D 类(例如常规的鼠标)或 3D 类(例如操纵杆)。由 2D 设备控制的指示器建议被映射到一个和观测者固定距离并与视线垂直的平面上。3D 设备上的方位点映射可以反映出指点设备移动和指示器移动之间的 1 对 1 关系。

指示器所在位置定义了一个方位轴线,该方位轴线用于确定哪一个几何体被指向,在 2D 指点设备上实现时,建议该方位轴线由从观测者当前位置出发并穿过指示器的矢量来定义。在 3D 指点设备上实现时,建议该方向由指示器当前位置沿指示器指示方向延伸的矢量来定义。

在任何情况下,如果几何体和指示器的方位轴线相交,则认为指示器指向了该几何体,如果方位轴线和多个感知器的几何体相交,只有离指示器最近的感知器满足激活条件。

20.3 抽象类型

20.3.1 *X3DDragSensorNode*

```
X3DDragSensorNode:X3DPointingDeviceSensorNode {
  SFBool      [in,out]      autoOffset               TRUE
```

```
  SFString    [in,out]    description          ""
  SFBool      [in,out]    enabled;
  SFNode      [in,out]    metadata
  SFBool      [out]       isActive;            NULL     [X3DMetadataObject]
  SFBool      [out]       isOver
  SFVec3f     [out]       trackPoint_changed
}
```

这个抽象节点类型是所有拖曳风格指点设备感知器的基本类型。

20.3.2 *X3DPointingDeviceSensorNode*

```
X3DPointingDeviceSensorNode:X3DSensorNode {
  SFString    [in,out]    description     ""
  SFBool      [in,out]    enabled;
  SFNode      [in,out]    metadata
  SFBool      [out]       isActive;       NULL     [X3DMetadataObject]
  SFBool      [out]       isOver
}
```

这个抽象节点类型是所有指点设备感知器的基本类型。

20.3.3 *X3DTouchSensorNode*

```
X3DTouchSensorNode:X3DPointingDeviceSensorNode {
SFString      [in,out]    description     ""
  SFBool      [in,out]    enabled;
  SFNode      [in,out]    metadata
  SFBool      [out]       isActive;       NULL     [X3DMetadataObject]
  SFBool      [out]       isOver
  SFTime      [out]       touchTime
}
```

这个抽象节点类型是所有接触指点设备感知器的基本类型。

20.4 节点引用

20.4.1 CylinderSensor

```
CylinderSensor:X3DDragSensorNode {
  SFBool      [in,out]    autoOffset     TRUE
  SFString    [in,out]    description    ""
  SFFloat     [in,out]    diskAngle      π/12     (0,π/2)
  SFBool      [in,out]    enabled        TRUE
  SFFloat     [in,out]    maxAngle       -1       [-2π,2π]
  SFNode      [in,out]    metadata       NULL     [X3DMetadataObject]
  SFFloat     [in,out]    minAngle       0        [-2π,2π]
  SFFloat     [in,out]    offset         0        (-∞,∞)
  SFBool      [out]       isActive
```

```
SFBool        [out]       isOver
SFRotation    [out]       rotation_changed
SFVec3f       [out]       trackPoint_changed
}
```

CylinderSensor 映射指示器的移动(例如鼠标或操纵杆)到一个不可见的圆柱体上,该圆柱同局部坐标系的 Y 轴同轴。CylinderSensor 节点使用其父节点的下一层几何体来判断是否有可能生成事件。

enable 域可以激活或禁止 CylinderSensor 节点。如果其值为 TRUE,感知器将根据用户事件做出适当反应;如果其值为 FALSE,感知器将不跟踪用户输入也不发送事件。如果 *enable* 域接收到一个 FALSE 事件且此时 *isActive* 为 TRUE,感知器将被禁止且不活动,同时输出一个值为 FALSE 的 *isActive* 事件。如果 *enable* 域接收到一个 TRUE 事件,则感知器开始活动并准备由用户激活。

当指点设备被激活并且指示器指向了任意一个感知器父组节点下的几何节点时,CylinderSensor 将生成事件。使用指点设备并激活 CylinderSensor 的更多细节见 20.2.3。

当指点设备正指向感知器的几何节点,此时激活指点设备,将发送 *isActive* TRUE 事件。方位轴线和 CylinderSensor 所在本地坐标系 Y 轴之间的初始锐角决定使用不可见圆柱侧面还是圆柱的盖子(圆盘)来进行操作。如果初始角度小于 *diskAngle*,此几何体被当作一个无限大的圆盘,该圆盘位于感知器的局部坐标系中过初始交点并且位于 Y=0 平面。拖曳操作被映射为绕此感知器局部坐标系+Y 轴的旋转。初始交点到 Y 轴的垂直矢量定义了绕 Y 轴的零旋转值,每个后续的方向矢量的位置变化都将对应地发送一个 *rotation_changed* 事件,此事件的值等于绕+Y 轴向量旋转值(从初始交点到新交点)加上 *offset* 偏移值。*trackPoint_changed* 事件反映了位于此圆盘表面上的松开拖曳的位置。当指点设备变为不激活且 *autoOffset* 为 TRUE 值时,*offset* 将被设置为最后的 *rotation_changed* 值并且生成一个 *offset_changed* 事件。*autoOffset* 域和 *offset* 域的一般描述见 20.2.2。

如果方位轴线矢量和 CylinderSensor 局部 Y 轴之间的初始锐角大于或等于 *diskAngle*,感知器将象一个圆柱那样运作。交点(方位轴线和感知器几何体的交点)和其父组的局部坐标系 Y 轴之间的最短距离,决定了用于映射指点设备动作的不可见圆柱的半径并标记了零旋转值的位置,每个后续的方位轴线的变化都将对应地发送一个 *rotation_changed* 事件,此事件的值等于按右手法则自原始交点起绕+Y 轴矢量的旋转值加上 *offset* 偏移值。*trackPoint_changed* 事件反映了位于此不可见圆柱面 unclamped 拖曳位置。当指点设备变为不激活且 *autoOffset* 为 TRUE 值时,*offset* 将被设置为最后的 *rotation_changed* 值并且生成一个 *offset_changed* 事件。更多细节见 20.2.2。

当感知器生成一个 *isActive* TRUE 事件时,此感知器将独占此指点设备的后续动作,直到此指点设备被释放并生成一个 *isActive* FALSE 事件(在此期间其他指点设备感知器不应生成事件)。当 *isActive* 值为 TRUE 时,指点设备的移动被称作"拖曳"。如果使用 2D 指点设备,*isActive* 事件一般反映此设备相关的主按钮的状态(例如 *isActive* 为 TRUE 时表示主按钮按下,为 FALSE 时表示主按钮被释放)。如果使用 3D 指点设备(例如操纵杆),*isActive* 事件一般反映指示器在感知器的几何体的内部或者与其有接触。

当指点设备被激活时,输出 *trackPoint_changed* 事件和 *rotation_changed* 事件,这两个事件根据传感器活动时的指点设备相对于传感器局部坐标系的动作做解释。*trackPoint_changed* 事件给出的交点不受限于不可见圆柱侧面或顶面。若初始角确定以圆柱方式转动(相对情况是以圆盘方式转动),当指点设备在激活状态下被拖离圆柱时,浏览器可以按照不同的方法解释该动作(例如当点被拖离圆柱时,将点的值限定在圆柱上并且继续旋转)。当 *isActive* 为 TRUE 时,每次指点设备的移动都将生成 *trackPoint_changed* 事件和 *rotation_changed* 事件。

minAngle 域和 *maxAngle* 域把 *rotation_changed* 事件的值限定在一个范围内,如果 *minAngle* 大于 *maxAngle*,则不限定 *rotation_changed* 事件,*minAngle* 域和 *maxAngle* 域限制在范围[-2π, 2π]中。

此行为的更多细节的描述见 20.2。

20.4.2 PlaneSensor

```
PlaneSensor:X3DDragSensorNode {
  SFBool     [in,out]   autoOffset          TRUE
  SFString   [in,out]   description         ""
  SFBool     [in,out]   enabled             TRUE
  SFVec2f    [in,out]   maxPosition         -1 -1       (-∞,∞)
  SFNode     [in,out]   metadata            NULL        [X3DMetadataObject]
  SFVec2f    [in,out]   minPosition         0 0         (-∞,∞)
  SFVec3f    [in,out]   offset              0 0 0       (-∞,∞)
  SFBool     [out]      isActive
  SFBool     [out]      isOver
  SFVec3f    [out]      trackPoint_changed
  SFVec3f    [out]      transPoint_changed
}
```

PlaneSensor(平面感知器)节点将指点设备的动作映射为一个平面上的二维变换,此平面平行于局部坐标系中 Z=0 的平面。PlaneSensor 节点使用其父节点的下一层几何体来判断是否要生成事件。

enabled 域激活或禁止 PlaneSensor 节点。如果其值为 TRUE,感知器将根据用户事件做出适当反应。如果其值为 FALSE,感知器将不跟踪用户输入也不发送事件。如果 *enabled* 域接收到一个 FALSE 事件且此时 *isActive* 为 TRUE,感知器将被禁止且不活动,同时输出一个 *isActive* FALSE 事件。如果 *enabled* 域接收到一个 TRUE 事件,则感知器开始活动并准备由用户激活。

当指点设备被激活并且指示器指向了任意一个感知器父组节点下的几何节点时,PlaneSensor 将生成事件。使用指点设备激活 PlaneSensor 的更多细节见 20.2.3。

当指点设备指向感知器的几何节点并被激活(如鼠标左键被按下)时,将发送 *isActive* TRUE 事件。指示器的移动被映射为*跟踪平面*(*tracking plane*,一个平行于感知器局部 Z=0 平面并通过初始交点的平面)。每个后续的方位轴线的移动都将对应地输出一个 *translation_changed* 事件,此事件的值等于从原始交点到新的方位轴线在平面上的交点的相对位移加上 *offset* 偏移值。位移值的符号由感知器局部坐标系中 Z=0 的平面定义。*trackPoint_changed* 事件反映了位于此平面表面上的 unclamped 拖曳位置。当指点设备变为不激活且 *autoOffset* 为 TRUE 值时,*offset* 将被设置为最后的 *translation_changed* 值并且生成一个 *offset_changed* 事件。*autoOffset* 域和 *offset* 域的一般描述见 20.2.2。

当感知器生成一个 *isActive* TRUE 事件时,此感知器将独占地获得此指点设备的后续动作事件,直到此指点设备变为不激活并生成一个 *isActive* FALSE 事件。在此期间其他指点设备感知器不应生成事件。当 *isActive* 值为 TRUE 时指点设备的移动被称作"拖曳"操作。如果使用 2D 指点设备,*isActive* 事件一般反映此设备相关的主按钮的状态(例如 *isActive* 为 TRUE 时表示主按钮按下,为 FALSE 时表示主按钮被释放)。如果使用 3D 指点设备(例如操纵杆),*isActive* 事件一般反映指示器在感知器的几何体内部或与其有接触。

可以设置 *minPosition* 域和 *maxPosition* 域,使 *translation_changed* 事件的取值限定在 Z=0 平面原点所测值的范围内。如果 *minPosition* 的 X 或 Y 分量大于 *maxPosition* 中的相应的分量,则在相应的维度上将不限制 *translation_changed* 事件值。如果 *minPosition* 的 X 或 Y 分量等于 max*Position* 中的相应的分量,则在相应的维度上的分量将被限定到给定的值。这种技术通过把拖曳的动作映射为一个一维的位移,来提供一种直线感知器的实现方法。

当指点设备激活并移动时,发送 *trackPoint_changed* 事件和 *translation_changed* 事件。

trackPoint_changed 事件代表跟踪平面表面上未经限制的交点。如果指点设备在激活时被拖离跟踪平面(如在水平线上方),浏览器可用不同方式解释(如限定所有值都落在水平面上)。当 *isActive* 值为 TRUE 时,每次指点设备的移动都将生成 *trackPoint_changed* 事件和 *translation_changed* 事件。

此行为的更多信息见 20.2 。

20.4.3 SphereSensor

```
SphereSensor:X3DDragSensorNode {
  SFBool      [in,out]   autoOffset           TRUE
  SFString    [in,out]   description          ""
  SFBool      [in,out]   enabled              TRUE
  SFNode      [in,out]   metadata             NULL      [X3DMetadataObject]
  SFRotation  [in,out]   offset               0 1 0 0   [-1,1],(-∞,∞)
  SFBool      [out]      isActive
  SFBool      [out]      isOver
  SFRotation  [out]      rotation_changed
  SFVec3f     [out]      trackPoint_changed
}
```

SphereSensor 节点把指点设备的移动映射为绕局部坐标系原点的球面运动。SphereSensor 使用其父节点的下一层几何体来判断是否要生成事件。

enabled 域激活或禁止 SphereSensor 节点。如果其值为 TRUE,感知器将根据用户事件做出适当反应。如果其值为 FALSE,感知器将不跟踪用户输入也不发送事件。如果 *enabled* 域接收到一个 FALSE 事件且此时 *isActive* 为 TRUE,感知器将被禁止且不活动,同时输出一个 *isActive* FALSE 事件。如果 *enabled* 域接收到一个 TRUE 事件,则感知器开始活动并准备由用户激活。

当指点设备指向感知器父组节点下的任意一个几何节点并被激活时,SphereSensor 将生成事件。使用指点设备激活 SphereSensor 更多细节见 20.2.3。

当指点设备指向感知器的几何体并进行操作(如鼠标键被按下)时,将发送 *isActive* TRUE 事件。由 SphereSensor 的几何体上的初始交点和局部坐标系原点定义的矢量决定了虚拟球体的半径,拖曳时后续的指点设备的动作被映射到此虚拟球体上。激活时的半径和局部原点所定义的虚拟球体用于解释指点设备的后续动作,并且不受活动感知器坐标系变化的影响。每个后续的方位轴线的位置都将对应地发送一个 *rotation_changed* 事件,此事件的值等于相对原始交点的旋转值加上 *offset* 偏移值。*trackPoint_changed* 事件反映了此球体表面上 unclamped 拖曳位置。当指点设备变为不激活且 *autoOffset* 为 TRUE 值时,*offset* 将被设置为最后的 *rotation_changed* 值并且生成一个 *offset_changed* 事件。更多细节见 20.2 。

当感知器生成一个 *isActive* TRUE 事件时,此感知器将独占地获得此指点设备的后续动作事件,直到此指点设备被释放并生成一个 *isActive* FALSE 事件。在此期间其他指点设备感知器不应生成事件。*isActive* 值为 TRUE 时,指点设备的移动被称作“拖曳”。如果使用 2D 指点设备,*isActive* 事件一般反映此设备相关的主按钮的状态(例如 *isActive* 为 TRUE 时表示主按钮按下,为 FALSE 时表示主按钮被释放)。如果使用 3D 指点设备(例如操纵杆),*isActive* 事件一般反映指示器在感知器的几何体内或者与其接触。

当指点设备被激活并且移动时,输出 *trackPoint_changed* 事件和 *rotation_changed* 事件。*trackPoint_changed* 事件对应位于不可见球体表面上的 unclamped 交点。如果指点设备在激活状态下被拖离球体,浏览器可以给出不同的解析(例如限定所有的值在球面上或者当点被拖离球体时继续旋转)。当 *isActive* 为 TRUE 时,每次指点设备的移动都将生成 *trackPoint_changed* 事件和 *rotation_changed*

事件。

此行为的更多细节的描述见 20.2。

20.4.4 TouchSensor

```
TouchSensor:X3DTouchSensorNode {
  SFString    [in,out]    description          ""
  SFBool      [in,out]    enabled              TRUE
  SFNode      [in,out]    metadata             NULL    [X3DMetadataObject]
  SFVec3f     [out]       hitNormal_changed
  SFVec3f     [out]       hitPoint_changed
  SFVec2f     [out]       hitTexCoord_changed
  SFBool      [out]       isActive
  SFBool      [out]       isOver
  SFTime      [out]       touchTime
}
```

TouchSensor 节点跟踪指点设备的位置和状态，并侦测用户何时指向 TouchSensor 节点父组包含的几何体。通过向其发送值为 TRUE 或 FALSE 的 *enabled* 事件，TouchSensor 节点可以被激活或禁止。如果一个 TouchSensor 节点被禁止，它将不跟踪用户的输入也不发送事件。

当指点设备指向任何的 TouchSensor 的父组的后代几何节点时，TouchSensor 将生成事件。使用指点设备激活 TouchSensor 的更多细节见 20.2.3。

isOver 域反映了指点设备是否指向 TouchSensor 节点的几何体。当指点设备改变状态，即从一个其方位轴线不与任何 TouchSensor 节点的几何体相交的位置变动到一个与其几何体相交的位置时，将生成一个 *isOver* TRUE 事件。当指点设备改变状态，即从一个方位轴线与几何体相交的位置变动到一个不再与该几何体相交的位置时，或其他的几何体阻挡在 TouchSensor 节点的几何体前时，将生成一个 *isOver* FALSE 事件。这些事件只在指点设备移动并改变是否在其之上的'over'状态时才生成。当正在进行动画演示的几何体移动到指点设备之下时不会生成事件。

当用户把方位轴线移动到 TouchSensor 节点的几何体之上时，方位轴线和几何体之间的交点(如果存在)被确定。*b* 为 TRUE 时，每一次指点设备的移动都将生成 *hitPoint_changed*、*hitNormal_changed*、*hitTexCoord_changed* 事件。*hitPoint_changed* 事件包含了一个位于其下的几何体表面的 3D 点，这个点将按 TouchSensor 节点的坐标系给定。*hitNormal_changed* 事件包含了一个 *hitPoint* 点的表面法向量。*hitTexCoord_changed* 事件包含了表面上 *hitPoint* 点处的纹理坐标。*hitTexCoord_changed* 事件和 *hitNormal_changed* 事件的值根据相关的形计算。

如果 *isOver* 值为 TRUE，用户可以激活指点设备以引发 TouchSensor 节点生成 *isActive* 事件(例如通过按下鼠标主按钮)。当 TouchSensor 生成一个 *isActive* TRUE 事件时，此感知器将独占地获得此指点设备的后续动作事件，直到此指点设备被释放并生成一个 *isActive* FALSE 事件。在此期间其他指点设备感知器不应生成事件。当 *isActive* 值为 TRUE 时指点设备的动作被称作"拖曳"。如果使用 2D 指点设备，*isActive* 事件一般反映此设备相关的主按钮的状态(例如 *isActive* 为 TRUE 时表示主按钮按下，为 FALSE 时表示主按钮被释放)。如果使用 3D 指点设备(例如操纵杆)，*isActive* 事件一般反映指示器在 TouchSensor 节点的几何体内或和其有接触。

当以下三个条件都成立时，*touchTime* 域生成事件：

a) 当开始激活时指点设备已指向几何体(*isActive* 值为 TRUE)；

b) 指点设备此时正指向几何体(*isOver* 值为 TRUE)；

c) 指点设备变为非激活(同样生成 *isActive* FALSE 事件)。

此行为的更多细节的描述见 20.2。

20.5 支持等级

指点设备感知器组件提供表 51 中定义的一个支持等级。

表 51 指点设备感知器组件支持等级

等级	前提条件	节点/特征	支 持
1	Core 1 Grouping 1 Shape 1		
		DragSensorNodeType（抽象）	n/a
		PointingDeviceSensorNodeType（抽象）	n/a
		TouchSensorNodeType（抽象）	n/a
		CylinderSensor	完全支持所有域
		PlaneSensor	完全支持所有域
		SphereSensor	完全支持所有域
		TouchSensor	完全支持所有域

21 按键设备感知器组件

21.1 简介

21.1.1 名称

本组件的名称是“KeyDeviceSensor”。当在 COMPONENT 语句中引用这个组件时应使用本名称（见 7.2.5.4）。

21.1.2 概述

本章描述了本部分中的按键设备感知器组件，其中包括如何把单个击键或一系列击键输入到 X3D 世界中。表 52 列出了本章的主题。

表 52 主题

- 21.1 简介
  - 21.1.1 名称
  - 21.1.2 概述
- 21.2 概念
- 21.3 抽象类型
  - 21.3.1 *X3DKeyDeviceSensorNode*
- 21.4 节点引用
  - 21.4.1 KeySensor

表 52（续）

◦ 21.4.2 StringSensor
• 21.5 支持等级
• 表 52 主题
• 表 53 动作键的值
• 表 54 按键设备感知器组件支持等级

21.2 概念

按键设备感知器节点有以下类型：

- KeySensor；
- StringSensor。

如果 KeySensor 处于激活状态，当物理键盘设备上的按键状态改变时，KeySensors 就会产生事件，发生状态变化的按键识别信息由事件返回。

当 StringSensor 所指定的终止字符被识别到时，StringSensors 产生一个事件，这个事件将返回终止字符前的所有 UTF-8 字符。当输入的字符串发生变化时，StringSensors 产生临时事件，这就允许在字符串创建过程中给出字符串的提示。

支持按键设备感知器组件的前提条件是存在一个类似于键盘的按键设备，无论是实际的物理设备还是模拟设备。当按键设备被激活时，才能够为按键设备感知器创建输入。按键设备在以下条件为激活状态：

a） X3D 世界所支持的用户界面拥有输入焦点；并且，

b） 按键设备感知器的 *isActive* 域被设置为 TRUE。

当 *isActive* 域的状态改变时，会产生 *isActive* 事件，该事件可用于操作提示。

当一个按键设备感知器的 *enable* 域设置为真时，此按键设备感知器被激活。该按键设备感知器的 *isActive* 域被设置为真，同时，向其他的可能活动的按键设备感知器发送参数值为 FALSE 的 *enable* 事件，同一时刻激活的按键设备感知器只能有一个。

21.3 抽象类型

21.3.1 *X3DKeyDeviceSensorNode*

```
X3DKeyDeviceSensorNode:X3DSensorNode {
SFBool      [in,out]      enabled       TRUE
SFBool      [out]         isActive
}
```

该抽象节点类型是所有使用按键设备的感知器节点类型的基本类型。

21.4 节点引用

21.4.1 KeySensor

```
KeySensor:X3DKeyDeviceSensorNode {
```

```
  SFBool       [in,out]     enabled               TRUE
  SFInt32      [out]        actionKeyPress
  SFInt32      [out]        actionKeyRelease
  SFBool       [out]        altKey
  SFBool       [out]        controlKey
  SFBool       [out]        isActive
  SFString     [out]        keyPress
  SFString     [out]        keyRelease
  SFBool       [out]        shiftKey
}
```

当用户在键盘上按键时,KeySensor 产生事件。通过向 KeySensor 节点发送值为真或假的 *enabled* 事件,可以激活或禁止 KeySensor 节点。如果 KeySensor 节点被禁止,它将不会再跟踪键盘输入或发送事件。

在按下或松开键盘上的字符键时会产生 *keyPress* 事件和 *keyRelease* 事件。这些事件的值是一个长度为 1 的字符串,包含相应按键所对应的 UTF-8 字符,所能产生的 UTF-8 字符集在不同的键盘或不同的实现方式下可能会有所变化。

在按下或松开键盘上的"动作"('action')键时会产生 *actionKeyPress* 事件和 *actionKeyRelation* 事件,这些事件的值由表 53 列出。

表 53　动作键的值

键	值	键	值	键	值
HOME	13	END	14	PGUP	15
PGDN	16	UP	17	DOWN	18
LEFT	19	RIGHT	20	F1—F12	1—12

在按下或松开键盘上的 shift、alt、control 键被时会产生 *shiftKey_depressed*、*altKey_depressed*、*controlKey_depressed* 事件。当键按下时值为真,当键松开时值为假。

当按下一个键时,KeySensor 节点产生一个值为 TRUE 的 *isActive* 事件。一旦松开这个键,KeySensor 将发送值为假的 *isActive* 事件。

KeySensor 不受自己在变换层级中所处位置的影响。

导航中推荐的默认键映射描述参见附录 G。

21.4.2　StringSensor

```
StringSensor: X3DKeyDeviceSensorNode {
  SFBool       [in,out]     deletionAllowed       TRUE
  SFBool       [in,out]     enabled               TRUE
  SFString     [out]        enteredText
  SFString     [out]        finalText
  SFBool       [out]        isActive
}
```

当用户在键盘上按键时,StringSensor 节点产生一个事件。通过向 StringSensor 节点发送值为真

或假的 *enabled* 事件，可以激活或禁止 StringSensor。如果 StringSensor 被禁止，它将不会再跟踪键盘输入或产生事件。

当按下键盘上的字符键时产生 *enteredText* 事件。事件的值为输入的 UTF-8 字符串，包括最后键入的字符，所产生 UTF-8 字符集在不同的键盘或不同的实现方式下可能会有所变化。

如果 *deletionAllowed* 值为 TRUE，当输入被浏览器识别为删除字符串中前一个字符的值时，*enteredText* 中刚刚被输入的字符将被删除。一般情况下这个值由本地操作系统定义。如果 *deletionAllowed* 值为 FALSE，则只可以增加字符串中的字符，而不允许删除字符。当输入被浏览器识别为删除前一个字符的值时，输入被忽略。

当输入被浏览器识别为终止字符串的值时，产生 *finalText* 事件。一般来说这个值由本地操作系统定义。当此输入被识别时，*finalText* 域产生的事件的值等于 *enteredText*。当 *finalText* 域事件产生后，*enteredText* 域被设置为空字符串，但此时不产生事件。

当用户开始键入时，StringSensor 发送一个值为真的 *isActive* 事件。当字符串结束时，StringSensor 发送一个值为假的 *isActive* 事件。

StringSensor 不受自己所在变换层级中位置的影响。

21.5 支持等级

按键设备感知器组件提供表 54 中规定的 2 个支持等级。

表 54 按键设备感知器组件支持等级

等级	前提条件	节点/特性	支 持
1	Core 1		
		X3DKeyDeviceSensorNode（抽象）	n/a
		KeySensor	完全支持所有域
2	Core 1		
		等级 1 中的所有 Key Device Sensor 节点	Level 1 中完全支持的所有域
		StringSensor	完全支持所有域

22 环境感知器组件

22.1 简介

22.1.1 名称

本组件的名称是“EnvironmentalSensor”。当在 COMPOMENT 语句中引用这个组件时应使用本名称。（见 7.2.5.4）

22.1.2 概述

本章描述了本部分中的环境感知器组件。表 55 列出了本章的主题。

表 55 主题

22.2 概念

环境感知器是一些基于环境内部发生的事件来发送事件的节点，通常是 X3D 世界中两个元素的相互影响。大多数的环境感知器的事件的发生是由于观察器和 X3D 世界的相互影响。但是，一个环境感知器的事件也有可能由于非可操纵的一个硬件(如时钟)和 X3D 世界中的相互影响，或者是网络上的一个事件而发生。

以下节点类型是环境感知器：

- Collision；
- ProximitySensor；
- VisibilitySensor。

ProximitySensor 在用户航行到 X3D 世界中一个特定区域的时候检测。ProximitySensor 本身不可见。TimeSensor 是不与任何几何或位置相关的时钟；用于启动或者停止诸如插入器之类的基于时间的节点，VisibilitySensor 在 X3D 世界中的一个指定部分对于用户是可见的时候检测。

当变换层级插入环境感知器，并且在呈现更新之前(即，从文件读取或者由一个脚本创建)，应该产生指示任何感知器主动检测条件的事件。独立感知器类型产生这些初始事件所需条件的定义见 22.4 中对独立节点的详细说明。

Collision(见 23.3.2)成组节点在用户在 X3D 世界中与对象产生冲突的时候检测。临近性、碰撞以及可见度感知器相互独立处理，而不管其他的是否存在或者重叠。更多信息见第 23 章。

22.3 抽象类型

22.3.1 *X3DEnvironmentalSensorNode*

```
X3DEnvironmentalSensorNode:X3DSensorNode {
```

```
    SFVec3f      [in,out]    center        0 0 0    (-∞,∞)
    SFBool       [in,out]    enabled       TRUE
    SFNode       [in,out]    metadata      NULL     [X3DMetadataObject]
    SFVec3f      [in,out]    size          0 0 0    (-∞,∞)
    SFTime       [out]       enterTime
    SFTime       [out]       exitTime
    SFBool       [out]       isActive
}
```

X3DenvironmentalSensorNode 是 ProximitySensor 和 VisibilitySensor 的基本类型。

22.4 节点引用

22.4.1 **ProximitySensor**

```
ProximitySensor:X3DEnvironmentalSensorNode {
    SFVec3f      [in,out]    center                    0 0 0    (-∞,∞)
    SFBool       [in,out]    enabled                   TRUE
    SFNode       [in,out]    metadata                  NULL     [X3DMetadataObject]
    SFVec3f      [in,out]    size                      0 0 0    [0,∞)
    SFTime       [out]       enterTime
    SFTime       [out]       exitTime
    SFVec3f      [out]       centerOfRotation_changed
    SFBool       [out]       isActive
    SFRotation   [out]       orientation_changed
    SFVec3f      [out]       position_changed
}
```

ProximitySensor 节点在观察器进入、退出及在空间(由盒子定义)中的某区域移动的时候产生事件。临近性感知器由发给它的一个 *enable* 事件的 TRUE 或者 FALSE 值来决定其是否可使用。

ProximitySensor 节点在用户进入并且存在于由它的 *center* 和 *size* 域所定义的矩形盒子中时产生 *isActive* 为 TRUE/FALSE 事件。浏览器应该插入观察器的位置以及有精确时间的 *isActive* 事件时间戳,观察器第一次分割近距离地域。*center* 域定义了在对象空间中近距离地域的中心点。*size* 域指定了定义盒子边界地域的宽(x)、高(y)、深(z)的一个向量。*size* 域的组件应该大于或等于 0。ProximitySensor 节点受其父节点的层级转换的影响。

无论何时产生一个 *isActive* TRUE 事件(用户进入盒子),都将产生一个 *enterTime* 事件。任何时候产生一个 *isActive* FALSE 事件(用户退出盒子),都将产生一个 *exitTime* 事件。

当用户包含在临近区域中,并且观察器的旋转中心因 EXAMINE 模式关于 ProximitySensor 节点的坐标系统而改变时,*centerOfRotation_changed* 域发送事件。这个有可能在绑定视点的旋转中心变化,新视点被绑定,用户通过浏览器的用户接口更改旋转中心,或者是从 ProximitySensor 节点的坐标系统的改变上产生。*centerOfRotation_changed* 事件只有在当前绑定导航信息的类型包括 LOOKAT 导航时产生。详细信息见 Viewpoint 和 NavigationInfo。

任何时候用户被包含在附近地域中及观察器的位置和方向关于 ProximitySensor 节点的坐标系统改变时,*position_changed* 和 *orientation_changed* 域发送事件,包括进入和退出时间。观察器的活动有可能是浏览器导航、ProximitySensor 节点坐标系统的改变,或者是绑定的视点节点的位置或方向的改变的结果。

每一个 ProximitySensor 节点的活动都独立于其他 ProximitySensor 节点。每个激活的受观察器移动影响的 ProximitySensor 节点都能接受和发送事件，而且有可能导致多个 ProximitySensor 节点同时接受或者发送事件。与 TouchSensor 节点不同，场景图“抓取”事件以下的 ProximitySensor 节点未定义概念。

实例化的(DEF/USE)ProximitySensor 节点使用所有盒子的联合检测输入和退出。一个多实例的 ProximitySensor 节点将为盒子的所有实例检测进入和退出，并且适当地发送 enter/exit 事件。对于非重复绑定盒子，*position_changed* 和 *orientation_changed* 事件由与在其内临近性被感知的盒子有关的坐标系来计算。但是，如果任意一个多实例的 ProximitySensor 节点覆盖，则结果是未定义的。

一个环绕整个 X3D 世界的 ProximitySensor 节点，拥有一个与进入 X3D 世界相等的时间的 *enterTime*，并且可以用于 X3D 世界加载时的启动动画或行为。一个含零体积的(即任何 0.0 值的 *size* 域元素)盒子的 ProximitySensor 节点不能产生事件。这相当于将 *enable* 域设置成 FALSE。

如果感知器是被激活的，并且观察器在临近地域内，则从 X3D 文件中读取的一个 ProximitySensor 应该产生 *isActive* TRUE、*position_changed*、*orientation_changed* 以及 *enterTime* 事件。如果感知器是被激活的，并且观察器在临近地域内，插入到平移层的一个 ProximitySensor 应该产生 *isActive* TRUE、*position_changed*、*orientation_changed* 以及 *enterTime* 事件。

22.4.2 VisibilitySensor

```
VisibilitySensor:X3DEnvironmentalSensorNode {
  SFVec3f     [in,out]     center       0 0 0     (-∞,∞)
  SFBool      [in,out]     enabled      TRUE
  SFNode      [in,out]     metadata     NULL      [X3DMetadataObject]
  SFVec3f     [in,out]     size         0 0 0     [0,∞)
  SFTime      [out]        enterTime
  SFTime      [out]        exitTime
  SFBool      [out]        isActive
}
```

VisibilitySensor 在用户导航 X3D 世界的时候检测矩形盒子可见度的变化。VisibilitySensor 特别用于在用户可以看见场景中的特定对象或地域时进行监测，以使一些活动或动画有效或无效。目的就是吸引用户的注意力以提高性能。

enabled 域使 VisibilitySensor 节点有效或无效。如果 *enabled* 被设置成 FALSE，VisibilitySensor 节点不发送事件。如果 *enabled* 被设置成 TRUE，VisibilitySensor 节点检测盒子定义的可见度状态的变化，并通过 *isActive* 域发送事件。当盒子的任何部分影响到了呈报视图时，一个 TRUE 事件发送给 *isActive*。当盒子对呈报视图没有影响时，发送一个 FALSE 事件。浏览器应该保证，如果 *isActive* 为 FALSE，盒子对呈报视图完全没有影响。当 *isActive* 为 TRUE 时，浏览器可能会犯错。例如，盒子有可能会影响呈报。

center 域和 *size* 域指定了盒子中心以及盒子的扩展(即宽、高、深)对象空间位置。VisibilitySensor 节点的盒子受从其父节点的层级变换的影响。*size* 域的组件应该大于或等于零。

无论何时，*isActive* TRUE 事件的产生，都会产生 *enterTime* 事件，同时，*isActive* FALSE 事件的产生都会产生 *exitTime* 事件。如果感知器是被激活的并且可见度盒子是可见的，则一个从 X3D 文件中读取的 VisibilitySensor 应该产生 *isActive* TRUE 和 *enterTime* 事件。如果感知器是被激活的，并且可见度盒子是可见的，则一个插入到变换层级的 VisibilitySensor 应产生 *isActive* TRUE 以及

enterTime 事件。如果感知器是被激活的，并且可见度盒子是可见的，则一个从变换层级删除的 VisibilitySensor 应该产生 *isActive* FALSE 和 *exitTime* 事件。

每一个 VisibilitySensor 节点都独立于其他的 VisibilitySensor 节点而活动。每一个被用户的移动和发送事件影响的已激活的 VisibilitySensor 节点，可能会导致在同一时间多个 VisibilitySensor 节点收发事件。不同于 TouchSensor 节点，这里未定义在场景图"抓"事件以下的 VisibilitySensor 节点的概念。多实例的 VisibilitySensor 节点(即 DEF/USE)使用所有由其实例定义的盒子的结合。一个实例化的 VisibilitySensor 节点应该适当地为盒子的所有实例检测可见度变化，并发送事件。

22.5 支持等级

环境感知器组件提供 2 个在表 56 中定义的支持等级。等级 1 通过支持一个简单化的 proximitySensor 节点来激活自动动画。等级 2 提供完全环境敏感的支持。

表 56 环境感知器组件支持等级

等级	前提条件	节点/特征	支持
1	Core 1 Time 1 Grouping 1 Navigation 1		
		X3DEnvironmentSensorNode (抽象)	n/a
		ProximitySensor	选择性支持 *position_changed* 选择性支持 *orientation_changed*
2	Core 1 Time 1 Grouping 1 Navigation 1		
		所有等级 1 中的环境感知器节点	Level 1 中支持的所有域
		ProximitySensor	完全支持所有域
		VisibilitySensor	完全支持所有域

23 导航组件

23.1 简介

23.1.1 名称

本组件名称是"Navigation"。当在 COMPOMENT 语句中引用这个组件时应使用本名称。(见 7.2.5.4)

23.1.2 概述

本章描述了本部分中的导航组件。表 57 列出了本章的主题。

表 57 主题

23.2 概念

23.2.1 导航概述

导航是用户与 X3D 浏览器相互交流时,用一个或多个输入设置来影响浏览器的视觉展现的一种能力。并不是所有的配置文件都需要导航支持。

每个 X3D 场景可以被认为是含有一个场景中将物体展示给取景器看的视点。导航允许用户更改关于场景余下的视点的位置和方向,以使用户能够移动场景及检测场景中的物体。

NavigationInfo 节点(见 23.3.4)指定要求的导航行为特征,但是准确的用户接口是基于浏览器的。Viewpoint 节点(见 23.3.5)指定的用户通过 SAI 服务或特定的浏览器移动到的 X3D 世界中的关键位置及方向。

23.2.2 导航范式

浏览器允许用户用导航图来修改取景器在 X3D 世界中的位置和方向。基于 X3D 世界的自然状态以及用户想要执行的任务,可能存在多种不同导航图。比如说:一个步行范式适合于在建筑的步行中的应用,而飞翔范式更适合于应用程序探测星际空间的应用。检查是 X3D 场景中有一个或者多个用户想从不同的角度和距离来查看物体时的另一个常用的应用。

NavigationInfo 节点具有一个为 X3D 世界指定导航图的 *type* 域。实际提供的来完成导航的用户接口是基于浏览器的。详细内容见 23.3.4。

23.2.3 观察模型

浏览器根据用户输入(使用浏览器提供的导航图)以及当前界定的 Viewpoint 节点(及其坐标系统)来控制 X3D 世界中取景器的位置和方向。X3D 用户可以在 X3D 世界的重要位置放置任意多的 Viewpoint,希望通过这些 Viewpoint 来查看 X3D 世界。每一个 Viewpoint 节点描述了一个视点。Viewpoint 节点存在于其父节点的坐标系中,Viewpoint 和坐标系的改变都有可能影响浏览器所显示的 X3D 世界。同一时刻只有一个 Viewpoint 被绑定。对 Viewpoint 节点运行的详细描述见 7.2.2 和 23.3.5。

导航执行起来与视点的位置有关,并且并不影响 Viewpoint 节点的位置和方向。取景器的位置可能取决于 ProximitySensor 节点(见 22.4.1)。

23.2.4 碰撞检测和地形跟踪

在需要碰撞检测的配置文件中,WALK,FLY 和 NONE 的 NavigationInfo 类型,应该通过禁止导航和/或调整视角位置严格支持场景中用户化身与其他对象之间的碰撞检测。然而,在导航期间 NavigationInfo 类型的 ANY 和 EXAMINE 类型可能会暂时使碰撞检测失去作用,但是在 X3D 世界的正常运行中不能使碰撞检测不可用。关于不同导航类型详见 23.3.4。

Collision 节点可以在取景器和对象碰撞时产生事件,并且可以被用来指定对于某些对象碰撞是透明的。对内部对象碰撞的支持并未指定。

NavigationInfo 节点可被用于指定某些经常被浏览器使用的导航模式的参数。观察者化身的尺寸和形状决定了发生碰撞前该化身距离其他对象多近。通过使化身和地面保持一定的距离,这些参数同样可被用于实现 *terrain following*。此外,它们还可用于判定一个物体有多短,从而使观测者可自动踏上它,而不会撞上它。

23.3 节点引用

23.3.1 **Billboard**

```
Billboard:X3DGroupingNode {
  MFNode    [in]      addChildren                     [X3DChildNode]
  MFNode    [in]      removeChildren                  [X3DChildNode]
  SFVec3f   [in,out]  axisOfRotation   0 1 0          (-∞,∞)
  MFNode    [in,out]  children         []             [X3DChildNode]
  SFNode    [in,out]  metadata         NULL           [X3DMetadataObject]
  SFVec3f   []        bboxCenter       0 0 0          (-∞,∞)
  SFVec3f   []        bboxSize         -1 -1 -1       [0,∞) or -1 -1 -1
}
```

Billboard 节点是一个修正其坐标系的分类节点,因此 Billboard 节点的本地 *Z* 轴转换到取景器所在点上。Billboard 节点有子节点,并且有可能是其他节点的子节点。

旋转轴(*axisOfRotation*)域指定使用哪个轴来显示旋转。这个轴是处于本地坐标系中。

当 *axisOfRotation* 不是(0,0,0)时,通过下面的步骤旋转 Billboard 使其面对取景器:

a) 计算 Billboard 的原点到取景器位置的矢量,这个矢量称为 *billboard-to-viewer* 矢量;

b) 计算由 *axisOfRotation* 和 *billboard-to-viewer* 矢量定义的平面;

c) 以 *axisOfRotation* 为轴。旋转 Billboard 中的 *Z* 轴,使其转向 B 中的平面。

当 *axisOfRotation* 值设置为(0,0,0)的时候,viewer-alignment 的特殊情况就会被显示。在这种情况下,对象旋转以保持 Billboard 的本地 *Y* 轴与取景器的 *Y* 轴相平行。这种特殊情况用将

axisOfRotation 设置成(0,0,0)来区别。以下步骤显示了如何将 Billboard 的 *Y* 轴调整到和取景器的 *Y* 轴相平行：

d) 计算 *billboard-to-viewer* 矢量；

e) 旋转 Billboard 的 *Z* 轴，使之与 Billboard—取景器矢量在同一直线上，并指向取景器的位置；

f) 旋转 Billboard 的 *Y* 轴，使之与取景器的 *Y* 轴平行，并且与其方向一致。

如果 *axisOfRotation* 和 *billboard-to-viewer* 线一致，平面不能被构建，并且 Billboard 的结果旋转是未定义的。比方说，如果 *axisOfRotation* 被设置成(0,1,0)(*Y* 轴)并且取景器飞过 Billboard 并沿 *Y* 轴直接向下窥视，这种结果未定义。

多重的 Billboard 节点(DEF/USE)例子预料操作：每个例子在其唯一的坐标系统中旋转面向取景器。

children，*addChildren* 和 *removeChildren* 域的描述见 10.2.1。

bboxCenter 和 *bboxSize* 域指定了包括 Billboard 节点的子节点的有界的盒子。这是一个有可能被用于优化目的的提示。在任何时候，如果指定的有界盒子比实际的子节点的有界盒子小的话，结果是未定义的。默认的 *bboxSize* 值(−1，−1，−1)意味着有界盒子没有指定，并且如果需要的话应该由浏览器来计算。*bboxCenter* 和 *bboxSize* 域的详细描述见 10.2.2。

23.3.2 Collision

```
Collision:X3DGroupingNode, X3DSensorNode {
  MFNode    [in]        addChildren                       [X3DChildNode]
  MFNode    [in]        removeChildren                    [X3DChildNode]
  SFBool    [in,out]    enabled
  MFNode    [in,out]    children          []              [X3DChildNode]
  SFNode    [in,out]    metadata          NULL            [X3DMetadataObject]
  SFTime    [out]       collideTime
  SFBool    [out]       isActive
  SFVec3f   []          bboxCenter        0 0 0           (-∞,∞)
  SFVec3f   []          bboxSize          -1 -1 -1        [0,∞) or -1 -1 -1
  SFNode    []          proxy             NULL            [X3DChildNode]
}
```

Collision 节点是一个组节点，它为它的子节点(以及它们的后代)指定了碰撞检测属性，指定了在碰撞检测期间重置其子节点的代理对象，并且发送在用户化身和 Collision 节点的几何或代理之间发生碰撞的事件信号。默认的，除了 IndexedLineSet 和 PointSet 外，所有的场景中的几何节点都和观察者相碰撞。浏览器应该检测用户化身(见 23.3.4)和场景几何中的结合碰撞，并且阻止用户化身进入几何体。有关碰撞检测的一般信息见 23.2.4。

如果在一个 X3D 文件中没有指定 Collision 节点，浏览器应在导航期间检测化身与所有对象之间的碰撞。

children，*addChildren*，*removeChildren* 域的描述见 10.2.1。

Collision 节点的 *collide* 域负责启用和禁用碰撞检测。如果设置 *collide* 为 FALSE，Collision 节点的子节点及后代即使被渲染也不得碰撞检测。这条规则适用于任意将 *collide* 设置成 TRUE 的后代 Collision 节点(即，若 *collide* 设置为 FALSE 则关闭其下每个节点的碰撞检测)。

collide 域设置成 TRUE 的 Collision 节点检测与其后代几何体(或代理)最近的碰撞。当最近的碰撞被检测到的时候，碰撞的 Collision 节点将通过其 *collideTime* 域发送其碰撞时间。如果一个 Collision 节点的子节点，后代，或者代理(见下面)也是 Collision 节点，并且两个 Collision 节点都检测到

发生了一个碰撞,两者将同时发送一个 *collideTime* 事件。当 Collision 节点从 X3D 文件中读取或插入到变换层级时,如果化身与可碰撞的几何体发生碰撞,应产生 *collideTime* 事件。

bboxCenter 和 *bboxSize* 域指定了一个包含 Collision 节点的子节点的有界盒子。这是一个有可能被用于优化目的的提示。在任何时候,如果指定的有界盒子比实际的子节点的有界盒子小的话,结果是未定义的。默认的 *bboxSize* 值(−1,−1,−1)意味着有界盒子没有指定,并且如果需要的话应该由浏览器来计算。*bboxCenter* 和 *bboxSize* 域的详细描述见 10.2.2。

碰撞代理在 *proxy* 域中定义,可以是 10.2.1 中描述的任何一个合法的子节点,用于在碰撞检测期间做 Collision 节点的子节点的替代。碰撞检测中代理的使用是十分严格的,它不是渲染的。

如果 *collide* 值为 TRUE,并且 *proxy* 域为 non-NULL,*proxy* 域定义了碰撞检测将在哪个场景中执行。如果 *proxy* 值为 NULL,碰撞检测将逆 Collision 节点的子节点而执行。

如果 *proxy* 被指定了,Collision 节点的任何后代子节点在碰撞检测期间都被忽视。如果 *children* 是空的,*collide* 设置为 TRUE,并且 *proxy* 已被指定,碰撞检测将逆代理而执行,但是不显示任何东西。在这种方式下,不可见的碰撞对象将被支持。

在用户化身(见 23.3.4)和 Collision 节点的碰撞子节点或者是代理产生接触时,*collideTime* 域产生一个指定时间的事件。理想的实现方式是计算出碰撞的精确时间。实际中可通过对碰撞对象和用户位置进行采样逼近理想值。NavigationInfo 节点包含控制化身尺寸的额外参数信息。

23.3.3 LOD

```
LOD:X3DGroupingNode {
  MFNode    [in]      addChildren                   [X3DChildNode]
  MFNode    [in]      removeChildren                [X3DChildNode]
  MFNode    [in,out]  children        []            [X3DChildNode]
  SFNode    [in,out]  metadata        NULL          [X3DMetadataObject]
  SFVec3f   []        bboxCenter      0 0 0         (-∞,∞)
  SFVec3f   []        bboxSize        -1 -1 -1      [0,∞) or -1 -1 -1
  SFVec3f   []        center          0 0 0         (-∞,∞)
  MFFloat   []        range           []            [0,∞) or -1
}
```

LOD 节点指定了一个给定对象各种等级的细节或复杂度,提供了使得浏览器依据与用户之间的距离自动选择合适版本对象的提示。*children* 域包含了一个表示了同个对象或组的不同等级的细节的节点列表,按最高等级到最低等级的细节排列。Range 域指定了不同等级间转换的理想距离。但是,浏览器被允许忽视等级距离以提供更好的性能。对 *children* 的值来说合法的节点类型的详细描述见 10.2.1。

center 域是一个在本地坐标系统中的平移偏移,指定了用于距离计算的 LOD 节点的中心。

children 域中的节点数量应该比 *range* 域中的值大 1(即 *children* 为 N+1 *range* 的值为 N)。*range* 域包含应大于零的单调递增值。为了计算哪一等级被显示,首先这个距离从取景器的位置,转化成 LOD 节点的本地坐标系统(包含任何缩放比例的转化),到 LOD 节点的 *center* 点来计算。然后,LOD 节点计算细节层次函数 $L(d)$,为 d 的给定值选择一个等级(d 为从取景器到 LOD 节点中心的距离)。

由范围 n,R_0,R_1,R_2,…,R_{n-1},将(0,+∞)域划分成(0,R_0),[R_0,R_1)…,[R_{n-1},+∞)这样 n+1 个子区间。同样地,L_0,L_1,L_2,…,L_{n-1}为计算细节层次函数 L(d)的值。一个给定的距离 d 的等级 L(d)定义如下:

$$L(d) = L_0, \quad \text{if } d < R_0,$$
$$= L_{i+1}, \quad \text{if } R_i \leqslant d < R_{i+1}, \text{ for } -1 < i < n-1,$$

$= L_{n-1}$, if d $\geqslant R_{n-1}$.

children 域的第 $L(d)$ 个节点为显示节点。

指定太少的等级将会导致重复使用最后一级作为细节的最低等级。如果指定了多于范围的等级，额外的等级将被忽视，空域除外。这种情况对浏览器是一个提示，它可以自动选择等级来维护一个不变的显示率。域中的每个值都应大于前一个值。

在场景图中按照自顶向下计算 LOD 节点。只渲染当前被选中的子节点的后代。无论哪个 LOD 节点的 *level* 是活动的，LOD 节点以下的所有节点继续接收和发送事件。例如：如果一个活动的 TimeSensor 节点包含在一个不活动的 LOD 节点等级中，该 TimeSensor 节点发送事件不会考虑 LOD 节点的状态。

bboxCenter 和 *bboxSize* 域指定了一个包含 LOD 节点子节点的包围盒，这对于优化目的有可能是一个提示。在任何时候，如果指定的包围盒比实际的有最大包围盒的子节点的包围盒小，结果是不确定的。默认的 *bboxSize* 值(－1，－1，－1)意味没有指定包围盒，并且如需要应由浏览器来计算。对 *bboxCenter* 和 *bboxSize* 域的详细描述见 10.2.2。

23.3.4 NavigationInfo

```
LOD:X3DGroupingNode {
  SFBool     [in]       set_bind
  MFFloat    [in,out]   avatarSize      [0.25 1.6 0.75]   [0,∞)
  MFBool     [in,out]   headlight       TRUE
  SFNode     [in,out]   metadata        NULL              [X3DMetadataObject]
  SFFloat    [in,out]   speed           1.0               [0,∞)
  SFString   [in,out]   transitionType  [LINEAR]          ["TELEPORT" "LINEAR" "ANI-
                                                          MATE"]
  SFString   [in,out]   type                              ["EXAMINE" "ANY"]
  SFFloat    [in,out]   visibilityLimit 0.0               [0,∞)
  SFTime     [out]      bindTime
  SFBool     [out]      isBound
}
```

NavigationInfo 节点包含描述观察者化身和观察模型物理特征的信息。NavigationInfo 节点是一个可绑定的节点(见 7.2.2)。因此，存在一个 NavigationInfo 节点栈，其中最顶部的 NavigationInfo 节点为当前绑定的 NavigationInfo 节点。无论当前的 NavigationInfo 节点在 X3D 文件中的初始位置如何，它都被看做是当前 Viewpoint 节点的子节点。无论何时当前 Viewpoint 节点改变，当前的 NavigationInfo 节点都应该通过浏览器来重新指定其双亲节点。无论何时当前 NavigationInfo 节点改变，新 NavigationInfo 节点都应通过浏览器来指定当前 Viewpoint 节点做其父节点。

如果一个 TRUE 值被发送到一个 NavigationInfo 节点的 *set_bind* 域，这个节点被推至 NavigationInfo 节点栈顶。当一个 NavigationInfo 节点被绑定的时候，浏览器使用 NavigationInfo 节点域来设置其用户界面的导航控制，并且 NavigationInfo 节点概念性地重新以当前的受绑定的 Viewpoint 节点作为父节点。所有当前 Viewpoint 节点的坐标系的后续的尺度变化将自动改变浏览器所使用的 NavigationInfo 节点值的各个方面(如下)(比如，对祖先变换的尺度变化)。*set_bind* 的值若为 FALSE，NavigationInfo 节点将被弹出栈，其结果产生一个 *isBound* 取值 FALSE 的事件，并将 NavigationInfo 节点弹出送入栈的下一个入口，其父节点应重设为当前的 Viewpoint 节点。对绑定栈的详细描述见 7.2.2。

type 域指定了导航模式的有序列表，该导航模式指定了导航类型组合及初始导航类型。当前绑定的 NavigationInfo 节点的导航类型决定了浏览器用户接口的性能。例如，如果当前 NavigationInfo 节

点的 *type* 值为"WALK",浏览器将呈现出一个 WALK 导航用户接口模式(见以下 WALK 的描述)。浏览器至少应识别下列导航类型:"ANY","WALK"、"EXAMINE"、"FLY","LOOKAT"和"NONE"以及在表 58 中指定的支持。

如果在当前绑定的 NavigationInfo 的 *type* 域列表中不出现"ANY",浏览器的导航用户接口应局限于列表中指定的已被识别的导航类型。这种情况下,浏览器不得呈现允许导航类型转变成列表中没有指定的类型的用户接口。但是,如果 *type* 域中任何一个值都为"ANY",浏览器可提供任何类型的导航接口,并且允许用户动态的改变导航类型。此外,列表中第一个被识别的类型应作为浏览器用户接口的初始导航类型。

ANY 导航说明了浏览器可选择最适合内容的导航模式,并提供一个允许用户动态改变导航模式的用户接口。若当前绑定的 NavigationInfo 的 *type* 值为"ANY",并且 Viewpoint 转变(见 23.3.5)由 Anchor 节点(见 9.4.1)或者是 LoadURL()脚本法(见 ISO/IEC 19775-2)触发,则结果不确定。

WALK 导航是通过步行或车载停留于地面或四处徘徊探索虚拟世界的。这里非常建议 WALK 导航定义一个沿+Y 方向的向上矢量,并提供某种形式的地形跟踪及重力,以产生走路或驾驶的体验。如果绑定 NavigationInfo 的 *type* 为"WALK",浏览器应严格支持碰撞检测(见 23.3.2)。

除地形跟踪和重力可被禁用或者忽略外,FLY 导航与 WALK 类似。但是这里仍应有"up"的概念。如果受绑定的 NavigationInfo 的 *type* 为"FLY",浏览器应严格支持碰撞检测(见 23.3.2)。

LOOKAT 导航通过导航到特殊对象来探索一个场景。选择一个带 LOOKAT 的对象:

a) 将视点直接移至距所选对象有界盒中心某一方便的观测距离,并设置视点方向以朝向靠近对象中心的视野;

b) 设置靠近所选对象的中心点为当前绑定的 Viewpoint 节点中的旋转中心。

EXAMINE 导航用于观察单个对象,EXAMINE 应提供以用户观测点附近为旋转中心环绕或者旋转的能力,以响应用户行为。用于围绕对象移动视点并且决定视点方向的旋转的中心在当前的受约束的视点中指定(见 23.3.5)。浏览器应严格支持碰撞检测(见 23.3.2)并且通过 EXAMINE 操作触发退出和输入事件。

LOOKAT 导航与 EXAMINE 联合通过导航到特定对象来探索场景,然后则能方便地导航,其目的旨在从不同方向来检查对象。如果内容同时指定了 LOOKAT 和 EXAMINE 类型,任何 LOOKAT 操作都应为后来的 EXAMINE 操作改变旋转中心。

NONE 导航禁用及清除所有特定浏览器导航用户接口,强制用户只能通过场景中提供的机制来导航,如 Anchor 节点或者包含 LoadURL()的脚本。

如果 NavigationInfo 类型为"WALK"、"FLY"、"EXAMINE"或者"NONE"或者是这几种类型的组合(即"ANY"不在列表中),由 Anchor 节点(见 9.4.1)或者是 LoadURL()脚本法(见 ISO/IEC 19775-2)触发的视点转移应实现为一个从旧视点到新视点跳跃的转移效果,并且这种跳跃除退出和输入之外不会触发其他事件。

浏览器可创建特定浏览器导航类型的扩展类型。建议扩展 *type* 的名称包含一个唯一的后缀(例如:HELICOPTER_mydomain.com)以防止冲突。由 Anchor 节点或者 LoadURL()脚本法触发的视点转移(见 23.3.5)对于扩展的导航类型未定义。若没有一个类型可被浏览器识别,则使用默认的"ANY"。这些字符串的值区分大小写("any"不同于"ANY")。

transitionType 域指定了一个有序的范式的列表,决定了浏览器在当一个新视点是受约束的时候以何种方式来移动取景器。浏览器应能识别并支持至少以下转变类型:"TELEPORT","LINEAR",和"ANIMATE"。对于值"TELEPORT",转变应迅速,无任何中间位置。对于值"LINEAR",浏览器应执行一个位置和方向值的线性插入。对于值"ANIMATE",浏览器应执行一个特定浏览器的动画效果。如果所有的值都未被识别或者域为空,默认值应使用"ANIMATE"。这个域应用于位置和方向之间的任何转变,包括 Viewpoint 绑定和 LOOKAT 导航类型。

speed 域指定了取景器在场景中以米每秒的速率漫游。由于浏览器可提供较快或较慢的漫游机制，当 NavigationInfo 节点被绑定时，这个域指定了默认的平均的取景器速度。如果 NavigationInfo 的 *type* 为 EXAMINE，*speed* 不得影响取景器的旋转速度。通过在当前绑定 Viewpoint 节点的变换层级结构中调整比例来调整 *speed*；父类的平移和旋转变换不影响 *speed*。速度应为非负值。零速度表明化身的位置是固定的，但是它的方向以及视场仍有可能改变。如果导航的 *type* 为"NONE"，*speed* 域将无效。

avatarSize 域描述了用户在 X3D 世界中的物理维度用以碰撞检测和地形跟踪。这是一个多值域，允许指定多个维度。第一个值应该是一个在碰撞被检测到之前，在用户位置和碰撞几何体（由 Collision 节点指定）之间的允许距离。第二个值应是浏览器保持取景器的地形之上的一个高度。第三个值应是取景器可以在其上移动的最高的对象的高度。允许创建多纬度的楼梯，所有浏览器中的取景器可在其上攀升。当前绑定的 Viewpoint 节点的变换层级依比例决定 *avatarSize*。平移和旋转都不影响 *avatarSize*。

由于重力作用于向下矢量的方向，因此地形跟踪时，浏览器保持一个 *down* 方向（向下矢量）的概念。该向下矢量在当前绑定的 Viewpoint 节点的本地坐标系中，应沿负 *Y* 轴（即 Viewpoint 节点的祖先的变换的积累，不包含 Viewpoint 节点的 *orientation* 域）。

可不渲染超出 visibilityLimit 的几何体。值 0.0 表示无穷视限。*visibilityLimit* 域取值范围大于或等于 0。

speed、*avatarSize*、*visibilityLimit* 的值都是由应用于当前绑定 Viewpoint 节点的变换来缩放比例的。如果当前没有绑定 Viewpoint 节点，将在 X3D 世界中的坐标系统中解释这些值。当绑定到一个 Viewpoint 节点，该节点应用缩放变换无需绑定一个新的 NavigationInfo 节点，则允许自动调整这些值。如果应用于 Viewpoint 节点的缩放比例是不一致的，则结果不确定。

headlight 域指明了浏览器是否应该打开前灯。前灯是一种方向灯，总是指向用户观看的方向。该域设置为 TRUE 即允许浏览器提供一个前灯，有可能通过用户接口控制来打开或者关闭。场景争取预先计算光照（例如辐射解决方案）可关闭前灯。前灯需要：*intensity* = 1，*color* = (1 1 1)，*ambientIntensity*=0.0，*direction*=(0 0 −1)。

建议近裁剪平面设置到为 *avatarSize* 域指示的碰撞半径的 1/2（将近裁剪平面设置成这个值防止刚好超过碰撞体积的物体被过多地剪裁，同时也为内容创作者提供一个碰撞体积内的区域，可包括想保留与观察者相对固定的几何体）。碰撞体积之外的几何体不得遮挡这种几何体。

23.3.5 Viewpoint

```
Viewpoint:X3DBindableNode {
  SFBool      [in]      set_bind
  SFVec3f     [in,out]  centerOfRotation    0 0 0     (-∞,∞)
  SFString    [in,out]  description         ""
  SFFloat     [in,out]  fieldOfView         π/4       (0,π)
  SFBool      [in,out]  jump                TRUE
  SFNode      [in,out]  metadata            NULL      [X3DMetadataObject]
  SFRotation  [in,out]  orientation         0 0 1 0   [-1,1],(-∞,∞)
  SFVec3f     [in,out]  position            0 0 10    (-∞,∞)
  SFTime      [out]     bindTime
  SFBool      [out]     isBound
}
```

Viewpoint 节点定义了一个在本地坐标系中的特定位置，用户可以从该处观察场景。Viewpoint 节点是可绑定的子节点(见 7.2.2),因此在浏览器中存在一个 Viewpoint 节点栈,其中在最顶部的 Viewpoint 节点是当前活动 Viewpoint 节点。如果一个 Viewpoint 节点的 *set_bind* 域设置成 TRUE,它将移到 Viewpoint 节点栈的顶部并且被激活。当一个 Viewpoint 节点位于栈顶时,用户的视点会概念性地重置双亲节点,将成为 Viewpoint 节点的子节点。所有 Viewpoint 节点的坐标系接下来的变化都会改变用户的视野(即,改变任何祖先转换节点或者改变视点节点的 *position* 或 *orientation* 域)。发送一个 *set_bind* FALSE 事件将 Viewpoint 节点从栈中除去,会产生 *isBound* FALSE 和 *bindTime* 事件。如果被弹出的 Viewpoint 节点是在视点堆栈的栈顶,用户视图将被重新选择到堆栈的下一个入口。关于绑定的栈的细节见 7.2.2。当一个 Viewpoint 节点移动到栈的顶部的时候,现有栈顶的 Viewpoint 节点发送 *isBound* FALSE 事件,并被推入堆栈。

通过将用户绑定到一个 Viewpoint 节点,然后使 Viewpoint 节点或其上的变换制作动画,作者可以在 X3D 世界中自动移动用户视图。即使正在生成 Viewpoint 节点或其祖先变换的动画,浏览器也应允许用户视图被导航到由 Viewpoint 节点(以及其上的变换)定义的坐标系中。

bindTime 域发送 Viewpoint 节点被绑定或者是被释放时的时间,可发生在:

a) 加载期间;

b) 当一个 *set_bind* 事件发送到 Viewpoint 节点时;

c) 当浏览器通过其用户接口绑定到如下描述的 Viewpoint 节点的时候。

Viewpoint 节点的 *position* 和 *orientation* 域指定了在本地坐标系中的相对位置。*position* 是相对坐标系的原点(0,0,0),而 *orientation* 指定一个相对于默认方向的旋转。在默认 *position* 和 *orientation* 中,取景器在 Z 轴沿 $-Z$ 轴向下看,朝向原点,$+X$ 轴为右侧,$+Y$ 轴为径直向上。变换层级影响 Viewpoint 节点。

需有一个向下矢量(例如,地形跟踪)定义的导航类型(见 23.3.4)应使用当前绑定的 Viewpoint 节点的坐标系的负 Y 轴。同样的,要求一个向上的矢量定义的导航类型应该使用当前绑定的 Viewpoint 节点坐标系统的正 Y 轴。Viewpoint 节点的 *orientation* 域不影响向下或者向上矢量的定义。这就允许作者将观察方向和重力方向分开来。

jump 域指明用户的视野是否"跳跃"到一个绑定的 Viewpoint 节点的位置或方向,或者保持不变。由于在跳跃的始点和终点值之间不进行碰撞检测及检测 ProximitySensor 节点,这个跳动是瞬间的且不连续。如果在跳跃之前的用户的位置是在一个 ProximitySensor 中,这个感知器的 *exitTime* 域将发送与 *bind* 域相同的时间戳。相似的,如果在这个跳跃之后用户的位置是在 ProximitySensor 中,这个感知器的 *enterTime* 也应该发送与 *bind* 域相同的时间戳。不管在绑定时间 *jump* 域的值,用户视野与当前 Viewpoint 节点之间的相对观察变换应该和当前 Viewpoint 节点一起存储起来,以备以后 *un-jump* (即,*jump* 为 TRUE 时将 Viewpoint 节点绑定栈从 Viewpoint 节点中删除)时使用。下面概括了绑定栈的规则(见 7.2.2)及关于 Viewpoint 节点的附加规则(黑体字中显示):

d) 在读取的过程中,通过将第一个遇到的 Viewpoint 节点压入 Viewpoint 节点栈顶将其绑定。如果正在被读取的 Viewpoint 节点的名字是在 URL 中被指定的,这个已命名的 Viewpoint 节点被认为是第一个遇到的 Viewpoint 节点。包含在 Inline 节点(见 9.4.2)中,或者是包含在传递给 Browser. createX3DfromString()(见 ISO/IEC 19775-2)方法的字符串中的,或者是包含在传递给 Browser. createX3DFromURL()方法的文件中的节点,将不作为第一次遇到的 Viewpoint 节点的候选。包含在原型实例中的第一个节点是第一次遇到的 Viewpoint 节点的有效候选节点。首次遇到的 Viewpoint 节点发送一个 *isBound* TRUE 事件。

e) 当一个 Viewpoint 节点收到一个 *set_bind* TRUE 事件时:

1) 如果不在栈顶:**从当前在栈顶的 Viewpoint 节点到用户视野的相对变换与当前在栈顶的 Viewpoint 节点一起存储**。当前栈顶节点发送一个 *isBound* FALSE 事件。新节点被移到栈顶并变为当前绑定的 Viewpoint 节点。这个新的 Viewpoint 节点(栈顶)发送 *isBound*

TRUE 事件。**若新的 Viewpoint 节点的 *jump* 为 TRUE，用户视野将瞬间“跳跃”到和新 Viewpoint 节点的 *position* 和 *orientation* 域值相匹配；**

2） 如果节点已经在栈顶了，则事件无影响。

f） 当栈中的 Viewpoint 节点接收到 *set_bind* FALSE 事件时，这个节点将从栈中删除。如果它是在栈顶：

1） 发送一个 *isBound* FALSE 事件；

2） 栈中的下一个节点变成当前的绑定的 Viewpoint 节点（即，弹出），并发出一个 *isBound* TRUE 事件；

3） **如果它的 *jump* 域是 TRUE，用户的视野瞬间“跳跃”到栈中下一个视点节点的 *position* 和 *orientation*，并且应用下一个 Viewpoint 节点的已存储的相对变换。**

g） 当不在栈中的节点接收到一个 *set_bind* FALSE 事件时，事件被忽视，并且不发送 *isBound* 事件。

h） 当一个节点替换了在栈顶的另一个节点，这两个节点的 *isBound* TRUE 和 FALSE 事件同时被发送（即，用同一时间戳）。

i） 如果绑定节点被删除，就如同它接收了一个 *set_bind* FALSE 事件（见 23.3.5 c））。

jump 域在一个 Viewpoint 节点被绑定之后可能会改变。上面描述的规则仍然适用。如果当 Viewpoint 节点被绑定了的时候 *jump* 为 TRUE，在 *set_bind* FALSE 事件被发送之前变为了 FALSE，Viewpoint 节点在非绑定期间并执行 *un-jump*。如果当 Viewpoint 节点绑定时 *jump* 为 FALSE，在 *set_bind* FALSE 事件被发送之前变为了 TRUE，Viewpoint 节点在非绑定期间并不执行 *un-jump*。

注意，还有其他的两个机制导致一个新 Viewpoint 节点的绑定：

j） 一个 Anchor 节点的 *url* 域指定一个“＃ViewpointName”；

k） 一个脚本调用 **loadURL**()方法，并且 URL 参数指定了一个“＃ViewpointName”。

这两种机制都重写了指定的 Viewpoint 节点（“＃ViewpointName”）的 *jump* 域的值，并且假定当绑定到新节点时，*jump* 域值为 TRUE。取景器的转变到新绑定视点的行为取决于当前绑定 NavigationInfo 节点的 *type* 域的值（见 23.3.4）。

fieldOfView 域指定了用弧度表示的从这一观察点一个首选的最小的视角。小视野大致相当于一个长焦镜头，大视野大致相当于一个广角镜头。视野范围（角度）应该大于 0 小于 π。*fieldOfView* 表示在任何与视线垂直的方向轴里的最小视角。例如，一个拥有矩形观察投影的浏览器应符合以下关系：

$$\frac{\text{显示宽度}}{\text{显示高度}} = \frac{\tan(\mathrm{FOV}_{horizontal}/2)}{\tan(\mathrm{FOV}_{vertical}/2)}$$

此处，较小的显示宽度或者显示高度决定了哪一个角度与 *fieldOfView*（最大角由上面描述的关系函数计算）相等。较大角不得超过 Π，并且有可能会迫使较小的角小于 *fieldOfView*，以保持宽高比。

discription 域指定了一个 Viewpoint 节点的文字式的描述。这个有可能被特定浏览器用户接口使用。如果一个 Viewpoint 节点的 *discription* 域为空，建议浏览器在其特定浏览器用户接口中不显示该 Viewpoint。

centerOf Rotation 域指定了处于 EXAMINE 模式中时，一个旋转用户出射点的中心点。如果浏览器不提供围绕一个对象旋转的能力，或者是 LOOKAT 不在被允许的导航模式的列表中，这个域应被忽视。更多信息见 23.3.4 和 22.4.1。

“**.../scene.wrl＃ViewpointName**”URL 句法指定了当在显示为 **DEF ViewpointNameViewpoint {...}**. 的 X3D 文件中加载“scene.wrl”作为第一个 Viewpoint 节点时用户的初始视野。这个作为初始用户视野覆盖了在 X3D 文件中的第一个 Viewpoint 节点，并且命名为“ViewpointName”的 Viewpoint 节点发送一个 *set_bind* TRUE 事件。如果命名为“ViewpointName”的 Viewpoint 节点没有找到，浏览

器应该使用 X3D 文件中的第一个 Viewpoint 节点(即,正常情况下的默认行为)。“#**ViewpointName**”(即,无文件名)句法指定了在已有 X3D 文件中的视点。如果这个 URL 被加载(即,Anchor 节点的 *url* 域或者 **loadURL**()方法被一个脚本节点引用),则名为“ViewpointName”的 Viewpoint 节点被绑定(*set_bind* 事件被发送到这个 Viewpoint 节点)。

23.4 支持等级

导航组件提供在表 58 中指定的 2 个等级支持。

表 58 导航组件支持等级

等级	前提条件	节点/特征	支持
1	Core 1 Shape 1		
		NavigationInfo	选择性支持 avatarSize 选择性支持 *speed* 至少支持 *type* 的“ANY”,“FLY”,“EXAMINE”,和“NONE”类型。 选择性支持 *visibilityLimit*
		视点	选择性支持 *fieldOfView* 选择性支持 *description*
2	Core 1 Grouping 1 Shape 1 Environmental Sensor 2		
		所有 Level 1 中的导航节点	完全支持所有域
		NavigationInfo	至少支持 *type* 的“ANY”,“FLY”,“EXAMINE”,“WALK”,“LOOKAT”,和“NONE”的类型。 完全支持其他所有域
		Billboard	完全支持所有域
		Collision	完全支持所有域
		LOD	完全支持所有域

24 环境效果组件

24.1 简介

24.1.1 名称

本组件的名称是“EnvironmentalEffects”。当在 COMPONENT 语句中引用个组件时应使用本名称(见 7.2.5.4)。

24.1.2 概述

本章描述了本部分中的环境效应组件。该组件中的节点支持现实环境中诸如全景背景以及雾的效果。表 59 列出了本章的主题。

表 59 主题

24.2 概念

Background 节点用来指定一种模拟地面和天空的颜色背景，以及一种置于场景中全部几何体之后、地面和天空之前的背景纹理，或 *panorama*。Background 节点在本地坐标系中指定，受下述父辈旋转累计效果的影响。X3D 支持两种 Background 节点：包含一套为详细说明组成背景的静态图像文件的 url 域的简单背景节点(见 24.4.1)，以及包括任意的、组成背景的 X3DTexture 节点的一种复杂背景节点(见 24.4.3)。背景节点的这两种类型都继承基本类型 X3DBackgroundNode。简单起见，应使用 Background 节点，如需更多灵活性及附加特征时，应使用 TextureBackground 节点。

Background 节点是在 7.2.2 中描述的可绑定节点。存在一个 Background 栈，栈顶的背景是当前的活动 Background。一个 Background 移动到栈顶，*set_bind* 域将设置成 TRUE。一旦成为活动背景，这个 Background 将绑定到浏览器视野。将 *set_bind* 域设置成 FALSE 会将该背景从栈中删除，并从浏览器视野上解除绑定。

背景幕是本地坐标系中的一个概念性的包含在完整球体(天空)内的部分球体(地面)，取景器位于球体中心。两种球体都具有无限大的半径，每一个球体都由垂直于球体本地坐标系 Y 轴的颜色差值同心圆描绘。Background 节点 *set_bind* 受其父节点变换的旋转累计效果影响。忽视缩放和平移变换。天空球体总是较地面部分球体距离取景器稍远两者，引起重叠处地面显示于天空之前。

skyColor 域指定了天空球体中不同角度天空的颜色。*skyColor* 域的第一个值指定了天顶处弧度为 0.0(即向上垂直于取景器)天空的颜色。*skyAngle* 域指定了天顶的角度，天顶里显示颜色同心圆。球体的天顶被隐式定义为 0.0 rad，视地平为 $\pi/2$ rad，天底(即向下垂直于取景器)为 π rad。*skyAngle* 仅限于非递减值范围[0.0,π]。*skyColor* 的值应比 *skyAngle* 的值多一个。第一个颜色值是天顶的颜色，未在 *skyAngle* 域中指定。如果最后一个 *skyAngle* 小于 π，则在最后一个 *skyAngle* 和天底之间的

颜色带宽将固定于最后的 *skyColor*。天空颜色是指定 *skyColor* 值之间的线性插值。

groundColor 指定了在地面部分球体中不同角度的地面的颜色。*groundColor* 域的第一个值指定了弧度为 0.0 处地面的颜色，表示天底(即向下垂直于用户)。*groundAngle* 域指定了从颜色显示的同心圆处天底的角度。球体的天底被隐式定义为 0.0 rad。*groundAngle* 仅限于非递减值范围[0.0, π/2]。*groundColor* 的值应比 *groundAngle* 的值多一个。第一个颜色值是天底的值，未在 *groundAngle* 域中指定。如果最后一个 *groundAngle* 小于 π/2，则在最后一个 *groundAngle* 和赤道之间的地带是不存在的。地面颜色是指定 *groundColor* 值之间的线性插值。

back、*bottom*、*front*、*left*、*right* 以及 *top* 域指定了一套图像，定义地面/天空背景和场景几何之间的背景全景。全景由六幅图像组成，每一个都映射到包含在背景球体中，位于本地坐标系统中心的无穷大立方体的一个面。图像单独地应用于立方体的每一面。在立方体的前、后、左、右面上，以 Y 轴为向上看的方向，当从原点沿负 Z 轴向下看的时候，每一个图像被映射到同一方向的一致面上，就如 2D 中正常显示的图像一样(*back* 对应后面，*front* 对应前面，*left* 对应左面，*right* 对应右面)。在立方体的顶面上，当以+Z 轴为向上看的方向，从顶点沿+Y 轴看的时候，*top* 图像映射到同一方向的面上，就如图像是在 2D 中正常显示一样。在立方体的底面上，当以负 Z 轴为向上看的方向，从顶点向负 Y 轴看的时候，*bottom* 图像映射到同一方向的面上，就如 2D 中正常显示的图像一样。

图 32 举例说明了 Background 节点背景幕和背景纹理。

全景图像透明度(即两个或 4 个组件图像)指定全景中半透明或透明的区域。允许 *groundColor* 和 *skyColor* 可见。

纹理图的一般描述见第 18 章。

通常，*bottom* 和 *top* 图像不指定，以允许显示天空和地面。其他的 4 幅图像有可能描述环绕的山或者其他远景。

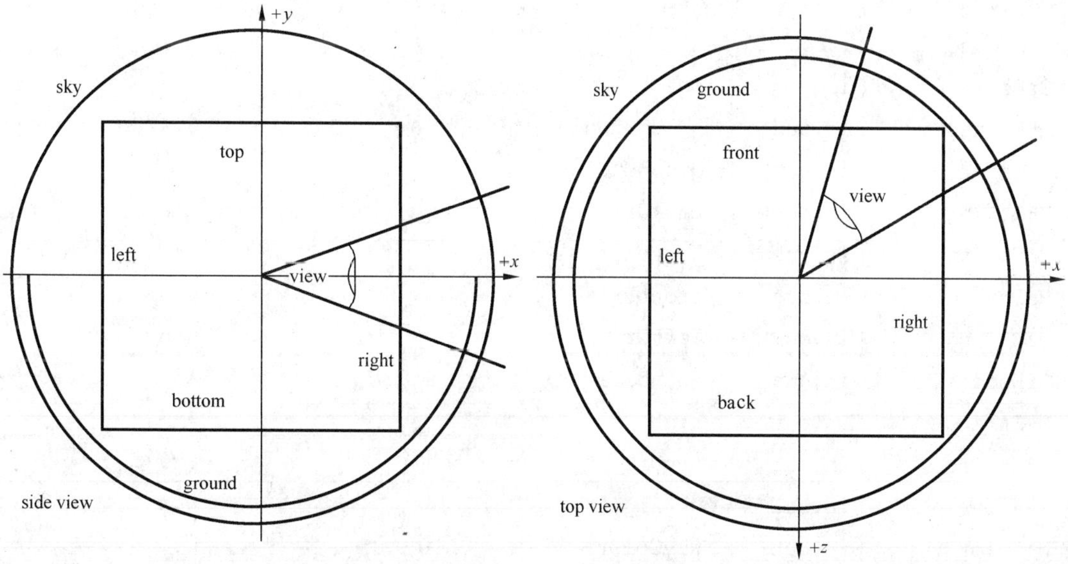

图 32　Background 节点

全景图像有可能是一个组件(灰度)，两个组件(灰度加透明度)，3 个组件(全 RGB 颜色)，或者是 4 个组件(全 RGB 颜色加透明度)。

地面颜色、天空颜色以及全景图像不相对于取景器平移，但相对于取景器旋转。即，取景器永远不能接近背景，但是可以检查全景立方体的各个面，并且可以向上或者是向下看地面或天空的同心环(如果可见)。

Background 节点不受 Fog 节点的影响。所以，当一个 Fog 节点是活动的时候，如果一个

Background 节点是活动节点(即绑定的),那么这个 Background 节点以无雾效果显示。需要作者设置 Background 值来匹配 Fog 的值(例如,随地面颜色距离向雾的颜色逐渐衰退,并且全景颜色用雾色着色)。Background 节点不受光源限制。

24.3 抽象类型

24.3.1 *X3DBackgroundNode*

```
X3DbackgroundNode:X3DBindableNode {
  SFBool      [in]       set_bind
  MFFloat     [in,out]   groundAngle    []     [0,π/2]
  MFColor     [in,out]   groundColor    []     [0,1]
  SFNode      [in,out]   metadata       NULL   [X3DMetadataObject]
  MFFloat     [in,out]   skyAngle       []     [0,π]
  MFColor     [in,out]   skyColor       0 0 0  [0,1]
  SFTime      [out]      bindTime
  SFBool      [out]      isBound
}
```

X3DBackgroundNode 是抽象类型,所有背景都继承自它。X3DbackgroundNode 是一个可绑定节点,在为场景定义全景背景的时候绑定。背景的完整信息见 24.2。

24.4 节点引用

24.4.1 Background

```
Background:X3DBackgroundNode {
  SFBool      [in]       set_bind
  MFFloat     [in,out]   groundAngle    []     [0,π/2]
  MFColor     [in,out]   groundColor    []     [0,1]
  MFString    [in,out]   backUrl        []     [urn]
  MFString    [in,out]   bottomUrl      []     [urn]
  MFString    [in,out]   frontUrl       []     [urn]
  MFString    [in,out]   leftUrl        []     [urn]
  SFNode      [in,out]   metadata       NULL   [X3DMetadataObject]
  MFString    [in,out]   rightUrl       []     [urn]
  MFString    [in,out]   topUrl         []     [urn]
  MFFloat     [in,out]   skyAngle       []     [0,π]
  MFColor     [in,out]   skyColor       0 0 0  [0,1]
  SFTime      [out]      bindTime
  SFBool      [out]      isBound
}
```

一个 Background 节点使用 6 幅静态图像来组成背景幕。Background 节点的普通域的描述见 24.2。对于 *backUrl*,*bottomUrl*,*frontUrl*,*leftUrl*,*rightUrl*,*topUrl* 域,浏览器应支持 JPEG(见 JPEG 文件交换格式)和 PNG(见 ISO/IEC 15948)图像格式,此外,也许还支持其他可被 2D 图像渲染的图像格式(例如 CGM)。推荐对 GIF(参见 GIF)格式的支持(包括透明度)。有关 *url* 域的更多细节见 9.2.1。

24.4.2 Fog

```
Fog:X3DBindableNode {
  SFBool    [in]       set_bind
  MFColor   [in,out]   Color            1 1 1      [0,1]
  MFString  [in,out]   fogType          "LINEAR"   ["LINEAR"|"EXPONENTIAL"]
  SFNode    [in,out]   metadata         NULL       [X3DMetadataObject]
  MFFloat   [in,out]   visibilityRange  0          [0,∞)
  SFTime    [out]      bindTime
  SFBool    [out]      isBound
}
```

基于取景器到不同对象的距离,Fog 节点通过 *color* 域指定颜色混合对象提供一种模拟大气效果的方式。这个距离在 Fog 节点的坐标空间中计算。*visibilityRange* 以米为单位(在本地坐标系中),指定了物体全部被雾遮蔽的距离。位于距离取景器 *visibilityRange* 之外的对象由 *color* 域的常量颜色描绘。距离取景器非常近的对象几乎不被雾 *color* 覆盖。*visibilityRange* 值为 0.0 时,Fog 节点失效。*visibilityRange* 受 Fog 节点双亲的尺度变化影响;平移和旋转不对 *visibilityRange* 产生影响。*visibilityRange* 域的值应在[0,∞)之间。

因为 Fog 节点是可绑定子节点(见 7.2.2),所以存在一个 Fog 节点栈,栈顶的 Fog 节点是当前活动节点。将一个 Fog 节点推向栈顶,则一个 TRUE 值发送到 *set_bind* 域。一旦一个 Fog 节点为活动节点,该 Fog 节点就被绑定到浏览器视野中。发送 FALSE 值到 *set_bind* 域,则从栈中弹出 Fog 节点,并将其从浏览器视野中解除绑定。Fog 节点栈的更多细节见 7.2.2。

fogType 域控制有多少雾色与对象混合以显示距离的功能。*fogType* 是"LINEAR",混合的数量是距离的线性功能,达到一个深度提示的效果。如果 *fogType* 是"EXPONENTIAL",在混合上使用指数增长,导致一种更自然的雾的显示。

关于照明计算的雾的效果的描述见第 17 章。

24.4.3 TextureBackground

```
TextureBackground:X3DBackgroundNode {
  SFBool    [in]       set_bind
  MFFloat   [in,out]   groundAngle     []      [0,π/2]
  MFColor   [in,out]   groundColor     []      [0,1]
  SFNode    [in,out]   backTexture     NULL    [X3DTextureNode]
  SFNode    [in,out]   bottomTexture   NULL    [X3DTextureNode]
  SFNode    [in,out]   frontTexture    NULL    [X3DTextureNode]
  SFNode    [in,out]   leftTexture     NULL    [X3DTextureNode]
  SFNode    [in,out]   metadata        NULL    [X3DMetadataObject]
  SFNode    [in,out]   rightTexture    NULL    [X3DTextureNode]
  SFNode    [in,out]   topTexture      NULL    [X3DTextureNode]
  MFFloat   [in,out]   skyAngle        []      [0,π]
  MFColor   [in,out]   skyColor        0 0 0   [0,1]
  MFFloat   [in,out]   transparency    0       [0,1]
  SFTime    [out]      bindTime
```

```
  SFBool      [out]      isBound
}
```

Background 节点使用 6 个纹理节点来组成背景幕。不同于只支持 URL 域涉及到的静态图像格式的 Background 节点，TextureBackground 节点内容可以是任意的纹理类型，包括 ImageTexture，PixelTexture，MovieTexture 和 MultiTexture。关于 TextureBackground 节点的普通域的描述见 24.2。

TextureBackground 支持丰富背景的动画创造。它也允许作者将负载感知器(见 9.4.3)附加于节点的纹理域，在加载背景元素时接收通知。

TextureBackground 支持透明度值，在一个应用程序中允许场景被其他元素覆盖。假设存在一个包含应用程序，并且浏览器能够支持底层窗口的合成显示，*transparency* 域的非零透明度值允许包含应用的底层窗口显示通过。

对于 *backTexture*，*bottomTexture*，*frontTexture*，*leftTexture*，*rightTexture*，*topTexture* 域，浏览器应支持在当前支持的配置文件中的任何 X3DTexture 节点类型。

24.5 支持等级

环境感知器组件提供 3 个支持等级在表 60 中列出。等级 1 支持轻量级配置的简单背景。等级 2 提供额外的环境效应，包括全背景特征、雾化效果，以及受限纹理背景。等级 3 对纹理背景提供全部支持。

表 60 环境效果组件支持等级

等级	前提条件	节点/特征	支持
1	Core 1 Time 1 Grouping 1		
		X3DBackgroundNode(抽象)	n/a
		Background	选择性支持 *groundAngle* 和 *groundColor*。 选择性支持 *backURL*，*frontURL*，*leftURL*，*rightURL*，*topURL*。 选择性支持 *skyAngle*。一个 *skyColor*
2	Core 1 Time 1 Grouping 1		
		Level 1 中的所有环境效果节点	完全支持所有域
		Fog	完全支持所有域
3	Core 1 Time 1 Grouping 1		
		Level 2 中的所有环境效应节点	完全支持所有域
		TextureBackground	完全支持所有域

25 地理空间组件

25.1 简介

25.1.1 命名

本组件的名字叫做“Geospatial”。当在COMPONENT语句中引用这个组件时应使用本名称(见7.2.5.4)。

25.1.2 概述

本章描述了在本部分中的Geosptaial组件。包括如何将真实世界中的位置与X3D世界中的元素联系起来,以及详细说明那些为地理空间应用所调整的特定节点。表61列出了本章的主题。

表61 主题

25.2 概念

25.2.1 概述

这一部分包含对于整合在地理空间组件中的各种重要概念的论述，为地理以及空间应用提供支持。支持包括在特定X3D节点中嵌入空间坐标的能力，支持高精度空间建模，以及处理大型多精度地理数据库。这些概念见下面的描述。地理空间组件包含在空间参考模型中定义的术语。（见ISO/IEC 18026）。

总计有9种节点组成地理空间组件，它们定义如下：

- GeoCoordinate（见25.3.1）；
- GeoElevationGrid（见25.3.2）；
- GeoLocation（见25.3.3）；
- GeoLod（见25.3.4）；
- GeoMetadata（见25.3.5）；
- GeoOrigin（见25.3.6）；
- GeoPositionInterpolator（见25.3.7）；
- GeoTouchSensor（见25.3.8）；
- GeoViewpoint（见25.3.9）。

25.2.2 空间参考框架

X3D定义了一个用于建模的隐含笛卡尔右手三维坐标系统，定义见4.3.6。但是，大部分地理参考数据由测量或投影空间参考框架提供。一个大地测量（地理）空间参考框架与一个建模地球的椭圆体相关，如经度或纬度系统。投影空间参考框架采用将一个椭圆体投影到一个圆锥或圆柱这样简单的表面上，如兰勃特投影（Lambert Conformal Conic，LCC）或通用横墨卡托投影（Universal Transverse Mercator，UTM）。为了有利于整体地理空间，X3D对能够使用空间参考框架来建模的若干节点提供支持。X3D所支持的空间参考框架在表62中定义。

表62 支持的空间参考框架

代码	名称
GD	大地测量空间参考框架
GC	地心空间参考框架
UTM	通用横墨卡托投影

字符GDC与GD同义，字符GCC与GC同义。然而，这两组同义词可能在将来产生异议。除了这些空间参考系外，X3D定义了23个标准的椭圆体，用来为地球形状建模。见表63的定义。

表63 被支持的大地椭圆体

代码	椭圆体名称	Semi-Major Axis(metres)	Inv. Flattening(F^{-1})
AA	Airy 1830	6 377 563.396	299.324 964 6
AM	Modified Airy	6 377 340.189	299.324 964 6
AN	Australian National	6 378 160	298.25
BN	Bessel 1841（纳米比亚）	6 377 483.865	299.152 812 8

表 63（续）

代码	椭圆体名称	Semi-Major Axis(metres)	Inv. Flattening(F^{-1})
BR	Bessel 1841（埃塞俄比亚 印度尼西亚…）	6 377 397.155	299.152 812 8
CC	Clarke 1866	6 378 206.4	294.978 698 2
CD	Clarke 1880	6 378 249.145	293.465
EA	Everest（印度 1830）	6 377 276.345	300.801 7
EB	Everest（沙巴州 & 沙捞越）	6 377 298.556	300.801.7
EC	Everest（印度 1956）	6 377 301.243	300.801 7
ED	Everest（W. 马来西亚 1969）	6 377 295.664	300.801 7
EE	Everest(W. 马来西亚 & 新加坡 1948)	6 377 304.063	300.801 7
EF	Everest（巴基斯坦）	6 377 309.613	300.801 7
FA	Modified Fischer 1960	6 378 155	298.3
HE	Helmert 1906	6 378 200	298.3
HO	Hough 1960	6 378 270	297
ID	Indonesian 1974	6 378 160	298.247
IN	International 1924	6 378 388	297
KA	Krassovsky 1940	6 378 245	298.3
RF	Geodetic Reference System 1980(GRS 80)	6 378 137	298.257 222 101
SA	South American 1969	6 378 160	298.25
WD	WGS 72	6 378 135	298.26
WE	WGS 84	6 378 137	298.257 223 563

最后，X3D 支持用于表示平均海平面的大地水准面规范。表 64 定义了被支持的大地水准面。

表 64　支持的大地水准面

代码	名　　称
WGS84	WGS84 geoid

本质上，X3D 浏览器会将所有的地理坐标转换为地球固定的以地球为中心的几何坐标，即，偏离地球中心的(x,y,z)位移，以米为单位。该处为 3D 笛卡尔坐标系，它与 X3D 的隐式坐标系是最佳集成。此外，如果提供一个 GeoOrigin 节点，偏移可以用于这些以地球为中心的坐标（见 25.2.5）。由此产生的坐标转换为单精度同时作为渲染的最后值。该过程意味着可以为一个关注区提供更高的精度，以及允许在多重空间参考框架定义的数据能够融入某一特定背景。

25.2.3　指定一个空间参考框架

所有可包括地理坐标的 X3D 节点都支持 *geoSystem* 域。它用于指定一个特定的空间参考框架，该框架将用于此处节点的地理空间坐标。该域是一个 MFString 域，能包含若干参数，允分指定一个空间参考框架。在 MFString 数组中，每一个参数显示于一个独立字符串。参数匹配区分大小写。可选参数的显示顺序可任意。支持以下值。

- "GD"——空间大地测量参考框架(纬度/经度)。一个可选参数通过使用表 63 中定义的其中一个椭球体代码可指定椭球体。如果未指定椭球体,则假定使用"WE",即,WGS84 椭球体。如果希望所有海拔都对应于 WGS84 大地水准面(即平均海平面)(见表 64),可指定一个可选"WGS84"字符串;否则,所有海拔将对应于椭球体。这种格式的空间参考框架的定义实例为["GD","WD"],是指基于 WGS72 椭球体的一个空间大地测量参考框架,所有海拔对应于椭球体。
- "UTM"——通用横墨卡托。应进一步为 UTM 提供一个所需的参数,用于指定区域号码(1..60)。以"Z〈n〉"形式出现,其中〈n〉是区域号码。可选参数"S",可用来指定坐标是在南半球(否则,将假定为北半球)。进一步可选参数可用于指定椭球体,使用表 63 中定义的椭球代码之一。如果未指定椭球,那么"WE"被假设,即 WGS84 椭球体。如果希望所有海拔都对应于 WGS84 大地水准面,即平均海平面(见表 64),可指定一个可选"WGS84";否则,所有海拔将对应于椭球体。这种格式的空间参考框架的定义实例为["UTM ","Z10","S ","GD"],是指位于 10 区的南半球 UTM 空间参考框架,所有海拔对应于平均海平面。
- "GC"——地球固定,以地球为中心,对应 WGS84 椭球体。无其他支持参数,这种格式的空间参考框架的定义实例为["GC"]。

如果未指定 geoSystem 域,默认值为["GD","WE"]。

25.2.4 指定地理空间坐标系

空间参考框架一旦已确定,特定的一个地理坐标将被指定为 SFVec3D。地理坐标的列表编码为一个 MFVec3D。每个组件的数值含义取决于特定的空间参考框架,它通过在同一个节点的 *geoSystem* 域定义。通过以下 geoSystem 的定义,每个组件的含义定义如下:

- GD:(〈维度〉,〈经度〉,〈海拔〉)或(〈经度〉,〈纬度〉,〈海拔〉)。经度和纬度的摆放顺序由 *geoSystem* 域决定。如果指定"latitude_first",顺序是先纬度后经度。如果指定"longitude_first",顺序是先经度后纬度。如果没有指定,默认为"latitude_first"。海拔始终位于第三。经度和纬度以度为单位。纬度范围是－90 ..90,经度范围是－180 ..＋180 或 0 ..360(这两种情况下 0 度经度是同一点)。经度值相对于格林威治本初子午线。海拔以米为单位,高于椭球(默认)或高于 WGS84 大地水准面(如果在 *geoSystem* 域中提供了"WGS84"参数)。举例来说,(37.450 6,－122.183 4,0)是美国加利福尼亚州,门洛帕克的纬度/经度坐标。
- UTM:(〈北距〉,〈东距〉,〈海拔〉)或(〈东距〉,〈北距〉,〈海拔〉)。北距和东距的顺序由 *geoSystem* 域决定。若指定"northing_first",顺序是先北距后东距。若指定"easting_first",顺序是先东距后北距。如果没有指定,默认为"northing_first"。海拔始终位于第三。北距,东距,海拔都以米为单位。坐标区域,无论是否在南半球,均在 geoSystem 字串中定义。海拔相对于参考椭球体(默认)或 WGS84 大地水准面(如果在 *geoSystem* 域中指定"WGS84"参数)。举例来说,(4 145 173,572 227,0)是位于北半球区域 10 美国加利福尼亚州门洛帕克的 UTM 坐标。
- GC:(〈x〉,〈y〉,〈z〉)。这些值以米为单位。坐标代表偏离地球中央的位移,基于 WGS84 椭球。*Z* 轴通过极点,而 *X* 轴透过纬度/经度坐标(0,0)度。举例来说,(－2 700 301,－4 290 762,3 857 213)是美国加州 Menlo Park 的地心坐标。

25.2.5 高精确度坐标处理

大多数计算机图形系统,包括 X3D,使用单精度浮点值为所有几何体建模和渲染。因为计算机图形学通常涉及小屏幕(可达约 1 600×1 280 像素)和局部绑定的区域,所以很自然地成为一项设计约束。因此,不必使用双精度值,因为在精度上的提高都将在子像素噪声中损失。

不过,单精度不足以按照精确的地面分辨率为地球范围内的数据建模。若尾数只有 23 位,一个坐标只能精确到 8 000 000($2^{23}-1$)的一部分;或者说约 6 或 7 位小数的精度。地球的赤道半径(视为行星体示例)为 6 378 137 m(参照 WGS84 椭球),采用单精度浮点数字(6 378 137/8 388 607=0.8),无法实现达到精度超过 0.8 m。低于该阈值,将会出现各种浮点的人为舍入,如顶点汇聚,摄像机抖动。

通过建立一个地理关系的本地坐标系(LCS)能够避免对地定位的问题。定义地理关系的绝对位置为 LCS 的原点。它成为一个与 X3D 世界原点(0,0,0)的参考点。随后的任何地理空间位置被转换成相对于 LCS 原点的 X3D 笛卡尔坐标系。此外,通过允许用户方便地定义这些局部帧,地理参照数据的创作者通过创造仅有局部限制程度的 X3D 世界使用单精度浮点能表达的精度。这是 GeoOrigin 节点的作用,在地理 X3D 节点的 *geoOrigin* 域中对其进行了指明。

为了说明此概念,假如 GeoOrigin 被指定为 UTM 坐标(310 385.0 e,4 361 550.0 n,0 m,zone 13)。该坐标可被转化为双精度地心坐标(−1 459 877.12,−4 715 646.92,4 025 213.19)。接下来,提供的绝对 UTM 坐标(310 400.0 e,4 361 600.0 n,0 m,zone 13)可在内部转化为地心坐标(−1 459 854.51,−4 715 620.48,4 025 252.11)。最后,绝对地心坐标可以转化为一个单精度本地笛卡尔坐标系,通过减去 GeoOrigin 位置,得到(22.61,26.44,38.92),处于单精度范围内。

25.2.6 地理空间导航问题

在浏览大的地理区域方面,存在大量导航问题。这里将涉及到一个重要的问题,即与海拔相关的速度问题。

用户能够浏览世界的速度取决于它们的地形高度。比如,当在高于地面 100 m 飞越海岸,100 m/s 的速度可被视为比较快。然而,当接近地球外层空间,速度 100 m/s 是十分缓慢的。地理可视化系统的创作者因此学会了缩放用户浏览的速度,希望维持一个稳定的像素流穿过屏幕。速度和用户海拔高度之间的一个简单线性关系,如 WGS84 提供了一个可接受的和易于计算的解决方案。GeoViewpoint 节点描述了该行为。

25.3 节点引用

25.3.1 GeoCoordinate

```
GeoCoordinate:X3DCoordinateNode {
  SFNode    [in,out]  metadata    NULL          [X3DMetadataObject]
  MFVec3D   [in,out]  point       []
  SFNode    []        GeoOrigin   NULL          [GeoOrigin]
  MFString  []        GeoSystem   ["GD","WE"]   [见 25.2.3]
}
```

GeoCoordinate 节点指定了在空间的参考框架中的坐标列表。它被用于包括基于顶点的几何节点的 *coord* 域中 IndexedFaceSet、IndexedLineSet 以及 PointSet。

geoOrigin 域是用来指定拓展精度的本地坐标系,对其的描述见 25.2.5。

geoSystem 域用于定义空间参考框架,详细描述见 25.2.3。

点阵列用于包含实际的地理空间坐标,其格式应与特定 *geoSystem*(见上)所规定的格式一致。地理空间坐标变换为地心、曲地球的表示。比如,这将允许地理学者创造一个 X3D 的世界,所有的坐标都以纬度、经度、海拔来表示。

25.3.2 GeoElevationGrid

```
GeoElevationGrid:X3DGeometryNode {
  MFDouble    [in]      set_height
```

```
  SFNode      [in,out]  color              NULL          [X3DColorNode]
  SFNode      [in,out]  metadata           NULL          [X3DMetadataObject]
  SFNode      [in,out]  normal             NULL          [X3DNormalNode]
  SFNode      [in,out]  texCoord           NULL          [X3DTextureCoordinateNode]
  SFFloat     [in,out]  yScale             1.0           [0,∞)
  SFBool      []        ccw                TRUE
  SFBool      []        colorPerVertex     TRUE
  SFDouble    []        creaseAngle        0             [0,∞)
  SFVec3D     []        geoGridOrigin      0 0 0         (-∞,∞)
  SFNode      []        geoOrigin          NULL          [GeoOrigin]
  MFString    []        geoSystem          ["GD","WE"]   [见 25.2.3]
  MFDouble    []        height             [0 0]         (0,∞)
  SFBool      []        normalPerVertex    TRUE
  SFBool      []        solid              TRUE
  SFInt32     []        xDimension         0             (0,∞)
  SFDouble    []        xSpacing           1.0           [0,∞)
  SFInt32     []        zDimension         0             (0,∞)
  SFDouble    []        zSpacing           1.0           [0,∞)
}
```

GeoElevationGrid 节点在某些空间参考框架中指定一个统一的海拔值网格。之后这些值将转化为地心、曲地球的表示方式。比如,允许地理学者创造一个高度场,所有的坐标都以纬度、经度、海拔表示。

域 *color*、*colorPerVertex*、*texCoord*、*normal* 以及 *normalPerVertex* 关于 ElevationGrid 时具有相同的含义。

对 *ccw*、*solid* 和 *creaseAngle* 域的描述见 11.2.3。

geoOrigin 域用来指定一个本地坐标系,用于扩展精度,对其的描述见 25.2.5。

geoSystem 域用来定义空间参考框架,对其的描述见 25.2.3。

geoGridOrigin 域为数据集的西南角(左下角)指定了地理坐标。应指定该值,描述见 25.2.4。

height 数组包含 *xDimension*×*zDimension* 浮点值,代表在椭球或大地水准面上的高度。这些值以行顺序从西向东,从南到北给定。当 *geoSystem* 是 GD 时,*xSpacing* 是相邻高度值之间的经度度数的数量,*zSpacing* 指的是相邻垂直高度值之间的纬度数量。当 geoSystem 是 UTM 时,*xSpacing* 是相邻高度值之间的东距(米)的数量,*xSpacing* 指的是相邻垂直高度值之间的北距的数量。例如,如果 xDimension=n,网格跨度横向 d 个单位,xSpacing 值应设置为:

$d/(n-1)$。

显示数据时,*yScale* 值用于产生数据的垂直扩大效果。默认情况下,这个值是 1.0(无扩大)。如果这个值设定大于 1.0,所有的高度将大于实际。

25.3.3 GeoLocation

```
GeoLocation:X3DGroupingNode {
  MFNode    [in]      addChildren                     [X3DChildNode]
  MFNode    [in]      removeChildren                  [X3DChildNode]
  MFNode    [in,out]  Children         []             [X3DChildNode]
  SFVec3D   [in,out]  geoCoords        0 0 0          (-∞,∞)
  SFNode    [in,out]  metadata         NULL           [X3DMetadataObject]
```

```
  SFNode      []          geoOrigin        NULL             [GeoOrigin]
  MFString    []          geoSystem        ["GD","WE"]      [见 25.2.3]
  SFVec3f     []          bboxCenter       0 0 0            (-∞,∞)
  SFVec3f     []          bboxSize         -1 -1 -1         [0,∞) or -1 -1 -1
}
```

GeoLocation 节点提供给 georeference 任何标准 X3D 模型的能力。即采用一个普通的 X3D 模型，包含于节点的 *children* 域中，并指定其地理空间位置。该节点是一个分组节点，并可以被认为是作为一个变换节点。然而，GeoLocation 节点指定的是绝对位置，而不是一个相对位置，所以内容开发商不应让 GeoLocation 节点相互冲突。

geoOrigin 域是用来指定一个本地坐标系以提高精度。对其的描述见 25.2.5。

geoSystem 域用来定义空间参考系，对其的描述见 25.2.3。

在 *children* 域中节点的几何形状在相对于 *geoCoords* 域所指定的位置的 X3D 坐标中定义，以米为单位。*geoCoords* 域应该以以下格式提供，对其的描述见 25.2.3。

geoCoords 域可以用来动态更新地理空间模型的位置，举例来说，一个事件可以由 GeoPositionInterpolator 节点发送。

此外，为了在正确的地理空间位置放置 X3D 模型，GeolOcation 节点也将适当的调整模型的方向。标准 X3D 坐标系中指明：+Y 轴向上，+Z 轴指出屏幕，+X 轴向外。GeoLocation 节点确定方向，使+Y轴是向上的方向对于本地区(垂直于切平面上椭球)，-Z 轴指向北极，+X 轴向东。

25.3.4 GeoLod

```
GeoLOD:X3DGroupingNode {
  MFNode      [in]        addChildren                       [X3DSwitchNode]
  MFNode      [in]        removeChildren                    [X3DSwitchNode]
  SFNode      [in,out]    metadata         NULL             [X3DMetadataObject]
  MFNode      [out]       children         []               [X3DSwitchNode]
  SFVec3d     []          center           0 0 0            (-∞,∞)
  MFString    []          child1Url        []               [urn]
  MFString    []          child2Url        []               [urn]
  MFString    []          child3Url        []               [urn]
  MFString    []          child4Url        []               [urn]
  SFNode      []          geoOrigin        NULL             [GeoOrigin]
  MFString    []          geoSystem        ["GD","WE"]      [见 25.2.3]
  SFFloat     []          range            10               [0,∞)
  MFString    []          rootUrl          []               [urn]
  MFNode      []          rootNode         []               [X3DChildNode]
  SFVec3f     []          bboxCenter       0 0 0            (-∞,∞)
  SFVec3f     []          bboxSize         -1 -1 -1         [0,∞) or -1 -1 -1
}
```

GeoLOD 节点提供了一种 LOD 节点的地形专用格式。这是一个组节点，为使用树状结构的对象指定两个不同详情的等级，其中可以指定 0 到 4 个子，也可有效地管理加载和卸除这些详情等级。

详情等级可以打开或关闭，取决于使用者是比 *range* 米离地理空间坐标 *center* 更近或者更远。关于 *center* 域的描述见 25.2.4。

geoOrigin 域用来指定一个本地坐标系以提高精确度，对其的描述见 25.2.5。

geoSystem 用来定义空间参考框架，对其的描述见 25.2.3。

当用户在指定范围以外，只显示 *rootUrl* 或 *rootNode* 的几何形状被。当观众进入指定的范围，几何形状被 4 个子文件内容所取代，由 *child1Url* 到 *child4Url* 定义。只有当用户是在指定的范围时，4 个子文件被加载到内存中。同样地，当用户离开此范围时，这些内容从内存中卸载。图 33 说明了这一过程。但是请注意没有规定这些子 URL 需要与图中的顺序一样，即，*child1Url* 并不需要代表左下角的 4 叉树子节点。当指定少于 4 个子 URL 也是有效的；在这种情况下，当已装载了所有指定的 URL，GeoLOD 应切换到 children 节点。后一种特征可支持除 4 叉树外的其他树状结构，如二叉树。

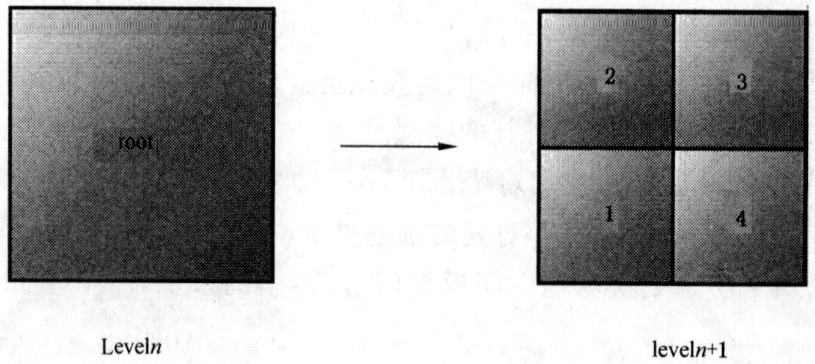

图 33 GeoLOD 等级加载

rootUrl 和 *rootNode* 域提供两种不同的方式来指定根图瓦的几何形状，可以使用任何一个。*rootNode* 域可为根图瓦直接在 X3D 文件中包含几何形状；而 *rootUrl* 域可为一个包含几何形状的文件指定 URL。为两个域都指定一个值的结果未定义。

children 域是用来为当前加载的节点集曝光场景图。作为一个事件返回的值是 MFNode 与一个单独的 Switch 节点。这个 Switch 节点包含根节点在 choice 域中的第一个节点，以及所有当前加载的 children 节点在 choice 域中的第二个节点。Switch 节点中的 whichChoice 域确定是正在显示的是根节点(0)还是子节点(1)。GeoLOD 节点在每一次场景图发生改变时会产生一个新的子节点输出事件(例如，节点载入或卸载时)。

可选择性地使用 GeoLOD 节点，支持缓存已载入的最近节点。缓存应该全局的贯穿一个场景中所有的 GeoLod 实例。这将在浏览大范围地形模型时提高性能，当用户的视点发生小的改变时避免过多的载入和卸载。

25.3.5 GeoMetadata

```
GeoMetadata:X3DInfoNode {
  MFNode     [in,out]    data        []      [urn]
  SFNode     [in,out]    metadata    NULL    [X3DMetadataObject]
  MFString   [in,out]    summary     []
  MFString   [in,out]    url         []      [urn]
}
```

GeoMetadata 节点支持元数据规范，可以描述很多地理空间节点。与 WorldInfo 节点类似，但专用于描述地理空间信息。

地理空间元数据有着许多规范和表达方式，而不是采取任何特定的标准，用 GeoMetadata 节点的目的是提供链接到上述任何一个完整的元数据描述，以及提供简短的，易于阅读的概要。

url 域是用来指定一个可链接到外部完整的元数据描述的超文本。可以指定多个 URL 字符串，以为同一元数据信息提供替代地点。summary 域可用于在元数据不容易推导的情况下指定的格式。

summary 字符串数组载有一组关键字/值对，以及每个关键字及其随后的包含在一个单独的字符串中的值，举例而言，应该总是有偶数个字符串。这提供了一种简单，可扩展的机制，用来包含可读并且易解析的元数据元素。表65指定了一些关键字和格式，应该用以描述它们的值。如果一个未知的关键字是发现，它(及其相关的值)被忽略。

表 65 GeoMetadata 关键字及其值

关键字	值
title	简便识别用户数据集的名字。例如，"San Francisco，CA"
description	数据集的一个简短的文本描述或者内容的概括。例如，"北苏格兰 LANDSAT 7 卫星成像图片"
coordinateSystem	用于表示数据的空间参考框架，即 GD，UTM 或 LCC。可用于该域的有效编码的列表定义见 ISO/IEC 18026 中。就 UTM 来说，区号应在格式"UTM *Zx*"中指定，范围为[1，60]。例如，"UTM Z11"
horizontalDatum	大地测量学数据的名称。可用于该域的有效编码列表定义在 ISO/IEC 18026 中。例如，"W84"
verticalDatum	垂直数据的名称(大地水准面)。可用于该域的编码列表定义在 ISO/IEC 18026 中。例如，"W84"
ellipsoid	大地测量学椭球体的名称。可用于该域的编码列表定义在 ISO/IEC 18026 中。例如，"WE"
extent	由 coordinateSystem 关键字指定的空间参考框架中数据集的绑定坐标。按照最东，最南，最西，最北的顺序给定。如 GD 的示例："−180.0 −90.0 180.0 90.0"
resolution	以米为单位的分辨度或者地面样本距离。例如，"30"
originator	定义数据创始人的字符串，例如，作者、代理、组织机构、出版社等。例如，"John Doe，任意公司，某市，某国"
copyright	与数据相关的任何适合的版权声明。例如，"(c) Copyright 2000，Any Corporation. All rights reserved. Freely distributable."
date	定义了与数据相关的时间段的唯一一个日期/时间，或日期/时间范围。数据指定为 YYYY MM DD [HH:MM]的格式。指定当前时间段使用四位数字(例如"1999"或者"2001")。年数可以含有除四位的其他位数，可以为负。由一个"-"连字符划分开的两个值来指定数据范围。支持的可选时间应为该精确等级。时间是以与 GMT 对应的 24 h 格式指定。例如，"1999 01 01 00:00 −1999 12 31 23:59"
metadataFormat	规定了由 GeoMetadata 节点 url 域指定的外部元数据描述格式的字符串。例如，"FGDC"，"ISO TC211"，"CEN TC287"或"OGS"
dataUrl	一份超文本，链接到用于创建与元数据相关的 X3D 节点的源数据。可以指定多个 dataUrl 关键字/值对，对相同的源数据提供可选位置。例如，"http://www.foo.bar/data/sf1"
dataFormat	自由文本字符串，描述用于创建与元数据相关的 X3D 节点的源数据格式的。涉及到由 dataUrl 关键字指定的源数据(如果存在)。例如，"USGS 5.5-min DEM"

data 域用于列出所有执行在 GeoMetadata 节点中描述的数据的节点。例如，如果 GeoMetadata 节

点是描述高度场网格的,对应的 Geoelevationgrid 节点可被包含在数据域中。数据域中的节点不渲染,因此,可使用 DEF/USE 首先描绘它们,然后再在场景图中使用。该方法允许将多个数据节点与一个单独的 GeoMetadata 节点关联,在一个场景中指定多个 GeoMetadata 节点,并且还提供一种易于定位与任意特定元数据输入有关的所有数据的机制。如果没有指明数据域,则假定 GeoMetadata 节点涉及整个场景。

25.3.6 GeoOrigin

```
GeoOrigin:X3DNode {
  SFVec3D      [in,out]   geoCoords      0 0 0          (-∞,∞)
  MFString     [in,out]   GeoSystem      ["GD","WE"]    [见 25.2.3]
  SFNode       [in,out]   metadata       NULL           [X3DMetadataObject]
  SFBool       []         rotateYUp      FALSE
}
```

GeoOrigin 节点定义地理空间的绝对位置和一个针对几何参照的隐含本地坐标系框架。该节点用于从变换地理坐标变换为由 X3D 浏览器管理的本地笛卡尔坐标系。

geoCoords 域用来指定一个本地坐标系以扩展精确,描述见 25.2.5。

geoSystem 域用来定义空间参考框架,描述见 25.2.3。

rotateYUp 域是用来指定使用 GeoOrigin 的坐标节点是否要被旋转,以便让它们向上的方向与 X3D 的 Y 轴平行。默认行为为不执行此操作。即,本地向上方向将取决于 GeoOrigin 对应于地球表面的位置。执行旋转的首要原因是为了确保标准导航模式,如 FLY 和 WALK,假设+Y=up,将正确运行。指定 rotateYUp 为 TRUE,在为每个点执行旋转时可引起额外的计算开销。

25.3.7 GeoPositionInterpolator

```
GeoPositionInterpolator:X3DInterpolatorNode {
  SFFloat     [in]       set_fraction                         (-∞,∞)
  MFFloat     [in,out]   key                  []              (-∞,∞)
  MFVec3D     [in,out]   keyValue             []
  SFNode      [in,out]   metadata             NULL            [X3DMetadataObject]
  SFVec3D     [out]      geovalue_changed
  SFVec3f     [out]      value_changed
  SFNode      []         GeoOrigin            NULL            [GeoOrigin]
  MFString    []         GeoSystem            ["GD","WE"]     [见 25.2.3]
}
```

GeoPositionInterpolator 节点提供了一种插值功能,在地理坐标系中指定关键字以及在指定的空间参考框架中执行插值操作。

geoCoords 域用来指定一个本地坐标框架以扩展精度,描述见 25.2.5。

geoSystem 域用于定义空间参考系,描述见 25.2.3。

域 *keyValue*,*set_fraction* 以及 *value_changed* 在 PositionInterpolator 节点中意义相同。

keyValue 数组用于包含实际的坐标,它应该与一个特定 geoSystem 中指定的格式相一致。

geovalue_changed 域在由 *geoSystem* 指定的空间参考框架中输出插值坐标。它能够被传递到其他支持该形式域的 GeoX3D 节点中(例如,GeoViewpoint 和 GeoLocation)。

25.3.8 GeoTouchSensor

```
GeoTouchSensor:X3DTouchSensorNode {
```

```
  SFBool      [in,out]    enabled             TRUE
  SFNode      [in,out]    metadata            NULL          [X3DMetadataObject]
  SFVec3f     [out]       hitNormal_changed
  SFVec3f     [out]       hitPoint_changed
  SFVec2f     [out]       hitTexCoord_changed
  SFVec3D     [out]       hitGeoCoord_changed
  SFBool      [out]       isActive
  SFBool      [out]       isOver
  SFTime      [out]       touchTime
  SFNode      []          GeoOrigin           NULL          [GeoOrigin]
  MFString    []          GeoSystem           ["GD",WE"]    [见 25.2.3]
}
```

GeoTouchSensor 节点跟踪一个指点设备的位置和状态及在用户指向一个包含在 GeoTouchSensor 的父组中的几何体时检测。该节点与 TouchSensor 节点有相同的功能，但是也可以在指点设备的条件下提供返回地理坐标的功能。

通过向 *enabled* 域发送值 TRUE 或 FALSE 的事件可以允许或禁止 GeoTouchSensor。一个被禁止的 GeoTouchSensor 节点不能跟踪用户输入及发送事件。

geoCoords 域用来指定一个本地坐标框架以扩展精度，描述见 25.2.5。

geoSystem 域用于定义空间参考框架。描述见 25.2.3。

域 *hitNormal_changed*、*hitPoint_changed*、*hitTexCoord_changed*、*isActive*、*isOver* 及 *touchTime* 在 TouchSensor 节点中意义相同。

当指点设备指向 GeoTouchSensor 的几何体，即 *isOver* 为 TRUE 时，将生成 *hitGeoCoord_changed* 域。该域包含了一个交叉点的地理空间坐标，该交叉点位于指点设备的位置与下面几何体之间。geoSystem 字符串的值定义了地理空间坐标的空间参考框架。例如，已知 geoSystem 的默认值为"GD"，*hitGeoCoord_changed* 域的格式为(〈经度〉〈纬度〉〈海拔〉)(见 25.2.4)。

25.3.9 GeoViewpoint

```
GeoViewpoint:X3DBindableNode {
  SFBool      [in]        set_bind
  SFRotation  [in]        set_orientation
  SFVec3D     [in]        set_position
  SFString    [in,out]    description         ""
  SFFloat     [in,out]    fieldOfView         π/4                 (0,π)
  SFBool      [in,out]    headlight           TRUE
  SFBool      [in,out]    jump                TRUE
  SFNode      [in,out]    metadata            NULL                [X3DMetadataObject]
  MFString    [in,out]    navType             ["EXAMINE","ANY"]
  SFTime      [out]       bindTime
  SFBool      [out]       isBound
  SFNode      []          GeoOrigin           NULL                [GeoOrigin]
  MFString    []          GeoSystem           ["GD","WE"]         [见 25.2.3]
  SFRotation  []          orientation         0 0 1 0             (-∞,∞) or -1 1
  SFVec3D     []          position            0 0 100000          (-∞,∞)
  SFFloat     []          speedFactor         1.0                 [0,∞)
}
```

GeoViewPoint 节点允许按照地理空间指定一个视点。当一个 Viewpoint 节点可被使用，并且能与其他 Viewpoint 节点在同一个场景中结合时，该节点可被使用。*fieldOfView*，*jump*，*description*，*set_bind*，*bindTime* 和 *isBound* 域及事件与标准 Viewpoint 节点有着相同的行为。当 GeoViewpoint 节点被绑定时，它覆盖了当前场景中被绑定的 Viewpoint 以及 NavigationInfo 节点。

geoCoords 域用于为扩展精度指定一个本地坐标系。描述见 25.2.5。

geoSystem 域用于定义空间参考框架，定义见 25.2.3。

position 域用来定义视点所在的实际坐标。它应该与 *geoSystem* 指定的格式一致。同时还有一个可以由 GeoPositionInterpolaor 节点的 *geovalue_changed* 域来路由的 *set_position* 域，用于动态模拟 GeoViewpoint 节点的位置。

orientation 字符串定义了相对于本地方向框架的方向，该框架在 *position* 域中定义。默认的，调整视点的方向，使得对于本地区域＋Y 轴为向上的向量（椭球体上正切平面的法向），－Z 轴指向北极，＋X 轴向东。因此，如果创建一个始终向下的 GeoViewpoint，无论在哪里观察星体，都将使用 *orientation* 值[1　0　0　－1.57]。*set_orientation* 域能被路由到 OrientationInterpolator 的 *value_changed* 域，以用来动态模拟 GeoViewPoint 的方向。

navType 域用于在 GeoViewpoint 被绑定时，指定将被绑定的导航类型。该域的值与 NavigationInfo 节点中的类型域的值一致，如“EXAMINE”，“WALK”，“FLY”或“ANY”。

当视点被绑定时 *headlight* 域用于指定浏览器是否应该打开一个前灯。前灯是一个方向灯，总是指向用户观看的方向。

可像存在一个与 GeoViewpoint 绑定或不绑定的内嵌 NavigationInfo 节点一样应用 GeoViewpoint 节点。一个 X3D 浏览器就应该在内部为 *speed*，*avatarSize* 以及 *visibilityLimit* 域设置合适的值来表示视点的海拔。当用户移动时，X3D 浏览器应该持续更新速度域，以支持随着海拔变化的速度（见 25.2.6）。建议用户将交互的速度定义为：

(*elevation*/*10.0*)m/s

此处，*elevation* 是用户在 WGS84 椭球的高度（以米为单位）上的海拔。同时也建议在 *avatarSize* 矢量中使用相同的缩放因子。

GeoViewpoint 节点中的 *speedFactor* 域对于节点内部设定的基于海拔的速率是作为一个乘数使用的。即，与 NavigationInfo 节点相同，这是一个相对值，而不是一个绝对速度。

25.4 支持等级

地理空间组件提供一种支持等级。如表 66 所示。

表 66　地理空间组件支持等级

等级	前提条件	节点/特征	支持
1	Core 1 Time 1 Networking 1 Grouping 3 Rendering 1 Shape 1 Geometry3D 1 Interpolator 1 Point device sensor 1 Navigation 1		

表 66（续）

等级	前提条件	节点/特征	支持
		GeoCoordinate	完全支持所有域
		GeoElevationGrid	完全支持所有域
		GeoLocation	完全支持所有域
		GeoLOD	完全支持所有域
		GeoMetadata	完全支持所有域
		GeoOrigin	完全支持所有域
		GeoPositionInterpolator	完全支持所有域
		GeoTouchSensor	完全支持所有域
		GeoViewpoint	完全支持所有域

26 人体动画组件

26.1 简介

26.1.1 名称

本组件的名称为“H-Anim”。当在 COMPONENT 语句中引用这个组件时应使用本名称（见 7.2.5.4）。

26.1.2 概述

本章描述了本部分中的人体动画(H-Anim)组件。表 67 列出了本章的主题。X3D 的 H-Anim 组件定义了节点绑定和在 X3D 中为实现 ISO/IEC 19774（见 ISO/IEC 19774）的其他细节。

表 67 主题

26.2 概念

该组件将 ISO/IEC 19774 中定义的功能函数映射到 X3D 的一系列节点。这些节点的语义与 ISO/IEC 19774 中定义的相同。

26.3 节点引用

26.3.1 HAnimDisplacer

```
HAnimDisplacer:X3DGeometricPropertyNode {
  MFInt32     [in,out]   coordIndex      []     [0,∞) or -1
  MFVec3f     [in,out]   displacements   []     [X3DCoordinateNode]
  SFNode      [in,out]   metadata        NULL   [X3DMetadataObject]
  SFString    [in,out]   name            ""
  SFFloat     [in,out]   weight          0.0
}
```

应用软件可能需要改变个别的 Segments 的形状。在最基本的等级，通过写入处于 HAnimSegment 节点的 *coord* 域中的 X3DCoordinateNode-derived 节点的 *po* int 域来实现。

在某些情况下，应用可能需要鉴别出 HAnimSegment 中特定的顶点组。

例如，应用可能需要了解在头部 HAnimSegment 中是哪些顶点组成了左边的眉毛。

同时可能也需要某些“线索”以确定每个顶点应该朝哪个方向移动。该信息存储于一个叫做 HAnimDisplacer 的节点中。针对特定 HAnimSegment 的 HanimDisplacers 被存储在 HAnimSegment 的 *displacers* 域中。

对每个域的描述应与 ISO/IEC 19774 中描述的相同。

26.3.2 HAnimHumanoid

```
HAnimHumanoid:X3DChildNode, X3DBoundedObject {
  SFVec3f     [in,out]   center             0 0 0     (-∞,∞)
  MFString    [in,out]   info               []
  MFNode      [in,out]   joints             []        [HAnimJoint]
  SFNode      [in,out]   metadata           NULL      [X3DMetadataObject]
  SFString    [in,out]   name               ""
  SFRotation  [in,out]   rotation           0 0 1 0   (-∞,∞)|[-1,1]
  SFVec3f     [in,out]   scale              1 1 1     (0,∞)
  SFRotation  [in,out]   scaleOrientation   0 0 1 0   (-∞,∞)|[-1,1]
  MFNode      [in,out]   segments           []        [HAnimSegment]
  MFNode      [in,out]   sites              []        [HAnimSite]
  MFNode      [in,out]   skeleton           []        [HAnimJoint]
  MFNode      [in,out]   skin               []        [X3DChildNode]
  SFNode      [in,out]   skinCoord          NULL      [X3DCoordinateNode]
  SFNode      [in,out]   skinNormal         NULL      [X3DNormalNode]
  SFVec3f     [in,out]   translation        0 0 0     (-∞,∞)
  SFString    [in,out]   version            ""
  MFNode      [in,out]   viewpoint          []        [Viewpoint]
```

```
  SFVec3f      []            bboxCenter        0 0 0          (-∞,∞)
  SFVec3f      []            bboxSize          -1 -1 -1       [0,∞) or -1 -1 -1
}
```

节点 HAnimHumanoid 用来存储人读数据，比如作者和版权信息，同时除作为整个拟人体的容器之外也存储 HAnimJoint，HAnimSegment 和 Vieopoint 节点的索引。从而作为一个中心节点用于在它的环境中移动拟人体。

对于每个域的描述见 ISO/IEC 19774。

26.3.3 HAnimJoint

```
HAnimJoint:X3DGroupingNode {
  MFNode       [in]          addChildren                      [HAnimJoint,HAnimSegment,HAnim-
                                                               Site]
  MFNode       [in]          removeChildren                   [HAnimJoint,HAnimSegment,HAnim-
                                                               Site]
  SFVec3f      [in,out]      center             0 0 0         (-∞,∞)
  MFNode       [in,out]      children           []            [HAnimJoint,HAnimSegment,HAnim-
                                                               Site]
  MFNode       [in,out]      displacers         []            [HAnimDisplacer]
  SFRotation   [in,out]      limitOrientation   0 0 1 0       (-∞,∞)|[-1,1]
  MFFloat      [in,out]      llimit             []            (-∞,∞)
  SFNode       [in,out]      metadata           NULL          [X3DMetadataObject]
  SFString     [in,out]      name               ""
  SFRotation   [in,out]      rotation           0 0 1 0       (-∞,∞)|[-1,1]
  SFVec3f      [in,out]      scale              1 1 1         (0,∞)
  SFRotation   [in,out]      scaleOrientation   0 0 1 0       (-∞,∞)|[-1,1]
  MFInt32      [in,out]      skinCoordIndex     []
  MFFloat      [in,out]      skinCoordWeight    []
  MFFloat      [in,out]      stiffness          [0 0 0]       [0,1]
  SFVec3f      [in,out]      translation        0 0 0         (-∞,∞)
  MFFloat      [in,out]      ulimit             []            (-∞,∞)
  SFVec3f      []            bboxCenter         0 0 0         (-∞,∞)
  SFVec3f      []            bboxSize           -1 -1 -1      [0,∞) or -1 -1 -1
}
```

人体的每个关节由 HAnimJoint 节点表示，它用于定义每个人体部位与直接亲本的关系。

一个 HAnimJoint 有可能只是另一个 HAnimJoint 节点的子，或者当 HAnimJoint 被用作为拟人体根节点时，作为在 *skeleton* 域中的一个子。（即：一个 HAnimJoint 不能成为一个 HAnimSegment 的子）。

HAnimJoint 节点也被用来存储其他特定关节信息。特别是，一个关节的 *name* 应能使应用软件在运行时能识别每个 HAnimJoint 节点。Joint 节点可能包含着希望控制 H-Anim 图形反向运动系统的线索。该线索包括关节约束的上下限，关节约束的方向，以及刚性/持久性值。值得注意的是，这些约束只是用于提供信息，而并不是需要由任何处在拟人场景图中的机制强迫执行。对于该信息的使用及关节约束的强制执行由应用决定。

拟人体的作者和工具不管怎么选择，都可自由地实现 HAnimJoint 节点。特别是，他们可以选择使用一个单独的多边形网来表示一个拟人体,而不是为每个人体部位使用一个独立的 IndexedFaceSet。在这种情况下,一个 HAnimJoint 需要负责移动这些对应于某个特定身体部位及继承的所有部位的顶点。

对于每个域的描述应与 ISO/IEC 19774 中描述的相同。

26.3.4 HAnimSegment

```
HAnimSegment:X3DGroupingNode {
  MFNode    [in]      addChildren                          [X3DChildNode]
  MFNode    [in]      removeChildren                       [X3DChildNode]
  SFVec3f   [in,out]  centerOfMass      0 0 0              (-∞,∞)
  MFNode    [in,out]  children          []                 [X3DChildNode]
  SFNode    [in,out]  coord             NULL               [X3DCoordinateNode]
  MFNode    [in,out]  displacers        []                 [HAnimDisplacer]
  SFFloat   [in,out]  mass              0                  (0,∞)
  SFNode    [in,out]  metadata          NULL               [X3DMetadataObject]
  MFFloat   [in,out]  momentsOfInertia  [0 0 0 0 0 0 0 0 0] [0,∞)
  SFString  [in,out]  name              ""
  SFVec3f   []        bboxCenter        0 0 0              (-∞,∞)
  SFVec3f   []        bboxSize          -1 -1 -1           [0,∞) or -1 -1 -1
}
```

每个身体部位都存储在一个 HAnimSegment 节点中。HAnimSegment 节点是一个分组节点,它一般包含若干 Shape 节点,或者可能是在其坐标系中定位身体部位的 Transfrom 节点,坐标系的定义见 ISO/IEC 19774。如果 HAnimsegment 的几何结构复杂,建议使用 LOD 节点。

对于每个域的描述应与 ISO/IEC 19774 中描述的相同。

26.3.5 HAnimSite

```
HAnimSite:X3DGroupingNode {
  MFNode      [in]      addChildren                       [X3DChildNode]
  MFNode      [in]      removeChildren                    [X3DChildNode]
  SFVec3f     [in,out]  center            0 0 0           (-∞,∞)
  MFNode      [in,out]  children          []              [X3DChildNode]
  SFNode      [in,out]  metadata          NULL            [X3DMetadataObject]
  SFString    [in,out]  name              ""
  SFRotation  [in,out]  Rotation          0 0 1 0         (-∞,∞)|[-1,1]
  SFVec3F     [in,out]  scale             1 1 1           (0,∞)
  SFRotation  [in,out]  scaleOrientation  0 0 1 0         (-∞,∞)|[-1,1]
  SFVec3F     [in,out]  translation       0 0 0           (-∞,∞)|[-1,1]
  SFVec3f     []        bboxCenter        0 0 0           (-∞,∞)
  SFVec3f     []        bboxSize          -1 -1 -1        [0,∞) or -1 -1 -1
}
```

一个 HAnimSite 节点有 3 个作用。第一它用来定义"结尾效应器"的位置,这个位置被逆向运动系统使用。第二它用来为附属物,如珠宝,衣物,定义一个接触点。第三,用来为在以一个 HAnimSegment 的参照物中的虚拟相机定一个位置。(如"通过眼睛"看到的拟人的景象,用于多用户的世界)。

对于每个域的描述见 ISO/IEC 19774。

26.4 支持等级

表 68 中表示了 H-Anmin 组件提供的 1 个等级支持。

表 68 人体动画组件支持等级

等级	前提条件	节点/特征	支持
1	Core 1 Grouping 1 Geometry 2 Shape 1 Texturing 1 Navigation 2		
		HAnimDisplacer	完全支持所有域
		HAnimHumanoid	完全支持所有域
		HAnimJoint	完全支持所有域
		HAnimSegment	完全支持所有域
		HAminSite	完全支持所有域

27 NURBS 组件

27.1 简介

27.1.1 名称

该组件的名称是"NURBS"。当在 COMPONENT 语句中引用这个组件时应使用本名称(见 7.2.5.4)。

27.1.2 概述

本章描述了本部分中的非均匀有理 B 样条(NURBS)。表 69 列出了本章的主题。

表 69 主题

表 69（续）

27.2 概念

27.2.1 NURBS 的概述

非均匀有理 B 样条(NURBS)提供了一种简便有效的生成曲线或曲面的方法，由 NURBS 生成的曲线或曲面在任何距离看上去都是平滑的。由于这些曲面是参数化的，仅仅需要提供少量的数据来描述复杂的曲面。

27.2.2 NURBS 的相关节点

NURBS 曲面和曲线的特点是根据用于非均匀有理 B 样条几何的数学定义来定义的。

有许多构建技术，包括：

a) NURBS 曲面的特殊情况，例如球体、圆柱或贝塞尔曲面；

b) 挤压/扫掠曲面，由脊柱曲线和截面曲线构建，其中脊柱曲线和截面曲线都可用 NURBS 曲线；

c) 旋转曲面，由给定的一个圆/圆弧和一个 NURBS 的截面曲线构建；

d） 蒙皮曲面，由一组曲线构建；

e） 戈登曲面，由两组曲线插值构建；

f） 孔斯曲面片，由4个边界曲线构建的双三次插值混合曲面；

g） 由一组插值点构建的曲面。

对于本标准，假设这类曲面的创建只是在创作时的一个构建步骤，在X3D运行时交付的NURBS曲面应转换为一般的NurbsSurface节点。

27.2.3 通用的几何域和正确性

在NURBS中描述了NURBS的背景资料和一些实现方法(参见NURBS)。

NURBS要求用控制顶点，权值，节点和阶数作为特定的输入。每一项输入都是用适当数据类型的单独域来定义的。

该控制顶点及相应的权值包含在单独域中。这一分离也允许使用CoordinateInterpolator节点的*controlPoint*域的独立动画。

遵循NURB原则的所有节点使用相同的域名(或者对于曲面情况在其上使用u/v变量)。这些域名的解释如下：

*order*定义曲线的阶数。从数学的角度来看，曲线是由阶次为*order*－*1*的一个多项式来定义的。*order*值应大于或等于2。某实现可能会将阶数限制为一个特定的数。如果确实如此，将产生一个警告，并且不显示曲面。一个实现至少应支持阶数2、3和4。控制点的数目至少应等于曲线的阶数。该阶数定义了影响某一给定控制点的邻近控制点的数量。

*controlPoint*定义了X3DcoordinateNode实例，该实例提供用于控制曲线或曲面的坐标原始数据。根据权值和阶数，分段线性曲线逼近所产生的参数曲线。控制点数量应等于或大于该阶数。一个封闭的B样条曲线可以通过以下几步来设置：重复限制控制点、指定一个周期性的节点数组，并将*closed*域设置为TRUE。如果最后一个控制点与第一个不相同，则忽略该域。

应给每个*controlPoint*分配一个大于零的*weight*值。该值的顺序与控制点值的顺序相同。值的数量应该与控制点的数量相等。如果权值数组的长度是零，将假定每个控制点的默认权值为1.0，这样就确定了一个非有理的曲线。如果权值少于控制点的数目，所有的权值应被忽略，并且权值应使用1.0。

*knots*定义了节点数组。节点的数目应等于控制点的数目加上曲线的阶数。该阶数应该是非递减的。节点数组内部可能有不超过*order*－*1*个具有相同值的连续节点。如果节点数组的长度是零或不是要求的精确数字(*numcontrolPoints*＋*order*－*1*)，则计算一个默认的统一节点数组。

27.2.4 离散策略

因为低级别的实时绘制系统目前仅能处理平面三角形，为逼近真实曲面的一系列三角形NURBS曲面需要加以细分(即离散化)。

可以在不同坐标空间进行离散：

a） 在物体空间和相当于一个X3D的IndexedFaceSet的内部计算中进行离散。

b） 将控制顶点传输到屏幕空间，在屏幕空间进行离散。

曲面的离散点可通过不同的方法来确定：

c） 基于细分的绝对数量的固定离散；

d） 基于弧长的自适应离散；

e） 基于两个三角形的夹角的自适应离散；

f） 基于视点的离散，相邻轮廓线的最佳化离散。

本标准不指定用哪种方法来离散曲面。但是，执行绘制NURBS时应在离散产生的绘制图像中不能感觉到离散块的边界。

注：为了绘制，屏幕空间中的离散要求能传递已变换的顶点。该要求应用已将顶点点亮（见第 17 章），并传递由此产生的一个三角形的每个顶点的颜色和镜面 RGB 值。

为了避免在两个面的交界处出现裂缝，整个曲面的离散值在 NrubsSet 中指定。

27.2.5 裁剪的 NURBS

裁剪曲线指定了一个用来限定 NURBS 曲面的 NURBS 曲线，以建立包含孔洞或有平滑边界的 NURBS 曲面。裁剪曲线是在曲面的参数空间中的曲线。

裁剪区域由曲面的参数空间中的一系列封闭裁剪环定义。当一个环被指定为逆时针方向时，环内的区域将被保留，外部将被丢弃。当环被指定为顺时针方向时，内部空间要丢弃，其余的保留。环可以嵌套，但是一个被嵌套的环的方向必须和嵌套其的环的方向相反。最外面环的方向必须是逆时针的。顺时针方向定义为从参数曲面的参数空间中 U 和 V 轴的叉积方向看过去。

裁剪环由 NURBS 曲线及分段的线性曲线的连接序列构成。序列中每个曲线的最后一个点应与下一个曲线的第一个点相同，同时最后一个曲线的最后一个点应该与第一个曲线的第一个点相同。不允许使用自相交的曲线。

27.3 抽象类型

27.3.1 *X3DNurbsControlCurveNode*

```
X3DNurbsControlCurveNode:X3DNode {
  MFVec2d     [in,out]    controlPoint    []      (-∞,∞)
  SFNode      [in,out]    metadata        NULL    [X3DMetadataObject]
}
```

抽象节点类型是所有在 2D 空间提供控制曲线信息的节点类型的基本类型。

控制点在 2D 坐标空间中定义，根据分支节点类型以及该节点实例的用户来进行插值。

27.3.2 *X3DNurbsSurfaceGeometryNode*

```
X3DNurbsSurfaceGeometryNode:X3DParametricGeometryNode {
  SFNode      [in,out]   controlPoint     []      [X3DCoordinateNode]
  SFNode      [in,out]   metadata         NULL    [X3DMetadataObject]
  SFNode      [in,out]   texCoord         []      [X3DTextureCoordinateNode|NurbsTex-
                                                   tureCoordinate]
  SFInt32     [in,out]   uTessellation    0       (-∞,∞)
  SFInt32     [in,out]   vTessellation    0       (-∞,∞)
  MFDouble    [in,out]   weight           []      (0,∞)
  SFBool      []         solid            TRUE
  SFBool      []         uClosed          FALSE
  SFInt32     []         uDimension       0       [0,∞)
  MFDouble    []         uKnot            []      (-∞,∞)
  SFInt32     []         uOrder           3       (2,∞)
  SFBool      []         vClosed          FALSE
  SFInt32     []         vDimension       0       [0,∞)
  MFDouble    []         vKnot            []      (-∞,∞)
  SFInt32     []         vOrder           3       (2,∞)
```

}

X3DNurbsSurfaceGeometryNode 代表了所有 NURBS 曲面类型的抽象几何类型。

uDimension 和 *vDimension* 定义 u 和 v 维数中控制点的数目。

uOrder 和 *vOrder* 定义 u 和 v 维数中的曲面阶数。

uKnot 和 *vKnot* 定义 u 和 v 维数中的曲面节点值。

uClosed 和 *vClosed* 定义指定的维是否为封闭曲面的维数或者不是 u 和 v 的维数。

controlPoint 定义了维数 *uDimension*×*vDimension* 的一系列控制点。这些控制点定义了一个网格，这些点没有一个统一的间距。通过在升序阶数的 u 折线和 v 参数，*uDimension* 点在 u 方向定义一个折线。控制点的数目应等于或大于该阶数。一个封闭的曲面通过重复受限的控制点和将 *closed* 域设置为 TRUE 来指定。如果 *closed* 域设置为 FALSE，不要求平滑地将该维度的曲面边界融合成一个连续曲面。如果控制点的最后设置不一致，则忽略该域。

与控制网格上的控制点 P[i,j]相关的控制顶点是：

```
P[i,j].x = controlPoints[i + ( j × uDimension)].x
P[i,j].y = controlPoints[i + ( j × uDimension)].y
P[i,j].z = controlPoints[i + ( j × uDimension)].z
P[i,j].w = weight[ i + (j × uDimension)]

where  0≤i<uDimension and
       0≤j<vDimension.
```

以相同数量的细分步骤对曲面进行细分的一种实现中，离散值按下列方式解释：

a） 如果一个离散值大于零，离散点数目为：

tessellation＋*1*；

b） 如果一个离散值小于 0，离散点数目为：

－*tessellation*×(*u*/*v*)*dimension*)＋*1*；

c） 如果一个离散值为 0，离散点数目为：

(2×(*u*/*v*)*dimension*)＋*1*。

为了根据弧长实现离散，小于零的离散值应该解释为像素中的最大弧长偏差。全自动离散的实现可忽略离散提示参数。

texCoord 提供了如何产生纹理坐标的附加的信息。默认情况下，单位正方形(或 3D 坐标的立方体)中的纹理坐标从参数细分中自动产生。一个 NurbsTextureCoordinate 节点或者简单的 TextureCoordinate 节点能够用于计算给出 NurbsSurface 的 u/v 参数的纹理坐标。该 NurbsTextureCoordinate 还支持非动画面，以指定一个基于“弦长”的纹理坐标参数。

solid 域决定从里面看时表面是否可见。对 *solid* 域的完整描述见 11.2.3。

closed 定义曲线是否应该被绘制为给定参数方向上的封闭对象，从而使得该对象在这个方向上封闭，而不是在其他方向上封闭(例如圆柱)。

27.3.3 *X3DParametricGeometryNode*

```
X3DParametricGeometryNode:X3DGeometryNode {
SFNode [in,out] metadata NULL  [X3DMetadataObject]
}
```

这一抽象节点类型是所有几何节点类型的基本类型，该几何节点类型被参数化地创建并应用控制点来描述曲面的最终形状。控制点如何被描述和解释应为各个节点类型的特性。

27.4 节点引用

27.4.1 Contour2D

```
Contour2D:X3DNode {
  MFNode [in]        addChildren          [NurbsCurve|ContourPolyline2D]
  MFNode [in]        removeChildren       [NurbsCurve|ContourPolyline2D]
  MFNode [in,out]    children        []   [NurbsCurve|ContourPolyline2D]
  SFNode [in,out]    metadata      NULL
}
Contour2D:X3DNode {
  MFNode    [in]       addChildren                 [NurbsCurve|ContourPolyline2D]
  MFNode    [in]       removeChildren              [NurbsCurve|ContourPolyline2D]
  MFNode    [in,out]   Children          []        [NurbsCurve|ContourPolyline2D]
  SFNode    [in,out]   metadata          NULL      [X3DMetadataObject]
}
```

Contour2D 节点将一系列曲线段组成一个复合轮廓线。子段应形成一个闭环，第一个子段的第一个点重复作为最后一个子段的最后一个点，一个段的最后一个点重复作为连续段的第一个点。段由实现了 X3DNurbsControlCurveNode 的抽象类型节点的实际节点定义，并在子域中按照轮廓线的拓扑顺序依次相连地列出。

节点使用的 2D 坐标应解释为存在于由 NURBS 曲面定义的(u,v)的坐标空间中。

27.4.2 ContourPolyline2D

```
ContourPolyline2D:X3DNurbsControlCurveNode {
  SFNode     [in,out]    metadata    NULL    [X3DMetadataObject]
  MFVec2f    [in,out]    point       []      (-∞,∞)
}
```

ContourPolyline2D 节点定义了一个分段线性曲线段作为曲面的 u,v 域的裁剪轮廓的一部分。

point 指定分段线性曲线的端点。

ContourPolyline2D 节点作为 Contour2D(见 27.4.1)组的子节点。

27.4.3 CoordinateDouble

```
CoordinateDouble:X3DCoordinateNode {
  SFNode     [in,out]    metadata    NULL    [X3DMetadataObject]
  MFVec3d    [in,out]    point       []      (-∞,∞)
}
```

CoordinateDouble 是坐标节点的一个变量，该坐标节点允许定义 3D 坐标的双精度点值。

27.4.4 NurbsCurve

```
NurbsCurve:X3DParametricGeometryNode {
  SFNode     [in,out]  controlPoint    []      [X3DCoordinateNode]
  SFNode     [in,out]  metadata        NULL    [X3DMetadataObject]
  SFInt32    [in,out]  tessellation    0       (-∞,∞)
  MFDouble   [in,out]  weight          []      (0,∞)
  SFBoolean  []        closed          FALSE
```

```
  MFDouble  []          knot              []            (-∞,∞)
  SFInt32   []          order             3             [2,∞)
}
```

该 NurbsCurve 节点是一个几何节点,定义了在三维空间中的参数曲线(见图 34)。

通过设置细分步骤的绝对数目,*tessellation* 域给出了曲线离散的线索。这些值应大于或等于该 *Order* 域。值为 0 表明,该浏览器选择了一个合适的离散。小于零表示取决于实现。

将曲面细分的操作,其细分的数目与细分步骤的数目相同,离散值解释如下:

a) 如果一个离散值大于零,离散点数目为:

$tessellation+1$;

b) 如果一个离散值小于 0,离散点数目为:

$-tessellation \times (number\ of\ control\ points)+1$;

c) 如果一个离散值为 0,离散点数目为:

$(2 \times (number\ of\ control\ points)+1$。

对于基于弧长进行离散的实现,小于零的离散值应该解释为以像素为单位的最大弧长偏差。进行全自动离散的实现可忽略离散线索参数。

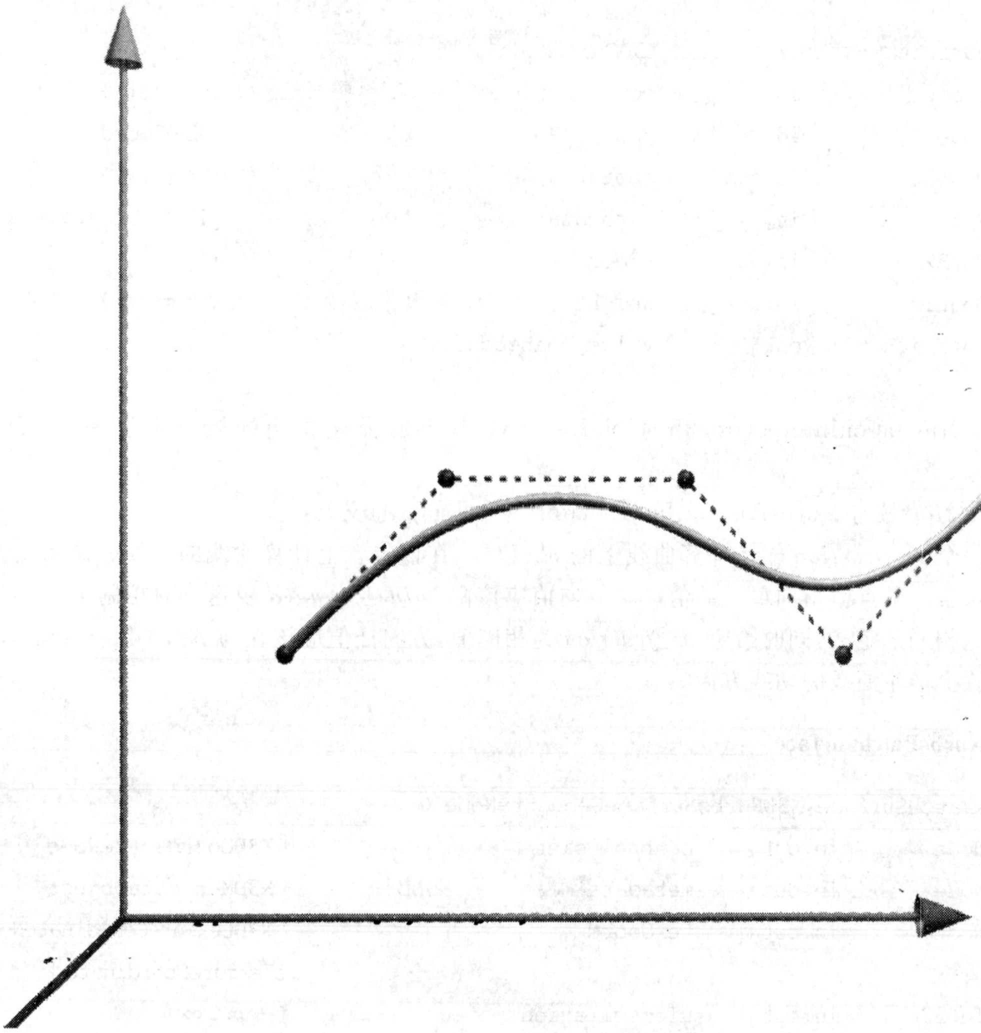

图 34 NurbsCurve

27.4.5 NurbsCurve2D

```
NurbsCurve2D:X3DNurbsControlCurveNode {
  MFVec2d     [in,out]   controlPoint    []       (-∞,∞)
  SFNode      [in,out]   metadata        NULL     [X3DMetadataObject]
  SFInt32     [in,out]   tessellation    0        (-∞,∞)
  MFDouble    [in,out]   weight          []       (0,∞)
  MFDouble    []         knot            []       (-∞,∞)
  SFInt32     []         order           3        [2,∞)
  SFBool      []         closed          FALSE
}
```

该 NurbsCurve2D 节点定义了一个裁剪曲线段,该裁剪曲线段是曲面 u、v 域上的裁剪轮廓线的一部分。

NurbsCurve2D 节点用作 Contour2D(见 27.4.1)组的子节点。

27.4.6 NurbsOrientationInterpolator

```
NurbsOrientationInterpolator:X3DChildNode {
  SFFloat      [in]       set_fraction                (-∞,∞)
  SFNode       [in,out]   controlPoints    []         [X3DCoordinateNode]
  MFDouble     [in,out]   knot             []         (-∞,∞)
  SFNode       [in,out]   metadata         NULL       [X3DMetadataObject]
  SFInt32      [in,out]   order            3          (2,∞)
  MFDouble     [in,out]   weight           []         (-∞,∞)
  SFRotation   [out]      value_changed
}
```

NurbsOrientationInterpolator 用对 NurbsCurve 节点的描述相同的域指定了一个 3D NURBS Curve。

set_fraction 域与 NurbsPositionInterpolator 具有相同的意义。

发送一个 *set_fraction* 输入计算曲线上的 3D 位置,在该位置上计算曲线的切线。该切线方向应该沿着曲线从第一节点值指向最后的值。该方向值应该由 *value_changed* 发送。对控制顶点、节点、阶数和权值给定相同的定义,同时给定 *set_fraction* 为相同值,方向插值应该在与 NurbsPositionInterpolator 相同的位置上产生曲线的切线方向。

27.4.7 NurbsPatchSurface

```
NurbsPatchSurface:X3DNurbsSurfaceGeometryNode {
  SFNode     [in,out]   controlPoint    []      [X3DCoordinateNode]
  SFNode     [in,out]   metadata        NULL    [X3DMetadataObject]
  SFNode     [in,out]   texCoord        []      [X3DtextureCoordinateNode|Nurb-
                                                 sTextureCoordinate]
  SFInt32    [in,out]   uTessellation   0       (-∞,∞)
  SFInt32    [in,out]   vTessellation   0       (-∞,∞)
  MFDouble   [in,out]   weight          []      (0,∞)
  SFBool     []         solid           TRUE
```

```
  SFBool      []          uClosed       FALSE
  SFInt32     []          uDimension    0          [0,∞)
  MFDouble    []          uKnot         []         (-∞,∞)
  SFInt32     []          uOrder        3          [2,∞)
  SFBool      []          vClosed       FALSE
  SFInt32     []          vDimension    0          [0,∞)
  MFDouble    []          vKnot         []         (-∞,∞)
  SFInt32     []          vOrder        3          [2,∞)
}
```

NurbsPatchSurface 节点是一个连续的 NURBS 曲面块。图 35 展示了一个 NurbsPatchSurface 节点的例子：

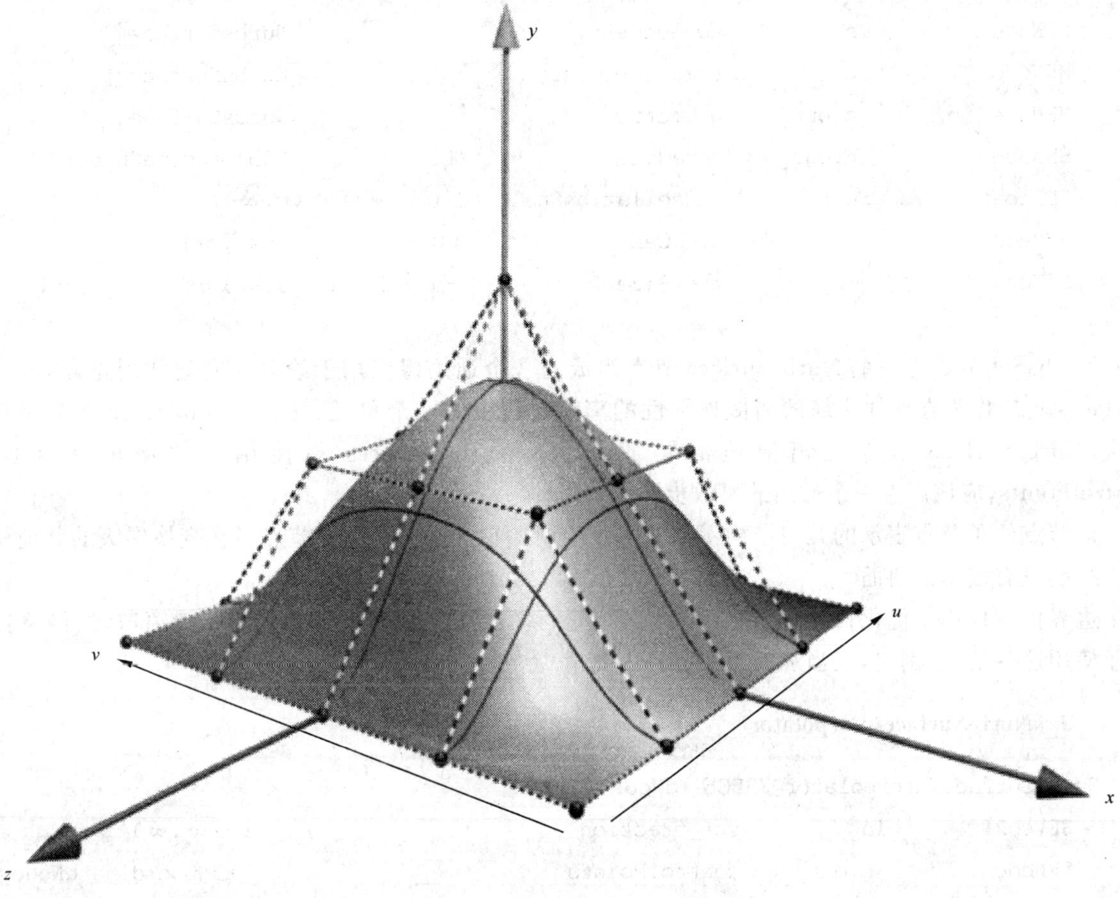

图 35　**NurbsPatchSurface**

27.4.8　NurbsPositionInterpolator

```
NurbsPositionInterpolator:X3DChildNode {
  SFFloat     [in]        set_fraction                 (-∞,∞)
  SFNode      [in,out]    controlPoints   []           [X3DCoordinateNode]
  MFDouble    [in,out]    knot            []           (-∞,∞)
  SFNode      [in,out]    metadata        NULL         [X3DMetadataObject]
  SFInt32     [in,out]    order           3            (2,∞)
```

```
    MFDouble    [in,out]    weight              []          (-∞,∞)
    SFVec3f     [out]       value_changed
}
```

NurbsPositionInterpolator 节点使用 *dimension*、*keyValue*、*keyWeight*、*knot* 和 *order*(与 27.4.4 中的定义相同)描述了一种 3D NURBS Curve。

域 *set_fraction* 和 *value_changed* 与 19.4.6 中定义的含义相同。

通过发送一个 *set_fraction* 输入来计算曲线上 *value_changed* 发送的 3D 位置。*set_fraction* 值用作离散函数输入值。因此,节点与连续插值节点的 *key* 域相对应;例如,如果 *set_fraction* 值在 [0,1]范围内并且节点数组在[0,2]范围内,那么仅仅需要计算曲线的一半。

27.4.9 NurbsSet

```
NurbsSet:X3DChildNode, X3DBoundedObject {
    MFNode      [in]        addGeometry                         [NurbsSurface]
    MFNode      [in]        removeGeometry                      [NurbsSurface]
    MFNode      [in,out]    geometry            []              [NurbsSurface]
    SFNode      [in,out]    metadata            NULL            [X3DMetadataObject]
    SFFloat     [in,out]    tessellationScale   1.0             (0,∞)
    SFVec3f     []          bboxCenter          0 0 0           (-∞,∞)
    SFVec3f     []          bboxSize            -1 -1 -1        [0,∞) or -1 -1 -1
}
```

NurbsSet 节点将一组 NurbsSurface 节点组成为一个通用组仅用于绘制。它通知浏览器,NurbsSurfaces 集应作为在加强边缘的离散连续性的离散过程中的一个单元。*tessellationScale* 参数是在低层次 NurbsSurface 节点上离散值的缩放比例。NurbsSurfaces 集使用沿边缘的一组匹配 controlPoints,应该产生一个通用的离散步骤。

该节点的子节点表示的几何结构不应被直接绘制。它仅是一个信息节点。在变换层级的其他位置不应绘制没有表示的曲面。

边界信息仅用于优化目的。当进行修剪或者进行基于边界信息的面片之间平滑离散时,浏览器可选择使用这些信息(例如,仅当观察者在边界内光滑)。

27.4.10 NurbsSurfaceInterpolator

```
NurbsSurfaceInterpolator:X3DChildNode {
    SFVec2f     [in]        set_fraction                        (-∞,∞)
    SFNode      [in,out]    controlPoints       []              [X3DCoordinateNode]
    SFNode      [in,out]    metadata            NULL            [X3DMetadataObject]
    MFDouble    [in,out]    weight              []              (-∞,∞)
    SFVec3f     [out]       position_changed
    SFVec3f     [out]       normal_changed
    SFInt32     []          uDimension          0               [0,∞)
    MFDouble    []          uKnot               []              (-∞,∞)
    SFInt32     []          uOrder              3               [2,∞)
    SFInt32     []          vDimension          0               [0,∞)
    MFDouble    []          vKnot               []              (-∞,∞)
    SFInt32     []          vOrder              3               [2,∞)
```

```
}
```

NurbsSurfaceInterpolator 描述了一个 3D NURBS 曲面，见 27.4.7。

通过发送一个 *set_fraction* 输入来计算一个给定 u 和 v 坐标的曲面上的 3D 位置，该曲面的位置需要通过 *value_changed* 发送。

27.4.11 NurbsSweptSurface

```
NurbsSweptSurface:X3DParametricGeometryNode {
  SFNode    [in,out]    crossSectionCurve    []      [X3DNurbsControlCurveNode]
  SFNode    [in,out]    metadata             NULL    [X3DMetadataObject]
  SFNode    [in,out]    trajectoryCurve      []      [NurbsCurve]
  SFBool    []          ccw                  TRUE
  SFBool    []          solid                TRUE
}
```

NurbsSweptSurface 描述一个通用的曲面，它定义了一个二维空间中的路径，以及如图 36 中所描述的一个二维或三维的恒定横截面。在概念上，NURBS 相当于 Extrusion 节点(见 13.3.5)，允许使用非封闭截面。

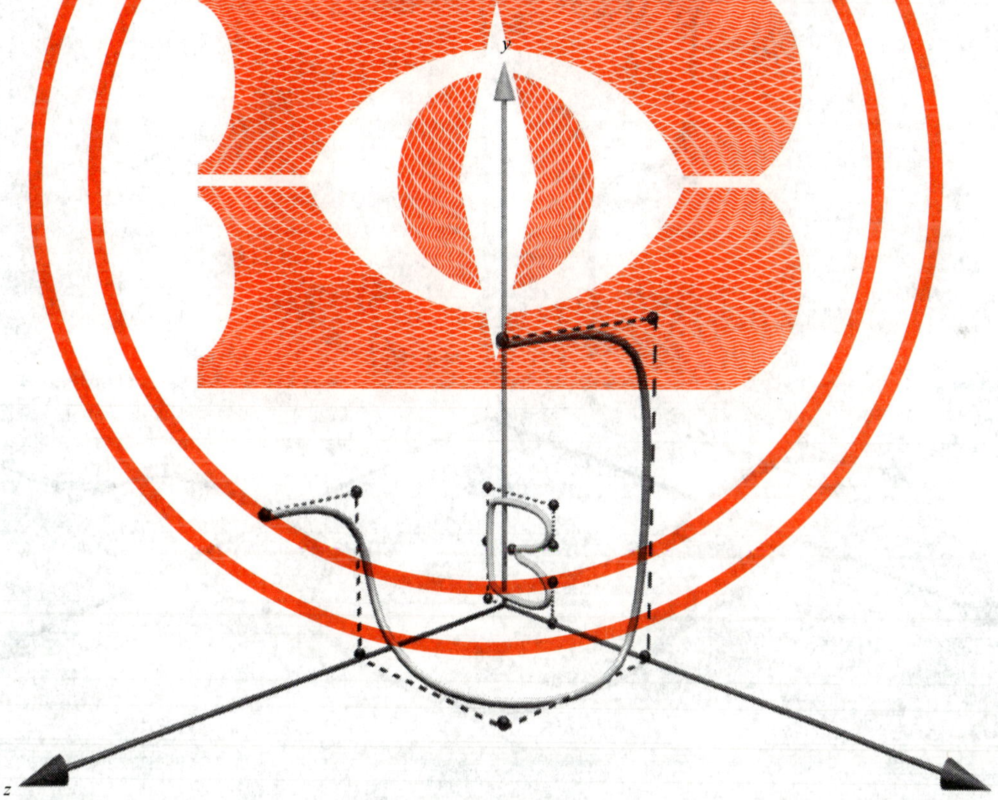

图 36 NurbsSweptSurface

solid 和 *ccw* 域的详细定义见 11.2.3。为了让多边形法向量远离轴线，应该定向轨迹曲线，使得当沿一Y 轴看时，轨迹曲线逆时针方向移动，由此确定“内”和“外”的概念。

当 *solid* 为 TRUE 以及 *ccw* 为 TRUE，从外面看，圆柱是可见的。将 *ccw* 改为 FALSE，圆柱在内部看是可见的。

27.4.12 NurbsSwungSurface

```
NurbsSwungSurface:X3DParametricGeometryNode {
  SFNode     [in,out]     metadata          NULL    [X3DMetadataObject]
  SFNode     [in,out]     profileCurve      []      [X3DNurbsControlCurveNode]
  SFNode     [in,out]     trajectoryCurve   []      [X3DNurbsControlCurveNode]
  SFBool     []           ccw               TRUE
  SFBool     []           solid             TRUE
}
```

NurbsSwungSurface 描述一个通用的曲面，该曲面定义一个路径和恒定的横截面路径，详细描述见图 37。

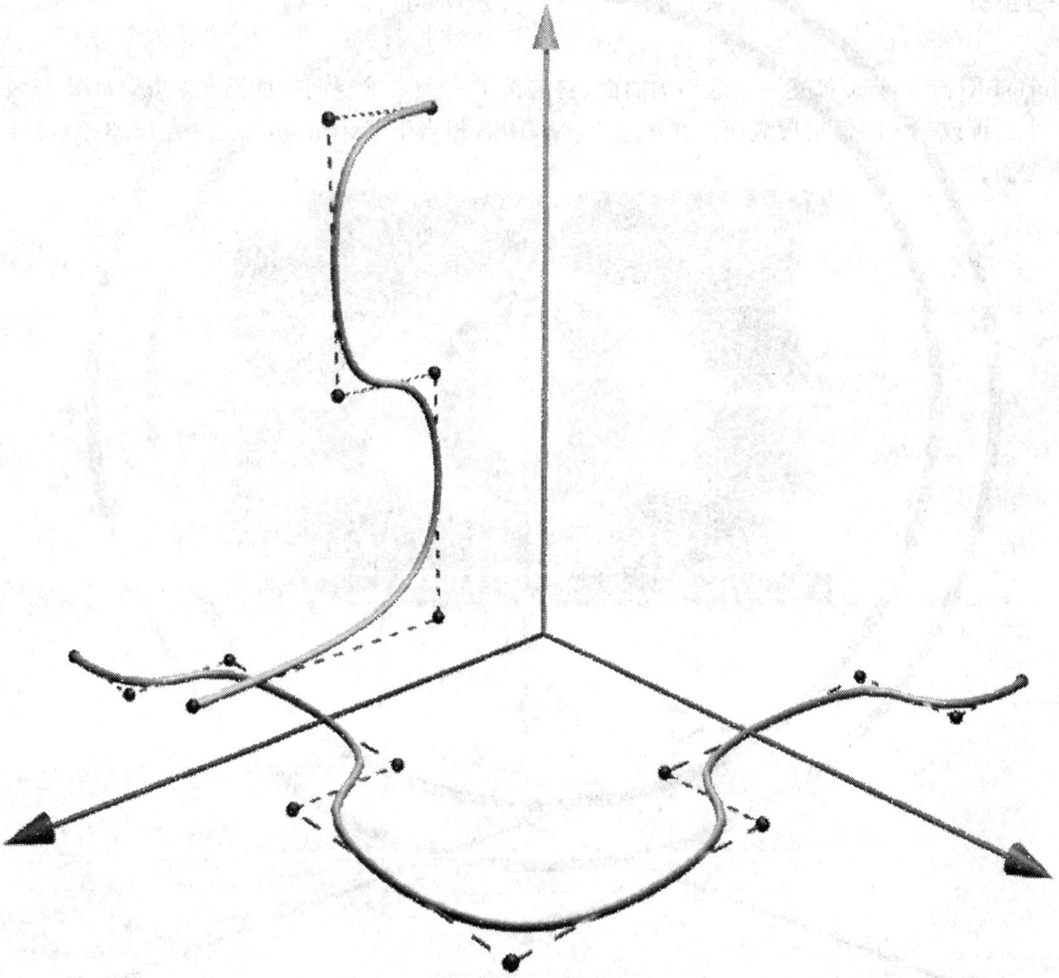

图 37 NurbsSwungSurface

剖面曲线是在 yz 平面上的二维曲线，描述对象的横截面形状。

轨迹曲线是在 xz 平面上的二维曲线，描述横截面的运动轨迹。

solid 域和 *ccw* 域的描述见 11.2.3。为了让多边形法向量远离轴线，应该定向轨迹曲线，使得沿－Y轴看时轨迹曲线是逆时针方向运动的，由此定义了“内”和“外”的概念。

当 *solid* 为 TRUE，*ccw* 为 TRUE 时，从外面看，圆柱是可见的。改变 *ccw* 为 FALSE，那么从内部看，圆柱是可见的。

27.4.13 NurbsTextureCoordinate

```
NurbsTextureCoordinate:X3DNode {
  MFVec2f     [in,out]    controlPoint    []      (-∞,∞)
  SFNode      [in,out]    metadata        NULL    [X3DMetadataObject]
  MFFloat     [in,out]    weight          []      (0,∞)
  SFInt32     []          uDimension      0       [0,∞)
  MFDouble    []          uKnot           []      (-∞,∞)
  SFInt32     []          uOrder          3       [2,∞)
  SFInt32     []          vDimension      0       [0,∞)
  MFDouble    []          vKnot           []      (-∞,∞)
  SFInt32     []          vOrder          3       [2,∞)
}
```

NurbsTextureCoordinate 节点是一个 NURBS 曲面，它存在于其曲面宿主的参数域内，该曲面宿主定义了到曲面的纹理映射。

除了控制点采用(u,v)坐标定义外，其他参数在 X3DNurbsSurfaceGeometryNode 中做了详细定义。

该离散过程产生二维纹理坐标。如果 NurbsTextureCoordinate 未定义，客户端根据参数步长，通过计算产生纹理坐标。常规的顶点参数不应用于 NURBS 曲面上，因为三角形是只在多边形化后才可用。但是，可使用常规纹理变换。

NurbsTextureCoordinate 节点通过 X3DnurbsSurfaceGeometryNode 派生的节点的 *texCoord* 域进行存取。当遇到孤立的 NurbsTextureCoordinate 节点时忽略该节点。

27.4.14 NurbsTrimmedSurface

```
NurbsTrimmedSurface:X3DNurbsSurfaceGeometryNode {
  MFNode    [in]       addTrimmingContour                [Contour2D]
  MFNode    [in]       removeTrimmingContour             [Contour2D]
  SFNode    [in,out]   controlPoint       []             [X3DCoordinateNode]
  SFNode    [in,out]   metadata           NULL           [X3DMetadataObject]
  SFNode    [in,out]   texCoord           []             [X3DtextureCoordinateNode|Nurb-
                                                          sTextureCoordinate]
  MFNode    [in,out]   trimmingContour    []             [Contour2D]
  SFInt32   [in,out]   uTessellation      0              (-∞,∞)
  SFInt32   [in,out]   vTessellation      0              (-∞,∞)
  MFDouble  [in,out]   weight             []             (0,∞)
  SFBool    []         solid              TRUE
  SFBool    []         uClosed            FALSE
  SFInt32   []         uDimension         0              [0,∞)
  MFDouble  []         uKnot              []             (-∞,∞)
  SFInt32   []         uOrder             3              [2,∞)
  SFBool    []         vClosed            FALSE
  SFInt32   []         vDimension         0              [0,∞)
```

```
  MFDouble  []        vKnot                []         (-∞,∞)
  SFInt32   []        vOrder               3          [2,∞)
}
```

NurbsTrimmedSurface 节点定义了一个由一系列裁剪环裁剪而来的 NURBS 曲面(见 27.4.7)。最外层裁剪环应定义在逆时针方向。图 38 显示了一个 NurbsTrimmedSurface 节点的例子。

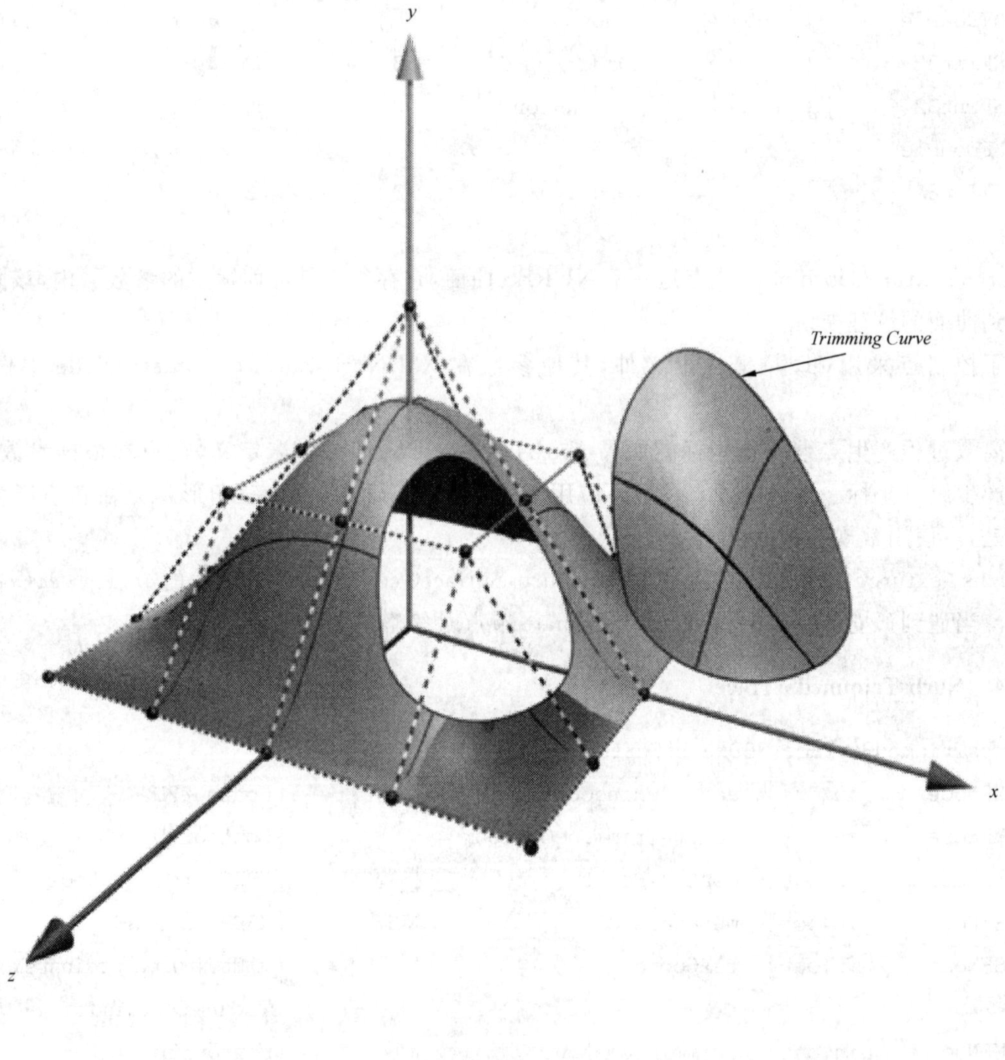

图 38 **NurbsTrimmedSurface**

如需定义,*trimmingContour* 域应包含一系列 Contour2D 节点(见 27.4.1)。裁剪环应如在 Contour2D 节点中描述的那样进行处理。如果没有定义裁剪轮廓,NurbsTrimmedSurface 节点应与 NurbsPatchSurface 节点有相同的语义。

27.5 支持等级

非均匀有理 B 样条(NURBS)组件提供 4 个等级的支持,见表 70。第 1 级提供了基本的 NURBS 支持。第 2 级增加了沿两个 NURBS 表面之间的边界保证可控离散的能力。第 3 级增加了专门的 NURBS 节点。第 4 级增加了裁剪 NURBS 曲面。

表 70 NURBS 组件支持等级

等级	前提条件	节点/特征	支持
1	Core 1 Grouping 1 Shape 1 Interpolator 1 Texturing 1		
		X3DNurbsControlCurveNode (抽象)	全部支持
		X3DNurbsSurfaceGeometryNode(抽象)	全部支持
		X3DParametricGeometryNode(抽象)	全部支持
		CoordinateDouble	所有域全部支持
		NurbsCurve NURBS	所有域全部支持
		NurbsOrientationInterpolator NURBS	所有域全部支持
		NurbsPatchSurface NURBS	所有域全部支持
		NurbsPositionInterpolator NURBS	所有域全部支持
		NurbsSurfaceInterpolator NURBS	所有域全部支持
		NurbsTextureCoordinate NURBS	所有域全部支持
2	Core 1 Grouping 1 Shape 1 Interpolator 1 Texturing 1		
		所有第 1 级的 NURBS 节点	支持第 1 级
		NurbsSet	所有域全部支持
3	Core 1 Grouping 1 Shape 1 Interpolator 1 Texturing 1		
		所有第 2 级的 NURBS 节点	支持第 2 级
		NurbsCurve2D	所有域全部支持
		ContourPolyline2D	所有域全部支持
		NurbsSweptSurface	所有域全部支持
		NurbsSwungSurface	所有域全部支持
4	Core 1 Grouping 1 Shape 1 Interpolator 1 Texturing 1		
		所有第 3 级的 NURBS 节点	支持第 3 级
		Contour2D	所有域全部支持
		NurbsTrimmedSurface	所有域全部支持

28 分布式交互仿真(DIS)组件

28.1 简介

28.1.1 名称

本组件的名称是“DIS”。当在COMPONENT语句中引用这个组件时应使用本名称(见7.2.5.4)。

28.1.2 概述

本章描述了本部分中的分布式交互仿真(DIS)组件。表71列出了本章的主题。

表71 主题

28.2 概念

28.2.1 DIS概述

IEEE Standard 1278(见IEEE Standard 1278)是一个用于基于物理的分布式仿真的IEEE通讯标准。由名称分布式交互仿真(Distributed Interactive Simulation ,DIS)可知,标准定义了用来传输仿真信息的一系列消息的二进制格式。经常用于军事应用,IEEE Standard 1278涵盖相当广泛的数据,包括实体的位置、速度和方向,以及更笼统的特征,如电子战和后勤供给。DIS除最初在军事仿真上使用外,也用于民用。

DIS组件由4个X3D的节点构成:EspduTransform, ReceiverPdu, SignalPdu和TransmitterPdu。这些节点一起提供跨越网络进行发送和接收称为协议数据单元(Protocol Data Units ,PDUs)的遵循DIS消息的方法。这些节点联合在一起能支持7个DIS的PDU消息类型:Collision(碰撞),Detonate(爆炸),Entity State(实体状态),Fire(开火),Receiver(接收机),Signal(信号)和Transmitter(发射机)。其他众多的DIS PDUs由DIS协议来定义,但是相应的X3D的映射并不由其定义。

28.2.2 网络通讯

DIS信息典型地在用户数据报协议(User Datagram Protocol,UDP)(见IETF RFC 768)套接字上传输。组播、单播或广播传输机制可应用于网络通讯。每一个X3D的DIS节点都是通过一个通常具有组播功能的UDP的套接字来通讯,并使用它来读和/或写DIS信息。这些信息可以用于通信以及修改在网络中的多个主机间的X3D场景中的虚拟实体的位置和方向。每个DIS实现负责管理套接字。新的实体由DIS节点注册,用来发送/接收网络信息的更新。"实体"是一个高层次的抽象;在位置更新的情况下,修改后的实际X3D的场景图对象可能是一个Transform节点(类似于EspduTransform)。并且,一个动画实体的几何包含在相应的子节点中。

28.2.3 通用DIS域

DIS节点具有若干个与DIS节点所需行为共同相关的描述域(通用域)。通用域包括符合DIS标准的消息头部和内容信息、网络状态以及建立或修改网络通信所需的配置数据。

与DIS节点期望的行为描述相关的通用域是:*isActive*,*timestamp*,*networkMode*,*isStandAlone*,*isNetworkReader*,*isNetworkWriter*,*readInterval*和*writeInterval*。

*isActive*域表示节点是(当输出为TRUE)否(当输出为FALSE)已收到DIS消息。鉴于DIS实体在一段时间后(通常为5 s)可以被视为非活动的,事件也可能被监听节点收到。

*timestamp*域参照本地系统时间提供了DIS的信息抵达的时间(SFTime)。

*networkMode*域指示X3D的DIS节点是以以下三个不同的方式中的哪一种运行:独立于网络,作为一个进行写更新的发送者,或作为一个进行读更新的接收者。

- *networkMode* standAlone仅通过本地ROUTEs连接动态行为,并且不向网络发送/不从网络接收PDUs。
- *networkMode* networkReader在*readInterval*指定的秒数内从网络上读取的消息,它可根据接收信息修改节点中的域。在此模式下,在DIS的节点的实体几何(例如,EspduTransform)像一个发送PDUs的实体的远程拷贝那样动作。
- *networkMode* networkWriter在*writeInterval*指定的秒数内向网络发送信息。在此模式下,在DIS的节点的实体几何(例如,EspduTransform)像一个原始状态更新的实体的主拷贝那样动作。

isStandAlone,*isNetworkReader*和*isNetworkWriter*域在DIS的节点初始化时和每当*networkMode*改变时分别被作为适当的TRUE或FALSE事件发送。这些域应与*networkMode*的状态相匹配。在任何给定的时间这3个域中有且仅有一个为真。

*readInterval*域是两次检查接收DIS的消息之间的以秒为单位的时间。设置*readInterval*为零表示禁止读DIS消息。*writeInterval*域是在节点发送消息之间的以秒为单位的时间。设置*writeInterval*为零表示禁止节点DIS消息的发送。

与DIS实体的标准标识相关的通用域是:*siteID*,*applicationID*和*entityID*。

*siteID*和*applicationID*域用来建立DIS的PDU仿真地址记录。每个仿真演习的意图是为每个DIS场地分配一个特定的标识,并且为每个在DIS场地上的仿真应用分配一个在网站内部唯一的特定的应用标识符。两个域都是16位无符号数字。通用的做法是给*siteID*分配一个参与者的互联网协议(IP)的主机地址的4个八位位组。*entityID*域进一步确定了DIS的实体为特殊PDU的主题(例如一个实体的状态PDU,来更新特殊仿真实体的位置和方向)。*entityID*是一个16位无符号数。

在DIS应用中的每个实体被分配一个三重标识(*siteID*,*applicationID*和*entityID*域),在该应用以及在该演习的全部实体中是唯一的。实体三重标识在演习期限内是有效的。

与DIS网络通讯相关的通用域是:*address*,*port*,*multicastRelayHost*,*multicastRelayPort*,*rtp-*

HeaderExpected 和 *rtpHeaderHeard*。

address 域指定信息传输的组播地址(例如“224.2.181.145”或“localhost”)。*port* 域指定发送或接收 DIS 消息的组播端口(例如 62040)。

multicastRelayHost, *multicastRelayPort*, *rtpHeaderExpected* 和 *rtpHeaderHeard* 提供对 IEEE DIS 协议(见 IEEE Standard 1278)的网络扩展,为了使 DIS 更符合广域网(WAN)上的单播和组播路由的互联网公约。如果需要广域组播,但本地无法提供,*multicastRelayHost* 和 *multicastRelayPort* 域作为后备服务器地址和相关的端口被提供,用于建立一个到组播连接的中继服务器的单播隧道。*rtpHeaderExpected* 域指出实时协议(见 IETF RFC 1889)头部要由节点发送或接收的 DIS 的 PDU 消息预先考虑(当该域设置为 TRUE)。*rtpHeaderHeard* 域指出,已为引入的 DIS 的信息预先考虑 RTP 协议头。

28.3 节点引用

以下各段描述 DIS 组件节点。

28.3.1 EspduTransform

```
EspduTransform:X3DGroupingNode {
  MFNode    [in]      addChildren
  MFNode    [in]      removeChildren
  SFFloat   [in]      set_articulationParameterValue0                  (-∞,∞)
  SFFloat   [in]      set_articulationParameterValue1                  (-∞,∞)
  SFFloat   [in]      set_articulationParameterValue2                  (-∞,∞)
  SFFloat   [in]      set_articulationParameterValue3                  (-∞,∞)
  SFFloat   [in]      set_articulationParameterValue4                  (-∞,∞)
  SFFloat   [in]      set_articulationParameterValue5                  (-∞,∞)
  SFFloat   [in]      set_articulationParameterValue6                  (-∞,∞)
  SFFloat   [in]      set_articulationParameterValue7                  (-∞,∞)
  SFString  [in,out]  address                              "localhost"
  SFInt32   [in,out]  applicationID                        1           [0,65 535]
  SFInt32   [in,out]  articulationParameterCount           0           [0,78]
  MFInt32   [in,out]  articulationParameterDesignatorArray []          [0,255]
  MFInt32   [in,out]  articulationParameterChangeIndi
                      catorArray                           []          [0,255]
  MFInt32   [in,out]  articulationParameterIdPartAtta
                      chedToArray                          []          [0,65535]
  MFInt32   [in,out]  articulationParameterTypeArray       []
  MFInt32   [in,out]  articulationParameterArray           []          (-∞,∞)
  SFVec3f   [in,out]  center                               0 0 0       (-∞,∞)
  MFNode    [in,out]  children                             []
  SFInt32   [in,out]  collisionType                        0           [0,255]
  SFInt32   [in,out]  deadReckoning                        0           [0,255]
  SFVec3f   [in,out]  detonationRelativeLocation           0           (-∞,∞)
  SFVec3f   [in,out]  detonationLocation                   0           (-∞,∞)
  SFInt32   [in,out]  detonationResult                     0           [0,255]
```

SFInt32	[in,out]	entityCategory	0	[0,255]
SFInt32	[in,out]	entityCounty	0	[0,65 535]
SFInt32	[in,out]	entityDomain	0	[0,255]
SFInt32	[in,out]	entityExtra	0	[0,255]
SFInt32	[in,out]	entityID	0	[0,65 535]
SFInt32	[in,out]	entityKind	0	[0,255]
SFInt32	[in,out]	entitySpecific	0	[0,255]
SFInt32	[in,out]	entitySubCategory	0	[0,255]
SFInt32	[in,out]	eventApplicationID	1	[0,65 535]
SFInt32	[in,out]	eventEntityID	0	[0,65 535]
SFInt32	[in,out]	eventNumber	0	[0,65 535]
SFInt32	[in,out]	eventSiteID	0	[0,65 535]
SFBool	[in,out]	fired1	FALSE	
SFBool	[in,out]	fired2	FALSE	
SFInt32	[in,out]	fireMissionIndex	0	[0,65 535]
SFFloat	[in,out]	firingRange	0.0	(0,∞)
SFInt32	[in,out]	firingRate	0	[0,65 535]
SFInt32	[in,out]	forceID	0	[0,255]
SFInt32	[in,out]	fuse	0	[0,65 535]
SFVec3f	[in,out]	linearVelocity	0 0 0	(−∞,∞)
SFVec3f	[in,out]	linearAcceleration	0 0 0	(−∞,∞)
SFString	[in,out]	marking	""	
SFNode	[in,out]	metadata	NULL	[X3DMetadataObject]
SFString	[in,out]	multicastRelayHost	""	
SFInt32	[in,out]	multicastRelayPort	0	
SFInt32	[in,out]	munitionApplicationID	1	[0,65 535]
SFVec3f	[in,out]	munitionEndPoint	0 0 0	(−∞,∞)
SFInt32	[in,out]	munitionEntityID	0	[0,65 535]
SFInt32	[in,out]	munitionQuantity	0	[0,65 535]
SFInt32	[in,out]	munitionSiteID	0	[0,65 535]
SFVec3f	[in,out]	munitionStartPoint	0 0 0	(−∞,∞)
SFString	[in,out]	networkMode	"standAlone"	["standAlone" "networkReader" "networkWriter"]
SFInt32	[in,out]	Port	0	[0,65 535]
SFTime	[in,out]	readInterval	0.1	[0,∞]
SFRotation	[in,out]	rotation	0 0 1 0	(−∞,∞)|[−1,1]
SFVec3f	[in,out]	scale	1 1 1	(−∞,∞)
SFRotation	[in,out]	scaleOrientation	0 0 1 0	(−∞,∞)|[−1,1]

```
  SFInt32   [in,out]  siteID                               0          [0,65 535]
  SFVec3f   [in,out]  translation                          0 0 0      (-∞,∞)
  SFInt32   [in,out]  warhead                              0          [0,65 535]
  SFTime    [in,out]  writeInterval                        1.0        [0,∞)
  SFFloat   [out]     articulationParameterValue0_changed  0.0        (-∞,∞)
  SFFloat   [out]     articulationParameterValue1_changed  0.0        (-∞,∞)
  SFFloat   [out]     articulationParameterValue2_changed  0.0        (-∞,∞)
  SFFloat   [out]     articulationParameterValue3_changed  0.0        (-∞,∞)
  SFFloat   [out]     articulationParameterValue4_changed  0.0        (-∞,∞)
  SFFloat   [out]     articulationParameterValue5_changed  0.0        (-∞,∞)
  SFFloat   [out]     articulationParameterValue6_changed  0.0        (-∞,∞)
  SFFloat   [out]     articulationParameterValue7_changed  0.0        (-∞,∞)
  SFTime    [out]     CollideTime                          0          [0,∞)
  SFTime    [out]     detonateTime                         0          [0,∞)
  SFTime    [out]     firedTime                            0          [0,∞)
  SFBool    [out]     isActive                             FALSE
  SFBool    [out]     isCollided                           FALSE
  SFBool    [out]     isDetonated                          FALSE
  SFBool    [out]     isNetworkReader                      FALSE
  SFBool    [out]     isNetworkWriter                      FALSE
  SFBool    [out]     isRtpHeaderHeard                     FALSE
  SFBool    [out]     isStandAlone                         FALSE
  SFTime    [out]     Timestamp                            0          [0,∞)
  SFVec3f   []        bboxCenter                           0 0 0      (-∞,∞)
  SFVec3f   []        bboxSize                             -1 -1 -1   [0,∞) or -1
                                                                      -1 -1
  SFBool    []        rtpHeaderExpected                    FALSE
}
```

EspduTransform 是一个能包含大多数节点的 Grouping 节点，也实现了 X3DboundedObject 接口。EspduTransform 整合了以下的 DIS PDU 的功能：EntityStatePDU，CollisionPDU，DetonatePDU，FirePDU，CreateEntity 和 RemoveEntity。以下的描述指出了和这些 PDU 的内容相关的 EspduTransform 节点域。

作为一个 Grouping 节点，EspduTransform 具有 *addChildren* 和 *removeChildren* 事件，以允许对场景图的从属结构进行修改。*removeChildren* 事件从 EspduTransform 的子域中删除节点。将忽略包含在 *removeChildren* 事件中而不包含在 EspduTransform 子列表中的节点。添加一个节点到 *children* 域也就是加入该节点 EspduTransform 的子集中。向 EspduTransform 的 *children* 域添加已经在子名单中的任何节点是非法的。向 EspduTransform 的 *children* 域添加该成组的一个祖先的节点是非法的。

EspduTransform 节点中的域在 28.2.3 中没有描述的是：*translation*，*rotation*，*center*，*scale*，*scaleOrientation*，*bboxCenter*，*bboxSize*，*articulationParameterCount*，*articulationParameterDesignatorArray*，*articulationParameterChangeIndicatorArray*，*articulationParameterIdPartAttachedToArray*，*articulationParameterTypeArray*，*articulationParameterArray*，

set_articulationParameterValue0, *set_articulationParameterValue1*, *set_articulationParameterValue2*,
set_articulationParameterValue3, *set_articulationParameterValue4*, *set_articulationParameterValue5*,
set_articulationParameterValue6, *set_articulationParameterValue7*, *articulationParameterValue0_changed*,
articulationParameterValue1_changed, *articulationParameterValue2_changed*,
articulationParameterValue3_changed, *articulationParameterValue4_changed*,
articulationParameterValue5_changed, *articulationParameterValue6_changed*,
articulationParameterValue7_changed, *marking*, *forceID*, *entityKind*, *entityDomain*, *entityCountry*,
entityCategory, *entitySubCategory*, *entitySpecific*, *entityExtra*, *linearVelocity*, *linearAcceleration*,
deadReckoning, *isCollided*, *collidedTime*, *eventApplicationID*, *eventSiteID*, *eventEntityID*, *collisionType*,
eventNumber, *fired1*, *fired2*, *firedTime*, *munitionStartPoint*, *munitionEndPoint*, *fireMissionIndex*,
munitionApplicationID, *munitionSiteID*, *munitionEntityID*, *warhead*, *fuse*, *munitionQuantity*, *firingRate*,
firingRange、*isDetonated*, *detonateTime*, *detonationLocation*, *detonationRelativeLocation* 和 *detonationResult*。

EntityStatePDU 提供一个实体的新的位置和方向的通告，直接对应 X3D Transform 节点的功能。*translation* 域对应于 DIS 的坐标系的新位置。区别 X3D 的坐标系和 DIS 的坐标系是很重要的。如果(x,y,z)是在 X3D 的坐标系中的一个点的坐标，相应的同一点的 DIS 的坐标为(x,−z,y)。注意到只有 X3D 的坐标被 X3D 场景所用。当写 DIS PDU 到网络/从网络读 DIS PDU 时，EspduTransform 节点内部执行所有到/从 DIS 坐标的转换。

rotation 域提供了实体的旋转，在这里将按 *center* 域的值进行旋转。*scale* 域提供沿 x,y,z 轴的比例因子，而 *scaleOrientation* 域为指定的旋转提供比例因子。*translation*, *rotation*, *scale* 和 *center* 域，直接与 Transform 节点的功能相对应。*bboxCenter* 和 *bboxSize* 域(X3DboundedObject 的接口的)分别指定了 X3D Transform 节点的相同域对应的 EspduTransform 成组节点中包含的实体几何的包围立方体的中心和大小。

关节参数的 inputOnly 事件和 outputOnly 事件是提供给 articulationParameters 阵列的，以便使进入(和退出)阵列的主要关注的事件的路由更简单。下面给出一个例子，如果 EspduTransform 控制一个赛车模型的活动部分，需要 8 个关节连接参数，有必要的话这些连接参数中的每一个要分别进行路由。每个事件的进(和出)articulationParameter 下标[8]到[78]，或者由一个单独的 Script 节点的机制来完成的，或者由使用 MFFloat 事件的完整路由/替换完成。

articulationParameterCount 域(8 位无符号整数)指明正被用来描述各种实体模型段的关节的参数数目。举例来说，对于一个坦克实体，一个炮塔的方向连同枪的方向可能由两个关节参数所描述，或在一个仿人模型中各段的方向可能由几个关节参数所提供。在一个 Entity State PDU 中，关节参数记录的最多数目是被 PDU 的最大长度 78 所约束。

为了在 ROUTEing 事件中到(或者来自于)关节参数的的 X3D 制作方便，前面 8 个连接参数值可以通过 accessType 的 inputOnly/outputOnly 域读取。(*set_articulationParameterValue0*,…,
set_articulationParameterValue7 和 *articulationParameterValue0_changed*,…,
articulationParameterValue7—changed)。

articulationParameterDesignatorArray, *articulationParameterChangeIndicatorArray*,
articulationParameterIdPartAttachedToArray, *articulationParameterTypeArray* 域是对应于

在每个关节参数记录中提供的额外的值的数组。这些数组中的元素按照参数顺序对应到每一个关节参数。

- 在 *articulationParameterDesignatorArray* 中的 Parameter Type Designator 项表明,如果参数记录是一个关节参数或附加部分的。它由一个 8 位枚举表示。
- 在 *articulationChangeIndicatorArray* 中的 Change Indicator 项,表明了相关的关节部分的任何参数的变化。它由一个 8 位无符号整数表示。对于每个训练设置的初始值为零,随着关节参数的每个变化按顺序递增 1。适当的指示是在收到一个 *set_articulationParameterValue* 事件后被 X3D 的 DIS 的实现自动更新。
- 在 *articulationParameterIdPartAttachedToArray* 中的 ID-Part Attached To 项指明了关接参数所依附的关接部分。其值由一个 16 位无符号整数表示,如果关接的部分直接依附于实体则设置为零。
- 在 *articulationParameterTypeArray* 中的 Parameter Value 项被指定为 32 位枚举值。
- 在 *articulationParameterArray* 中的 Parameter Value 项,指定为 64 位域。该 64 位的定义基于上面指定的参数类型来确定。

marking 域是一个 SFString 值(最多 11 个字符),它使用 EspduTransform 节点从 DIS 标准(充分遵守)标记枚举集中选择或者在不符合标准的应用时用任意字符串。

forceID 和 *entityKind* 域为 8 位识别枚举。除弹药实体,*entityDomain* 域(8 位枚举)指明了实体运作域(如地下,表面,土地)。对于弹药实体,该域指定了目标的域。*entityCountry* 域(16 位枚举)指定了设计的实体的国家属性。*entityCategory* 域(8 位枚举)标识了它所描述实体的主要类别。*entitySubCategory* 域(8 位枚举)指定了基于标识的类值的子类。*entitySpecific* 域(8 位枚举)提供了在确定的子类域基础上的专有信息。*entityExtra* 域(8 位枚举)提供关于实体的额外的信息。DIS 规范也允许包含上述相同的域(Entity Kind, Domain, Country, Category, Subcategory, Specific, Extra)的 Alternative Entity Type 标识。

枚举值直接提供,或者在其他参考中,在 IEEE Standard 1278 中做了规定(见 IEEE Standard 1278)。

linearVelocity 和 *linearAcceleration* 域分别为推算计算提供线性的速度和加速度矢量。所用的推算算法,在 *deadReckoning* 域(8 位枚举)中做了标识。

在碰撞发生后送出 CollisionPDU 以通知实体。发布的实体在 *entityID* 域中标识,见 28.2.3 中的描述。*isCollided* 域是一个布尔值,表示碰撞是否(TRUE)发生。*collideTime* 域给出碰撞判定已发生的时间(SFTime)。在一个 CollisionPDU 消息中,*eventSiteID*,*eventApplicationID*,*eventEntityID* 三重值唯一地标识了与发布的实体相碰撞的实体(当已知时)。*collisionType* 域(8 位枚举)标识了发生的碰撞的类型。

eventNumber 域为每个演习设置为 1,对于每个交火事件、碰撞事件或者电磁任务事件都增加 1。

FirePDU 通知仿真一个实体已击发了武器。射击的实体的描述见 28.2.3。fired1 域(设置为 TRUE)表示主要的武器被击发;fired2 域(设置为 TRUE)表示该实体的第二武器被击发。*firedTime* 域给出击发发生的时间(SFTime)。*munitionStartPoint* 和 *munitionEndPoint* 域描述弹药从发射武器到爆炸或者撞击的路径。*fireMissionIndex* 域标识了已知的开火任务。*firingRange* 域规定了计算火力控制解决方案中假定的实体火力控制系统范围(以米为单位)。

在一个 FirePDU 消息中,当 *EventSiteID*,*EventApplicationID*,*EventEntityID* 已知时,该三元组唯一地识别目标实体。对于 FirePDU 和 DetonatePDU 消息,*munitionSiteID*,*munitionApplicationID*,*munitionEntityID* 三元组唯一识别弹药实体(如果已知)。

FirePDU 和 DetonatePDU 消息提供 *warhead*(16 位枚举),*fuse*(16 位枚举),*munitionQuantity* 16 位无符号整数)和 *firingRate*(16 位无符号整数)域中的爆炸描述信息。

DetonatePDU 提供弹药已爆炸或击中的通知，使得其他实体可以确定来自于爆炸的可能的损坏。*detonated* 域指明，是否发生爆炸(TRUE)。*detonateTime* 域给出爆炸判定已发生的时间(SFTime)。这使得其他实体在爆炸发生的当时确定其相对于爆炸的位置。

DetonatePDU 提供在世界坐标中的 *detonationLocation*，以及 *detonationRelativeLocation*，或在目标实体的坐标系中引爆或者冲击的位置。*detonationResult* 域(8 位枚举)提供爆炸事件结果的信息。

CreateEntityPDU 通知在仿真中其他实体的一个新的实体。*siteID*，*applicationID*，*entityID* 三重值标识在 28.2.3 中做了描述，该三元组唯一地标识一个新实体。CreateEntityPDU 是在启动或建立一个新的实体时发出的。

RemoveEntityPDU 通知其他实体从仿真中删除一个实体。*siteID*，*applicationID*，*entityID* 三元组标识在 28.2.3 中做了描述，该三元组唯一地标识将被删除的实体。RemoveEntityPDU 是在终止或删除已有实体时发出的。

28.3.2 **ReceiverPdu**

```
ReceiverPdu:X3DChildNode, X3DBoundedObject {
  SFString   [in,out]   address                 "localhost"
  SFInt32    [in,out]   applicationID           1              [0,65 535]
  SFInt32    [in,out]   entityID                0              [0,65 535]
  SFNode     [in,out]   metadata                NULL           [X3DMetadataObject]
  SFString   [in,out]   multicastRelayHost      ""
  SFInt32    [in,out]   multicastRelayPort      0
  SFString   [in,out]   networkMode             "standAlone"   ["standAlone""networkRead-
                                                                er""networkWriter"]
  SFInt32    [in,out]   port                    0              [0,65 535]
  SFInt32    [in,out]   radioID                 0              [0,65 535]
  SFFloat    [in,out]   readInterval            0.1            [0,∞)
  SFFloat    [in,out]   receivedPower           0.0            [0,∞)
  SFInt32    [in,out]   receiverState           0              [0,65 535]
  SFBool     [in,out]   rtpHeaderExpected       FALSE
  SFInt32    [in,out]   siteID                  0              [0,65 535]
  SFInt32    [in,out]   transmitterApplica
                        tionID                  1              [0,65 535]
  SFInt32    [in,out]   transmitterEntityID     0              [0,65 535]
  SFInt32    [in,out]   transmitterRadioID      0              [0,65 535]
  SFInt32    [in,out]   transmitterSiteID       0              [0,65 535]
  SFInt32    [in,out]   whichGeometry           1              [-1,∞)
  SFFloat    [in,out]   writeInterval           1.0            [0,∞)
  SFBool     [out]      isActive                FALSE
  SFBool     [out]      isNetworkReader         FALSE
  SFBool     [out]      isNetworkWriter         FALSE
  SFBool     [out]      isRtpHeaderHeard        FALSE
  SFBool     [out]      isStandAlone            FALSE
  SFTime     [out]      timestamp               0
```

```
  SFVec3f   []        bboxCenter          0 0 0          (-∞,∞)
  SFVec3f   []        bboxSize            -1 -1 -1       [0,∞)[0,∞)[0,∞) or
                                                         -1 -1 -1
}
```

ReceiverPdu 是一个 X3DChildNode 节点,也实现了 X3DboundedObject 接口。ReceiverPdu 发送仿真中射频接收(radio frequency,RF)机建模的状态。在 ReceiverPdu 节点中的域,先前没有在通用 DIS 域中描述的是:*whichGeometry*,*radioID*,*receivedPower*,*receiverState*, *transmitterSiteID*,*transmitterApplicationID*,*transmitterEntityID* 和 *transmitterRadioID*。

radioID 域(16 位无符号整数)确定在一个给定的实体(*entityID*)内部的某一特定电台。*radioID* 从 1 开始顺序分配。Entity ID 和 Radio ID 的结合唯一标识了一个在一次仿真演习中的电台。*receivedPower* 域(32 位浮点)指明了在应用任何传播损耗和天线增益后,接收到的射频功率。该域的值的单位是分贝毫瓦(dBm)。*receiverState*(16 位枚举)通过下列枚举值之一指明接收端目前是闲置或忙碌状态:

0=关;

1=开,但没有在接收;

2=开,并且正在接收。

transmitterEntityID(16 位无符号整数)标识发出正在接收的信号的发射机实体。*transmitterRadioID* 域(16 位无符号整数)标识在发射机实体(*transmitterEntityID*)内部的某个电台。

transmitterSiteID 域(16 位无符号整数)为发射机的实体提供了唯一的 DIS 站标识。*transmitterApplicationID*(16 位无符号整数)为发射机实体提供在 DIS 站内(*transmitterSiteID*)唯一的应用标识。

whichGeometry 域向渲染软件指明为 ReceiverPdu 节点渲染哪种几何结构:-1 为没有几何结构;0 为文字踪迹;1 为该节点的默认几何结构。浏览器可能会可选地支持额外的替代几何模式。缺乏更高的模式的支持使 *whichGeometry* 的值回复为 1 。

bboxCenter 和 *bboxSize* 域(X3DboundedObject 接口的)分别指定该节点显示几何(若有的话)的包围立方体的中心和大小。

28.3.3 SignalPdu

```
SignalPdu:X3DChildNode, X3DBoundedObject {
  SFString  [in,out]  address               "localhost"
  SFInt32   [in,out]  applicationID         1              [0,65 535]
  SFInt32   [in,out]  data                  []             [0,255]
  SFInt32   [in,out]  dataLenth             0              [0,65 535]
  SFInt32   [in,out]  encodingScheme        0              [0,65 535]
  SFInt32   [in,out]  entityID              0              [0,65 535]
  SFNode    [in,out]  metadata              NULL           [X3DMetadataObject]
  SFString  [in,out]  multicastRelayHost    ""
  SFInt32   [in,out]  multicastRelayPort    0
  SFString  [in,out]  networkMode           "standAlone"   ["standAlone""networkRead-
                                                           er""networkWriter"]
```

```
SFInt32   [in,out]  port                 0         [0,65 535]
SFInt32   [in,out]  radioID              0         [0,65 535]
SFFloat   [in,out]  readInterval         0.1       [0,∞)
SFBool    [in,out]  rtpHeaderExpected    FALSE
SFInt32   [in,out]  sampleRate           0         [0,65 535]
SFInt32   [in,out]  samples              0         [0,65 535]
SFInt32   [in,out]  siteID               0         [0,65 535]
SFInt32   [in,out]  tdlType              0         [0,65 535]
SFInt32   [in,out]  whichGeometry        1         [-1,∞)
SFFloat   [in,out]  writeInterval        1.0       [0,∞)
SFBool    [out]     isActive
SFBool    [out]     isNetworkReader
SFBool    [out]     isNetworkWriter
SFBool    [out]     isRtpHeaderHeard
SFBool    [out]     isStandAlone
SFTime    [out]     timestamp
SFVec3f   []        bboxCenter           0 0 0     (-∞,∞)
SFVec3f   []        bboxSize             -1 -1     [0,∞)[0,∞)[0,∞) or
                                         -1        -1 -1 -1
}
```

SignalPdu 是一个 X3DChildNode 节点，也实现了 X3DboundedObject 接口。语音，音频或其他数据的传输通过从 SignalPdu 节点发出一个 Signal PDU 来通信。先前没有在 Common DIS 域中描述的 SignalPdu 节点域是：*radioID*，*encodingScheme*，*tdlType*，*sampleRate*，*dataLength*，*samples*，*data* 和 *whichGeometry*。

radioID 域标识了一个在给定的实体(*entityID*)内的某个特定电台。*radioID*(16 位无符号整数)从 1 开始顺序分配。Entity ID 和 Radio ID 的结合唯一标识了一个在一次仿真演习中的电台。*encodingScheme* 域(16 位枚举)指定了编码级别枚举值(最高的 2 位)：

0=Encoded Voice；

1=Raw Binary Data；

2=Application-Specific Data；

3=Database Index。

同时指定了一个 Encoding Type 枚举值(最低的 14 位)：

1=8 位穆氏法则；

2=CDSD 每个 MIL-STD-188-113；

3=ADPCM 每个 CCITT G.721；

4=16 位线性 PCM；

5=8 位线性 PCM；

6—Vector Quantization。

当 Encoding Class 是语音，原始二进制，特定应用，或数据库索引等战术数据链(Tactical Data Link，TDL)消息的表示时，*tdlType* 域(16 位枚举值)指定 TDL 类型为其枚举值。当它不表示一个

TDL 消息时,该域设置为零。

sampleRate 域(32 位无符号整数),给出了(1)如果 Encoding Class 是编码音频,采样率是每秒样本数;或者(2)对于数据传输,数据传输速率是每秒位数。如果 Encoding Class 是数据库索引,*sampleRate* 设置为 0。

如果编 Encoding Class 是编码的声音,*samples* 域(16 位无符号整数)给出 PDU 中样本数,否则,该域设置为零。

dataLength 域(16 位无符号整数)指定 Signal PDU 中发送的数字语音音频或者数字数据位数。如果 Encoding Class 是数据库索引,*dataLength* 域设定为 96。

data 域指定由无线电传输的音频或者数字数据。该域的解释取决于 *encodingScheme* 和 *tdlType* 域的值。见 DIS 标准(见 IEEE Standard 1278)。

whichGeometry 域向渲染软件指示为 SignalPdu 节点渲染哪种几何结构:−1 为无几何结构;0 为文字踪迹;1 为该节点的默认几何。浏览器可以可选地支持额外的替代几何模式。缺乏更高模式的支持时 *whichGeometry* 的值回复为 1 。

bboxCenter 和 *bboxSize* 域(X3DboundedObject 接口)分别指定该节点的显示几何的包围立方体(如果有)的中心和大小。

28.3.4 TransmitterPdu

```
TransmitterPdu:X3DChildNode, X3DBoundedObject {
    SFString   [in,out]   address                     "localhost"
    SFVec3F    [in,out]   antennaLocation             0 0 0         (-∞,∞)
    SFInt32    [in,out]   antennaPatternLength        0             [0,65535]
    SFInt32    [in,out]   antennaPatternType          0             [0,65535]
    SFInt32    [in,out]   applicationID               1             [0,65535]
    SFInt32    [in,out]   cryptoKeyID                 0             [0,65535]
    SFInt32    [in,out]   cryptoSystem                0             [0,65535]
    SFInt32    [in,out]   entityID                    0             [0,65535]
    SFInt32    [in,out]   frequency                   0
    SFInt32    [in,out]   inputSource                 0             [0,255]
    SFInt32    [in,out]   lengthOfModulation          0             [0,255]
                          Parameters
    SFNode     [in,out]   metadata                    NULL          [X3DMetadataObject]
    SFInt32    [in,out]   modulationTypeDetail        0             [0,65535]
    SFInt32    [in,out]   modulationTypeMajor         0             [0,65535]
    SFInt32    [in,out]   modulationTypeSpread        0             [0,65535]
                          Spectrum
    SFInt32    [in,out]   modulationTypeSystem        0             [0,65535]
    SFString   [in,out]   multicastRelayHost          ""
    SFInt32    [in,out]   multicastRelayPort          0
    SFString   [in,out]   networkMode                 "stand        ["standAlone"
                                                      Alone"        "networkReader"
```

```
                                                                     "networkWriter"]
  SFInt32     [in,out]    port                          0            [0,65535]
  SFFloat     [in,out]    power                         0.0          [0,∞)
  SFInt32     [in,out]    radioEntityTypeCategory       0            [0,255]
  SFInt32     [in,out]    radioEntityTypeCountry        0            [0,65535]
  SFInt32     [in,out]    radioEntityTypeDomain         0            [0,255]
  SFInt32     [in,out]    radioEntityTypeKind           0            [0,255]
  SFInt32     [in,out]    radioEntityTypeNomen          0            [0,255]
                          clature
  SFInt32     [in,out]    radioEntityTypeNomen          0            [0,65535]
                          clatureVersion
  SFInt32     [in,out]    radioID                       0            [0,255]
  SFFloat     [in,out]    readInterval                  0.1          [0,∞)
  SFVec3f     [in,out]    relativeAntenna               0 0 0        (-∞,∞)
                          Location
  SFBool      [in,out]    rtpHeaderExpected             FALSE
  SFInt32     [in,out]    siteID                        0            [0,65535]
  SFFloat     [in,out]    transmitFrequencyBand         0.0          (-∞,∞)
                          Width
  SFInt32     [in,out]    transmitState                 0            [0,255]
  SFInt32     [in,out]    whichGeometry                 1            [-1,∞)
  SFFloat     [in,out]    writeInterval                 1.0          [0,∞)
  SFBool      [out]       isActive                      FALSE
  SFBool      [out]       isNetworkReader               FALSE
  SFBool      [out]       isNetworkWriter               FALSE
  SFBool      [out]       isRtpHeaderHeard              FALSE
  SFBool      [out]       isStandAlone                  FALSE
  SFTime      [out]       timestamp                     0
  SFVec3f     []          bboxCenter                    0 0 0        (-∞,∞)
  SFVec3f     []          bboxSize                      -1 -1        [0,∞)[0,∞)[0,∞) or
                                                        -1           -1 -1 -1
}
```

TransmitterPdu 是一个 X3DChildNode 节点，也实现了 X3DboundedObject 的接口。TransmitterPdu 提供关于无线电发射机的详细信息。TransmitterPdu 节点中的域，之前没有在 Common DIS 域中描述的是：*radioID*，*radioEntityTypeKind*，*radioEntityTypeDomain*，*radioEntityTypeCountry*，*radioEntityTypeCategory*，*radioEntityTypeNomenclature*，*radioEntityTypeNomenclatureVersion*，*transmitState*，*inputSource*，*antennaLocation*，*antennaPatternType*，*antennaPatternLength*，*frequency*，*transmitFrequencyBandwidth*，*power*，*modulationTypeSpreadSpectrum*，*modulationTypeMajor*，*modulationTypeDetail*，*modulationTypeSystem*，*lengthOfModulationParameters*，*cryptoSystem*，*cryptoKeyID*，*relativeAntennaLocation* 和 *whichGeometry*。

radioID 域确定了在给定的实体(*entityID*)内的某个特定电台。*radioID*(16 位无符号整数)从 1 开始顺序分配。在一次仿真演习中,Entity ID 和 Radio ID 的组合唯一标识一个电台。

电台实体类型是通过域的组合来描述的:*radioEntityTypeKind*,*radioEntityTypeDomain*,*radioEntityTypeCountry*, *radioEntityTypeCategory*, *radioEntityTypeNomenclatureVersion* 和 *radioEntityTypeNomenclature*。*radioEntityTypeKind* 是一个 8 位枚举(例如,值 7 表示"Radio"的 Entity Kind)。*radioEntityTypeDomain* 域(8 位枚举)指定电台操作域的枚举值:

0=其他;

1=陆地;

2=空中;

3=水面;

4=水下;

5=空间。

radioEntityTypeCountry 域(16 位枚举)确定了无线电实体的设计的国家属性(见 IEEE Standard 1278)。

radioEntityTypeCategory 域(8 位枚举)指定了描述电台实体的主要类别。*eradioEntityType-Nomenclature*(16 位枚举)为某一特定通信设备指定缩略语表。缩略语是一个字母和/或数字结合安排在一个特定的序列用来提供一个短的识别方法。*radioEntityTypeNomenclatureVersion* 域指明一系列和/或者设备族的某个改型或独立类型单元。

transmitterState 域(8 位枚举)确定了发射器实体操作状态的枚举值:

0=关;

1=开,但未在发送;

2=开,并且在发送。

inputSource(8 位枚举)指定在使用电台的实体内的哪个位置或数据端口提供输入音频或正在发送的数据的枚举值:

0=其他;

1=飞机驾驶员;

2=副驾驶员;

3=首席军官;

4=驾驶员;

5=装弹手;

6=炮手;

7=指挥官;

8=数字数据的装置;

9=内部通信。

antennaLocation 域提供在 DIS 的坐标系中发射机天线的位置。注意,DIS 规范为天线位置向量的组件分配 64 位浮点值,而在这里它表示与 X3D 的最大互操作性的 SFVec3f。*relativeAntennaLocation* 域提供了一个从发射机实体的位置到距离发射设备有一段距离天线的仿真放置的一个偏移量。

antennaPatternType 域(16 位枚举)确定了表示来自天线的辐射模式的枚举值:

0=全方位的(无线电);

1=波束;

2=球面谐波。

该域的值决定了 DIS Transmitter PDU 的 Antenna Pattern Parameter 域的解释。*antennaPatternLength* 域(16 位无符号整数)用八位字节(值是 8 的倍数)指定了 Antenna Pattern Parameter 域的长度。

frequency 域指定了无线电传输所使用的中心频率(用赫兹表示)。注意,DIS 规范分配了一个64 位无符号整数代表频率值,在 X3D 内它是限制到 SFInt32。*transmitFrequencyBandwidth*(32 位浮点)确定传输电台实体的带宽。*power* 域(32 位浮点)提供该电台实体的传输的平均功耗(以 dBm 为单位)。

关于用于无线电传输的调制类型的信息在 Transmitter PDU 内是由几个域来表示的。这些域确定了使用的信号参数来确定是否两个电台可以互操作。*modulationTypeSpreadSpectrum* 域指出了使用的扩频技术或技术组合的枚举值:

0=跳频;

1=伪噪声;

2=时间跳频;

3—15 未确定。

modulationTypeMajor(16 位枚举)提供了调制类型的主要分类的枚举值:

0=其他;

1=振幅;

2=振幅和角度;

3=角度;

4=组合;

5=脉冲;

6=无调制。

modulationTypeDetail 域(16 位枚举)包含依据 Major Modulation Type(*modulationTypeMajor*)的详细信息。*modulationTypeSystem* 域(16 位枚举)确定了在 Transmitter PDU(枚举值)中的调制参数域的解释:

0=其他;

1=通用;

2=HQ;

3=HQII;

4=HQIIA;

5=SINCGARS;

6=CCTT SINCGARS。

cryptoSystem 域(16 位枚举)确定了使用的加密设备的枚举值:

—(负)=其他;

1=KY—28;

2=KY—58;

3=Narrow Spectrum Secure Voice(NSVE);

4=Wide Spectrum Secure Voice(WSVE);

5=SINCGARS ICOM。

cryptoKeyID 域(16 位无符号整数)表示加密设备处于基带加密模式或双相加密模式(高阶位的

16 位域),并提供关键标识(低阶位的 15 位)。如果发射机和接收机的密钥标识匹配,它们被认为是使用相同的加密密钥(请注意,这并不是一个实际的加密密钥)。

whichGeometry 域向渲染软件指示为 TransmitterPdu 节点渲染哪种几何结构:-1 为无几何结构;0 为文字踪迹;1 为该节点的默认几何。浏览器可支持可选的额外的替代几何模式。缺乏更高的模式的支持使 *whichGeometry* 的值回复为 1 。

bboxCenter 和 *bboxSize* 域(X3DboundedObject 接口的)分别指定该节点显示包围立方体几何(如果有)的中心和大小。

28.4 支持等级

DIS 组件提供一个等级的支持,见表 72。

表 72 DIS 组件支持等级

等级	前提条件	节点/特征	支持
1	Core 1 Time 1 Grouping 3 Networking 3 Rendering 1 Shape1 Geometry3D 1 Interplator 1 Point Device Sensor 1 Navigation 1		
		EspduTransform	完全支持所有域
		ReceiverPdu	完全支持所有域
		SignalPdu	完全支持所有域
		TransmitterPdu	完全支持所有域

29 脚本组件

29.1 简介

29.1.1 名称

本组件的名称是"Scripting"。当在 COMPONENT 语句中引用这个组件时应使用本名称(见 7.2.5.4)。

29.1.2 概述

本章描述了本部分中的脚本组件。包括如何使用 Script 节点来影响 X3D 世界中的变化。表 73 列出了本章的主题。

表 73 主题

29.2 概念

29.2.1 概述

作者经常要求 X3D 的世界要响应用户输入,外部事件和世界的当前状态而动态的改变。命题"如果目前拱顶关闭 AND 输入了正确的输入组合,则打开拱顶",说明了有可能需要处理的问题类型。通过使用来自内部 Script 节点(见 29.4.1)或者来自外部其他应用程序的场景访问接口(Scene Access Interface,SAI)以编程方式表达该决定。这些应用程序称为*脚本环境*。在这两种情况下,脚本环境可以接受事件、加工并发送新事件。脚本环境可以跟踪接下来的执行之间的信息(例如,随着时间的推移保留内部状态)。

本章描述所有脚本存取的通用机制和语义。ISO/IEC 19775-2 定义了一整套抽象脚本服务和绑定到这些服务的特定语言(见 ISO/IEC 19775-2)。对于内部脚本,事件处理由包含在脚本节点的 *url* 域中的程序或脚本来执行。这个程序或脚本可由浏览器支持的任何编程语言编写。

29.2.2 脚本执行

当 Script 节点接收到一个事件时,它被激活。浏览器应该执行脚本节点 *url* 域中的程序(如有必要,将程序传递到一个外部解释器)。该程序可以执行各种动作,包括向外发送事件(从而改变场景),执行计算,以及与互联网上其他服务器进行通信。事件处理的顺序的详细说明见 4.4.8。

Script 节点也可在初始化和关机时执行,详细信息见 29.2.3。一些脚本语言可允许从脚本处创建分开的过程,以达到连续执行(见 29.2.7)。

Script 节点按时间戳的顺序接受事件。任何由处理事件所产生的事件,都被给定一个与产生它们的事件对应的时间戳。从概念上讲,Script 节点接收和处理事件不花费任何时间,虽然实际上的确需要一段时间来执行一个 Script。

当一个包含之前被不同的 URL 初始化的脚本的 Script 节点接收到 *set_url* 事件时,当前脚本的 *shutdown* ()服务被调用(见 29.2.3)。直到新的脚本可用,脚本要表现为它没有任何可执行的内容。当新的脚本可用时,调用 *Initialize* ()服务。限制的情况是:当 URL 包含在接收到 *set_url* 事件后可立即执行的内联代码时(例如 ecmascript: protocol)。在这种情况下,在任何动态路由请求执行之后,旧代码被卸载,同时新代码立即加载。

29.2.3 *initialize* ()和 *shutdown* ()

脚本语言的联编可定义 *initialize* ()方法。在浏览器向用户展现世界之前,且在与包含该脚本的 Script 节点同一的 X3D 文件中任何节点处理任何事件之前,引用该方法。*initialize* ()方法产生的事件应具有小于 Script 节点产生的其他事件的时间戳。允许执行脚本初始化任务先于用户与世界交互。

同样,脚本语言联编可定义一种 *shutdown* ()方法。当相应的 Script 节点被删除或者包含脚本节点的世界被卸载,或者被另外的世界取代时,引用该方法。此方法可能被用来作为清洗操作,如通知外部机制删除临时文件。尽管 *shutdown* ()方法可引用方法或在关机过程中发送事件,在 *shutdown* ()方法完成之后不引用脚本的其他方法。在导致 *shutdown* ()方法产生的事件会删除 *shutdown* ()方法路由到的节点时,该 *shutdown* ()方法产生的事件将不予传送。直到 *shutdown* ()方法执行完成,包含 *shutdown* ()方法 Script 节点的删除才能完成。

29.2.4 *eventsProcessed* ()

脚本语言的联编可定义 *eventsProcessed* ()方法,在接收了一个或多个事件之后调用该方法。无论何时接收事件,该方法允许脚本不依赖于接收产生比相应脚本生成更少事件的事件顺序。如果应用其他一些时间依赖方式,*eventsProcessed* ()可能是不确定的,因为不同的浏览器实现会在不同的时间调用 *eventsProcessed* ()。

对于一个单独的事件级联,一个给定 Script 节点的 eventsProcessed 方法应至多被调用 1 次。将最后一个事件处理的时间戳赋给 *eventsProcessed* ()方法所产生的事件。

29.2.5 *prepareEvents* ()

脚本语言的联编可定义一个 *prepareEvents* ()方法,每个时间戳只调用一次该方法。在任何路由处理之前,prepareEvents()被调用,并允许一个 Script 收集任何同步产生的数据,例如:来自网络队列的输入或者调用域监听者的结果,产生被浏览器的标准事件处理顺序处理的事件,如同它是一个内置感知器的节点一样。

29.2.6 直接输出的脚本

访问其他节点的脚本(通过 SFNode 和 MFNode 域)并将其 *directOutput* 域设置为 TRUE,可以直接向那些节点公告事件。它们也可以从任何节点域读取最后发送的值。

当在另一个节点中设置一个值时,实现要通过向相应域发送输入事件来设置其他节点的值。这些事件应该是当前事件级联的一部分(见 4.4.8.3)。

29.2.7 异步脚本

由 X3D 浏览器支持的一些语言可允许 Script 节点自发产生事件,允许用户创建功能如新 Sensor 节点的 Script 节点。在这些情况下,Script 产生导致事件级联的初始事件,同时脚本语言和/或浏览器应该决定该初始事件的一个合适的时间戳。这些事件排序为事件流并像任何其他事件一样处理，遵循包括循环在内的相同的规则。

29.2.8 脚本语言

Script 节点的 *url* 域应同时允许内置脚本和通过 URL 引用的脚本。返回数据的 MIME 类型定义了语言类型。此外，可为特定的语言使用 Scripting 语言协议将指示包含在内嵌行中，具体语言见 9.2.3（从该语言推断出语言类型）。

举例来说，下面的 Script 节点有一个名为 *start* 的域，同时在 *url* 域中定义了 3 个不同的 URL 值：Java，ECMAScript 和内嵌的 ECMAScript：

示例：

```
Script {
field SFBool start
url [ "http://foo.com/fooBar.class",
"http://foo.com/fooBar.js",
"ecmascript:function start(value, timestamp) { ...}"
]
}
```

在上面的例子中，当 Script 节点接收一个 *start* 事件时，在 *url* 域中执行一个找到的脚本。Java 平台的字节码是第一选择，ECMAScript 码是第二选择，内嵌的 ECMAScript 码是第三选择。多值 URL 域的优先顺序描述见 9.2.1。

29.2.9 事件处理

Script 节点接收的事件被传递到脚本中合适的脚本语言方法中。该方法的名称依赖于使用的语言类型。在某些情况下，它与域名称相同；在其他情况下，它是一个所有事件的通用回调方法。该方法传递两个参数：事件值和事件的时间戳。

29.2.10 访问域和事件

Script 节点的域可通过使用脚本语言方法进行访问。事件能够路由到 Script 节点的域，同时 Script 节点的域能够路由到其他节点域。另一个 Script 节点访问该节点可以像其他节点一样访问该域（见 29.2.6）。

建议用户定义的域或者 Script 节点中定义的事件名称遵循 ISO/IEC 19775-2 中描述的命名规则。

域值可以被读或写并在方法调用过程中保持一致，域的改变可以通过它的更新方法通知节点。域类型更多详细信息见第 5 章。

29.3 抽象类型

29.3.1 *X3DScriptNode*（抽象）

```
X3DScriptNode:X3DChildNode,X3DURLObject {
  SFNode  [in,out]  metadata  NULL  [X3DMetadataObject]
}
```

该抽象节点类型是所有 Script 节点的基础类型。

29.4 节点引用

29.4.1 **Script**

```
Script:X3DScriptNode {
```

```
  SFNode      [in,out]  metadata       NULL     [X3DMetadataObject]
  MFString    [in,out]  url            []
  SFBool      []        directOutput   FALSE
  SFBool      []        mustEvaluate   FALSE
  # And any number of:
  fieldType   [in]      fieldName
  fieldType   [in,out]  fieldName
  fieldType   [out]     fieldName
  fieldType   []        fieldName
}
```

Script 节点用于场景中对行为进行编程。Script 节点通常是：

a) 表示改变或用户动作；

b) 从其他节点接收事件；

c) 包含一个执行某项计算的程序模块；

d) 通过发送事件，影响到场景中其他某处的改变。

每个脚本节点都有相关的编程语言代码，通过 *url* 域引用，执行脚本节点的功能。在其他的描述中，代码被称为“脚本”。*url* 域的详细内容见 9.2.1。

浏览器不须支持任何特定语言。脚本语言中的详细信息见 29.2。支持指定了特定语言联编的脚本语言的浏览器应符合该语言联编。

在一个脚本收到第一个事件之前的一段时间，它应被初始化（执行任何依赖语言或用户定义的 initialize()）。脚本能够接收和处理发送给它的事件。每个可以被接收到的事件应该使用与原型定义相同的句法在 Script 节点中进行声明：

inputonly *type name*

type 可以是任何的标准 X3D 域（定义见第 5 章）。对于此 Script 节点，*Name* 应作为这一 Script 节点的唯一标识。

Script 节点能够产生事件以响应进入事件。每个可能产生的事件应在 Script 节点上使用以下句法进行声明：

outputonly *type name*

如果 Script 节点的 *mustEvaluate* 域是 FALSE，浏览器可延迟发送输入事件到脚本，直到浏览器需要其输出。如果 *mustEvaluate* 域是 TRUE，不论输出是否被需要，浏览器应尽快向脚本发送输入事件。仅当 Script 节点对浏览器具有未知影响时，应将 *mustEvaluate* 域设置为 TRUE（如在整个网络发送信息）。否则，可能会导致较差的性能。

当脚本访问一个 X3D 节点时（在其中的 Script 节点的域或作为一个属性进入，通过一个 SFNode 或 MFNode 值），脚本能读到该节点域的内容。如果 Script 节点的 *directOutput* 域为 TRUE，该脚本也可以直接发送事件到已访问的任何节点，也可以动态地建立或撤销路由。如果 *directOutput* 为 FALSE（默认），该脚本只可能通过它的域的发送事件来影响世界的其余部分。如果 *directOutput* 为 FALSE，而且脚本直接向它访问过的节点发送事件，则结果未定义。

脚本能够直接和 X3D 浏览器进行通信以获得信息，例如当前时间和当前世界的 URL。一般通过 SAI 服务（见 ISO/IEC 19775-2）和使用特定脚本语言的 SAI 语言联编（见 ISO/IEC FCD 19777）严格进行定义。

场景图的 Script 节点的位置并不影响其操作。例如，如果一个 Script 节点的是双亲节点是 *whichChoice* 设置为“－1”的 Switch 节点（例如，忽略它的子节点），Script 节点按照规定继续运行（例如，它接收和发送事件）。

29.5 支持等级

脚本组件提供一个支持等级，见表 74。

表 74 脚本组件支持等级

等级	前提条件	节点/特征	支持
1	Core 1		
		X3ScriptNode(抽象)	n/a
		Script 节点	完全支持所有域

30 事件实用组件

30.1 简介

30.1.1 名称

本组件的名称是"EventUtilities"。在 COMPONENT 语句中引用这个组件时应使用本名称(见 7.2.5.4)。

30.1.2 概述

本章描述了本部分中的事件实用组件。这包括 Trigger 和 Sequencer 节点类型，它使得作者不使用 Script 节点就为通用互动式应用提供门、转换或排序数个事件类型的能力。表 75 列出了本章的主题。

表 75 主题

表 75（续）

• 30.5 支持等级 • 表 75 主题 • 表 76 事件实用组件支持等级

30.2 概念

30.2.1 事件实用节点概述

事件实用组件由 3 个基本概念构成：一个给定类型的 Single Field(SF)事件的转变值，来自于其他类型事件的给定类型的触发 Single Field(SF)事件，以及沿一时间轴（作为一个离散值发生器）的顺序 Single Field(SF)事件。这些由使用 ROUTE 组成的节点无需编写脚本代码就可创建强大的创作情景。这在 Profile 文件中特别有用，否则由于缺乏一个 Script 节点交互性将受到显著的限制。

事件实用节点在变换层级中的位置不会影响操作。例如，如果一个 BooleanSequencer 的父节点的 whichChoice 设置为－1(即，忽略其子节点)，BooleanSequencer 按照规定将继续运行（即，接收和发送的事件）。

30.2.2 Single Field(SF)事件类型的转变事件

转变节点允许内容作者改变某一给定类型的值。举例来说，BooleanFilter 节点（见 30.4.1）接受一个单布尔输入事件并根据它的输入值生成一个 TRUE 或 FALSE 的输出事件；它还生成等于它的输入事件取非的事件。这些事件允许创建条件行为，否则将需要一个脚本。

30.2.3 Single Field(SF)事件类型之间的触发事件

触发器节点基于不同类型输入事件，产生一个给定类型的输出事件。举例来说，当 TimeTrigger 节点（见 30.4.7）接收到一个布尔型输入事件时，生成一个时间输出事件，允许内容创建者根据一个布尔事件，例如 TouchSensor（见 20.4.4）的一个 isActive 域，启动一个 TimeSensor。

所有 Trigger 节点继承于 X3DTriggerNode（见 30.3.2）基类。

30.2.4 音序 Single Field(SF)事件

音序器节点被设计用来让内容作者通过 TimeSensor 的输出过程生成一个特定的离散事件序列。它们来自抽象节点类型 X3DSequencerNode（见 30.3.1），从而共享 *set_fraction*（SFFloat [in]）和 *key*（MFFloat [in,out]）的特征域。

set_fraction inputOnly 域收到一个 SFFloat 事件并且引发顺序函数进行计算，导致产生一个与 *set_fraction* 事件相同时间戳的 *value_changed* 的输出事件。*keyValue* 的使用和输出域依赖于 Sequencer 的类型。

BooleanSequencer（见 30.4.2）和 IntegerSequencer（见 30.4.5）输出一个单值域到 *value_changed*。*keyValue* 域的每个值与 *key* 域的参数值在顺序上相对应。如果一个音序器的 *key* 域的值的个数和 *keyValue* 域的值的个数不相同，结果是不确定的。

指定的 X3D 的音序器节点是专为沿时间轴的离散事件而设计的。上述每个节点定义了一个在区间（$-\infty$，$+\infty$）上的分段线性函数 $f(t)$。分段线性函数由 n 个 t 值定义，称为 *key*，和 n 个对应于的值 $f(t)$，称为 *keyValue*。Key 应是单调非下降的，否则结果是不确定的。key 不受任何区间的限制。

上述每个节点计算给定任何 n 的 $f(t)$ 值（通过 *fraction* 域）如下：让 n 个音调值 $t_0, t_1, t_2, \cdots, t_{n-1}$ 把

值域(−∞,+∞)分成 $n+1$ 个子区间,也就是(−∞,t_0),[t_0,t_1),[t_1,t_2],…,[t_{n-1},+∞)。同时,把 n 个值 v_0,v_1,v_2,…,v_{n-1} 定为与音调值对应的 $f(t)$ 的值。离散值顺序函数,$f(t)$,定义为:

$$
\begin{aligned}
f(t) &= v_n, \text{if} t_n \leqslant t < t_{n-1} \\
&= v_0, \text{if} t \leqslant t_0, \\
&= v_{n-1}, \text{if} t \geqslant t_{n-1}
\end{aligned}
$$

30.3 抽象类型

30.3.1 *X3DSequencerNode*

```
X3DSequencerNode:X3DChildNode {
  SFBool          [in]      next
  SFBool          [in]      previous
  SFFloat         [in]      set_fraction               (-∞,∞)
  MFFloat         [in,out]  key             []         (-∞,∞)
  MF<type>        [in,out]  keyValue        []
  SFNode          [in,out]  metadata        NULL       [X3DMetadataObject]
  [S|M]F<type>    [out]     value_changed
}
```

本抽象节点类型是派生出所有 Sequencer 的基节点类型。对 Sequencer 的详细描述见 30.2。

接收到 *next* 事件触发了 keyValue 阵列的下一输出。接收到 *previous* 事件触发 keyValue 阵列的前一输出。这些触发器事件在达到 keyValue 阵列的边界后将"绕回去";即,在最后之后的 *next* 指向初始元素,在之前过后 *previous* 指向最后元素。

30.3.2 *X3DTriggerNode*

```
X3DTriggerNode:X3DChildNode  {
  SFNode  [in,out]  metadata  NULL  [X3DMetadataObject]
}
```

本抽象节点类型是派生出所有 Trigger 的基节点类型。对 Trigger 的详细描述见 30.2。

30.4 节点引用

30.4.1 BooleanFilter

```
BooleanFilter:X3DChildNode {
  SFBool   [in]       set_boolean
  SFNode   [in,out]   metadata        NULL  [X3DMetadataObject]
  SFBool   [out]      inputFalse
  SFBool   [out]      inputNegate
  SFBool   [out]      inputTrue
}
```

BooleanFilter 对布尔事件进行过滤,允许选择 TRUE 或 FALSE 以及非的路由。

当接收到 *set_boolean* 事件后,BooleanFilter 节点生成两个事件:在按照收到的布尔值生成 *inputTrue* 或 *inputFalse*,以及在收到包含"非"值时生成 *inputNegate*。

30.4.2 BooleanSequencer

```
BooleanSequencer:X3DSequencerNode {
```

```
  SFBool     [in]       next
  SFBool     [in]       previous
  SFFloat    [in]       set_fraction
  MFFloat    [in,out]   key             []      (-∞,∞)
  MFBool     [in,out]   keyValue        []
  SFNode     [in,out]   metadata        NULL    [X3DMetadataObject]
  SFBool     [out]      value_changed
}
```

当受 TimeSensor 时钟驱动时，BooleanSequencer 产生顺序 SFBool 事件。在其他动作中，它可以启用/禁用灯和感知器，或者通过 set_bind 事件绑定/解除绑定 Viewpoint 和其他 X3DBindableNodes。

keyValue 域由一个 FALSE 和 TRUE 值的列表组成。

BooleanSequencer 应为每个启用或绑定的节点进行实例化。

30.4.3 **BooleanToggle**

```
BooleanToggle:X3DChildNode {
  SFBool     [in]       set_boolean
  SFNode     [in,out]   metadata        NULL    [X3DMetadataObject]
  SFBool     [in,out]   toggle          FALSE
}
```

BooleanToggle 存储一个为切换开启/关闭的布尔值。

当接收到一个 *set_boolean* 为 TRUE 的事件时，BooleanToggle 将 *toggle* 域取否，并产生相应的 *toggle* 域输出事件。*set_boolean* 为 FALSE 的事件被忽略。

BooleanToggle 可通过直接设置 inputOutput *toggle* 域的值复位到某一特定状态。

30.4.4 **BooleanTrigger**

```
BooleanTrigger:X3DTriggerNode {
  SFTime     [in]       set_triggerTime
  SFNode     [in,out]   metadata        NULL    [X3DMetadataObject]
  SFBool     [out]      triggerTrue
}
```

BooleanTrigger 是一个在接受时间事件后，生成布尔事件的触发器节点。

当 BooleanTrigger 接收到一个 *set_triggerTime* 事件时，生成 *triggerTrue* 事件。*triggerTrue* 的值应总是为 TRUE。

30.4.5 **IntegerSequencer**

```
IntegerSequencer:X3DSequencerNode {
  SFBool     [in]       next
  SFBool     [in]       previous
  SFFloat    [in]       set_fraction
  MFFloat    [in,out]   key             []      (-∞,∞)
  MFInt32    [in,out]   keyValue        []      -1|[1, ∞)
  SFNode     [in,out]   metadata        NULL    [X3DMetadataObject]
  SFInt32    [out]      value_changed
}
```

IntegerSequencer 为单个 TimeSensor 时钟产生顺序的 SFInt32 事件(通过 set_whichChoice 驱动一个 Switch),是一个离散值生成器。

30.4.6 IntegerTrigger

```
IntegerTrigger:X3DTriggerNode {
  SFBool     [in]        set_boolean
  SFInt32    [in,out]    integerKey                  -1|(-∞,∞)
  SFNode     [in,out]    metadata          NULL      [X3DMetadataObject]
  SFInt32    [out]       triggerValue
}
```

IntegerTrigger 处理单域的 Boolean 事件,为输出事件置一个整数值。这对于连接环境事件到 Switch 节点的 whichChoice 是非常有用的。

当收到 *set_boolean* 事件时,IntegerTrigger 节点将用当前的 *integerKey* 值生成一个 *triggerValue* 事件。

30.4.7 TimeTrigger

```
TimeTrigger:X3DTriggerNode {
  SFBool     [in]        set_boolean
  SFNode     [in,out]    metadata          NULL      [X3DMetadataObject]
  SFTime     [out]       triggerTime
}
```

TimeTrigger 是一个在接受布尔事件后产生时间事件的触发节点。

当 TimeTrigger 收到一个 *set_boolean* 事件时,产生一个 *triggerTime* 事件。*triggerTime* 的值应该为收到 *set_boolean* 的时间。应忽略 *set_boolean* 的值。

30.5 支持等级

事件实用组件提供了 1 个等级的支持,见表 76。等级 1 为上述定义的所有节点提供全部支持。

表 76 事件实用组件支持等级

等级	前提条件	节点/特征	支持
1	Core 1 Grouping 1		
		X3DSequencerNode (抽象)	完全支持所有域
		X3DTriggerNode (抽象)	完全支持所有域
		BooleanFilter	完全支持所有域
		BooleanSequencer	完全支持所有域
		BooleanToggle	完全支持所有域
		BooleanTrigger	完全支持所有域
		IntegerSequencer	完全支持所有域
		IntegerTrigger	完全支持所有域
		TimeTrigger	完全支持所有域

附 录 A
（规范性附录）
Core 配置文件

A.1 概要

本附录定义了组成 Core 配置文件的 X3D 组件。不只包含应被支持的节点，还包括了在被支持的节点中有可能被忽略的域。

本配置文件目标：

a） X3D 所要求的最小文件定义；

b） 明确说明所需组件和等级，构建最小定义场景；

c） 通过去除一个完整 X3D 的实现复杂度以允许扩大实现的范围。

A.2 主题

表 A.1 列出了本附录的主题。

表 A.1 主题

A.3 组件支持

表 A.2 列举了应在 Core 配置文件中被支持的组件及其等级。表 A.2 及表 A.3 描述了对组件中所含节点和域所需支持的限制。

表 A.2 组件和等级

组 件	等 级	引 用
Core	1	7.5 支持等级

A.4 符合性准则

本配置文件的符合性应该包括由表 A.2 列举的为这些组件和等级而设定的规范所定义的符合性准则。

在表 A.3 和表 A.4 中，第一列定义了在哪些项目中符合性将被定义。在某些情况下，定义一般限制，但是在稍后的特殊情况下，会被更严格的约束所覆盖。第二列定义了一个 X3D 文件遵守 Core 配置文件的需求；如果一个 X3D 文件包含任何超越了这些限制的项目，对于一个与 Core 配置文件一致的 X3D 浏览器来说，将无法成功地从语法上分析该 X3D 文件。第三列定义了一个 X3D 文件的一个 X3D 场景最小复杂性，它能够使与 Core 配置文件一致的 X3D 浏览器呈现给用户。标记为"不支持"的域可能被与 Core 配置文件一致的浏览器所支持。在最小浏览器支持栏中的"忽略"一词，只涉及这一项目的显示；特别是用于忽略 inputOutput 域的 *set_events* 应依然产生 corresponding_*changed* 事件。

A.5 节点设置

表 A.3 列举了应在 Core 配置文件中支持的节点，并说明了这些节点中的任何域，对这些域，该配置文件要求低于完全支持。

表 A.3 遵守 Core 配置文件的节点

项　目	X3D 文件限制	最小浏览器支持
MetadataDouble	无限制	完全支持
MetadataFloat	无限制	完全支持
MetadataInteger	无限制	完全支持
MetadataSet	无限制	完全支持
MetadataString	无限制	完全支持

A.6 其他限制

表 A.4 说明了能被该配置文件支持的 X3D 功能的其他方面。注意一般项目只涉及表 A.3 中列举的这些特殊节点。

表 A.4 其他限制

项　目	X3D 文件限制	最小浏览器支持
All groups	500 个子节点	500 个子节点。选择性支持 *bboxCenter* and *bboxSize*
All interpolators	1 000 个键值对	1 000 个键值对
All lights	8 同步光	8 同步光
Names for DEF/field	50Q	50Q
All *url* fields	10 URLs	10 URLs。选择性支持 URN。 支持'http'，'file'和'ftp'协议。 支持相关的相对 URL

表 A.4（续）

项　　目	X3D 文件限制	最小浏览器支持
SFBool	无限制	完全支持
SFColor	无限制	完全支持
SFColorRGBA	无限制	完全支持
SFDouble	Mp 限制	完全支持。范围±1e±12，精确度 1e−7
SFFloat	无限制	完全支持
SFImage	256 宽，256 高	256 宽，256 高
SFInt32	无限制	完全支持
SFNode	无限制	完全支持
SFRotation	无限制	完全支持
SFString	30 000Q	30 000Q
SFTime	无限制	完全支持
SFVec2d	15 000 个值	15 000 个值
SFVec2f	15 000 个值	15 000 个值
SFVec3d	15 000 个值	15 000 个值
SFVec3f	15 000 个值	15 000 个值
MFColor	15 000 个值	15 000 个值
MFColorRGBA	15 000 个值	15 000 个值
MFDouble	1 000 个值	1 000 个值
MFFloat	1 000 个值	1 000 个值
MFInt32	20 000 个值	20 000 个值
MFNode	500 个值	500 个值
MFRotation	1 000 个值	1 000 个值
MFString	30 000Q /字符串，10 字符串	30 000Q /字符串，10 字符串
MFTime	1 000 个值	1 000 个值
MFVec2d	15 000 个值	15 000 个值
MFVec2f	15 000 个值	15 000 个值
MFVec3d	15 000 个值	15 000 个值
MFVec3f	15 000 个值	15 000 个值

附 录 B
（规范性附录）
Interchange 配置文件

B.1 概要

本附录定义了组成 Interchange 配置文件的 X3D 组件。不只包含应被支持的节点，还包括了在被支持的节点中有可能被忽略的域。

本配置文件的目标：

a） 创作系统间的几何和动画的交换；

b） 可以在一个占用资源少、无需互动（输入命令）就可运行的引擎上运用可用实现（例如，一个小的应用程序或者小的浏览器插件）；

c） 解决软件输出无法充分处理 X3D 的照明模型细节的局限性；

d） 通过去除一个完整的 X3D 实现的一些复杂性来允许实现的一个更宽的范围。

B.2 主题

表 B.1 列出了本附录中的主题。

表 B.1 主题

B.3 组件支持

表 B.2 列出了在 Interchange 配置文件中应该被支持的组件及其等级。表 B.2 和表 B.3 描述了对组件中所含节点和域所需支持的限制。

表 B.2 组件和等级

组 件	等 级	引 用
Core	1	7.5 支持等级
Time	1	8.5 支持等级
Networking	1	9.5 支持等级
Grouping	1	10.5 支持等级
Rendering	3	11.5 支持等级
Shape	1	12.5 支持等级
Geometry3D	2	13.4 支持等级
Lighting	1	17.5 支持等级
Texturing	2	18.5 支持等级
Interpolation	2	19.5 支持等级
Navigation	1	23.4 支持等级
Environmental effects	1	24.5 支持等级

B.4 符合性准则

本配置文件的符合性应该包括由表 B.2 列举的为这些组件和等级设而定的规范所定义的符合性准则。

在表 B.3 和表 B.4 中，第一列定义了在哪些项目中符合性将被定义。在某些情况下，定义一般限制，但是在稍后的特殊情况下，会被更严格的约束所覆盖。第二列定义了一个 X3D 文件遵守 Interchange 配置文件的需求；如果一个 X3D 文件包含任何超越了这些限制的项目，对于一个与 Interchange 配置文件一致的 X3D 浏览器来说，将无法成功地从语法上分析该 X3D 文件。第三列定义了一个 X3D 文件的一个 X3D 场景最小复杂性，它能够使与 Interchange 配置文件一致的 X3D 浏览器呈现给用户。标记为"不支持"的域可能被与 Interchange 配置文件一致的浏览器所支持。在最小浏览器支持栏中的"忽略"一词，只涉及这一项目的显示；特别是用于忽略 inputOutput 域的 *set_events* 应依然产生 corresponding_*changed* 事件。

B.5 节点设置

表 B.3 列举了应在 Interchange 配置文件中支持的节点，并说明了这些节点中的任何域，对这些域，该配置文件要求低于完全支持。

表 B.3 遵守 Interchange 配置文件的节点

项 目	X3D 文件限制	最小浏览器支持
Appearance	无限制	选择性支持 *textureTransform*。 不支持 *lineProperties*。不支持 *fillProperties*
Appearance	无限制	选择性支持 *textureTransform*。 不支持 *lineProperties*。不支持 *fillProperties*

表 B.3（续）

项　目	X3D 文件限制	最小浏览器支持
Background	无限制	选择性支持 *groundAngle* 和 *groundColor*。选择性支持 *backURL*，*frontURL*，*leftURL*，*rightURL*，*topURL*。 选择性支持 *skyAngle*。一个 *skyColor*
Box	无限制	完全支持
Color	15 000 色	15 000 色
ColorInterpolator	同对所有插值器的限制	对所有插值器以外完全支持
ColorRGBA	15 000 色	15 000 色。选择性支持 Alpha 组件
Cone	无限制	完全支持
Coordinate	65 535 点	65 535 点
CoordinateInterpolator	15 000 个坐标/*keyValue*。同对所有插值器的限制	15 000 个坐标/*keyValue*。同对所有插值器的支持
Cylinder	无限制	完全支持
DirectionalLight	无限制	不在父 Group 或 Transform 的作用范围内
Group	同对所有组的限制	选择性支持 *addChildren*。选择性支持 *removeChildren*。其他同所有组
ImageTexture	JPEG(见 JPEG 文件交换格式）和 PNG（见 ISO/IEC 15948)格式	JPEG(见 JPEG 文件交换格式)和 PNG(见 ISO/IEC 15948)格式
IndexedFaceSet	10 个顶点/面。5 000 面。少于 65 535 索引	选择性支持 *ccw*。选择性支持 *set_colorIndex*。选择性支持 *set_normalIndex*。选择性支持 *normal* 。只支持凸索引的面集合。因此选择性支持 *convex*。对于 *creaseAngle*,只支持 0 和 π rad。 面的列表应该按照以下进行良好定义： 1. 每个面由－1 终止,包括数组中的最后一个面； 2. 每个面至少含 3 个不重合的顶点； 3. 在一个面中不能重复一个给定的 *coordIndex*； 4. 一个面的顶点应该能够定义一个平面多边形； 5. 一个面的顶点应不能定义一个自交叉的多边形
IndexedLineSet	共 15 000 顶点。 每索引域 15 000 索引	共 15 000 顶点。每索引域 15 000 索引
IndexedTriangleFanSet	共 5 000 面。 每索引域 15 000 索引	共 5 000 面。每索引域 15 000 索引
IndexedTriangleSet	共 5 000 面。 每索引域 15 000 索引	共 5 000 面。每索引域 15 000 索引
IndexedTriangleStripSet	共 5 000 面。 每索引域 15 000 索引	共 5 000 面。每索引域 15 000 索引
LineSet	共 15 000 顶点	共 15 000 顶点

表 B.3（续）

项　目	X3D 文件限制	最小浏览器支持
Material	无限制	选择性支持 *ambientIntensity*。选择性支持 *shininess*。 选择性支持 specularColour。一个 emissiveColour 不等于(0,0,0)，*diffuseColor* 等于(0,0,0)的 Material 是一个不发光的材料。一位透明度；透明度值＞＝0.5 透明
MetadataDouble	无限制	完全支持
MetadataFloat	无限制	完全支持
MetadataInteger	无限制	完全支持
MetadataSet	无限制	完全支持
MetadataString	无限制	完全支持
MultiTexture	无限制	每任意指定数量的节点至少显示一个纹理。 完全支持
MultiTextureCoordinate	15 000 个坐标	15 000 个坐标
MultiTextureTransform	同对所有组的限制	选择性支持 *addChildren*。选择性支持 *removeChildren*。 否则，完全支持，例外情况同所有组支持的例外情况
NavigationInfo	无限制	选择性支持 *avatarSize*。选择性支持 *speed*。选择性支持 *type*。 选择性支持 *visibilityLimit*
Normal	15 000 个法向量	15 000 个法向量
NormalInterpolator	15 000 个法向量	15 000 个法向量
OrientationInterpolator	同对所有插值器的限制	完全支持，例外情况同所有插值器支持的例外情况
PixelTexture	512 宽，512 高	512 宽，512 高。显示完全透明和完全不透明的像素
PointSet	5 000 点	5 000 点
PositionInterpolator	同对所有插值器的限制	完全支持，例外情况同所有插值器支持的例外情况
ScalarInterpolator	同对所有插值器的限制	完全支持，例外情况同所有插值器支持的例外情况
Shape	无限制	完全支持
Sphere	无限制	完全支持
TextureCoordinate	65 535 个坐标	65 535 个坐标
TextureCoordinateGenerator	无限制	完全支持
TextureTransform	无限制	完全支持
TimeSensor	无限制	选择性支持 *pause*。选择性支持 *isPaused*。 选择性支持 *resumeTime*
Transform	同对所有组的限制	选择性支持 addChildren。选择性支持 removeChildren。 否则，完全支持，例外情况同所有组支持的例外情况

表 B.3（续）

项　　目	X3D 文件限制	最小浏览器支持
TriangleFanSet	5 000 三角形/扇。 共 15 000 个三角形	5 000 三角形/扇。共 15 000 个三角形
TriangleSet	15 000 三角形	15 000 三角形
TriangleStripSet	5 000 三角形/条带。 共 15 000 三角形	5 000 三角形/条带。共 15 000 三角形
Viewpoint	无限制	选择性支持 *fieldOfView*。 选择性支持 *description*
WorldInfo	无限制	忽略 *info*,*title*

B.6 其他限制

表 B.4 说明了能被该配置文件支持的 X3D 功能的其他方面。注意一般项目只涉及表 B.3 中列举的这些特殊节点。

表 B.4 其他限制

项　　目	X3D 文件限制	最小浏览器支持
All groups	500 children	500 children。忽略 *bboxCenter* 和 *bboxSize*
All interpolators	1 000 个键值对	1 000 个键值对
All lights	8 同步光	8 同步光
Names for DEF/field	50 Q	50 Q
All *url* fields	10 URLs	10 URLs。忽略 URN。 支持‘http’,‘file’和‘ftp’协议 支持对应处相应的 URLs
SFBool	无限制	完全支持
SFColor	无限制	完全支持
SFColorRGBA	无限制	完全支持
SFDouble	Mp 限制	完全支持。范围 ±1e±12,精确度 1e−7
SFFloat	无限制	完全支持
SFImage	512 宽,512 高	512 宽,512 高
SFInt32	无限制	完全支持
SFNode	无限制	完全支持
SFRotation	无限制	完全支持
SFString	30 000 Q	30 000 Q
SFTime	无限制	完全支持
SFVec2d	15 000 个值	15 000 个值

表 B.4（续）

项　目	X3D文件限制	最小浏览器支持
SFVec2f	15 000 个值	15 000 个值
SFVec3d	15 000 个值	15 000 个值
SFVec3f	15 000 个值	15 000 个值
MFColor	15 000 个值	15 000 个值
MFColorRGBA	15 000 个值	15 000 个值
MFDouble	1 000 个值	1 000 个值
MFFloat	1 000 个值	1 000 个值
MFInt32	20 000 个值	20 000 个值
MFNode	500 个值	500 个值
MFRotation	1 000 个值	1 000 个值
MFString	30 000Q/字符串，10 字符串	30 000Q/字符串，10 字符串
MFTime	1 000 个值	1 000 个值
MFVec2d	15 000 个值	15 000 个值
MFVec2f	15 000 个值	15 000 个值
MFVec3d	15 000 个值	15 000 个值
MFVec3f	15 000 个值	15 000 个值

附　录　C
（规范性附录）
Interactive 配置文件

C.1　概要

本附录定义了组成 Interactive 配置文件的 X3D 组件。不只包含应被支持的节点，还包括了在被支持的节点中有可能被忽略的域。

本配置文件目标：

a）实现一个支持多图形和相互作用的轻量级回放引擎；

b）在需有限导航和环境传感控制低足迹引擎上的可能实现（如一个 Java 程序或小的浏览器插件）；

c）通过去除一个完整 X3D 的实现复杂度以允许扩大实现的范围。

C.2　主题

表 C.1 列出了本附录的主题。

表 C.1　主题

C.3　组件支持

表 C.2 列举了应在 Interactive 配置文件中被支持的组件及其等级。表 C.2 及 C.3 描述了对组件中所含节点和域所需支持的限制。

表 C.2 组件和等级

组　件	等　级	引　用
Core	1	7.5 支持等级
Time	1	8.5 支持等级
Networking	1	9.5 支持等级
Grouping	2	10.5 支持等级
Rendering	2	11.5 支持等级
Shape	1	12.5 支持等级
Geometry3D	3	13.4 支持等级
Lighting	2	17.5 支持等级
Texturing	2	18.5 支持等级
Interpolation	2	19.5 支持等级
Pointing device sensor	1	20.5 支持等级
Key device sensor	1	21.5 支持等级
Enviromental sensor	1	22.5 支持等级
Navigation	1	23.4 支持等级
Environment effects	1	24.5 支持等级
Event utilities	1	30.5 支持等级

C.4 符合性准则

本配置文件的符合性应该包括由表 C.2 列举的为这些组件和等级而设定的规范所定义的符合性准则。

在表 C.3 和表 C.4 中，第一列定义了在哪些项目中符合性将被定义。在某些情况下，定义一般限制，但是在稍后的特殊情况下，会被更严格的约束所覆盖。第二列定义了一个 X3D 文件遵守 Interactive 配置文件的需求；如果一个 X3D 文件包含任何超越了这些限制的项目，对于一个与 Interactive 配置文件一致的 X3D 浏览器来说，将无法成功地从语法上分析该 X3D 文件。第三列定义了一个 X3D 文件的一个 X3D 场景最小复杂性，它能够使与 Interactive 配置文件一致的 X3D 浏览器呈现给用户。标记为"不支持"的域可能被与 Interactive 配置文件一致的浏览器所支持。在最小浏览器支持栏中的"忽略"一词，只涉及这一项目的显示；特别是用于忽略 inputOutput 域的 *set_events* 应依然产生 corresponding_*changed* 事件。

C.5 节点设置

表 C.3 列举了应在 Interactive 配置文件中支持的节点，并说明了这些节点中的任何域，对这些域，该配置文件要求低于完全支持。

表 C.3　遵守 Interactive 配置文件的节点

项　　目	X3D 文件限制	最小浏览器支持
Anchor	无限制	完全支持
Appearance	无限制	选择性支持 *textureTransform*。不支持 *lineProperties*。不支持 *fillProperties*
Background	无限制	选择性支持 *groundAngle* 和 *groundColor*。选择性支持 *backURL*，*frontURL*，*leftURL*，*rightURL*，*topURL*。选择性支持 *skyAngle*。一个 *skyColor*
BooleanFilter	无限制	完全支持
BooleanSequencer	无限制	完全支持
BooleanToggle	无限制	完全支持
BooleanTrigger	无限制	完全支持
Box	无限制	完全支持
Color	15 000 色	15 000 色
ColorInterpolator	同对所有插值器的限制	完全支持;例外情况同所有插值器支持的例外情况
ColorRGBA	15 000 色	15 000 色,选择性支持 Alpha 组件
Cone	无限制	完全支持
Coordinate	65 535 点	65 535 点
CoordinateInterpolator	15 000 个坐标/*keyValue*。同对所有插值器的限制	15 000 个坐标/*keyValue*。同对所有插值器的支持
Cylinder	无限制	完全支持
CylinderSensor	无限制	完全支持
DirectionalLight	无限制	不受父 Group 或 Transform 范围管辖
ElevationGrid	无限制	选择性支持 *ccw*
Group	同对所有组的限制	同对所有组的支持
ImageTexture	JPEG(见 JPEG 文件交换格式)和 PNG(见 ISO/IEC 15948)格式	JPEG(见 JPEG 文件交换格式)和 PNG(见 ISO/IEC 15948)格式
IndexedFaceSet	10 个顶点/面。5 000 面。少于 65 535 索引	10 顶点/面。5 000 面。每一个索引域 65 535 个索引。 选择性支持 *ccw*。选择性支持 *set_colorIndex*。选择性支持 *set_normalIndex*。选择性支持 *normal*。只支持凸索引的面集合。因此选择性支持 *convex*。对于 *creaseAngle*,只支持 0 和 π rad。选择性支持 *normalIndex*。 面的列表应该按照以下进行良好定义： 1. 每个面由－1 终止,包括数组中的最后一个面； 2. 每个面至少含 3 个不重合的顶点； 3. 在一个面中不能重复一个给定的 *coordIndex*； 4. 一个面的顶点应该能够定义一个平面多边形； 5. 一个面的顶点应不能定义一个自交叉的多边形

表 C.3(续)

项　　目	X3D 文件限制	最小浏览器支持
IndexedLineSet	总共 15 000 个顶点。 每个索引域中 15 000 索引	共 15 000 个顶点。每一个索引域中 15 000 个索引。 选择性支持 *set_colorIndex*。选择性支持 *set_coordIndex*
Inline	无限制	完全支持所有域,选择性支持 load
IntegerSequencer	无限制	完全支持
IntegerTrigger	无限制	完全支持
KeySensor	无限制	完全支持
LineSet	共 15 000 个顶点	共 15 000 个顶点
Material	无限制	选择性支持 *ambientIntensity*。选择性支持 *shininess*。选择性支持 *specularColour*。一个 *emissiveColour* 不等于 (0,0,0),*diffuseColor* 等于(0,0,0)的 Material 是一个不发光的材料。一位透明度;透明度值>=0.5 透明
MetadataDouble	无限制	完全支持
MetadataFloat	无限制	完全支持
MetadataInteger	无限制	完全支持
MetadataSet	无限制	完全支持
MetadataString	无限制	完全支持
MultiTexture	无限制	每任意指定数量的节点至少显示一个纹理。 完全支持
MultiTextureCoordinate	15 000 个坐标	15 000 个坐标
MultiTextureTransform	同对所有组的限制	选择性支持 *addChildren*。选择性支持 *removeChildren*。 否则,完全支持,例外情况同所有组支持的例外情况
NavigationInfo	无限制	选择性支持 *avatarSize*。选择性支持 *speed*。选择性支持 *type*。 选择性支持 *visibilityLimit*
Normal	15 000 个法向量	15 000 个法向量
NormalInterpolator	15 000 个法向量	15 000 个法向量,例外情况同所有插值器支持的例外情况
OrientationInterpolator	同对所有插值器的限制	完全支持,例外情况同所有插值器支持的例外情况
PixelTexture	512 宽,512 高	512 宽,512 高。显示完全透明和完全不透明的像素
PlaneSensor	无限制	完全支持
PointLight	无限制	选择性支持 *radius*。线性衰减
PointSet	5 000 点	5 000 点
PositionInterpolator	同对所有插值器的限制	完全支持,例外情况同所有插值器支持的例外情况
ProximitySensor	无限制	选择性支持 *position_changed*。 选择性支持 *orientation_changed*

表 C.3（续）

项　目	X3D 文件限制	最小浏览器支持
ScalarInterpolator	同对所有插值器的限制	完全支持，例外情况同所有插值器支持的例外情况
Shape	无限制	完全支持
Sphere	无限制	完全支持
SphereSensor	无限制	完全支持
SpotLight	无限制	选择性支持 *beamWidth*。选择性支持 *radius*。线性衰减
StringSensor	无限制	完全支持
Switch	无限制	完全支持
TextureCoordinate	15 000 个坐标	15 000 个坐标
TextureCoordinateGenerator	无限制	完全支持
TimeSensor	无限制	选择性支持 *pause*。 选择性支持 *isPaused*。选择性支持 *resumeTime*
TimeTrigger	无限制	完全支持
TouchSensor	无限制	完全支持
Transform	同对所有组的限制	完全支持，例外情况同所有组支持的例外情况
Viewpoint	无限制	选择性支持 *fieldOfView*。 选择性支持 *description*
WorldInfo	无限制	完全支持

C.6　其他限制

表 C.4 说明了能被该配置文件支持的 X3D 功能的其他方面。注意一般项目只涉及表 C.3 中列举的这些特殊节点。

表 C.4　其他限制

项　目	X3D 文件限制	最小浏览器支持
All groups	500 个子节点	500 个子节点。忽略 *bboxCenter* 和 *bboxSize*
All interpolators	1 000 键值对	1 000 键值对
All lights	8 同步光	8 同步光
Names for DEF/field	50Q	50Q
All *url* fields	10 URLs	10 URLs。忽略 URN。 支持'http'，'file'和'ftp'协议。 在相关的地方支持相对应的 urls
SFBool	无限制	完全支持
SFColor	无限制	完全支持

表 C.4（续）

项　目	X3D 文件限制	最小浏览器支持
SFColorRGBA	无限制	完全支持
SFDouble	Mp 限制	完全支持。范围±1e±12,精确度 1e−7
SFFloat	无限制	完全支持
SFImage	512 宽,512 高	512 宽,512 高
SFInt32	无限制	完全支持
SFNode	无限制	完全支持
SFRotation	无限制	完全支持
SFString	30 000 Q	30 000 Q
SFTime	无限制	完全支持
SFVec2d	15 000 个值	15 000 个值
SFVec2f	15 000 个值	15 000 个值
SFVec3d	15 000 个值	15 000 个值
SFVec3f	15 000 个值	15 000 个值
MFColor	15 000 个值	15 000 个值
MFColorRGBA	15 000 个值	15 000 个值
MFDouble	1 000 个值	1 000 个值
MFFloat	1 000 个值	1 000 个值
MFInt32	20 000 个值	20 000 个值
MFNode	500 个值	500 个值
MFRotation	1 000 个值	1 000 个值
MFString	30 000 Q/字符串,10 字符串	30 000 Q/字符串,10 字符串
MFTime	1 000 个值	1 000 个值
MFVec2d	15 000 个值	15 000 个值
MFVec2f	15 000 个值	15 000 个值
MFVec3d	15 000 个值	15 000 个值
MFVec3f	15 000 个值	15 000 个值

附 录 D
（规范性附录）
MPEG-4 Interactive 配置文件

D.1 概要

本附录定义了组成 MPEG-4 interactive 配置文件的 X3D 组件。不只包含应被支持的节点，还包括了在被支持的节点中有可能被忽略的域。

本配置文件目标：

a) 提供带 MPEG-4 标准的交互性的基础点（见 ISO/IEC 14496-1）；

b) 实现一个支持多图形和相互作用的轻量级回放引擎；

c) 在需有限导航和环境传感控制低足迹引擎上的可能实现（如一个 Java 程序或小的浏览器插件）；

d) 通过去除一个完整 X3D 的实现复杂度以允许扩大实现的范围。

D.2 主题

表 D.1 列出了本附录的主题。

表 D.1 主题

D.3 组件支持

表 D.2 列举了应在 MPEG-4 interactive 配置文件中被支持的组件及其等级。表 D.2 及表 D.3 描述了对组件中所含节点和域所需支持的限制。

表 D.2 组件和等级

组　　件	等　　级	引　　用
Core	1	7.5 支持等级
Time	1	8.5 支持等级
Networking	2	9.5 支持等级
Grouping	2	10.5 支持等级
Rendering	1	11.5 支持等级
Shape	1	12.5 支持等级
Geometry3D	2	13.4 支持等级
Lighting	2	17.5 支持等级
Texturing	1	18.5 支持等级
Interpolation	2	19.5 支持等级
Pointing device sensor	1	20.5 支持等级
Enviromental sensor	1	22.5 支持等级
Navigation	1	23.4 支持等级
Enviromental effects	1	24.5 支持等级

D.4 符合性准则

本配置文件的符合性应该包括由表 D.2 列举的为这些组件和等级而设定的规范所定义的符合性准则。

在表 D.3 和表 D.4 中，第一列定义了在哪些项目中符合性将被定义。在某些情况下，定义一般限制，但是在稍后的特殊情况下，会被更严格的约束所覆盖。第二列定义了一个 X3D 文件遵守 MPEG-4 interactive 配置文件的需求；如果一个 X3D 文件包含任何超越了这些限制的项目，对于一个与 MPEG-4 interactive 配置文件一致的 X3D 浏览器来说，将无法成功地从语法上分析该 X3D 文件。第三列定义了一个 X3D 文件的一个 X3D 场景最小复杂性，它能够使与 MPEG-4 interactive 配置文件一致的 X3D 浏览器呈现给用户。标记为“不支持”的域可能被与 MPEG-4 interactive 配置文件一致的浏览器所支持。在最小浏览器支持栏中的“忽略”一词，只涉及这一项目的显示；特别是用于忽略 inputOutput 域的 *set_events* 应依然产生 corresponding_*changed* 事件。

D.5 节点设置

表 D.3 列举了应在 MPEG-4 Interactive 配置文件中支持的节点，并说明了这些节点中的任何域，对这些域该配置文件要求低于完全支持。

表 D.3 遵守 MPEG-4 Interactive 配置文件的节点

项　目	文件限制	最小浏览器支持
Anchor	无限制	选择性支持 *addChildren*。选择性支持 *removeChildren*。忽略 *parameter*。忽略 *description*
Appearance	无限制	选择性支持 *textureTransform* 不支持 *lineProperties*。不支持 *fillProperties*
Background	无限制	选择性支持 *groundAngle* 和 *groundColor*。选择性支持 *backURL*，*frontURL*，*leftURL*，*rightURL*，*topURL*。选择性支持 *skyAngle*。一个 *skyColor*
Box	无限制	完全支持
Color	15 000 色	15 000 色
ColorInterpolator	同对所有插值器的限制	完全支持，例外情况同所有插值器支持的例外情况
ColorRGBA	15 000 色	15 000 色。选择性支持 Alpha 组件
Cone	无限制	完全支持
Coordinate	65 535 点	65 535 点
CoordinateInterpolator	15 000 坐标/*keyValuD*。 同所有插值器限制	15 000 坐标/*keyValue* 同对所有插值器的支持
Cylinder	无限制	完全支持
CylinderSensor	无限制	完全支持
DirectionalLight	无限制	不在父 Group 或 Transform 范围内
ElevationGrid	无限制	选择性支持 *ccw*
Group	同对所有组的限制	完全支持，例外情况同所有组支持的例外情况
ImageTexture	JPEG(见 JPEG 文件交换格式)和 PNG(见 ISO/IEC 15948)格式	JPEG(见 JPEG 文件交换格式)和 PNG(见 ISO/IEC 15948)格式
IndexedFaceSet	10 顶点/面。5 000 面。少于 65 535 索引	选择性支持 *ccw*。选择性支持 *set_colorIndex*。选择性支持 *set_normalIndex*。选择性支持 *normal*。只支持凸索引的面集合。因此选择性支持 *convex*。对于 *creaseAngle*，只支持 0 和 π rad。选择性支持 *normalIndex*。10 顶点/面。5 000 面。每一个索引域 65 535 个目录。面的列表应该按照以下进行良好定义： 1. 每个面由 −1 终止，包括数组中的最后一个面； 2. 每个面至少含 3 个不重合的顶点； 3. 在一个面中不能重复一个给定的 *coordIndex*； 4. 一个面的顶点应该能够定义一个平面多边形； 5. 一个面的顶点应不能定义一个自交叉的多边形
IndexedLineSet	总共 15 000 个顶点。 每个索引域中 15 000 个索引	总共 15 000 个顶点。每个索引域中 15 000 索引。选择性支持 *set_colorIndex*。选择性支持 *set_coordIndex*
Inline	无限制	完全支持所有域，选择性支持 *load*

表 D.3（续）

项　目	文件限制	最小浏览器支持
LineSet	总共 15 000 个顶点	总共 15 000 个顶点
Material	无限制	选择性支持 *ambientIntensity*。选择性支持 *shininess*。选择性支持 *specularColour*。一个 *emissiveColour* 不等于(0,0,0),*diffuseColor* 等于(0,0,0)的 Material 是一个不发光的材料。一位透明度;透明度值>=0.5 透明
MetadataDouble	无限制	完全支持
MetadataFloat	无限制	完全支持
MetadataInteger	无限制	完全支持
MetadataSet	无限制	完全支持
MetadataString	无限制	完全支持
NavigationInfo	无限制	选择性支持 *avatarSize*。选择性支持 *speed*。选择性支持 *type*。选择性支持 *visibilityLimit*
NormalInterpolator	同对所有插值器的限制	完全支持,例外情况同所有插值器支持的例外情况
OrientationInterpolator	同对所有插值器的限制	完全支持,例外情况同所有插值器支持的例外情况
PixelTexture	512 宽,512 高	512 宽,512 高。显示完全透明和完全不透明的像素
PlaneSensor	无限制	完全支持
PointLight	无限制	选择性支持 *radius*,线性衰减
PointSet	5 000 点	5 000 点
PositionInterpolator	同对所有插值器的限制	完全支持,例外情况同所有插值器支持的例外情况
ProximitySensor	无限制	选择性支持 *position_changed* 选择性支持 *orientation_changed*
ScalarInterpolator	同对所有插值器的限制	完全支持,例外情况同所有插值器支持的例外情况
Shape	无限制	完全支持
Sphere	无限制	完全支持
SphereSensor	无限制	完全支持
SpotLight	无限制	选择性支持 *beamWidth*。选择性支持线性衰减
Switch	无限制	完全支持
TextureCoordinate	65 535 个坐标	65 535 个坐标
TextureTransform	无限制	完全支持
TimeSensor	无限制	选择性支持 *pause*。 选择性支持 *isPaused*。选择性支持 *resumeTime*
TouchSensor	无限制	完全支持
Transform	同对所有组的限制	完全支持,例外情况同所有组支持的例外情况
Viewpoint	无限制	选择性支持 *fieldOfView*。 选择性支持 *description*
WorldInfo	无限制	完全支持

D.6 其他限制

表 D.4 说明了能被该配置文件支持的 X3D 功能的其他方面。注意,一般项目只涉及表 D.3 中列举的这些特殊节点。

表 D.4 其他限制

项 目	X3D 文件限制	最小浏览器支持
All groups	500 个子节点	500 个子节点。忽略 bboxCenter 和 bboxSize
All interpolators	1 000 键值对	1 000 键值对
All lights	8 同步光	8 同步光
Names for DEF/field	50 Q	50 Q
All url fields	10 URLs	10 URLs。忽略 URN。 支持'http','file'和'ftp'协议。 在相关的地方至此相对应的 urls
SFBool	无限制	完全支持
SFColor	无限制	完全支持
SFColorRGBA	无限制	完全支持
SFDouble	Mp 限制	完全支持。范围±1e±12,精确度 1e−7
SFFloat	无限制	完全支持
SFImage	256 宽,256 高	256 宽,256 高
SFInt32	无限制	完全支持
SFNode	无限制	完全支持
SFRotation	无限制	完全支持
SFString	30 000Q	30 000Q
SFTime	无限制	完全支持
SFVec2d	15 000 个值	15 000 个值
SFVec2f	15 000 个值	15 000 个值
SFVec3d	15 000 个值	15 000 个值
SFVec3f	15 000 个值	15 000 个值
MFColor	15 000 个值	15 000 个值
MFColorRGBA	15 000 个值	15 000 个值
MFDouble	1 000 个值	1 000 个值
MFFloat	1 000 个值	1 000 个值
MFInt32	20 000 个值	20 000 个值
MFNode	500 个值	500 个值
MFRotation	1 000 个值	1 000 个值
MFString	30 000 Q/字符串,10 字符串	30 000 Q/字符串,10 字符串

表 D.4（续）

项　　目	X3D 文件限制	最小浏览器支持
MFTime	1 000 个值	1 000 个值
MFVec2d	15 000 个值	15 000 个值
MFVec2f	15 000 个值	15 000 个值
MFVec3d	15 000 个值	15 000 个值
MFVec3f	15 000 个值	15 000 个值

附 录 E
（规范性附录）
Immersive 配置文件

E.1 概要

本附录定义了组成 Immersive 配置文件的 X3D 组件。不只包含应被支持的节点，还包括了在被支持的节点中有可能被忽略的域。

本配置文件的目标：

a) 通过完全导航和环境感知器控制来实现沉浸式虚拟世界；

b) 实现 X3D 架构框架中的功能性，类似于 ISO/IEC 14772-1 中指定的为该标准的 VRML 基础配置文件的功能性（见 ISO/IEC 14772-1）。

E.2 主题

表 E.1 列出了本附录的主题。

表 E.1 主题

E.3 组件支持

表 E.2 列举了应在 Immersive 配置文件中被支持的组件及其等级。表 E.2 和表 E.3 描述了对组件中所含节点和域所需支持的限制。

表 E.2 组件和等级

组 件	等 级	引 用
Core	2	7.5 支持等级
Time	1	8.5 支持等级
Networking	3	9.5 支持等级

表 E.2（续）

组　件	等　级	引　用
Grouping	2	10.5 支持等级
Rendering	3	11.5 支持等级
Shape	2	12.5 支持等级
Geometry3D	4	13.4 支持等级
Geometry2D	1	14.4 支持等级
Text	1	15.5 支持等级
Sound	2	16.5 支持等级
Lighting	2	17.5 支持等级
Texturing	3	18.5 支持等级
Interpolation	2	19.5 支持等级
Pointing device sensor	1	20.5 支持等级
Key device sensor	2	21.5 支持等级
Enviromental sensor	2	22.5 支持等级
Navigation	2	23.4 支持等级
Enviromental effects	2	24.5 支持等级
Scripting	1	29.5 支持等级
Event utilities	1	30.5 支持等级

E.4　符合性准则

本配置文件的符合性应该包括由表 E.2 列举的为这些组件和等级而设定的规范所定义的符合性准则。

在表 E.3 和表 E.4 中，第一列定义了在哪些项目中符合性将被定义。在某些情况下，定义一般限制，但是在稍后的特殊情况下，会被更严格的约束所覆盖。第二列定义了一个 X3D 文件遵守 Immersive 配置文件的需求；如果一个 X3D 文件包含任何超越了这些限制的项目，对于一个与 Immersive 配置文件一致的 X3D 浏览器来说，将无法成功地从语法上分析该 X3D 文件。第三列定义了一个 X3D 文件的一个 X3D 场景最小复杂性，它能够使与 Immersive 配置文件一致的 X3D 浏览器呈现给用户。标记为“不支持”的域可能被与 Immersive 配置文件一致的浏览器所支持。在最小浏览器支持栏中的“忽略”一词，只涉及这一项目的显示；特别是用于忽略 inputOutput 域的 *set_events* 应依然产生 corresponding_*changed* 事件。

E.5　节点设置

表 E.3 列举了应在 Immersive 配置文件中支持的节点，并说明了这些节点中的任何域，对这些域该配置文件要求低于完全支持。

表 E.3 遵守 Immersive 配置文件的节点

项　　目	X3D 文件限制	最小浏览器支持
Anchor	无限制	完全支持
Appearance	无限制	不支持 fillProperties
AudioClip	30 秒未压缩的 PCM WAV	30 秒未压缩的 PCM WAV
Background	无限制	一个 skyColor,一个 groundColor,全景图像/ImageTexture
Billboard	同对所有组的限制	完全支持,例外情况同所有组支持的例外情况
BooleanFilter	无限制	完全支持
BooleanSequencer	无限制	完全支持
BooleanToggle	无限制	完全支持
BooleanTrigger	无限制	完全支持
Box	无限制	完全支持
Collision	同所有组限制	完全支持,例外情况同所有组支持的例外情况。 当冲突发生时,任何导航行为都可接受
Color	15 000 色	15 000 色
ColorInterpolator	同对所有插值器的限制	完全支持,例外情况同所有插值器支持的例外情况
ColorRGBA	15 000 色	15 000 色。选择性支持 Alpha 组件
Cone	无限制	完全支持
Coordinate	15 000 点	15 000 点
CoordinateInterpolator	15 000 个坐标/keyValue。 同所有插值器限制	15 000 个坐标/keyValue。同所有插值器支持
Cylinder	无限制	完全支持
CylinderSensor	无限制	完全支持
DirectionalLight	无限制	不被父 Group 或 Transform 范围限制
ElevationGrid	16 000 高	16 000 高
Extrusion	(#crossSection 点) (#spine 点)≤2 500	(#crossSection 点)(#spine 点)≤2 500
Fog	无限制	完全支持
FontStyle	无限制	如果文本层面字符集,family、style 的值不能被同步支持,则优先级为:1)字符集;2)family;3) style 。浏览器应该显示 GB/T 13000.1 中表 2(Basic Latin)和表 3(Latin-1 Supplement)的所有字符。(见 ISO/IEC 10646-1)
Group	同对所有组的限制	完全支持,例外情况同所有组支持的例外情况
ImageTexture	JPEG(见 JPEG 文件交换格式)和 PNG(见 ISO/IEC 15948)格式。同 PixelTexture 限制	JPEG(见 JPEG 文件交换格式)和 PNG(见 ISO/IEC 15948)格式。同 PixelTexture 支持

表 E.3(续)

项　目	X3D 文件限制	最小浏览器支持
IndexedFaceSet	10 顶点/面。5 000 面。 少于 15 000 个索引	10 顶点/面。5 000 面。每一个索引域 15 000 个索引
IndexedLineSet	共 15 000 顶点。 每一个索引域 15 000 个索引	共 15 000 顶点。每一个索引域 15 000 个索引
IndexedTriangleFan	共 15 000 顶点。 每一个索引域 15 000 个索引	共 15 000 顶点。每一个索引域 15 000 个索引
IndexedTriangleSet	共 15 000 顶点。 每一个索引域 15 000 个索引	共 15 000 顶点。每一个索引域 15 000 个索引
IndexedTriangleStripSet	共 15 000 顶点。 每一个索引域 15 000 个索引	共 15 000 顶点。每一个索引域 15 000 个索引
Inline	无限制	完全支持
IntegerSequencer	无限制	完全支持
IntegerTrigger	无限制	完全支持
KeySensor	无限制	完全支持
LineProperties	无限制	完全支持
LineSet	共 15 000 个顶点	共 15 000 个顶点
LoadSensor	无限制	完全支持
LOD	同对所有组的限制	至少解释每个等级范围的前 4 个 level/range 组合,同对所有组支持
Material	无限制	完全支持
MetadataDouble	无限制	完全支持
MetadataFloat	无限制	完全支持
MetadataInteger	无限制	完全支持
MetadataSet	无限制	完全支持
MetadataString	无限制	完全支持
MovieTexture	MPEG1-Systems 和 MPEG1-Video 格式 (见 ISO/IEC 14496-1)	MPEG1-Systems 和 MPEG1-Video 格式(见 ISO/IEC 14496-1)。 显示一个活动电影纹理
MultiTexture	无限制	每个节点至少显示两个纹理,数量可任意指定。 完全支持
MultiTextureCoordinate	15 000 个坐标	15 000 个坐标
MultiTextureTransform	同对所有组的限制	选择性支持 *addChildren*。选择性支持 *removeChildren*。 否则,同对所有组的支持

表 E.3（续）

项　　目	X3D 文件限制	最小浏览器支持
NavigationInfo	无限制	完全支持
Normal	15 000 个法向量	15 000 个法向量
NormalInterpolator	15 000 个法向量/*keyValue*。同对所有插值器的限制	15 000 个法向量/*keyValue*。同对所有插值器的支持
OrientationInterpolator	同对所有插值器的限制	完全支持，例外情况同所有插值器支持的例外情况
PixelTexture	512 宽，512 高	512 宽，512 高。显示完全透明和完全不透明的像素
PlaneSensor	无限制	完全支持
PointLight	无限制	选择性支持 *radius*。线性衰减
PointSet	5 000 点	5 000 点
Polyline2D	5 000 顶点	5 000 顶点
Polypoint2D	5 000 点	5 000 点
PositionInterpolator	同对所有插值器的限制	完全支持，例外情况同所有插值器支持的例外情况
ProximitySensor	无限制	完全支持
Rectangle2D	无限制	完全支持
ScalarInterpolator	同对所有插值器的限制	完全支持，例外情况同所有插值器支持的例外情况
Script	每个访问类型 25 个域。	每个访问类型 25 个域。 不要求支持脚本语言
Shape	无限制	完全支持
Sound	无限制	2 个活动声音
Sphere	无限制	完全支持
SphereSensor	无限制	完全支持
SpotLight	无限制	选择性支持 *beamWidth* 选择性支持 *radius*，线性衰减
StringSensor	100 字符/字符串。100 字符串	完全支持。100 字符/字符串。100 字符串
Switch	同对所有组的限制	完全支持，例外情况同所有组支持的例外情况
Text	100 字符/字符串。100 字符串	100 字符/字符串。100 字符串
TextureCoordinate	15 000 个坐标节点	15 000 个坐标节点
TextureCoordinateGenerator	无限制	完全支持
TextureTransform	无限制	完全支持
TimeSensor	无限制	选择性支持 *pause* 选择性支持 *isPaused*。选择性支持 *resumeTime*
TimeTrigger	无限制	完全支持
TouchSensor	无限制	完全支持

表 E.3(续)

项　目	X3D 文件限制	最小浏览器支持
TriangleFan	15 000 个坐标	完全支持
TriangleSet	15 000 个坐标	完全支持
TriangleSet2D	15 000 个坐标	完全支持
TriangleStripSet	15 000 个坐标	完全支持
Transform	同对所有组的限制	完全支持,例外情况同所有组支持的例外情况
Viewpoint	无限制	忽略 *fieldOfView*。忽略 *description*
VisibilitySensor	无限制	通常可见
WorldInfo	无限制	完全支持

E.6 其他限制

表 E.4 指定了由 Immersive 配置文件强加的、与节点无关的限制。

表 E.4 其他限制

项　目	X3D 文件限制	最小浏览器支持
All groups	500 个子节点	500 个子节点。忽略 bboxCenter 和 bboxSize
All interpolators	1 000 键值对	1 000 键值对
All lights	8 同步光	8 同步光
Names for DEF/field	50Q	50Q
All url fields	10 URLs	10 URLs。忽略 URN。 支持'http','file'和'ftp'协议, 在相关的地方至此相对应的 urls
PROTO/EXTERNPROTO	每个访问类型 30 个域	每个访问类型 30 个域
EXTERNPROTO	n/a	URL 参考 X3D 文件,遵守当前 X3D 配置文件或组件配置
PROTO definition nesting depth	5 个等级	5 个等级
SFBool	无限制	完全支持
SFColor	无限制	完全支持
SFColorRGBA	无限制	完全支持
SFDouble	无限制	完全支持。范围±1e±12,精确度 1e−7
SFFloat	无限制	完全支持
SFImage	512 宽,512 高	512 宽,512 高
SFInt32	无限制	完全支持
SFNode	无限制	完全支持

表 E.4(续)

项　　目	X3D 文件限制	最小浏览器支持
SFRotation	无限制	完全支持
SFString	30 000Q	30 000Q
SFTime	无限制	完全支持
SFVec2d	15 000 个值	15 000 个值
SFVec2f	15 000 个值	15 000 个值
SFVec2d	15 000 个值	15 000 个值
SFVec3f	15 000 个值	15 000 个值
MFColor	15 000 个值	15 000 个值
MFColorRGBA	15 000 个值	15 000 个值
MFDouble	1 000 个值	1 000 个值
MFFloat	1 000 个值	1 000 个值
MFInt32	20 000 个值	20 000 个值
MFNode	500 个值	500 个值
MFRotation	1 000 个值	1 000 个值
MFString	30 000Q/字符串,10 字符串	30 000Q/字符串,10 字符串
MFTime	1 000 个值	1 000 个值
MFVec2d	15 000 个值	15 000 个值
MFVec2f	15 000 个值	15 000 个值
MFVec2d	15 000 个值	15 000 个值
MFVec3f	15 000 个值	15 000 个值

附 录 F
（规范性附录）
Full 配置文件

F.1 概要

本附录定义了组成 Full 配置文件的 X3D 组件。不只包含应被支持的节点，还包括了在被支持的节点中有可能被忽略的域。

X3D 的 Full 配置文件由标准的所有特征组成。

F.2 主题

表 F.1 列出了本附录的主题。

表 F.1 主题

• F.1 概要 • F.2 主题 • F.3 组件支持 • F.4 符合性准则 • F.5 节点设置 • F.6 其他限制 • 表 F.1 主题 • 表 F.2 组件和等级 • 表 F.3 遵守 Full 配置文件的节点 • 表 F.4 —其他限制

F.3 组件支持

表 F.2 列举了应在 Full 配置文件中被支持的组件及其等级。表 F.2 和表 F.3 描述了对组件中所含节点和域所需支持的限制。

表 F.2 组件和等级

组 件	等 级	引 用
Core	2	7.5 支持等级
Time	2	8.5 支持等级
Networking	3	9.5 支持等级
Grouping	3	10.5 支持等级
Rendering	4	11.5 支持等级
Shape	3	12.5 支持等级
Geometry3D	4	13.4 支持等级
Geometry2D	2	14.4 支持等级
Text	1	15.5 支持等级
Sound	1	16.5 支持等级
Lighting	3	17.5 支持等级
Texturing	3	18.5 支持等级
Interpolation	3	19.5 支持等级
Pointing device sensor	1	20.5 支持等级
Key device sensor	2	21.5 支持等级
Enviromental sensor	2	22.5 支持等级
Navigation	2	23.4 支持等级
Enviromental effects	3	24.5 支持等级
Geospatial	1	25.4 支持等级
Humanoid animation	1	26.4 支持等级
Non-uniform Rational B-Spline (NURBS)	4	27.5 支持等级
Distributed interactive simulation	1	28.4 支持等级
Scripting	1	29.5 支持等级
Event utilities	1	30.5 支持等级

F.4 符合性准则

本配置文件的符合性应该包括由表 F.2 列举的为这些组件和等级而设定的规范所定义的符合性准则。

在表 F.3 和表 F.4 中，第一列定义了在哪些项目中符合性将被定义。在某些情况下，定义一般限制，但是在稍后的特殊情况下，会被更严格的约束所覆盖。第二列定义了一个 X3D 文件遵守 Full 配置文件的需求；如果一个 X3D 文件包含任何超越了这些限制的项目，对于一个与 Full 配置文件一致的 X3D 浏览器来说，将无法成功地从语法上分析该 X3D 文件。第三列定义了一个 X3D 文件的一个 X3D 场景最小复杂性，它能够使与 Full 配置文件一致的 X3D 浏览器呈现给用户。标记为"不支持"的域可能被与 Full 配置文件一致的浏览器所支持。在最小浏览器支持栏中的"忽略"一词，只涉及这一项目的显示；特别是用于忽略 inputOutput 域的 *set_events* 应依然产生 corresponding_*changed* 事件。

F.5 节点设置

表 F.3 列举了应在 Full 配置文件中支持的节点，并说明了这些节点中的任何域，对这些域，该配置文件要求低于完全支持。

表 F.3 遵守 Full 配置文件的节点

项　目	X3D 文件限制	最小浏览器支持
Anchor	无限制	完全支持
Appearance	无限制	完全支持
Arc2D	无限制	完全支持
ArcClose2D	无限制	完全支持
AudioClip	30 s 未压缩 PCM WAV	30 s 未压缩 PCM WAV
Background	无限制	完全支持
Billboard	同对所有组的限制	完全支持，例外情况同所有组支持的例外情况
BooleanFilter	无限制	完全支持
BooleanSequencer	无限制	完全支持
BooleanToggle	无限制	完全支持
BooleanTrigger	无限制	完全支持
Box	无限制	完全支持
Circle2D	无限制	完全支持
Collision	同对所有组的限制	完全支持，例外情况同所有组支持的例外情况。当碰撞发生时，任何导航行为都是可接受的
Color	15 000 色	15 000 色
ColorInterpolator	同对所有插值器的限制	完全支持，例外情况同所有插值器支持的例外情况
ColorRGBA	15 000 色	15 000 色
Cone	无限制	完全支持
Contour2D	无限制	完全支持
ContourPolyline2D	1 500 个控制点	Order 30
Coordinate	15 000 点	15 000 点
CoordinateDouble	15 000 点	15 000 点
CoordinateInterpolator	15 000 个坐标/keyValue。同对所有插值器的限制	15 000 个坐标/keyValue。同对所有插值器的支持
CoordinateInterpolator2D	15 000 个坐标/keyValue。同对所有插值器的限制	15 000 个坐标/keyValue。同对所有插值器的支持
Cylinder	无限制	完全支持
CylinderSensor	无限制	完全支持

表 F.3(续)

项　　目	X3D 文件限制	最小浏览器支持
DirectionalLight	无限制	完全支持
Disk2D	无限制	完全支持
ElevationGrid	16 000 高	16 000 高
EspduTransform	无限制	完全支持
Extrusion	(#crossSection 点)×(#spine 点)≤2,500	(#crossSection 点)×(#spine 点)≤2,500
FillProperties	无限制	完全支持
Fog	无限制	完全支持
FontStyle	无限制	如果文本层面字符集、family、style 的值不能被同步支持，则优先级为：1)字符集；2)family；3)style。浏览器必须显示 ISO 8859-1 的字符集中的所有字符。(见 ISO 8859)
GeoCoordinate	15 000 点	15 000 点
GeoElevationGrid	16 000 高度	16 000 高度
GeoLocation	同对所有组的限制	完全支持，例外情况同所有组支持的例外情况
GeoLOD	同对所有组的限制	完全支持
GeoMetadata	无限制	完全支持
GeoOrigin	无限制	完全支持
GeoPositionInterpolator	1 000 键值对	1 000 键值对
GeoTouchSensor	无限制	完全支持
GeoViewpoint	无限制	完全支持
Group	同对所有组的限制	完全支持，例外情况同所有组支持的例外情况
HAnimDisplacer	无限制	完全支持
HAnimHumanoid	无限制	完全支持
HAnimJoint	无限制	完全支持
HAnimSegment	无限制	完全支持
HAnimSite	无限制	完全支持
ImageTexture	JPEG(见 JPEG 文件交换格式)和 PNG(见 ISO/IEC 15948)格式。 同对 PixelTexture 的限制	JPEG(见 JPEG 文件交换格式)和 PNG(见 ISO/IEC 15948)格式。同对 PixelTexture 的支持
IndexedFaceSet	10 顶点/面。5 000 面。少于 15 000 个索引	10 顶点/面。5000 面。少于 15 000 个索引
IndexedLineSet	总共 15 000 个顶点。 每一个索引域 15 000 个索引	总共 15 000 个顶点。每一个索引域 15 000 个索引

表 F.3(续)

项　目	X3D 文件限制	最小浏览器支持
IndexedTriangleFan	总共 15 000 个顶点。 每一个索引域 15 000 个索引	总共 15 000 个顶点。每一个索引域 15 000 个索引
IndexedTriangleSet	总共 15 000 个顶点。 每一个索引域 15 000 个索引	总共 15 000 个顶点。每一个索引域 15 000 个索引
IndexedTriangleStripSet	总共 15 000 个顶点。 每一个索引域 15 000 个索引	总共 15 000 个顶点。每一个索引域 15 000 个索引
Inline	无限制	完全支持,例外情况同所有组支持的例外情况
IntegerSequencer	无限制	完全支持
IntegerTrigger	无限制	完全支持
KeySensor	无限制	完全支持
LoadSensor	无限制	完全支持
LineProperties	无限制	完全支持。
LineSet	共 15 000 个顶点	共 15 000 个顶点
LOD	同对所有组的限制	至少每个等级范围的前 4 个级 level/range 组合被解释。对所有组都支持
Material	无限制	完全支持
MetadataDouble	无限制	完全支持
MetadataFloat	无限制	完全支持
MetadataInteger	无限制	完全支持
MetadataSet	无限制	完全支持
MetadataString	无限制	完全支持
MovieTexture	MPEG1-Systems 和 MPEG1-Video 格式(见 ISO/IEC 14496-1)	MPEG1-Systems 和 MPEG1-Video 格式(见 ISO/IEC 14496-1)。显示一个活动电影纹理
MultiTexture	无限制	每个节点至少显示两个纹理,数量可任意指定 完全支持
MultiTextureCoordinate	15 000 个坐标	15 000 个坐标
MultiTextureTransform	同对所有组的限制	选择性支持 addChildren。选择性支持 removeChildren。否则,完全支持,例外情况同所有组支持的例外情况
NavigationInfo	无限制	完全支持
Normal	15 000 个法向量	15 000 个法向量
NormalInterpolator	15 000 个法向量/keyValue。 同对所有插值器的限制	15 000 个法向量/keyValue。同对所有插值器的支持

表 F.3（续）

项　　目	X3D 文件限制	最小浏览器支持
NurbsCurve	1 500 个控制点	Order 30
NurbsCurve2D	1 500 个控制点	Order 30
NurbsGroup	同对所有组的限制	完全支持，例外情况同所有组支持的例外情况
NurbsOrientationInterpolator	同对所有插值器的限制	完全支持，例外情况同所有插值器支持的例外情况
NurbsPatchSurface	1 500 控制点	Order 30
NurbsPositionInterpolator	同对所有插值器的限制	完全支持，例外情况同所有插值器支持的例外情况
NurbsSet	无限制	完全支持
NurbsSurfaceInterpolator	同对所有插值器的限制	完全支持，例外情况同所有插值器支持的例外情况
NurbsSweptSurface	1 500 控制点	Order 30
NurbsSwungSurface	1 500 控制点	Order 30
NurbsTextureCoordinate	1 500 控制点	Order 30
NurbsTrimmedSurface	1 500 控制点。10 条配置文件线	Order 30。10 条配置文件线
OrientationInterpolator	同对所有插值器的限制	完全支持，例外情况同所有插值器支持的例外情况
PixelTexture	512 宽。512 高	512 宽。512 高。显示完全透明和完全不透明的像素
PlaneSensor	无限制	完全支持
PointLight	无限制	完全支持
PointSet	5 000 点	5 000 点
Polyline2D	15 000 顶点	15 000 顶点
Polypoint2D	5 000 点	5 000 点
PositionInterpolator	同对所有插值器的限制	完全支持，例外情况同所有插值器支持的例外情况
PositionInterpolator2D	同对所有插值器的限制	完全支持，例外情况同所有插值器支持的例外情况
ProximitySensor	无限制	完全支持
ReceiverPDU	无限制	完全支持
Rectangle2D	无限制	完全支持
ScalarInterpolator	同对所有插值器的限制	完全支持，例外情况同所有插值器支持的例外情况
Script	每个访问类型 25 个域	每个访问类型 25 个域。 要求支持 ECMAScript 和 Java
Shape	无限制	完全支持
SignalPDU	无限制	完全支持
Sound	无限制	完全支持
Sphere	无限制	完全支持
SphereSensor	无限制	完全支持

表 F.3(续)

项　目	X3D 文件限制	最小浏览器支持
SpotLight	无限制	完全支持
StaticGroup	无限制	完全支持
StringSensor	100 字符/字符串。100 字符串	100 字符/字符串。100 字符串
Switch	同对所有组的限制	完全支持,例外情况同所有组支持的例外情况
Text	100 字符/字符串。100 字符串	100 字符/字符串。100 字符串
TextureBackground	无限制	完全支持所有域。在纹理域中支持所有纹理节点类型
TextureCoordinate	15 000 个坐标	15 000 个坐标
TextureCoordinateGenerator	无限制	完全支持
TextureTransform	无限制	完全支持
TimeSensor	无限制	完全支持
TimeTrigger	无限制	完全支持
TouchSensor	无限制	完全支持
Transform	同对所有组的限制	完全支持,例外情况同所有组支持的例外情况
TransmitterPDU	无限制	完全支持
TriangleFan	15 000 个坐标	完全支持
TriangleSet	15 000 个坐标	完全支持
TriangleSet2D	15 000 个坐标	完全支持
TriangleStripSet	15 000 个坐标	完全支持
Viewpoint	无限制	完全支持
VisibilitySensor	无限制	经常可见
WorldInfo	无限制	完全支持

F.6 其他限制

表 F.4 说明了能被该配置文件支持的 X3D 功能的其他方面。注意一般项目只涉及表 F.3 中列举的这些特殊节点。

表 F.4 其他限制

项　目	X3D 文件限制	最小浏览器支持
All groups	500 个子节点	500 个子节点。忽略 bboxCenter 和 bboxSize
All interpolators	1 000 键值对	1 000 键值对
All lights	8 同步光	8 同步光

表 F.4（续）

项 目	X3D 文件限制	最小浏览器支持
Names for DEF/field	50Q	50Q
All url fields	10 URLs	10 URLs。忽略 URN。 支持'http','file'和'ftp'协议 在相关的地方支持相对应的 urls
Top-level fields	20 个域	20 个域
Top-level functions	20 个功能	20 个功能
PROTO/EXTERNPROTO	每个访问类型 30 个域	每个访问类型 30 个域
EXTERNPROTO	n/a	URL 参考 X3D 文件，遵守当前 X3D 配置文件或组件配置
PROTO definition nesting depth	5 个等级	5 个等级
SFBool	无限制	完全支持
SFColor	无限制	完全支持
SFColorRGBA	无限制	完全支持
SFDouble	无限制	完全支持。范围±1e±12。精确度 1e−7
SFFloat	无限制	完全支持
SFImage	512 宽。512 高	512 宽。512 高
SFInt32	无限制	完全支持
SFNode	无限制	完全支持
SFRotation	无限制	完全支持
SFString	30 000 Q	30 000Q
SFTime	无限制	完全支持
SFVec2d	15 000 个值	15 000 个值
SFVec2f	15 000 个值	15 000 个值
SFVec2d	15 000 个值	15 000 个值
SFVec3f	15 000 个值	15 000 个值
MFColor	15 000 个值	15 000 个值
MFColorRGBA	15 000 个值	15 000 个值
MFDouble	1 000 个值	1 000 个值
MFFloat	1 000 个值	1 000 个值
MFInt32	20 000 个值	20 000 个值
MFNode	500 个值	500 个值
MFRotation	1 000 个值	1 000 个值
MFString	30 000 Q/字符串，10 字符串	30 000 Q/字符串，10 字符串
MFTime	1 000 个值	1 000 个值

表 F.4（续）

项　　目	X3D 文件限制	最小浏览器支持
MFVec2d	15 000 个值	15 000 个值
MFVec2f	15 000 个值	15 000 个值
MFVec2d	15 000 个值	15 000 个值
MFVec3f	15 000 个值	15 000 个值

附 录 G
（资料性附录）
推荐导航行为

G.1 简介与内容表格

本附录描述了基础的 X3D 场景画面导航推荐性实践，本推荐性实践描述了用于完善 X3D 中经常使用的场景交互性的独立于浏览器的标准化键盘接口。在 X3D 中，隐含交互性的特征是基础性的。作者期望能够以可预测的序列来指定多个视点，能指点和选择以及能够在场景内持续导航的能力。同样地，互动者希望能够运用可预测的方法训练场景功能。

本推荐性实践旨在允许使用 X3D 浏览器的功能性内核子集，而非不必要地限制可能由浏览器提供的交互功能。

表 G.1 列出了本附录的主题。

表 G.1 主题

G.2 从多个视点中选择

X3D 环境中的用户导航包括多个视点的定义。准许用户在两个视点间自由选择，典型控制允许如下的简单选择：

- 原(初始)Viewpoint；
- 最后的(最终的)Viewpoint；
- 序列中的下一个 Viewpoint；
- 序列中的前一个 Viewpoint。

本附录推荐使用如下关键字：

HOME　　Initial Viewpoint

PGDN　　Next Viewpoint

PGUP   Previous Viewpoint

END   Final Viewpoint

G.3 仿真指点设备

指点设备用于通过场景控制导航。允许用户通过使用指点设备进行交互,典型控制通过允许指点设备上/下/左/右运动来控制视点的运动。

对象并不实际地移动屏幕追踪光标,但允许导航控制,如同跟踪光标或指点器在指点设备控制下移动。

本附录推荐使用下列(箭头)关键字来仿真相关的跟踪指点器做如下相应的运动:

UP   Up

DOWN   Down

LEFT   Left

RIGHT   Right

激活这些关键字会按照当前选择的导航类型引起视点运动:

WALK: forward/backward/left/right

FLY: forward/backward/left/right

EXAMINE: orbit up/down/left/right around center of rotation
with camera pointed at center of rotation

G.4 选择或激活指点设备

指点设备用于提供一个选择场景元素的方法。当允许用户使用指点设备时,推荐使用下列动作:激活指点设备(点击鼠标左键)

本附录推荐使用下列关键字:

ENTER   Left Mouse Click

G.5 禁用/启用键盘

推荐浏览器向作者提供一个禁用/启用键盘的方法。

参 考 文 献

本部分引用的参考文献如下。这些文件都是非官方标准或文档。所有官方标准都在第 2 章中引用。

标识	参考文献
COM	*Component Object Model (General)*, Microsoft Developer Network Library Component Development http://msdn.microsoft.com/library/
FOLEY	Foley, van Dam, Feiner and Hughes, *Computer Graphics Principles and Practice*, *2nd Edition*, Addison Wesley, Reading, MA, 1990。 http://www.aw-bc.com/
GIF	*"GIF™" — Graphics Interchange Format™" — A standard defining a mechanism for the storage and transmission of raster-based graphics information*, Version 89a, CompuServe。 http://www.w3.org/Graphics/GIF/spec-gif89a.txt
JAPI	*The Java™ Application Programming Interface*, *Volume 1 Core Packages* by James Gosling, Frank Yellin and The Java Team, Addison Wesley, Reading Massachusetts, 1996, ISBN 0-201-63453-8。 http://java.sun.com/docs/books/apis/index.html *The Java™ Application Programming Interface*, *Volume 2 Window Toolkit and Applets* by James Gosling, Frank Yellin and The Java Team, Addison Wesley, Reading Massachusetts, 1996, ISBN 0-201-63459-7。 http://java.sun.com/docs/books/apis/index.html
NURBS	Piegl, Les and Tiller, Wayne; *The NURBS Book*, *2nd Edition*, Springer-Verlag (Berlin), 1997, ISBN:3-540-61545-8。
OPENGL	*The OpenGL Graphics System: A Specification (Version 1.1)*, Silicon Graphics, Inc., 1995。
PERL	*Programming Perl* by Larry Wall, Tom Christiansen and Randal L. Schwartz, O'Reilly & Associates, Sebastapol, CA, 1996。 http://www.oreilly.com/
SNDA	*Fundamentals of Computer Music*, Dodge & Jerse, Shirmer Books, New York, 1985, pp 20-21.
SNDB	*Spatial Audio Work in the Multimedia Computing Group*, Graphics, Visualization, and Usability Center, Georgia Institute of Technology, Atlanta, GA。 http://www.cc.gatech.edu/gvu/multimedia/spatsound/spatsound.html
SNY87	*MAP Projections - A Working Manual* by J. P. Snyder.. U. S. Geological Survey Professional Paper 1395. U. S. Government Printing Office, Washington, DC, 1987。
UDP	IETF RFC 768, *User Datagram Protocol*, *Internet standards track protocol*.
WAV	*Waveform Audio File Format*, *Multimedia Programming Interface and Data Specification v1.0*, Issued by IBM & Microsoft, 1991。 ftp://ftp.cwi.nl/pub/audio/RIFF-format

组件索引

概要

本索引按字母顺序列出组件。

配置文件索引

概要

本索引按字母顺序列出配置文件。

配置文件	附录
Core	A
Full	F
Immersive	E
Interactive	C
Interchange	B
MPEG-4 interactive	D

节点索引

概要

本索引按字母顺序列出配置文件。抽象的节点和对象用斜体字表示。

表（续）

节　　点	章 条 号
Extrusion	13.3.5
FillProperties	12.4.2
Fog	24.4.2
FontStyle	15.4.1
GeoCoordinate	25.3.1
GeoElevationGrid	25.3.2
GeoLocation	25.3.3
GeoLOD	25.3.4
GeoMetadata	25.3.5
GeoOrigin	25.3.6
GeoPositionInterpolator	25.3.7
GeoTouchSensor	25.3.8
GeoViewpoint	25.3.9
Group	10.4.1
HAnimDisplacer	26.3.1
HAnimHumanoid	26.3.2
HAnimJoint	26.3.3
HAnimSegment	26.3.4
HAnimSite	26.3.5
ImageTexture	18.4.1
IndexedFaceSet	13.3.6
IndexedLineSet	11.4.4
IndexedTriangleFanSet	11.4.5
IndexedTriangleSet	11.4.6
IndexedTriangleStripSet	11.4.7
Inline	9.4.2
IntegerSequencer	30.4.5
IntegerTrigger	30.4.6
KeySensor	21.4.1
LineProperties	12.4.3
LineSet	11.4.8
LoadSensor	9.4.3
LOD	23.3.3
Material	12.4.4

表（续）

节　点	章 条 号
MetadataDouble	7.4.1
MetadataFloat	7.4.2
MetadataInteger	7.4.3
MetadataSet	7.4.4
MetadataString	7.4.5
MovieTexture	18.4.2
MultiTexture	18.4.3
MultiTextureCoordinate	18.4.4
MultiTextureTransform	18.4.5
NavigationInfo	23.3.4
Normal	11.4.9
NormalInterpolator	19.4.4
NurbsCurve	27.4.4
NurbsCurve2D	27.4.5
NurbsOrientationInterpolator	27.4.6
NurbsPatchSurface	27.4.7
NurbsPositionInterpolator	27.4.8
NurbsSet	27.4.9
NurbsSurfaceInterpolator	27.4.10
NurbsSweptSurface	27.4.11
NurbsSwungSurface	27.4.12
NurbsTextureCoordinate	27.4.13
NurbsTrimmedSurface	27.4.14
OrientationInterpolator	19.4.5
PixelTexture	18.4.6
PlaneSensor	20.4.2
PointLight	17.4.2
PointSet	11.4.10
Polyline2D	14.3.5
Polypoint2D	14.3.6
PositionInterpolator	19.4.6
PositionInterpolator2D	19.4.7
ProximitySensor	22.4.1
ReceiverPdu	28.3.2

表（续）

节 点	章 条 号
Rectangle2D	14.3.7
ScalarInterpolator	19.4.8
Script	29.4.1
Shape	12.4.5
SignalPdu	28.3.3
Sound	16.4.2
Sphere	13.3.7
SphereSensor	20.4.3
SpotLight	17.4.3
StaticGroup	10.4.2
StringSensor	21.4.2
Switch	10.4.3
Text	15.4.2
TextureBackground	24.4.3
TextureCoordinate	18.4.7
TextureCoordinateGenerator	18.4.8
TextureTransform	18.4.9
TimeSensor	8.4.1
TimeTrigger	30.4.7
TouchSensor	20.4.4
Transform	10.4.4
TransmitterPdu	28.3.4
TriangleFanSet	11.4.11
TriangleSet	11.4.12
TriangleSet2D	14.3.8
TriangleStripSet	11.4.13
Viewpoint	23.3.5
VisibilitySensor	22.4.2
WorldInfo	10.4.5
X3DAppearanceChildNode	12.3.1
X3DAppearanceNode	12.3.2
X3DBackgroundNode	24.3.1
X3DBindableNode	7.3.1
X3DBoundedObject	10.3.1

表（续）

节　点	章 条 号
X3DChildNode	7.3.2
X3DColorNode	11.3.1
X3DComposedGeometryNode	11.3.2
X3DCoordinateNode	11.3.3
X3DDragSensorNode	20.3.1
X3DEnvironmentalSensorNode	22.3.1
X3DFontStyleNode	15.3.1
X3DGeometricPropertyNode	11.3.4
X3DGeometryNode	11.3.5
X3DGroupingNode	10.3.2
X3DInfoNode	10.3.3
X3DInterpolatorNode	19.3.1
X3DKeyDeviceSensorNode	21.3.1
X3DLightNode	17.3.1
X3DMaterialNode	12.3.3
X3DMetadataObject	7.3.3
X3DNetworkSensorNode	9.3.1
X3DNode	7.3.4
X3DNormalNode	11.3.6
X3DNurbsControlCurveNode	27.3.1
X3DNurbsSurfaceGeometryNode	27.3.2
X3DParametricGeometryNode	27.3.3
X3DPointingDeviceSensorNode	20.3.2
X3DPrototypeInstance	7.3.5
X3DScriptNode	29.3.1
X3DSensorNode	7.3.6
X3DSequencerNode	30.3.1
X3DShapeNode	12.3.4
X3DSoundNode	16.3.1
X3DSoundSourceNode	16.3.2
X3DTextureCoordinateNode	18.3.1
X3DTextureNode	18.3.2
X3DTexture2DNode	18.3.3
X3DTextureTransformNode	18.3.4

表（续）

节点	章条号
X3DTextureTransform2DNode	18.3.5
X3DTimeDependentNode	8.3.1
X3DTouchSensorNode	20.3.3
X3DTriggerNode	30.3.2
X3DUrlObject	9.3.2

ICS 35.080
L 77

中华人民共和国国家标准

GB/T 28171—2011

嵌入式软件可靠性测试方法

Embedded software reliability testing method

2011-12-30 发布　　2012-06-01 实施

中华人民共和国国家质量监督检验检疫总局
中国国家标准化管理委员会　发布

前　言

本标准按照GB/T 1.1—2009给出的规则起草。

请注意本文件的某些内容可能涉及专利。本文件的发布机构不承担识别这些专利的责任。

本标准由全国信息技术标准化技术委员会(SAC/TC 28)提出并归口。

本标准起草单位:中国电子技术标准化研究所、珠海南方软件产品检测中心、珠海许继电气有限公司、炬力集成电路设计有限公司、上海博为峰软件技术有限公司、沈阳软件公共技术服务平台有限公司、深圳市吉阳自动化科技有限公司、上海博泰悦臻电子设备制造有限公司、广东宝莱特医用科技股份有限公司、上海嵌入式系统应用工程技术研究中心、珠海优特电力科技股份有限公司、上海超算并行软件有限责任公司、上海鲁齐信息科技有限公司。

本标准主要起草人:侯建华、陈勇、秦卫东、杨丽春、王兴念、潘海洋、王忠福、张展新、徐锋光、阳如坤、应臻恺、张旸旸、史旭光。

引　言

嵌入式系统是指以应用为中心,以计算机技术为基础,软硬件可剪裁,适应应用系统对功能、可靠性、成本、体积和功耗严格要求的专门计算机系统。嵌入式技术并不是一个独立的学科,它是伴随着微电子技术和计算机技术的发展,微控制芯片功能越来越强大,而嵌入微控制芯片的设备和系统越来越多而发展起来的。嵌入式系统几乎包括了生活中所有的电器设备,如:MP3、手机、数字电视机、汽车、微波炉、数字相机、电梯、空调、自动售货机、工业自动化仪表与医疗仪器等。

虽然大多数软件测试方法都可以直接或间接地用于嵌入式软件的测试,但嵌入式软件可靠性测试与通用软件可靠性测试有着较大差别,这是由于嵌入式系统软硬件功能界限模糊,软件对硬件的依赖性和专用性较强,对实时性、安全性要求较高,目前针对嵌入式软件的测试和调试工具较少等。这些都使得嵌入式软件的测试相比通用计算机软件测试可继承性较差。

本标准参考了国内外相关资料,结合嵌入式软件可靠性测试的实践和特点而制定。

嵌入式软件可靠性测试方法

1 范围

本标准规定了嵌入式软件生存周期内软件产品的可靠性测试方法、过程和准则。

本标准适用于嵌入式软件生存周期全过程，可用于嵌入式软件测试中的可靠性增长测试和可靠性确认测试要求。

2 规范性引用文件

下列文件对于本文件的应用是必不可少的。凡是注日期的引用文件，仅注日期的版本适用于本文件。凡是不注日期的引用文件，其最新版本(包括所有的修改单)适用于本文件。

GB/T 9386—2008 计算机软件测试文档编制规范

GB/T 11457—2006 信息技术 软件工程术语

GB/T 15532—2008 计算机软件测试规范

GB/T 16260.2—2006 软件工程 产品质量 第2部分：外部度量

GB/T 16260.3—2006 软件工程 产品质量 第3部分：内部度量

3 术语和定义

GB/T 11457—2006 界定的以及下列术语和定义适用于本文件。

3.1

软件可靠性 software reliability

特定数目的自然单元中或特定任务时间内软件无失效执行的概率。

3.2

偏离 deviation

嵌入式软件执行中的系统行为相对预期行为的偏差。

3.3

级联 cascaded

直接由初始行为产生的行为。例如，级联偏离、级联失效、级联偏差。

3.4

失效 failure

系统运行行为对用户要求的偏离。

3.5

失效强度 failure intensity

单位时间出现的失效次数。

注：是表示可靠性的另一种方式。

3.6

操作 operation

持续一段时间，结束时将控制权还给系统的一种逻辑任务。操作与软件的功能或特征相关，例如，用户命令的执行、对输入的响应处理、系统事务处理。

3.7

操作剖面 operational profile

操作及其出现的概率的集合。

3.8

操作模式 operational mode

随时间或资源与输入的不同而有较大差别的操作的集合。

4 测试目的

嵌入式软件可靠性测试的目的是：

——通过嵌入式软件可靠性测试有效地发现程序中影响软件可靠性的缺陷，实现可靠性增长；

——验证嵌入式软件是否满足嵌入式系统开发合同或项目开发计划、系统与子系统设计文档、软件需求规格说明和软件设计说明所规定的软件可靠性要求、可靠性的定量要求；

——评估当前嵌入式软件可靠性的水平，预测未来可能达到的水平，从而为嵌入式软件开发管理提供决策依据；

——通过嵌入式软件可靠性测试，为用户平衡可靠性、时间开发和开发费用提供参考。

5 测试环境

嵌入式软件可靠性测试的测试环境如下：

——具备嵌入式软件运行的目标环境，或高度一致（除位置、结构、接口等部分外其他环境与目标环境一致）的仿真环境；

——具备与嵌入式系统应用验证相关的必要的测试仪器仪表，例如，频率源、波形发生器、标准电压电流源、规约分析器等；

——具备嵌入式系统运行的温度、湿度、电磁兼容、振动、冲击等环境；

——具备一些专用的测试工具；

——具备操作剖面所需要的全部外部输入输出的环境支持。

6 测试内容

嵌入式软件可靠性测试的内容主要包括：可靠性增长测试和可靠性确认测试。

可靠性增长测试以迭代的方式进行，根据测试过程中检出和跟踪的失效，使用基于可靠性增长模型和统计推理的可靠性评估方法，进行失效强度的估计，然后消除缺陷再测试，使可靠性达到目标要求从而结束测试。

可靠性确认测试是产品发布或交付前为确定合同约定或者具体标准规定的可靠性指标得到满足而组织实施的测试。

7 测试方法

7.1 总则

GB/T 15532—2008 中确定的系统测试方法适用于本标准，一般采用黑盒测试技术进行嵌入式软件可靠性测试项目的测试。

进行嵌入式软件可靠性测试，首先明确可靠性目标。没有规定可靠性目标时，应按照7.2中的方法进行可靠性目标的确定。

可靠性目标确定后，编制测试计划、开发操作剖面、进行测试准备、执行可靠性测试、分析评估，最后给出可靠性测试报告。

7.2 可靠性目标的确定

7.2.1 确定失效程度

对一个嵌入式软件，根据产品的使用范围、对象，确定失效的严重程度。一般根据对人员生命、成本和系统能力的影响来区分失效的严重程度；失效严重程度级别用于对失效数据的分析，在测试过程中判定是否需要查找缺陷和解决。表1给出失效程度的级别。

表1 嵌入式软件失效的程度级别

失效程度级别	对失效的描述
1	不能进行一项或多项关键操作
2	不能进行一项或多项重要操作
3	不能进行一项或多项操作，但是有补救办法
4	一项或多项操作中的小缺陷

7.2.2 为嵌入式软件建立失效强度目标

根据嵌入式系统的使用对象，为嵌入式软件建立失效强度目标，表2为推荐的失效强度目标、失效间隔时间和失效影响的对照表。

表2 失效强度目标、失效间隔时间与失效影响

失效造成的影响	典型失效强度目标	失效间隔时间
造成人员伤亡或千万元以上经济损失	10^{-6}	114 a
没有人身伤害，10万元以上经济损失	10^{-4}	10 000 h
没有人身伤害，万元以上经济损失	10^{-3}	1 000 h
没有人身伤害，千元以上经济损失	10^{-2}	100 h
没有人身伤害，少量经济损失	10^{-1}	10 h
没有人身伤害，轻微或无经济损失	1	1 h

7.2.3 选择通用度量

由于嵌入式系统一般是连续运行的，因此嵌入式软件在时间度量上，普通时间和执行时间是一致的，所以，选择普通时间作为通用度量，本测试方法采用小时(h)作为时间单位。当然也可以采用自然单元作为通用度量。表3为1 h任务时间的可靠性与特定周期等效失效强度的对照表。

表 3　1 h 任务时间的可靠性与特定周期等效失效强度的对照

1 h 任务时间的可靠性	特定周期失效强度
0.368	每 1 h 1 次失效
0.9	每 1 000 h 105 次失效
0.959	每天 1 次失效
0.99	每 1 000 h 10 次失效
0.994	每周 1 次失效
0.998 6	每月 1 次失效
0.999	每 1 000 h 1 次失效
0.999 89	每年 1 次失效

失效强度和可靠性转换见式(1)和式(2)：

$$\lambda = -\frac{\ln R}{t} \quad \cdots\cdots(1)$$

$$R = \exp(-\lambda t) \quad \cdots\cdots(2)$$

式中：

λ——失效强度；

R——可靠性；

t——自然或时间单位数。

7.3　开发操作剖面

7.3.1　综述

使用表格或图形方式构造嵌入式软件的操作剖面。测试人员在系统体系结构设计人员、软件工程师的参与下构造操作剖面。

开发操作剖面时，确定输入及相关数据域，分析系统的可靠性需求，对所有可能的操作模式进行分类列表；分析影响软件操作模式的全部外界条件及其对软件运行的影响程度；对各种功能需求之间的相关性进行分析和组合，对于密切相关的功能模块进行合并，对于部分相关的功能模块给出相应的输入变量的组合方法。

7.3.2　确定操作模式

对于不同的嵌入式软件，操作模式会显著不同，确定操作模式宜按表 4 的方法进行。

表 4　操作模式的确定

确定操作模式	确定方法
主要时间和次要时间	某天或一天的某段时间，处理的事务或事务频度显著不同，处理事务量的显著差别
不同的用户类型	管理员、一般使用者、新手等
输入的显著差别	大量和多变的输入
电源的极限	电源方面的要求

表 4（续）

确定操作模式	确定方法
温度的极限	温度方面的要求
电磁的极限	电磁兼容方面要求
其他环境的重大变化	湿度、振动、噪声等方面的要求
行业规范要求的模式	电信、电力、银行等行业的要求

7.3.3 确定操作的发起者

操作的发起者包括用户、外部条件、嵌入式系统自身等，宜按表 5 的确定方法进行识别。

表 5 操作发起者的确定

确定发起者	确定方法
使用用户	使用者操作、远程登录等
外部条件	外部输入，例如输入一个量、收到输入信号
嵌入式系统自身	嵌入式系统软硬件判断出的条件，例如内存异常、中断信号、内部变量

7.3.4 选择表示方法

操作剖面的表示方法有表格法和图示法。可根据使用习惯来选择。

本标准推荐采用表格方法，即用列表的方式，列出所有操作模式、操作发起者、操作、操作出现率等信息。

7.3.5 创建操作表

创建操作表需要参考用户需求、软件使用说明、行业规定及相关标准要求等，通常以操作的启动者来划分。在定义输入空间、操作覆盖输入空间时，应考虑全覆盖。表 6 举例说明如何创建一个操作表。

表 6 操作表

确定发起者	操 作
A(外部输入一个信号)	输出一个信号到外部 1
	输出一个信号到外部 2
B(使用者输入一个指令)	显示一行信息
C(内部数据存储满)	提示数据满
	系统信号灯亮

7.3.6 确定出现率

根据用户需求、软件规格、使用说明、经验等信息，确定每种操作的出现率。表 7 举例说明如何确定出现率。

表7　出现率

操　　作	出现率(每小时出现次数)
输出一个信号到外部1	10
输出一个信号到外部2	10
显示一行信息	1 000
提示数据满	0.001
系统信号灯亮	0.001
合计	1 020.002

7.3.7　确定出现概率

将每个操作的出现率除以总出现率。表8举例说明如何确定出现概率。

表8　出现概率

操　　作	出现概率
输出一个信号到外部1	0.009 8
输出一个信号到外部2	0.009 8
显示一行信息	0.980 4
提示数据满	0.000 000 98
系统信号灯亮	0.000 000 98
合计	1

7.4　测试准备

7.4.1　综述

本活动主要根据概率分布信息和测试计划生成对应的测试用例输入文件,计算或给出每一测试用例预期的输出结果,构建测试环境,选择或开发测试工具,进行测试用例设计;生成测试用例时,一定要保证测试的覆盖率。

确定输入及相关数据域,分析系统的可靠性需求,对所有可能的操作模式进行分类列表;分析影响软件操作模式的全部外界条件及其对软件运行的影响程度;对各种功能需求之间的相关性进行分析和组合,对于密切相关的功能模块进行合并,对于部分相关的功能模块给出相应的输入变量的组合方法。

附录C列举了一些嵌入式软件可靠性测试用例的实例,可作为测试用例设计参考。

7.4.2　测试用例准备

测试用例准备活动主要包括:

——估计当前版本所需的新测试用例的数量;

——在要测试的系统之间分配新测试用例的数量;

——在每个系统的新操作之间分配新测试用例的数量;

——指定新测试用例;

——开发新增测试用例，将新测试用例添加到以前版本的测试用例上；
——新开发的软件的第一版可靠性测试用例基于前阶段的测试用例来设计。

7.4.2.1 估计需要测试用例的数量

估计需要测试用例的数量，要考虑时间和成本因素，取这两个数量的最小值作为计划准备的测试用例的数量。

时间的计算，用可用的时间乘以可用的人员数，再除以准备一个测试用例的平均时间。

成本的计算，用建立测试用例的预算除以每个测试用例的平均准备成本。

对于再次测试，例如回归测试，只计算新增加的测试用例数量。

7.4.2.2 分配测试用例

为每个操作分配测试用例数量。对于回归测试，只分配新修改的操作的测试用例。

根据操作出现率，进行下列工作：

——确定很少出现的关键操作(概率小但应测到)，为每个这样的操作分配测试用例数量。关键操作是指失效会造成人身伤害、重大损失的操作，对这些操作要分配充足的测试用例。
——确定偶发性的操作，分配一个测试用例，偶发性的操作是指出现概率非常低的操作，这样做的目的是保证至少为这样的操作分配一个测试用例。
——根据操作概率，把剩下的测试用例分配给剩余的其他操作。

7.4.2.3 指定测试用例

为每个操作指定测试用例。

从操作的直接输入变量的值域中，找出具有相似失效行为的值域，形成输入变量值域组合。

在选择了输入变量值域组合之后，从组成值域的集合成员中，随机选择输入变量，作为测试用例。

选择了测试用例后，编制测试用例的脚本。

7.4.3 测试过程准备

为每个操作模式准备一个测试过程，指定或调整测试操作剖面和操作出现率，调整主要发生在回归测试或需求变更的测试过程。

7.5 执行测试

7.5.1 综述

在执行可靠性测试时注意以下方面：

——被测软件的测试环境(包括硬件配置和软件支持环境)和预期的实际使用环境应完全一致。
——测试时按测试计划和顺序对每一个测试用例进行测试，判断软件输出是否符合预期结果。
——测试时应记录测试结果、运行时间和判断结果。如果软件失效，那么还应记录失效现象和时间，以供失效分析。

7.5.2 分配测试时间

分配测试时间宜按照以下方法进行：

——在要测试的系统之间分配测试时间；
——对进行可靠性增长测试的功能测试、回归测试、负载测试之间分配测试时间；要分配足够的时间进行功能测试，以便充分执行测试用例，并对前一版本进行回归测试，然后把剩下的时间分配给负载测试；

——对进行负载测试的操作模式之间分配测试时间；

——进行确认测试，将所有的时间都分配给负载测试；

——时间分配以小时计。

估计测试需要的时间按式(3)：

$$t=\frac{T_N}{\lambda_F} \qquad \cdots\cdots(3)$$

式中：

t ——用自然或时钟时间单元表示的测试时间；

T_N——规范化度量(MTTF数)，见式(4)；

λ_F ——失效强度目标。

$$T_N=\frac{\ln\frac{\beta}{1-\alpha}}{1-\gamma} \qquad \cdots\cdots(4)$$

式中：

γ——分辨率；

α ——提供商风险，即错误地认为失效强度目标没有达到但实际上已经达到的概率；

β ——客户风险，即错误地认为失效强度目标已经达到，但实际上没有达到的概率。

7.5.3 调用测试

对于可靠性增长测试，首先执行功能测试，然后进行负载测试，按照测试用例进行全覆盖测试。

在每次对软件做了较大修改后，要进行回归测试。

功能测试按照分配的测试用例，顺序调用测试用例进行测试。

回归测试应全面检查需求变化处。另外随机测试和回归测试的要求不同，需要注意区分，按影响域调用相关测试用例。

7.5.4 标识出现的失效

在测试中应对测试的输出进行分析，确定失效、失效时间和失效强度。

7.5.4.1 分析测试输出的偏离

采用自动化工具或以人工对测试结果审查，确定执行结果与相对预期行为的偏差。

在分析偏差的过程中，不计算级联。

7.5.4.2 确定哪些偏离是失效

确定出现的偏离是否为失效。

硬件错误引起的失效不作为嵌入式软件的失效统计，但对于需要实现软件容错、避免严重错误的失效，应统计在内。

7.5.4.3 估计失效发生的时间

估计失效发生的时间采用统一的时间度量，即普通时间，以小时为单位。以出现顺序，累加度量单元，包括所有操作模式的功能测试、回归测试、负载测试。

对于同时出现的多个失效记录，会导致多个零失效间隔，应在记录的时间间隔内，估计随机的时间，用于替代这些零间隔。

7.5.4.4 指派失效严重程度类

对失效，确定出失效的严重等级。

7.5.4.5 形成测试记录

按照执行的测试用例，记录测试过程、测试结果、运行时间、失效时间、失效现象，形成测试记录。表 9为测试记录的示例。

表 9 测试记录示例

事件	时间	失效的时间间隔/min
开始测试	2010 年 1 月 1 日 8 时 00 分	0
失效 1	2010 年 1 月 1 日 8 时 35 分	35
失效 2	2010 年 1 月 1 日 9 时 10 分	35
失效 3	2010 年 1 月 1 日 13 时 20 分	250
失效 4	2010 年 1 月 1 日 15 时 30 分	130
测试结束	2010 年 1 月 1 日 16 时 00 分	30

7.6 失效数据的分析评估

7.6.1 综述

本活动进行失效分析、可靠性估计及判定；整理测试记录，并将结果写入测试报告。测试结果不满足给定的可靠性目标时，应在完成纠正错误后组织实施回归测试。

7.6.2 可靠性增长测试

7.6.2.1 失效数据分析

在进行失效数据分析时，必须明确以下问题：

——对某一失效，决定不查找和解决的，该失效不统计；

——重复的失效不统计；

——人为操作失误或外界环境异常引起的失效需要统计；

——硬件错误引起的失效不统计，但由于软件没有进行冗余、容错的失效应统计。

可靠性增长测试过程，要根据失效数据定期进行趋势分析和评估。可靠性增长测试过程中发现的所有缺陷都应纠正，且纠正时应确保不引入新的缺陷。

在测试过程中，应详细记录失效的时间、现象，以分析失效的根源和纠正缺陷。表 10 为可靠性增长测试过程中推荐的评估频率。

表 10 可靠性增长测试过程的评估频率

剩余测试长度	分析评估频率
<1 个月	每天一次
1 个月～3 个月	每周二次
>3 个月	每周一次

对失效数据进行趋势分析，以指导可靠性模型的选择、失效强度估计。趋势分析采用定期评估FI/FIO比的方法。

FI/FIO 是可证明失效强度与失效强度目标之比，FI/FIO 比 λ_D 为：

$$\lambda_D = \frac{T_{N,A}(n)}{t_t \lambda_F} \quad \cdots\cdots\cdots\cdots (5)$$

式中：

$T_{N,A}(n)$——已经出现的失效数对应的继续和接受边界的规范化度量(见式(9))；

t_t ——测试结束时的时间单位数；

λ_F ——失效强度目标。

在可靠性预测和趋势分析时，遵循以下方法：

——FI/FIO 比估计的精确度取决于样本规模(发生失效的数量)；

——当 FI/FIO 比大于 2 时，检查最近的 5 个值，查看是否出现稳定、相当明显的上升趋势，如果是，继续测试；不是时，分析原因，做好软件的变更控制和测试控制；

——当规范化失效强度小于 0.5 时，结束测试；

——当 FI/FIO 比大于 15，在测试时间内不可能达到失效强度目标时，应推迟发布软件，商议调整失效强度目标，修改错误后再测试。

在测试过程中，定期评估和预测可靠性，以指导下一步的测试工作，主要有：

——估计当前的可靠性，包括 MTTF、当前失效率、当前失效强度等；

——预测现在达到的可靠性水平；

——预测还需要增加的测试，预测何时能够达到可靠性目标。

根据分析结果，可适当调整测试资源，增加投入，使可靠性增长测试在预定时间内达到目标。

7.6.2.2 失效强度估计

根据对失效数据的趋势分析，选择可靠性模型，估计失效强度。可靠性模型选择可参见附录 B。由于可靠性模型较多，在可靠性模型的选择上本方法推荐两种作为参考，这两种模型为：基本(Musa)和对数泊松(Musa-Okumoto)执行时间模型。

基本和对数泊松执行时间模型，又分别称为指数和对数模型。这两种模型都使用执行时间，在嵌入式软件测试估计时，日历时间即为执行时间(这是基于嵌入式软件是连续运行的假设)。

出现失效的函数的基本泊松模型的失效强度 λ 为：

$$\lambda(\mu) = \lambda_0 \left(1 - \frac{\mu}{\nu_0}\right) \quad \cdots\cdots\cdots\cdots (6)$$

式中：

λ_0——开始执行的初始失效强度；

μ ——给定时间点上的平均或预期发生的失效数；

ν_0——在无限时间内发生的失效总数。

出现失效的函数的对数泊松模型的失效强度 λ 为：

$$\lambda(\mu) = \lambda_0 \exp(-\vartheta\mu) \quad \cdots\cdots\cdots\cdots (7)$$

式中：

λ_0 ——开始执行的初始失效强度；

μ ——给定时间点上的平均或预期发生的失效数；

ϑ ——失效强度延迟参数。

对于这两种模型，需要在执行开始时，确定 λ_0、ν_0、ϑ，应根据嵌入式软件自身的特征预测，如软件的源代码长度、可执行代码的编译效率、软件的复杂度、对失效强度的要求等；也可以在嵌入式软件系统测试阶段，通过收集失效的数量进行估计。

7.6.3 可靠性确认测试

7.6.3.1 综述

可靠性确认测试是为确认在给定统计置信度下，对嵌入式软件当前的可靠性水平是否满足用户需要而进行的测试，即确认是否满足所规定的可靠性目标，本标准推荐采用失效执行时间和可靠性示图来进行确认测试。

7.6.3.2 失效执行时间确认测试

给定客户风险 β 和 MTBF 的检验下限 θ，由式(8)计算出嵌入式软件的可靠性测试时间 T。

根据 T，按照测试用例执行测试，在 T 时间内无失效时接受软件，发生失效时拒绝软件。

$$T = -\theta \ln\beta \qquad \cdots\cdots (8)$$

式中：

θ——MTBF 检验下限值；

β——客户风险。

这种确认测试适用于 MTBF 在 1 000 h 以内的嵌入式软件可靠性确认测试，对于 MTBF 大于 1 000 h 的嵌入式软件，应采用可靠性示图确认测试。

7.6.3.3 可靠性示图确认测试

根据客户风险和开发风险级别构造可靠性示图，失效被绘制在图上，根据失效落入的区域，判定被测嵌入式软件被接受、拒绝还是继续测试。

首先与客户及提供商协商确定提供商风险 α 和客户风险 β，参照附录 A 的方法，画出可靠性示图。

提供商风险 α 和客户风险 β 一般选取 20％以下，最大不宜超过 30％；对于可靠性要求很高的嵌入式软件应在 10％以内。

绘制可靠性示图时，需计算出继续和接受边界、继续和拒绝边界，并绘出边界线。边界线由式(9)和式(10)求出：

$$T_{N,A}(n) = \frac{A - n\ln\gamma}{1-\gamma} \qquad \cdots\cdots (9)$$

式中：

$T_{N,A}$——已经出现的失效数对应的继续和接受边界的规范化度量；

n ——失效数；

A ——由式(11)计算得出；

γ ——分辨率，即最大可接受失效强度与失效强度目标的比值，γ 的取值范围 1.1～2.0 之间。可靠性要求越高，取值应越小。

$$T_{N,B}(n) = \frac{B - n\ln\gamma}{1-\gamma} \qquad \cdots\cdots (10)$$

式中：

$T_{N,B}$——已经出现的失效数对应的继续和拒绝边界的规范化度量；

n ——失效数；

B ——由式(12)计算得出；

γ ——分辨率，即最大可接受失效强度与失效强度目标的比值，γ 的取值范围 1.1～2.0 之间。可靠性要求越高，取值应越小。

$$A = \ln\frac{\beta}{1-\alpha} \qquad \cdots\cdots (11)$$

$$B=\ln\frac{1-\beta}{\alpha} \qquad \cdots\cdots(12)$$

图 1 表示的可靠性示图中客户风险 $\beta=0.1$，提供商风险 $\alpha=0.1$，分辨率 $\gamma=2$。

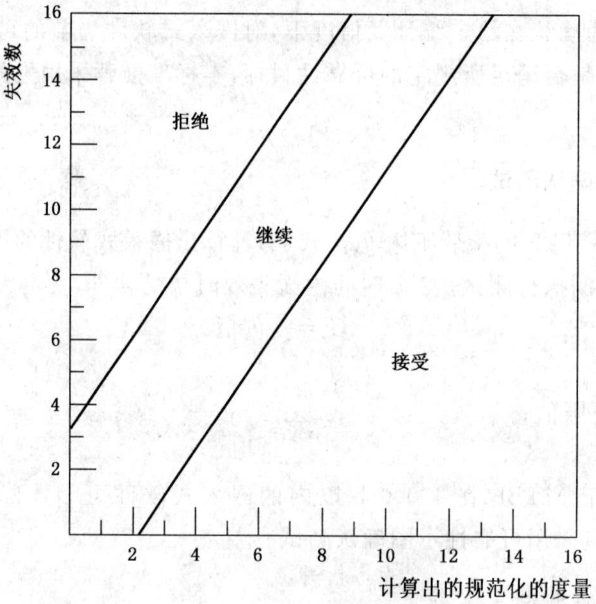

图 1　经过规范化度量(MTTF)

可靠性示图的绘制方法和不同分辨率、风险的参数计算，参见附录 A。

根据失效数和失效发生的时间单元，计算出经过规范化的度量(MTTF)。纵坐标为失效数，横坐标为计算出的规范化的度量，标注在可靠性示图上。按照下面的方法进行判决：

——该点落在继续区域时，继续测试；

——落在拒绝区域时，结束测试，拒绝软件；

——落在接受区域时，结束测试，接受软件；

——直到测试结束一直在继续区域时，计算 FI/FIO 比，FI/FIO 比大于 5 而且出现了失效时，拒绝软件；FI/FIO 比小于 5 时则接受软件。

7.7　可靠性测试报告

可靠性测试完毕，应给出一份可靠性测试报告，一般包括：

——测试环境、测试设备情况；

——可靠性目标及确定情况；

——操作剖面确定和构建情况；

——可靠性增长测试过程、时间，测试用例数量，测试覆盖率；

——可靠性确认测试过程、时间，测试用例数量，测试覆盖率；

——失效强度估计结果和分析；

——可靠性模型拟合、拒绝或接受结论；

——测试中发现的问题和处理建议；

——被测软件的版本信息。

测试报告的编制应符合 GB/T 9386—2008 的要求。

测试覆盖率等指标的计算宜采用 GB/T 16260.2—2006 和 16260.3—2006 的方法度量，在进行可靠性增长测试时，可以按照该标准的计算方法，计算出相应的指标，并加入到报告中。

附　录　A
（资料性附录）
可靠性示图绘制

在采用可靠性示图确认测试时，为了绘出可靠性示图，需求出继续和接受边界、继续和拒绝边界，并绘出边界线，推荐按下面的方法绘出可靠性示图。

$n=0$ 时的 T_N，与横轴的交点：

$$T_{N,A}(0)=\frac{A}{1-\gamma} \qquad \text{(A.1)}$$

$$T_{N,B}(0)=\frac{B}{1-\gamma} \qquad \text{(A.2)}$$

$n=16$ 时的 T_N，与横轴的交点：

$$T_{N,A}(16)=\frac{A-16\ln\gamma}{1-\gamma} \qquad \text{(A.3)}$$

$$T_{N,B}(16)=\frac{B-16\ln\gamma}{1-\gamma} \qquad \text{(A.4)}$$

$T_N=0$ 时，与纵轴的交点：

$$n_A(0)=\frac{A}{\ln\gamma} \qquad \text{(A.5)}$$

$$n_B(0)=\frac{B}{\ln\gamma} \qquad \text{(A.6)}$$

$T_N=16$ 时，与纵轴的交点：

$$n_A(16)=\frac{A-16(1-\gamma)}{\ln\gamma} \qquad \text{(A.7)}$$

$$n_B(16)=\frac{B-16(1-\gamma)}{\ln\gamma} \qquad \text{(A.8)}$$

为了使用的方便，给出典型的参数，见表 A.1 和表 A.2。

表 A.1　区域与边界的各个横轴和纵轴的交点值

交点位置	分辨率 γ		
	2	1.5	1.1
$n=0$ 点的横轴	$-A, -B$	$-2A, -2B$	$-10A, -10B$
$n=16$ 点的横轴	$-A+11.1, -B+11.1$	$-2A+13.0, -2B+13.0$	$-10A+15.2, -10B+15.2$
$T_N=0$ 点的纵轴	$1.44A, 1.44B$	$2.47A, 2.47B$	$10.5A, 10.5B$
$T_N=16$ 点的纵轴	$(A+16)/0.693$， $(B+16)/0.693$	$(A+8)/0.405$， $(B+8)/0.405$	$(A+1.6)/0.095\,3$， $(B+1.6)/0.095\,3$

表 A.2　各种提供商风险和客户风险水平条件下的 *A* 值和 *B* 值

提供商风险	参数	客户风险			
		0.1	0.05	0.01	0.001
0.1	*A*	−2.20	−2.89	−4.50	−6.80
	B	2.20	2.25	2.29	2.30

表 A.2(续)

提供商风险	参数	客户风险			
		0.1	0.05	0.01	0.001
0.05	A	−2.25	−2.94	−4.55	−6.86
	B	2.89	2.94	2.99	2.99
0.01	A	−2.29	−2.99	−4.60	−6.90
	B	4.50	4.55	4.60	4.60
0.001	A	−2.30	−2.99	−4.60	−6.91
	B	6.80	6.86	6.90	6.91

可以看出,A 随客户风险迅速变化,但随提供商风险变化很小,它决定接受边界与横轴线在 $n=0$ 的交点,因此接受边界会随客户风险急剧变化,随提供商风险有很小的变化。

B 随提供商风险迅速变化,但随客户风险变化很小,它决定拒绝边界与纵轴线在 $T_N=0$ 的交点,因此拒绝边界会随提供商风险急剧变化,随客户风险有很小的变化。

在确认测试时,可以根据需要,画出所需要的客户风险和提供商风险所有组合的可靠性示图,也可以只画出客户和提供商风险对称的可靠性示图。当二者不对称时使用足够近似的图。

随着分辨率、客户风险水平或提供商风险水平的降低,继续区域会拓宽,因此如果要降低在估计失效强度中所能够容忍的错误,或降低错误决策的风险,达到拒绝或接受区域则需要更多的测试。

附　录　B
（资料性附录）
可靠性模型选择

根据对失效数据的趋势分析，选择可靠性模型，估计失效强度。表 B.1 给出了分析结果与可靠性模型选择的参考对照。

表 B.1　根据趋势选择模型

编号	失效趋势	可靠性估计模型选择
1	可靠性增长	J-M 模型、G-O 模型、M-O 模型等
2	可靠性下降	选择允许失效强度上升的模型
3	可靠性先降后升	Yamada、Ohba、Osaki S 模型
4	可靠性稳定	HPP 模型、失效时间服从指数分布的模型

附　录　C
（资料性附录）
可靠性测试用例分析设计实例

C.1　故障注入测试

故障注入测试是针对嵌入式系统的可靠性测试的常用手段。故障注入测试项目的测试顺序应综合考虑该故障出现的概率和测试项目之间的互补关系。故障注入测试分为如下几步：

a）故障注入。在这一步把缺陷、故障和失效插入到代码中去，这时候要确定插入的位置，可能还要添加适当的代码。

b）执行测试。要用输入必要的数据、产生内部的或外部的事件、发送特定的消息等方法把前面插入的故障激活。

c）测试结果收集。包括收集测试前设置的观察点处观察到的数据、现象等，另外还要收集被测系统出现的各种异常现象，如死机、复位。

d）测试结果评估。即根据测试过程中收集到的各种测试数据，结合用户的实际使用需求和设计需求，判断当前出现的各种现象是否属于正常。在实际操作中，可以采用下面的两条准则来判断是否需要启动修改流程：

1）故障注入后引起用户不可接受的严重故障；

2）故障停止插入后系统无法恢复，仍然处于故障状态。

针对嵌入式软件可靠性测试的故障注入方法，本附录列举了常用的插入测试项目，通过这些项目可构造大量的可靠性测试用例。

C.2　内存过载测试

当一个计算机系统的内存占用率为80%～100%时，视为内存过载。内存过载测试主要是测试系统在内存即将用完的时候，系统运行的可靠性。

故障产生原因有大流量冲击、内存丢失、算法缺陷等。故障可能产生的后果如复位、空转、系统内部数据状态不一致等。

对于一般系统，内存过载时能自动降低业务处理量，如果持续时间过长，则允许单板复位。对于高可用系统，要求能区分是大流量冲击还是内存丢失造成的内存过载。如果是大流量冲击造成的过载，应能自动降低业务处理量；如果是内存丢失造成的过载，应能复位单板，但对业务不造成影响。

采用内存丢失的办法实现内存过载的测试步骤：

a）丢失空闲内存，使内存占用率达到80%，运行一段时间，观察系统的运行状态；

b）在前面的基础上再丢失10%的内存，运行一段时间，观察系统的运行状态；

c）把剩余的所有内存全部申请出来丢掉，观察系统的运行情况。

C.3　CPU过载测试

当一个计算机系统的CPU占用率达到80%～100%时，称为CPU过载。CPU过载测试主要是测试系统在高CPU占用率状态下系统的可靠性。

故障产生原因有大流量冲击、算法效率低下、CPU锁死等；故障可能产生的后果有：对实时事件响应不及时、影响提供业务的能力等。

通过创建一个任务，用循环的方式强制消耗掉一部分 CPU 资源，循环次数可以动态调整，以调整 CPU 占用率来模拟故障产生。

CPU 过载时应能自动启动流控，降低业务流量，同时，系统运行的各种业务不应出错，输入输出的各类消息顺序保持不变。

测试步骤：

a) 创建一个最高优先级的 CPU 过载测试任务，调整循环次数，使 CPU 过载，观察系统的运行情况；

b) 降低过载测试任务的优先级，使原来优先级较高的任务可以正常运行，优先级较低的任务受到影响，运行一段时间，观察系统的运行情况；

c) 重复步骤 b)，使各优先级的任务均受到过载干扰。

C.4 队列过载测试

对于有限长度队列，队列的长度达到最大长度的 80%～100%时，称为有限长度的队列过载。

对于无限长度队列，队列长度远远大于正常运行时队列长度时，例如 10 倍，称为无限长度的队列过载。

队列过载测试主要是为了测试队列缓冲造成的延时对系统的影响，对于有限长度队列，还可以验证队列满的情况下程序运行的情况。

故障产生原因有大流量冲击、处理队列的任务受到阻塞、发生了死锁等；故障可能产生的后果有：系统响应超时、系统内部各模块之间数据状态不一致等。

在测试中可以采用挂起处理队列的任务的办法实现队列过载。

队列过载不应造成系统的业务运行出错，造成的延时也应在可以接受的程度，对于有限长度队列，能正确处理队列溢出的情况，不会产生内存越界或其他错误。

测试步骤：

a) 运行程序，输入各种必要的数据，使被测队列有一个持续的进队列操作。

b) 挂起处理队列的任务。对于有限长度队列，使队列长度达到 80%时解挂该任务，恢复运行；对于无限长度队列，使队列长度达到正常队列长度的 8 倍，然后解挂该任务，观察系统的运行情况。

c) 过一段时间后，再次挂起该任务。对于有限长度队列，使队列长度达到最大长度，此时继续进行入队列的操作，观察系统的运行状态；对于无限长度的队列，使队列长度达到正常长度的 10 倍。然后解挂该任务，运行一段时间，观察这一过程中系统的运行情况。

C.5 资源丢失测试

资源丢失是指资源没有正在被使用，也不在对应的资源管理程序中，即该资源已经不受控了。资源丢失测试的目的是验证在发生资源丢失故障时软件是否能从故障中恢复过来，在故障恢复过程中是否还引入了其他的故障。

故障产生原因有重入、申请出来的资源使用后没有释放、在某些路径下资源没有释放等；故障可能产生的后果如复位、输出错误、软件内部状态错误、业务无法完成或业务性能降低等。

采用把资源申请出来后不释放的方法来模拟故障产生。

对于一般系统，要求在资源耗尽以后能复位，这时要注意耗尽型资源和非耗尽型资源的差异，复位条件的检测要特殊设计；对于高可用系统，要求能恢复资源丢失造成的影响，并且不影响业务的正常运作。

测试步骤：

a） 申请一个资源；

b） 经过一段时间后，检查软件是否能发现出现资源丢失，观察软件是否采取了什么恢复措施，该措施是否有效；

c） 重复申请一批资源但不释放，过一段时间后，检查软件是否能发现出现资源丢失故障，故障软件是否采取了相应的措施，以及该措施是否有效。

C.6 释放错误资源测试

释放错误资源测试就是把伪造的非法资源通过资源释放函数试图加入到空闲资源池的测试过程。释放错误资源测试的目的是为了验证资源管理程序是否对非法资源有合理的保护措施。

故障产生原因有资源在使用过程中修改了资源的标记属性，如地址指针、ID号等；故障可能产生的后果有：资源管理程序遭到破坏、资源丢失、业务中断等。

采用伪造一个非法的资源并用资源释放函数释放该非法资源，例如对于内存，可以先申请出一块内存，然后把地址加1再释放，来模拟故障。

测试过程中，返回了出错信息，资源管理程序内部应没有真正增加这些非法的资源。

测试步骤：

a） 伪造非法资源；

b） 用资源释放函数释放这些非法资源；

c） 观察资源管理程序是否返回出错，检查资源管理程序的内部数据看是否把非法的资源加进去了。

C.7 重复释放资源测试

重复释放资源是指同一个资源被释放两次或两次以上。重复释放资源测试的目的是为了验证资源管理程序是否具有处理资源重复释放故障的能力。

故障产生原因一般是编程错误。故障可能产生的后果有：资源管理程序内部存在多个同一资源、软件提供的业务出现错误等。

采用修改代码，把申请成功的资源释放2次来模拟故障。

测试过程中，第2次或以后的释放均返回失败，系统应给予告警或提示。

测试步骤：

a） 把申请成功的资源释放2次；

b） 检查是否2次都释放成功；

c） 检查资源管理程序内部的数据记录中是否存在2个相同的资源。

C.8 资源释放时机错误的测试

资源释放时机错误是指资源被提前释放了，即资源被释放后仍然在继续使用这个资源。本测试的目的是检查资源被提前释放后对系统造成的影响是否可以接受。

故障产生原因一般是资源被提前释放；故障可能产生的后果有：数据遭到破坏、资源遗漏、提供的业务出现错误等。

通过修改代码，把释放资源的操作提前来模拟故障。

对于一般系统，如果资源提前释放造成了更严重的故障，系统应能复位；对于高可用系统，它能检测到资源提前释放造成的故障，并对其影响能恢复。

测试步骤：

a） 提前释放资源；

b） 观察对系统的影响。

C.9 资源申请失败测试

测试目的是验证程序对资源申请失败的处理是否正确。

故障产生原因可能有：资源已经用完了、资源管理程序出现了故障、编程错误等。故障可能产生的后果有：业务没有完成、访问了非法资源等。

采用修改代码，使资源申请函数在需要的时候可以产生一个异常返回值来模拟故障。

测试过程中，软件的主要业务不应出现错误。

测试步骤：

a） 修改代码，在代码中增加一个路径控制开关。当开关关闭时，资源可以正常申请；当开关打开时，申请的资源都不成功。

b） 在系统正常运行后，把上述的控制开关打开，加入故障。

c） 观察故障对系统的影响。

C.10 临界资源重入测试

由两个或两个以上的任务共享的资源称为临界资源，比如多个任务间共享的内存、全局变量、物理端口等。测试目的是验证系统是否具有临界资源重入故障的处理机制以及处理的结果是否符合需求。

故障产生原因可能有：软件设计时没有考虑临界资源问题、临界资源太多，编码时只对部分临界资源进行了保护等。故障可能产生的后果有：软件内部数据状态混乱、业务中断、复位等。

测试时把已有的临界资源保护措施去掉，强制出现重入问题，来模拟故障。

对于一般系统，如果内部数据遭到严重破坏，系统应能复位重新启动；对于高可用系统，软件应能处理这一情况而不至于出现失效。

测试步骤：

a） 删除代码中的临界资源保护的措施；

b） 编译运行修改后的软件；

c） 观察系统的出错情况。

C.11 栈溢出测试

栈溢出是指栈指针越过了栈的边界。测试目的是检查程序对栈溢出是否有预防措施，当发生栈溢出后，程序是否有相应的检测、恢复过程。

故障产生原因可能有：使用了大数组作为局部变量、使用了大数组作为形式参数、递归调用层次过深、函数调用的层次过深等。故障可能产生的后果有：内存越界、程序异常等。

测试时的故障产生方法：

a） 使用定义大数组的局部变量方法实现栈溢出；

b） 使用内存拷贝的方法使栈越界；

c） 使用函数递归调用的方法使栈越界。

使用方法 b）和方法 c）时，某些操作系统可能把栈指针回卷到栈底。

对于一般系统，栈越界后如果造成了更严重的故障，要求能复位系统；对于高可用系统，栈越界后不应对系统提供的业务造成影响，一个可行的办法是采用硬件监视的方法在栈溢出时产生一个异常，防止栈溢出的产生。

测试步骤：

a) 在程序正常运行时，使用上面描述的方法使栈越界；

b) 观察栈越界后的结果。

C.12 任务强制挂起测试

任务强制挂起测试的目的是为了验证软件是否具有任务被异常挂起的检测功能，以及测试任务被异常挂起后软件的整个恢复过程是否正确，是否会引入其他的故障。

故障产生原因一般为程序设计问题。故障可能产生的后果是：被挂起的任务完成的功能无法完成，还可能引起进一步的其他故障。

测试时的故障产生方法：

a) 通过控制台调用挂起函数把被测任务强制挂起；

b) 修改代码，嵌入挂起任务的代码，重新编译软件；嵌入代码时，注意嵌入的代码应在整个软件正常运行一段时间后才能执行。

测试过程中，被挂起的任务能在一个合理的时间内解挂，解挂后各个任务之间的内部状态应保持一致，对业务造成的影响尽量小。

测试步骤：

a) 通过控制台或嵌入代码使被测任务强制挂起；

b) 观察系统的运行情况。

C.13 任务强制删除测试

任务强制删除测试的目的是为了验证软件是否具有任务被异常删除的检测功能，以及测试任务被异常删除后软件的整个恢复过程是否正确，是否会引入其他的故障。

故障产生原因一般为程序设计问题。故障可能产生的后果是：被删除的任务完成的功能无法完成，还可能引起进一步的其他故障。

测试时的故障产生方法：

a) 通过控制台调用任务删除函数把被测任务强制删除。

b) 修改代码，嵌入删除任务的代码，重新编译软件。嵌入代码时，应注意嵌入的代码应在整个软件正常运行一段时间后才能执行。

对于一般系统，要求能检测到任务被删除，并复位系统；对于高可用系统，要求被删除的任务能在一个比较短的时间内恢复，并对业务造成的影响尽量小，任务恢复后，各个任务之间的内部状态应保持协调一致。

测试步骤：

a) 通过控制台或嵌入代码使被测任务强制删除；

b) 观察系统的运行情况。

C.14 插入死循环测试

插入死循环是指在任务或中断服务程序中加入死循环代码。插入死循环测试的目的是为了验证任务或中断进入死循环后软件的处理是否符合要求。

故障产生原因可能有：进入了死循环、发生了不能终结的函数递归调用、发生了函数的循环调用等。故障可能产生的后果是由任务或中断完成的功能无法完成。

采用在软件中加入死循环代码来模拟故障。

对于一般系统，要求能检测到发生死循环故障，并能复位，复位后系统能正常运行；对于高可用系统，要求能检测到发生死循环故障，并要求能重新启动或重新初始化该任务，重启后各个任务的内部状态能保持一致。

测试步骤：

a） 在被测任务或中断中加入死循环代码，重新编译程序；

b） 构造测试输入数据，使程序能执行到插入的代码；

c） 观察软件进入死循环后的处理情况。

C.15 任务延时测试

任务延时测试是指在被测任务中加入延时代码延长任务执行时间的一种测试过程。任务延时测试的目的是为了了解任务延时后对系统造成的影响是否满足要求。

故障产生原因可能有：程序在处理某些任务时处理量大、花的时间很长；程序在某些路径下需要等待某一事件，造成执行时间有一定程度的不确定性等。故障可能产生的后果有：业务性能下降、系统对某些事件的响应速度变慢、模块之间的消息时序上出现错误。

测试时的故障产生方法：

a） 在任务中加入空循环作延时处理；

b） 调用任务延时函数。

测试过程中，系统不导致严重故障或失效。当延时干扰取消后，程序应能恢复正常状态，各模块之间也不应出现时序上的混乱。

测试步骤：

a） 在任务中加入空循环作延时处理，重新编译程序；

b） 构造测试数据，激活被测任务；

c） 观察系统的性能是否出现明显下降，是否出现其他的故障，任务之间的交互时序是否出现变化以及这个变化带来了什么影响。

C.16 死锁测试

若一个进程集合中的每一个进程都在等待只能由本集合中的另一个进程才能引发的事件，则这种情况被视为死锁。死锁测试的目的是为了验证程序是否具有处理死锁的能力。

死锁的 4 个条件：

a） 互斥条件，每一资源或者被分配给一个进程，或者空闲；

b） 保持和等待条件，已分配到了一些资源的进程可以申请新的资源；

c） 非剥夺条件，已分配给一进程的资源不可剥夺，只能被占有它的进程显式地释放；

d） 循环等待条件，系统必然有一条由两个或两个以上的进程组成的循环链，链中的每一个进程都在等待相邻进程占用的资源。

故障可能产生的后果可能是：所有涉及的任务均被挂起，由这些任务完成的功能全部中断。

按照上述 4 个条件，任务 A 申请资源 1 和资源 2，任务 B 申请资源 2 和资源 1，为了能进入死锁，在申请完第 1 个资源后增加一个同步操作，使两个任务进入死锁。

对于一般系统，程序能检测到软件发生了故障并能复位系统；对于高可用系统，要求能检测到软件发生了故障而且在短时间内能正确恢复，并对业务不造成重大影响。

测试步骤：

a） 选择2个任务，按照下列步骤增加相应的代码；

b） 任务A：申请信号量1—申请信号量3—释放信号量1—等待信号量2—申请信号量4；

c） 任务B：申请信号量2—申请信号量4—释放信号量2—等待信号量1—申请信号量3；

d） 重新编译程序并运行，观察程序是否能检测到死锁并采取相应的措施。

C.17 频繁中断测试

当两个中断的间隔时间小于中断服务例程的处理时间时，称为发生了频繁中断。测试目的是验证软件在发生频繁中断情况下的运行是否稳定可靠，验证中断等待、中断嵌套功能是否达到设计要求。

故障产生原因可能有：中断服务例程执行时间过长、同时发生了多个中断、中断发生得太快等。故障可能产生的后果有：中断丢失、中断挂起、中断异常等，由此带来与该中断相关的业务可能受到影响。

采用在中断引脚产生频繁中断信号来模拟故障产生。

测试过程中，当中断队列不满时，不应发生中断丢失，同时不应发生中断挂起或异常；当取消频繁中断后，程序应能恢复正常运行时的状态。

测试步骤：

a） 测试出被测中断的一次正常中断的执行时间（t_1）；

b） 找到中断源对应的引脚，在引脚上插入中断信号发生器的输出信号，调节中断间隔时间（t_2），使其小于中断服务程序的执行时间（$t_1>t_2>0.5t_1$），观察系统运行情况；

c） 继续降低中断信号的时间间隔，使$0.5t_1>t_2>0.25t_1$，即在处理中断服务程序时发生2个中断请求，观察系统运行情况；

d） 在中断服务程序中增加中断计数变量，重新编译运行，正常运行后，利用中断信号发生器在很短的时间内快速发送1 000个中断，观察系统运行情况。

C.18 重复中断测试

重复中断是指对同一次中断作了多次响应，即执行了多次的中断服务程序。重复中断测试的目的是为了测试重复执行中断服务程序对系统造成的影响。

故障产生原因可能是中断控制器发生了故障。故障可能产生的后果有：重复执行由该中断触发的操作、对于数据收发出现重包等。

采用在响应中断时，调用多次中断服务程序来模拟故障产生。

测试过程中，重复执行中断的服务程序不应对系统的业务造成影响。

测试步骤：

a） 修改代码，在响应中断时，调用多次中断服务程序，重新编译程序；

b） 按照实际条件触发该中断，观察程序的运行情况。

C.19 中断丢失测试

中断的响应次数比中断的触发次数少的情况称为中断丢失。测试目的是测试中断丢失对系统造成的影响，验证在发生中断丢失时，系统是否发生重大的功能缺陷。

故障产生原因可能是中断控制器故障。故障可能产生的后果有：对外部事件的响应不完整造成系统的严重功能失效、对于数据收发造成丢包。

采用在中断服务程序中有选择性或随机地直接返回的方法来模拟测试。

测试过程中应不发生重大的功能失效，对后续的中断仍能正常处理。

测试步骤：

a) 修改中断服务程序，在入口处有选择性或随机地直接返回，重新编译程序；

b) 按照实际条件触发该中断，观察系统的运行情况。

C.20 中断挂起测试

中断挂起是指中断控制器由于某些原因造成不能响应新中断。中断挂起测试的目的是为了测试系统不能响应部分或全部中断后系统的运行情况。

故障产生原因可能是中断控制器发生故障。故障可能产生的后果是无法响应新产生的中断，因此由这些中断完成的功能均无法完成。

采用修改中断使能位或中断屏蔽位关闭被测中断来模拟测试。

程序应能检测到中断出了故障，采取相应的措施，并能在一个较短的时间内恢复正常。

测试步骤：

a) 运行程序，使被测程序正常运行，然后清除被测中断的使能位，关闭中断；

b) 按照实际条件触发该中断，观察系统的运行情况。

C.21 中断服务例程延时测试

测试目的是为了测试中断处理时间的延长对系统造成的影响。故障产生原因可能有：中断服务例程中执行到需要等待某些条件的语句、中断服务例程中某些路径很长导致执行时间大幅增长等。

故障可能产生的后果有：业务性能下降、系统对某些事件的响应速度变慢、中断与任务之间的输出时序上出现错误等。

采用在中断服务例程中加入空循环模拟延时来测试。

测试过程中，中断与任务之间的输出没有出现时序上的问题，业务性能不应出现严重下降，提供的业务不应出现错误。

测试步骤：

a) 在中断服务例程中加入空循环，重新编译程序；

b) 按照实际条件触发中断，使被测的中断服务例程能被执行；

c) 观察系统的运行情况。

C.22 单板启动过程中触发所有中断测试

测试目的是验证单板启动过程中是否把某些中断打开了。故障产生原因可能是单板启动过程中被触发中断。故障可能产生的后果是程序会异常运行。

采用模拟实际情况在单板启动过程中触发单板的每一个中断源来测试。

测试中程序应不异常，在启动过程中中断不起作用。

测试步骤：

a) 选择增加测试代码的位置。在主函数的初始化部分(主循环之前的代码)选择一个开中断语句之后的位置作为增加测试代码的位置。不管在代码中是否真正存在，主函数开始的地方总是默认有一个开中断语句。

b) 在步骤 a)中选择的位置增加一条死循环语句,死循环内部增加一个计数器或者增加一个闪灯的操作,重新编译程序。

c) 在程序进入该死循环后,逐一触发所有的中断源,检查是否异常,即检查计数器值是否在增加或者灯是否在继续闪亮。

d) 选择其他开中断语句之后的位置,重复步骤 b)和步骤 c),直到所有开中断语句均被测试过。

C.23 触发未使用中断测试

指程序运行过程中触发了没有使用的中断。测试目的是验证程序是否关闭了未使用中断。

故障产生原因是没有把未使用中断关闭或进行处理。故障可能产生的后果有:发生程序异常、影响程序的性能、未知故障等。

采用模拟实际条件触发未使用中断来测试。

程序不应异常,业务能正常处理,触发未使用中断对系统不造成任何影响,触发未使用中断时不应对中断标志位造成影响。

测试步骤:

a) 屏蔽所有未使用的中断源;

b) 运行程序,模拟实际条件触发所有未使用中断;

c) 观察程序运行状态,检查是否发生异常;

d) 检查中断标志位是否被置位。

C.24 接口数据长度错误测试

长度错误是指消息中各个长度域中的值发生错误。测试目的是测试程序对错误长度的消息的处理情况。

故障产生原因可能有:发送的消息长度有错、消息在传输过程中发生了错误等。故障可能产生的后果有:内存越界、使用了错误的数据、死机等。

采用发送错误长度的消息来模拟故障。

程序应能忽略消息内容并释放这些非法消息,而且程序的状态不应挂起在某个状态,当长时间收不到期望接收的消息时,应能恢复到初始状态。

测试步骤:

a) 修改代码,可以从后台直接发送十六进制格式的消息,重新编译程序并运行;

b) 发送 0 长度消息,即长度域的值是 0,观察程序的处理情况;

c) 发送超长消息,即长度值超过允许的最大值,观察程序的运行情况;

d) 发送消息内容中的长度域,使其值在允许范围之外,观察程序的运行情况。

C.25 接口数据类型错误测试

接口数据类型错误是指接口的消息类型发生的错误。测试目的是测试程序对错误类型的消息的处理情况。

故障产生原因可能有:发送的消息类型有错、消息在传输过程中发生了错误等。故障可能产生的后果有:使用了错误的数据、状态机故障等。

采用发送错误类型的消息来模拟故障。

程序应能忽略消息内容并释放这些非法消息,而且程序的状态不应挂起在某个状态,当长时间收不到期望接收的消息时，应能恢复到初始状态。

测试步骤：

a) 修改代码，可以从后台直接发送十六进制格式的消息，重新编译程序并运行；

b) 发送消息类型为允许范围外的消息，观察程序的处理情况。

C.26 数据错误测试

数据错误是指传送了错误的消息数据。测试目的是测试程序对带有错误数据的消息的处理情况。

故障产生原因可能有发送的消息类型有错、消息在传输过程中发生了错误等。故障可能产生的后果有：软件处理了错误的数据、状态机故障等。

采用发送错误数据的消息来模拟故障。

程序应能忽略消息内容并释放这些非法消息，而且程序的状态不应挂起在某个状态，当长时间收不到期望接收的消息时，应能恢复到初始状态。

测试步骤：

a) 修改代码，可以从后台直接发送十六进制格式的消息，重新编译程序并运行；

b) 发送消息数据为允许范围外的消息，观察程序的处理情况。

C.27 消息数据的一致性错误测试

消息数据的一致性错误是指消息中的多个数据之间存在矛盾。测试目的是测试程序是否能区分出存在一致性错误的消息数据并给予正确的处理。

故障产生的原因有内存越界、算法错误、协议缺陷等。故障可能产生的后果有模块间配合出现错误、模块失效等。

采用强制修改消息数据来模拟故障。

程序应能忽略消息内容并释放这些非法消息，而且程序的状态不应挂起在某个状态，当长时间收不到期望接收的消息时，应能恢复到初始状态。

测试步骤：

a) 修改代码，可以从后台直接发送十六进制格式的消息，重新编译程序并运行；

b) 发送存在一致性错误数据的消息，观察程序的处理情况。

C.28 消息丢包测试

丢包是指发送模块发送的消息包没有到达该消息包对应的接收模块的现象。测试目的是验证丢包对系统造成的影响，是否导致系统出现业务方面的错误。

故障产生的原因可能有消息发送模块的发送队列满、发送模块出现故障、通信线路出现故障（如误码、链路闪断等）、底层驱动程序出现故障、接收队列满、协议缺陷等。故障可能产生的后果有影响系统业务、控制等方面的功能，造成模块或单板之间状态不一致，系统空转但不能处理业务等。

采用在数据流中强制释放消息包来模拟故障。

丢包不应导致系统内部各模块之间或系统和与之连接的外部系统之间状态的不一致，不应导致业务或控制方面出现失效。

测试步骤：

a) 在程序中加入适当的代码，从原消息流中截取通过的所有消息，然后按一定的比率强制释放这些消息，比率可以动态调整，重新编译程序；

b) 运行程序,构造一些输入,使程序内部有消息流动,从小到大然后再从大到小调整丢包比率,观察系统的运行情况;

c) 关闭丢包功能,消除丢包故障,观察系统的运行情况,检查系统的各模块状态是否一致,是否能恢复回正常运行状态。

C.29 软误码测试

由于软件错误造成传输数据被修改的过程称为软误码。软误码测试的目的是为了测试错误的消息数据在系统上层程序中的处理情况。

故障产生的原因可能有发送消息的模块本身出错导致发送了一个错误的消息,发送、接收消息的子系统出现错误如内存越界、传输链路上发生了硬件错误、软件协议缺陷等。故障现象可能有内存越界、配置数据错误、执行了错误的命令、模块之间状态不一致等。

采用消息中的部分数据用其他的值代替,或把其中的某些位取反来模拟故障。

测试中涉及的模块有足够的保护,使错误的消息得不到执行,内部各模块的状态也保持一致,不出现业务上的故障。

测试步骤:

a) 增加测试代码,截取消息流中的消息包,按照一定的比率强制修改消息数据,重新编译程序;

b) 构造适当的输入,使步骤 a)中的消息流中有消息经过;

c) 观察系统的运行情况,检查系统是否出现告警、内存越界、死机,检查内部的各相关模块状态是否一致;

d) 关闭误码程序,观察系统的运行情况,检查系统是否可以恢复正常运行。

C.30 消息延时测试

延长消息传输时间的过程称为消息延时。消息延时测试的目的是为了测试消息超时到达接收模块后系统运行的情况。

故障产生的原因可能有传输通道上发生阻塞、底层驱动程序效率不够高或者发生了故障、系统非常繁忙等。故障现象可能有接收模块仍然把超时消息按正常消息处理、系统内部模块之间状态不一致等。

可以采用从消息通路上截取消息流,把消息发送到延时队列中去,经过一段时间后再把延时队列中的消息发送出去的方法,来模拟故障。

消息超时不应对程序造成严重影响,超时后程序能退回到一个恰当的状态重新开始,当超时扰动结束后,程序应能恢复正常状态。

测试步骤:

a) 修改代码,增加适当的程序,从消息通路上截取消息,把这些消息发送到延时队列中去,经过一段时间后,再把这些延时队列中的消息按原来的时间间隔发送出去,相当于每一个消息都延长了一个相同的时间。延时的时间可以调节。

b) 重新编译程序,构造测试输入数据,使被测的消息流中有消息经过。

c) 调节消息的延时时间,观察系统的运行情况。

C.31 消息重包测试

重包是指接收模块接收到多个相同消息的现象。测试目的是为了测试在接收端接收到多个相同消息后系统处理的情况。

故障现象有命令重复执行、模块间内部数据状态不一致等。采用在消息流通路上复制某些消息模拟重包的产生来测试。

测试中系统应不出错。

测试步骤：

a) 在消息流通路上选择适当的位置，增加测试代码，按照某一规则复制通过的消息，如按照某一比率或按照某一特征进行复制；

b) 重新编译程序，构造测试输入数据，使被测的消息流中有消息经过；

c) 观察程序的运行情况。

C.32 消息乱序测试

乱序是指多个消息的接收顺序和发送顺序相比发生了混乱。这项测试目的是测试消息乱序对系统造成的影响。

故障产生的原因如底层驱动程序存在缺陷、多个通信路径的速率不一样等。故障现象有逻辑错误、各操作的先后顺序混乱、内部数据状态混乱等。

测试时的故障产生方法：

消息顺序扰动原理如图C.1所示。初始化时，整个扰动池为空，当消息进入时，先计算插入位置。插入位置分两步计算，第一步，如果在随机工作方式下，按照扰动概率计算是否需要扰动；或者在部分扰动工作方式下，则判断是否符合扰动条件，如果符合，则也需要扰动。如果不需要扰动，则插入位置为CurrentPos。如果需要扰动，进行第二步：在消息提前区和消息推后区随机选取一个位置为插入位置。提前区和推后区的大小由最大扰序幅度确定。如果计算出的位置已经有消息在位，则再就近找一个空位置填入，同时读出位置如果不空则把对应消息发送到下一个扰动处理模块，然后把该位置清空，最后把CurrentPos和OutPos向后移二个位置。每次移动二个位置是为了改善在强扰动下的扰动性能。

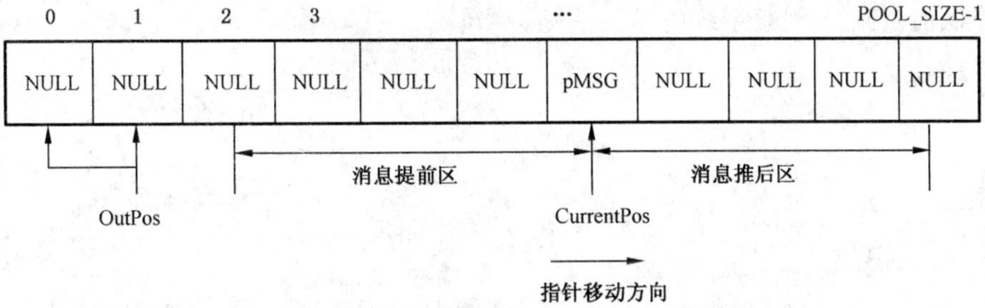

图C.1 消息顺序扰动原理示意图

对于有先后顺序关系的一系列操作应设计相应的状态机来控制，避免多个操作的顺序错误。因此，消息顺序扰动不应对程序造成出错，程序的各种业务应能正常完成，当消息扰动停止后，系统内部的状态应能恢复到扰动前的正常状态。

测试步骤：

a) 在消息流通路上选择适当的位置，增加测试代码，按照上述方法实现消息的顺序扰动；

b) 重新编译程序，构造测试输入数据，使被测的消息流中有消息经过；

c) 观察程序的运行情况；

d) 停止消息的顺序扰动，观察系统的运行情况。

C.33 突发大流量测试

突发大流量是指在短时间内发送大量的消息或数据。这项测试目的是验证系统受到突发大流量冲击时系统的稳定性与可靠性。

故障现象有系统复位、系统挂起、不能响应外部事件等。采用模拟实际情况在短时间内发送大量的消息或数据来测试。

测试中系统应不复位，业务能正常处理，在流量降低后，系统没有任何异常情况。

测试步骤：

a) 搭建好工具或增加适当的测试代码，使得可以向被测系统随意发送任意流量的消息或数据。

b) 运行程序，配置被测链路，为了达到最大的处理量，尽量把所有可以输入系统的端口都打开并给予对应的输入。

c) 调整流量，使流量达到最大，运行一段时间；再把流量调整到较低的水平，运行一段时间；然后又把流量调整到最大。如此反复多次，观察系统的运行情况。

C.34 长时间大流量测试

长时间测试是指持续时间远远大于正常测试时间的测试，分为 12 h、24 h、48 h、72 h 四档，根据实际情况决定选取哪一个档次的测试。这项测试的目的是验证在长时间大流量条件下系统的稳定性。

故障现象有系统崩溃、业务性能严重下降等。采用模拟实际情况在长时间内发送大量的消息或数据来测试。

测试中系统应不复位，业务能正常处理，在流量降低后，系统没有任何异常情况。

测试步骤：

a) 搭建好工具或增加适当的测试代码，使得可以向被测系统随意发送任意流量的消息或数据。

b) 运行程序，配置被测链路，为了达到最大的处理量，尽量把所有可以输入系统的端口都打开并给予对应的输入。

c) 调整流量，使流量达到最大，长时间运行，观察系统的运行情况。当运行时间达到规定的时间后，降低流量到 0，观察系统的运行情况。

参 考 文 献

[1] John D. Musa. 软件可靠性工程. 韩柯,译. 北京:机械工业出版社,2003
[2] 孙志安,裴晓黎,宋昕,戴忠健. 软件可靠性工程. 北京航空航天大学出版社,2009

ICS 35.080
L 77

中华人民共和国国家标准

GB/T 28172—2011

嵌入式软件质量保证要求

Embedded software quality assurance requirement

2011-12-30 发布　　2012-06-01 实施

中华人民共和国国家质量监督检验检疫总局
中国国家标准化管理委员会　发布

前　言

本标准按照 GB/T 1.1—2009 给出的规则起草。

请注意本文件的某些内容可能涉及专利。本文件的发布机构不承担识别这些专利的责任。

本标准由全国信息技术标准化技术委员会(SAC/TC 28)提出并归口。

本标准起草单位:中国电子技术标准化研究所、珠海南方软件产品检测中心、炬力集成电路设计有限公司、珠海许继电气有限公司、辽宁北方实验室有限公司、深圳市吉阳自动化科技有限公司、上海博泰悦臻电子设备制造有限公司、东信和平智能卡股份有限公司、上海嵌入式系统应用工程技术研究中心、上海超算并行软件有限责任公司、上海鲁齐信息科技有限公司等。

本标准主要起草人:侯建华、潘海洋、黄兆森、王兴念、于春刚、汤玲、阳如坤、应臻恺、张展新、齐建华、张旸旸。

嵌入式软件质量保证要求

1 范围

本标准规定了嵌入式软件项目开发的质量保证过程及通用要求。

本标准适用于嵌入式软件开发周期全过程，可用于嵌入式软件的项目管理、开发、测试和质量保证等。

2 规范性引用文件

下列文件对于本文件的应用是必不可少的。凡是注日期的引用文件，仅注日期的版本适用于本文件。凡是不注日期的引用文件，其最新版本(包括所有的修改单)适用于本文件。

GB/T 8566 信息技术 软件生存周期过程

GB/T 8567 计算机软件文档编制规范

GB/T 11457 信息技术 软件工程术语

3 术语和定义

GB/T 11457 界定的以及下列术语和定义适用于本文件。

3.1

软件质量保证 software quality assurance

为使人们充分相信软件工作产品符合规定的技术要求而应采取的一种有计划的和系统的行动模式。其目的是为管理者提供对软件项目开发过程的可视化和管理要求。

3.2

过程 process

把输入转换为输出的彼此相关的活动集合。

3.3

审核 audit

由授权人员对嵌入式软件产品和过程与需求的依从性进行的独立评估。

3.4

评审 review

由负责一种或多种项目角色的人员组成的小组于适当时评价项目产品和项目过程的活动。

3.5

评价 evaluation

系统地确定一种项目产品或过程满足其规定准则的程度。

3.6

验证 verification

通过检查和提供客观证据来认定规定需求已经得到满足的过程。

3.7

确认 validation

通过检查和提供客观证据来认定针对某一特定预期用途的需求已经得到满足的过程。

3.8

配置管理 configuration management

包括嵌入式硬件和嵌入式软件进行技术状态管理。嵌入式软件配置管理通常包括对软件基线和软件配置项的标识、审核、状态记录、变更管理和控制等，根据嵌入式软件开发过程的特点，嵌入式软件配置管理还包括对开发环境、开发工具等环境配置条件的管理。

4 一般要求

4.1 嵌入式软件质量保证综述

在嵌入式软件项目开发过程中，根据嵌入式软件的应用特点，质量保证工作相对一般的软件开发项目，有以下特定要求：

a) 嵌入式系统的规约一般是在系统规约制定后，经过规约分解分配过程得出。由于嵌入式软件和硬件平台的紧密结合的特性，需要从系统规约制定和规约分解分配的过程就关注软件规约和产品计划对于嵌入式软件开发计划的分配。在嵌入式软件项目的前期，软件质量保证组织应与软件开发组根据产品架构一起确定嵌入式软件项目的选用模型、选用或裁剪的标准开发过程，并协助制定嵌入式软件开发计划和质量保证计划。

b) 在嵌入式软件开发项目进行过程中，为保证嵌入式软件的运行环境的准备和开发及测试计划的有效达成，嵌入式软件开发工程师和质量保证工程师应参与其他相关项目组必要的质量保证活动，以确保相关系统和环境的进度和交付质量的达成。

c) 在确保嵌入式软件项目发布和交付的质量保证活动中，要特别关注相关子系统和系统运行环境的交付和发布。

d) 由于嵌入式系统后期遗留缺陷的发现和修复难度大、修复成本高，所以质量保证活动特别强调嵌入式软件项目在交付测试前的代码质量控制。

e) 在相关平台和环境发生变更的情况下，质量保证过程要明确相关的机制和要求，以保证嵌入式软件有同步更新和进行相应的变更。

嵌入式软件质量保证的目的是确保嵌入式软件项目正在使用的过程和正在构造的产品满足合同、过程定义和产品规约的要求。

4.2 嵌入式软件质量保证的要素

4.2.1 质量保证组织

在整个嵌入式软件的开发活动中，除项目开发人员外，组织应成立独立的质量保证机构，并确定其名称、人员构成、职责分工及与开发团队之间的沟通机制，以便顺利开展嵌入式软件开发项目的质量保证活动，并确保组织的质量保证过程的稳定及持续改善。

4.2.2 嵌入式软件项目的开发过程

嵌入式软件开发应按照组织定义的嵌入式软件开发过程规范及裁剪指南进行。嵌入式软件开发团队的所有成员都应该遵循组织定义的产品开发过程及嵌入式软件开发过程要求，并按照项目开发计划的具体活动安排，按时保质地完成各项活动。当项目的实际情况与计划不符，或遇到意外情况影响活动及计划的有效进行时，应及时向项目经理及受影响的外部组织通报，并按照项目过程或计划变更的相关过程要求进行变更评审及必要的监控确认。

4.2.3 嵌入式软件开发文档的配置管理

嵌入式软件开发文档的配置管理应按照组织定义的嵌入式软件配置管理过程进行。

4.2.4 嵌入式软件开发过程的质量保证活动

嵌入式软件开发过程中的质量保证活动包括针对嵌入式软件和开发过程进行的验证、确认、评审、审核、分析、评价、问题报告、缺陷跟踪及监控等活动，目的是保证嵌入式软件的交付质量和过程符合性。

4.2.5 质量保证活动记录

质量保证组织应在软件开发过程中及时记录与质量保证有关的活动，有条件可以实施度量。质量活动记录及度量数据应按照组织定义的质量记录保存规范的要求进行保存。

4.3 嵌入式软件开发文档

嵌入式软件开发文档包括两类：

a) 嵌入式软件开发技术文档——软件开发过程中各个阶段产生的技术文档(需求规格说明、概要设计、接口设计等)。具体开发技术文档宜按 GB/T 8567 或企业规范执行，同时应考虑嵌入式软件的开发和应用环境的具体要求。
b) 嵌入式软件开发过程文档——项目团队及质量保证组织为确保软件开发过程及质量而制定的各类文档、报告和质量记录(如缺陷分析报告、不符合问题处理单)等。

4.4 嵌入式软件开发项目的问题报告

嵌入式软件开发过程中所发生的产品缺陷及过程缺陷，都应该有完整的记录和报告，报告应当至少包括以下内容：

a) 项目基本信息，包括产品名称、嵌入式软件项目名称、项目负责人、发布软件版本等；
b) 发现缺陷的硬件场景和现象描述，包括系统版本、硬件版本、发现时间、发现阶段、发现人、现象描述及初步分析；
c) 发现问题的影响范围及原因分析；
d) 修正措施的效果确认，修改后的代码、技术文档、过程文件的发布评审记录；
e) 问题扩散影响的分析，以及缺陷预防措施的制定。

5 嵌入式软件开发的质量保证要求

5.1 嵌入式软件开发项目生存周期的阶段划分

针对嵌入式软件开发及管理的特点，按照 GB/T 8566 中的定义，将嵌入式软件开发过程划分为如下 8 个阶段：

a) 嵌入式软件系统需求分配阶段；
b) 嵌入式软件需求分析阶段；
c) 嵌入式软件架构及概要设计阶段；
d) 嵌入式软件详细设计阶段；
e) 嵌入式软件编码及构建阶段；
f) 嵌入式软件单元测试及联调阶段；
g) 嵌入式软件系统测试阶段；
h) 嵌入式软件发布阶段。

5.2 质量保证过程涉及的角色及职责

5.2.1 综述

嵌入式软件质量保证过程包括下述角色：

a） 质量保证工程师；
b） 项目经理；
c） 项目组成员或软件开发工程师；
d） 质量保证经理。

5.2.2 质量保证工程师职责

质量保证工程师的职责如下：

a） 为嵌入式开发项目提供过程和模板方面的指导；
b） 制定和执行项目质量保证计划，按照计划评价项目执行过程与相关过程定义的一致性；
c） 根据过程定义的评审检查单，对文档的规范性、完整性、准确性及合理性进行检查；
d） 制定阶段审核的审核检查单，对阶段实际执行与过程定义和项目计划的符合性进行检查；
e） 验证项目开发团队及周边支持部门的所有质量承诺是否已经兑现，如果没有，则报告并跟踪问题直到关闭；
f） 沟通和协调嵌入式软件项目组和硬件开发项目组之间的过程执行问题；
g） 把过程执行中的任何违规行为上报给质量保证经理和项目经理；
h） 确保所有经过评审、批准的文档均已置于项目文件夹和配置库；
i） 对项目度量数据进行收集、分析，并提供改进或预防活动的建议；
j） 对测试中发现的缺陷加以分析、跟踪，并找出有效方法改进测试过程存在的问题；
k） 根据需要，定期与客户的质量保证人员一起审核质量保证活动的执行情况和效果。

5.2.3 项目经理职责

项目经理的职责如下：

a） 有效规划硬件项目和嵌入式软件开发项目之间的开发活动安排，进行必要的风险评估并制定合理的开发计划；
b） 协助质量保证工程师制定质量保证计划，将项目组的质量保证活动分解至项目团队成员并纳入项目开发计划，合理分配资源和安排时间进度，以确保质量保证活动在项目组的有效实施；
c） 对质量保证工程师发现的过程执行问题进行跟踪，并在项目组内采取行动直至问题关闭；
d） 以定期和事件驱动的方式来检查质量活动的状态和效果；
e） 配合质量保证工程师及质量管理部门开展持续改进活动及软件工程实践，以推动整个组织的过程能力提升；
f） 配合硬件项目组的质量保证活动及过程改进活动，并按计划提供必要的固件支持和软件测试环境支持。

5.2.4 项目组成员和软件开发工程师职责

项目组成员和软件开发工程师的职责如下：

a） 积极主动完成分配到个人的质量保证活动，并协助项目经理为质量保证工程师的质量保证活动提供材料和数据；
b） 遵从项目选定的过程，按照质量要求来完成相关活动。

5.2.5 质量保证经理职责

质量保证经理的职责如下：

a） 规划和部署组织层面的嵌入式软件质量保证过程的定义和实施；
b） 为项目安排质量保证工程师，确保质量保证工程师获得相应的培训和授权以开展工作，并审核质量保证工程师的工作交付和报告；

c) 推动组织层面的过程持续改进；

d) 当嵌入式软件开发项目发生过程符合性问题时，与开发部门或支持部门的管理人员沟通，确保问题得到解决。

5.3 嵌入式软件开发的主要质量保证活动

5.3.1 综述

嵌入式软件开发通用的质量保证活动主要包括文档评审、代码检查及代码质量评价、过程审核、缺陷管理等。

5.3.2 文档评审

5.3.2.1 文档评审综述

文档评审是质量保证工程师根据《嵌入式软件项目质量保证计划》[见 5.4.1c)]，对照组织的方针、客户的要求和标准，以及项目选定的生存周期模型、组织过程定义和模板等，对项目的工作文档进行检查和评价。

5.3.2.2 具体要求

文档评审的具体要求如下：

a) 质量保证工程师应针对提交的工作文档编写《评审检查单》；

b) 应在项目计划中明确规定各阶段文档评审的进度安排和参与人员的要求；

c) 项目经理和项目组成员应为文档评审提供足够的信息；

d) 质量保证工程师应记录文档评审中的所有问题，并给出结论。

5.3.2.3 输出文档

本过程一般应产生或填写以下质量保证活动相关的过程文档：

a) 《评审检查单》；

b) 《评审问题记录单》；

c) 《评审问题跟踪状态报告》。

5.3.2.4 度量项

本过程一般应记录以下度量项：

a) 质量保证工程师应记录评审工作文档发现的问题数；

b) 条件允许时应记录整个评审活动从准备到问题跟踪完成各参与人所付出的工时数。

5.3.3 代码检查及代码质量评价

5.3.3.1 具体要求

代码检查及代码质量评价的具体要求如下：

a) 在编码过程中和编码结束后，项目经理应会同项目组成员和质量保证工程师，对代码进行分析评审，生成《代码评审报告》，并在报告中详细列举代码段中可能存在的结构、逻辑、设计等问题；

b) 质量保证工程师应检查完成的代码是否符合相关编码规范，如不符合，应要求软件开发工程师及时修改；

c) 质量保证工程师应对完成的代码进行静态分析，得到代码的复杂度等度量数据，并对代码的稳定性、可测试性、可读性、可移植性等加以评估，生成《代码质量评价报告》。

5.3.3.2 输出文档

本过程一般应产生或填写以下质量保证活动相关的过程文档：

a) 《代码评审报告》；

b) 《代码质量评价报告》。

5.3.3.3 度量项

本过程一般应记录以下度量项：

a) 检查代码所需工作量；

b) 代码规模；

c) 代码评审发现的缺陷数；

d) 不符合编码规范的代码占所有代码的比率；

e) 代码的各种静态质量度量项。

5.3.4 过程审核

5.3.4.1 过程审核综述

过程审核是质量保证工程师根据《嵌入式软件项目质量保证计划》，对照组织的方针、客户的要求和标准，以及项目选定的生存周期模型、组织过程定义和模板，对项目各阶段的执行过程进行检查和评价。

5.3.4.2 具体要求

过程审核的具体要求如下：

a) 质量保证工程师应针对所要审核的过程编写《审核检查单》；

b) 质量保证工程师应对各阶段所有交付文档评审的效果加以评价，应确保各阶段所有文档评审期间标识出的缺陷已经关闭；

c) 质量保证工程师应检查所审核的过程各阶段的各项活动是否符合组织过程定义和《嵌入式软件项目质量保证计划》；

d) 项目经理和项目组成员应为过程审核提供足够的信息；

e) 质量保证工程师应记录过程审核中的所有发现问题，并跟踪直至关闭。

5.3.4.3 输出文档

本过程一般应产生或填写以下质量保证活动相关的过程文档：

a) 《审核检查单》；

b) 《不符合问题处理单》；

c) 《不符合问题跟踪状态报告》；

d) 《过程审核报告》。

5.3.4.4 度量项

本过程一般应记录以下度量项：

a) 过程审核准备、执行以及问题跟踪所需工作量；

b） 过程审核发现的不符合问题数。

5.3.5 缺陷管理

5.3.5.1 缺陷管理综述

质量保证工程师在测试过程中，应对缺陷的修复和关闭加以跟踪，并交付《缺陷分析报告》。报告中包括对所有的缺陷的分析，使管理者和项目组成员对目前的测试进展和项目质量获得清晰的认识。

5.3.5.2 具体要求

缺陷管理的具体要求如下：

a） 质量保证工程师对缺陷的修复和关闭情况加以跟踪，确保缺陷的有效解决；

b） 质量保证工程师检查缺陷管理过程的运行情况，如有必要提出缺陷管理过程的变更申请；

c） 测试完成后，质量保证工程师交付总结性的《缺陷分析报告》，对嵌入式软件的交付质量和测试过程进行客观评估；

d） 测试完成后，质量保证工程师对测试执行和缺陷修复状况进行总结，对以后软件开发和评审提供参考。

5.3.5.3 输出文档

本过程一般应产生或填写以下质量保证活动相关的过程文档：

——《缺陷分析报告》。

5.3.5.4 度量项

本过程一般应记录以下度量项：

a） 发现缺陷的基本属性；

b） 测试和缺陷修复完成的工作量。

5.4 嵌入式软件开发中各阶段的质量保证要求

5.4.1 嵌入式软件系统需求分配阶段

在嵌入式软件系统需求分配阶段，进行的质量保证活动主要包括过程审核和文档评审，具体要求如下：

a） 项目经理应确保需求分配的完整性和准确性，对嵌入式系统分配需求和软硬件环境，应确定落实时间，并予以跟踪。

b） 项目经理应根据项目选定的开发模型、过程定义和模板，组织人员进行文档评审，检查其正确性和完整性。

c） 质量保证工程师应根据组织的过程定义和具体的项目计划制定《嵌入式软件项目质量保证计划》，其内容包括：

    1） 质量保证活动参与者的角色与职责；
    2） 质量保证活动的资源需求；
    3） 质量保证活动开展的时间表；
    4） 作为评价基础的标准、过程定义文档和模板清单；
    5） 不符合问题的跟踪机制；
    6） 质量保证工程师工作汇报机制；
    7） 项目的度量项清单等。

d）《嵌入式软件项目质量保证计划》应和项目计划一起评审并得到签核确认。

e）《嵌入式软件项目质量保证计划》评审通过以后，应作为受控的文档纳入项目配置管理受到管理和控制。

f）本阶段完成时，质量保证工程师应根据项目选定的项目开发模型和开发过程定义，对本阶段的活动进行过程审核。

g）质量保证工程师进行必要的过程度量活动，包括记录本阶段的工作量、文档评审和过程审核发现的问题数等。

5.4.2 嵌入式软件需求分析阶段

在嵌入式软件需求分析阶段，进行的质量保证活动主要包括过程审核和文档评审，具体要求如下：

a）项目经理应根据运行环境的限制、组织拥有的技术能力和硬件需求分析结果，确定嵌入式软件运行架构（操作系统内核或自有架构）、运行的硬件环境和硬件资源分配（如中央处理芯片、输入输出接口、显示接口、内存和外部存储空间要求等）、开发环境、仿真调试环境、嵌入式系统整合测试的环境和手段，以及必要的性能要求（如运行速度、处理时间、支持格式及效率等具体要求）；

b）项目经理应确保嵌入式软件项目组成员充分了解嵌入式系统的硬件运行环境和硬件资源分配相关信息；

c）项目经理应确定嵌入式软件的仿真或测试环境需求；

d）项目经理应根据项目计划要求，组织相关人员进行文档评审，检查其正确性和完整性；

e）质量保证工程师应检查所有需求是否都得到了有效跟踪；

f）本阶段完成时，质量保证工程师应根据项目选定的开发模型和过程定义要求，对需求分析的活动进行过程审核；

g）质量保证工程师应记录本阶段的工作量、文档评审和过程及阶段审核发现的问题数。

5.4.3 嵌入式软件架构及概要设计阶段

在嵌入式软件架构及概要设计阶段，进行的质量保证活动主要包括过程审核和文档评审，具体的质量保证活动要求如下：

a）如有必要，项目经理应在主体项目之外启动预研或外包项目，对必要的内核、驱动、算法或用户界面等进行开发和测试，以确保主体项目按期交付。对于外包项目的交付，同样需依照质量保证要求予以控制。

b）项目经理应组织人员进行文档评审，检查其正确性和完整性。

c）本阶段完成时，质量保证工程师应根据项目选定的开发周期模型和过程定义要求，对软件架构及概要设计的活动进行过程审核。

d）质量保证工程师应记录本阶段的工作量、文档评审和过程及阶段审核发现的问题数。

5.4.4 嵌入式软件详细设计阶段

在嵌入式软件详细设计阶段，进行的质量保证活动主要包括过程审核和文档评审，具体要求如下：

a）项目经理应组织人员进行文档评审，检查其正确性和完整性；

b）本阶段完成时，质量保证工程师应根据项目选定的开发周期模型和过程定义要求，对软件详细设计的活动进行过程审核；

c）确保阶段结束之前，更新、纠正和完善度量数据；

d）质量保证工程师应记录本阶段的工作量、文档评审和过程及阶段审核发现的问题数。

5.4.5 嵌入式软件编码及构建阶段

在嵌入式软件编码及构建阶段，进行的质量保证活动主要包括过程审核、文档评审、代码检查及代码质量评价和缺陷管理，具体质量保证的要求如下：

a） 在软件编码及构建阶段，质量保证工程师应对代码质量加以控制，控制手段主要包括：
   1） 对集成前代码进行静态检查，确保软件工程师编写的代码符合相关编码规范；
   2） 对代码质量进行综合评价，及时发现质量隐患并跟踪修改，确保代码的交付质量。
b） 在编码过程中和编码结束后，项目经理应会同项目组成员和质量保证工程师，对代码进行分析评审，生成《代码评审报告》，并在报告中详细列举代码段中可能存在的结构、逻辑、设计等问题。
c） 质量保证工程师应检查完成的代码是否符合相关编码规范，如不符合，应要求编码人员及时修改。
d） 质量保证工程师应对完成的代码进行静态分析，得到代码的复杂度等度量数据，并对代码的稳定性、可测试性、可读性、可移植性等加以评估，生成《代码质量评价报告》。
e） 本阶段完成时，质量保证工程师根据项目选定的开发周期模型和过程定义要求，对软件编码及构建的活动进行过程及阶段审核，审核内容包括：
   1） 确保所有文档评审期间标识出的问题已经关闭；
   2） 检查各项活动是否符合过程定义和项目计划；
   3） 审核本阶段的配置管理过程；
   4） 确保更新并跟踪所有风险，协助项目经理规避在项目中可能遇到的风险；
   5） 检查软件编码及构建的各项活动任务都已完成，确保项目所有的问题被关闭；
   6） 确保阶段结束之前，更新、纠正和完善度量数据。
f） 质量保证工程师应记录本阶段的工作量、代码规模、代码评审发现的缺陷数、过程和阶段审核发现的问题数、不符合编码规范的代码占所有代码的比率、代码的各种静态度量项。

5.4.6 嵌入式软件单元测试及联调阶段

在嵌入式软件单元测试及联调阶段，进行的质量保证活动主要包括过程审核、文档评审、代码检查及代码质量评价和缺陷管理，具体质量保证的要求如下：

a） 质量保证工程师应对缺陷的修复和关闭情况加以跟踪，确保缺陷的有效解决；
b） 质量保证工程师应统计缺陷数据，并交付《缺陷分析报告》，对所有的缺陷从不同的维度加以分析，以使管理者和项目组成员对目前的项目状况和测试的质量有清晰的认识；
c） 本阶段完成时，质量保证工程师应根据项目选定的开发周期模型和过程定义要求，对单元测试及联调阶段进行过程审核；
d） 质量保证工程师应记录本阶段的工作量、过程及阶段审核发现的问题数，以及缺陷的各种分类记录。

5.4.7 嵌入式软件系统测试阶段

在嵌入式软件系统测试阶段，进行的质量保证活动主要包括过程审核、文档评审、代码检查及代码质量评价和缺陷管理，具体质量保证的要求如下：

a） 项目经理和项目组成员应明确嵌入式软件的开发环境和测试环境在硬件条件方面的差异，以及这些差异对嵌入式系统系统测试的影响；
b） 质量保证工程师应对缺陷的修复和关闭情况加以跟踪，确保缺陷的有效解决；
c） 项目经理和项目组成员应对嵌入式软件缺陷和嵌入式硬件缺陷加以区分，并通过缺陷管理机制进行跟踪，以确保相关缺陷的有效解决或采取相应的规避措施；

d） 质量保证工程师应统计缺陷数据，并交付《缺陷分析报告》，对所有的缺陷从不同的维度加以分析，以使管理者和项目组成员对目前的项目状况和测试的质量有清晰的认识；

e） 测试完成后，质量保证工程师应总结缺陷和测试经验，对以后的评审和开发工作提供参考；

f） 本阶段完成时，质量保证工程师应根据项目选定的开发周期模型和过程定义要求，对系统测试的活动进行过程审核；

g） 质量保证工程师应记录本阶段的工作量、过程及阶段审核发现的问题数，以及缺陷的各种分类记录。

5.4.8 嵌入式软件发布阶段

在嵌入式软件发布阶段，进行的质量保证活动主要包括过程审核、文档评审和缺陷管理，具体质量保证的要求如下：

a） 项目经理应会同项目组成员和质量保证工程师，检查发布所需的文档是否齐备；

b） 项目经理应会同项目组成员和质量保证工程师，检查所有的缺陷是否得到解决，对于未解决的硬件或者软件缺陷，应承诺相应的补丁或升级程序的后续计划及确认升级方式；

c） 质量保证工程师应整理整个项目的记录数据，统计项目的度量数据，并确认软件产品是否达到发布的质量要求；

d） 质量保证工程师应根据统计结果交付《项目质量总结报告》，以对过程质量和产品质量加以总结；

e） 质量保证工程师应对过程、方法的不足提出改进和预防措施，并提出修订完善组织标准过程定义中不足和不适用的内容的建议。

5.5 其他要求

5.5.1 质量保证过程的监督与度量机制

质量保证工程师应对照《嵌入式软件项目质量保证计划》来执行针对项目的质量保证活动，如出现遗漏或偏差则应提出变更，并依据变更后的质量保证计划执行。

质量保证工程师应定时提交项目质量保证报告给质量保证经理，报告质量保证活动的执行状况及不符合问题的跟踪解决情况。

质量保证工程师在条件允许时，应进行以下数据的度量与分析：

a） 度量实施质量保证活动花费的工作量/成本，并计算其占项目工作量/成本的百分比，以分析质量保证活动的投入是否合适；

b） 度量质量保证活动的实施频度/次数和花费的工作量，并进行比较，以分析质量保证活动的实施偏差；

c） 度量发现的不符合问题个数，以分析质量保证工程师的工作质量；

d） 度量处理不符合项的个数和累计花费时间，以分析处理不符合项的平均时间开销；

e） 度量不符合问题处理的状态，以分析不符合问题的处理进展情况。

5.5.2 嵌入式软件变更管理的外部接口管理

嵌入式软件从开发计划到开发过程乃至项目交付件，除在系统中占据重要地位外，还和系统硬件以及系统接口或操作方式的设计等密切相关，应系统地管理整个项目过程中的变更活动，确定如何对需求、设计架构、设计文档、接口定义、模块构件、驱动库、测试用例和源代码等最终嵌入式软件交付产品和中间产品进行管理，其活动贯穿嵌入式软件项目乃至系统产品项目的整个生存周期。

具体体现在以下方面的要求：

a) 变更管理过程的一致性。各个阶段不同交付件的变更控制有具体的控制要求，但从过程定义上，应该都包括四个主要活动：变更申请、变更审批、变更执行和变更验证。

b) 变更管理使用的信息平台宜统一。所有的变更管理活动宜通过统一的信息平台进行管理，方便日后的经验提取和整体项目的过程分析。

c) 变更的触发条件。明确变更管理和需求管理及缺陷管理之间的触发条件。

d) 新增或变更需求应该有相应的需求跟踪过程，可能触发对需求的变更。

e) 对设计文件及交付件的评审和测试(包括试量产测试和客户测试)发现的缺陷跟踪过程，可能触发对设计文件及交付件的变更。

除以上情况外，原则上不允许单独提出变更过程。

5.5.3 质量记录的收集、维护及保存

作为质量保证活动的过程信息的保存，质量记录是重要的资料文件，不但是将来查证和分析的依据，也是组织宝贵的过程经验。对于嵌入式系统来说，涉及的人员组织复杂和系统部件(甚至包括外包开发和设计制造的机械部件或控制元件)接口繁多，需要保存完整的质量记录，确保满足将来查证过程细节和过程及技术改造的需要。对于嵌入式软件开发项目，质量记录的管理有以下要求：

a) 组织定义的质量保证过程应明确定义质量记录的管理职责所在单位和岗位；

b) 手工记录的原始记录应按照组织的档案规定要求在指定的地点存放，并明确定义相关的环境、安全防护的要求；

c) 以IT系统为记录形式的相关审核审批和质量记录，应按照组织相关的数据安全和备份机制进行相关的数据保护和备份，以确保其安全性和完整性；

d) 原则上，质量记录的保存年限不应小于3 a；

e) 当质量记录达到相应的保存年限时，由质量管理部门发起评审，经评审通过后，对过期和确定不再做安全保存的质量记录做封存或安全销毁处理。

ICS 35.080
L 77

中华人民共和国国家标准

GB/T 28173—2011

嵌入式系统 系统工程过程应用和管理

Embedded systems—Application and management of the systems engineering process

2011-12-30 发布 2012-06-01 实施

中华人民共和国国家质量监督检验检疫总局
中国国家标准化管理委员会 发布

前　言

本标准按照 GB/T 1.1—2009 给出的规则起草。

请注意本文件的某些内容可能涉及专利。本文件的发布机构不承担识别这些专利的责任。

本标准由全国信息技术标准化技术委员会(SAC/TC 28)提出并归口。

本标准起草单位:中国电子技术标准化研究所、珠海南方软件产品检测中心、炬力集成电路设计有限公司、珠海许继电气有限公司、深圳市吉阳自动化科技有限公司、上海博泰悦臻电子设备制造有限公司、珠海魅族科技有限公司、湖南省软件评测中心、上海嵌入式系统应用工程技术研究中心、上海超算并行软件有限责任公司、上海鲁齐信息科技有限公司等。

本标准主要起草人:潘海洋、侯建华、齐建华、闫丽华、汤玲、刘畅、张旸旸、杨哲军、王兴念、秦卫东、阳如坤、于晓菁、张展新、钱晓晴、许彦淳。

引　言

嵌入式系统自20世纪70年代问世以来，已广泛应用于消费电子、通信、医疗及工业生产等领域。随着嵌入式系统市场的快速增长，这带来了新的机遇，但也给生产和使用嵌入式系统的组织带来了新的挑战。

系统工程是指组织管理系统的规划、研究、设计、制造、试验和使用的科学方法，是一种对所有复杂系统都具有普遍意义的科学方法。20世纪40年代以来，系统工程已广泛应用到军事系统、经济系统、人口系统、社会系统、地理系统、地区规划、能源、交通、通信等各个方面，收到良好的效果。

本标准结合嵌入式系统开发特点及实践，提供了一个针对嵌入式系统的系统工程应用及管理的框架。该框架涵盖嵌入式系统生存周期全过程，从概念形成阶段直到退役阶段，该框架可用来控制和改进这些过程。

本标准中的过程是一个广泛的集合，一个组织可根据其目标选择适合的子集达到目的。因此，本标准设计成可以让具体的组织、项目或应用加以剪裁。无论嵌入式硬/软件是一个独立实体，还是嵌入式系统或整个系统的组成部分均可使用本标准。

嵌入式系统　系统工程过程应用和管理

1　范围

本标准为系统工程过程在嵌入式系统生存周期的应用和管理建立了一个实施框架。

本标准适用于嵌入式系统的研发、生产、验证及管理。

2　规范性引用文件

下列文件对于本文件的应用是必不可少的。凡是注日期的引用文件，仅注日期的版本适用于本文件。凡是不注日期的引用文件，其最新版本（包括所有的修改单）适用于本文件。

GB/T 11457　信息技术　软件工程术语

GB/T 22033　信息技术　嵌入式系统术语

3　术语和定义

GB/T 11457 和 GB/T 22033 界定的以及下列术语和定义适用于本文件。

3.1

嵌入式系统　embedded system

置入应用对象内部起信息处理和控制作用的专业计算（机）系统。

注：嵌入式系统以应用为中心，以计算机技术为基础，软件硬件可剪裁，其硬件至少包含一个微控制器、微处理器或数字信号处理器单元。该系统能够满足应用系统对功能、性能、成本、体积、功耗等严格综合性的要求。

3.2

需方　acquirer

从供方获得或采购嵌入式系统、产品或服务的组织。

注：需方可以是买主、顾客、拥有者、用户或采购者之一。

3.3

获取　acquisition

获得嵌入式系统、产品或服务的过程。

3.4

协议　agreement

对于执行工作关系的条款与条件的相互认可。

3.5

系统　system

由过程、硬件、软件、设施和人员组成的集合体，提供满足明确的要求或目标的能力。

4　应用于嵌入式系统的系统工程过程模型

4.1　综述

本章内容定义了应用于嵌入式系统的系统工程过程及通用要求。

系统工程方法在嵌入式系统的具体应用过程，可以认为由四个逐次应用的主要活动组成：

a) 需求分析；

b) 功能分析和分配；

c) 物理实现；

d) 验证及评价。

这些活动随具体的系统构成形式和所处的不同开发阶段而变化，且在系统整个生存周期的各个阶段迭代进行。但是这些活动有典型的运行原理，且贯穿嵌入式系统的整个生存周期，并不只限于生存周期的某个阶段发生，具体输入输出及执行步骤和系统所处的阶段有关系。应用于嵌入式系统的系统工程过程如图1所示。同时，在系统工程方法应用的过程中，应辅以必要的管理过程，以确保整个系统生存周期的可控性和可视性，管理过程的要求见第6章。

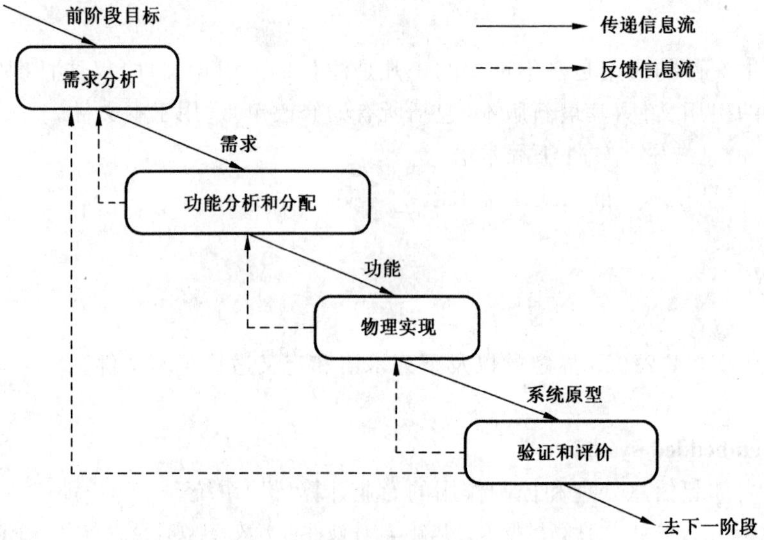

图1 系统工程过程

4.2 系统工程过程的具体活动

4.2.1 需求分析

4.2.1.1 综述

需求分析在系统工程过程中特别重要。要解决任何问题，首先需要理解给定条件和要求，并给出完整、一致、无二义性的描述，如果有重要的假设条件，则应经过验证。需求分析工作就是彻底分析全部要求和规格说明，以理解和对比系统期望满足的基本需求，将客户或市场的概念性和粗略的需求转化为具体规格说明要求的过程，即确定目标系统的功能、性能、接口和其他要求(包括环境要求、设计约束、质量要求和可靠性要求等)，明确系统“做什么”，而不是给出具体的解决方案。

需求分析的特定活动，随系统开发的进展在生存周期的不同阶段而变化。在早期侧重于了解系统运行环境、可应用技术的可用性和成熟度、设计方案的可行性等，而在后期，则侧重于实际开发环境、系统部件间的接口等。

4.2.1.2 输入

需求分析作为某个系统生存周期阶段的第一个环节，从三个主要的输入开始，一般在前阶段或前阶段完成后确定：

a) 系统模型。它定义和描述了前阶段中经过验证的交付件，比如规格说明、设计方案、具体实现的软件、硬件、文档等。
b) 定义下阶段待开发系统或系统单元的设计、性能和接口兼容性特点等要求或规格说明。
c) 在下阶段中，需要由工程组织的各个小组达成的特定进度要求，包括确定规格说明、软硬件接口或外部供应条件准备就绪等里程碑点。

4.2.1.3 输出

需求分析的输出主要包括：
——系统规格说明(技术要求)。

4.2.1.4 需求分析的主要活动

系统需求分析活动主要包括：
a) 任务和使用环境分析；
b) 识别并确定功能性需求；
c) 定义和优化性能参数；
d) 确定设计环境约束，确定开发工具和环境；
e) 定义项目约束和内外部接口；
f) 分析功能要求间的相互影响及接口的一致性；
g) 根据使用要求对系统规格说明和功能实现进行验证。

4.2.2 功能分析和分配

4.2.2.1 综述

在系统工程方法中，功能设计需要在产品设计或物理实现前进行，以确保用一种有序的方法来有效组织功能和选择实施系统期望特性的最优平衡方案(如性能、成本、易用性等)。嵌入式系统的功能分析和需求分配目的是通过功能体系结构对功能进行分解，得到整个系统架构各层级的功能框图，同时将系统级需求分配至各个子系统，并确定各子系统之间的接口和逻辑关系，确定所有层次的功能、性能及其他质量要素指标。嵌入式系统的功能分析和需求分配针对的是系统的逻辑架构，即面向功能的结构，而非面向解决方案，所以不涉及具体的实现方案，得到的是各子系统配置的规格说明及技术指标。

4.2.2.2 输入

输入包括：
a) 经过确认和签核后的系统规格说明(技术要求)；
b) 前任系统或参考系统的设计；
c) 可能重用的功能子系统或构建模块。

4.2.2.3 输出

输出包括：
a) 功能框图分解；
b) 各子系统的分配需求；
c) 人机操作需求或模型；
d) 系统和各子系统接口技术要求。

4.2.2.4 功能分析和分配的主要活动

功能分析和分配的主要活动包括：

a） 规格说明到功能的转换。对功能框图进行逐层分解（系统到子系统到模块或部件）。

b） 确定和优化系统的功能架构（逻辑结构），并将功能实现在子系统或模块间分配。

c） 性能和边界条件在软硬件模块及子系统之间进行分配。

d） 定义和优化功能接口（包括内部和外部接口、通讯接口、子模块接口、需要特别定义和遵循的标准接口等）。

e） 功能设计方案的权衡分析及选择。在功能分析和分配中，需要选择合适的功能单元组合成一组可能实现需求的方案，系统工程方法依赖权衡分析来进行备选方案的评估和决策。

4.2.3 物理实现

4.2.3.1 综述

物理实现是将功能设计转换成硬件和软件的实现部件，并将这些部件集成为整个系统的过程。

4.2.3.2 输入

输入包括：

a） 系统功能框图；

b） 系统使用环境、设备要求及约束；

c） 前任系统的构建模块或技术；

d） 权衡准则。

4.2.3.3 输出

输出包括：

a） 系统原型；

b） 相关的技术文档。

4.2.3.4 物理实现的主要活动

物理实现的主要活动包括：

a） 功能架构（逻辑结构）到系统物理结构的转换，设计各子模块；

b） 各子模块的设计实现；

c） 各子模块的设计验证和集成；

d） 设计优化，根据测试和验证的结果对设计和具体交付的配置项进行修订和优化，必要时对需求进行追溯和修订以满足实际实现的限制和要求。

4.2.4 验证和评价

4.2.4.1 综述

在复杂系统的开发过程中，即使设计定义的先前各步骤已明显符合要求地进行，仍然需要在进入下一阶段工作前，对设计做明确的验证及对交付的结果进行评价，具体验证和评价的形式随系统开发所处的阶段和实现程度而不同。

4.2.4.2 输入

输入包括：

a） 系统原型；

b） 仿真或验证环境；

c) 相关的设计文档；

d) 相关的工具和方法。

4.2.4.3 输出

输出包括：

a) 发现的设计缺陷及记录；

b) 效果度量；

c) 效能分析。

4.2.4.4 验证和评价的主要活动

主要活动包括：

a) 创建测试或仿真环境；

b) 明确验证需求或评价标准；

c) 实施验证及评价；

d) 测试数据分析。

5 贯穿嵌入式系统生存周期的系统工程应用

5.1 综述

嵌入式系统项目应当在产品以及产品的生存周期过程中应用系统工程方法，在系统开发的各个层级（系统、子系统、部件）上应用系统工程方法都能够为前述过程中定义的产品增加附加值。而系统工程方法的应用适用于生存周期的各个阶段，有效应用系统工程方法可以对解决客户问题、提升产品性能或延长使用和服务寿命起到重要的作用。

嵌入式系统的系统生存周期阶段如图 2 所示。

系统概念阶段	系统开发阶段				系统验证及量产导入阶段	生产/维护/支持阶段	退役处置阶段
	系统定义	概要设计/子系统体系结构设计	详细设计	实现及子系统集成			

图 2 典型的嵌入式系统生存周期

当嵌入式系统项目应用系统工程方法时，应满足下面章条中所定义的系统生存周期的各个阶段的主要活动和要求，同时也应完成相应的系统工程任务，根据嵌入式系统应用环境和开发模式的差异，也可以根据需要对标准生存周期进行裁减，以构建适合产品和项目组织实际要求和限制条件的生存周期过程。

5.2 系统概念阶段

5.2.1 综述

概念阶段开始于对某种客户需要或产品概念的原始认识。这是一个原始需求调查、发现和策划的阶段。此时，通过需方/市场调查、可行性分析和权衡研究对产品概念进行评估，获得需方/用户对概念的反馈。

在这个阶段，所识别的需要或概念，通过分析、可行性评价、估计（如成本、进度、市场情报和后勤）、权衡研究以及原理试验或原型的开发与演示获得的反馈等手段，开发一个或多个备选的解决方案。要识别目标系统在整个生存周期的要求，并且对备选进行评估，以达到一个平衡的生存周期解决方案。

本阶段典型的输出是相关利益人（包括客户、股东等）需求、运行的概念、可行性评估、初步的系统需求，以图示、模型或原型等形式展示的备选设计解决方案，以及支持系统的概念计划，包括整个生存成本和人力资源需求估计以及初步的项目进度安排。

本阶段的决策项是确定是进入下一步开发阶段以继续一个解决方案的实现，还是取消未来的工作，终止项目。

实施概念阶段是为了评估新的商业机会和开发初步的系统需求以及确定备选的可行设计解决方案。

5.2.2 概念阶段的活动和输出

概念阶段的活动和输出如下：

a） 对新概念的识别。新的嵌入式系统的概念提出的价值在于提供新的能力、增强系统的整体性能或降低整个生存周期所有相关利益人的总体成本。

b） 系统概念和备选解决方案的可行性评估。确定嵌入式系统生存周期中所用到的技术的可行性，以及实现成本和产生的效益能够满足整个生存周期所有相关利益人的利益。

c） 经过各方确认的系统技术规格说明及基线化。

d） 针对系统生存周期模型各阶段的输出结果的准确定义。

e） 针对系统生存周期模型各阶段的风险识别、评价和规避计划。

f） 系统生存期中各支持系统所需服务的识别和初始规格说明。

g） 下一步开发阶段的计划和退出准则。

h） 阶段退出准则的满足。

i） 是否批准进入开发阶段的评审结果。

5.3 开发阶段

5.3.1 综述

开发阶段开始于对嵌入式系统原始需求及备选设计解决方案的技术实现，从而转化成能够在使用阶段按照批次要求完整一致地提供服务的产品或过程。对于嵌入式系统来说，需要针对五大构成要素：硬件、软件、人、数据、设备的要求和接口进行需求分析、设计、实现、集成、测试和评估，以形成规格化的要求、相关技术及操作标准。

通过各方利益相关人的介入，本阶段也确保生存周期后续各阶段（生产、使用、支持和退役）的各方面及其支持系统的需求和能力得到了考虑，并合并到设计中。从所有利益相关人和那些即将生产、操作、使用、支持和退役所关心的系统的各方获得反馈。

本阶段输出是一个目标系统的原型或模型化的描述，经过优化的支持系统的描述，以及所有必要的文档和将来各阶段的成本估计。

本阶段的策划始于前一阶段，并且有相应的基础设施保障，主要包括必要的原理方法、技术、工具和合格的人力资源，以便进行分析、建模与仿真、建立原型、设计、集成、测试和建立文档。

本阶段具体细分为系统定义、概要设计、详细设计、设计实现及子系统集成四个子阶段，各阶段主要活动及输出见以下章条。

5.3.2 系统定义阶段

系统定义阶段主要目的是建立嵌入式系统的规格说明定义，主要交付包括系统规格说明、子系统接口规格说明的完成；建立系统基线；完成本阶段的技术评审，产生的文档用于指导子系统开发。技术评审须评价系统开发的成熟度以及进一步进行子系统定义的就绪程度。

本阶段需要完成下述活动。

5.3.2.1 建立系统定义

建立系统定义如下：

a) 评估备选产品概念，选取嵌入式系统；
b) 建立初始的项目和技术计划；
c) 评估并规避系统风险；
d) 标识硬件和软件子系统和子系统接口；
e) 标识人/机界面问题；
f) 定义嵌入式系统的数据存放环境及生产和维护环境；
g) 定义生存周期质量要素，各要素包括：
   1) 可生产性；
   2) 可验证性；
   3) 易分发性；
   4) 易用性；
   5) 可支持性；
   6) 可培训性；
   7) 可处置性；
   8) 总的拥有成本。

5.3.2.2 完成系统技术规格说明文档

完成系统技术规格说明文档内容包括：

a) 完成系统和产品接口规格说明；
b) 完成子系统接口规格说明；
c) 完成初步的人/机界面；
d) 完成初步的人员培训；
e) 准备必要的技术平台和设计参考系统的文件。

5.3.2.3 建立基线

建立基线内容包括：

a) 建立系统需求和规格说明基线；
b) 建立初步的硬件和软件子系统设计目标基线；
c) 建立需求跟踪矩阵。

5.3.2.4 完成技术评审

完成技术评审内容包括：

a) 完成备选概念评审；
b) 完成系统定义及规格说明文档评审。

5.3.3 概要设计/子系统体系结构设计

5.3.3.1 综述

嵌入式系统项目在概要设计阶段开始启动相关子系统的设计活动，构建系统的体系结构，并创建子系统的技术规格说明和设计目标基线，从而指导各子系统部件的下一步设计开发。

通过应用系统工程过程，嵌入式系统项目能够从整个生存周期考虑，将系统需求和技术规格说明分解至相应的子系统，并构建适当的系统架构，以满足系统设计目标和质量要素的实现。

通过对嵌入式系统的功能分解和架构设计，在系统概要设计阶段能够得到主要的软硬件子系统的设计规格说明和设计目标基线以及各主要部件之间的接口规格说明定义。最后交付的设计文档应包括部件接口规格说明；子系统设计实现过程的风险标识和规避计划；面向质量要素达成的设计实现计划等主要内容。

5.3.3.2 硬件子系统体系结构设计

硬件子系统体系结构设计内容包括：

a) 系统对于硬件平台的需求转化为硬件的体系结构设计，并通过功能框图进行硬件功能的部件分解，该体系结构描述其顶层结构并标识各个硬件部件，并明确硬件子系统的规格说明。
b) 开发关于硬件子系统的外部接口、硬件子系统各部件间的接口及硬件子系统和软件子系统需要协同设计的接口定义并形成文档。
c) 应编制数据格式（输入输出）要求，并形成文档。
d) 应编制系统生产及运行维护要求，并形成文档。
e) 以上规格说明及设计要求文档需在硬件子系统开发团队内部经过技术评审，然后提交集成产品组(IPT)评审。评审内容包括：
   1) 硬件子系统需求的可追踪性；
   2) 与硬件子系统需求的外部一致性；
   3) 硬件部件之间的内部一致性；
   4) 与软件协同设计接口的内部一致性；
   5) 所应用的设计方法和标准的适宜性；
   6) 详细设计的可行性；
   7) 运行与维护的可行性。

5.3.3.3 软件体系结构设计

软件体系结构设计内容包括：

a) 把对嵌入式软件子系统的需求转变为相应的软件体系结构，该体系结构描述其顶层结构并标识各个软件部件。应确保软件子系统的所有需求都被分配给了其软件部件且细化，嵌入式软件子系统的设计规格说明和体系结构设计应形成相应文档。
b) 应开发关于嵌入式软件子系统的外部接口、各个软件部件间的接口及软硬件协同设计的接口，并形成文档。
c) 应编制运行数据库的顶层设计，并形成文档。
d) 应编制嵌入式软件系统的安装/维护/升级等运行方式要求，并形成文档。
e) 以上规格说明及设计要求文档需在软件子系统开发团队内部经过技术评审，然后提交集成产品组(IPT)评审。评审内容包括：
   1) 软件项需求的可追踪性；
   2) 与软件项需求的外部一致性；
   3) 软件部件之间的内部一致性；
   4) 与硬件协同设计项之间的内部一致性；
   5) 所应用的设计方法和标准的适宜性；
   6) 详细设计的可行性；

7） 运行与维护的可行性。

5.3.3.4 人机界面设计及操作规程的初步定义

人机界面设计及操作规程的初步定义包括：

a） 根据嵌入式系统的系统需求和技术规格说明要求，以及前期需求调研的模型和用户使用习惯调查结果，设计和确定人机操作界面的设计规格说明，以形成技术文档或操作原型；

b） 根据用户使用习惯调查结果及对照系统（包括相似的产品或竞争替代产品）的实际操作感受，确定人机界面的相关性能指标；

c） 确定异常处理及响应和服务信息，并形成操作文档的设计要求；

d） 以上规格说明及设计要求文档应在用户文档开发团队内部进行技术评审，并提交集成产品组（IPT）评审，评审内容主要包括：

1） 人机界面需求规格说明和系统需求规格说明的一致性；

2） 人机界面内部信息的一致性；

3） 操作习惯的友好和相关行业标准及使用习惯的适用性；

4） 容错的考虑和帮助信息的友好性。

5.3.3.5 系统运行数据定义及数据库架构设计

系统运行数据定义及数据库架构设计内容包括：

a） 根据嵌入式系统的系统需求和技术规格说明要求，以及系统运行软硬件平台的实际情况，确定系统数据输入输出的接口，并形成初步的文档；

b） 根据嵌入式系统数据存储和管理的要求，确定系统运行的数据库软件平台，并设计数据库的体系结构，形成设计文档和数据库的开发计划；

c） 确定数据存储及备份性能指标及其他技术要求，并形成文档；

d） 以上文档，应在系统开发的IT支持团队内部进行评审，并提交集成产品组（IPT）进行评审，评审内容主要包括：

1） 数据要求和系统需求规格说明的一致性；

2） 数据输入输出的容错性；

3） 数据存储的访问路径是否符合系统的环境要求和设计约束；

4） 数据存储的安全性和备份机制是否能够满足嵌入式系统运行维护保养的要求。

5.3.3.6 生产维护的技术规范设计

嵌入式系统生产维护的技术规范设计内容包括：

a） 嵌入式系统应根据系统需求和规格说明定义时确定的生产使用环境，在概要设计阶段明确生产、测试、维护、保养的设备需求，并形成文档；

b） 应根据嵌入式系统的设计和使用环境要求，确定生产、测试、维护、保养的质量目标，并形成文档；

c） 调查并评估嵌入式系统的生产、测试、维护、保养对设备能力的要求，给出初步的设备需求清单和采购计划，形成计划文档；

d） 根据组织的设备和生产管理能力，初步制定具体产品的生产及维护的作业规范或作业指导书。

5.3.3.7 概要设计阶段评审

系统概要设计阶段是嵌入式系统体系结构形成和各子系统规格说明定义的重要阶段，在本阶段除各子系统的技术评审外，还需要在系统层面进行概要设计阶段评审，主要评审内容包括：

a) 各子系统接口规范评审；
b) 系统整体设计的一致性；
c) 对标准和强制性要求的符合性；
d) 各子系统的规格说明和质量目标实现是否能够在交付周期和交付成本的可控范围之内；
e) 下一步开发计划的调整和评审；
f) 需求跟踪矩阵的更新和评审。

5.3.4 详细设计阶段

5.3.4.1 综述

在详细设计阶段，开发团队将完成整个嵌入式系统各子系统直至部件级的设计，并为每个部件确定规格说明及构建目标极限。这一阶段的输出文档和设计要求将直接用于指导开发原型的制作。通过运用系统工程方法，在概要设计阶段形成的子系统架构设计和规格说明将被分解到最底层的实现层面，并确定最小不可分解的部件的具体规格说明和性能及质量要素要求。

5.3.4.2 完成子系统的详细设计

完成子系统的详细设计包括：

a) 通过对硬件子系统的详细设计，硬件实现将细化到不可分解的最小部件，并确保所有硬件子系统需求和性能指标得以实现，最后的详细设计应包括设计原理图、设计文档、元器件清单及必要的仿真测试文档；
b) 需要进行逻辑编程或微码编程的部分应在详细设计阶段形成详细设计文档，以指导下一步编码实现；
c) 通过对软件子系统的详细设计，软件子系统将被细化分解至最小不可分解部件(一般指函数或编译后的子模块)，并形成部件的接口定义和设计文档。

5.3.4.3 完成相关技术规格说明及作业规程

相关内容包括：

a) 软硬件子系统接口定义应分解落实到具体部件，并确保接口间的一致；
b) 完成硬件部件的技术规格说明，并确保选用标准件的比例达到最初系统需求定义的要求；
c) 完成软件重用及可重用部件的技术规格说明；
d) 完成人机界面的技术规格说明，并确保和行业标准或其他强制性要求的符合性；
e) 准备生产、测试、维护、保养的作业规程和工程计划。

5.3.4.4 系统仿真及测试环境准备

系统仿真及测试环境准备内容包括：

a) 系统的性能要求如时序等具体要求应确保分解到硬件平台得以落实，仿真结果应满足最初概要设计的规格说明定义要求；
b) 建立软件测试环境，评估运行速度能否满足系统性能指标要求；
c) 通过仿真和必要的测试手段，确保系统性能指标达到设计规格说明要求。

5.3.4.5 技术评审及建立基线

技术评审及建立基线内容包括：

a) 更新系统基线和设计目标基线；

b) 更新需求跟踪矩阵；

c) 对详细设计文档及交付件进行开发团队内部评审；

d) 在 IPT 内部进行详细设计阶段评审；

e) 根据详细设计阶段评审结果，更新开发计划。

5.3.5 实现及子系统集成阶段

5.3.5.1 综述

嵌入式系统在这个阶段分别完成各个子系统的构建，项目在这个阶段应用系统工程方法和前述过程交付的文档及规格说明，以完成子系统内部部件的单元测试及集成，为系统级的验证测试及量产导入做准备。

5.3.5.2 硬件部件构建及组装调试

具体内容包括：

a) 硬件部件制作、采购、组装及调试；

b) 硬件部件技术规格说明和参数确定；

c) 编制材料清单；

d) 修订硬件设计文档及原理图。

5.3.5.3 软件模块及子模块编码及单元测试

具体内容包括：

a) 软件最小不可分割模块的编码及单元测试；

b) 软件功能组装部件的单元测试；

c) 修订软件概要设计及详细设计文档。

5.3.5.4 软硬件集成测试

具体内容包括：

a) 软硬件组装运行调试；

b) 软硬件子系统接口测试；

c) 系统时序及控制流程分析；

d) 软硬件各部件的缺陷修复及回归测试。

5.3.5.5 系统测试验证环境准备

具体内容包括：

a) 系统测试和验证环境的硬件平台准备；

b) 系统集成测试环境及测试用例构建；

c) 系统性能测试环境及测试用例构建。

5.3.5.6 生产环境准备及试量产前评审

具体内容包括：

a) 修订生产工艺制程计划；

b) 生产设备技术规格说明确定并形成文档；

c) 操作人员培训；

d） 试量产物料采购。

5.3.5.7 子系统测试报告评审

具体内容包括：

a） 系统测试环境准备及测试用例评审；

b） 试量产物料及生产计划评审；

c） 生产工艺制程文件评审。

5.4 系统验证及量产导入阶段

5.4.1 综述

在嵌入式系统验证及试量产阶段，已完成各子系统的组装和集成活动，并搭建了系统测试验证的基本环境，此时应执行系统验证活动以确保满足系统需求和设计目标要求，同时根据产品交付的要求，对运行的数据存储装置和后台数据库系统、操作人员指导性规范及技术标准以及必要的安装、生产及维护保养设备进行组装测试验证，以确保系统运行有效性、易用性、可培训性、接口符合性、特定需求的符合性、可生产性以及可支持性。此阶段通过应用系统工程方法，主要包括以下活动：

5.4.2 系统规格说明测试及验证

具体内容包括：

a） 系统功能规格说明验证测试；

b） 系统性能指标验证测试；

c） 外部接口符合性验证测试；

d） 系统需求规格说明修改；

e） 需求跟踪矩阵更新。

5.4.3 系统可靠性及其他质量目标验证

具体内容包括：

a） 硬件可靠性试验及可靠性指标验证；

b） 软件可靠性增长测试及评价；

c） 环境受限材料测试分析；

d） 其他特定技术标准符合性验证测试；

e） 编制系统质量及可靠性控制计划。

5.4.4 系统运行数据存储及数据库规格说明验证及修订

具体内容包括：

a） 系统数据输入输出接口测试；

b） 数据安全测试；

c） 数据库接口及应用环境测试验证；

d） 相关技术规格说明和标准修订。

5.4.5 小批量产品试产验证

具体内容包括：

a） 一致性验证；

b） 可生产性可测试性验证；

c） 生产工艺制程及生产作业指导书的验证修订。

5.4.6 人机界面测试及规格说明修订

具体内容包括：

a） 人机操作界面规格说明验证；

b） 操作人员培训及技术标准修订。

5.4.7 设备能力及技术参数验证及修订

具体内容包括：

a） 生产、维护、保养设备清单及校准维护计划制定；

b） 设备技术能力及过程能力分析；

c） 生产工艺流程及控制计划修订。

5.4.8 量产前评审

具体内容包括：

a） 用户文档及技术标准验证及修订评审；

b） 系统需求及规格说明修订后评审；

c） 系统测试验证报告评审(包括功能验证、性能指标测试、可靠性验证、可生产性可测试性验证、可维护性验证及其他质量特性验证结果)；

d） 生产及物料采购计划修订及评审；

e） 试量产分析报告评审；

f） 生产工艺及质量控制计划评审；

g） 确定产品验收的技术和质量标准。

5.5 生产/维护/支持阶段

随着嵌入式系统的逐渐成熟，组织应有能力持续为客户和用户提供产品及按系统需求和规格说明中的约定提供售后服务。通过遵循系统工程方法和过程，嵌入式系统项目的相关组织持续对满足客户需求进行关注，并不断更新进化产品，对产品和服务持续改善，亦提升客户满意，主要活动包括：

a） 生产并安装产品。

b） 完成产品进化和升级，具体内容包括：

   1） 记录客户反馈并进行质量分析；

   2） 纠正产品设计及工艺缺陷；

   3） 完成产品升级及补丁发布；

   4） 根据硬件部件的供货和成本考虑修订物料清单；

   5） 适时发布产品变更通知到客户渠道。

c） 按照设定的环境要求处置副产品和废弃物。

d） 完成产品发布评审，具体内容包括：

   1） 确认系统及各子系统规格说明验证的完整性；

   2） 确认质量目标的达成；

   3） 确认运行数据平台的准备就绪及性能达到设计要求；

   4） 确认操作运行安装等用户界面达到设计规格说明要求；

   5） 确认生产、维护、保养设备能力达到设计要求；

6） 项目计划完成情况总结及评审；

7） 项目最佳实践总结及经验数据更新。

e） 持续提供和改善产品配套服务，具体内容包括：

1） 优化用户人机界面；

2） 持续提供用户或操作人员培训；

3） 优化维护保养及维修流程，按照系统需求和市场竞争环境提供适当成本的服务；

4） 持续优化产品结构及工艺流程，确保成本结构最优；

5） 持续监控关键质量目标和过程能力指数，确保质量成本在设计范围内受控。

5.6 退役处置阶段

退役处置阶段（或者称为抛弃回收阶段）目的是结束一个系统实体的存在。在这个阶段，产品的管理组织采取必要的手段使系统无效，拆卸并撤除系统及废弃的产品或部件，并把环境恢复到它的初始状态或一个可接受的状态。该过程以一种对环境友好的方式，根据法律、协定、组织的约束和利益相关人需求，破坏、存储或回收系统实体和废弃产品或部件。在需要的情况下，它也维护记录，以便操作者的健康、环境的安全可得到监控。而嵌入式系统由于其产品和使用环境的特点，寿命周期跨度可能很大（例如某些航天或通信设备），其退役处置的良好规划，能够保护客户的投资，实现产品的最大价值。成功完成退役处置阶段的结果为：

a） 制定了一个对环境友好和对相关利益人合理的处置策略；

b） 提供了处置措施的约束条件；

c） 销毁、恢复、回收或重复利用系统各部件；

d） 将环境恢复到其初始状态或某个得到认可的状态；

e） 有记录可用，这些记录允许对处置行动信息进行保留，并对长期危险进行分析。

本阶段的主要活动包括：

a） 制定针对系统的处置策略和计划，具体内容包括：

1） 定义了处置活动的进度安排、行动和资源；

2） 定义废弃系统或部件的处理策略；

3） 确定系统相关物料和信息的长期健康、安全、安全保密和保密性等方面的约束。

b） 归档嵌入式系统的相关设计和运行维护资料/数据，具体内容包括：

1） 确定数据保存和维护的策略；

2） 确定容纳设备、存储位置、检查准则和存储期限；

3） 数据打包存储。

c） 对客户发出产品变更通知。

d） 对应拆除/废弃系统或部件的处置，具体内容包括：

1） 永久废弃系统或部件的服务；

2） 使系统无效，以准备终止其运行；

3） 将废弃系统或部件转化为或维持在一个社会上和物质上可接受的状态，从而避免后继的对相关利益人、社会和环境的负面影响；

4） 从系统中撤回操作人员，并记录相关的操作知识；

5） 如果必要，对系统进行销毁，以减少废品处理量或使废品处理更容易。

6 嵌入式系统应用系统工程的管理要求

6.1 综述

为确保嵌入式系统项目能够满足成本、交期和质量的要求，在系统工程应用的过程中，还需要对相关的管理活动提出要求，主要包括以下管理活动：

a) 项目工程计划和管理；

b) 文档开发管理；

c) 配置管理；

d) 产品数据管理；

e) 质量保证；

f) 风险管理；

g) 过程度量。

6.2 项目工程计划和管理

由于嵌入式系统项目涉及多个技术团队，通常项目投入的工作量也比较大，所以非常有必要为合理分配工程资源而制定计划和进度表，以确保项目目标的实现和按时交付。它包括系统工程管理计划，主进度表和详细分解的进度表以及为确保主计划顺利实施而制定的各专业辅助计划。

a) 系统工程管理计划。嵌入式系统项目组为应用系统工程方法，应制定系统工程管理计划，并在整个系统生存周期中进行更新以指导和控制项目的系统工程工作。系统工程管理计划反映的是在整个生存周期中所有涉及为满足系统工程过程而进行的活动的描述和要求。如果项目采取演化或增量式的开发策略，那么系统工程管理计划也应适当给出初始产品开发策略的定义以及对后续增量或技术升级要求的说明。

b) 主进度表。嵌入式系统项目组应制定主进度表，并在整个系统生存周期中进行更新以建立关键事件、相关的重要任务以及确定重要任务完成的准则。一个正确设计的主进度表应考虑到调度与任务相关的活动、资源的分配、预算编制、人员分配、任务开始和结束日期的建立以及事件完成准则。

c) 详细进度表。制定详细进度表的目的是提供基于最小任务单元(一般指个人)日程的活动、任务以及主进度表中关键事件的进度表，详细进度表还用于追踪技术工作的进展。详细进度表数据应用于构建事件、任务和活动的网络以确定工程工作的关键路径以及分析进度表的偏差。

d) 专业技术保障计划。为确保工程计划的按期保质进行，应制定相关专业领域的技术保障计划以根据需要补充，涵盖的范围包括工程和技术专业领域，专业保障计划用于按照计划测量技术进度。技术保障计划一般用于风险管理、配置管理、技术评审、验证、计算机资源、生产、维护、培训、保密安全和人机系统工程等。

6.3 文档开发管理

文档开发管理是嵌入式系统生存周期过程或活动产生的交付文档及记录的开发和管理过程，主要约束和规范所有有关人员(包括嵌入式系统或嵌入式硬/软件的计划、设计、开发、生产、编辑、分发、维护及使用等各类用户)需要的文档。具体包括下述活动：

a) 文档需求及计划编制。

b) 文档设计和开发。每一个已标识的文档应根据适用的文档编写标准进行设计，这些文档编写标准包括格式、内容叙述、页码编号、插图/表格安排、专利/安全保密性标志、封装以及其他描述项目。

c) 文档生产。文档应按照计划生产和提供。文档的生产和发布可以使用纸张、电子或其他介质。主要资料应按照有关记录保存、安全保密性、维护和备份的要求妥善贮存。

d) 文档管理维护。当文档需要修改时，要求执行的任务应按 5.5 进行。对于置于配置管理下的文档，修改工作应按照配置管理过程管理。

6.4 配置管理

配置管理是应用配置管理的技术和规范支持整个系统生存周期，它主要包括如下几个方面：标识、定义系统中的硬/软件项；控制硬/软件项的修改和发布；记录和报告硬/软件项的状态和修改请求；保证硬/软件项的完备性、一致性和正确性；以及控制硬/软件项的贮存、处理和交付。具体包括下述活动：

a） 编制配置管理计划。应编制配置管理计划，该计划应描述：配置管理活动；实施这些活动的规程和进度安排；负责实施这些活动的组织；以及它们和其他组织（如开发和维护部门）的关系。该计划应形成文档并加以实施。

b） 配置项标识。应制定一个方案，以便为该项目标识需要加以控制的硬/软件项及其版本。对于每一硬/软件项及其版本，应标识下述内容：建立基线的文档、版本引用号以及其他标识细节。

c） 配置控制。应标识和记录变更请求；分析和评价变更；批准或否决请求；实现、验证和发布已修改的硬/软件项。在每次修改时应保存审核追踪，并可以追踪修改的原因和修改的授权。对处理安全性或安全保密性功能的受控软件项的所有访问均应进行控制和审核。

d） 配置状态统计。应编制管理记录和状态报告，表明受控硬/软件项（包括基线）的状态和历史。状态报告应包括项目的变更次数、硬/软件项的最新版本、发布标识、发布数以及对这些发布的比较。

e） 配置评价。应确定和保证硬/软件项针对其需求的功能完备性和硬/软件项的物理完备性（其设计、仿真和编码是否反映最新的技术描述）。

f） 发布管理和交付。应正式控制硬/软件项和文档的发布和交付。在硬/软件产品的生存期内应保存设计图、BOM（物料清单）表、代码和文档的母拷贝。应按照有关组织的方针处理、贮存、包装和交付包含安全性或安全保密性关键功能的设计图形、BOM、代码和文档。

6.5 产品数据管理

项目应生成一个记载体系结构和设计信息的集成数据包以支持生存周期过程。集成数据包的初始内容应在系统生存周期的早期定义，根据项目需要进行定义，至少包括以下信息类型：

a） 硬件集成数据包包括支持产品生产、装配和集成的技术设计信息。

b） 软件集成数据包包括支持软件需求、设计、源代码、验证和确认、构建指令、操作和维护的技术设计信息。

c） 生存周期过程集成数据包包括生存周期过程及特殊的装备规格说明和基线、软件代码清单、技术手册、技术计划、设施图以及与生产、验证、分发、运行、支持、培训和处置相关的特殊工具的技术设计信息。

d） 人员集成数据包包括支持支撑系统生存周期的人的角色定义的信息。实例产品包括人因系统工程计划，安全规格说明，人力、人员和培训文档；工作区布置图；接口设计规格说明和制图；操作顺序图；手工规程；以及模型、模拟或设计数据库。

6.6 质量保证

质量保证的目的是保证嵌入式系统和过程在项目生存周期内符合规定的要求，并遵守已制定的计划。为了不产生偏见，相对于直接负责开发嵌入式硬/软件或实施该项目的过程的人员来说，质量保证需要有组织上的自由和权力。质量保证可以是内部的或外部的，这取决于证明产品质量或过程质量的证据是提交给供方的管理者，还是提交给需方。质量保证可以使用其他支持过程（如验证、确认、评审和审核等过程）的结果。本过程包括下述活动：

a） 质量保证计划。应建立按项目剪裁的质量保证过程。应保证质量保证过程的目标，即保证嵌入式硬/软件以及为提供这些产品所应用的过程符合于规定的要求，并遵守所制定的计划。应制定执行质量保证过程活动和任务的计划，将其形成文档，并在合同有效期内执行和维护该计划。

b) 产品保证，具体内容包括：
 1) 应保证合同要求的所有计划形成文档，符合合同，相互协调并且按要求正在执行；
 2) 应保证硬/软件项和有关文档符合合同，并按照计划进行；
 3) 在准备交付硬/软件项时，应保证它们完全满足合同要求，并且需方可以接受。

c) 过程保证，具体内容包括：
 1) 应保证一个项目应用的嵌入式系统生存周期过程（供应、开发、运作、维护以及包括质量保证在内的支持过程）符合合同，并按照计划进行；
 2) 应保证内部工程实践、开发环境、测试环境符合合同；
 3) 应保证适用的主合同要求传达到分包方，并且分包方的产品满足主合同的要求；
 4) 应保证需方和其他有关方按照合同、协商和计划获得需要的支持和合作；
 5) 宜保证产品和过程测量符合所制定的标准和规程；
 6) 应保证指定的工作人员具有为满足项目需求所需的技能和知识，并接受了必要的培训。

d) 评审。评审用于在适当时评价某个项目的一项活动的状态和产品，既可以在项目管理级进行，又可以在技术级进行，并在整个合同的有效期内进行。

e) 过程审计。按照产品和过程质量保证的技术及过程规范要求，对实际执行情况进行符合性检查，并采取相应的纠正预防措施，以确保过程定义和执行的一致。

f) 验证。验证是一个确定嵌入式系统或子系统是否满足输入的需求和约束的过程。为了节约费用并有效进行，验证活动应尽可能早地与应用它的过程（例如，供应、开发、运作或维护过程）相结合。

g) 确认。确认是一个确定需求和最终的、已建成的嵌入式系统或产品是否满足特定的预期用途的过程。确认可以并应尽量在早期阶段进行。

h) 持续改善。建立必要的流程分析及改善团队，并确保有合适的机制对流程执行过程的缺陷和不足予以提升和改善，并寻求质量成本的最优配置。

6.7 风险管理

风险管理是为了识别、评估、处理和监视整个生存周期中的风险，按照适当的处理或接受方式对每个风险做出响应而定义的活动。具体包括下述活动：

a) 风险识别及规划，此项活动包括下述任务：
 1) 为识别、评估和处理风险，建立一个系统性方法；
 2) 决定将对嵌入式系统、项目或组织造成负面影响的事件，或建立风险种类；
 3) 在质量、成本、进度或技术特征的范围内，以合适的术语定义表达风险的方法，包括尽可能多的测度。

b) 风险管理实施，此项活动包括下述任务：
 1) 识别和定义风险，包括识别每一个风险种类中与每一个风险相关的启动事件，以及定义风险源之间的相互关系。
 2) 使用已建立的风险准则，确定风险发生的概率。准则可以包含相关的成本、法律法规的要求、社会经济与环境方面、相关利益人的利害关系、评估的优先级及其他输入。
 3) 利用已建立的准则，根据风险可能产生的后果对它们进行评价。
 4) 根据风险的发生概率和后果，区分其优先顺序。
 5) 决定风险处理策略。
 6) 针对每个已识别的风险定义接受阈值。

7） 识别如果超出接受阈值则遵循的风险处理措施。

8） 根据协定、策略和规程通报风险处理措施及其状态。

9） 在整个生存周期中维护风险记录。

6.8 过程度量

过程度量是为了能够量化的管理整个嵌入式系统项目，对项目过程、质量、成本、进度等要素进行收集和度量并为项目管理者提供决策的数据依据而定义的活动。具体包括下述活动：

a） 建立度量目标，此项活动包括以下任务：

1） 记录信息需要与目标；

2） 将信息需要与目标进行优先级排序；

3） 记录、评审并更新度量目标；

4） 必要时提供反馈，以精简和澄清信息需要与目标；

5） 保持度量目标和已识别的信息需要与目标之间的可跟踪性。

b） 识别和确定度量项，此项活动包括以下任务：

1） 根据书面化的度量目标，确定备选的度量项；

2） 识别已经存在的度量项，该度量项紧紧围绕度量的目标；

3） 指定度量的操作性定义；

4） 将度量进行优先级排序、评审与更新。

c） 指定数据收集与存储程序，此项活动包括以下任务：

1） 确定当前的数据来源，可能是由现有的工作产品、过程或事务产生的；

2） 识别目前没有可用数据，但确实需要数据的度量；

3） 针对要求的每个度量项，指定如何收集与存储数据；

4） 建立数据收集机制与过程指南；

5） 在适当且可行时，保障数据的自动化收集；

6） 对数据收集和存储程序进行优先级排序、评审与更新；

7） 必要时更新度量项与度量目标。

d） 指定分析程序，此项活动包括以下任务：

1） 指定将要实施的分析与准备的报告，并列出优先级；

2） 选择适当的数据分析方法和工具；

3） 指定分析数据和沟通结果的管理程序；

4） 有关指定的分析和报告，对所提议的内容和格式，进行评审与更新；

5） 必要时更新度量项和度量目标；

6） 指定评估标准，评估分析结果的效力，以及评估度量和分析活动的实施情况；

7） 提供度量结果。

e） 数据搜集和整理，此活动包括下述任务：

1） 获得基本度量的数据；

2） 生成派生度量的数据；

3） 尽可能密切结合数据来源进行数据完整性检查。

f） 分析度量数据，此项活动包括下述任务：

1） 进行初步分析，解释结果，并做出初步结论；

2） 必要时进行补充的度量与分析，并准备报告结果；

3） 与相关干系人评审初步分析的结果；

4） 将准则进一步精确化，供今后的分析工作使用。

g) 存储数据与结果，此项活动包括下述任务：
   1) 审查数据，确保其完备性、完整性、准确性与及时性；
   2) 根据数据存储程序来储存数据；
   3) 确定存储内容仅供适当的团队和个人使用；
   4) 防止存储信息使用不当。
h) 分析报告，此项活动包括下述任务：
   1) 及时告知相关干系人度量结果；
   2) 提供改善建议；
   3) 对流程能力进行评估。

7 符合性

按附录 A 的剪裁过程，从本标准中为某个嵌入式系统项目选择若干过程、活动和任务并执行，即定义为符合本标准。

附 录 A
（规范性附录）
嵌入式系统实施系统工程过程的剪裁指南

A.1 概述

剪裁过程是针对某一嵌入式系统对本标准进行基本的剪裁的一个过程。本附录提供剪裁本标准的要求。

本过程包括下述活动：

a) 标识项目环境；

b) 选择过程、活动和任务；

c) 将剪裁的评估依据和决策结果形成文档。

A.2 标识项目环境

此项活动包括下述任务：

应标识影响剪裁的项目环境特性。一些项目环境特性可能是：生存周期模型；当前的系统生存周期活动；系统和硬件、软件需求；组织的方针、规程和策略；嵌入式系统或服务的规模、关键性和类型；以及涉及的人员数量和参与方。

A.3 选择过程、活动和任务

此项活动包括下述任务：

a) 应确定要执行的过程、活动和任务，其中包括需要编写的文档以及负责这些过程、活动和任务的人员。为此，应根据在 A.1 和 A.2 中搜集的相关数据评价本标准。

b) 在 A.1 中已确定的但在本标准中未规定的过程、活动和任务应在合同中规定。

c) 本标准中，要求是按必要的任务来表述的。应仔细考虑这些任务，以确定对于给定的项目或业务范围是保留还是删除这些任务。需要考虑的因素包括但不限于如下：风险、费用、日程、性能、规模、关键性以及人机界面的特殊要求等。

A.4 将剪裁的评估依据和决策结果形成文档

最后应将所有的剪裁评估依据及决策结果形成正式文档。

参 考 文 献

[1] GB/T 19000—2008 质量管理体系 基础和术语(ISO 9000:2005,IDT)

[2] GB/T 8566—2007 信息技术 软件生存周期过程(ISO/IEC 12207:1995,IDT)

[3] GB/T 22032—2008 系统工程 系统生存周期过程(ISO/IEC 15288:2002,IDT)

[4] ISO/IEC TR 19760:2003 系统工程 ISO/IEC 15288(系统生存周期过程)应用指南

[5] 项目管理协会. 项目管理知识主体指南(PMBOK Guide)2000 版. Newtown Square,PA:Project Management Institute,Inc

[6] Alexander Kossiakoff,William N. Sweet,Wiley. Systems Engineering Principles and Practice